HANDBUCH DER ANALYTISCHEN CHEMIE

HERAUSGEGEBEN

VON

R. FRESENIUS UND **G. JANDER**

WIESBADEN GREIFSWALD

ZWEITER TEIL

QUALITATIVE NACHWEISVERFAHREN

BAND VI

ELEMENTE DER SECHSTEN GRUPPE

SPRINGER-VERLAG BERLIN HEIDELBERG GMBH

1948

ELEMENTE DER
SECHSTEN GRUPPE

SAUERSTOFF · SCHWEFEL · SELEN · TELLUR
CHROM · MOLYBDÄN · WOLFRAM · URAN

BEARBEITET

VON

OTTO SCHMITZ-DUMONT · MARK v. STACKELBERG
OLDŘICH TOMÍČEK

MIT 61 ABBILDUNGEN

SPRINGER-VERLAG BERLIN HEIDELBERG GMBH
1948

ISBN 978-3-662-23571-3 ISBN 978-3-662-25648-0 (eBook)
DOI 10.1007/978-3-662-25648-0

Inhaltsverzeichnis.

Seite

Sauerstoff. Von Professor Dr. OLDŘICH TOMÍČEK, Prag. (Mit 4 Abbildungen) 1

Schwefel. Von Professor Dr. OLDŘICH TOMÍČEK, Prag. (Mit 27 Abbildungen) 37

Selen. Von Professor Dr. OLDŘICH TOMÍČEK, Prag. (Mit 3 Abbildungen) . . 104

Tellur. Von Professor Dr. OLDŘICH TOMÍČEK, Prag. (Mit 4 Abbildungen) . . 122

Chrom. Von Professor Dr. OTTO SCHMITZ-DUMONT, Bonn. (Mit 7 Abbildungen) 138

Molybdän. Von Professor Dr. OTTO SCHMITZ-DUMONT, Bonn. (Mit 9 Abbildungen) 191

Wolfram. Von Professor Dr. MARK v. STACKELBERG, Bonn. (Mit 4 Abbildungen) 228

Uran. Von Professor Dr. MARK v. STACKELBERG, Bonn. (Mit 3 Abbildungen) 253

Verzeichnis der Zeitschriften und ihrer Abkürzungen.

Abkürzung	Zeitschrift
A.	LIEBIGS Annalen der Chemie; bis **172** (1874): Annalen der Chemie und Pharmacie.
Acc. Sci. med. Ferrara	Accademia delle scienze mediche di Ferrara.
A. Ch.	Annales de Chimie; vor 1914: Annales de Chimie et de Physique.
Acta Comment. Univ. Tartu	Acta et Commentationes Universitatis Tartuensis (Dorpatensis).
Acta med. Scand.	Acta Medica Scandinavica.
Agricultura	Agricultura.
Am. Chem. J.	American Chemical Journal; seit 1917 vereinigt mit Am. Soc
Am. Fertilizer	The American Fertilizer.
Am. J. Physiol.	American Journal of Physiology.
Am. J. Sci.	American Journal of Science.
Am. Soc.	Journal of the American Chemical Society.
Analyst	The Analyst.
An. Argentina	Anales de la asociación química Argentina.
An. Españ.	Anales de la sociedad española de física y química.
An. Farm. Bioquim.	Anales de farmacia y bioquímica (Buenos Aires).
Angew. Ch.	Angewandte Chemie, vor 1932: Zeitschrift für angewandte Chemie.
Ann. Acad. Sci. Fenn.	Annales academiae scientiarum fennicae.
Ann. agronom.	Annales agronomiques.
Ann. Chim. anal.	Annales de Chimie analytique et de Chimie appliquée.
Ann. Chim. applic.	Annali di chimica applicata.
Ann. Falsific.	Annales des Falsifications et des Fraudes.
Ann. Phys.	Annalen der Physik (GRÜNEISEN und PLANCK).
Ann. Sci. agronom. Franç.	Annales de la Science agronomique française et étrangère; nach 1930: Annales agronomiques.
Ann. Soc. Sci. Bruxelles	Annales de la société scientifique de Bruxelles, Série A: Sciences mathématiques; Série B: Sciences physiques et naturelles.
Anz. Krakau. Akad.	Anzeiger der Akademie der Wissenschaften, Krakau.
Apoth.-Z.	Apotheker-Zeitung.
Ar.	Archiv der Pharmazie.
Arch. Eisenhüttenw.	Archiv für das Eisenhüttenwesen.
Arch. exp. Pathol.	Archiv für experimentelle Pathologie und Pharmakologie (NAUNYN-SCHMIEDEBERG).
Arch. Néerland. Physiol.	Archives Néerlandaises de Physiologie de l'Homme et des Animaux.
Arch. Phys. biol.	Archives de Physique biologique et de Chimie-Physique des Corps organisés.
Arch. Physiol.	Archiv für die gesamte Physiologie des Menschen und der Tiere (PFLÜGER).
Arch. Sci. biol.	Archivio di scienze biologiche (Italy).
Arch. Sci. phys. nat. Genève	Archives des Sciences physiques et naturelles, Genève.
Atti Accad. Lincei	Atti della Reale Accademia nazionale dei Lincei.
Atti Accad. Sci. Torino	Atti della Reale Accademia delle Scienze di Torino.
Atti Congr. naz. Chim. pura applic.	Atti del congresso nazionale di chimica pura ed applicata.
Austr. J. exp. Biol. med. Sci.	Australian Journal of Experimental Biology and Medical Science.
B.	Berichte der Deutschen Chemischen Gesellschaft.
Ber. Dtsch. pharm. Ges.	Berichte der Deutschen Pharmazeutischen Gesellschaft.
Ber. oberhess. Ges. Naturk.	Bericht der oberhessischen Gesellschaft für Natur- und Heilkunde.

Abkürzung	Zeitschrift
Ber. Wien. Akad.	Sitzungsberichte der Akademie der Wissenschaften, Wien.
Betriebslab.	Betriebslaboratorium; russ.: Sawodskaja Laboratorija.
Biochem. J.	Biochemical Journal.
Biol. Bl.	Biological Bulletin of the Marine Biological Laboratory; seit 1930: Biological Bulletin.
Bio. Z.	Biochemische Zeitschrift.
Bl.	Bulletin de la Société chimique de France; vor 1907: Bulletin de la Société chimique de Paris.
Bl. Acad. Roum.	Bulletin de la section scientifique de l'Académie Roumaine.
Bl. Acad. Russie	Bulletin de l'Académie des Sciences de Russie; seit 1925: Bl. Acad. URSS.
Bl. Acad. Sci. Pétersb.	Bulletin de l'Académie impériale des Sciences, Pétersbourg; seit 1917: Bl. Acad. Russie.
Bl. Acad. URSS.	Bulletin de l'Académie des Sciences de l'U[nion des] R[épubliques] S[oviétiques] S[ocialistes].
Bl. agric. chem. Soc. Japan	Bulletin of the Agricultural Chemical Society of Japan.
Bl. Am. phys. Soc.	Bulletin of the American Physical Society.
Bl. Biol. pharm.	Bulletin des Biologistes pharmaciens.
Bl. Bur. Mines Washington	Bulletin, Bureau of Mines, Washington.
Bl. Inst. physic. chem. Res. (Abstr.) Tôkyô	Bulletin of the Institute of Physical and Chemical Research, Abstracts, Tôkyô.
Bl. Sci. pharmacol.	Bulletin des Sciences pharmacologiques.
Bl. Soc. chim. Belg.	Bulletin de la Société chimique de Belgique.
Bl. Soc. Chim. biol.	Bulletin de la Société de Chimie biologique.
Bl. Soc. chim. Paris	Vgl. Bl.
Bl. Soc. Min.	Bulletin de la Société française de Minéralogie.
Bl. Soc. Mulhouse	Bulletin de la Société industrielle de Mulhouse.
Bl. Soc. Pharm. Bordeaux	Bulletin des Travaux de la Société de Pharmacie de Bordeaux.
Bl. Soc. România	Buletinul societatii de chimie din România.
Bodenkunde Pflanzenernähr.	Bodenkunde und Pflanzenernährung: 1. Folge (Band 1 bis 45) heißt: Zeitschrift für Pflanzenernährung. Düngung und Bodenkunde.
Boll. chim. farm.	Bolletino chimico-farmaceutico.
Brit. chem. Abstr.	British Chemical Abstracts.
Bur. Stand. J. Res.	Bureau of Standards Journal of Research.
C.	Chemisches Zentralblatt.
Canadian J. Res.	Canadian Journal of Research.
Časopis českoslov. Lékárn.	Časopis československého, Lékárnictva.
Cereal Chem.	Cereal Chemistry.
Chem. Abstr.	Chemical Abstracts.
Chem. Age	Chemical Age.
Chem. eng. min. Rev.	Chemical Engineering and Mining Review.
Chem. Ind.	Chemistry and Industry.
Chemist-Analyst	The Chemist-Analyst.
Chem. J. Ser. A	Chemisches Journal Serie A, Journal für allgemeine Chemie; russ.: Chimitscheski Shurnal Sser. A, Shurnal obschtschei Chimii.
Chem. J. Ser. B.	Chemisches Journal Serie B, Journal für angewandte Chemie; russ.: Chimitscheski Shurnal Sser. B, Shurnal prikladnoi Chimii.
Chem. Listy	Chemické Listy pro vedu a prumysl.
Chem. N.	Chemical News.
Chem. Obzor	Chemický Obzor.
Chem. social. Agric.	Chemisation of socialistic Agriculture; russ.: Chimisazia ssozialistitscheskogo Semledelija.
Chem. Weekbl.	Chemisch Weekblad.
Ch. Fabr.	Die chemische Fabrik.
Chim. Ind.	Chimie & Industrie.

Abkürzung	Zeitschrift
Chim. Ind. 17. Congr. Paris	Chimie & Industrie, 17. Congrès, Paris.
Ch. Ind.	Die chemische Industrie.
Ch. Z.	Chemiker-Zeitung.
Ch. Z Chem. techn. Übersicht	Chemiker-Zeitung, Chemisch-technische Übersicht.
Ch. Z. Repert.	Chemiker-Zeitung, Repertorium.
Coll. Trav. chim. Tchécosl.	Collection des Travaux chimiques de Tchécoslovaquie.
C. r.	Comptes rendus de l'Académie des Sciences.
C. r. Acad. URSS.	Comptes rendus (Doklady) de l'académie des sciences de l'U[nion des] R[épubliques] S[oviétiques] S[ocialistes].
C. r. Carlsberg	Comptes rendus des Travaux du Laboratoire de Carlsberg.
C. r. Soc. Biol.	Comptes rendus de la Société de Biologie.
Dansk Tidsskr. Farm.	Dansk Tidsskrift for Farmaci.
Dingl. J.	DINGLERS Polytechnisches Journal.
Dtsch. med. Wchschr.	Deutsche medizinische Wochenschrift.
Dtsch. tierärztl. Wchschr.	Deutsche tierärztliche Wochenschrift.
Fenno-Chem.	Fenno-Chemica.
Finska Kemistsamfundets Medd.	Finska Kemistsamfundets Meddelanden; fortgesetzt unter der Bezeichnung: Fenno-Chemica.
Fr.	Zeitschrift für analytische Chemie (FRESENIUS).
G.	Gazzetta chimica italiana.
Gas- und Wasserfach	Das Gas- und Wasserfach; vor 1922: Journal für Gasbeleuchtung sowie für Wasserversorgung.
Giorn. Chim. ind. ed applic.	Giornale di Chimica industriale ed applicata.
Glückauf	Glückauf, berg- und hüttenmännische Zeitschrift.
H.	Zeitschrift für physiologische Chemie (HOPPE-SEYLER).
Helv.	Helvetica chimica acta.
Ind. Chemist	The Industrial Chemist and Chemical Manufacturer.
Ind. chimica	L'Industria chimica, mineraria e metallurgica.
Ind. eng. Chem.	Industrial and Engineering Chemistry.
Ind. eng. Chem. Anal. Edit.	Industrial and Engineering Chemistry, Analytical Edition.
Internat. Sugar J.	International Sugar Journal.
J. agric. Sci.	Journal of Agricultural Science.
J. Am. ceram. Soc.	Journal of the American Ceramic Society.
J. Am. Leather Chem.	Journal of the American Leather Chemists' Association.
J. Am. med. Assoc.	Journal of the American Medical Association.
J. Am. Soc. Agron.	Journal of the American Society of Agronomy.
J. Am. Water Works Assoc.	Journal of the American Water Works Association.
J. Assoc. offic. agric. Chem.	Journal of the Association of Official Agricultural Chemists.
J. Biochem.	Journal of Biochemistry (Japan).
J. biol. Chem.	Journal of Biological Chemistry.
Jbr.	Jahresberichte über die Fortschritte der Chemie (LIEBIG und KOPP), 1847—1910.
Jb. Radioakt.	Jahrbuch der Radioaktivität und Elektronik.
J. Chem. Education	Journal of Chemical Education.
J. chem. Ind.	Journal der chemischen Industrie; russ.: Shurnal Chimitscheskoi Promyschlennosti.
J. chem. Soc. Japan	Journal of the Chemical Society of Japan.
J. Chim. phys.	Journal de Chimie physique; seit 1931: ... et Revue générale des Colloides.
J. chos. med. Assoc.	Journal of the Chosen Medical Association (Japan).
Jernkont. Ann.	Jernkontorets Annaler.
J. ind. eng. Chem.	Journal of Industrial and Engineering Chemistry; seit 1923: Ind. eng. Chem.
J. Indian chem. Soc.	Journal of the Indian Chemical Society.
J. Indian Inst. Sci.	Journal of the Indian Institute of Science.
J. Inst. Brew.	Journal of the Institute of Brewing.

Abkürzung	Zeitschrift
J. Inst. Petrol. Tech.	Journal of the Institution of Petroleum Technologists.
J. Labor. clin. Med.	Journal of Laboratory and Clinical Medicine.
J. Landwirtsch.	Journal für Landwirtschaft.
J. opt. Soc. Am.	Journal of the Optical Society of America.
J. Pharm. Belg.	Journal de Pharmacie de Belgique.
J, Pharm. Chim.	Journal de Pharmacie et de Chimie.
J. pharm. Soc. Japan	Journal of the Pharmaceutical Society of Japan.
J. physic. Chem.	Journal of Physical Chemistry.
J. Physiol.	Journal of Physiology.
J. pr.	Journal für praktische Chemie.
J. Pr. Austr. chem. Inst.	Journal and Proceedings of the Australian Chemical Institute.
J. Res. Nat. Bureau of Standards	Journal of Research of the National Bureau of Standards, früher: Bur. Stand. J. Res.
J. Russ. phys.-chem. Ges.	Journal der russischen physikalisch-chemischen Gesellschaft.
J. S. African chem. Inst.	Journal of the South African Chemical Institute.
J. Sci. Soil Manure	Journal of the Sciences of Soil and Manure (Japan).
J. Soc. chem. Ind.	Journal of the Society of Chemical Industry (Chemistry and Industry).
J. Soc. chem. Ind. Japan (Suppl.)	Journal of the Society of Chemical Industry, Japan. . Supplement.
J. Zucker-Ind.	Journal der Zuckerindustrie; russ.: Shurnal Sakharnoi Promyschlennosti.
Keem. Teated	Keemia Teated (Tartu).
Kem. Maanedsbl. nord. Handelsbl. kem. Ind.	Kemisk Maanedsblad og Nordisk Handelsblad for Kemisk Industri.
Klin. Wchschr.	Klinische Wochenschrift.
Kolloid-Z.	Kolloid-Zeitschrift.
Lantbruks-Akad. Handl. Tidskr.	Kungl. Lantbruks-Akademiens Handlingar och Tidskrift.
Lantbruks-Högskol. Ann.	Lantbruks-Högskolans Annaler.
L. V. St.	Landwirtschaftliche Versuchsstationen.
M.	Monatshefte für Chemie.
Magyar Chem. Folyóirat	Magyar Chemiai Folyóirat (Ungarische chemische Zeitschrift).
Malayan agric. J.	Malayan Agricultural Journal.
Medd. Centralanst. Försöksväs. jordbruks., landwirtsch.-chem. Abt.	Meddelande från Centralanstalten för Försöksväsendet på Jordbruksområdet, landbrukskemi.
Medd. Nobelinst.	Meddelanden från K. Vetenskapsakademiens Nobelinstitut.
Med. Doswiadczalna i Spoleczna	Medycyna Doswiadczalna i Spoleczna.
Mem. Sci. Kyoto Univ.	Memoirs of the College of Science, Kyoto Imperial University.
Met. Erz	Metall und Erz.
Mikrochim. A.	Mikrochimica acta.
Milchw. Forsch.	Milchwirtschaftliche Forschungen.
Mitt. berg- u. hüttenmänn. Abt. kgl. ung. Palatin-Joseph-Universität Sopron	Mitteilungen der berg- und hüttenmännischen Abteilung der königlich ungarischen Palatin-Joseph-Universität, Sopron.
Mitt. Kali-Forsch.-Anst.	Mitteilungen der Kali-Forschungsanstalt.
Nachr. Götting. Ges.	Nachrichten der Kgl. Gesellschaft der Wissenschaften, Göttingen; seit 1923 fällt „Kgl." fort.
Nature	Nature (London).
Naturwiss.	Naturwissenschaften.
Natuurwetensch. Tijdschr.	Natuurwetenschappelijk Tijdschrift.
Nederl. Tijdschr. Geneesk.	Nederlandsch Tijdschrift voor Geneeskunde.
Neues Jahrb. Mineral. Geol.	Neues Jahrbuch für Mineralogie, Geologie und Paläontologie.
New Zealand J. Sci. Tech.	New Zealand Journal of Science and Technology.
Öst. Ch. Z.	Österreichische Chemiker-Zeitung.
Onderstepoort J. Vet. Sci.	Onderstepoort Journal of Veterinary Science and Animal Industry.
P. C. H.	Pharmazeutische Zentralhalle.

Abkürzung	Zeitschrift
Ph. Ch.	Zeitschrift für physikalische Chemie.
Pharm. Weekbl.	Pharmaceutisch Weekblad.
Pharm. Z.	Pharmazeutische Zeitung.
Phil. Mag.	Philosophical Magazine and Journal of Science.
Phil. Trans.	Philosophical Transactions of the Royal Society of London.
Phys. Rev.	Physical Review.
Phys. Z.	Physikalische Zeitschrift.
Plant Physiol.	Plant Physiology.
Pogg. Ann.	Annalen der Physik und Chemie, herausgegeben von POGGENDORFF (1824—1877); dann Wied. Ann. (1877—1899); seit 1900: Ann. Phys.
Pr. Am. Acad.	Proceedings of the American Academy of Arts and Sciences, Boston.
Pr. chem. Soc.	Proceedings of the Chemical Society (London).
Pr. internat. Soc. Soil Sci.	Proceedings of the International Society of Soil Science.
Pr. Leningrad Dept. Inst. Fert.	Proceedings of the Leningrad Departmental Institute of Fertilizers.
Pr. Roy. Soc. Edinburgh	Proceeding of the Royal Society of Edinburgh.
Pr. Roy. Soc. London Ser. A	Proceedings of the Royal Society (London). Serie A: Mathematical and Physical Sciences.
Pr. Soc. Cambridge	Proceedings of the Cambridge Philosophical Society.
Problems Nutrit.	Problems of Nutrition; russ.: Woprossy Pitanija.
Pr. Oklahoma Acad. Sci.	Proceedings of the Oklahoma Academy of Science.
Pr. Roy. Soc. New South Wales	Proceedings of the Royal Society of New South Wales.
Pr. Soc. exp. Biol. Med.	Proceedings of the Society for Experimental Biology and Medicine.
Pr. Utah Acad. Sci.	Proceedings of the Utah Academy of Sciences.
Przemysl Chem.	Przemysl Chemiczny.
Publ. Health Rep.	Public Health Reports.
R.	Recueil des Travaux chimiques des Pays-Bas.
Radium	Le Radium, seit 1920: Journal de Physique et Le Radium.
Rep. Connecticut agric. Exp. Stat.	Report of the Connecticut Agricultural Experiment Station.
Repert. anal. Chem.	Repertorium der analytischen Chemie (1881—1887).
Répert. Chim. appl.	Répertoire de Chimie pure et appliquée (von 1864 ab: Bulletin de la Société chimique de France).
Rev. Centro Estud. Farm. Bioquim.	Revista del centro estudiantes de farmacia y bioquímica.
Rev. Mét.	Revue de Métallurgie.
Roczniki Chem.	Roczniki Chemji.
Rev. univ. des Min.	Revue universelle des Mines.
Schweiz. Apoth. Z.	Schweizerische Apotheker-Zeitung.
Schweiz. med. Wchschr.	Schweizerische medizinische Wochenschrift.
Schw. J.	SCHWEIGGERS Journal für Chemie und Physik (Nürnberg, Berlin 1811—1833, 68 Bde.).
Science	Science (New York).
Sci. Pap. Inst. Tôkyô	Scientific Papers of the Institute of Physical and Chemical Research Tôkyô.
Sci. quart. nat. Univ. Peking	Science Quarterly of the National University of Peking.
Skand. Arch. Physiol.	Skandinavisches Archiv für Physiologie.
Soc.	Journal of the Chemical Society of London.
Soc. chem. Ind. Victoria (Proc.)	Society of Chemical Industry of Victoria, Proceedings.
Soil Sci.	Soil Science.
Sprechsaal	Sprechsaal für Keramik-Glas-Email.
Stahl Eisen	Stahl und Eisen.
Svensk Tekn. Tidskr.	Svensk Teknisk Tidskrift.
Techn. Mitt. Krupp	Technische Mitteilungen KRUPP.
Tôhoku J. exp. Med.	Tôhoku Journal of Experimental Medicine.

Abkürzung	Zeitschrift
Trans. Am. electrochem. Soc.	Transactions of the American Electrochemical Society.
Trans. Butlerov Inst. chem. Technol. Kazan	Transactions of the BUTLEROV Institute; (seit 1935: KIROV Institute) for Chemical Technology of Kazan.
Trans. Dublin Soc.	Scientific Transactions of the Royal Dublin Society.
Trans. Faraday Soc.	Transactions of the FARADAY Society.
Trans. Roy. Soc. Edinburgh	Transactions of the Royal Society of Edinburgh.
Trans. sci. Inst. Fert.	Transactions of the Scientific Institute of Fertilizers and Insectofungicides (USSR.).
Trans. Sci. Soc. China	Transactions of the Science Society of China.
Trav. Lab. biogéochim. Acad. Sci. URSS.	Travaux du laboratoire biogéochimique de l'académie des sciences de l'U[nion des] R[épubliques] S[oviétiques] S[ocialistes].
Uchen. Zapiski Kazan. Gosud. Univ.	Uchenye Zapiski Kazanskogo Gosudarstvennogo Universiteta (USSR.).
Ukrain. chem. J.	Ukrainian Chemical Journal (Journal chimique de l'Ukraine).
Union pharm.	Union pharmaceutique.
Union S. Africa Dept. Agric.	Union of South Africa. Department of Agriculture.
Univ. Illinois Bl.	University of Illinois, Bulletin.
U. S. Dept. Agric. Bl.	United States Department of Agriculture, Bulletins.
Verh. phys. Ges.	Verhandlungen der Deutschen physikalischen Gesellschaft.
Wchschr. Brauerei	Wochenschrift für Brauerei.
Wied. Ann.	Annalen der Physik und Chemie, herausgegeben von WIEDEMANN; s. Pogg. Ann.
Wien. klin. Wchschr.	Wiener klinische Wochenschrift.
Wien. med. Wchschr.	Wiener medizinische Wochenschrift.
Wiss. Nachr. Zucker-Ind.	Wissenschaftliche Nachrichten der Zuckerindustrie (ukrain.).
Wiss. Veröffentl. Siemens-Konzern	Wissenschaftliche Veröffentlichungen aus dem SIEMENS-Konzern (seit 1935: aus den SIEMENS-Werken).
Z. anorg. Ch.	Zeitschrift für anorganische und allgemeine Chemie.
Zbl. Min. Geol. Paläont. Abt. A	Zentralblatt für Mineralogie, Geologie und Paläontologie, Abt. A: Mineralogie und Petrographie.
Z. Chem. Ind. Kolloide	Zeitschrift für Chemie und Industrie der Kolloide; seit 1913: Kolloid-Zeitschrift.
Z. El. Ch.	Zeitschrift für Elektrochemie.
Zentr. wiss. Forsch.-Inst. Leder-Ind.	Zentrales wissenschaftliches Forschungsinstitut für die Lederindustrie; russ.: Zentralny nautschno-issledowatelski Institut koshewennoi Promyschlennosti, Sbornik Rabot.
Z. ges. Brauw.	Zeitschrift für das gesamte Brauwesen.
Z. Hygiene	Zeitschrift für Hygiene und Infektionskrankheiten.
Z. klin. Med.	Zeitschrift für klinische Medizin.
Z. Kryst.	Zeitschrift für Krystallographie und Mineralogie.
Z. landw. Vers.-Wes. Österr.	Zeitschrift für das landwirtschaftliche Versuchswesen in Deutsch-Österreich; 1925—1933 genannt: Fortschritte der Landwirtschaft.
Z. Lebensm.	Zeitschrift für Untersuchung der Lebensmittel; bis 1925: Zeitschrift für Untersuchung der Nahrungs- und Genußmittel sowie der Gebrauchsgegenstände.
Z. öffentl. Ch.	Zeitschrift für öffentliche Chemie.
Z. Pflanzenernähr. Düng. Bodenkunde.	Vgl. Bodenkunde Pflanzenernähr.
Z. Phys.	Zeitschrift für Physik.
Z. pr. Geol.	Zeitschrift für praktische Geologie.
Zprávy česk. keram. společnosti	Zprávy československé keramické společnosti.

Abkürzungen oft benutzter Sammelwerke.

Abkürzung	Sammelwerk
Berl-Lunge	BERL-LUNGE: Chemisch-technische Untersuchungsmethoden, 8. Aufl. Berlin 1931—1934. Bis zur 7. Aufl. „LUNGE-BERL" genannt.
GM.	GMELINS Handbuch der anorganischen Chemie, 8. Aufl. Berlin.
Handb. Pflanzenanal.	Handbuch der Pflanzenanalyse (KLEIN).
Lunge-Berl	Vgl. BERL-LUNGE.

Sauerstoff.

O, Atomgewicht 16,000; Ordnungszahl 8.

Von **OLDŘICH TOMÍČEK**, Prag.

Mit 4 Abbildungen.

Inhaltsübersicht.

Seite

Vorkommen des Sauerstoffs 3

Einige physikalische Eigenschaften des Sauerstoffs; seine Löslichkeit in verschiedenen Lösungsmitteln (Tab. 1); Verhalten des Sauerstoffs in der VI. Gruppe des periodischen Systems; Oxydationserscheinungen als Unterlage des qualitativen chemischen Nachweises.

Nachweismethoden 4

I. Nachweis von Sauerstoff 4

§ 1. Nachweis mit physikalischen und physikalisch-chemischen Methoden 4

1. Nachweis auf spektralanalytischem Wege, mitbearbeitet von J. VAN CALKER, Münster (Westf.) 4
   a) Emissionsspektralanalytisch 4
   b) Absorptionsspektralanalytisch 5
2. Nachweis durch Phosphorescenztilgung 5
3. Nachweis durch Nachleuchterscheinungen 6
4. Nachweis durch Fluorescenz des gasförmigen Acetons 6
5. Elektrochemischer Nachweis 6
   a) Mit Kupferelektrode 6
   b) Auf polarographischem Wege 6
6. Calorimetrischer Nachweis 6

§ 2. Nachweis auf chemischem Wege 6

1. Nachweis durch Aufflammen glimmender Kohle 6
2. Nachweis mit Metallen 7
3. Nachweis durch Absorption 7
   a) Nachweis mit feuchtem Phosphor 7
   b) Nachweis mit alkalischer Pyrogallollösung 7
   c) Nachweis mit Natriumdithionit (-hyposulfit) in alkalischer Lösung 8
   d) Nachweis mit anderen Mitteln 8
4. Nachweis durch Farbreaktionen 8
   a) Nachweis mit alkalischer Brenzcatechin-Eisen(II)sulfatlösung . . 8
   b) Nachweis mit alkalischer Mangan(II)salzlösung 10
   c) Nachweis mit Stickstoffoxyd und Diphenylaminschwefelsäure . . 10
   d) Nachweis mit reduzierten Farbstoffen 11
   e) Biochemischer Nachweis durch Melaninbildung 11

   Tabelle 2. Empfindlichkeiten einiger Sauerstoffnachweise 11

5. Nachweis in einer nicht wäßrigen Lösung 12
6. Nachweis in organischen Verbindungen 12
   a) Nachweis durch Verbrennung 12
   b) Nachweis durch Auflösen von Jod 12
   c) Nachweis durch Löslichkeit von Eisen(III)rhodanid 12

II. Nachweis von Ozon, O_3 12

Vorkommen des Ozons. Seine wichtigen Eigenschaften: Geruch, Löslichkeit, optische Wirkung; Oxydationskraft und andere für seinen Nachweis wichtige chemische Eigenschaften.

§ 1. Nachweis mit physikalischen Methoden 14

Lichtelektrische Messung geringer Ozonkonzentrationen 14

Seite

§ 2. Nachweis auf chemischem Wege 14
A. Wichtigste Nachweisreaktionen des Ozons 14
1. Nachweis durch Schwärzung des Silbers 14
2. Nachweis mit Quecksilber 14
3. Nachweis mit Tetramethyl-p-diaminodiphenylmethan 15
4. Nachweis mittels Kaliumjodids 15
B. Weitere Farbreaktionen 16
1. Nachweis mit Thallium(I)hydroxyd 16
2. Nachweis mit Mangan(II)salzlösung 16
3. Nachweis mit Tetramethyl-p-phenylendiamin 16
4. Nachweis mit anderen organischen Verbindungen 16
C. Nachweis des Ozons in einer nicht wäßrigen Lösung 16
D. Unterscheidung des Ozons von Wasserstoffperoxyd 17
Tabelle 3. Übersicht einiger Nachweisreaktionen des Ozons und des Wasserstoffperoxyds im Vergleich mit anderen Oxydationsmitteln . 17

III. Nachweis von Ozon, Wasserstoffperoxyd und Stickstoffdioxyd in Gasgemischen . 17
1. Ozon und Wasserstoffperoxyd 17
2. Ozon und Stickstoffdioxyd 17
3. Ozon, Wasserstoffperoxyd und Stickstoffdioxyd 17

IV. Nachweis von Wasserstoffperoxyd, H_2O_2 18
Vorkommen des Wasserstoffperoxyds; seine wichtigen Eigenschaften; seine Struktur; sein schwach saurer Charakter und seine oxydierende und reduzierende Betätigung 18
§ 1. Nachweis mit physikalisch-chemischen Methoden 19
1. Spektroskopischer Nachweis 19
2. Nachweis durch Fluorescenz- und Luminiescenzerscheinungen 19
3. Polarographischer Nachweis 19
§ 2. Nachweis auf chemischem Wege 19
A. Wichtige Farbreaktionen 19
1. Nachweis mit Bichromat - Schwefelsäure (bzw. mit Diphenylcarbazid) 19
2. Nachweis mit Titan(IV)sulfat 20
3. Nachweis mit Kaliumjodid 21
4. Nachweis mit Permanganat und mit anderen Oxydationsmitteln . 21
5. Nachweis mit Vanadinsäure 22
6. Nachweis mit Weinsäure und Eisen(II)ammoniumsulfat 22
7. Nachweis mit Guajactinktur und Diastase 22
Tabelle 4. Grenzkonzentrationen einiger Farbnachweise des Wasserstoffperoxyds 23
B. Weitere Farbreaktionen 23
1. Nachweis mit Gold(III)chlorid 23
2. Nachweis mit Eisensalzen 24
a) Eisen(II)salz und Kaliumferrocyanid 24
b) Eisen(II)sulfat und Kaliumrhodanid 24
c) Eisen(III)chlorid und Kaliumferricyanid 24
3. Nachweis mit Molybdänsäure 24
4. Nachweis mit Cer(III)salz 24
5. Nachweis mit Uran(VI)salzen 25
6. Nachweis mit anderen metallischen Verbindungen 25
a) Thallium(I)hydroxyd 25
b) Wismuthydroxyd 25
c) Kupfer(II)hydroxyd 25
d) Bleisulfid 25
e) Kobalt(II)salze (1 bis 3) 25
f) Naphthensaures Kobalt 25
g) Höhere Oxyde des Nickels 26
7. Nachweis mit einigen Anionen 26
a) Alkalirhodanide 26
b) Natriumnitrit 26
8. Nachweis mit Indigolösung und Eisen(II)salz 26
9. Nachweis mit Benzidin und Kupfer(II)sulfat 26
10. Nachweis mit o-Tolidin und Eisen(II)sulfat 27

Seite
11. Nachweis mit Kaliumbichromat und Anilin oder anderen Aminoverbindungen . . . 27
12. Nachweis mit α-Naphthylamin und Natriumchlorid . . . 27
Tabelle 5. Empfindlichkeiten und Verlauf der Nachweisreaktionen des Wasserstoffperoxyds mit Bichromat und Aminoverbindungen . 27
13. Nachweis mit anderen aromatischen Aminen (Tabelle 6) . . . 28
14. Nachweis mit anderen organischen Stoffen . . . 29
a) Phenol u. dgl. . . . 29
b) Chininsulfat . . . 29
c) Ephedrin, Pyramidon usw. . . . 29
15. Nachweis mit Phthalinen . . . 29
a) Phenolphthalin . . . 29
b) Fluorescin . . . 30
16. Nachweis mit Luminol . . . 31
C. Mikrochemische Nachweisreaktionen . . . 31
1. Nachweis mit Vanillin . . . 31
2. Nachweis mit ammoniakalischer Silber- und Ferricyanidlösung . . 31
D. Nachweis durch Tüpfelreaktionen . . . 32
1. Nachweis mit Bleisulfid . . . 32
2. Nachweis mit Eisen(III)chlorid und Kaliumferricyanid . . . 32
3. Nachweis mit Cer(III)salz . . . 32
4. Nachweis mit Gold(III)chlorid . . . 32
5. Nachweis mit höheren Nickeloxyden . . . 32
6. Nachweis mit o-Tolidin . . . 32
7. Nachweis mit Vanadinsäure . . . 32
8. Nachweis mit Alkalirhodanid . . . 33
9. Nachweis mit Phenolphthalin . . . 33
10. Nachweis mit Luminol . . . 33
Tabelle 7. Empfindlichkeiten einiger Tüpfelnachweise des Wasserstoffperoxyds . . . 33
E. Nachweis von Wasserstoffperoxyd in besonderen Fällen . . . 33
1. Nachweis von Wasserstoffperoxyd in Milch . . . 33
a) Mit verschiedenen Reagenzien . . . 33
b) Mit Formaldehyd und Salzsäure . . . 34
2. Nachweis von Wasserstoffperoxyd in Getränken . . . 34
3. Nachweis von Wasserstoffperoxyd in Äther . . . 34
Tabelle 8. Empfindlichkeiten einiger Nachweise des Wasserstoffperoxyds in Äther . . . 34
4. Nachweis von Wasserstoffperoxyd in Anwesenheit von Ozon und Stickstoffdioxyd . . . 35
Literatur . . . 35

Sauerstoff.

O, Atomgewicht 16,000; Ordnungszahl 8.

Der Sauerstoff ist eines von den meistverbreiteten Elementen der Erde. In der Luft sind 23 Gew.-% Sauerstoff. Die Meere enthalten etwa 86 Gew.-% und die Erdkruste ungefähr 48 Gew.-%, so daß man damit rechnet, daß die Erde zur Hälfte aus Sauerstoff besteht. Die Ergebnisse der Spektralanalyse zeigen, daß auch die Sonne nichtgebundenen Sauerstoff enthält.

Der gasförmige Sauerstoff ist ein farb-, geschmack- und geruchloses Gas mit folgenden physikalischen Eigenschaften: Das Gewicht von 1 Liter Sauerstoff bei 0^0 C, 760 mm Hg, bei 45^0 Breite beträgt 1,42892 g. D (Luft = 1): 1,10523. D (Wasserstoff = 1): 15,87. Brechungsindex bei 0^0 C, 760 mm, für die D-Linie ($\lambda = 5893$ Å): 1,000272. Der Sauerstoff diffundiert durch eine Kautschukmembran 2,5mal so schnell wie Stickstoff.

Die Löslichkeit des Sauerstoffs in Wasser ist ziemlich gering; es lösen sich etwa 50 Volumina Sauerstoff in 1000 Volumina Wasser von 0^0 C, bei 760 mm Sauerstoffdruck, das sind 70,4 mg in 1 Liter; bei 20^0 C sind es 44,3 mg und bei 30^0 C 36,8 mg im Liter. Die Löslichkeit sinkt beträchtlich in Salzlösungen und in wäßrigen

Lösungen der Säuren und Basen mit zunehmender Konzentration. Bei der Analyse handelt es sich meistens um die Löslichkeit des Luftsauerstoffs. Da der Partialdruck des Sauerstoffs in der Luft ungefähr $^1/_5$ Atmosphäre beträgt, beläuft sich die Menge des gelösten Sauerstoffs bei 20° C und 760 mm Luftdruck auf 6,5 cm³, das ist etwa 8 mg Sauerstoff in 1 Liter Wasser. Die Absorptionskoeffizienten β (der von 1 Raumteil Lösungsmittel bei der betreffenden Temperatur aufgenommene Raumteil Sauerstoff, reduziert auf 0° und 760 mm Hg, bei einem Teildruck des Sauerstoffs von 760 mm Hg) in Tab. 1 zeigen die Löslichkeit des Sauerstoffs in anderen Lösungsmitteln an:

Tabelle 1. Absorptionskoeffizienten β des Sauerstoffs in einigen Lösungsmitteln.

Lösungsmittel	Absorptionskoeffizient β bei 20° C	Bestimmt durch
Wasser	0,0315	Fox
Äthanol	0,2337	Timofejew
Methanol . . .	0,3186	Levi
Aceton	0,2997	Levi
Äther	0,4235	Christoff

Es ist zu ersehen, daß Sauerstoff ungefähr 8mal so leicht in Äthanol löslich ist als in Wasser. Die Löslichkeit des Sauerstoffs in Wasser-Alkoholgemischen besitzt ein Minimum in etwa 30 gew.-%igem Äthylalkohol.

Sauerstoff als erstes Glied der Untergruppe: Sauerstoff, Schwefel, Selen und Tellur in der VI. Gruppe des periodischen Systems nimmt trotz gewissen Ähnlichkeiten besonders mit Schwefel eine Sonderstellung ein. In den meisten Verbindungen ist Sauerstoff 2wertig. Der Nachweis von Sauerstoff gründet sich hauptsächlich auf Oxydationsvorgänge und auf die Erscheinungen, welche sie begleiten.

Nachweismethoden.

I. Nachweis von Sauerstoff.

§ 1. Nachweis mit physikalischen und physikalisch-chemischen Methoden.

1. Nachweis auf spektralanalytischem Wege[1]. **a) Emissionsspektralanalytisch.** Der spektralanalytische Nachweis von Sauerstoff hat wegen der Schwierigkeiten, mit denen die Anregung seines Spektrums verbunden ist, für die Praxis nur untergeordnete Bedeutung. Je nach Entladungsspannung und Druck, bei welchem der Sauerstoff angeregt wird, tritt das Linienspektrum oder das Bandenspektrum auf. Im Geißlerrohr emittiert Sauerstoff ein Bandenspektrum, das aber von einem Linienspektrum überlagert ist (Runge und Paschen). Durch einen kräftigen kondensierten Funken zwischen Metallelektroden wird neben den übrigen Bestandteilen der umgebenden Luft auch der Luftsauerstoff angeregt. Als Linien werden von de Gramont angegeben: 4641,8; 4596,2; 4591,0; 4447,0; 4414,9; 4349,4; 4189,8 und 4185,5; 4119,3; 4075,9 und 4072,3; 4069,9; 3749,5; 3727,3; 3408,3; 3390,3 Å.

Bei etwa 1 mm Druck weist Gatterer in einem besonderen Entladungsrohr Sauerstoff in Gasgemischen durch die Linie 4369 Å nach. Lundegårdh sowie Heyes gelingt der Sauerstoffnachweis bei Atmosphärendruck in einem abgeschlossenen Entladungsgefäß mit Quarzfenster unter Verwendung eines stark kondensierten Funkens. Heyes findet — nach steigender Empfindlichkeit geordnet — die Linien $\lambda = 4417$; 4122; 3750; 3390 Å als letzte Linien des Sauerstoffs.

[1] Mitbearbeitet von J. van Calker, Münster (Westf.).

Besonders bedeutungsvoll für den Sauerstoffnachweis sind die Untersuchungen von PFEILSTICKER, dem die Anregung des Sauerstoffspektrums mit seinem Niederspannungsfunken, und zwar auch neben leicht anregbaren metallischen Begleitelementen, gelingt. Es handelt sich dabei um die Entladung eines großen auf 220 Volt aufgeladenen Kondensators in einem besonderen Entladungsgefäß bei einem Druck von 5 bis 40 mm. Die Methode dient bei Ausschluß des Luftsauerstoffs zum Nachweis des Sauerstoffs in Metallen.

b) Absorptionsspektralanalytisch. Sauerstoff liefert auch ein Absorptionsspektrum, welches aus Banden, die sich zwischen $\lambda = 7590$ Å und 5400 Å befinden, besteht und mit demjenigen identisch ist, das durch den atmosphärischen Sauerstoff im Sonnenspektrum erzeugt wird. Das Absorptionsspektrum des Sauerstoffs ist jedoch sehr schwach. Die Untersuchung muß in sehr langen Röhren, die mit hoch gepreßtem oder flüssigem Sauerstoff gefüllt sind, ausgeführt werden. Vgl. hierzu Messungen von HERMAN. Der absorptionsspektralanalytische O_2-Nachweis wird analytisch kaum wesentliche Bedeutung erlangen. Dagegen kann er zur Untersuchung dicker Atmosphärenschichten herangezogen werden.

2. Nachweis durch Phosphorescenztilgung. Durch Belichtung angeregte Molekeln von festen Farbstoffadsorbaten (das glasartige Silicagel mit Trypaflavin oder mit Euchrisin 3 R oder mit Uranin) vermögen ihre Energie auf Sauerstoffmolekeln zu übertragen, wodurch sie zugleich ihr Phosphorescenzvermögen verlieren. Auf diese Tatsache läßt sich ein empfindlicher Sauerstoffnachweis gründen.

Ausführung. Die Adsorbate bereitet man durch Eintragen von 10 g des lufttrockenen Gels in 100 cm³ einer 0,25 millimolaren Farbstofflösung (95 cm³ Wasser + + 5 cm³ einer wäßrigen Lösung des käuflichen reinen Trypaflavins, enthaltend 5 Millimole, das ist 1,3 g des Farbstoffs im Liter). Zur Gleichgewichtseinstellung wird die Flüssigkeit in einem Kölbchen einen Tag lang unter öfterem Umschütteln erwärmt. Nach vollendeter Adsorption wird abgesaugt, mehrmals mit destilliertem Wasser gewaschen, im Trockenschrank vorgetrocknet und schließlich das vorgetrocknete Adsorbat in das flache Glaskölbchen des Sauerstoffprüfapparates gebracht. Dasselbe wird an die Hochvakuumpumpe angeschlossen; bei 130 bis 150° (Ölbad) werden der Wasserdampf und die anhaftenden Gase aus dem Adsorbat entfernt. Der Prüfapparat (s. Abb. 1) besteht aus einem flachen Kölbchen mit zwei Ansätzen, welche SCHIFFsche Hähne tragen. Der Dreiweghahn H_1 verbindet das Kölbchen durch den Schliff S mit der Hochvakuumpumpe bzw. mit dem zu prüfenden Gas. Durch den anderen einfachen Hahn H_2 treten die über das Adsorbat strömenden Gase aus; er dient auch zum Einfüllen des lufttrockenen Adsorbates. Das Adsorbat ist evakuiert glasklar, hellgelb und fluoresciert stark grün. Die Phosphorescenz beobachtet man am besten in einem etwas verdunkelten Raume. Als Lichtquelle dient z. B. ein Lichtbündel einer kleinen Bogenlampe, welches in der Nähe des Brennpunktes auf das Adsorbat fällt. Nach einer Belichtungsdauer von 1 bis 2 Sek. wird die Bogenlampe rasch abgewendet und die Dauer und Helligkeit der Phosphorescenz beobachtet. Die Farbstoffadsorbate mit einer sekundenlangen Nachleuchtdauer verlieren schon bei 0,001 bis 0,0001 mm Sauerstoffdruck die Fähigkeit nachzuleuchten. Mit Hilfe von Trypaflavinadsorbaten ist Sauerstoff noch bei Partialdrucken von zehntausendstel mm Hg nachweisbar. — Die Regeneration des Farbstoffadsorbates erfolgt durch erneute Belichtung. Im Lichte wird Sauerstoff verbraucht; die Zeit,

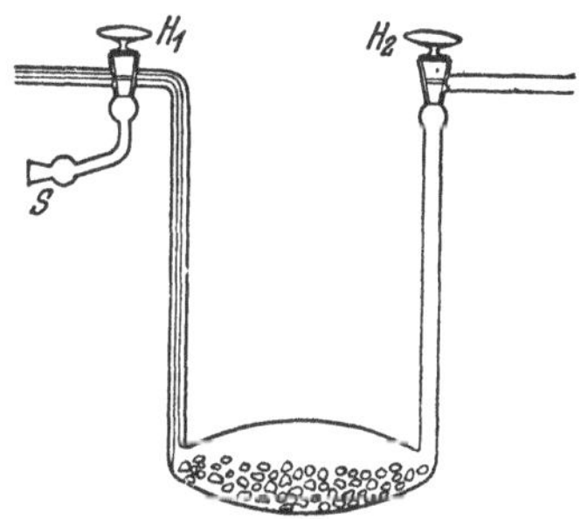

Abb. 1. Der Sauerstoffprüfapparat durch Phosphorescenztilgung (nach H. KAUTSKY und A. HIRSCH).

die zu seiner Fortschaffung benötigt wird, ist um so größer, je höher die Sauerstoffkonzentration war (KAUTSKY und HIRSCH).

3. Nachweis durch Nachleuchterscheinungen. Kleine Mengen Sauerstoff in Stickstoff lassen sich durch Nachleuchterscheinungen, die unter dem Einfluß von elektrischer Entladung auftreten, feststellen. Der ganz reine Stickstoff zeigt kein Nachleuchten. Beimengungen schon unterhalb von $5 \cdot 10^{-5}$ Vol.-% Sauerstoff, Wasserdampf oder Kohlenwasserstoffen lösen bereits das Leuchten aus. Bei Anwesenheit von etwa 10^{-3} Vol.-% von diesen Gasen ist das Nachleuchten sehr stark, bei 10^{-2} Vol.-% jedoch schon nicht mehr wahrnehmbar. Argon oder Wasserstoff beeinflussen das Nachleuchten des Stickstoffs nicht (HEYNE).

4. Nachweis durch Fluorescenz des gasförmigen Acetons. Reiner Acetondampf fluoresciert ziemlich intensiv grün. In Gegenwart von einer Spur Sauerstoff in der Reaktionszelle fluoresciert der Acetondampf dagegen blau. Die blaue Fluorescenz wird nicht gestört durch Stickstoff, Wasserstoff, Kohlenoxyd, Kohlendioxyd, Chlor, Methan, Äthan, Äthylen, Äther und Wasserdampf.

Erfassungsgrenze: 16 γ Sauerstoff (DAMON).

5. Elektrochemischer Nachweis. **a) Mit Kupferelektrode.** Gase können auf die Anwesenheit von Sauerstoff mit einer Kupferelektrode, die teilweise in eine wäßrige Lösung einer Ammoniumverbindung eintaucht, geprüft werden. Das Gas wird mit dem herausragenden Elektrodenteil in Berührung gebracht, der gleichzeitig mit dem Elektrolyten befeuchtet wird. Es tritt ein Gleichgewicht zwischen der Einwirkung des Sauerstoffs auf die Elektrode und der Entfernung des Oxydationsproduktes von der Elektrode durch den Elektrolyten ein. Dabei wird die elektromotorische Kraft zwischen dieser (halbgetauchten) Kupferelektrode und einer anderen Kupferelektrode, die ganz in den Elektrolyten eintaucht, gemessen (JACOBSON).

b) Auf polarographischem Wege. Wäßrige oder alkoholische Lösungen, welche Sauerstoff enthalten, verursachen bei der Elektrolyse mit der tropfenden Quecksilberkathode an der Stromspannungskurve zwei gleich große Stufen, bei Spannung 0 und $-0{,}8$ V, welche der kathodischen Reduktion $O_2 + 2e \longrightarrow O_2''$ und $O_2'' + 4H^{\cdot} + 2e \longrightarrow 2H_2O$ entsprechen. Somit können noch 0,8 mg pro Liter, d. h. in der erforderlichen Menge von 0,01 cm³ der Lösung 0,008 γ Sauerstoff erfaßt werden (VÍTEK). Falls Sauerstoff in Gasen nachzuweisen ist, sättigt man mit dem Gas eine wäßrige oder methylalkoholische Lösung und untersucht die Lösung polarographisch auf die zwei Sauerstoffstufen. Es können noch 0,5% Sauerstoff in Gasen bestimmt werden (HEYROVSKÝ, S. 288, 293).

6. Calorimetrischer Nachweis. Auch die bei einigen Reaktionen mit Sauerstoff entstehende Wärme kann zum Nachweis von Sauerstoff verwertet werden. So kann z. B. die beim Überleiten eines Gasgemisches, das mehr als 0,1 Volumen Sauerstoff enthält, auftretende Erwärmung der mit Schwefelwasserstoff gesättigten Gasreinigungsmasse zum Nachweis von Sauerstoff in Leuchtgas dienen (KROPF). Zur Prüfung von indifferenten Gasen, insbesondere von Transformatorengasen, auf Sauerstoffgehalt wird folgendermaßen vorgegangen: Das zu untersuchende Gas wird über erhitzte Kohle oder ein anderes, leicht oxydierbares Material geleitet. Die Kohle wird auf etwa 150° C erhitzt. Beim Durchleiten von sauerstoffhaltigem Gas verbrennt die Kohle sofort und die dabei entwickelte Wärme, die gemessen wird, dient zum Nachweis und zur Bestimmung des Sauerstoffs im Gasgemisch (STYER).

§ 2. Nachweis auf chemischem Wege.

1. Nachweis durch Aufflammen glimmender Kohle. Der glimmende Holzspan flammt in Sauerstoff oder im sauerstoffhaltigen Gasgemisch auf. Nur noch das Stickstoffoxydul, N_2O, ruft die gleiche Erscheinung hervor. Bringt man jedoch das geprüfte Gasgemisch mit Stickstoffoxyd, NO, in Berührung, so bilden sich bei Anwesenheit von Sauerstoff braune Dämpfe von Stickstoffdioxyd, NO_2, wogegen mit Stickstoffoxydul keine Änderung auftritt. So läßt sich auch der in einigen anorganischen Verbindungen gebundene Sauerstoff nachweisen, z. B. in Quecksilber(II)oxyd, das beim Erhitzen im Glühröhrchen in Quecksilber und Sauerstoff zerfällt; ähnlich verhält sich das Silberoxyd. Auch andere sauerstoffreiche Verbindungen, wie MnO_2, PbO_2, $KClO_3$, $AgJO_3$, entwickeln beim Erhitzen Sauerstoff. Über den Nachweis in organischen Verbindungen s. I. § 2, 6.

2. Nachweis mit Metallen. Eine blanke glühende Kupferspirale, ein Kupferdrahtnetz oder Kupferspäne bedecken sich in Sauerstoff oder in sauerstoffhaltigem Gasgemisch mit einer Oxydschicht. Der auf dunkle Rotglut erhitzte Wolframdraht weist bei Gegenwart von Spuren von Sauerstoff Anlauffarben auf; reduzierende Gase, wie Wasserstoff, stören. Kohlendioxyd und Wasserdampf verursachen dieselben Erscheinungen. So lassen sich noch $2 \cdot 10^{-4}$ Vol.-% Sauerstoff in Stickstoff nachweisen (HEYNE).

3. Nachweis durch Absorption. Die Absorptionsmethoden der Gasanalyse dienen gleichzeitig zum Nachweis und durch die festgestellte Verminderung des Gasvolumens auch zur quantitativen Bestimmung des Sauerstoffs. Für den Nachweis sind jedoch die die Absorption begleitenden Erscheinungen von Wichtigkeit.

a) Nachweis mit feuchtem Phosphor. Verdrängt man aus einem geeigneten, ganz mit Wasser und mit dünnen, frisch hergestellten Stangen aus weißem Phosphor gefüllten Absorptionsapparat, z. B. aus einer HEMPELschen tubulierten Gaspipette, das Wasser durch das zu untersuchende Gas oder Gasgemisch, so tritt in Berührung mit feuchtem Phosphor sofort die Sauerstoffabsorption ein. Das geschieht unter Bildung eines weißen Nebels der phosphorigen Säure, der längere Zeit bestehen bleibt. Wird die Absorption in einem verdunkelten Raume ausgeführt, so zeigt sich noch das bekannte Leuchten, dessen Verschwinden als Zeichen für die Beendigung der Sauerstoffabsorption dienen kann. Noch 10^{-5} Vol.-% Sauerstoff in Stickstoff oder in Edelgasen lassen sich auf diese Weise nachweisen (HEYNE).

Die Schnelligkeit der Absorption des Sauerstoffs durch feuchten Phosphor hängt von der Temperatur, der Konzentration des Sauerstoffs und von den begleitenden Stoffen ab. Sie verläuft bei 20^0 ziemlich rasch; bei 15^0 macht sich schon eine auffallende Verlangsamung bemerkbar und bei 5^0 hört sie auf. Der Sauerstoff allein wird, sofern die Temperatur nicht höher als 23^0 C ist, vom Phosphor so gut wie nicht aufgenommen. Am besten verläuft die Reaktion, wenn sich in dem Gasgemische weniger als die Hälfte des Volumens Sauerstoff befindet. Die Sauerstoffabsorption durch feuchten Phosphor können folgende Stoffe beeinträchtigen oder völlig verhindern: Phosphorwasserstoff, Schwefelwasserstoff, Schwefeldioxyd, Jod, Brom, Chlor, Stickstoffdioxyd, Äthylen, Acetylen, Äther, Alkohol, Petroleum, Terpentinöl, Benzol und viele ätherische Öle. Schon $^1/_{1000}$ des Volumens an Phosphorwasserstoff, $^1/_{4000}$ des Volumens an Äthylen und noch weniger Terpentinöldampf genügt zur Verhinderung der Reaktion zwischen Phosphor und Sauerstoff.

Die mit Phosphor gefüllten Gefäße müssen im Dunkeln aufbewahrt werden. Das Sperrwasser soll ab und zu erneuert werden. Unter diesen Umständen reicht eine Füllung lange aus (HEMPEL, S. 139).

b) Nachweis mit alkalischer Pyrogallollösung. Die wäßrige Lösung von Pyrogallol, $C_6H_3(OH)_3$, verändert sich an der Luft nur langsam. Versetzt man dieselbe mit Alkali, so nimmt sie den Sauerstoff mit großer Begierde auf und färbt sich dabei zuerst violett und dann braun. 1 g Pyrogallussäure, gelöst in 20 cm^3 Kalilauge (D 1,166), kann ungefähr 270 cm^3 Sauerstoff absorbieren. Die Reaktion dient in folgender Ausführung zum empfindlichen Nachweis von sehr kleinen Sauerstoffmengen: In einem Reagensglas wird 1 cm³ ausgekochtes, kaltes Toluol nacheinander mit 2 cm³ ausgekochter, kalter Kaliumhydroxydlösung und 1 cm³ ausgekochter, kalter Pyrogallollösung unterschichtet. Die so dargestellte, farblose, alkalische Pyrogallollösung färbt sich beim Schütteln durch den Sauerstoff blauviolett, später braun. Auf diese Weise läßt sich eine Sauerstoffmenge von 0,020 cm³ in 250 cm³ Stickstoff in 2 Min. nachweisen. Die Reaktion läßt sich zur Prüfung von Vakuumapparaten auf Dichtigkeit und zum Nachweis von Sauerstoff in Stickstoff, Wasserstoff, Acetylen, Kohlenmonoxyd, Stickstoffoxydul, Stickstoffoxyd und Ammoniak verwenden. Sie wird durch die Anwesenheit von Kohlendioxyd, Schwefeldioxyd, Cyanwasserstoff, Chlor und Brom gestört [Schmalfuss und Werner (a)]. Die Kalilauge ist den anderen Alkalien vorzuziehen (Henrich). Beim Einwirken von Sauerstoff, besonders in größeren Konzentrationen, auf die alkalische Pyrogallollösung wird Kohlenoxyd gebildet. Mit Luft entstehen nur Spuren von demselben (Drakeley und Nicol). Alkalische Pyrogallollösung wirkt selbstverständlich durch die Hydroxydkomponente auch auf die Kohlensäure absorbierend. Diese Reaktion wird aber nicht von einer Verfärbung der Lösung begleitet.

c) Nachweis mit Natriumdithionit (Natriumhyposulfit) in alkalischer Lösung. Die mit Natrium- oder Kaliumhydroxyd stark alkalisch gemachte, wäßrige Lösung des Natriumdithionits (-hyposulfits), $Na_2S_2O_4$, absorbiert sehr stark Sauerstoff nach der Gleichung: $2\,Na_2S_2O_4 + O_2 + 4\,NaOH = 4\,Na_2SO_3 + 2\,H_2O$. 1 g Salz vermag ungefähr 64 cm³ Sauerstoff zu absorbieren. Die Reagenslösung (50 g Salz in 250 cm³ Wasser, versetzt mit 40 cm³ der 40%igen Natronlauge) in einem geeigneten Gefäß absorbiert den Sauerstoff beim bloßen Stehenlassen mit dem Gasgemisch in 3 bis 4 Min. Die Absorption findet ebensogut mit reinem Sauerstoff, wie mit Gemischen mit anderen Gasen statt. Nur die Kohlensäure wirkt störend. Irgendeine Verfärbung oder eine andere Erscheinung außer der Volumverminderung kommt nicht vor (Franzen). Bei Gegenwart von Kaliumhydroxyd vollzieht sich die Absorption von Sauerstoff wesentlich rascher. Die Absorptionsflüssigkeit besteht aus 31 g Natriumdithionit, 11,5 g Kaliumhydroxyd und 180 cm³ Wasser (Henrich und Kuhn). Einen Nachweis von Sauerstoff in Leichenteilen mit diesem Reagens empfiehlt Dyrenfurth.

d) Nachweis mit anderen Mitteln. Außerdem können auch andere Absorptionsmittel Verwendung finden, z. B. blankes Kupfer in der Lösung des Ammoniumcarbonats mit Ammoniak (Hempel, S. 142), ferner Chrom(II)chlorid (von der Pfordten) oder Titan(III)chlorid, die in saurer Lösung Sauerstoff begierig aufnehmen, ohne jedoch dabei auffallende Farbänderungen aufzuweisen. Zur Analyse von Gasgemischen, welche Kohlenoxyd oder Acetylen enthalten, eignet sich die Kupfermethode nicht.

4. Nachweis durch Farbreaktionen. **a) Nachweis mit alkalischer Brenzcatechin-Eisen(II)sulfatlösung.** In einer Lösung von Brenzcatechin, $C_6H_4(OH)_2$ [Benzolring mit zwei benachbarten OH-Gruppen], und Eisen(III)-salz entsteht durch Alkalilauge eine tiefrote Färbung, verursacht durch Alkalisalze der roten Tribenzcatechin-ferri-säure. Verwendet man statt des Eisen(III)salzes ein Eisen(II)salz bei Abwesenheit von Sauerstoff, so entsteht eine farblose Lösung der Alkalisalze der Brenzcatechin-Eisen(II)säure. Die Lösung nimmt Sauerstoff hastig auf und färbt sich rot, indem sich die Brenzcatechin-Eisen(II)salze zu Brenzcatechin-Eisen(III)salzen oxydieren:

$$2\,FeSO_4 + 6\,C_6H_4(OH)_2 + 10\,KOH + O = 2[Fe(C_6H_4O_2)_3]K_3 + 2\,K_2SO_4 + 11\,H_2O.$$

Ausführung. Zum Nachweis von Sauerstoff leitet man in die unter peinlichstem Ausschluß von Luft bereitete Reagenslösung im geeigneten Apparat das geprüfte Gasgemisch ein, wobei die auftretende Rotfärbung den Sauerstoff verrät.

Der Apparat, s. Abb. 2, besteht aus dem etwa 21 cm hohen Glaszylinder Z, der einen Durchmesser von 2,6 cm hat. Das Rohr des Scheidetrichters T von etwa 100 cm³ Inhalt endigt unter dem zweimal durchbohrten Gummistopfen im Zylinder Z. Das Capillarrohr K geht fast bis auf den Boden des Zylinders. V ist ein Gasventil, in dem sich Wasser befindet.

In den trockenen Zylinder bringt man 0,4 g MOHRsches Salz und 0,5 g Brenzcatechin; hierauf füllt man das Trichterrohr des Scheidetrichters T bei geöffnetem Hahn B durch Ansaugen mit ausgekochtem Wasser bis oberhalb des Hahns, worauf man diesen (B) verschließt. Sodann wird der Gummistopfen mit Scheidetrichter und Capillare auf den Zylinder gesetzt und sauerstoffreier Wasserstoff (gereinigt durch Waschen mit alkalischer Lösung des Natriumdithionits, s. I. § 2, 3c) bei geöffneten Hähnen C und A durchgeleitet. Hierauf füllt man etwa 60 cm³ ausgekochtes, mit 5 Tropfen verdünnter Schwefelsäure angesäuertes Wasser in den Scheidetrichter T und leitet durch die Glasröhre R etwa 15 Min. den Wasserstoff ein. Dann schließt man den Hahn D und läßt den Wasserstoffstrom durch den Zylinder langsam hindurchgehen. Hierauf öffnet man den Hahn B und läßt das Wasser in den Zylinder fließen, schließt aber B wieder, noch ehe das gesamte Wasser aus dem Trichtergefäß ausgelaufen ist, so daß das Trichterrohr mit Wasser gefüllt bleibt, und verstärkt den Wasserstoffstrom im Zylinder. Man füllt dann in den Scheidetrichter T etwa 15 cm³ 15%ige Kali- oder Natronlauge und leitet einen mäßigen Wasserstoffstrom mittels der Röhre R etwa 45 Min. ein. Dann werden die Hähne C und D geschlossen; die Lauge läßt man nun durch Öffnen von B in den Zylinder fließen, wobei wieder zu beachten ist, daß der Hahn B, ehe alle Lauge aus dem Gefäß ausgelaufen ist, geschlossen werden muß. Man schließt sodann A. Die Flüssigkeit soll farblos oder sehr schwach rosa gefärbt sein.

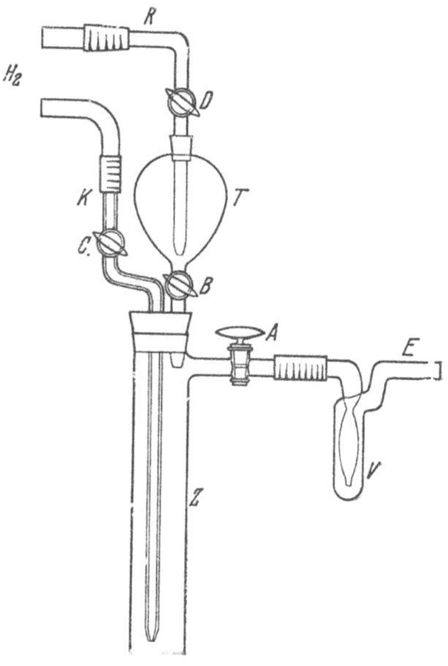

Abb. 2. Der Apparat zum Nachweis von Sauerstoff mit alkalischer Brenzcatechin-Eisen(II)sulfatlösung (nach K. BINDER und R. F. WEINLAND).

Bei geschlossenem Hahn C wird der Gaszuleitungsschlauch bei K entfernt und ein kurzer Druckschlauch auf K aufgesetzt. Die Capillare K sowie der Druckschlauch werden mit ausgekochtem und von gelöstem Sauerstoff befreitem Wasser bis zum Hahn C gefüllt und die Zuleitungscapillare des geprüften Gasgemisches in den Druckschlauch hineingedrückt. Bei geöffnetem Hahn C reguliert man durch den Hahn A den langsamen Zutritt des Gases in die Reagenslösung. Man läßt einige Blasen des zu prüfenden Gases hindurchgehen und schließt dann die Hähne C und A. Die Reaktionsflüssigkeit färbt sich zuerst an der Berührungsstelle mit den Gasblasen rot, später färbt sich auch die Oberfläche derselben. Bei größeren Mengen Sauerstoff verbreitet sich die Rotfärbung beim Umrühren in der ganzen Flüssigkeit.

Aus den gegebenen Beispielen läßt sich die Empfindlichkeit der Reaktion von etwa 3 γ Sauerstoff in 100 cm³ Gasgemisch ableiten. Die Reaktion eignet sich zum Nachweis von gelöstem Sauerstoff in Flüssigkeiten, z. B. in natürlichen Wässern (BINDER und WEINLAND).

b) Nachweis mit alkalischer Mangan(II)salzlösung. In einer mit Lauge alkalisch gemachten Lösung werden Mangan(II)salze zur Mangan(III)stufe durch den Sauerstoff oxydiert, was man bei Zusatz von Kaliumjodid und Stärkelösung unter gleichzeitigem Ansäuern durch Blaufärbung der Lösung wahrnehmen kann.

Ausführung. Das zu untersuchende Gas befindet sich in einer Gasbürette B von 100 cm³ Inhalt über Quecksilber, s. Abb. 3. B hat oben einen Dreiweghahn c, der einerseits mit dem Absorptionsapparat A, anderseits mit einem Gasentwickler oder einer Gasbombe verbunden ist. In dem Absorptionsapparat A befindet sich ein eingeschmolzenes Sinterglasfilter a (z. B. SCHOTT 1 G 3/5—7). Ist der Hahn b geschlossen, so kann keine Flüssigkeit durch das Filter gehen. Zum Entfernen von Sauerstoff aus der Reagenslösung wird ein mäßiger Strom von sauerstoffreiem Wasserstoff oder Stickstoff eingeleitet. Das durchströmende Gas wird durch das Sinterglasfilter so fein verteilt, daß dadurch ein vollständiges Entfernen des Sauerstoffs in kurzer Zeit (schon in etwa 3 Min.) ermöglicht ist. Der Absorptionsapparat ist durch einen Kautschukpfropfen verschlossen, in welchem ein 5 cm langes Glasrohr d von 8 mm Durchmesser befestigt ist. Der Apparat wird mit 1 cm³ konzentrierter Mangan(II)chloridlösung (1 g $MnCl_2 \cdot 4\,H_2O$ in 2 g Wasser) und 50 cm³ Wasser beschickt und die Lösung luftfrei gemacht. Nun versetzt man diese Lösung mit 1 cm³ jodkaliumhaltiger konzentrierter Natronlauge (20 g KJ, 33 g NaOH auf 100 cm³ Wasser) mittels einer engen langstieligen Pipette ohne den Gasstrom zu unterbrechen und verschließt sofort den Apparat mit einem Korken, in dem eine 20 cm lange Capillare e befestigt ist. Nun treibt man das in der Bürette befindliche Gas durch Einstellen des Dreiwegehahnes und Heben des Niveaurohres in möglichst langsamem Strome durch die Mangan(II)hydroxyd enthaltende Flüssigkeit hindurch. Nachher wird durch die ganze Apparatur Wasserstoff oder Stickstoff geleitet. Schließlich wird der Niederschlag in 3 bis 4 cm³ konzentrierter Salzsäure (D 1,19) gelöst und 1 cm³ Stärkelösung zugesetzt; beide Reagenzien werden wiederum mittels einer langstieligen Pipette in die Flüssigkeit gebracht.

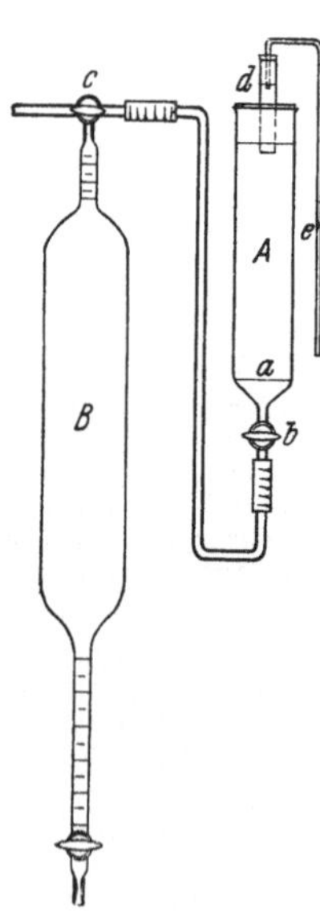

Abb. 3. Apparat zum Entfernen und Nachweis von Sauerstoff (nach E. SCHULEK).

Durch Blaufärbung lassen sich noch 0,02 cm³ Sauerstoff in 100 cm³ Gasgemisch bei 5 Min. langem Durchleiten deutlich nachweisen (SCHULEK), s. auch MEYER und GHIJSEN. — Löst man den bei der Sauerstoffbestimmung durch Mangan(II)salz und Kaliumhydroxyd entstandenen Niederschlag in Säure wieder auf und gibt eine salzsaure Lösung von o-Tolidin, $H_3C(H_2N)C_6H_3{-}C_6H_3(NH_2)CH_3$, hinzu, so ermöglicht die entstandene blaugrünliche Färbung eine Ermittlung des Sauerstoffgehalts bis herab zu Mengen von 0,05 cm³ in 1 Liter Wasser (MC CRUMB und KENNY).

c) Nachweis mit Stickstoffoxyd und Diphenylaminschwefelsäure. Die Eigenschaft des Sauerstoffs sich mit Stickstoffoxyd, NO, zu verbinden, wird zum Nachweis von Sauerstoff in sauren Gasen folgendermaßen verwendet: An die Wand eines mit 1 cm³ Wasser beschickten Gefäßes wird ein mit Diphenylaminschwefelsäure getränkter Filtrierpapierstreifen befestigt, das Gefäß evakuiert und etwas Stickstoffoxyd, das, aus Nitrat und Eisen(II)sulfat hergestellt, über alkalischer Pyrogallollösung aufgefangen und damit vor der Anwendung gut durchgeschüttelt wird, eingelassen. Darauf läßt man das zu prüfende Gasgemisch ein. Bei Gegenwart von Sauerstoff färbt sich der Streifen tiefblau. Zur Entgiftung des Apparates wird nach dem Versuch 2 Min. lang evakuiert. So gelingt es noch 0,01 Vol.-% Sauerstoff nachzuweisen [SCHMALFUSS und WERNER (b)].

d) Nachweis mit reduzierten Farbstoffen. Zum Nachweis von Sauerstoff können die reduzierten Formen von manchen Farbstoffen oder die Lösungen ihrer Leukobasen verwendet werden. Zum Beispiel ist die gut gepufferte, saure, mit eben der nötigen Menge Titantrichlorid in der sauerstoffreien Atmosphäre von Stickstoff, Wasserstoff oder Kohlendioxyd entfärbte Lösung von Methylenblau gegen Sauerstoff sehr empfindlich. Wird die Lösung mit sauerstoffhaltigem Gasgemisch in Berührung gebracht oder durchgeschüttelt, so färbt sie sich blau. Mit Safranin tritt unter ähnlichen Bedingungen rotviolette Färbung auf. Auch andere Redoxindicatorfarbstoffe, wie Indigocarmin, können angewendet werden (EFIMOFF). Zum Nachweis von Sauerstoff in strömenden Gasen eignet sich die mit Natriumdithionit reduzierte Lösung der 5,5'-Indigosulfosäure (MACURA und WERNER).

e) Biochemischer Nachweis durch Melaninbildung. Die Bildung von Melanin aus β-(3,4-Dioxyphenyl)-α-Alanin, $HO(HO)C_6H_3—CH_2 \cdot CHNH_2 \cdot COOH$, auf den mit Raupenblut getränkten Filtrierpapierstreifen an der Luft, erfolgt schon bei sehr geringer Sauerstoffkonzentration und wird nicht durch Stickstoff, Wasserstoff, Kohlenoxyd oder Kohlendioxyd gestört. Störend wirken Brom, Chlor, Schwefelwasserstoff, Cyanwasserstoff und Schwefeldioxyd. Darauf wurde folgender Nachweis des Sauerstoffs gegründet: Das zu prüfende Gasgemisch, nötigenfalls von den letztgenannten Gasen befreit, wird in einer zugeschmolzenen Glaskugel in ein kleines schräggestelltes Pulverglas mit 1 bis 3 cm³ der 2%igen wäßrigen Lösung der obigen Verbindung gebracht, an dessen Wandung, getrennt von der Lösung, zwei Streifen Raupenblutpapier (hergestellt z. B. aus dem Blut der Raupe Gastropacha quercifolia ab. alnifolia) feucht befestigt sind. Nach Durchleiten von sauerstoffreiem Stickstoff werden die Teststreifen mit der Lösung benetzt und, wenn sie innerhalb von 1 bis 2 Std. auch nach Verschiebung des zu erwähnenden Glasstabes keine Farbänderung erfahren, wird die Kugel durch einen unten abgeplatteten Glasstab, der durch den Kautschukstopfen hindurchgeführt ist, zertrümmert. Es wird abgewartet, ob eine Schwärzung der Streifen eintritt, je nach der vorhandenen Sauerstoffkonzentration 3 Min. bis 24 Std. (SCHMALFUSS).

Tabelle 2. Empfindlichkeiten einiger Sauerstoffnachweise.

Reagens	Erscheinung	Empfindlichkeit, γ Sauerstoff in	Bestimmt von	Angaben
Polarographischer Nachweis	—	0,008 in 0,01 cm³ Lösung	VÍTEK	—
Silicagel + + Trypaflavin	Phosphorescenz-tilgung	0,015 in 100 cm³ Gasgemisch*	KAUTSKY und HIRSCH	Bei 0,0001 mm Hg Sauerstoffdruck
Acetondampf	Blaue Fluorescenz	16 in etwa 1 cm³ Gasgemisch	DAMON	—
Brenzcatechin + + $FeSO_4$ + KOH	Rotfärbung	3 in 100 cm³ Gasgemisch**	BINDER und WEINLAND	—
Pyrogallol + + KOH	Blauviolette bis braune Färbung	10 in 100 cm³ Gasgemisch*	SCHMALFUSS und WERNER (a)	0,02 cm³ in 250 cm³ Stickstoff
NO + Diphenylamin-H_2SO_4-papier	Blaufärbung	12 in 100 cm³ Gasgemisch*	SCHMALFUSS und WERNER (b)	0,01 Vol.-%
$MnCl_2$ + KJ + + NaOH. HCl + Stärkelösung	Blaufärbung	24 in 100 cm³ Gasgemisch*	SCHULEK	0,02 Vol.-%
$MnCl_2$ + KOH. HCl + o-Tolidin	Blau-grünliche Färbung	6 in 100 cm³ Lösung	McCRUMB u. KENNY	0,05 cm³ in 1 Liter Lösung

* Umgerechnet. ** Geschätzt.

5. Nachweis in einer nicht-wäßrigen Lösung. Läßt man Phosphortribromid auf Kupfersalze, besonders auf festes oder gelöstes Kupfer(II)nitrat einwirken und mischt nach dem Erkalten unter Umschütteln mit Äther durch, so erhält man allmählich eine farblose, in verschlossenen Gefäßen gut aufzubewahrende Mischung, die ein empfindliches Sauerstoffreagens ist. Sie reagiert mit reinem Sauerstoff, oder dem Luftsauerstoff, oder mit dem in Äther, in Alkohol oder in anderen organischen Lösungsmitteln gelösten, ja sogar mit dem in Hydroperoxyd gebundenen Sauerstoff. Bei Mischungen, bei denen gelöstes Kupfer(II)nitrat verwendet wurde, wird schon beim bloßen Lüften des Aufbewahrungsgefäßes und Umschütteln die Ätherschicht sofort grün, die untere Flüssigkeitsschicht purpurrot. Gleich darauf entfärbt sich der Äther, nach einigen Minuten die untere Schicht, worauf die Reaktion von neuem wiederholt werden kann. Ist die Mischung mit festem Kupfer(II)nitrat bereitet, dann ist sie etwas gelbgrün. Sie färbt sich beim Lüften und Lufteinlassen sofort intensiv grün, um sich nach einigen Minuten gleichfalls zu entfärben. Durch die Absorption des Sauerstoffs findet dabei die Oxydation des gebildeten Kupfer(I)-bromids und der phosphorigen Säure statt (CHRISTOMANOS).

6. Nachweis in organischen Verbindungen. **a) Nachweis durch Verbrennung.** Der Nachweis von Sauerstoff in organischen Stoffen wird in der Weise geführt, daß die Substanz mit genügender Menge Kohle im sauerstoffreien Wasserstoffstrome verbrannt und das entstandene Kohlendioxyd mit Bariumhydroxyd nachgewiesen wird. Verschiedene Einrichtungen, auch für quantitative Bestimmung, wurden vorgeschlagen (BOSWELL; BOWEN und BOURLAND; IWANEI).

b) Nachweis durch Auflösen von Jod. In besonderen Fällen kann zum Nachweis der sauerstoffhaltigen organischen Verbindungen auch die Eigenschaft des Jods, sich in sauerstoffreien Lösungsmitteln mit violetter Farbe zu lösen, benutzt werden. Zum Beispiel erscheint eine Lösung von 1 Teil Jod in 1000000 Teilen Benzol in 90 cm dicker Schicht noch deutlich violett; dagegen bei Gegenwart von 2% Äther bereits rein braun (PICCARD; WÜSTNER). Ausnahmen bei WÜSTNER: Fr. **88**, 194 (1932).

c) Nachweis durch Löslichkeit von Eisen(III)rhodanid. Der Nachweis in organischen Verbindungen, die weder Stickstoff noch Schwefel enthalten, beruht auf der Löslichkeit von Eisen(III)rhodanid in sauerstoffhaltigen organischen Verbindungen, während in Kohlenwasserstoffen und Halogenderivaten dasselbe gänzlich unlöslich ist. Der Nachweis wird vorteilhaft mit Reagenspapier („Ferroxpapier") ausgeführt. So lassen sich noch Spuren von sauerstoffhaltigen Verbindungen in Kohlenwasserstoffen oder ihren Halogenderivaten nachweisen (DAVIDSON).

Die Herstellung des Reagenspapiers. Erste Lösung: 1 g Eisen(III)chlorid in 10 cm^3 Methanol. Zweite Lösung: 1 g Kaliumrhodanid in 10 cm^3 Methanol. Nach dem Zusammengießen beider Lösungen filtriert man den Niederschlag ab und tränkt mit dem Filtrat Filtrierpapier, trocknet an der Luft und wiederholt die Tränkung mehrmals. Zerschnittene etwa 5 mm breite Papierstreifen, welche einen grünen Reflex ähnlich den Fuchsinkrystallen zeigen, lassen sich in gut verschlossenem Gefäße, vor Licht geschützt, lange aufbewahren.

Ausführung der Reaktion. Man bringt etwa 5 Tropfen der zu prüfenden Flüssigkeit auf einen Reagenspapierstreifen. Handelt es sich um feste Stoffe, so stellt man sich von ihnen möglichst gesättigte Lösungen in Kohlenwasserstoffen oder deren Hologenderivaten her, in denen man die Löslichkeit des Stoffes beobachtet hat. Ein positiver Ausfall der Reaktion zeigt sich durch Eintritt einer dunkel-weinroten Färbung der Flüssigkeit an (DAVIDSON).

II. Nachweis von Ozon, O_3.

Das Ozon ist eine allotrope Modifikation des Sauerstoffs. Da das Gleichgewicht zwischen beiden Modifikationen bei gewöhnlicher Temperatur sehr zu ungunsten des

Ozons auf die Sauerstoffseite verschoben wird, kann sich das Ozon in der Natur nur dort finden, wo es ständig neu entsteht. Das geschieht in der Atmosphäre bei Gewittern und in hohen Luftschichten infolge der starken ultravioletten Sonnenstrahlung. Die Anwesenheit des Ozons in natürlichen Quellwässern von Fiuggi und Monte Amiato in einer Menge bis zu 0,13% wurde nachgewiesen (NASINI und PORLEZZA).

Schwach ozonisierter Sauerstoff ist ein farbloses Gas von eigentümlichem, an Chlor und Stickstoffoxyde erinnerndem Geruche. Dieser Geruch ist ein sehr gutes Anzeichen für die Anwesenheit des Ozons und ist bei 0,0004 Atm. Partialdruck des Ozons deutlich wahrnehmbar (JAHN). Als Grenzkonzentration der Wahrnehmbarkeit des Geruches wird der Druck von 0,00001 bis 0,000001 Atm. angegeben, was im Mittel einem Gehalt von etwa 10 γ Ozon in 1 Liter Luft entspricht (JANNASCH und GOTTSCHALK). Komprimiertes, stark ozonisiertes Sauerstoffgas ist blau.

Ozon ist 1,5mal dichter und auch in Wasser löslicher als Sauerstoff (etwa 0,96 g in 1 Liter). Die unbeständige wäßrige Lösung zeigt den typischen Ozongeruch und die Reaktionen des Ozons. In verdünnten Säuren gelöst ist Ozon etwas beständiger. Infolge der geringen Löslichkeit in konzentrierter Schwefelsäure kann Ozon über derselben aufbewahrt und gemessen werden (BRODIE). Ozon löst sich auch in verschiedenen organischen Lösungsmitteln, wie in Eisessig, Chloroform oder Tetrachlorkohlenstoff, auf; in dem letztgenannten ist das Ozon 7mal löslicher als in Wasser (FISCHER und TROPSCH).

Das Ozon wirkt auf die photographische Platte, regt die Sidotblende zum Leuchten an und ruft besonders beim Zerfall in Sauerstoff Leuchterscheinungen hervor. Es verursacht ferner eine so starke Absorption von ultravioletten Strahlen in der Umgebung von $\lambda = 2550$ Å (MEYER), daß man diese Eigenschaft zum Ozonnachweis verwenden kann (HALLWACHS). Außerdem weist Ozon ein Absorptions-Bandenspektrum von etwa 13 Banden im ganzen sichtbaren Spektrum auf.

Das Ozon ist ein starkes Oxydationsmittel. Normalpotential, E_h, des Vorganges:

$$O_3 + 2\,H^{\cdot} + 2\,e \rightleftarrows H_2O + O_2$$

wird mit dem Werte +1,8 Volt angegeben (JAHN). Das Ozon ist ein stärkeres Oxydans als Sauerstoff und Wasserstoffperoxyd. Dies zeigt sich besonders bei der weitgehenden Oxydation vieler organischer Verbindungen; z. B. werden Indigolösung sowie andere Farbstoffe entfärbt; Guajactinktur wird zuerst blau, dann folgt eine Zersetzung; Blut wird zu einer farblosen Flüssigkeit oxydiert. Terpentinöl absorbiert Ozon hastig. Kautschuk wird vom Ozon angegriffen; deshalb sind die Kautschukverbindungen beim Arbeiten mit Ozon zu vermeiden. Die Oxydationskraft des Ozons wird praktisch zur Desinfektion ausgenützt.

Der Verlauf der Oxydationsreaktionen des Ozons ist in manchen Fällen durch die vorübergehende Bildung des Wasserstoffperoxyds oder von Stoffen peroxydischen Charakters recht verwickelt. Es ist bekannt, daß für die Oxydationswirkung des Ozons die Anwesenheit von Spuren von Wasser oder von Wasserdampf unbedingt nötig ist. Mit Wasserstoffperoxyd in alkalischer Lösung oder mit seinem Überschuß in saurer Lösung reagiert Ozon nach folgender Gleichung:

$$H_2O_2 + O_3 = H_2O + 2\,O_2.$$

Das Ozon hat schwach saure Eigenschaften (BAYER und VILLIGER). Es rötet deutlich Lackmuspapier und zeigt saure Reaktion auch gegenüber anderen Indicatoren, wie Methylorange oder Dimethylgelb. Das Ozon bildet Nebel mit Ammoniakgas und mit flüchtigen organischen Basen, wie Methylamin, Piperidin, Anilin u. a. Es bildet unbeständige, farbige Verbindungen mit flüssigem Ammoniak und mit festem Kalium-, Rubidium- und Caesiumhydroxyd. Werden diese Verbindungen in eine abgekühlte Titanschwefelsäure eingetragen, so wird die Bildung von Wasserstoffperoxyd beobachtet [MANCHOT und KAMPSCHULTE (a)].

Das Ozon zeigt manche ähnliche Reaktionen wie das Wasserstoffperoxyd, das Stickstoffdioxyd und die salpetrige Säure, mit welchen es öfters gemeinsam auftritt. Bei der Wahl der Nachweisreaktionen des Ozons ist auf diesem Umstand acht zu geben, um Irrtümern vorzubeugen.

§ 1. Nachweis mit physikalischen Methoden.

Lichtelektrische Messung geringer Ozonkonzentrationen. Die Messung geringer Ozonkonzentrationen gelingt durch die lichtelektrische Bestimmung der Absorption von ultraviolettem Licht, da das Ozon bei $\lambda = 2580$ Å einen sehr großen Absorptionskoeffizienten besitzt. In einem 100 cm langen Absorptionsrohr, welches Ozon von 0,01 mm Partialdruck enthält, werden etwa 30% des Lichtes absorbiert; dies läßt sich mit einer Photozelle auf 0,5% genau bestimmen (Hallwachs). — Krüger und Moeller bestimmten Absorptionskoeffizienten für die einzelnen Wellenlängen. Unter Verwendung von diesen Koeffizienten wird der Nachweis zu einer Bestimmungsmethode, mit der auch sehr kleine Konzentrationen an Ozon quantitativ festgestellt werden können. Die beiden Autoren fanden dieses Verfahren noch für Konzentrationen von 0,001% Ozon auch in Gegenwart von Stickstoffoxyden anwendbar. Gauzit stellte Versuche zur Bestimmung des Ozons durch visuelle Photometrie an.

§ 2. Nachweis auf chemischem Wege.

A. Wichtigste Nachweisreaktionen des Ozons.

1. Nachweis durch Schwärzung des Silbers. Ein Silberblech wird in Berührung mit Ozon durch Oxydationsprodukte geschwärzt. Die Oberfläche des Silberbleches bzw. einer Silbermünze ist zuerst mit Benzol von Fett zu befreien, dann mit Sand abzureiben und nach Abspülen in Wasser mit einem Tuch abzutrocknen. Sie kann auch ausgeglüht werden, darf aber nachher mit Fingern nicht angetastet werden (Thiele). Das Optimum der Reaktion mit reinem Silber liegt bei etwa 240° C. In der Kälte tritt die Reaktion nur langsam ein und oberhalb 450° C bleibt sie völlig aus. Bei möglichst reiner Silberoberfläche tritt bei 20° C mit etwa 0,2 Vol.-%igem Ozon erst nach 40 Min. ein Anzeichen einer Oxydation ein; bei 230 bis 240° C augenblicklich eine stahlblaue Färbung mit violetten Rändern [Manchot und Kampschulte (b)]. Wasserstoffperoxyd, Stickoxyde oder salpetrige Säure geben diese Reaktion nicht. Sie wird durch Schwefelwasserstoff, der bekanntlich eine schwarze Schicht von Silbersulfid bildet, gestört.

Ein Steigen der Empfindlichkeit der Reaktion kann durch Anätzen der Oberfläche des Silberbleches mit Salpetersäure, durch Abreiben mit Schmirgelpapier oder durch die Vorbehandlung mit konzentrierter Schwefelsäure bis zu Gasentwicklung bewirkt werden. Diese empfindlichkeitserhöhende Wirkung hängt damit zusammen, daß viele Oxyde, besonders Eisenoxyd, und noch andere Stoffe schon in sehr kleinen Mengen die Reaktion zwischen Ozon und Silber beschleunigen und manche veranlassen die Schwarzfärbung des Silbers schon in der Kälte.

2. Nachweis mit Quecksilber. Das Quecksilber verhält sich dem Ozon gegenüber dem Silber ähnlich. Die Oberfläche des Quecksilbers verfärbt sich und nimmt eine zähe Beschaffenheit an; beim Bewegen haftet das Quecksilber an den Glaswänden. Erwärmen begünstigt den Verlauf der Reaktion. Die optimale Reaktionstemperatur ist 170° C. Bei dieser Temperatur, aber auch schon bei etwas niederen Temperaturen, entstehen braune, dicke Dämpfe, vielleicht eines undefinierten höheren Oxydes, und an der Oberfläche des Quecksilbers werden stahlblaue Anlauffarben bemerkbar. Bei noch höherer Temperatur nimmt die Wirkung wieder ab [Manchot und Kampschute (b)].

Beide Reaktionen 1. und 2. sind viel weniger empfindlich als die Geruchsprobe [ARNOLD und MENTZEL (a)], deren schon erwähnte Empfindlichkeit mit etwa 10 γ Ozon in 1 Liter Luft angegeben wird.

3. Nachweis mit Tetramethyl-p-diaminodiphenylmethan (ARNOLDsche Base),

$$H_2C\langle\begin{matrix}\langle\ \rangle N(CH_3)_2\\ \langle\ \rangle N(CH_3)_2\end{matrix}$$

. — Die mit der gesättigten alkoholischen Lösung der Base frisch getränkten und noch feuchten Papierstreifen („Tetramethylbasepapier") färben sich durch Ozon violett, durch Stickstoffdioxyd, NO_2, strohgelb, durch Chlor oder Brom dunkelblau. Wasserstoffperoxyd verändert die weiße Farbe des Streifens nicht, auch nicht bei Zusatz von Kupfersulfat; dagegen färbt sich das zuvor mit einer verdünnten Kupfersulfatlösung getränkte Tetramethylbasepapier mit Blausäure schön blau. Ammoniak, Schwefelwasserstoff und Ammoniumsulfid sind wirkungslos. — Das Stickstoffoxyd, NO, verursacht auf dem Papierstreifen strohgelbe Färbung. Trocknet das Papier während des Versuches ein, so bewirkt auch reines Ozon selbst Gelbfärbung. Die Anwesenheit von Stickstoffoxyd stört die Reaktion auch bei richtiger Ausführung insofern, als sich das Reagenspapier mit dem Gemische von Stickstoffoxyd und Ozon schmutzigbraun färbt. Zum Nachweis von Ozon neben geringen Mengen von Stickstoffoxyd leitet man den Gasstrom in flüssige Luft ein und trennt die blauen Flocken der Stickstoffoxyde von der Ozonlösung durch Filtration ab (FISCHER und MARX).

Die Empfindlichkeit der Reaktion läßt sich durch Zusatz von Kaliumacetat zur alkoholischen Baselösung etwas steigern, ohne daß eine Änderung der verschiedenen Färbungen verursacht würde. Diese Reaktion ist einer der charakteristischsten Farbnachweise des Ozons. Ihre Empfindlichkeit nähert sich derjenigen der Geruchsprobe. ARNOLD und MENTZEL (a) versuchten auch die mit gesättigter alkoholischer Benzidinlösung, $H_2N\langle\ \rangle-\langle\ \rangle NH_2$, befeuchteten Papierstreifen zum Ozonnachweis anzuwenden. Ozon färbt solche Papierstreifen braun, Stickstoffdioxyd und Brom blau, und Chlor vorübergehend blau, dann rotbraun. Wasserstoffperoxyd, Blausäure, Ammoniak, Schwefelwasserstoff und Ammoniumsulfid sind wirkungslos.

4. Nachweis mittels Kaliumjodids. Ozon reagiert mit Jodkaliumlösung nach der Gleichung: $O_3 + 2\,KJ + H_2O = O_2 + 2\,KOH + J_2$. So nimmt eine neutrale, gänzlich jodatfreie Jodkaliumlösung nach dem Einleiten eines ozonhaltigen Gasgemisches unter Freiwerden von Jod eine alkalische Reaktion an. Die Lösung bläut daher ein rotes Lackmuspapier und färbt sich gleichzeitig unter Zusatz von Stärkelösung blau. Jodat wird bei der Reaktion bis zu -24^0 C herab nicht gebildet, was zum Unterscheiden von Stickstoffoxyden dienen kann (PRING). Zum Ozonnachweis benutzt man einen roten, mit Jodkaliumlösung befeuchteten Lackmuspapierstreifen, welcher gebläut wird. Außerdem färbt sich auch ein bloß mit Wasser befeuchteter Jodkaliumstärkepapierstreifen ebenfalls blau (HOUZEAU). Anstatt Lackmus sind auch andere Indicatorfarbstoffe, z. B. Phenolphthalein (LEEDS) oder Rosolsäure, mit denen rote Färbungen entstehen, ferner Fluorescein auf schwarzem Papier, mit welchem Ozon eine deutliche grüne Fluorescenz hervorruft [ARNOLD und MENTZEL (a)], verwendet worden. Sicherlich sind auch noch andere anwendbar. Die bloße Blaufärbung des Jodkaliumstärkepapiers, die ursprünglich für einen empfindlichen Ozonnachweis gehalten wurde [SCHÖNBEIN (a)], ist nicht eindeutig beweisend, denn dieselbe liefern auch Chlor, Brom, Stickstoffdioxyd, salpetrige Säure und Wasserstoffperoxyd, ohne jedoch — bis auf H_2O_2 — gleichzeitig eine alkalische Reaktion zu verursachen.

B. Weitere Farbreaktionen.

1. Nachweis mit Thallium(I)hydroxyd. Mit Thallium(I)hydroxyd getränktes Papier bräunt sich mit Ozon durch das sich bildende Thallium(III)hydroxyd. Das mit Thallium(I)salz-, (Tl_2SO_4 oder Tl_2CO_3)-lösung getränkte Papier wird mit Alkalilauge befeuchtet und feucht verwendet [Böttger (a)]. Die Reaktion ist wenig empfindlich und wird auch von anderen flüchtigen Oxydationsmitteln (Cl_2, Br_2, NO_2, H_2O_2) geliefert.

2. Nachweis mit Mangan(II)salzlösung. Mit Mangan(II)chlorid oder -sulfat befeuchtetes Papier wird bei Einwirkung von Ozon durch die entstehenden Mangandioxydhydrate braun gefärbt. Diese Braunfärbung wird auch von anderen Oxydationsmitteln verursacht. Wird das durch das zu prüfende Gasgemisch schon angefärbte Papier nachher mit Guajactinktur befeuchtet, so tritt eine Blaufärbung mit Ozon ein, nicht aber mit Wasserstoffperoxyd oder mit salpetriger Säure. Freie Halogene oder Hypohalogenite müssen vorher entfernt werden (Engler und Wild).

3. Nachweis mit Tetramethyl-p-phenylendiamin, $(CH_3)_2N\langle\bigcirc\rangle N(CH_3)_2$. Dieses Reagens reagiert mit Ozon unter Bildung eines blauen Farbstoffes. Die Blaufärbung verblaßt bei weiterer Einwirkung und verschwindet zuletzt vollständig. Die Reaktion wurde früher zum Ozonnachweis sehr empfohlen. Man verwendet das mit alkoholischer Lösung des Stoffes getränkte Reagenspapier („Tetrapapier“ oder „Tetrabasepapier“), das längere Zeit gut haltbar ist [Wurster (a)]. Dieselbe Reaktion liefern jedoch auch Wasserstoffperoxyd, Chlor, salpetrige Säure und mehrere andere Stoffe [Arnold und Mentzel (a)]. — Zum Nachweis des Ozons dient auch die alkalische Lösung des m-Phenylendiamins: 0,1 bis 0,2 g des salzsauren Salzes in 90 cm^3 5%iger Natronlauge [Denigès (b)]. Bei Anwesenheit von nur 80 γ Ozon färbt sich die Lösung beim Gaseinleiten schon im Verlaufe von 5 Sekunden gelbbraun, bei Gegenwart größerer Mengen burgundrot. Wasserstoffperoxyd und Nitrite verändern die Lösung nicht und Luftsauerstoff ruft erst bei sehr langer Einwirkung nur Spuren einer Färbung hervor. Ähnlich sollen sich auch die Lösungen des o- und p-Phenylendiamins verhalten. In saurer Lösung färben sich jedoch alle drei Phenylendiamine mit Stickstoffoxyden gelb bis gelbbraun (Erlwein und Weyl). — Die Färbungen ändern sich meist etwas je nach der Dauer der Einwirkung und der Konzentration der Gase; alle Färbungen fallen mehr oder weniger gelb aus, wenn man die mit den Lösungen der Diphenylamine getränkten Papiere zum Nachweis verwendet [Arnold und Mentzel (a)].

4. Nachweis mit anderen organischen Verbindungen. — Zum Ozonnachweis können ferner verwendet werden: Die Entfärbung der blauen, wäßrigen Indigolösung [Schönbein (a)]. — Die Farbreaktionen mit α-Naphthylamin und Azoamidonaphthylaminbenzolsulfonsäure [Ilosvay von Nagy Ilosva (a)]. — Die violette Färbung des α-Naphthylamins mit Weinsäure (van Eck). — Die Blaufärbung der Guajac-Harzlösung. Die 10%ige Guajac-Harzlösung in einer 50%igen wäßrigen Chloralhydratlösung ist viel empfindlicher gegen Ozon als die alkoholische Tinktur oder die Auflösung des Harzes in anderen organischen Lösungsmitteln. Sie färbt sich mit Ozon blau, aber desgleichen auch mit Chlor, Brom und Stickstoffoxyden [Arnold und Mentzel (a)].

C. Nachweis des Ozons in einer nichtwäßrigen Lösung.

Zum Nachweis des Ozons in Öl eignet sich eine Lösung von Benzidin in Ligroin. Mit wenigen Tropfen des zu untersuchenden Öls zeigt sich bei Ozongegenwart eine braune Verfärbung (de Loureiro).

D. Unterscheidung des Ozons von Wasserstoffperoxyd.

Das Ozon reagiert nicht mit den zwei wichtigen Reagenzien, die zum Nachweis von Wasserstoffperoxyd dienen, nämlich mit Bichromat-Schwefelsäure und mit Titan(IV)schwefelsäure, s. IV. § 2, A 1, 2. Siehe hierzu auch Tabelle 3.

Tabelle 3. Übersicht einiger Nachweisreaktionen des Ozons und des Wasserstoffperoxyds im Vergleich mit anderen Oxydationsmitteln.

Reagens	Ozon, O_3	Wasserstoffperoxyd, H_2O_2	Stickstoffdioxyd, NO_2	Chlor, Cl_2
Silberblech	Schwärzung	—	—	Weißer Beschlag
Quecksilbermetall	Verfärbung. Wird schmierig	—	—	Weißer Beschlag
Jodkalium-Phenolphthalein	Rot	Rot	—	—
Jodkalium-Stärke	Blau	Blau	Blau	Blau
Tetramethylbase-Papier (ARNOLDsche Base)	Violett	—	Gelbbraun	Blau
Indigolösung + + H_2SO_4	Entfärbung	Erst mit $FeSO_4$ schnelle Entfärbung	Entfärbung	Entfärbung
$KMnO_4 + H_2SO_4$	—	Entfärbung	Entfärbung	Entfärbung
$K_2Cr_2O_7$ + + H_2SO_4 + Äther	—	Blau	—	—
Titan(IV)sulfat+ + H_2SO_4	—	Gelb	—	—

III. Nachweis von Ozon, Wasserstoffperoxyd und Stickstoffdioxyd in Gasgemischen.

1. Ozon und Wasserstoffperoxyd. Werden die Gase durch eine Lösung von Bichromat-Schwefelsäure (McLEOD) oder durch Röhren, die mit auf Glasperlen fein verteiltem, festem Chromtrioxyd gefüllt sind, geleitet, dann wird das Wasserstoffperoxyd zerstört und das Ozon kann in dem hindurchgegangenen Gas ungestört nachgewiesen werden (ENGLER und WILD).

Zum zuverlässigen Nachweis von Ozon in der Luft eignet sich nach ENGLER und WILD folgendes Verfahren: Man saugt entsprechend große Luftmengen durch die Röhrchen mit Chromsäure zur Entfernung des Wasserstoffperoxyds; dann wird das Gas durch eine Glasröhre, in der sich nebeneinander ein Mangan(II)salzpapier und ein Thallium(I)hydroxydpapier befinden, geleitet. Das erste wird durch Ozon, aber nicht durch Chlor gebräunt; das andere wird durch Ozon braun gefärbt, durch salpetrige Säure jedoch nicht verändert. Bräunung von beiden Papieren beweist den Ozongehalt.

2. Ozon und Stickstoffdioxyd. Das Gasgemisch wird in flüssige Luft eingeleitet. Die ausgeschiedenen, blauen Flocken des Stickstoffdioxyds werden abfiltriert; in den sich verflüchtigenden Gasen des Luftfiltrates wird das Ozon nachgewiesen (FISCHER und BRAEHMER).

3. Ozon, Wasserstoffperoxyd und Stickstoffdioxyd. Kaliumpermanganat wird auch in sehr verdünnten Lösungen durch Ozon nicht entfärbt. Um die Gegenwart von Ozon in Gasgemischen nachzuweisen, die gleichzeitig die beiden anderen Stoffe enthalten, ist es daher erforderlich, die Gase durch eine Kaliumpermanganatlösung zu leiten. Wasserstoffperoxyd und Stickstoffdioxyd werden zurückgehalten, während Ozon hindurchgeht und in üblicher Weise z. B. mit Jodkaliumstärkepapier nachgewiesen werden kann. — Wasserstoffperoxyd kann bei Gegenwart von Ozon und Stickstoffdioxyd dadurch nachgewiesen werden, daß man das Gasgemisch in eine Lösung von Kaliumferricyanid und Ferrichlorid einleitet. Die anfänglich gelbbraune Lösung wird grün und schließlich, wenn mehr Wasserstoffperoxyd hineinströmt, blau. Die Bildung von Berlinerblau ist für Wasserstoffperoxyd charakteristisch und wird durch Ozon oder Stickstoffdioxyd nicht hervorgerufen. Diese Probe ist empfindlicher als die mit Titanschwefelsäure. — Für den Nachweis von Stickstoffdioxyd kann man den Umstand verwerten, daß Ozon und Wasserstoffperoxyd beim Durchstreichen einer mit gepulvertem Mangandioxyd gefüllten Röhre zersetzt werden, während Stickstoffdioxyd unverändert bleibt. Leitet man das die Röhre verlassende Gas in verdünnte Kaliumpermanganatlösung, so gibt sich die Gegenwart von Stickstoffdioxyd durch Entfärbung der Lösung zu erkennen. Eine empfindliche Probe auf N_2O_4 besteht darin, daß man das Ozon und Wasserstoffperoxyd enthaltende Gasgemisch direkt in reine, aus metallischem Natrium und nitritfreiem Wasser hergestellte Natronlauge einleitet und dann die Lösung in bekannter Weise mit Sulfanilsäure und α-Naphthylamin auf die Gegenwart von Nitriten prüft (KEISER und McMASTER).

IV. Nachweis von Wasserstoffperoxyd, H_2O_2.

Das Wasserstoffperoxyd wurde im Jahre 1818 entdeckt (THÉNARD). Zuerst wurde es öfters mit Ozon verwechselt. Es kommt in sehr kleinen Mengen in Regenwasser und in Schnee vor und entsteht bei vielen chemischen Vorgängen. Seine wäßrigen Lösungen finden ausgedehnte Verwendung. Die konzentrierten sind meistens 30%ig und sind als Perhydrol oder auch unter anderen Bezeichnungen (z. B. Dioxygen, Hydrozon, Glycozon, Pyrozon, Peroxal usw.) bekannt. Außerdem werden auch verdünntere Lösungen, z. B. 3%ige, für medizinische und Desinfektionszwecke häufig angewandt. Auch bei analytischen Arbeiten bedient man sich öfters der Wasserstoffperoxydlösungen.

Seine wäßrigen (auch 30%igen) Lösungen sind farb- und geruchlos. Sie haben einen typischen, unangenehmen Geschmack und greifen die Haut an, indem sie ein prickelndes Gefühl und weiße, langsam verschwindende Flecken an der Haut hervorrufen. Sie besitzen äußerst schwache Leitfähigkeit, so daß man das Wasserstoffperoxyd hinsichtlich der elektrolytischen Dissoziation mit Wasser vergleichen kann. Es begünstigt jedoch, ebenso wie Wasser, die Dissoziation der gelösten Stoffe, besonders Säuren.

Man nimmt an, daß die beiden Sauerstoffatome im Wasserstoffperoxyd miteinander in folgender Weise verbunden sind: H—O—O—H (WILLSTÄTTER und HAUENSTEIN). Das Wasserstoffperoxyd ist eine unbeständige Verbindung, die auch in verdünnten Lösungen nach der Gleichung: $2\,H_2O_2 = 2\,H_2O + O_2$ zerfällt. Die Reaktion verläuft langsam. Sie kann aber durch manche Stoffe, wie fein verteiltes Platin und verwandte Metalle, durch Kobaltoxyd und andere Oxyde, sowie durch die organischen Peroxydasen beschleunigt werden.

Das Wasserstoffperoxyd hat, wenn auch in geringem Ausmaße, saure Eigenschaften. Die Wasserstoffatome können daher durch Metalle ersetzt werden. Es gibt Salze, in welchen nur ein Wasserstoffatom ersetzt ist, und solche, in welchen beide Wasserstoffatome ersetzt sind, z. B. das Natrylhydrat, NaO_2H, und das Natriumperoxyd, Na_2O_2. Die Salze des Wasserstoffperoxydes, wahre Peroxyde zum Unterschied von anderen ähnlich benannten Oxyden, denen die peroxydische Struktur fehlt, liefern in wäßrigen Lösungen mit einer nicht oxydierend wirkenden Säure die typischen Reaktionen des Wasserstoffperoxydes.

Für den analytischen Nachweis von Wasserstoffperoxyd sind besonders seine Oxydations- und Reduktionsreaktionen wichtig. Die Wirkung des Wasserstoffperoxydes und seiner Salze in dieser Richtung wird verständlich, wenn man annimmt, daß in der wäßrigen Lösung von Wasserstoffperoxyd und besonders von seinen Salzen die O_2''-Ionen, 'O—O', enthalten sind. In der Reihe vom Wasser über Wasserstoffperoxyd zum Sauerstoff bzw. an den betreffenden Ionen: $2\,O'' \rightleftarrows O_2'' \rightleftarrows O_2$ ist deutlich zu ersehen, daß das Wasserstoffperoxyd eine Mittelstellung einnimmt und daher durch geeignete Stoffe ebensogut reduziert [z. B. durch Eisen(II)-, Mangan(II)- oder Chrom(III)salze], wie oxydiert (z. B. durch $Ag^{\cdot}$, $Au^{\cdot\cdot\cdot}$, $MnO_4' + 8\,H^{\cdot}$ oder $Fe(CN)_6'''$) werden kann. Die normalen Redoxpotentiale, die den beiden folgenden Vorgängen entsprechen, sind nach BORNEMANN:

$$H_2O_2 \rightleftarrows O_2 + 2\,H^{\cdot} + 2\,e \qquad E_0 = +0{,}66\ V.$$
$$2\,H_2O \rightleftarrows H_2O_2 + 2\,H^{\cdot} + 2\,e \qquad E_0 = +1{,}80\ V.$$

Siehe auch die Monographien von BIRCKENBACH und von MACHU.

§ 1. Nachweis mit physikalisch-chemischen Methoden.

*1. **Spektroskopischer Nachweis.*** Durch Wahrnehmung des Absorptionsspektrums des Phenolphthaleins, s. IV. § 2, B 15 a.

*2. **Nachweis durch Fluorescenz- und Luminescenzerscheinungen,*** s. IV. § 2, B 15 b und 16.

*3. **Polarographischer Nachweis.*** In Anwesenheit von Wasserstoffperoxyd zeigt die Stromspannungskurve in saurer Lösung eine Reduktionsstufe bei — 0,8 Volt, in alkalischer eine solche bei — 1,1 Volt (bezogen auf die 1 n-Kalomelelektrode). Sauerstoff und Ozon stören nicht, falls sie nicht in großem Überschuß anwesend sind. Schwermetalle müssen durch Zugabe von Natriumcarbonat gefällt werden, wobei die Anwesenheit des Niederschlages nicht stört. Auf diese Weise können 0,0002% H_2O_2 deutlich wahrgenommen werden (HEYROVSKÝ, S. 294).

Um das Peroxyd in Äther nachzuweisen, schüttelt man 1 bis 5 cm^3 Äther mit einem gleichen Volumen 0,01 n-LiOH-Lösung in einem Tablettenglasröhrchen, fügt Quecksilber zu, damit eine etwa ½ cm hohe Anodenschicht entsteht, taucht die tropfende Quecksilberkathode in die Lösung, so daß die Mündung der Capillare in die wäßrige Lösung hineinragt und nimmt die polarographische Kurve auf. Die peroxydische Verbindung verursacht bei 1,1 Volt Spannung eine Stufe (I); bei 1,7 Volt entsteht eine Stufe (II) einer aldehydischen Verbindung. Auf diese Weise können noch 0,0003%, d. h. in 1 cm^3 3 γ H_2O_2 nachgewiesen werden. (GOSMAN; s. HEYROVSKÝ, S. 367).

Peroxyde der Alkalimetalle rufen dieselbe Stufe hervor wie Wasserstoffperoxyd in alkalischer Lösung. Auch der aktive Sauerstoff des Perborats ist auf diese Weise nachweisbar (PETRÁČEK).

§ 2. Nachweis auf chemischem Wege.

A. Wichtige Farbreaktionen.

*1. **Nachweis mit Bichromat-Schwefelsäure (bzw. Diphenylcarbazid).*** Durch eine verdünnte Lösung des Kaliumbichromates entsteht in einer mit Schwefelsäure angesäuerten wäßrigen Wasserstoffperoxydlösung eine unbeständige, blaue, Färbung von sehr labilem Chromperoxyd, CrO_5 (SCHWARZ und GIESE). Die blaue Farbe verschwindet bald, die wäßrige Lösung färbt sich grün von gebildetem Chrom(III)sulfat und Sauerstoffbläschen entweichen aus der Flüssigkeit. Die Reaktion läßt sich dadurch deutlicher machen, daß man die Lösung mit Äther überschichtet und ausschüttelt. Die ätherische Schicht wird tiefblau. Das Chromperoxyd ist nämlich in Äther leicht löslich und weit beständiger als in Wasser. Man verwendet die Reaktion auch zum Nachweis von peroxydischen Verbindungen in Äther, s. IV. § 2, E 3.

Ausführung. Etwa 5 cm³ der angesäuerten Probelösung werden mit 3 bis 4 cm³ alkoholfreiem und von peroxydischen Verbindungen befreitem (über Natrium destilliertem) Äther versetzt und durchgeschüttelt; dann fügt man einige Tropfen einer sehr verdünnten Kaliumbichromatlösung zu und schüttelt neuerlich durch. Die ätherische Schicht färbt sich blau. Statt Äther kann auch Amylalkohol verwendet werden (GRIGGI). Störungen können durch Wolfram-, Molybdän- oder Vanadinsäure verursacht werden (REICHARD).

Grenzkonzentration: Mit dieser Reaktion läßt sich 0,1 mg in 10 cm³, das ist 1 Teil Wasserstoffperoxyd in 100000 Teilen Lösung nachweisen [SCHOENBEIN (b)]. Beim Nachweis in Äther läßt sich noch 1 Teil H_2O_2 in 400000 Teilen Äther feststellen (KING), s. IV. § 2, E 3.

Die Reaktion kann durch Zusatz von 2 Tropfen Diphenylcarbazidlösung zu der ätherischen Schicht des Chromperoxyds empfindlicher gestaltet werden. Die ätherische Schicht färbt sich rosa-violett. Bei Abwesenheit von Wasserstoffperoxyd bildet sich nur an der Grenze der ätherischen und wäßrigen Schicht ein rotvioletter Ring, der aber nicht von Äther aufgenommen wird.

Die Reagenslösung: Einige Krystalle des Diphenylcarbazids werden mit 0,5 cm³ Alkohol erwärmt; nach dem Abkühlen wird die Lösung mit 5 cm³ absolutem, von peroxydischen Verbindungen freiem Äther versetzt. Die farblose Lösung ist mehrere Tage haltbar. Käuflicher Äther darf wegen der in ihm enthaltenen Peroxyde nicht verwendet werden.

Erfassungsgrenze: 5 γ Wasserstoffperoxyd in 5 bis 10 cm³ Flüssigkeit (LAPIN).

Eine weitere Modifikation der Methode beruht auf der schnellen Reduktion des Bichromats durch Wasserstoffperoxyd in saurer Lösung zu Chrom(III)salz, welches zum Unterschied von Bichromat mit Diphenylcarbazid keine Färbung verursacht. Die Probelösung wird mit verdünnter Schwefelsäure schwach angesäuert und bis zur konstanten Gelbfärbung mit Bromwasser versetzt. Darauf gibt man 2 cm³ einer schwachen Kaliumbichromatlösung (0,2 cm³ 0,01 n-$K_2Cr_2O_7$-Lösung + 25 cm³ 20%ige H_2SO_4 + Wasser zu 100 cm³) und nach 5 Min. einige Tropfen Phenol hinzu. Die nunmehr farblose Flüssigkeit wird mit 2 bis 3 Tropfen 1%iger alkoholischer Carbazidlösung versetzt. Schon in Gegenwart von 2 γ Wasserstoffperoxyd bleibt die Flüssigkeit unverändert; bei Abwesenheit von Wasserstoffperoxyd färbt sie sich violett. Alkohole, Kohlenhydrate und Eiweiß stören nicht; dagegen darf Formaldehyd nicht anwesend sein (LAPIN).

2. Nachweis mit Titan(IV)sulfat. Mit verdünnter, schwefelsäurehaltiger Lösung des Titan(IV)sulfats gibt Wasserstoffperoxyd eine gelbe bis orange Färbung, die durch das entstandene Titanperoxyd, TiO_3, verursacht wird. Man bedient sich einer Reagenslösung, die z. B. folgendermaßen bereitet wird: a) 0,60 g reines Kaliumtitanfluorid, K_2TiF_6, entsprechend 0,2 g Titandioxyd, TiO_2, werden in einem Platintiegel wiederholt mit konzentrierter Schwefelsäure nach Zusatz von wenig Wasser abgeraucht; der Trockenrückstand wird in wenig konzentrierter Schwefelsäure gelöst und mit 5%iger Schwefelsäure auf 100 cm³ verdünnt. b) Oder man schmelzt 1 g Titansulfat mit 20 g Kaliumhydrogensulfat, löst die Schmelze in Wasser auf und verdünnt unter Zusatz von 5 cm³ konz. Schwefelsäure mit Wasser auf 500 cm³.

Grenzkonzentration: Mit dieser Reaktion, die auch zur colorimetrischen quantitativen Bestimmung kleiner Mengen von Wasserstoffperoxyd oder umgekehrt des Titans dient, läßt sich 1 Teil Wasserstoffperoxyd in 1000000 Teilen Lösung nachweisen (SCHÖNN). — Nach STAEDEL entsteht bei einer Konzentration an Wasserstoffperoxyd von 1:1800000 *(Grenzkonzentration)* noch eine blaßgelbe, von 1:180000 eine hellgelbe und von 1:18000 eine dunkelgelbe, andauernde Färbung. — Überschichtet man die Lösung von Titandioxyd in fast konzentrierter Schwefelsäure mit der Probelösung und beobachtet die gelbgefärbte Zone auf der Berührungsfläche der beiden Flüssigkeiten, so läßt sich noch 1 Teil Wasserstoffperoxyd in 90000 Teilen Lösung, was etwa 50 γ in 5 cm^3 Lösung entspricht, feststellen [ILOSVAY VON NAGY ILOSVA (b)].

Die Reaktion eignet sich auch zum Nachweis von Wasserstoffperoxyd und von Peroxyden in Äther. Man schüttelt 20 cm^3 Äther mit 1 cm^3 Reagenslösung (b) 5 Minuten lang kräftig durch. Binnen 10 Minuten darf nicht die geringste Gelbfärbung der wäßrigen Schicht beobachtet werden.

Erfassungsgrenze: 1 γ Wasserstoffperoxyd in 20 cm^3 Äther (LEPPER).

*3. **Nachweis mit Kaliumjodid.*** Das Wasserstoffperoxyd scheidet aus angesäuerter jodatfreier Kaliumjodidlösung Jod ab. Die Lösung färbt sich gelb und auf Zusatz von Stärkelösung blau. $H_2O_2 + 2\,J' + 2\,H^{\cdot} = 2\,H_2O + J_2$. Die Reaktion läßt sich auch mit Kaliumjodidstärkepapier ausführen.

Erfassungsgrenze: 50 γ Wasserstoffperoxyd in 1 Liter Lösung.

Auf verdünnte neutrale Kaliumjodidlösung wirkt das Wasserstoffperoxyd nur langsam ein. Es tritt neben der Jodausscheidung noch Sauerstoffentwicklung auf. Diese erfolgt unter vorübergehender Bildung von Hypojodit nach folgenden Reaktionen:

$$H_2O_2 + J' = JO' + H_2O$$
$$H_2O_2 + JO' = H_2O + O_2 + J'.$$

Die Reaktion wird jedoch durch Zusatz von ferrisalzfreiem Eisen(II)sulfat oder von MOHRschem Salz sehr beschleunigt und dient unter Zusatz von Stärkelösung ebenfalls zum empfindlichen Nachweis von Wasserstoffperoxyd.

Erfassungsgrenze: 50 γ Wasserstoffperoxyd in 1 Liter.

Grenzkonzentration: 1:25000000 [MATTHEWS; SCHÖNBEIN (b)]; SCHÖNE (a)].

Auch in saurer Lösung läßt sich der Verlauf der Reaktion katalytisch durch den Zusatz des Eisen(II)- und Kupfer(II)salzes (TRAUBE) oder noch mehr des Ammoniummolybdats beschleunigen. Dieser letzte Katalysator hat noch den Vorteil, daß die Oxydation von Kaliumjodid durch Luftsauerstoff gleichzeitig nicht beschleunigt wird (ROTHMUND und BURGSTALLER). — Aber auch andere Zusätze, die die Reaktion beschleunigen und empfindlicher machen sollen, wie Bleiessig [SCHÖNBEIN (c)], alkalische Bleilösung (STRUVE), basische Oxyde von Nickel, Kobalt, Wismut, Blei oder Mangan [SCHÖNBEIN (d)] sind empfohlen worden. Jodzinkstärkepapier mit Eisen(II)sulfat als Reagenspapier auf Wasserstoffperoxyd schlug schon TRAUBE vor. Jodzinkstarkelösung statt Jodkaliumstärkelösung empfiehlt VON SOBBE; dieselbe wird jedoch schon längst in Arzneibüchern als Reagens auf Wasserstoffperoxyd vorgeschrieben (LEUCHTER).

Zum Nachweis von Wasserstoffperoxyd in Äther können auch das Kaliumjodid mit Phenolphthalein (WOBBE) und eine frisch bereitete Lösung von Kaliumcadmiumjodid, K_2CdJ_4 (BASKERVILLE und HAMOR; GREEN und SCHOETZOW) verwendet werden.

*4. **Nachweis mit Permanganat und mit anderen Oxydationsmitteln.*** Wasserstoffperoxyd entfärbt die mit Schwefelsäure angesäuerte Kaliumpermanganatlösung unter Sauerstoffentwicklung nach folgendem Reaktionsschema:

$$2\,KMnO_4 + 5\,H_2O_2 + 3\,H_2SO_4 = K_2SO_4 + 2\,MnSO_4 + 8\,H_2O + 5\,O_2.$$

Die Reaktion wird in der Weise ausgeführt, daß man zur Probelösung eine verdünnte (etwa 0,02 mol) Kaliumpermanganatlösung tropfenweise hinzufügt bzw. den sich entwickelnden Sauerstoff nachweist. In gleicher Weise reagiert mit Wasserstoffperoxyd in saurer Lösung auch Bleidioxyd oder Mangandioxyd [SCHOENBEIN (b)]. —

Unter Entwicklung von Sauerstoff verläuft in alkalischer Lösung die Oxydation von Hypobromit, Hypojodit oder Silberoxyd, wie aus den folgenden Reaktionsgleichungen ersichtlich ist:

$$KBrO + H_2O_2 = KBr + H_2O + O_2$$
$$Ag_2O + H_2O_2 = 2\,Ag + H_2O + O_2.$$

Mit ammoniakalischer Silbernitratlösung entsteht eine Verfärbung der Lösung, eine graue Trübung oder ein solcher Niederschlag, je nach der Menge des hinzugefügten Wasserstoffperoxyds [Böttger (b)]. Die Empfindlichkeit ist ziemlich gering.

Grenzkonzentration etwa 1:25000 (v. Sobbe).

5. Nachweis mit Vanadinsäure. Die Lösung des Vanadiumpentoxyds oder des Alkalivanadats in Schwefelsäure liefert mit Wasserstoffperoxyd eine rosa bis blutrote Färbung, die durch Pervanadinsäuren, z. B. HVO_4, verursacht wird (Mayer und Pawletta). Als Reagens dient die Lösung von 1 g Vanadinsäureanhydrid in 100 g verdünnter Schwefelsäure. Zu je 100 cm³ der auf Wasserstoffperoxyd zu prüfenden Flüssigkeit gibt man 3 Tropfen des Reagenses. Es entsteht eine Rotfärbung, welche im überschüssigen Wasserstoffperoxyd verschwindet, nach Zusatz von 1 cm³ konzentrierter Salzsäure oder verdünnter Schwefelsäure wieder erscheint und dann beständig ist. Bei geringem Wasserstoffperoxydgehalt genügen 10 Tropfen der Säuren. Die Reaktion gestattet noch den Nachweis in einer 0,0006%igen wäßrigen Wasserstoffperoxydlösung. Mit Chlor, Brom, Jod oder deren Ionen, ferner mit Ozon entsteht keine Färbung. Mit Stickstofftrioxyd und mit Nitriten entsteht Gelbfärbung [Arnold und Mentzel (b)]. — Die Reaktion eignet sich sehr gut zum Nachweis von Wasserstoffperoxyd in roher wie auch in gekochter Milch [Arnold und Mentzel (b); Darlington; Kolthoff]. Zu 10 cm³ Milch werden 3 Tropfen des Reagenses und 0,5 cm³ verdünnte Schwefelsäure zugesetzt. Bei Gegenwart von Wasserstoffperoxyd entsteht eine rote Färbung (Phillipe). — Die Ausführung als Tüpfelreaktion s. IV. § 2, D 7. — Jorissen empfiehlt für Untersuchung von Narkoseäther das Reagens folgendermaßen vorzubereiten: 0,1 g Vanadiumpentoxyd erhitzt man 10 bis 15 Min. mit 2 cm³ konzentrierter Schwefelsäure im Dampfbade, gibt etwas Wasser zu, dekantiert in einen Kolben und füllt mit Wasser auf 50 cm³ auf. 1 bis 2 cm³ Reagens werden mit 5 bis 10 cm³ Äther durchgeschüttelt. 1 Teil Wasserstoffperoxyd ist noch in 400000 Teilen Äther durch Färbung der wäßrigen Schicht nachweisbar (King), sicher in 100000 Teilen (Seiler).

6. Nachweis mit Weinsäure und Eisen(II)ammoniumsulfat. Wasserstoffperoxyd färbt die mit Mohrschem Salz versetzte, weinsaure Lösung violett; die Färbung wird durch die Bildung von Eisen(III)verbindungen der Dioxyweinsäure verursacht.

Ausführung. Zu 2 cm³ 5%iger Weinsäurelösung fügt man 2 Tropfen einer 5%igen Lösung von Mohrschem Salz zu, vermischt, fügt dann je nach der Konzentration 1 Tropfen bis einige Kubikzentimeter der Probelösung und schließlich etwa 10 Tropfen Natronlauge hinzu. Bei Anwesenheit von Wasserstoffperoxyd tritt Violettfärbung ein.

Empfindlichkeit. Die Farbreaktion ist noch mit 0,005 Vol.-% Wasserstoffperoxyd erkennbar. Das entspricht etwa 50γ in 1 cm³ der Probelösung [Denigès (a)]. Statt Weinsäure kann bei der Reaktion Äpfelsäure verwendet werden. Die entstehende Ferriverbindung der Oxyäpfelsäure und somit die Färbung der Lösung ist rot [Denigès (c), S. 86].

7. Nachweis mit Guajactinktur und Diastase. Das Wasserstoffperoxyd liefert mit dem Reagens eine blaue Färbung (Osann). Man braucht zwei Lösungen: 1. Eine frisch bereitete Lösung von Guajac-Harz (sogenannte Guajactinktur). 2 g aus dem Inneren des im Dunkeln aufbewahrten Harzstückes werden in 100 cm³ 96%igen, vorher nicht der Sonne ausgesetzten Äthylalkohols aufgelöst. Belichtetes Guajac-Harz wird erst blau, dann braun und unfähig, sich noch später wieder blau zu färben. Alte Guajac-Harzlösungen geben Blaufärbungen auch ohne Wasserstoffperoxyd. Belichteter Alkohol gibt schon selbst die Wasserstoffperoxyderaktion. — 2. Eine frisch bereitete Diastaselösung, die man aber nicht aus Malzextrakt anzufertigen braucht, da reine, trockne und haltbare Diastasepräparate käuflich sind.

Ausführung. Man versetzt 100 cm^3 der Probelösung, die nicht sauer und nur schwach alkalisch sein darf, mit 1 cm^3 Guajactinktur und 0,5 bis 1 cm^3 der Diastaselösung und wartet einige Minuten. Bei Anwesenheit von Wasserstoffperoxyd entsteht eine intensive hellblaue Färbung. Die Reaktion erreicht bei dieser Arbeitsweise bald ihr Maximum, worauf die Farbe wieder verblaßt. Man kann die Reaktion auch mit Papierstreifen, die frisch mit beiden Lösungen getränkt werden, ausführen [SCHOENE (a), (c)].

Grenzkonzentration: 1 Teil Wasserstoffperoxyd läßt sich in 2000000 Teilen Luft [SCHOENBEIN (e)] oder sogar in 40000000 Teilen [SCHOENE (a), (c)] nachweisen.

Mit Guajactinktur ohne Diastasezusatz reagiert Wasserstoffperoxyd nur sehr träge im Gegensatz zum Ozon (II. § 2, B 4). Zusatz von etwas Ferrosulfat beschleunigt die Reaktion beträchtlich [MENTZEL und ARNOLD (a)]. Man kann die Reaktion auch zum Nachweis von Wasserstoffperoxyd in pasteurisierter Milch anwenden, wenn man statt zerstörten Milchperoxydasen andere, z. B. in einem Auszug roher Kartoffeln sich befindende, zusetzt (FOUASSIER).

Tabelle 4. Grenzkonzentrationen einiger Farbnachweise des Wasserstoffperoxyds.

Reagens	Erscheinung	Grenzkonzentration	Empfindlichkeit bestimmt	Bemerkung
Co-Naphthenat-papier	Olivengrüne bis braune Färbung	1:3500*	CHARITSCHKOW	* Umgerechnet
Weinsäure + + $FeSO_4$	Violettfärbung	1:20000*	DENIGÈS (a)	* Umgerechnet
Ammoniakal. $AgNO_3$-Lösung	Graue Färbung oder Fällung	1:25000	v. SOBBE	
Vanadinsäure	Rotfärbung	1:170000*	ARNOLD und MENTZEL (b)	* Umgerechnet
$K_2Cr_2O_7$ + + H_2SO_4 + Äther	Blaufärbung	1:100000	SCHÖNBEIN (b)	
$K_2Cr_2O_7$ + + H_2SO_4 + Äther + + Carbazid	Rosa-Violett-färbung	1:1000000	LAPIN	
$Ti(SO_4)_2 + H_2SO_4$	Gelbfärbung	1:1800000	STAEDEL	
Guajactinktur + + Diastase	Hellblaue Färbung	1:2000000	SCHÖNBEIN (e)	
Benzidin + + $CuSO_4$	Blaue Färbung	1:6000000	ROTHENFUSSER	
KJ + $FeSO_4$ + + Stärke	Blaufärbung	1:25000000	MATTHEWS	
Phenolphthalin	Rotfärbung	1:10000000	SCHALES	
Phenolphthalin	Rotfärbung	1:100000000	SCHALES	Mit verdünntem Reagens

B. Weitere Farbreaktionen.

1. Nachweis mit Gold(III)chlorid. In alkalischer Lösung wird das Gold(III)-chlorid vom Wasserstoffperoxyd zu Metall reduziert. Dasselbe fällt als sehr fein verteiltes, im auffallendem Lichte braunes, im durchfallenden Lichte grünlichblaues

Pulver aus. Mit sehr verdünnten Goldchloridlösungen scheidet sich manchmal das Gold in Form eines zusammenhängenden goldgelben Häutchens an den Gefäßwänden ab. Ozon und Luftsauerstoff sowie Stickstoffoxyd geben diese Reaktion nicht, wohl aber manche reduzierend wirkenden Stoffe, unter Umständen auch Kohlenmonoxyd. Als Tüpfelreaktion in neutraler Lösung s. IV. § 2, D 4.

2. Nachweis mit Eisensalzen. **a) Eisen(II)salz und Kaliumferrocyanid.** Der durch Eisen(II)salz und Kaliumferrocyanid gebildete, bläulichweiße Niederschlag färbt sich mit Wasserstoffperoxyd schnell dunkelblau infolge Oxydation und Bildung von Berlinerblau [SCHÖNBEIN (c)].

Empfindlichkeit. 1 cm^3 der Wasserstoffperoxydlösung 1:165000 ruft die Umwandlung noch deutlich hervor (BARRALET). Nicht spezifisch. Luftsauerstoff und viele Oxydationsmittel stören.

b) Eisen(II)sulfat und Kaliumrhodanid. Wasserstoffperoxyd oxydiert Ferro- zu Ferri-Ionen, die das rote, in Wasser und Äther lösliche Ferrirhodanid bilden.

Ausführung. Mischt man in einem Reagensglas je 2 bis 3 Tropfen einer frisch bereiteten, eisen(III)salzfreien Eisen(II)sulfat- und Kaliumrhodanidlösung, fügt 5 bis 6 cm^3 des von peroxydischen Verbindungen befreiten Äthers hinzu, schüttelt um und versetzt mit der Probelösung, so nimmt bei Anwesenheit von Wasserstoffperoxyd die ätherische Schicht eine hell- bis blutrote Färbung an. Es stören der in der Probelösung aufgelöste Sauerstoff (CARUS), Ozon und natürlich auch viele andere Oxydationsmittel.

Erfassungsgrenze: 15 γ Wasserstoffperoxyd (ROGAI).

Grenzkonzentration: 1:1000000 (HORST).

Die Reaktion eignet sich auch zum Nachweis von Wasserstoffperoxyd und von peroxydischen Verbindungen in Äther (MIDDLETON und HYMAS).

c) Eisen(III)chlorid und Kaliumferricyanid. Die braune Lösung dieser zwei Salze wird durch Einwirkung von Wasserstoffperoxyd grün und dann blau gefärbt [SCHÖNBEIN (b)]. Die Bildung von Berlinerblau, welche durch die Reduktion von Ferricyanid durch Wasserstoffperoxyd verursacht wird, ist für Wasserstoffperoxyd insofern charakteristisch, als Ozon oder Stickstoffdioxyd sie nicht hervorrufen können (KEISER und MC MASTER). Es stören jedoch die reduzierend wirkenden Gase und Stoffe, wie Schwefelwasserstoff und Schwefeldioxyd, Sulfite, Thiosulfat.

Grenzkonzentration: 1:4000000 [SCHÖNBEIN (b)]; 1:50000000 [SCHÖNE (a)]. Die Reaktion eignet sich zum Nachweis von Wasserstoffperoxyd in Äther (WOBBE). Sie wird auch als Tüpfelreaktion ausgeführt s. IV. § 2, D 2.

3. Nachweis mit Molybdänsäure. Die mit dem gleichen Raumteil konzentrierter Schwefelsäure versetzte Lösung von 10 % Ammoniummolybdat färbt sich noch mit 0,1 mg Wasserstoffperoxyd durch die sich bildende Permolybdänsäure, H_2MoO_5 gelb [SCHÖNN, DENIGÈS (b)]. Statt Schwefelsäure verwendet CRISMER Citronensäure (einige Tropfen der 25%igen Lösung), wobei die Phosphorsäure nicht stört. — Die Reaktion ist empfindlicher als der Nachweis von Phosphorsäure mit Ammoniummolybdat (MATTHEWS).

4. Nachweis mit Cer(III)salz. Eine mit Ammoniak versetzte Lösung von Cer(III)chlorid oder Cer(III)sulfat gibt mit Wasserstoffperoxyd eine gelb gefärbte Trübung. So lassen sich 30 γ Wasserstoffperoxyd in 0,03%iger Lösung nachweisen (LENZ und RICHTER). Bedeutend empfindlicher ist die Reaktion, wenn man die Cer(III)sulfatlösung mit überschüssigem Kaliumcarbonat bis zur Auflösung des anfangs gebildeten Niederschlages versetzt und die Probelösung hinzufügt. Die anfangs farblose Kaliumcerocarbonatlösung färbt sich gelb bis braunrot durch das Kaliumpercericarbonat, wenn Wasserstoffperoxyd vorhanden ist (JOB). Die Lösung ist stets frisch vorzubereiten, da sie sich mit Luftsauerstoff allmählich gelb färbt. Als Tüpfelreaktion s. IV. § 2, D 3.

5. Nachweis mit Uran(VI)salzen. Versetzt man eine Uranylsalzlösung mit viel Kaliumcarbonat und dann mit Wasserstoffperoxyd, so färbt sie sich braunrot. Dies ist durch die Bildung von Peruranverbindungen, z. B. $UO_4 \cdot n\, H_2O$, verursacht, die man aus der Lösung mit viel Alkohol als braunrote Flüssigkeit bzw. als braunroten Niederschlag abscheiden kann. Die Prüfung kann so durchgeführt werden, daß man zu einer Lösung von Uranylnitrat in 95%igem Alkohol einige Tropfen der zu untersuchenden Lösung und festes Kaliumcarbonat zugibt. Es bildet sich bei Gegenwart von Wasserstoffperoxyd ein braunroter Niederschlag oder eine braunrot gefärbte Flüssigkeit, die sich am Boden des Probiergläschens ansammelt (ALOY).

6. Nachweis mit anderen metallischen Verbindungen. a) **Thallium(I)hydroxyd-Lösung** bzw. -Reagenspapier färbt das Wasserstoffperoxyd braun [SCHÖNE (b)], s. II. § 2, B 1.

b) **Wismuthydroxydfällung** (Wismutnitrat und Ammoniak) färbt sich mit Wasserstoffperoxyd gelb. In einer Konzentration von 1:100000 gut wahrnehmbar (HASEBROEK).

c) **Kupfer(II)hydroxyd** in einer wasserstoffperoxydhaltigen, alkalischen Lösung wird schneller dehydratisiert, das heißt, die Farbe des Niederschlages ändert sich von Blau nach Schwarz schneller als in einer wasserstoffperoxydfreien Lösung. Ein darauf aufgebautes Vergleichsverfahren erlaubt noch 1 Teil Wasserstoffperoxyd in 200 Millionen Teilen Wasser nachzuweisen. Die Anwesenheit von Metallsalzen übt auf die Reaktion einen ungünstigen Einfluß aus; besonders störend wirkt Magnesium, dann sinkt die Wirkung in der Reihe Fe, Co, Ni, Cd, Ca, Sr, Hg, Ba. Kalium und Natrium stören am wenigsten und Al, Zn und Pb sind fast ohne Einfluß (QUARTAROLI).

d) **Bleisulfid** (schwarz) wird mit Wasserstoffperoxyd zum weißen Bleisulfat umgesetzt, was zu seinem Nachweis besonders als Tüpfelreaktion dient (KEMPF), s. IV. § 2, D 1.

e) **Kobalt(II)salze,** z. B. Kobaltnitrat, geben mit Wasserstoffperoxyd in alkalischer Lösung bräunliche bis schwarze Fällungen von höheren Oxyden. — 1. Etwa 200 cm^3 des wasserstoffperoxydhaltigen Wassers säuert man mit 5 bis 10 Tropfen verdünnter Schwefelsäure an, gibt 5 bis 8 Tropfen einer 1%igen Kobaltnitratlösung hinzu und läßt Kalilauge zutropfen. 0,5 bis 1 mg Wasserstoffperoxyd in 1 Liter zeigen sich noch durch deutliche Braunfärbung an (SCHMATOLLA). — 2. 3 bis 5 cm^3 0,25%ige Kobaltnitratlösung werden etwa 1 Min. lang gekocht, rasch abgekühlt und mit Petroläther überschichtet, weiter gekühlt und mit 8 Tropfen Natronlauge versetzt. Der zuerst blaue, nachher rosarote Niederschlag färbt sich mit Wasserstoffperoxyd braun. Perborat, Percarbonat und auch Persulfat geben die gleiche Reaktion, Perchlorat oder Perjodat jedoch nicht (LENZ und RICHTER). — 3. Von einer 1%igen Lösung des Kobalt(II)chlorids, $CoCl_2 \cdot 6\, H_2O$, und einer anderen Lösung, die aus 1,6 Teilen Borax, 20 Teilen Glycerin und 100 Teilen Wasser besteht, mischt man gleiche Gewichtsteile zusammen. 1 bis 2 cm^3 des frisch zusammengemischten Reagenses werden mit der gleichen Menge der Probelösung überschichtet. Je nach der Menge des Wasserstoffperoxyds entsteht gleich oder nach einiger Zeit unter Gasentwicklung eine bräunliche bis dunkelschwarzbraune Ausscheidungszone, die sich allmählich wolkig verteilt und zu Boden sinkt. Noch mit 1 cm^3 einer 0,05%igen Natriumperboratlösung tritt die bräunliche Zone hervor. Persulfat gibt die Reaktion erst nach längerem Stehen, nach Erwärmen oder nach Hinzufügen von Natriumhydroxyd (LEUCHTER).

f) **Naphthensaures Kobalt.** Die Reagenslösung des naphthensauren Kobalts, die man durch Schütteln einer ätherhaltigen Benzin- oder Benzollösung der Naphthensäuren mit neutralen oder schwach sauren Lösungen der Kobalt(II)salze bereitet, ist rosarot. Die mit ihr getränkten, rosaroten Filtrierpapierstreifen färben sich noch mit einer 0,03%igen Wasserstoffperoxydlösung olivengrün bis braun. — Ozon liefert die Reaktion nicht (CHARITSCHKOW).

g) Höhere Oxyde des Nickels, z. B. das braunschwarz gefärbte Ni_2O_3, werden durch Wasserstoffperoxyd, das dabei katalytisch unter Bildung von Sauerstoff oxydiert wird, zu Nickeloxyd, NiO, bzw. Nickeloxydhydrat, reduziert (FEIGL, KLAUFER und WEIDENFELD). Das Verschwinden der schwarzen Farbe dient zum Nachweis von Wasserstoffperoxyd, besonders als Tüpfelreaktion, s. IV. § 2, D 5.

7. Nachweis mit einigen Anionen. **a) Alkalirhodanide** bilden mit Wasserstoffperoxyd, aber auch mit anderen Oxydationsmitteln, in saurer Lösung einen gelbroten Niederschlag (oder eine solche Färbung) von nicht näher bekannter Zusammensetzung. Auch diese Reaktion läßt sich zum Tüpfeln verwenden, s. IV. § 2, D 8. (FEIGL und FRÄNKEL.)

b) Natriumnitrit ruft in angesäuerter Wasserstoffperoxydlösung eine Gelbfärbung hervor.

Ausführung. 2 bis 3 Tropfen 3%ige Natriumnitritlösung und 5 bis 10 cm^3 2 n-Schwefelsäure werden mit der Probelösung gemischt.

Grenzkonzentration: 1:300000 (MATTHEWS).

8. Nachweis mit Indigolösung und Eisen(II)salz. Auch konzentrierte Lösungen von Wasserstoffperoxyd entfärben die mit Schwefelsäure angesäuerte Lösung von Indigoblau nur sehr träge. Durch Zusatz von einigen Tropfen der verdünnten Eisen(II)salzlösung erfolgt die Entfärbung schnell. Gibt man also zur Probelösung einige Tropfen der Indigolösung und, wenn keine Entfärbung eintritt, noch einige Tropfen der frisch bereiteten Eisen(II)sulfatlösung zu, so kann man aus der nun erfolgten Entfärbung auf die Anwesenheit des Wasserstoffperoxydes schließen. Dasselbe ist auf diese Weise noch in der Konzentration 1:500000 nachweisbar [SCHÖNBEIN (b)]. — Dagegen färbt sich die durch Alkalisulfid entfärbte und mit Salzsäure angesäuerte Lösung mit Wasserstoffsuperoxyd wieder blau. Diese Reaktion wird jedoch auch von Ozon und Luftsauerstoff verursacht.

9. Nachweis mit Benzidin und Kupfer(II)sulfat. Benzidin, $H_2N\langle\rangle-\langle\rangle NH_2$, in essigsaurer (oder in alkoholischer) Lösung unter Zusatz von Spuren Kupfersulfat bildet mit Wasserstoffperoxyd das Benzidinblau. Man versetzt etwa 100 cm^3 der Probelösung mit 1 Tropfen 10%iger Kupfersulfatlösung und fügt tropfenweise so viel gesättigte alkoholische Benzidinlösung hinzu, daß eine schwache Trübung sichtbar ist. Beim Umschütteln der Flüssigkeit entsteht bald ein blauer Niederschlag. Man kann sich auch der mit einer sehr verdünnten, kaum bläulichen Kupfersulfatlösung und darauf mit einer alkoholischen Benzidinlösung befeuchteten Reagenspapiere bedienen [ARNOLD und MENTZEL (a)]. — Die Reaktion ist nicht spezifisch und wird von anderen Oxydationsmitteln und besonders auch von Blausäure geliefert. — Sie eignet sich zum Nachweis von Wasserstoffperoxyd in der Milch, wobei die Milchoxydasen den Zusatz von Kupfersulfat überflüssig machen [WILKINSON und PETERS (a)]. Man gibt etwa 10 Tropfen 2%ige alkoholische Benzidinlösung zu etwa 10 cm^3 Milch oder Serum und fügt einige Tropfen verdünnte Essigsäure hinzu. Blaufärbung deutet auf Wasserstoffperoxyd. Es sind noch 50 γ Wasserstoffperoxyd in 5 cm^3 Milch nachweisbar. Eisen(III)salze und Nitrate stören nicht.

Zum Nachweis von Wasserstoffperoxyd in anderen Fällen hält man sich ein Reagens vorrätig, das man auf folgende Weise darstellt: Man versetzt frische Milch mit 6 Vol.-% Bleiessig, schüttelt gut durch, bringt den dünnflüssigen Brei aufs Filter und versetzt das sofort klare Filtrat mit 30%iger Essigsäure. Zum eigentlichen Nachweis von Wasserstoffperoxyd versetzt man 10 cm^3 der Probelösung mit

10 Tropfen des obigen Serums und etwa 10 bis 20 Tropfen 2%iger alkoholischer Benzidinlösung und schüttelt kräftig durch, wonach sofort oder bei sehr großer Verdünnung nach wenigen Sekunden bis 1 Min. eine schöne blaue Färbung eintritt. Unter Anwendung von Kontrollproben kann man noch einen Gehalt von 1:6000000 Wasserstoffperoxyd deutlich nachweisen (ROTHENFUSSER).

Zum empfindlichen Nachweis von Wasserstoffperoxyd und von peroxydischen Verbindungen in einigen Tropfen Äther wird Benzidin in starker Kochsalzlösung in Gegenwart von Spuren des Eisen(II)sulfats empfohlen (RIECHE).

10. Nachweis mit o-Tolidin und Eisen(II)sulfat. Ähnlich wie Benzidin wird auch o-Tolidin, $H_2N(H_3C)C_6H_3{-}C_6H_3(CH_3)NH_2$, von vielen Oxydationsmitteln (zu Tolu-idinblau) oxydiert. Unter Zusatz von Eisen(II)sulfat oder von MOHRschem Salz rufen schon sehr kleine Mengen Wasserstoffperoxyd die Reaktion hervor. Sie läßt sich mit einer 1%igen alkoholischen Lösung des o-Tolidins unter Zusatz von einigen Tropfen Essigsäure und einer 1%igen Eisen(II)lösung im Probiergläschen oder als Tüpfelreaktion (s. IV. § 2, D 6) ausführen (KUHLBERG und MATWEJEW).

11. Nachweis mit Kaliumbichromat und Anilin oder anderen Aminoverbindungen. Die sehr verdünnten, mit Oxalsäure angesäuerten, wäßrigen Lösungen von a) Bichromat und Anilin (BACH) oder b) Bichromat und Dimethylanilin, Sulfanilsäure, p-Toluidin, Xylidin, Toluylendiamin oder Naphthylamin [ILOSVAY VON NAGY ILOSVA (b)] färben sich mit Wasserstoffperoxyd. Die Reaktionen können zu seinem Nachweis benutzt werden.

a) Das Reagens enthält im Liter Wasser 0,03 g Kaliumbichromat und 5 Tropfen Anilin. Hiervon werden 5 cm³ mit 1 bis 2 Tropfen einer 5%igen wäßrigen Oxalsäurelösung versetzt und dann 5 cm³ der zu untersuchenden Lösung hinzugefügt. Nach etwa 10 bis 30 Min. tritt eine rotviolette Färbung auf. Mit Oxalsäure allein ohne Wasserstoffperoxyd tritt zwar auch eine rote Färbung auf, aber erst nach 36 Stdn. Oxydierend wirkende Verbindungen des Stickstoffs haben keinen Einfluß auf die Reaktion. Chlorige und unterchlorige Säure und deren Salze jedoch stören (BACH).

Grenzkonzentration: 1 Teil Wasserstoffperoxyd in 1400000 Teilen Wasser (BACH). Innerhalb 1 Min. tritt eine blaßviolette Färbung bei der Konzentration: 1:1000000 auf [ILOSVAY VON NAGY ILOSVA (b)].

b) Die benötigten Reagenzien enthalten in einem Liter je 5 Tropfen Dimethylanilin, p-Toluidin, Xylidin und 0,3 g Kaliumbichromat, oder 0,3 g Sulfanilsäure und 0,045 g Kaliumbichromat oder 0,05 g Toluylendiamin und 0,015 g Kaliumbichromat; alle sind schwach gelblich gefärbt und nur 1 bis 2 Wochen haltbar. 0,1 g Naphthylamin wird in 20 cm³ der 5 n-Essigsäure gelöst und zu 1 Liter aufgefüllt. Vor dem Gebrauch wird ein Raumteil dieser Lösung mit einem gleichen Raumteil der Lösung von 0,045 g Kaliumbichromat in 1 Liter vermischt. Von jedem von diesen Reagenzien werden 5 cm³ zur Probelösung zugesetzt. Es entsteht je nach der Menge des anwesenden Wasserstoffperoxyds binnen 1 bis 15 Min. mit Dimethylanilin eine gelbe, mit p-Toluidin, Xylidin, Toluylendiamin, Sulfanilsäure und Naphthylamin eine rosa bis violettrote Färbung [ILOSVAY VON NAGY ILOSVA (b)], s. Tabelle 5, S. 28. Salpetersäure und salpetrige Säure sowie Ozon stören die Reaktionen. Das empfindlichste von diesen Reagenzien ist Dimethylanilin.

12. Nachweis mit α-Naphthylamin und Natriumchlorid. Wasserstoffperoxyd allein reagiert nicht mit α-Naphthylamin in schwach essigsaurer Lösung; es entsteht aber in wenigen Minuten eine blaue bis blauviolette Färbung, sobald man zur Lösung festes Kochsalz zusetzt. Je nach der Menge des vorhandenen Wasserstoffperoxyds scheidet sich nach längerem Stehen ein ebenso gefärbter, flockiger Niederschlag aus.

Die Reaktion ist nicht spezifisch, denn die salpetrige Säure und auch andere Oxydationsmittel reagieren mit α-Naphthylamin ähnlich, aber meistens schon ohne Natriumchloridzusatz [WURSTER (b)].

Tabelle 5. Empfindlichkeiten und Verlauf der Nachweisreaktionen von Wasserstoffperoxyd mit Bichromat und Aminoverbindungen.

Kaliumbichromat mit	Verdünnung	Reaktionszeit in Minuten	Färbung
Anilin	1:1 Million	1	blaßviolett
Dimethylanilin . . .	1:1 „	1	gelb
	1:5 „	5	gelb
Sulfanilsäure	1:1 „	1	violettrot
Paratoluidin	1:1 „	5	kupferrot
Toluylendiamin . . .	1:1 „	2	blaß rosenrot
Xylidin	1:1 „	3 bis 4	rosenrot
		nach 5	rötlich violett
Naphthylamin . . .	1:1 „	3	verblaßt
		nach 10 bis 12	bläulich violett

13. Nachweis mit anderen aromatischen Aminen. Auch andere als die bereits erwähnten Amine bilden mit Wasserstoffperoxyd bei Anwesenheit von geeigneten Katalysatoren Farbstoffe, die der Reaktionslösung blaue, rote und violette Färbungen verleihen. Da die Reaktionen meistens zum Nachweis von Wasserstoffperoxyd in der Milch Verwendung finden, erübrigt sich der Zusatz von einem Katalysator, nachdem die anwesenden Milchperoxydasen selbst als Sauerstoffüberträger dienen. Deshalb können auch umgekehrt dieselben Substanzen unter Zusatz von Wasserstoffperoxyd zum Nachweis von Peroxydasen verwendet werden. Als Reagens dienen 2- bis 3%ige teils alkoholische, frisch bereitete Lösungen der folgenden Amine, teils wäßrige Lösungen ihrer Hydrochloride, welche man der rohen, ungekochten Milch zusetzt. In Tabelle 6 findet man die Angabe der Färbungen bei Anwesenheit von Wasserstoffperoxyd.

Tabelle 6. Nachweisreaktionen von Wasserstoffperoxyd mit einigen aromatischen Aminen.

Reagens		Färbung	Nach
m-Phenylendiamin	H_2N⟨ ⟩ (m-NH_2)	blau	DENIGÈS (b)
p-Phenylendiamin	H_2N⟨ ⟩NH_2	blau	ARNOLD und MENTZEL (b)
Dimethyl-p-phenylendiamin	H_2N⟨ ⟩$N(CH_3)_2$	blau	WURSTER (a)
Tetramethyl-p-phenylendiamin	$(CH_3)_2N$⟨ ⟩$N(CH_3)_2$	blau	WURSTER (a)
p-Diäthyl-p-phenylendiamin	$H{-}N(C_2H_5)$⟨ ⟩$N(H){-}C_2H_5$	rot bis violett	ARNOLD und MENTZEL (c)
p-Diaminodiphenylamin	HN(⟨ ⟩NH_2)(⟨ ⟩NH_2)	blaugrün	ARNOLD und MENTZEL (c)

Die Reaktionen sind empfindlich. So erlaubt die Reaktion mit p-Phenylendiamin noch den deutlichen Nachweis von 2,5 mg Wasserstoffperoxyd in 100 cm^3 Milch [ARNOLD und MENTZEL (b); DARLINGTON]. Die mit Tetramethyl-p-phenylendiamin getränkten Reagenspapiere, die auch zum Ozonnachweis verwendet werden (s. II. § 2, B 3), sind unter der Bezeichnung „Tetrapapiere“ oder „Tetrabasepapier“ nach WURSTER (a) käuflich. Die Reaktionen mit den erwähnten Aminen können auch zum anderweitigen Nachweis von Wasserstoffperoxyd, ähnlich wie mit Benzidin unter Zusatz einer Spur Kupfersulfat ausgeführt werden.

14. Nachweis mit anderen organischen Stoffen. **a) Phenol** in verdünnter Lösung mit einer Spur von Eisen(II)sulfat färbt sich mit Wasserstoffperoxyd intensiv grün, und nach Zusatz von Alkali (Ammoniak, Ammonium- oder Natriumcarbonat) schlägt die grüne Farbe in eine rotviolette um. Beim Ansäuern geht die Farbe ins Grün zurück, um bei nachfolgendem Zusatz eines Überschusses von Alkali wieder ins Rotviolette überzugehen. Die Deutung der Reaktion: Eisen(II)salz wird zu Eisen(III)salz und Phenol zu Brenzcatechin teilweise oxydiert. Das letztgenannte gibt mit Eisen(III)salz eine grüne und nach Zusatz von Alkali eine rote Färbung.

Erfassungsgrenze: 17 γ Wasserstoffperoxyd in 1 cm^3 Lösung, das ist etwa die **Grenzkonzentration:** 1:60000 (SPIRO).

Ähnlich benehmen sich auch Kresol und p-Oxybenzoesäure (SPIRO). Färbungen mit Wasserstoffperoxyd geben Kreosol, Guajacol und Kreosot. Die letztgenannten Stoffe fanden ebenfalls Verwendung zum Nachweis von Wasserstoffperoxyd in der Milch [ARNOLD und MENTZEL (b); TAPERNOUX]. Auch in konzentrierter Schwefelsäure allein färben sich Phenol und Brenzcatechin mit Wasserstoffperoxyd grün bis gelb.

b) Chininsulfat. Versetzt man 0,02 g des Salzes mit 2 cm^3 konzentrierter Schwefelsäure und etwa 10 Tropfen der Probelösung, so tritt je nach der Menge des anwesenden Wasserstoffperoxyds schwach bis intensiv gelbe Färbung auf [DENIGÈS (c), S. 86).

c) Ephedrin, Pyramidon usw. Mit weiteren organischen Verbindungen ruft Wasserstoffperoxyd erst beim Erwärmen verschiedene Färbungen hervor. So entsteht z. B. mit dem Alkaloid Ephedrin, $C_{10}H_{15}NO$, in 4%igen wäßrigen Kochsalzlösungen, die wasserstoffperoxydhaltig sind, eine rotviolette Färbung (SIVADJIAN). — Auch Pyramidon, Dimethylamino-phenyldimethylpyrazolon, $(C_{11}H_{11}ON_2)N(CH_3)_2$, gibt mit Wasserstoffperoxyd beim Anwärmen auf etwa 90° C eine vorübergehende Blaufärbung. — Diese und noch andere ähnliche Reaktionen sind eher geeignet zum Nachweis von den betreffenden Stoffen mit Wasserstoffperoxyd als zum Nachweis des letzteren.

15. Nachweis mit Phthalinen. Die in stark alkalischer Lösung mit Zinkstaub reduzierten Phthaleine liefern Phthaline [z. B. Phenolphthalein (I), Phenolphthalin (II)]. Phthaline sind farblos

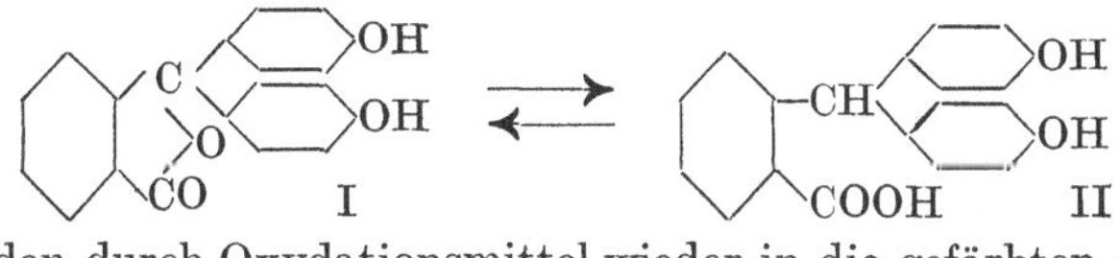

I ⇄ II

löslich und werden durch Oxydationsmittel wieder in die gefärbten Ausgangsverbindungen übergeführt. Diese Reaktionen werden auch zum Wasserstoffperoxydnachweis empfohlen (STAMM; SCHALES).

a) Phenolphthalin. Das Reagens wird in folgender Weise vorbereitet: 1 g Phenolphthalein wird mit 5 g Zinkstaub in der Lösung von 10 g Natriumhydroxyd in 20 g Wasser zur Entfärbung unter Rückfluß gekocht, bis die Lösung farblos geworden ist, wozu etwa 2 Std. benötigt werden. Die erkaltete und durch Asbest filtrierte

Lösung wird auf 50 cm³ verdünnt und über einigen Zinkbröckchen in einem gut verschlossenen Glase im Dunkeln aufbewahrt.

Ausführung. Zu 1 cm³ der Probelösung gibt man 1 Tropfen 0,01 mol Kupfersulfatlösung und 1 Tropfen Reagens. Die Flüssigkeit färbt sich rot.

Grenzkonzentration: Wasserstoffperoxyd in der Verdünnung 1:2000000 gibt starke Rötung der Lösung, bei der Verdünnung von 1:10000000 zeigt sich nach 5 Sek. Rosafärbung, die nach 20 Sek. noch zunimmt und wesentlich kräftiger als der schwache rosa Schimmer der peroxydfreien Blindproben ist (SCHALES). Zur Feststellung noch kleinerer Konzentrationen des Wasserstoffperoxyds, nämlich solcher von 1:100000000 und noch darunter dient das verdünnte Reagens, das ist 10 cm³ der obigen Lösung verdünnt mit 30 cm³ Wasser. 1 Tropfen davon mit 1 Tropfen 0,01 mol Kupfersulfatlösung wird zu 5 cm³ Probelösung zugesetzt. Bei einer Konzentration des Wasserstoffperoxyds von 1:100000000 wird innerhalb 3 Min. noch eine deutliche Rosafärbung beim Betrachten des Glases gegen einen Hintergrund wahrgenommen. Bei einer Konzentration von 1:200000000 ist die Wahrnehmung der Färbung schon unsicher. Man kann das entstehende Phenolphthalein — besonders in gefärbten Lösungen — spektroskopisch durch sein Absorptionsspektrum feststellen. Es kommt dafür in Betracht die Bande im Grün, deren Mitte bei $\lambda = 5565$ Å (FORMÁNEK und KNOP) bzw. $\lambda = 5547$ Å (SCHALES) liegt. Auf der Tüpfelplatte lassen sich mit stärkerem Reagens eben noch 0,04 γ bei der *Grenzkonzentration* 1:1000000 sicher nachweisen (SCHALES), s. IV. § 2, D 9.

Zum Nachweis von peroxydischen Verbindungen in Narkoseäther bringt man 2 cm³ destillierten Wassers, 1 Tropfen der Reagenslösung, 1 bis 2 Tropfen Kupfersulfatlösung (1:2000) zusammen, schüttelt durch und überschichtet mit 0,5 bis 1 cm³ Äther. Je nach der Menge der vorhandenen peroxydischen Verbindungen in Äther bildet sich innerhalb 1 bis 2 Min. an der Berührungsfläche beider Schichten ein rosa bis intensiv rot gefärbter Ring (STAMM).

Grenzkonzentration: Mit dieser Prüfung wird das freie Wasserstoffperoxyd binnen 2 Min. in der Konzentration 1:1000000, binnen 15 Min. noch in der Konzentration 1:10000000 und das Dioxyäthylperoxyd in 30 Min. bei gleichem Verhältnis nachgewiesen (SEILER).

b) Fluorescin. So wie Phenolphthalein, läßt sich auch Fluorescein, Resorcinphthalein, zum entsprechenden Phthalin reduzieren und zum Nachweis von Wasserstoffperoxyd verwenden.

Ausführung. *Das Reagens:* Zu 1 g Fluorescein gibt man 5 cm³ Alkohol, 7 cm³ Wasser, 1 g Natriumhydroxyd, etwas Zinkstaub und erwärmt das Gemisch auf dem Wasserbade, bis die Fluorescenz verschwunden ist. Nach dem Erkalten wird mit Wasser auf 100 cm³ verdünnt, mit 100 cm³ Alkohol versetzt und filtriert. Die Lösung ist farblos und zeigt schwache Fluorescenz. Gibt man 1 Tropfen dieser Lösung zu 1 cm³ Wasser und setzt 1 Tropfen 0,01 mol Kupfersulfatlösung zu, so zeigt sich bei diffusem Tageslicht keine Fluorescenz. Wenn man aber statt Wasser eine Lösung von 1 Teil Wasserstoffperoxyd in 5 Millionen Teilen Wasser nimmt, dann tritt innerhalb 1 Min. Fluorescenz auf. — *Verdünntes Reagens*: 5 cm³ der obigen Reagenslösung werden auf 100 cm³ verdünnt. Zu 5 cm³ Probelösung gibt man im Reagensglas 2 Tropfen des verdünnten Reagenses, 2 Tropfen 0,01 mol Kupfersulfatlösung zu und beobachtet die Fluorescenz unter der Analysen-Quarzlampe. Binnen 2 Min. erzeugt Wasserstoffperoxyd noch in der Konzentration 1:10000000 deutliche Fluorescenz; die wasserstoffperoxydfreie Blindprobe fluoresciert nicht (SCHALES).

Die Reagenslösungen der Phthaline sind nicht unbegrenzt haltbar. Sie unterliegen der Oxydation an der Luft und am Licht. Das Reagens hält sich einige Wochen; das verdünnte Reagens muß stets vor dem Gebrauch frisch aus der konzentrierten Reagenslösung bereitet werden.

16. Nachweis mit Luminol. Luminol ist die kurze Bezeichnung des 3-Amino-phthalsäure-hydrazids, $C_6H_3(NH_2)(CONH)_2$ (Strukturformel: Benzolring mit NH_2 und zwei miteinander verbundenen CONH-Gruppen).

Ausführung. Als Reagens dient eine Lösung von 0,1 g Luminolhydrochlorid und 2 mg Hämin oder Chlorhämin in 100 cm³ 1%iger Sodalösung. Zu 5 cm³ des Reagenses werden 5 cm³ der Probelösung hinzugefügt und es wird im Dunkeln beobachtet. Die bis 15 Min. andauernde Luminescenz zeigt die Anwesenheit des Wasserstoffperoxyds an.

Grenzkonzentration: 1:5000000. Die Prüfung kann auch als Tüpfelreaktion ausgeführt werden, s. IV. § 2, D 10.

Auch mit Benzopersäure und Ammoniumpersulfat wird die Luminescenz erhalten, aber erst mit Lösungen von etwa 0,01% Wasserstoffperoxyd. Die Erkennung von Wasserstoffperoxyd ist bei dieser Probe auch dann möglich, wenn reduzierende Stoffe zugegen sind (LANGENBECK und RUGE). Auf die Dauer der Luminescenz wirken Kupfer(II)-, Kobalt(II)- und Mangan(II)-Ionen stark verkürzend.

Das Luminolreagens eignet sich auch zur Prüfung von Äther auf peroxydische Verbindungen.

Ausführung. 1 cm³ des Reagenses wird mit 1 cm³ des zu prüfenden Äthers überschichtet. Die Anwesenheit von Peroxyden verrät sich durch einen Luminescenzring an der Berührungsfläche beider Flüssigkeiten. Schüttelt man durch, so leuchtet die ganze wäßrige Schicht (SCHALES).

C. Mikrochemische Nachweisreaktionen.

1. Nachweis mit Vanillin. Die Probesubstanz wird auf einem mit Hohlschliff versehenen Objektträger mit 1 Tropfen einer 1%igen Vanillinsalzsäure versetzt. Nach 5 bis 10 Min. tritt rötlichbräunliche Färbung auf und beim allmählichen Verdunsten der Flüssigkeit scheiden sich stahlblaue, zum Teil ästig verzweigte Krystallaggregate ab. Besonders gute Krystalle entstehen, wenn eine Alkohol enthaltende Vanillinsalzsäure verwendet wird (s. Abb. 4).

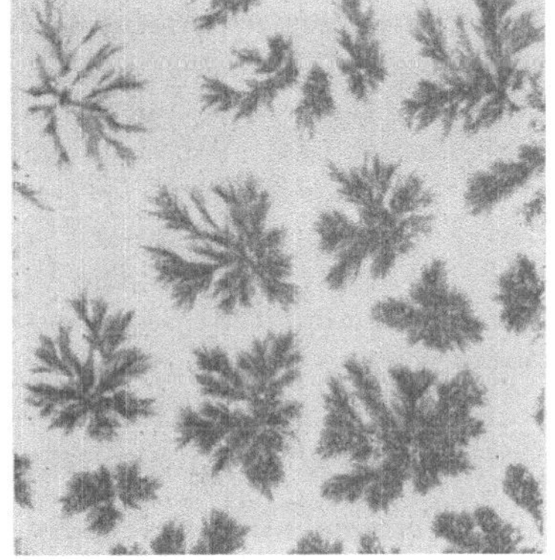

Abb. 4. Nachweis von Wasserstoffperoxyd mit Vanillin (nach G. GRIEBEL).

Erfassungsgrenze: Die im kleinen Tropfen nachweisbare Menge von Wasserstoffperoxyd beträgt 25 γ (GRIEBEL).

2. Nachweis mit ammoniakalischer Silber- und Ferricyanidlösung. Wasserstoffperoxyd fällt aus einer ammoniakalischen Silbernitrat- und Kaliumferricyanidlösung weiße kreuzförmige Krystalle des Silberferrocyanids, $Ag_4Fe(CN)_6$.

Ausführung. 5 cm³ der Probelösung werden mit 1 bis 3 Tropfen der Reagenslösung [5 bis 6 Tropfen 3%iger $AgNO_3$-Lösung werden mit 2 cm³ 7 n-Ammoniak geschüttelt und mit 2 Tropfen 6%iger $K_3Fe(CN)_6$-Lösung versetzt] gut gemischt. Durch eine binnen 5 bis 10 Min. auftretende Trübung werden noch 1 bis 0,2 mg H_2O_2 in 1 Liter nachgewiesen. Mikroskopisch kann noch eine Trübung bei bis zu 0,1 mg H_2O_2 in 1 Liter festgestellt werden [DENIGÈS (d)].

An Stelle von Silbernitrat kann auch Kadmium-, bzw. Zinksulfat verwendet werden [DENIGÈS (e)].

D. Nachweis durch Tüpfelreaktionen.

1. Nachweis mit Bleisulfid. Auf das mit Bleisulfid (s. IV. § 2, B 6 d) imprägnierte Papier wird 1 Tropfen der neutralen oder schwach sauren Probelösung aufgetragen; auf dem hellbraunen Papier entsteht ein weißer Fleck oder Kreisring.

Erfassungsgrenze: 0,04 γ Wasserstoffperoxyd.
Grenzkonzentration: 1:1250000 (Kempf).

2. Nachweis mit Eisen(III)chlorid und Kaliumferricyanid. Auf der Tüpfelplatte werden je 1 Tropfen der Reagenslösung [gleiche Raumteile 0,4%iger $FeCl_3$-Lösung und 0,8%iger $K_3Fe(CN)_6$-Lösung, s. IV. § 2, B 2 c] zum Vergleich mit je 1 Tropfen Wasser und Probelösung versetzt; Blaufärbung bzw. Fällung zeigt Wasserstoffperoxyd an.

Erfassungsgrenze: 0,08 γ Wasserstoffperoxyd.
Grenzkonzentration: 1:600000 (Feigl und Fränkel).

3. Nachweis mit Cer(III)salz. 1 bis 2 Tropfen des Reagenses [bereitet durch Vermischen einer etwa 0,1 mol Cer(III)sulfatlösung mit sehr konzentrierter Kaliumcarbonatlösung, bis der anfangs entstandene weiße Niederschlag gelöst wird, s. IV. § 2, B 4] versetzt man auf der Tüpfelplatte tropfenweise mit der Probelösung; gelbe bis braunrote Färbung. Bei verdünnten Lösungen des Wasserstoffperoxyds Blindversuch anstellen!

Erfassungsgrenze: 0,1 γ Wasserstoffperoxyd.
Grenzkonzentration: 1:160000 (Plank).

4. Nachweis mit Gold(III)chlorid. 1 Tropfen einer 0,01%igen Goldchloridlösung wird im Mikrotiegel mit 1 Tropfen der Probelösung erwärmt; bald wird die Lösung durch kolloides Gold rötlich oder bläulich gefärbt (s. IV. § 2, B 1).

Erfassungsgrenze: 0,07 γ Wasserstoffperoxyd.
Grenzkonzentration: 1:714000 (Feigl und Fränkel).

5. Nachweis mit höheren Nickeloxyden. Auf der Tüpfelplatte werden in zwei benachbarte Vertiefungen winzige Stückchen der Nickel(III)oxydpaste (s. IV. § 2, B 6 g) gebracht und mit je 1 Tropfen der neutralen oder schwach alkalischen Probelösung bzw. Wasser zum Vergleich versetzt; es tritt eine Entfärbung oder wenigstens eine hellere Verfärbung der Masse ein. Zur Herstellung der Paste wird Baritwasser mit Bromwasser versetzt und die so gebildete Hypobromitlösung mit Nickel(II)sulfat erwärmt. Die Mengenverhältnisse sind so zu bemessen, daß ein grauer Niederschlag entsteht. Derselbe wird filtriert und gut gewaschen. Noch naß wird er in einem gut schließenden Wägegläschen aufbewahrt.

Erfassungsgrenze: 0,01 γ Wasserstoffperoxyd.
Grenzkonzentration: 1:5000000 (Feigl und Fränkel).

6. Nachweis mit o-Tolidin. 1 Tropfen einer 1%igen o-Tolidinlösung (s. IV. § 2, B 10) wird auf das Filtrierpapier und darauf je 1 Tropfen vom Natriumacetatpuffer ($p_H = 4$), von einer 1%igen Eisen(II)sulfatlösung oder einer Lösung des Mohrschen Salzes und der Probelösung gebracht; es tritt sofort oder nach einigen Sekunden Blaufärbung auf.

Erfassungsgrenze: 0,025 γ Wasserstoffperoxyd.
Grenzkonzentration: 1:24000 (Kuhlberg und Matwejew).

7. Nachweis mit Vanadinsäure. Auf das mit einer 1%igen (mit 15 bis 20% H_2SO_4 angesäuerten) Alkalivanadatlösung (s. IV. § 2, A 5) getränkte Filtrierpapier wird 1 Tropfen der neutralen oder sauren Probelösung aufgetragen; auf dem weißen Papier tritt ein gelber, rosenroter bis brauner Fleck hervor.

Erfassungsgrenze: 3 γ Wasserstoffperoxyd.
Grenzkonzentration: 1:16600 (FEIGL und FRÄNKEL).

8. Nachweis mit Alkalirhodanid. 1 cm³ einer mit Schwefelsäure angesäuerten 5%igen Kalium- oder Ammoniumrhodanidlösung (s. IV. § 2, B 7 a) wird mit 1 Tropfen der Probelösung versetzt und erwärmt; es entsteht ein gelbroter Niederschlag oder eine solche Färbung.

Erfassungsgrenze: 0,7 γ Wasserstoffperoxyd.
Grenzkonzentration: 1:71400 (FEIGL und FRÄNKEL).

9. Nachweis mit Phenolphthalin. Zu 1 bis 2 Tropfen des stärkeren Phenolphthalinreagenses (s. IV. § 2, 15 a) auf der Tüpfelplatte setzt man je 1 Tropfen der 0,01 mol Kupfersulfat- und der Probelösung; es entsteht Rotfärbung.

Erfassungsgrenze: 0,04 γ Wasserstoffperoxyd.
Grenzkonzentration: 1:1000000 (SCHALES).

10. Nachweis mit Luminol. Zu 1 Tropfen des Reagenses (s. IV. § 2, B 16) auf der schwarzen Tüpfelplatte setzt man 1 Tropfen der Probelösung zu; im Dunkeln wird das Auftreten und die Dauer einer grünlich weißen Luminescenz beobachtet.

Erfassungsgrenze: 0,012 γ Wasserstoffperoxyd.
Grenzkonzentration: 1:5000000 (SCHALES).

Tabelle 7. Empfindlichkeiten einiger Tüpfelnachweise des Wasserstoffperoxyds.

Reagens	Erscheinung	Erfassungsgrenze γ H_2O_2	Grenzkonzentration	Empfindlichkeit bestimmt
Höhere Nickeloxyde	Entfärbung	0,01	1:5000000	FEIGL u. FRÄNKEL
Luminol	Grünlich weiße Luminescenz	0,012	1:5000000	SCHALES
o-Tolidin + $FeSO_4$	Blaufärbung	0,025	1:24000	KUHLBERG u. MATWEJEW
Bleisulfid, PbS . .	Entfärbung	0,04	1:1250000	FEIGL u. FRÄNKEL
Phenolphthalin . .	Rotfärbung	0,04	1:1000000	SCHALES
Gold(III)chlorid .	Rötliche bis bläuliche Färbung	0,07	1:714000	FEIGL u. FRÄNKEL
$FeCl_3 + K_3Fe(CN)_6$	Blaufärbung	0,08	1:600000	FEIGL u. FRÄNKEL
Cer(III)sulfat . .	Gelbe bis braunrote Färbung	0,1	1:160000	PLANK
Alkalirhodanid . .	Gelbrote Färbung oder Fällung	0,7	1:71400	FEIGL u. FRÄNKEL
Vanadinsäure . .	Gelbe, rosarote bis braune Färbung	3	1:16000	FEIGL u. FRÄNKEL

E. Nachweis von Wasserstoffperoxyd in besonderen Fällen.

1. Nachweis von Wasserstoffperoxyd in Milch. **a) Mit verschiedenen Reagenzien.** Bei den einzelnen Prüfungen wurde bereits angeführt, ob und inwieweit sie sich zum Wasserstoffperoxydnachweis in der Milch eignen. Für rohe Milch kommen in Betracht die Reaktionen: mit Titan(IV)sulfat (IV. § 2, A 2), mit Kaliumjodid bei Gegenwart von Stärkelösung oder mit Jodzink- bzw. Jodcadmiumstärkelösung (IV. § 2, A 3), mit Vanadin-Schwefelsäure (IV. § 2, A 5), mit Guajactinktur (IV. § 2, A 7), mit Benzidin (IV. § 2, B 9), mit p- und m-Phenylendiamin (IV. § 2, B 13), mit Guajacol, Kreosol sowie Kreosot (IV. § 2, B 14 a) und mit Formaldehyd und Salzsäure, die im folgenden behandelt werden. Die besten Reaktionen sind die mit Vanadin-Schwefelsäure und mit p-Phenylendiamin. In gekochter Milch versagen fast alle diese Reaktionen. Brauchbar sind hier die Reaktionen mit Vanadin-Schwefelsäure,

Titan(IV)-Schwefelsäure, und die Reaktion mit salzsaurem m-Diamidobenzol nach DENIGÈS (b). Bei dem letztgenannten Nachweis verfährt man, wie folgt: 10 cm^3 gekochte Milch werden mit einigen Tropfen einer frisch bereiteten, wäßrigen, 3%igen Lösung des Salzes und mit 4 bis 5 Tropfen konzentrierter Salzsäure versetzt und durchgeschüttelt; die Mischung wird ohne Umschwenken 3 bis 4 Min. lang im kochenden Wasserbade stehengelassen. Die blaue Färbung zeigt die Anwesenheit von Wasserstoffperoxyd an [ARNOLD und MENTZEL (b)].

b) Mit Formaldehyd und Salzsäure. 5 cm^3 Milch werden in einem Probierrohr mit 5 cm^3 Salzsäure (D 1,19) und 1 Tropfen schwacher Formaldehydlösung gemischt. Die Mischung wird in ein Bad von etwa 60° eingestellt und höchstens 3 bis 4 Min. beobachtet. Ist 0,01% Wasserstoffperoxyd vorhanden, so tritt eine schöne blauviolette Färbung ein, die bei 0,006% noch deutlich, bei 0,003% nur schwach ist. Wasserstoffperoxydfreie Milch gibt eine Gelbfärbung.

Störungen. Die Reaktion wird außer durch Wasserstoffperoxyd auch durch $PtCl_4$, $FeCl_3$, $CuSO_4$ und, was für den Nachweis des Wasserstoffperoxyds in Milch wichtig ist, auch durch Salpetersäure und salpetrige Säure hervorgerufen. Die Salpetersäure ruft zwar erst beim Kochen eine schmutzigviolette Färbung hervor; Spuren salpetriger Säure lösen jedoch die Reaktion sofort aus (FEDER). Das Eintreten der Reaktionen ist sowohl vom absoluten Gehalt an Wasserstoffperoxyd und Formaldehyd in der Milch als auch von dem gegenseitigen Verhältnis beider Stoffe abhängig. Die Reaktion ist am stärksten, wenn der Gehalt an Wasserstoffperoxyd etwa 0,005% und der Gehalt an Formaldehyd zwischen 0,004 und 0,013% beträgt [WILKINSON und PETERS (b)].

2. Nachweis in Getränken. Zum Nachweis von Wasserstoffperoxyd in mit ihm konservierten Getränken, werden die Reaktionen mit Jodkaliumstärke (IV. § 2, A 3), mit p-Phenylendiamin (IV. § 2, B 13), mit Benzidin (IV. § 2, B 9) und mit Vanadinsäure (IV. § 2, A 5) empfohlen (HOWARD und CIVEN).

3. Nachweis in Äther. Zum Nachweis von Wasserstoffperoxyd und von peroxydischen Verbindungen in Äther, besonders für Narkosezwecke, kann die Reak-

Tabelle 8. Empfindlichkeiten einiger Nachweise des Wasserstoffperoxyds in Äther.

Reagens	Erscheinung	Konzentration g H_2O_2 in cm^3 Äther	Empfindlichkeit bestimmt
Polarographischer Nachweis	Stufe bei 1,1 Volt	1:335000	GOSMAN
KJ + Phenolphthalein	Rotfärbung der wäßrigen Schicht	1:80000	WOBBE
$K_2Cr_2O_7 + H_2SO_4$	Blaufärbung der Ätherschicht	1:400000	KING
Vanadin-Schwefelsäure	Gelb-, Rosa- bis Braunfärbung der wäßrigen Schicht	1:400000	KING
$FeCl_3 + K_3Fe(CN)_6$	Grün- bis Blaufärbung der wäßrigen Schicht	1:10000000	WOBBE
$Ti(SO_4)_2 + H_2SO_4$	Gelbfärbung der wäßrigen Schicht	1:20 000 000 binnen 15 Min.	LEPPER
K_2CdJ_4	Gelbfärbung des Äthers	1:1 000000	GREEN u. SCHOETZOW
Phenolphthalin	Rosa bis roter Ring an der Grenze beider Schichten	1:1 000000 binnen 2 Min. 1:10000000 binnen 15 Min.	SEILER

tion mit Bichromat (IV. § 2, A 1) in der Weise benutzt werden, daß man 9 cm³ des zu prüfenden Äthers mit 1 Tropfen 2 n-Schwefelsäure und 1 Tropfen 0,5 n-Kaliumbichromatlösung in 1 cm³ Wasser versetzt, in einem verschlossenen Zylinder 30 Sek. schüttelt und die in ein Probierglas umgefüllte Ätherschicht beobachtet. Noch bei einer Verdünnung 1:400000 ist die Blaufärbung zu sehen (KING). Ferner lassen sich zu dem Zwecke auch die Reaktionen mit Titanschwefelsäure (IV. § 2, A 2), die bereits erwähnten Prüfungen mit Kaliumjodid, mit Kaliumjodid und Phenolphthalein, mit Kaliumcadmiumjodid (IV. § 2, A 3), mit Vanadinsäure (IV. § 2, A 5), mit Eisen(II)sulfat und Kaliumrhodanid (IV. § 2, B 2b), mit Eisen(III)chlorid und Kaliumferricyanid (IV. § 2, B 2c), mit Benzidin und Eisen(II)sulfat (IV. § 2, B 9), mit Phenolphthalin (IV. § 2, B 15a) und mit Luminol (IV. § 2, B 16) sowie die polarographische Prüfung (IV. § 1, 3) in der angegebenen Weise verwerten.

4. Nachweis von Wasserstoffperoxyd in Anwesenheit von Ozon und Stickstoffdioxyd, s. III. 1, 3.

Literatur.

ALOY, J.: Bl. (3) **27**, 734 (1902). — ARNOLD, C. u. C. MENTZEL: (a) B. **35**, 1324 (1902); (b) Z. Lebensm. **6**, 305 (1903); durch C. **1903 I**, 1043; (c) Z. Lebensm. **6**, 548 (1903); durch C. **1903 II**, 314.

BACH, A.: C. r. **119**, 1218 (1894); durch Fr. **34**, 751 (1895). — BAYER, A. u. V. VILLIGER: B. **35**, 3038 (1902). — BARRALET, E. S.: Chem. N. **79**, 136 (1899); durch C. **1899 I**, 949. — BASKERVILLE, C. u. W. A. HAMOR: Ind. eng. Chem. **3**, 378 (1911). — BINDER, K. u. R. F. WEINLAND: B. **46**, 255 (1913). — BIRCKENBACH, L.: Die Untersuchungsmethoden des Wasserstoffperoxyds, Stuttgart 1909. — BÖTTGER, R.: (a) J. pr. **95**, 311 (1865); (b) Jahresberichte physikal. Vereins zu Frankfurt **1871/72**, 23. — BORNEMANN, K.: NERNST-Festschrift **1912**, 118. — BOSWELL, M. C.: Am. Soc. **35**, 284 (1913). — BOVEN, C. V. u. J. F. BOURLAND: J. Chem. Education **16**, 295 (1939); durch C. **1939 II**, 1935. — BRODIE, B. C.: Phil. Transac. **162**, 439 (1873).

CARUS, M.: Ch. Z. **45**, 851 (1921). — CHARITSCHKOFF, K. W.: Ch. Z. **34**, 50 (1910). — CHRISTOMANOS, A. C.: Verh. d. Ges. D. Ntf. u. Ärzte **1905 II**, 76; durch C. **1906 II**, 1139. — CHRISTOFF, A.: Ph. Ch. **79**, 456 (1912). — CRISMER, L.: Bl. (3) **6**, 22 (1891).

DAMON, H. G.: Ind. eng. Chem. Anal. Edit. **7**, 133 (1935). — DARLINGTON, T. I.: Ind. eng. Chem. **7**, 676 (1915). — DAVIDSON, D.: Ind. eng. Chem. Anal. Edit. **12**, 40 (1940); durch Fr. **123**, 29 (1941). — DENIGÈS, G.: (a) Ann. Chim. anal. **22**, 193 (1917); durch C. **1918 I**, 865; (b) C. r. **110**, 1007 (1890); Bl. (3) **3**, 797 (1890); (3) **5**, 293 (1891); (3) **7**, 4 (1892); J. Pharm. Chim. (5) **25**, 591 (1892); (c) Précis de Chimie analytique, Paris 1920; (d) C. r. **211**, 196 (1940); durch C. **1941 II**, 236; (e) Bl. Soc. Pharm. Bordeaux **80**, 5 (1942); durch C. **1943 I**, 2517. — DRAKELEY, T. J. u. H. NICOL: J. Soc. chem. Ind. **44**, T 457 (1926); durch C. **1926 II**, 2091. — DYRENFURTH, F.: Dtsch. Z. Ges. gerichtl. Med. **13**, 287 (1929).

ECK, P. N. VAN: Pharm. Weekbl. **62**, 365 (1925). — EFIMOFF, W.: Bio. Z. **155**, 371 (1925). — ENGLER, C. u. W. WILD: B. **29**, 1940 (1896). — ERLWEIN, G. u. TH. WEYL: B. **31**, 3158 (1898).

FEDER, E.: Z. Lebensm. **15**, 234 (1907). — FEIGL, F. u. E. FRÄNKEL: Mikrochemie **12**, 303 (1932/33). — FEIGL, F., F. KLAUFER u. K. WEIDENFELD: Fr. **80**, 5 (1929). — FISCHER, F. u. F. BRAEHMER: B. **39**, 940 (1906). — FISCHER, F. u. H. MARX: B. **39**, 2555 (1906). — FISCHER, F. u. H. TROPSCH: B. **50**, 765 (1916). — FORMÁNEK, J. u. J. KNOP: Fr. **56**, 273 (1917). — FOUASSIER, M.: Ann. Chim. anal. (2) **2**, 9 (1920); durch C. **1920 II**, 649. — FOX, CH. J. J.: Trans. Farad. Soc. **5**, 68 (1909). — FRANZEN, H.: B. **39**, 2069 (1906).

GATTERER, A.: Phys. Z. **33**, 64 (1932). — GAUZIT, J.: C. r. **195**, 892 (1932). — GOSMAN, B. A.: Coll. Trav. chim. Tchécosl. **7**, 467 (1935). — GRAMONT, A. DE: Bl. Soc. Min. **44**, 86 (1921). — GREEN, L. W. u. R. E. SCHOETZOW: J. Am. pharm Assoc. **22**, 412 (1933); durch C. **1933 II**, 583. — GRIEBEL, C.: Mikrochemie **9**, 313 (1931). — GRIGGI, G.: L'Orosi **15**, 295 (1892).

HALLWACHS, W.: Ann. Phys. (4) **30**, 602 (1909). — HASEBROEK, K.: B. **20**, 213 (1887). — HEMPEL, W.: Gasanalytische Methoden, 3. Aufl., Braunschweig 1900. — HENRICH, F.: B. **48**, 2006 (1915). — HENRICH, F. u. K. KUHN: Angew. Ch. **29**, 149 (1916). — HERMAN, L.: Ann. Phys. Paris, XI. s. **11**, 548 (1939). — HEYES, J.: Ph. Ch. **A 172**, 95 (1935). — HEYROVSKÝ, J.: Polarographie, Wien 1941; Arh. Hemiju Farmaciu **5**, 163 (1931). — HEYNE, G.: Z. techn. Phys. **6**, 290 (1925). — HORST, F. W.: Ch. Z. **45**, 572 (1921). — HOUZEAU, A.: A. Ch. (4) **27**, 5, 20 (1872). — HOWARD, CH. D. u. N. CIVEN: Ind. eng. Chem. **19**, 161 (1927).

Ilosvay von Nagy Ilosva, L.: (a) Bl. (3) **2**, 351 (1889); (b) B. **28**, 2029 (1895). — Iwanei, I. F.: Chem. J. Ser. B. **12**, 470 (1939); durch C. **1940 I**, 2834.

Jacobson, M.: Can. P. 375057 (1937); durch C. **1938 II**, 3843. — Jahn, St.: Z. anorg. Ch. **60**, 292 (1905). — Jannasch, P. u. W. Gottschalk: J. pr. (N. F.) **73**, 497 (1906). — Job, A.: C. r. **128**, 178 (1899). — Jorissen, A.: J. pharm. Liège **10**, Nr. 2 (1903); durch C. **1903 I**, 1278.

Kautsky, H. u. A. Hirsch: Z. anorg. Ch. **222**, 126 (1935). — Keiser, E. H. u. L. McMaster: Am. Soc. **39**, 96 (1908). — Kempf, R.: Fr. **89**, 88 (1932). — King, H.: J. chem. Soc. Japan **1929**, 738; durch C. **1929 II**, 24. — Kolthoff, I. M.: Pharm. Weekbl. **53**, 1609 (1916); durch C. **1917 I**, 820. — Kropf, F.: J. Gasbeleucht. **47**, 1103 (1904); durch C. **1905 I**, 307. — Krüger, F. u. M. Möller: Phys. Z. **13**, 1040 (1912). — Kuhlberg, L. u. L. Matwejew: Chem. J. Ser. B. **9**, 754 (1936); durch C. **1937 I**, 1484.

Langenbeck, W. u. U. Ruge: B. **70**, 367 (1937). — Lapin, L. N.: Fr. **102**, 418 (1935). — Leeds, A. R.: Chem. N. **38**, 243 (1878); **43**, 161 (1881). — Lepper, W.: Ch. Z. **66**, 314 (1942). — Lenz, W. u. E. Richter: Fr. **50**, 537 (1911). — Leuchter, M.: Ch. Z. **35**, 1111 (1911). — Levi, M. G.: G. **31**, 513 (1891). — Loureiro, J. A. de: C. r. Soc. Biol. **96**, 1324 (1927); durch C. **1927 II**, 652. — Lundegårdh, H.: Z. Phys. **66**, 109 (1930).

McCrumb, F. R. u. W. R. Kenny: J. Am. Water Works Assoc. **21**, 400 (1929); durch C. **1929 I**, 3023. — McLeod, H.: Chem. N. **40**, 307 (1879). — Machu, W.: Das Wasserstoffperoxyd und die Perverbindungen, Berlin 1937. — Macura, H. u. G. Werner: Die Chemie **56**, 90 (1943). — Manchot, W. u. W. Kampschulte: (a) B. **40**, 4984 (1907); (b) 40, 2891 (1907). — Matthews, N. W.: Chemist-Analyst **19**, 5 (1930); durch C. **1930 II**, 1885. — Meyer, E.: Ann. Phys. **12**, 849 (1904). — Meyer, G. u. W. L. Ghijsen jr.: Chem. Weekbl. **32**, 373 (1935). — Meyer, J. u. A. Pawletta: Fr. **69**, 15 (1926). — Middleton, G. u. F. C. Hymas: Analyst **53**, 201 (1928); durch C. **1928 I**, 2635.

Nasini, R. u. C. Porlezza: Atti Lincei (5) **21**, II, 740, 803 (1912); durch C. **1913**, **I**, 955.

Osann: Pogg. Ann. **67**, 373 (1846); J. pr. **53**, 51 (1851).

Petráček, E.: Časopis českoslov. Lékárn. **12**, 265 (1932). — Pfeilsticker, K.: Spectrochim. A. **1**, 431 (1940). — Pfordten, O. von der: A. **228**, 112 (1885). — Phillipe, E.: Mitt. Lebensmittelunters. Hyg. **3**, 381 (1912); durch C. **1913 I**, 566. — Piccard, J.: Helv. **5**, 243 (1922). — Plank, E.: Fr. **99**, 105 (1934). — Pring, J. N.: Pr. Roy. Soc. Ser. A **90**, 204 (1914); durch C. **1914 II**, 161.

Quartaroli, A.: Ann. Chim. applic. **15**, 32 (1925); **24**, 70 (1934); durch C. **1925 II**, 220; **1934 II**, 475; G. **55**, 264 (1925); durch C. **1925 II**, 1581.

Reichard, C.: Fr. **40**, 577 (1901); Ch. Z. **27**, 1227 (1903). — Rieche, A.: Angew. Ch. **44**, 896 (1931). — Rogai, A.: Staz. sperim. agrar. ital. **47**, 569 (1914); durch C. **1915 I**, 399. — Rothenfusser, S.: Z. Lebensm. **16**, 589 (1908); durch C. **1909 I**, 465. — Rothmund, V. u. A. Burgstaller: M. **34**, 693 (1913). — Runge, C.: Physica **1**, 254 (1921). — Runge, C. u. F. Paschen: Wied. Ann. **61**, 641 (1897); durch C. **1898 I**, 298.

Schales, O.: B. **71**, 447 (1938). — Schmalfuss, H.: B. **56**, 1855 (1923). — Schmalfuss, H. u. H. Werner: (a) B. **58**, 71 (1925); (b) J. pr. (N. F.) **111**, 62 (1925). — Schmatolla, O.: Pharm. Z. **50**, 641 (1905). — Schönbein, C. F.: (a) J. pr. (1) **84**, 193 (1861); (b) Fr. **1**, 9 (1862); (c) **1**, 440 (1862); (d) J. pr. (1) **93**, 59 (1864); (e) J. pr. (1) **105**, 219 (1867); (1) **53**, 69 (1851). — Schöne, E.: (a) B. **7**, 1693 (1874); Fr. **14**, 89 (1875); (b) A. **196**, 58 (1879); (c) Fr. **33**, 137 (1894). — Schönn: Fr. **9**, 41, 330 (1870). — Schulek, E.: Fr. **68**, 22 (1926). — Schwarz, R. u. H. Giese: B. **65**, 871 (1932). — Seiler, K.: Schweiz. Apoth. Z. **63**, 257 (1925). — Sivadjian, J.: J. Pharm. Chim. **12**, 266 (1930); durch C. **1931 I**, 1487. — von Sobbe, O.: Ch. Z. **35**, 898 (1911). — Spiro, K.: Fr. **54**, 345 (1915). — Staedel, W.: Angew. Ch. **15**, 642 (1902). — Stamm, J.: Arch. Pharm. og Chemi **4**, 18, 25 (1924); durch C. **1924 II**, 515; **1925 I**, 996. — Struve, H.: Fr. **8**, 319 (1869); **11**, 28 (1872). — Styer, Ch. A.: Am. P. 1997659 (1935); durch C. **1935 II**, 3684.

Tapernoux: C. r. Soc. Biol. **97**, 1161 (1927). — Thénard, J. L.: A. Ch. **8**, 306 (1818); **11**, 209 (1819). — Thiele, H.: Z. öffentl. Ch. **12**, 11 (1906). — Timofejew, W.: Ph. Ch. **6**, 141 (1890). — Traube, M.: B. **17**, 1062 (1884).

Vítek, V.: Coll. Trav. chim. Tchécosl. **7**, 537 (1935); **8**, 88 (1936).

Wilkinson, W. P. u. E. C. Peters: (a) Z. Lebensm. **16**, 172 (1908); durch C. **1908 II**, 987; (b) **16**, 515 (1908); durch C. **1908 II**, 2043. — Willstätter, R. u. E. Hauenstein: B. **42**, 1842 (1909). — Wobbe, W.: Apoth. Z. **18**, 458, 465, 487 (1903). — Wüstner, H.: Fr. **87**, 114 (1932); **88**, 194 (1932). — Wurster, C.: (a) B. **19**, 3195 (1886); **21**, 921, 1525 (1888); (b) **22**, 1910 (1889).

Schwefel.

S, Atomgewicht 32,06; Ordnungszahl 16.

Von **OLDŘICH TOMÍČEK**, Prag.

Mit 27 Abbildungen.

Inhaltsübersicht.

Seite

Vorkommen des Schwefels 44

Verhalten des Schwefels in der VI. Gruppe des periodischen Systems; Wertigkeit; Anionenbildung; Eignung vieler Redoxreaktionen sowie der Schwerlöslichkeit einiger Salze zum qualitativen Nachweis.

Nachweismethoden 45

§ 1. Nachweis auf spektralanalytischem Wege, mitbearbeitet von J. VAN CALKER, Münster (Westf.) 45

§ 2. Nachweis von beliebig gebundenem Schwefel 45

1. Nachweis durch Überführung in Sulfid 45
2. Nachweis durch Überführung in Sulfat 46
3. Nachweis durch Überführung in Schwefelwasserstoff 46
   a) Nachweis durch die Flammenreaktion 46
   b) Reduktion durch Glühen bei heller Rotglut mit feuchtem Wasserstoff 46

§ 3. Nachweis von elementarem Schwefel 46

Allgemeines. Allotropie des Schwefels. Wichtige physikalische und chemische Eigenschaften; die Löslichkeit.

A. Nachweis auf trockenem Wege 47

B. Mikroreaktionen 47

1. Nachweis durch die Krystallformen des Schwefels 47
2. Nachweis durch Überführung in Thiosulfat 47
3. Nachweis durch Überführung in Sulfid 47
   a) Mit Schwefelkohlenstoff und Quecksilber 47
   b) Mit Natronlauge und Nitroprussidnatrium 47
4. Nachweis durch Überführung in Sulfat 47

C. Farbreaktionen 48

1. Nachweis durch Bildung von Quecksilbersulfid 48
2. Nachweis mit Pyridin und Natronlauge 48
3. Nachweis durch Bildung von Rhodanid 48
4. Nachweis mit Benzyl-imido-di-(4-methoxyphenyl)methan 48
5. Nachweis mit Benzoin und eisenhaltigem Glycerin 49

§ 4. Nachweis von Sulfid-Ion (S'') 49

Allgemeines über Schwefelwasserstoff und seine wäßrige Lösung. Schwefelwasserstoffsäure und ihre Salze und deren wichtige Eigenschaften.

I. Nachweis auf trockenem Wege 49

II. Nachweis auf nassem Wege 49

A. Fällungsreaktionen 49

1. Fällung mit Bleisalzen 49
2. Fällung mit Silbernitrat 50
3. Fällung mit Cadmiumsalz 50
4. Fällung mit Quecksilber(II)chlorid 50

B. Nachweis des mit Säuren freigemachten, gasförmigen Schwefelwasserstoffs 50

1. Erkennung am Geruch 50
2. Nachweis durch Bildung gefärbter Metallsulfide auf Reagenspapieren 50

Seite
3. Nachweis mit dem Eisen(III)chlorid-Glycerinreagens 50
4. Nachweis mit Nitroprussidnatrium und Ammoniak oder Natriumcarbonat 50
5. Auf Reduktionswirkung beruhende Nachweise 50
a) Durch Entfärbung von Jodstärke 50
b) Durch Färbung von Kaliumjodatstärkepapier 50
c) Mit Eisen(III)salz und Kaliumferricyanid 50
d) Mit Natriummolybdat 50
e) Mit Molybdat und Rhodanid 51
Nachweis von Schwefelwasserstoff neben Schwefeldioxyd 51
Tabelle 1. Empfindlichkeiten einiger Nachweisreaktionen für Schwefelwasserstoff 51
C. Mikro- und Farbreaktionen des Sulfid-Ions 51
1. Nachweis durch Katalyse der Jodazidreaktion 51
2. Nachweis mit dem Bleiacetatfaden 51
3. Nachweis mit alkalischer Bleilösung 51
4. Nachweis mit Nitroprussidnatrium 52
5. Nachweis durch Bildung von Methylenblau 52
6. Nachweis durch Bildung von LAUTHschem Violett 52
7. Nachweis mit alkalischem Eisen(III)chlorid-Glycerinreagens . 52
8. Nachweis mit Trinitrobenzol und Nitramin 53
9. Nachweis auf blankem Silberblech 53
Tabelle 2. Empfindlichkeiten einiger Mikronachweise des Sulfid-Ions 53
D. Nachweis in festen und schwerlöslichen Sulfiden 53
1. Nachweis durch Katalyse der Jodazidreaktion 53
2. Nachweis durch Überführung in Sulfat 53
3. Nachweis durch eine modifizierte Heparreaktion 54
E. Nachweis von freiem Schwefelwasserstoff in Wässern 54
1. Nachweis durch Katalyse der Jodazidreaktion 54
2. Nachweis durch die Methylenblaureaktion 54

§ 5. Nachweis von Hydrogensulfiden neben Sulfiden 54
1. Nachweis mit Jodlösung 54
2. Nachweis mit Mangan(II)salz 54

§ 6. Nachweis von Polysulfiden 54
1. Nachweis mit komplexen Kobaltsalzen 54
2. Nachweis durch Überführung in Rhodanid 55
3. Nachweis mit Nitroprussidnatrium und Kaliumcyanid 55
4. Nachweis mit Alkohol 55

§ 7. Nachweis von Sulfat-Ion (SO_4'') 55
Allgemeines über Schwefelsäure. Wichtige Eigenschaften einiger Sulfate und Hydrogensulfate.
I. Nachweis auf trockenem Wege 55
II. Nachweis auf nassem Wege 55
A. Wichtige Fällungsreaktion 55
Fällung mit Bariumchlorid 55
B. Weitere Fällungsreaktionen 56
1. Reaktion mit Bleiacetat 56
2. Reaktion mit Strontiumsalzen 56
3. Reaktion mit Calciumsalzen 56
4. Reaktion mit Quecksilber(II)salzen 56
5. Reaktion mit Benzidinsalz 56
C. Mikro- und Tüpfelreaktionen 56
I. Wichtige Fällungsreaktionen 56
1. Fällung als Gips 56
2. Fällung als Bleisulfat 57
3. Fällung als Benzidinsulfat 57
II. Weitere Fällungsreaktionen 57
1. Fällung als Bariumsulfat 57
2. Fällung als Caesiumalaun 57
3. Fällung als Silbersulfat 57
Tabelle 3. Empfindlichkeiten einiger Mikronachweise des Sulfat-Ions 58

Seite
4. Fällung mit Hexamminkobalt(III)chlorid 58
5. Tüpfelnachweis mit in Gegenwart von Kaliumpermanganat gefälltem Bariumsulfat 58
6. Tüpfelnachweis mit Bariumcarbonat und Phenolphthalein 58
7. Tüpfelnachweis mit Bariumrhodizonat 59
D. Nachweis in schwer löslichen Sulfaten 59
Nachweis mit Quecksilber(II)salz 59
E. Aufschlußverfahren 59
a) Kochen mit Natriumcarbonatlösung 59
b) Schmelzen mit Natrium-Kaliumcarbonat 59
F. Nachweis der freien Schwefelsäure 59
1. Nachweis durch Verkohlung von Kohlehydraten 59
2. Nachweis mit Farbstoffindicatoren 59
3. Nachweis mit Cholsäure und Furfurol 60
4. Mikronachweis als Jodchininsulfat 60
§ 8. Nachweis von Schwefeltrioxyd 60
Eine Reaktion der Pyroschwefelsäure 60
§ 9. Nachweis von Sulfit-Ion (SO_3'') 60
Allgemeines. Schweflige Säure und ihre Ionen. Sulfite und Hydrogensulfite. Die Bildung von Pyrosulfiten (Metabisulfiten). Wichtigere Eigenschaften dieser Ionen.
I. Nachweis auf trockenem Wege 61
II. Nachweis auf nassem Wege 61
A. Fällungsreaktionen des Sulfit-Ions 61
1. Fällung als Bariumsulfit 61
2. Fällung als Strontiumsulfit 61
3. Fällung mit Quecksilber(II)chlorid 61
4. Fällung mit Silbernitrat 61
5. Fällung mit Bleisalzen 62
B. Nachweis des durch Säuren freigemachten Schwefeldioxyds . . 62
1. Erkennung am Geruch 62
2. Fällungsreaktionen 62
a) Fällung mit ammoniakalischer Silberferricyanidlösung 62
b) Fällung mit ammoniakalischer Silberjodatlösung . . . 62
c) Fällung mit Uranylacetat und Kaliumferricyanid . . 62
d) Fällung mit Quecksilber(II)chlorid 62
e) Fällung mit Silbersalz 62
3. Mikrofällungsreaktionen 62
a) Fällung als Cadmiumanilinsulfit 62
b) Fällung mit Quecksilber(II)salzen 63
c) Fällung mit Ba-, Sr- und Ca-Salzen 63
4. Farbreaktionen 63
a) Mit Jodstärkepapier 63
b) Mit Kaliumjodatstärkepapier 63
c) Mit Zinknitroprussid 63
d) Mit Nickelhydroxyd und Benzidinacetat 64
e) Mit 2-Benzylpyridin 64
f) Mit Quecksilber(I)nitratpapier 64
g) Mit Eisen(III)salz und Kaliumferricyanid 64
5. Nachweis durch Reduktion von Schwefeldioxyd zu Schwefel 64
Tabelle 4. Empfindlichkeiten einiger Farbnachweise für Schwefeldioxyd 65
6. Nachweis durch Oxydation von Schwefeldioxyd zu Sulfat 65
a) Nachweis mit Benzidin 65
b) Nachweis mit Chinin 65
Nachweis von Schwefeldioxyd neben Schwefelwasserstoff s. S. 70
C. Mikro- und Tüpfelreaktionen des Sulfit-Ions 65
1. Nachweis mit Silbernitrat 65
2. Nachweis durch die reduzierende Wirkung auf Jodate . . . 65
3. Nachweis als Cadmiumanilinsulfit 65
4. Tüpfelnachweis mit Nickel(II)hydroxyd und Benzidin . . 65
5. Nachweis mit Jod und Lackmus 65
6. Nachweis mit Indigocarmin und Kaliumchlorat 65

Seite

D. Farbnachweise des Sulfit-Ions 66
1. Nachweis mit Farbstoffen und Indicatoren 66
a) Mit Triphenylmethanfarbstoffen 66
b) Mit Oxazinfarbstoffen 66
c) Mit Jodlösung und Lackmuspapier 67
d) Mit Formaldehyd und Phenolphthalein 67
e) Mit Indigocarmin 67
2. Weitere Farbnachweise 67
a) Mit Nitroprussidnatrium und Zinksalz 67
b) Mit Gerbstoffauszügen und Kaliumferricyanid . . . 68
c) Mit Trinitrobenzol und Nitramin 68
Tabelle 5. Empfindlichkeiten einiger Farbnachweise für das Sulfit-Ion 68
E. Reduktionsreaktionen des Sulfit-Ions 69
1. Reduktion mit Zinn(II)chlorid 69
2. Reaktion mit unterphosphoriger Säure 69
3. Reaktion mit Kupfer und anderen Metallen 69
F. Polarographischer Nachweis des Sulfit-Ions 69

§ 10. Nachweis von Hydrogensulfit-Ion (HSO_3') 70
1. Nachweis mit Hexamminkobalt(III)chlorid 70
2. Nachweis von Hydrogensulfit neben Sulfit 70
a) Mit Bariumchlorid und Lackmus 70
b) Mit Wasserstoffperoxyd 70

§ 11. Nachweis von Schwefeldioxyd neben Schwefelwasserstoff, von Sulfit neben Sulfid bzw. Sulfat und von Sulfat neben Sulfit . . 70
A. Nachweis von Schwefeldioxyd neben Schwefelwasserstoff 70
1. Nachweis durch Einleiten in Cadmiumsulfat- und Fuchsin-Malachitgrünlösung 70
2. Nachweis durch Einleiten in Alkalilauge und Nachweis des gebildeten Sulfit-Ions 70
3. Nachweis durch Einleiten in Wasser und Nachweis des gebildeten Pentathionat-Ions 70
B. Nachweis von Sulfit neben Sulfid 70
C. Nachweis von Sulfit neben Sulfat 70
D. Nachweis von Sulfat neben Sulfit 71
1. Entfernen von Schwefeldioxyd mit Formaldehyd 71
2. Entfernen von Schwefeldioxyd durch Wegkochen mit Salzsäure . . 71

§ 12. Nachweis von Thiosulfat-Ion (S_2O_3'') 71
Allgemeines. Die Thioschwefelsäure und ihre Salze; ihre Eigenschaften.
I. Nachweis auf trockenem Wege 71
II. Nachweis auf nassem Wege 71
A. Fällungsreaktionen 71
1. Nachweis mit Mineralsäuren 71
2. Nachweis mit Silbernitrat 72
3. Nachweis mit Kupfersalzen 72
4. Nachweis mit Quecksilber(II)chlorid 72
5. Nachweis mit Bleisalzen 72
6. Nachweis mit Nickeläthylendiaminnitrat 73
Tabelle 6. Empfindlichkeiten einiger Fällungsreaktionen des Thiosulfat-Ions 73
B. Mikroreaktionen 73
1. Nachweis mit Thallium(I)nitrat 73
2. Nachweis mit Bleiacetat 73
3. Nachweis mit Bariumchlorid 73
4. Nachweis mit Benzidin 74
5. Nachweis mit Hexamminkobalt(III)chlorid 74
6. Nachweis mit Nickeläthylendiaminnitrat 74
7. Nachweis mit Benzyl-pseudo-Thioharnstoffhydrochlorid . 75
8. Nachweis mit Xanthokobalt(III)chlorid 75
9. Nachweis mit Kupfersalz 75
C. Weitere Mikronachweise 75
. Nachweis durch Katalyse der Jodazidreaktion 75
Tabelle 7. Empfindlichkeiten einiger Krystallfällungen des Thiosulfat-Ions 75

Seite

D. Farbnachweise 76
1. Nachweis mit Eisen(III)chlorid 76
2. Nachweis mit Jodlösung 76
3. Nachweis mit Jodsäure 76
E. Weitere Farbnachweise 76
1. Nachweis mit Kaliumpermanganat 76
2. Nachweis mit Nitroprussidnatrium 76
3. Nachweis mit Ammoniummolybdat 77
4. Nachweis mit Rutheniumchlorid 77
5. Nachweis mit Quecksilber(I)chlorid 77
6. Nachweis mit Antimon(III)chlorid 77
Tabelle 8. Empfindlichkeiten einiger Farbnachweise des Thiosulfat-Ions 77
F. Nachweis durch Überführung von Thiosulfat-Ion in andere Anionen 77
1. Überführung in Rhodanid 77
2. Überführung in Sulfid 77
a) Mit Natriumamalgam 77
b) Mit Alkalihydroxyd und Aluminium 77
3. Überführung in Schwefelwasserstoff 77

§ 13. Nachweis von Thiosulfat neben Sulfit, von Sulfit neben Thiosulfat, von Sulfat neben Thiosulfat sowie von Sulfid, Sulfit, Thiosulfat und Sulfat nebeneinander 78
A. Nachweis von Thiosulfat neben Sulfit 78
B. Nachweis von Sulfit neben Thiosulfat 78
1. Nachweis mit Quecksilber(II)chlorid 78
2. Nachweis mit Formaldehyd und Phenolphthalein 78
3. Nachweis mit Jodlösung 78
C. Nachweis von Sulfat neben Thiosulfat 78
D. Nachweis von Sulfid, Sulfit, Thiosulfat und Sulfat nebeneinander 78
1. Fällung des Sulfats mit Strontiumnitrat 78
2. Fällung des Sulfats mit Bariumchlorid 78
Tabelle 9. Reaktionen einiger Anionen des Schwefels mit $HgCl_2$ 79

§ 14. Nachweis der Polythionate (S_3O_6'', S_4O_6'', S_5O_6'', S_6O_6'') 79
Allgemeines über die Polythionsäuren und ihre Salze; deren verschiedene Löslichkeiten in Wasser und Beständigkeit in wäßrigen Lösungen.
A. Reaktionen, welche die Polythionate mit anderen Schwefelverbindungen gemeinsam haben 80
B. Reaktionen, welche die Polythionate mit dem Thiosulfat gemeinsam haben 80
1. Fällungsreaktionen 80
a) Mit starker Salzsäure 80
b) Mit Silbersalz 80
c) Mit Quecksilber(II)chlorid 80
2. Farbreaktionen 80
Mit Alkalicyanid 80
C. Weitere Reaktionen, welche die Polythionate gemeinsam haben 80
I. Nachweis auf trockenem Wege 80
II. Nachweis auf nassem Wege 80
1. Fällungsreaktionen 80
a) Verhalten gegen Alkali 80
b) Verhalten gegen alkalische Bleilösung 80
c) Verhalten gegen Quecksilber(II)cyanid 80
2. Verhalten gegen Oxydationsmittel 81
a) Jod 81
b) Wasserstoffperoxyd 81
c) Starke Oxydationsmittel 81

§ 15. Nachweis von Trithionat-Ion (S_3O_6'') 81
A. Fällungsreaktionen 81
1. Reaktionen mit Metallsalzlösungen unter Bildung gefärbter Sulfide 81
a) Mit Quecksilber(I)nitrat 81
b) Mit Kupfer(II)salz 81

Seite
c) Mit Arsen- oder Antimonsalzen 81
d) Mit Zinn(II)chlorid 82
e) Mit Bleisalz 82
2. Fällungsreaktionen mit Säuren 82
3. Erhitzen mit Bariumchloridlösung 82
B. Mikroreaktionen 82
1. Nachweis mit Nitronsulfat 82
2. Nachweis mit Benzyl-pseudo-Thioharnstoffhydrochlorid 83
3. Nachweis mit Hexamminkobalt(III)chlorid 83

§ 16. Nachweis von Tetrathionat-Ion (S_4O_6'') 83
A. Fällungsreaktionen 83
1. Nachweis mit Quecksilber(I)nitrat 83
2. Nachweis mit Schlippeschem Salz 83
B. Mikroreaktionen 84
Fällung mit Benzyl-pseudo-Thioharnstoffhydrochlorid 84

§ 17. Nachweis von Pentathionat-Ion (S_5O_6'') 84
A. Fällungsreaktionen 84
1. Nachweis mit Alkalilauge 84
2. Nachweis mit ammoniakalischer Silberlösung 84
3. Nachweis mit ammoniakalischer Quecksilber(II)cyanidlösung . . 85
4. Nachweis mit Schwefelwasserstoff 85
5. Nachweis mit Quecksilber(I)nitrat 85
B. Mikroreaktionen 85
1. Nachweis mit Nitronsulfat 85
2. Nachweis mit Benzyl-pseudo-Thioharnstoffhydrochlorid 85
3. Nachweis mit Hexamminkobalt(III)chlorid 85

§ 18. Nachweis von Hexathionat-Ion (S_6O_6'') 86
Fällungsreaktion mit Ammoniak 86

§ 19. Nachweis von Dithionat-Ion (S_2O_6'') 86
Allgemeines. Einige Eigenschaften der Dithionsäure und ihrer Salze; ihre Leichtlöslichkeit in Wasser. Das Verhältnis der Dithionsäure zu den Polythionsäuren.
I. Nachweis auf trockenem Wege 86
II. Nachweis auf nassem Wege 86
A. Verschiedene Reaktionen 86
1. Aufspaltung mit Mineralsäuren 86
2. Verhalten gegen Oxydationsmittel 86
B. Mikroreaktionen 87
1. Fällung mit Nickeläthylendiaminnitrat 87
2. Fällung mit Hexamminkobalt(III)chlorid 87
3. Fällung mit Nitronsulfat 88
4. Fällung mit Benzyl-pseudo-Thioharnstoffhydrochlorid . . 88
5. Fällung mit Xanthokobalt(III)chlorid 88

§ 20. Nachweis von Dithionit-(Hyposulfit-)Ion (S_2O_4'') und Sulfoxylat-Ion (SO_2'') 88
Allgemeines über dithionige Säure und Sulfoxylsäure. Eigenschaften ihrer Salze und Formaldehydverbindungen.
I. Nachweis auf trockenem Wege 88
II. Nachweis auf nassem Wege 89
A. Fällungsreaktionen 89
1. Reaktion mit Silbersalzlösung 89
2. Reaktion mit Quecksilber(II)chlorid 89
3. Reaktion mit Kupfer(II)salzen 89
4. Reaktion mit Bleisalzen 89
5. Reaktion mit Bariumsalzen 89
B. Farbreaktionen 89
1. Reaktion mit Salzsäure 89
2. Reaktion mit Resazurin oder Resorufin 89
3. Reaktion mit Naphtholgelb 90
4. Reaktion mit Indigolösung 90
5. Reaktion mit Nitroprussidnatrium 90

Seite
6. Reaktion mit Indanthrengelb G 90
7. Reaktion mit Jodlösung 90
8. Reaktion mit Permanganatlösung 90

§ 21. Nachweis von Peroxydisulfat-Ion (S_2O_8'') 90

Allgemeines über Peroxydischwefelsäuren und ihre Ionen. Peroxydischwefelsäure (Perschwefelsäure) und ihre Salze (Persulfate); Verhalten in wäßrigen Lösungen.

I. Nachweis auf trockenem Wege 91

II. Nachweis auf nassem Wege 91

A. Fällungsreaktionen 91
1. Reaktion mit Strychninnitrat 91
2. Reaktion mit Bariumchlorid 91
3. Reaktion mit Kupfer(II)sulfat 91
4. Reaktion mit Silbernitrat 91
5. Reaktion mit Jodkalium 91
6. Reaktion mit Methylenblau 91

B. Farbreaktionen 91
1. Reaktion mit 2,7-Diaminofluorenhydrochlorid 91
2. Reaktion mit Benzidin 92
3. Reaktion mit Anilinsulfat 92
4. Reaktion mit Mangan(II)salz 92
5. Reaktion mit Nickel(II)salz 92

C. Weitere Nachweise 92
1. Oxydation von Blei(II), Mangan(II) und Kobalt(II) . . . 92
2. Oxydation von Eisen(II)- zu Eisen(III)salzen und von Chrom(III)salzen zu Chromat 93
3. Blaufärbung von α-Naphthol in alkalischer Lösung . . . 93
4. Blaufärbung von Guajactinktur 93
5. Entfärbung saurer Indigolösung 93
6. Entfärbung alkoholischer Cochenillelösung 93
7. Entfärbung neutraler oder essigsaurer Fuchsinlösung . . 93
8. Farbreaktionen mit Alkaloiden 93
9. Luminescenzerscheinung mit Luminollösung 93

D. Mikronachweis 93
Reaktion mit Hexamminkobalt(III)chlorid 93

§ 22. Nachweis von Peroxymonosulfat-Ion (SO_5'') 93

Allgemeines über Peroxymonoschwefelsäure (Carosche Säure), Sulfomonopersäure; ihre Eigenschaften.

A. Farbreaktionen 93
1. Nachweis mit Bromid 93
2. Nachweis mit Anilin 93
3. Nachweis mit Nickel(II)salz 94

§ 23. Nachweis von Schwefelkohlenstoff (CS_2) 94

Allgemeines. Einige physikalische Eigenschaften. Löslichkeit. Produkte der Oxydation.

A. Fällungs- und Farbreaktionen 94
1. Reaktion mit alkoholischer Kalilauge und Metallsalzen (Xanthogenreaktion) 94
a) Mit Kupfersalz 94
b) Mit Eisen(III)salz 94
c) Mit Ammoniummolybdat 94
2. Reaktion mit Triäthylphosphin 95
3. Reaktion mit basischen Bleisalzen 95
4. Reaktion mit Phenylhydrazin 95
5. Reaktion mit sekundären Aminen und Kupfersalz 95
6. Reaktion mit Diäthylendiamin (Piperazin) 95

B. Mikro- und Tüpfelreaktionen 96
1. Nachweis durch Katalyse der Jodazidreaktion 96
2. Nachweis mit Formaldehyd- und Plumbitlösung 96

Seite
C. Weitere Mikroreaktionen 97
1. Reaktion mit der HECTORschen Base und Nickelsalz 97
2. Reaktion mit Thallium(I)acetylacetonat 97
3. Reaktion mit ammoniakalischer Kupfer(II)salz- und Hydroxylaminhydrochloridlösung 97
4. Reaktion mit Quecksilber(II)salzen 97
Tabelle 10. Empfindlichkeiten einiger Fällungs- und Farbreaktionen des Schwefelkohlenstoffs 98
D. Nachweis von Schwefelkohlenstoff neben Schwefelwasserstoff . . . 98
1. Nachweis mit Formaldehyd- und Plumbitlösung nach vorheriger Oxydation des Schwefelwasserstoffs mit Brom 98
2. Nachweis von Schwefelkohlenstoffdämpfen 98
§ 24. Nachweis von organisch gebundenem Schwefel 98
I. Überführung in Sulfid 98
1. Reduktion mit Natrium bzw. Kalium 98
2. Weitere zu Sulfid führende Verfahren 99
a) Erhitzen mit Natrium, Magnesium oder Aluminium 99
b) Erhitzen mit Soda 99
c) Erhitzen mit Soda und Zucker oder Zinkstaub 99
d) Erhitzen mit Soda und Dextrose 99
e) Erhitzen mit Glycerin, Calcium- und Bleihydroxyd 99
f) Erhitzen mit Alkalilauge 99
II. Überführung in Sulfat 99
III. Andere Nachweisverfahren 99
1. Überführung in schweflige Säure 99
2. Überführung in Rhodanid 99
3. Überführung in Schwefelwasserstoff 100
4. Nachweis schwefelhaltiger Atomgruppen durch katalytische Beeinflussung der Jodazidreaktion 100
Literatur 100

Schwefel.

S, Atomgewicht 32,06; Ordnungszahl 16.

Der Schwefel gehört zu den in der Natur sehr häufig vorkommenden Elementen, obwohl er in freiem Zustande nur gelegentlich auftritt. Chemisch gebunden (z. B. in Form von Sulfaten oder Sulfiden) ist er weit verbreitet. Der Schwefelgehalt der Lithosphäre der Erde beläuft sich schätzungsweise auf 0,04%. Außerdem bildet der Schwefel einen wichtigen Bestandteil vieler organischer Verbindungen.

Der Schwefel als bedeutender Vertreter der Elemente der VI. Gruppe des periodischen Systems (Sauerstoff, Schwefel, Selen, Tellur) verhält sich wie ein typisches Nichtmetall. Er bildet daher selbst oder noch öfters an andere Elemente (wie Wasserstoff und Sauerstoff) gebunden viele Anionen. Die Fähigkeit der Schwefelatome sich kettenartig anzuordnen vermehrt noch die Anionenbildungsmöglichkeiten. Außerdem gibt es noch viele Schwefelverbindungen homöopolaren Charakters.

Der Schwefel ist in seinen Verbindungen 2-, 4- und 6wertig. 2wertig verhält sich der Schwefel dem Wasserstoff gegenüber (sulfidischer Schwefel in H_2S, HS', S'', in Polysulfiden usw.); dem Sauerstoff gegenüber tritt er 4- und 6wertig auf (z. B. in den Anionen SO_3'', SO_4'', S_2O_4'', S_2O_8'', SO_5''). In einigen Schwefelverbindungen finden sich beide Typen der gebundenen Schwefelatome vor, wie z. B. in den Anionen der Polythionate und des Thiosulfats. Die Leichtigkeit, mit welcher der Schwefel aus einer Wertigkeitsstufe in die anderen Wertigkeitsstufen übergeführt werden kann, bietet analytisch wichtige Nachweismöglichkeiten durch viele Oxydations- und Reduktionsreaktionen. Nicht weniger wichtig ist auch der Umstand, daß viele Metallsalze der Säuren des Schwefels in Wasser schwer löslich sind.

Das Nötige über die analytisch bedeutsamen Eigenschaften des Schwefels, seiner Verbindungen und Anionen findet man im nachfolgenden am Anfange der betreffenden Abschnitte.

Nachweismethoden.

§ 1. Nachweis auf spektralanalytischem Wege[1].

Der spektralanalytische Nachweis von Schwefel hat, wegen der Schwierigkeiten, mit denen die Anregung des Spektrums verbunden ist, in der Praxis bisher wenig Anwendung gefunden. Außer dem analytisch bedeutungslosen Bandenspektrum hat Schwefel ein linienreiches Funkenspektrum, zu dessen Anregung eine stark kondensierte Funkenentladung oder — nach PFEILSTICKER — ein Niederspannungsfunken erforderlich ist.

Es gelingt nicht leicht ein Funkenspektrum des Schwefels an der Luft mit schwefelhaltigen Elektroden zu erzeugen. Immerhin geben die Metallsulfide, z. B. auf Kohle aufgeschmolzene Alkalisulfide, Schwefelsilber, Schwefelblei, Pyrit usw. neben den Metallinien im stark kondensierten Funken auch einige Schwefellinien. Von denen eignen sich am besten zum spektralanalytischen Nachweis des Schwefels die Linien von $\lambda = 4815{,}0$ Å und $\lambda = 4162{,}8$ Å.

Analysenlinien nach GERLACH-RIEDL. Dieselben geben für Schwefel die bereits erwähnten zwei Linien von $\lambda = 4815{,}0$ Å und $\lambda = 4162{,}8$ Å als Analysenlinien an. Es gibt keine Koinzidenzen mit Bogen- und Funkenlinien von Chlor, Stickstoff und Sauerstoff im Geißlerrohr. Koinzidenzen mit Linien anderer Elemente sind nicht überprüft. Von den genannten Linien ist die mit $\lambda = 4815{,}0$ Å die schwächere (GERLACH und RIEDL, S. 111).

Der spektrographische Nachweis des Schwefels in Salzgemischen kann im Entladungsgefäß nach PFEILSTICKER ausgeführt werden. Als Analysenlinien dienen außer den zwei bereits erwähnten noch die Linien $\lambda = 5453{,}8$ Å, $\lambda = 5432{,}8$ Å, $\lambda = 5640{,}0$ Å und $\lambda = 5032{,}4$ Å. Als unterste Grenze der Nachweisbarkeit werden 20 γ Schwefel angegeben.

Hierzu sei auf den Nachweis von Schwefel in Metallen, besonders in Platin (ROLLWAGEN und RUTHARDT) und von Schwefel in Nickel und Stahl (HARRISON) hingewiesen.

§ 2. Nachweis von beliebig gebundenem Schwefel.

1. Nachweis durch Überführung in Sulfid. Schmilzt man Schwefelverbindungen mit Natriumcarbonat auf Kohle (BAILEY) in der inneren Lötrohrflamme oder erhitzt man sie am Kohlestäbchen in der unteren Reduktionsflamme (BUNSEN) oder mit Filtrierpapier und Soda in der Lötrohrflamme (DEUSSEN) oder wird die Reduktion mit metallischem Natrium oder Kalium [VOHL (a); SCHÖNN; FEIGL, 3. Aufl., S. 324, 374] im Glasröhrchen oder mit Natrium, Magnesium oder Aluminium im Filtrierpapierröllchen (HEMPEL) ausgeführt, so werden die Schwefelverbindungen in Natriumsulfid bzw. Natriumpolysulfid übergeführt.

Die Bildung von Natriumsulfid wird erkannt: a) am Geruch nach Schwefelwasserstoff, wenn die Schmelzprobe samt dem Teil der Kohle, in welchen die geschmolzene Masse eingedrungen ist, befeuchtet und etwas Säure zugesetzt wird. Über den Nachweis von H_2S s. § 4, B 1. — b) Nimmt man das Befeuchten mit Wasser auf einem blanken Silberblech vor, so entsteht ein schwarzer Fleck von Silbersulfid (Heparprobe). $Na_2S + 2\,Ag + H_2O + O = Ag_2S + 2\,NaOH$. Ähnlich reagieren Selen- und Tellurverbindungen. Dunkle Flecke werden gelegentlich auch in Gegenwart von Jodiden und Bromiden beobachtet (BÖTTGER, S. 515). — c) Gibt man zu der in möglichst wenig Wasser gelösten Schmelze ein Körnchen Nitroprussidnatrium, so färbt sich die Lösung schön rotviolett (PLAYFAIR) (Unterschied von Selenid und Tellurid, welche diese Reaktion nicht zeigen). — d) Wird die in Wasser gelöste Schmelzprobe mit alkalischer Bleilösung versetzt, so bildet sich schwarzes Bleisulfid. — e) Gibt man zu 1 Tropfen der wäßrigen Schmelzlösung

[1] Mitbearbeitet von J. VAN CALKER, Münster (Westf.).

auf einem Uhrglas 1 Tropfen Jodazidreagenslösung, so kann an der sofort einsetzenden Gasentwicklung (N_2) die Gegenwart von Sulfid erkannt werden. Sehr empfindliche Reaktion.

Erfassungsgrenze: 0,02 γ Natriumsulfid.

Grenzkonzentration: 1:2500000.

Näheres über die Reaktion s. § 4, C 1.

2. Nachweis durch Überführung in Sulfat. Man erhitzt die Substanz mit der etwa 12fachen Menge eines Gemisches von Alkalicarbonat und Kaliumnitrat oder Kaliumchlorat (6:1); bei Anwesenheit von Schwefelverbindungen bildet sich Alkalisulfat, nachweisbar nach Lösen der Schmelze in Wasser, Ansäuern mit Salzsäure und Fällen mit Bariumchloridlösung (TOLLENS). An Stelle von Nitrat oder Chlorat kann auch Natriumperoxyd verwendet werden, dann wird die Oxydation im Nickeltiegel ausgeführt. Flüchtige Verbindungen werden mit konzentrierter Salpetersäure im Rohr oder in der Capillare oxydiert.

3. Nachweis durch Überführung in Schwefelwasserstoff. Bei Verwendung von Zink in gekörnter oder geraspelter Form und Salzsäure reagieren verhältnismäßig am leichtesten die Sulfide (auch schwerlösliche), träger elementarer Schwefel, wesentlich träger Rhodanide, Thiosulfate, Sulfite und Sulfate (BÖTTGER, S. 546). Durch nascierenden Wasserstoff werden alle Säuren des Schwefels, ferner viele organische Schwefelverbindungen mehr oder weniger weitgehend in Schwefelwasserstoff übergeführt (KURTENACKER, S. 71). Mit Hilfe genügend empfindlicher Reaktionen kann die Schwefelwasserstoffbildung bei allen Schwefelverbindungen festgestellt werden.

a) Nachweis durch die Flammenreaktion. Eine Wasserstofflamme mit Schwefel (MERZ; ROSENFELD), Sulfiden und Sulfaten (C. R. FRESENIUS, S. 418) zusammengebracht, zeigt eine schöne blaue Kernfarbe. Selen gibt eine fahlblaue, Tellur eine grünlichblaue Färbung [C. R. FRESENIUS (a)]. Wird die Reaktion wie eine MARSHsche Arsenprobe ausgeführt, der Wasserstoff an einer Quarzdüse entzündet und die Flamme gegen eine Porzellanschale gerichtet, so kann Schwefelwasserstoff am blauen Leuchten, oder in Gegenwart von Alkohol, am Auftreten von Mercaptangeruch erkannt werden. Der Nachweis ist eindeutig für Schwefelverbindungen jeglicher Bindungsart und Löslichkeit.

Grenzkonzentration: Z. B. für H_2SO_4: 0,1 γ. Positiver Ausfall der Reaktion für schweflige Säure beim Beobachten im Dunkeln: 0,02 γ SO_2. Wenige Körnchen $BaSO_4$ zeigen stark positiven Ausfall der Reaktion. Selen gibt eine ähnliche Reaktion. Se, Te, As, Sb stören durch Abscheidung der freien Elemente, Kohlenwasserstoffe durch Verursachung einer rußenden Flamme (SCHRÖER).

b) Reduktion durch Glühen bei heller Rotglut mit feuchtem Wasserstoff. Die zu prüfende Substanz wird mit reinstem (im feuchten Wasserstoffstrom völlig entschwefelten) Calciumoxyd vermischt und im reinen Sauerstoffstrom geglüht. Dann wird das Gemenge im feuchten Wasserstoffstrom auf helle Rotglut erhitzt und der abziehende Wasserstoff in alkalische Bleilösung geleitet. Das Verfahren ist geeignet zum Nachweis geringster Mengen Schwefel in beliebiger Form (PRANDTL).

§ 3. Nachweis von elementarem Schwefel.

Der Schwefel tritt in verschiedenen Modifikationen auf. Die bei gewöhnlicher Temperatur stabile Form ist der α-Schwefel, ein fester zerreibbarer, geschmackloser, in Wasser unlöslicher, gelber, rhombisch krystallisierender Stoff vom spezifischen Gewicht 2,03 bis 2,06. Oberhalb 110° schmilzt er zu einer öligen, leicht beweglichen Flüssigkeit, aus der beim Abkühlen die oberhalb 95,6° stabile, fast farblose, monokline

Form, der β-Schwefel vom spezifischen Gewicht 1,96 auskrystallisiert. Konzentrierte Salpetersäure, Brom-Salzsäure, ein Gemisch von Salzsäure und Kaliumchlorat lösen den Schwefel allmählich, indem sie ihn zu Schwefelsäure oxydieren. In Natriumhydroxydlösung erhitzt, löst sich Schwefel unter Bildung von Natriumsulfid und -thiosulfat; in kaltem Ammoniak ist Schwefel unlöslich, in erwärmtem löst er sich etwas. Krystallisierter Schwefel löst sich leicht in Schwefelkohlenstoff, weniger leicht in Benzol, Toluol, Äther, Tetrachlorkohlenstoff und Alkohol. Der aus dem flüssigen oder aus dem Dampfzustand plötzlich abgekühlte Schwefel, der sogenannte plastische Schwefel, enthält auch mehrere Modifikationen, von denen die λ-Form in Schwefelkohlenstoff löslich, die μ-Form unlöslich ist. Die letztere Form ist auch in der Schwefelblüte sowie in dem durch Salzsäure aus Natriumthiosulfat abgeschiedenen Schwefel, enthalten. Dagegen ist der aus Polysulfiden durch Fällung mit Salzsäure erhaltene Schwefel in Schwefelkohlenstoff, auch in Benzol oder Petroläther (C. R. Fresenius, S. 418), löslich.

A. Nachweis auf trockenem Wege.

Der freie Schwefel verbrennt mit blauer Flamme, wobei der Geruch von Schwefeldioxyd wahrnehmbar wird. — Beim Erhitzen im Glühröhrchen schmilzt der Schwefe und setzt sich an der kalten Glaswand in Form eines gelben Beschlags ab. — Siehe die Reaktionen § 2, 1 bis 3.

B. Mikroreaktionen.

1. ***Nachweis durch die Krystallformen des Schwefels.*** Man löst die zu prüfende Substanz in einem Gemisch aus gleichem Volumina von schwefelfreiem Schwefelkohlenstoff und Benzol. Nach Verdunsten eines Tropfens der erhaltenen Lösung auf dem Objektträger erhält man rhombische Pyramiden von β-Schwefel und dünne perlmutterglänzende Leisten von α-Schwefel; erstere polarisieren sehr stark, letztere mit lebhaften Farben (Behrens-Kley, S. 151).

2. ***Nachweis durch Überführung in Thiosulfat.*** In schwefelfreiem CS_2 gelöster Schwefel kann nach Verdunsten des Lösungsmittels in Thiosulfat übergeführt und letzteres durch die Jodazidreaktion nachgewiesen werden. 1 Tropfen der zu prüfenden Lösung verdunstet man auf einem Uhrglas vollständig, gibt darauf 2 Tropfen einer alkalischen Natriumsulfitlösung zu, erwärmt 2 bis 3 Min. auf dem Wasserbad und setzt zu der erkalteten Lösung einige Tropfen Jodazidlösung (= je 1 g Natriumazid und Kaliumjodid und ein Kryställchen Jod in 3 cm^3 Wasser gelöst) zu. An der Bläschenbildung (N_2) sind noch 0,5 γ Schwefel erkennbar (Feigl, 3. Aufl., S. 496).

3. ***Nachweis durch Überführung in Sulfid.*** **a) Mit Schwefelkohlenstoff und Quecksilber.** In CS_2 gelöster Schwefel wird in Quecksilbersulfid (Obach) (s. § 3, C 1) übergeführt und das gebildete Sulfid mit der Jodazidreaktion nachgewiesen. 6 bis 8 cm^3 der mit schwefelfreiem CS_2 erhaltenen Lösung werden in einem Meßzylinder mit 1 Tropfen reinen Quecksilbers kräftig geschüttelt. Nach Abgießen des Schwefelkohlenstoffes und vollständigem Entfernen der CS_2-Reste wird der Quecksilbertropfen durch Zugabe der Jodazidlösung eben überdeckt und der Saum von N_2-Bläschen rings um das Quecksilber beobachtet. Mit Hilfe dieser Reaktion sind noch kleinere Mengen Schwefel erfaßbar, als mit der vorigen Reaktion (Feigl, 3. Aufl., S. 497).

b) Mit Natronlauge und Nitroprussidnatrium. Die zu prüfende Substanz wird mit wenig verdünnter Natronlauge behandelt. Das gebildete Sulfid wird mit Nitroprussidnatrium nachgewiesen (Reynolds, Gola).

4. ***Nachweis durch Überführung in Sulfat.*** Die zu untersuchende, fein zerriebene Probe wird auf einem Objektträger mit etwa 6- bis 25%iger Calciumchloridlösung benetzt und 3 bis 5 Min. lang Bromdämpfen ausgesetzt, indem man den Objektträger mit dem Tropfen nach unten auf die Öffnung einer konzentriertes Bromwasser enthaltenden Flasche legt. Es bilden sich charakteristische Nadeln von Gips (s. Abb. 1). Auf diese Weise gelingt noch der Nachweis von 0,02 γ S. Die gleiche Reaktion geben Sulfide [EMICH (a)]. Andere durch Brom zu Sulfat oxydierbare Schwefelverbindungen dürfen nicht zugegen sein.

C. Farbreaktionen.

1. Nachweis durch Bildung von Quecksilbersulfid. In schwefelfreiem Schwefelkohlenstoff gelöster Schwefel kann durch Schütteln mit reinem Quecksilber an der Bildung von HgS nachgewiesen werden [OBACH; DE KONINCK (a)]. Die Färbung mit 3 γ S ist noch braungelb, mit 0,3 γ S gelb in 30 cm^3 Lösung. Selen gibt eine ähnliche Reaktion (OBACH).

2. Nachweis mit Pyridin und Natronlauge. Wird zu 4 n-NaOH-Lösung eine Spur Schwefel gebracht und dann etwas Pyridin zugegeben, so entsteht eine schöne Blaufärbung. Die Reaktion ist empfindlich und gestattet den Nachweis von etwa 5 γ S (VAN ITALLIE). Nach SOMMER extrahiert man die Probe mit heißem Pyridin (das völlig rein sein und beim Kochen mit starker Lauge wasserklar bleiben muß) und filtriert, wenn nötig. Man gibt nun $^1/_{10}$ des Volumens an 2 n-NaOH-Lösung zu und schüttelt gut durch.

Erfassungsgrenze: 2 γ S in 1 cm^3.

Das Verfahren eignet sich zum Nachweis des Schwefels in Ultramarin, Gummi, Drogen, Zündhölzern, Schädlingsbekämpfungsmitteln, Schwermetallsulfiden u. a. Nach THORNTON und LATTA wird zum Nachweis von Schwefel in Petroleumdestillaten ein Reagensgemisch von raffiniertem Baumwollsamenöl, Schwefelkohlenstoff und Pyridin, mit welchem die Petroleumdestillate auf 100° erhitzt werden, verwendet.

3. Nachweis durch Bildung von Rhodanid. Eine Suspension von Schwefel in Aceton, Methylalkohol oder Amylalkohol mit festem Kaliumcyanid erhitzt, bildet Kaliumrhodanid, das mit Eisen(III)salz nachgewiesen wird. Die zu prüfende Substanz wird mit etwa 10 cm^3 Aceton und wenigen Dezigrammen Cyankalium einige Minuten lang zum Sieden erhitzt. Nach dem Abkühlen gießt man die Flüssigkeit ab, säuert mit Salpetersäure an und prüft mit 1 Tropfen Eisen(III)nitratlösung. Mit Schwefelkohlenstoff, Tetrachlorkohlenstoff, Benzol oder Toluol als Lösungsmitteln für Schwefel tritt die Reaktion nicht ein [CASTIGLIONI (a)].

4. Nachweis mit Benzyl-imido-di-(4-methoxyphenyl)methan. Wird das mit freiem Schwefel verriebene Reagens, $C_6H_5CH_2\cdot N{=}C(C_6H_4OCH_3)_2$, im Röhrchen bei 210° erhitzt so bildet sich p, p'-Dianisylthioketon, $S{=}C(C_6H_4OCH_3)_2$, welches sich in Benzol mit blauer Farbe löst. Diese Lösung gibt mit einem Sublimatkrystall ein rotgefärbtes Umsetzungsprodukt. Die Reaktion ermöglicht eine Unterscheidung von freiem und gebundenem Schwefel und ist zum Nachweis von freiem Schwefel in Organismen geeignet. Verbindungen, welche in der Wärme Schwefelwasserstoff abspalten, geben diese Reaktion nicht.

Erfassungsgrenze: 43 γ S in etwa 0,2 cm^3 Benzol. Schichtdicke 0,3 cm. Durch axiale mikroskopische Betrachtung in feinen Capillaren wird der Nachweis noch empfindlicher (SCHÖNBERG und URBAN).

5. Nachweis mit Benzoin und eisenhaltigem Glycerin. Wird freier Schwefel im Reagensglas mit eisenhaltigem Glycerin und etwas Benzoin oder Fructose kurze Zeit vorsichtig über der Flamme eines Bunsenbrenners erhitzt, so bildet sich in Gegenwart von Schwefel eine schwarze, Eisensulfid enthaltende Fällung oder Färbung gemäß der Gleichung:

$$C_6H_5\text{—}CH(OH)\cdot OC\text{—}C_6H_5 + S = H_2S + C_6H_5\text{—}CO\cdot OC\text{—}C_6H_5$$

Benzoin Benzil

Es sind noch $100\,\gamma$ S in $1\ cm^3$ nachweisbar (ZMACZYNSKI).

§ 4. Nachweis von Sulfid-Ion (S'').

Schwefelwasserstoff wird durch Oxydationsmittel wie Chlor, Brom, Jod, Eisen(III)chlorid, Übermangansäure, Chromsäure, salpetrige Säure, Luftsauerstoff unter Abscheidung von Schwefel zersetzt. In wäßriger Lösung (Schwefelwasserstoffwasser) benimmt sich der Schwefelwasserstoff wie eine sehr schwache, zweibasische Säure mit den Dissoziationskonstanten der Größenordnung 10^{-7} und 10^{-15}. Von ihr leiten sich zwei Reihen von Salzen ab: saure (Hydrogensulfide) und normale. Die sauren Salze sind alle in Wasser leicht löslich. Von den normalen sind die Alkalisulfide gleichfalls leicht löslich; sie sind in wäßriger Lösung stark hydrolytisch gespalten

$$Na_2S + H_2O = NaOH + NaHS$$

und ihre Lösungen reagieren daher stark alkalisch. Die neutralen Erdalkalisulfide sind als solche in Wasser unlöslich, sie erleiden beim Behandeln mit Wasser hydrolytische Zersetzung und das dabei gebildete saure Sulfid geht in Lösung:

$$2\ CaS + 2\ HOH = Ca(HS)_2 + Ca(OH)_2.$$

Die Alkali- und Erdalkalisulfide, Eisen-, Mangan- und Zinksulfide werden von verdünnten Mineralsäuren unter H_2S-Entwicklung zersetzt. Die Sulfide der Schwermetalle werden zum Teil von kochender konzentrierter Salzsäure oder von kochender konzentrierter Salpetersäure gelöst. Quecksilbersulfid löst sich in Königswasser, Zinn(IV)sulfid (Musivgold) in einem Gemisch von gleichen Volumina Salpetersäure (D 1,4) und Salzsäure (D 1,2) (BÖTTGER, S. 546, s. auch BRENNECKE).

I. Nachweis auf trockenem Wege.

Die meisten Sulfide bleiben, bei Luftabschluß erhitzt, unverändert. Arsen- und Quecksilbersulfid sublimieren. Eine Reihe von Sulfiden wie Platin-, Goldsulfid, Pyrit, Zinn(IV)sulfid spalten Schwefel ab. Bei Luftzutritt erhitzt, entwickeln die Sulfide Schwefeldioxyd. Zuweilen findet auch teilweise Sulfatbildung statt. Im Oxydationsraum der Gas- oder Lötrohrflamme erhitzt, geben Sulfide eine blaue Flamme. Läßt man die gasförmigen Verbrennungsprodukte auf den Abdampfrückstand einer ätherischen Phloroglucin-Vanillinlösung (aus je 1 g Vanillin und Phloroglucin in $100\ cm^3$ Äther) einwirken, der sich auf einem Tiegeldeckel befindet, so entsteht eine charakteristische Rotfärbung. Auf diese Weise läßt sich noch $1\,\gamma$ Schwefel nachweisen (RAIKOW).

II. Nachweis auf nassem Wege.

A. Fällungsreaktionen.

1. Fällung mit Bleisalzen. Bleisalze fällen schwarzes Bleisulfid, PbS, das in kalten verdünnten Säuren, in Alkalien, Kaliumcyanid unlöslich, jedoch schon in heißer 1,5 n-HCl und in mäßig verdünnter Salpetersäure löslich ist. In letzterem Falle findet auch Schwefelbildung und gleichzeitige Abscheidung von etwas Bleisulfat statt (BRENNECKE, S. 59). Soll wenig Alkalisulfid neben Alkalihydroxyd oder -carbonat nachgewiesen werden, so gibt man als Reagens am besten eine alkalische Bleisalzlösung (hergestellt aus Bleiacetatlösung unter Zugabe von Natriumhydroxydlösung bis sich der anfangs gebildete Niederschlag wieder gelöst hat) hinzu (FRESENIUS, S. 420), oder man stellt das Reagens durch Schütteln von Bleicarbonat mit 10%iger Sodalösung her. 10 cm³ Na_2S-Lösung mit 0,0017 mg H_2S in 1 cm³ geben noch eine schwachbraune Färbung (SCHUB). Somit ist 1 Teil S'' in 625000 Teilen Lösung nachweisbar.

2. Fällung mit Silbernitrat. Es findet Bildung von schwarzem Silbersulfid statt. Ag_2S ist in verdünnten Säuren, Alkalihydroxyden, Alkalisulfiden unlöslich, löslich in Kaliumcyanid.

3. Fällung mit Cadmiumsalz. Cadmiumsalze erzeugen in Sulfidlösungen einen gelben Niederschlag von Cadmiumsulfid, CdS, unlöslich in Alkalihydroxyd Alkalisulfid und Kaliumcyanid, löslich in kochender, etwa 3 n-Salzsäure, schon in kochender 1 n-Schwefelsäure, sowie leicht zersetzbar und löslich in kochender Salpetersäure (BRENNECKE, S. 51).

4. Fällung mit Quecksilber(II)chlorid. Stark salzsaure, wenig Schwefelwasserstoff enthaltende Lösungen geben mit Quecksilber(II)chlorid, wenn dieses tropfenweise zugegeben wird, eine citronengelbe Trübung oder Fällung. Die Reaktion ist sehr empfindlich (TIEDE und FISCHER).

B. Nachweis des mit Säuren freigemachten, gasförmigen Schwefelwasserstoffs (H_2S).

Schwefelwasserstoff ist ein farbloses, giftiges, in Wasser lösliches, mit blauer Flamme zu Schwefeldioxyd verbrennendes Gas. Bei Vorprüfungen bildet es sich beim Erhitzen von Formaldehyddithioniten(-hyposulfiten) und Formaldehydsulfoxylaten, beim Zersetzen von Sulfiden, Hydrogensulfiden mit Säure und durch Einwirkung von Zink in salzsaurer Lösung aus allen Schwefelverbindungen.

1. Erkennung am Geruch. Der Schwefelwasserstoff ist gekennzeichnet durch seinen charakteristischen Geruch, den z. B. faule Eier verbreiten. Nach sorgfältigen Untersuchungen von HENNING sind am Geruch noch 0,1 γ Schwefelwasserstoff in einem Volumen von 1 cm³ Luft erkennbar.

2. Nachweis durch Bildung gefärbter Sulfide auf Reagenspapieren. **a) Mit Bleisalz** (SCHOTT; MOHR; SCHNEIDER; TANANAEFF und SCHAPOWALENKO) gefärbte Papiere geben Schwarz- bis Braunfärbung. Die Reaktionen zählen zu den empfindlichsten. Empfindlichkeit s. Tabelle 1.

b) Mit Silbernitrat (SCHNEIDER). Schwarzfärbung.

c) Mit Kupfersalz (SCHNEIDER). Braunfärbung.

d) Mit Cadmiumsalz (SCHNEIDER). Gelbfärbung. Die Reihenfolge der Empfindlichkeiten ist nach WILMET für drei der oben genannten Metallsalze: Bleiacetat-Kupfersulfat-, Cadmiumacetatpapier.

3. Nachweis mit dem Eisen(III)chlorid-Glycerinreagens. 1 Tropfen einer alkalischen Eisen(III)chlorid-Glycerinlösung wird durch Schwefelwasserstoff grün gefärbt (DENIGÈS, S. 91).

4. Nachweis mit Nitroprussidnatrium und Ammoniak oder Natriumcarbonat. Reagenspapier mit ammoniakalischer (KRÁL) oder sodaalkalischer Reagenslösung getränkt (SCIACCA und SOLARINO) färbt sich rotviolett oder rot. Über die Empfindlichkeit des letzteren s. Tabelle 1.

5. Auf Reduktionswirkung beruhende Nachweise. **a) Entfärbung von Jodstärke.** Diese wird infolge der Reduktion des Jods zu Jodwasserstoff entfärbt [GMELIN (a)].

b) Färbung von Kaliumjodatstärkepapier. Es entsteht Blaufärbung (MOHR).

c) Mit Eisen(III)salz und Kaliumferricyanid. Es findet Bildung von Berlinerblau statt. Über die Empfindlichkeit des Nachweises s. Tabelle 1.

d) Mit Natriummolybdat. In saurer Molybdatlösung Blaufärbung (SCHLOSSBERGER).

e) Mit Molybdat und Rhodanid. Ein mit der Reagenslösung [aus 1,25 g Ammoniummolybdat, gelöst in 50 cm³ Wasser, 2,5 g KCNS in 45 cm³ Wasser und 5 cm³ HCl (D 1,19)] befeuchteter Reagenspapierstreifen wird durch H_2S intensiv violett gefärbt (GANASSINI; VAN ECK).

Nachweis von H_2S neben SO_2. Unmittelbar im Gasgemisch läßt sich Schwefelwasserstoff neben Schwefeldioxyd mittels Silbernitratpapiers nachweisen. Das sonst empfindlichere Bleipapier ist hier infolge der entfärbenden Wirkung des Schwefeldioxyds weniger wirksam (HEINZE). Der Nachweis mit Quecksilber(I)nitratpapier (= frisch mit einer 5%igen Lösung benetzter Filtrierpapierstreifen) ist empfindlicher. Wegen der Beständigkeit und Gradation der Färbungen ist auch das etwas weniger empfindliche Kupfer(II)sulfatpapier zu empfehlen. Im Gasgemisch mit einem Gehalt von 0,0002 Vol.-% H_2S entsteht am Quecksilber(I)nitratpapier sofort eine Schwärzung, am Silbernitratpapier in 15 Sek. eine schwache Bräunung. Das Kupfer(II)sulfatpapier fängt erst bei einer 0,0003 Vol.-%igen H_2S-Konzentration in 80 Sek. an zu bräunen (J. FISCHER).

Tabelle 1. Empfindlichkeiten einiger Nachweisreaktionen für H_2S.

Reagenzien	Erscheinung	Nachweisbar γ H_2S	Empfindlichkeit bestimmt
Alkal. Bleipapier	Bräunung	0,0015	TRUESDALE
Geruchsprobe	Geruch n. faulen Eiern	0,1	HENNING
Bleiacetatpapier	Braunfärbung	0,154*	WILMET
Cadmiumacetatpapier . .	Gelbfärbung	0,77*	WILMET
Fe(III)salz + $K_3Fe(CN)_6$.	Blaufärbung	1	FEIGL und KRUMHOLZ
Nitroprussid-Na + Soda .	Rotfärbung	2	SCIACCA und SOLARINO

* Umgerechnet.

C. Mikro- und Farbreaktionen des Sulfid-Ions.

1. Nachweis durch Katalyse der Jodazidreaktion. In neutraler oder essigsaurer Lösung wirken Lösungen von Natriumazid und Jod aufeinander nicht ein. Die Gegenwart von Sulfid löst eine Reaktion aus, nach welcher, gemäß der Gleichung

$$2\,NaN_3 + 2\,J = 2\,NaJ + 3\,N_2\,,$$

Stickstoff abgespalten wird [RASCHIG (a)]. Diese Reaktion findet zum qualitativen Nachweis von Sulfid Verwendung (FEIGL, 3. Aufl., S. 305, 314). Gibt man zu 1 Tropfen der zu prüfenden Lösung auf dem Uhrglase Tropfen Reagenslösung (= eine Lösung von je 1 g Natriumazid und Kaliumjodid und einem Kryställchen Jod in 3 cm³ H_2O), so zeigt eine sofort einsetzende Gasentwicklung in Form aufsteigender Gasperlen die Gegenwart von Sulfid an.

Erfassungsgrenze: 0,02 γ Natriumsulfid.

Grenzkonzentration: 1:2500000. Eine außerordentlich empfindliche Reaktion.

Obige Reaktion geben außer Sulfiden auch Thiosulfate, Rhodanide, Thioketone, Mercaptane (FEIGL, 3. Aufl., S. 398), Polythionate (METZ); sie tritt nicht ein mit Sulfiten, Sulfaten, elementarem Schwefel, Seleniden, Telluriden. Empfohlene Reaktion (Tabellen der Reagenzien, S. 308).

2. Nachweis mit dem Bleiacetatfaden. Zum Nachweis löslicher Sulfide kann Seide verwendet werden, die eine Zeitlang in Bleiessig gelegen, dann flüchtig gewaschen und getrocknet wurde. Mit 0,1 γ Natriumsulfid ist noch eine deutliche Bräunung zu erzielen (EMICH, S. 186).

3. Nachweis mit alkalischer Bleilösung. Zum Tüpfelnachweis mittels Natriumplumbits gibt man auf einen Filtrierpapierstreifen 1 Tropfen Reagenslösung und hierauf 1 Tropfen der zu prüfenden Lösung. Die Reaktion ist noch positiv mit 1 Tropfen (0,01 cm³) einer 0,001 n-Sulfidlösung (TANANAEFF und SCHAPOWALENKO).

4. Nachweis mit Nitroprussidnatrium. Die von GMELIN (b) zuerst beobachtete und von PLAYFAIR zum Nachweis von Sulfid empfohlene Reaktion ist nach SCAGLIARINI auf die Bildung eines komplexen Anions $[Fe^{II}(CN)_5N^{III}OS]''''$ zurückzuführen, das die rotviolette Färbung veranlaßt, wenn in schwach alkalischer oder neutraler Lösung lösliche Sulfide mit Nitroprussidnatrium zusammentreten. Freie Säuren verhindern die Reaktion. Zum Mikronachweis bringt man 1 Tropfen der alkalischen Probelösung auf eine Tüpfelplatte und setzt 1 Tropfen einer 1%igen Lösung von Nitroprussidnatrium hinzu. Sehr empfindliche Reaktion.

Erfassungsgrenze: 1 γ Natriumsulfid.

Grenzkonzentration: 1:50000 (FEIGL, 3. Aufl., S. 314).

5. Nachweis durch Bildung von Methylenblau (E. FISCHER). Durch Einwirkung von Schwefelwasserstoff in stark salzsaurer Lösung auf p-Amidodimethylanilinsulfat in Gegenwart von Eisen(III)chlorid findet Bildung des Thiazinfarbstoffes Methylenblau statt,

$$2\,(CH_3)_2N\text{-}C_6H_4\text{-}NH_2 \cdot HCl + H_2S + 6\,FeCl_3 = \left[(CH_3)_2N\text{-}C_6H_3\langle{}^{N}_{S}\rangle C_6H_3\text{-}N(CH_3)_2\right]Cl + NH_4Cl + 6\,FeCl_2 + 6\,HCl,$$

Bildung von Methylenblau

worauf sich ein empfindlicher Nachweis von Schwefelwasserstoff und löslichen Sulfiden gründet. Der Zusatz von viel Salzsäure ist erforderlich, um die Bildung einer Rotfärbung zu verhindern, welche in schwach saurer Lösung von Eisen(III)-chlorid mit dem Reagens gebildet wird. Zu viel Eisensalz bedingt einen grünlichen Farbton. Zu der zu prüfenden Lösung gibt man $^1/_{25}$ ihres Volumens konzentrierte Salzsäure, fügt einige Körnchen Reagens und nach deren Auflösung einige Tropfen verdünnte Eisensalzlösung hinzu und läßt die Mischung stehen. Zum Mikronachweis wird 1 Tropfen Probelösung auf einer Tüpfelplatte mit einem Mikrotröpfchen konzentrierter Salzsäure versetzt, darin ein Körnchen Reagens gelöst und darauf 1 Tropfen 0,1 n-$FeCl_3$-Lösung zugegeben; in einigen Minuten tritt eine rein blaue Färbung auf.

Erfassungsgrenze: 1 γ H_2S.

Grenzkonzentration: 1:50000 (FEIGL, 2. Aufl., S. 304). Empfohlene Reaktion (Tabellen der Reagenzien, S. 307).

6. Nachweis durch Bildung von LAUTHschem Violett. Bei Verwendung von p-Phenylendiamin statt p-Amidodimethylanilin bei der vorigen Reaktion erhält man mit Schwefelwasserstoff und Eisenchlorid in salzsaurer Lösung einen violetten Farbstoff, den LAUTH dargestellt hat.

$$H_2N\text{-}C_6H_4\text{-}NH_2 \longrightarrow \left[H_2N\text{-}C_6H_3\langle{}^{N}_{S}\rangle C_6H_3\text{-}NH_2\right]Cl$$

p-Phenylendiamin — LAUTHsches Violett

Analog der vorigen Reaktion ausgeführt, gestattet auch diese einen empfindlichen Nachweis von Schwefelwasserstoff oder löslichen Sulfiden (DENIGÈS, S. 91).

7. Nachweis mit alkalischem Eisen(III)chlorid-Glycerinreagens. Zum Nachweis von Sulfid-Ion gibt man 1 Tropfen der zu prüfenden Lösung zur Reagenslösung (einem Gemisch aus je 5 cm³ Eisen(III)chloridlösung und Glycerin und 100 cm³ Wasser, nach Zugabe von 10 cm³ Natronlauge durchgeschüttelt, und das Ganze auf 250 cm³ verdünnt); in Gegenwart von Sulfid entsteht eine intensiv grüne Färbung (DENIGÈS, S. 91).

8. ***Nachweis mit Trinitrobenzol und Nitramin.*** Sym. Trinitrobenzol, (Strukturformel: Benzolring mit drei NO_2-Gruppen), und Methylpikrylnitramin, (Strukturformel: Ring mit OH, O_2N, NO_2, NO_2 und $N<^{CH_3}_{NO_2}$), färben sich in Pufferlösungen von $p_H = 7$ bis 9 mit HS'-Ionen rotbraun. Diese Färbung geht nach kurzer Zeit in Gelb über. Die Probelösung, versetzt mit so viel Ammoniumacetatpuffer, daß sie eine 0,1 bis 1 normale Pufferlösung von $p_H = 8$ bis 9 bildet, vermischt man mit 0,1 cm³ 1 %iger methylalkoholischer Reagenslösung und beobachtet sofort.

Grenzkonzentration: Mit Trinitrobenzol bei $p_H = 8$ als H_2S 1:300000. Mit Methylpikrylnitramin bei $p_H = 8$ als H_2S 1:1000000.

Der Nachweis kann auch in Form einer Tüpfelreaktion ausgeführt werden.

Grenzkonzentration: Mit Trinitrobenzol bei $p_H = 8$ als H_2S 1:4800. Mit Methylpikrylnitramin bei $p_H = 8$ als H_2S 1:31000.

Ähnliche Reaktionen geben auch Cyanide und Sulfit-Ionen. Andere Ionen stören bei den erwähnten Wasserstoff-Ionenkonzentrationen nicht. Die gelben Reaktionsverbindungen der Sulfide lassen sich mit Amylalkohol ausschütteln, die roten der Sulfite jedoch nicht. Dies ermöglicht den Nachweis der Sulfid- neben Sulfit-Ionen in ziemlich weiten Konzentrationsgrenzen; vgl. § 9, D 2c (Čuta und Ševela).

9. ***Nachweis auf blankem Silberblech.*** Lösliche Sulfide auf Silberblech gebracht, geben eine braunschwarze Färbung (von Kobell, s. C. R. Fresenius, S. 421).

Tabelle 2. Empfindlichkeiten einiger Mikronachweise des Sulfid-Ions.

Reagenzien	Bildung von	Erscheinung	Nachweisbar γ S''	Empfindlichkeit bestimmt
NaN_3, KJ, J_2	N_2	Gasperlen	0,008*	Feigl, 3. Aufl., S. 316
Bleiseidenfaden	PbS	Bräunung	0,04*	Emich, S. 186
$Pb(ONa)_2$	PbS	brauner Fleck	0,16*	Tananaeff und Schapowalenko
$Na_2[Fe(CN)_5NO] \cdot H_2O$.	$Na_4[Fe^{II}(CN)_5N^{III}OS]$	Rotfärbung	0,41*	Feigl, 3. Aufl., S. 314
$NH_2C_6H_4N(CH_3)_2$ . . .	Methylenblau	Blaufärbung	0,95*	Feigl, 2. Aufl., S. 304

* Umgerechnet.

D. Nachweis in festen und schwerlöslichen Sulfiden.

1. ***Nachweis durch Katalyse der Jodazidreaktion.*** Um in Sulfiden (z. B. Pyrit, Zinnober), basischen und anderen Sulfiden (z. B. 2 HgS · $HgNO_3$) oder Mineralien den Sulfidschwefel nachzuweisen, gibt man 1 Tropfen Reagenslösung (aus je 1 g Natriumazid und Jodkalium und einem Kryställchen Jod in 3 cm³ Wasser) in ein Emichsches Spitzröhrchen und führt mit der Spitze eines Platindrahtes in den hängenden Reagenstropfen eine kleine Probe der zu prüfenden Substanz ein. Das Aufsteigen von Gasbläschen, mit freiem Auge oder mittels Lupe beobachtet, zeigt die Anwesenheit von Sulfiden an. Arsenide, Antimonide, Selenide, Telluride und freier Schwefel geben die Reaktion nicht (Feigl, 3. Aufl., S. 316 und 484). Die Reaktion stellt den besten Sulfidnachweis dar. Sie eignet sich zum Nachweis von Sulfidschwefel in Tierkohle und in Farbstoffen (Feigl, 3. Aufl., S. 498).

2. ***Nachweis durch Überführung in Sulfat.*** Die Reaktion wird nach § 3, B 4 mit Calciumchlorid und Bromdämpfen ausgeführt. Gefällte Sulfide werden rasch oxydiert. Auch die natürlichen Sulfide (Glanze, Kiese, Blenden) geben die Reaktion nach ungefähr 5 Min. Langsam wird Molybdänglanz oxydiert. Die gleiche Reaktion gibt freier Schwefel [Emich (a)]. Sulfat darf selbstverständlich nicht vorliegen.

3. Nachweis durch eine modifizierte Heparreaktion. In natürlichen und künstlichen Ultramarinen und schwefelhaltigen Farbstoffen, wie z. B. Cadmiumgelb, Cadmiumorange, Lithopone u. a. wird zum Nachweis des Sulfidschwefels ein kleines Stoffteilchen an einer polierten Silberplatte angebracht und mit 1 Tropfen 6 n-Essigsäure versetzt. Ein sich immer weiter vergrößernder, brauner bis schwarzer Fleck ermöglicht den Nachweis in Partikelchen von nur 0,005 mm Durchmesser. Die Reaktion versagt bei Zinnober, Auripigment, Realgar, Antimonzinnober, Musivgold (BONTINCK).

E. Nachweis von freiem Schwefelwasserstoff in Wässern.

1. Nachweis durch Katalyse der Jodazidreaktion. Zum Nachweis werden 10 cm³ des zu untersuchenden Wassers im verschließbaren Zylinder mit 1 Tropfen Quecksilber kräftig geschüttelt; das Wasser wird abgegossen und der Quecksilbertropfen auf einem Uhrglase mit dem Jodazidreagens (s. § 4, C 1) in Reaktion gebracht. In 10 cm³ Wasser sind noch 0,05 γ H_2S einwandfrei nachzuweisen (FEIGL, 3. Aufl., S. 492).

2. Nachweis durch die Methylenblaureaktion. Bei Verwendung dieser Reaktion (s. § 4, C 5) sind in 10 cm³ noch 2,5 γ H_2S nachweisbar (FEIGL, 3. Aufl., S. 492).

§ 5. Nachweis von Hydrogensulfiden neben Sulfiden.

1. Nachweis mit Jodlösung. Alkalihydrogensulfide und -sulfide setzen sich mit Jodlösung um:

$$NaHS + J_2 = NaJ + HJ + S$$
$$Na_2S + J_2 = 2\ NaJ + S.$$

Danach kann man die Anwesenheit von HS' am Auftreten der sauren Reaktion erkennen. Zur Ausführung des Nachweises wird 1 Tropfen der zu prüfenden Lösung auf einer Tüpfelplatte tropfenweise mit 0,1 n-Jodlösung bis zur Jodfärbung versetzt. Darauf wird 1 Tropfen Schwefelkohlenstoff zum Lösen des gebildeten Schwefels und des überschüssigen Jods mit einem Glasstäbchen verrührt und mit Lackmus auf vorhandene Säure geprüft (FEIGL, 3. Aufl., S. 317).

2. Nachweis mit Mangan(II)salz. Mangan(II)salze geben in neutraler Lösung gemäß $4\ NaHS + 2\ MnCl_2 + 2\ H_2O = 2\ Mn(SH)(OH) + 4\ NaCl + 2\ H_2S$ Bildung von Schwefelwasserstoff (MEINEKE), der mit Bleipapier nachgewiesen werden kann. Normale Sulfide geben keinen Schwefelwasserstoff.

§ 6. Nachweis von Polysulfiden.

Durch Aufnahme von Schwefel bilden sich aus Alkalisulfidlösungen gelbgefärbte Polysulfide $M^I_2S_x$, worin x gewöhnlich die Werte 2 bis 5 oder mehr hat. Auch von den Erdalkalimetallen kennt man Polysulfide. Am beständigsten scheinen die Polysulfide mit 4 Schwefelatomen zu sein. Durch Säuren werden Polysulfide gewöhnlich unter Bildung von Schwefel und Schwefelwasserstoff zersetzt:

$$Na_2S_2 + 2\ HCl = 2\ NaCl + H_2S + S.$$

Der in Sulfidlösungen infolge von Oxydation entstehende Schwefel gibt durch seine Auflösung im überschüssigen Sulfid Anlaß zur Bildung von Polysulfid-Ion:

$$2\ HS' + O = H_2O + S_2''.$$

1. Nachweis mit komplexen Kobaltsalzen. Auf Zusatz einer wäßrigen Lösung von Kobaltdimethylglyoxim-Anilin (oder o- bzw. p-Toluidin) zu einer polysulfidhaltigen Lösung entsteht in der Wärme eine rotviolette Färbung, die bei Gegenwart eines Überschusses an Polysulfid in Blau übergeht (BEATO und BRUGGER, FEIGL, 2. Aufl., S. 318).

2. Nachweis durch Überführung in Rhodanid. Wird eine polysulfidhaltige Lösung mit Kaliumcyanidlösung kurze Zeit gekocht, so geht letztere in Rhodanid über. Die Lösung wird dann mit Salzsäure angesäuert und mit Eisenchlorid auf Rhodan geprüft. Die gleiche Reaktion geben Thiosulfat und Polythionate. Dithionate geben die Reaktion nicht [GUTMANN (a)].

3. Nachweis mit Nitroprussidnatrium und Kaliumcyanid. Die zu prüfende Lösung wird mit einigen Tropfen 5%iger Nitroprussidlösung und darauf mit 3 bis 5 Tropfen einer 10%igen Kaliumcyanidlösung versetzt, wobei zum Schluß die Reaktion alkalisch sein muß. Je nach der Menge des vorliegenden Disulfids tritt eine tieffuchsinrote Färbung sofort oder nach wenigen Minuten ein (WALKER).

4. Nachweis mit Alkohol. In einem Kölbchen wird 93%iger Alkohol zum Sieden erhitzt, bis die Luft verdrängt ist, und dann tropfenweise die zu prüfende Lösung hinzugegeben. Es tritt vorübergehend eine schwach himmelblaue Färbung auf, die in eine bleibende grünlichblaue übergeht. Monosulfide geben die Reaktion nicht (GIL).

§ 7. Nachweis von Sulfat-Ion (SO_4'').

Reine konzentrierte Schwefelsäure ist eine ölige farblose Flüssigkeit, welche sich mit Wasser unter starker Temperaturerhöhung vereinigt. Das Verdünnen muß daher derart geschehen, daß man die konzentrierte Säure langsam in Wasser einfließen läßt. Als starke Säure verdrängt sie aus ihren Salzen auch starke, aber leichter flüchtige Säuren, wie Salzsäure und Salpetersäure. Schwefelsäure ist eine starke zweibasische Säure, deren Dissoziation gemäß:

$$H_2SO_4 \rightleftarrows H^{\cdot} + HSO_4' \text{ und } HSO_4' \rightleftarrows H^{\cdot} + SO_4''$$

sich in zwei Stufen vollzieht. In verdünnten Lösungen ist sie ebenso weitgehend dissoziiert, wie die anderen sehr starken Säuren. Von ihr leiten sich zwei Reihen von Salzen ab: saure Sulfate oder Hydrogensulfate und normale (neutrale) Sulfate. Die meisten Sulfate sind in Wasser gut löslich. Die in Wasser unlöslichen basischen Sulfate der Schwermetalle lösen sich alle in Salzsäure oder Salpetersäure auf. Von der Schwerlöslichkeit der Sulfate von Barium, Strontium, Blei, Calcium und Quecksilber wird in der qualitativen Analyse zum Nachweis des Sulfat-Ions Gebrauch gemacht. Saure Sulfate sind nur von den Alkalimetallen bekannt.

I. Nachweis auf trockenem Wege.

(Siehe § 2, 1 und 3.)

II. Nachweis auf nassem Wege.

A. wichtige Fällungsreaktion.

Fällung mit Bariumchlorid. Dieses gibt einen weißen, feinpulverigen, in verdünnter Salz- und Salpetersäure fast unlöslichen Niederschlag von Bariumsulfat, $BaSO_4$. Aus sehr verdünnten Lösungen fällt er erst nach längerem Stehen aus. Der Nachweis ist äußerst empfindlich. Ein Teil Bariumsulfat ist noch nachweisbar in 496031 Teilen Lösungsmittel (C. R. FRESENIUS und HINTZ). In 1 Min. ist noch 1 Teil Bariumsulfat nachweisbar in 200000 Teilen Lösungsmittel und 1 Teil in 1000000 Teilen innerhalb 16 Std. (SCHOORL). Konzentrierte Säuren und konzentrierte Lösungen vieler Salze beeinträchtigen, ein gewisser Überschuß von Bariumsalz steigert die Empfindlichkeit der Reaktion. Am besten wird der Nachweis in verdünnter, heißer, salzsaurer Lösung ausgeführt (s. hierzu BALAREW und die Betrachtungen über die Kopraezipitation [Mitfällung!] von KOLTHOFF). Eisen(III)-salze, welche die Empfindlichkeit des Sulfatnachweises stark herabsetzen, können mittels Hydroxylamins oder Hydrazins in nicht störende Eisen(II)salze übergeführt werden (HAHN). Größere Mengen von Thiosulfat verzögern oder verhindern ganz die Ausfällung von Sulfat [C. R. FRESENIUS (b); SALZER (a); DOBBIN; MUTSCHIN und

POLLAK]. Außer Sulfat-Ion geben in der Anionengruppe noch Silicofluorid-, Fluorid-, Selenat- und Jodat-Ionen in verdünnten Mineralsäuren schwerlösliche Bariumsalze. In Gegenwart der beiden letzten ist die Heparprobe allein nicht mehr ausschlaggebend für den Nachweis von Sulfat-Ion. Fluorid wird (eventuell nach dem Aufschließen) im Platintiegel in Gegenwart von Salzsäure abdestilliert oder man weist Sulfat neben Fluorid nach DEUSSEN (s. § 2, 1) nach. Selenat und Jodat können durch Kochen mit konzentrierter Salzsäure reduziert werden. Ist Silicofluorid im Bariumniederschlag nachgewiesen, so wird zur Prüfung auf Sulfat ein Teil des Niederschlages ausgeglüht, der Rückstand zerrieben und mit Salzsäure (D 1,12) erhitzt. Das beim Glühen aus dem Bariumsilicofluorid entstandene Bariumfluorid löst sich, und der Rückstand wird nach dem Aufschließen auf Sulfat geprüft (C. R. FRESENIUS, S. 752). Zu beachten ist auch, daß sich Sulfat-Ion allmählich durch Oxydation von Sulfit- und Dithionit-(Hyposulfit-)Ion, und durch Zersetzung beim Stehen von Lösungen der Peroxydischwefelsäure, Peroxymonoschwefelsäure und der Polythionate bilden kann.

B. Weitere Fällungsreaktionen.

1. Reaktion mit Bleiacetat. Dieses fällt weißes Bleisulfat, $PbSO_4$, das in Wasser kaum, in verdünnter Schwefelsäure fast nicht, in verdünnter Salpetersäure schwer löslich ist, sich jedoch in konzentrierter Salzsäure, konzentrierter Schwefelsäure, Alkalilauge, sowie in Ammoniumacetat-, Ammoniumtartrat- und Natriumthiosulfatlösungen löst. Über den mikroanalytischen Nachweis s. § 7, C I, 2.

2. Reaktion mit Strontiumsalzen. Strontiumchlorid oder Strontiumnitrat fällen weißes Strontiumsulfat, $SrSO_4$ (Unterschied von Thiosulfat-Ion). Die Reaktion ist weniger empfindlich als mit Bariumsalz.

3. Reaktion mit Calciumsalzen. Durch Calciumsalze wird das Sulfat-Ion nur aus konzentrierten oder mit Alkohol versetzten Lösungen gefällt. Die Reaktion wird sowohl zum Nachweis von Schwefelsäure in technischer Milchsäure als auch beim Mikronachweis (s. § 7, C I, 1) verwendet.

4. Reaktion mit Quecksilber(II)salzen. Diese geben mit Sulfat-Ion einen gelben Niederschlag von basischem Quecksilber(II)sulfat (Turpethum minerale), $HgSO_4 \cdot 2\,HgO$; die Reaktion tritt beim Kochen sofort, in der Kälte langsamer ein. Bei großen Verdünnungen gelingt der Nachweis noch auf mikrochemischem Wege [DENIGÈS (a)].

5. Reaktion mit Benzidinsalz. Salzsaures Benzidin fällt aus neutralen oder schwach sauren Sulfatlösungen schmutzig weißes, krystallinisches Benzidinsulfat,

$$\left.\begin{array}{l} C_6H_4 \cdot NH_2 \cdot H \\ | \\ C_6H_4 \cdot NH_2 \cdot H \end{array}\right\rangle SO_4.$$

Die Reaktion ist recht empfindlich. Sie wird beeinträchtigt durch starke Säuren (wirken lösend auf den Benzidinniederschlag), Eisen(III)salze, Chromate (oxydieren das Reagens) [RASCHIG (b); VON KNORRE], Chrom(III)salze (durch Bildung komplexer Chromschwefelsäuren). Mit Benzidinsalzlösungen werden noch folgende Anionen gefällt, und zwar unter Bildung weißer Niederschläge: Sulfit- und Thiosulfat-Ion (HUBER; KURTENACKER und KAUFMANN), Fluorid- und Silicofluorid-Ion (EHRENFELD), blauer Fällungen Ferricyanid- und Bichromat-Ion.

C. Mikro- und Tüpfelreaktionen.

I. Wichtige Fällungsreaktionen.

1. Fällung als Gips. Calciumacetat fällt Sulfat-Ion in Form schiefer monokliner Prismen oder Schwalbenschwanzzwillinge. Abb. 1.

Erfassungsgrenze: 0,6 γ SO_4''. Die Grenze sofortiger Fällung liegt bei einer Verdünnung von 1 Teil Na_2SO_4 in 400 Teilen Wasser. In stark saurer Lösung ist die Empfindlichkeit der Reaktion geringer und es findet, Bildung von Büscheln und Fächern aus dünnen und spitzen Nadeln statt. Große Mengen von Alkalisalzen wirken störend. Aluminium-, Chrom(III)- und Eisen(III)-salze verzögern den Eintritt der Reaktion und lassen verkrüppelte Krystalle (Rechtecke und rundliche Körner) entstehen. Abhilfe schafft hier Aufkochen der stark verdünnten Lösung mit Zusatz von wenig Ammoniumacetat und nachfolgende Konzentration (BEHRENS-KLEY, S. 168).

Abb. 1. Nachweis von Sulfat-Ion als Gips (nach H. BEHRENS).

2. Fällung als Bleisulfat. Bleiacetat fällt Sulfat-Ion aus stark salz- oder salpetersaurer Lösung in kleinen Rauten.

Erfassungsgrenze: 0,018 γ SO_4''. Die Grenze der sofortigen Reaktion liegt bei 40000facher Verdünnung von Natriumsulfat, das ist 1 Teil SO_4'' in 59000 Teilen Lösungsmittel. Der Nachweis ist wertvoll wegen seiner großen Empfindlichkeit und seiner Anwendbarkeit in Gegenwart starker Säuren und ist in Fällen, wo verdünnte und verunreinigte Lösungen vorliegen, zu empfehlen (BEHRENS-KLEY, S. 168).

3. Fällung als Benzidinsulfat. $[C_6H_4(NH_2)]_2 \cdot H_2SO_4$. Benzidinacetat gibt mit Sulfat-Ionen farblose Nadeln und Blättchen. Die Reaktion ist anwendbar auch in Gegenwart größerer Mengen von Alkalisalzen.

Erfassungsgrenze: 0,054 γ SO_4''. (BEHRENS-KLEY, S. 169). Abb. 2.

Abb. 2. Nachweis von Sulfat-Ion als Benzidinsulfat (nach W. GEILMANN).

II. Wichtige Fällungsreaktionen.

1. Fällung als Bariumsulfat. Auch in Gegenwart großer Mengen Alkali kann das Sulfat-Ion als Bariumsulfat gefällt und durch Zentrifugieren angesammelt werden (BEHRENS-KLEY, S. 240). Auf diese Weise ist beim Arbeiten im capillaren Röhrchen noch 1 γ H_2SO_4 ausreichend, um das damit erhaltene $BaSO_4$ identifizieren zu können (EMICH, S. 180).

2. Fällung als Caesiumalaun. Mit Caesium- und Aluminiumsalzen erhält man aus SO_4''-haltigen Lösungen glasklare Oktaeder von $Cs_2SO_4 \cdot Al_2(SO_4)_3 \cdot 24\ H_2O$. Auch diese Reaktion gestattet den Nachweis in Gegenwart von Lösungen, die reich an Alkalisalzen sind.

Erfassungsgrenze: 0,36 γ SO_4''. Die Grenze sofortiger Reaktion ist bei der 400-fachen Verdünnung von Natriumsulfat erreicht (BEHRENS, S. 121). Abb. 3.

3. Fällung als Silbersulfat. Dieses krystallisiert in rhombischen Pyramiden. Die Reaktion tritt auch in Gegenwart von Salpetersäure ein. Man verwendet eine Lösung von 2 g Silbernitrat in einer Mischung von 1 g 25%iger Salpetersäure und 7 g Wasser [ROSENTHALER (a)]. Abb. 4. Die Bildung von Mischkrystallen von $AgMnO_4$ und Ag_2SO_4 kann auch zum Nachweis von Sulfat-Ionen, z. B. in Gegenwart größerer Mengen Acetat-Ionen herangezogen werden [KORENMAN (a)].

Tabelle 3. Empfindlichkeiten einiger Mikronachweise des Sulfat-Ions.

Reagens	Fällung als	Formen	Nachweisbar γ SO_4''	Abb.
Bleiacetat	$PbSO_4$	kleine Rauten	0,018	—
Benzidinacetat	$(C_6H_4NH_2\cdot H)_2SO_4$ (Strukturformel: $\left[\begin{matrix}C_6H_4-NH_2\cdot H\\C_6H_4-NH_2\cdot H\end{matrix}\right]SO_4$)	Nadeln und Blättchen	0,054	2
Caesium- und Aluminiumsalz	$Cs_2SO_4\cdot Al_2(SO_4)_3\cdot 24\,H_2O$	Oktaeder	0,36	3
Calciumsalz	$CaSO_4\cdot 2\,H_2O$	monokline Prismen, Schwalbenschwanzzwillinge	0,6	1
Silbernitrat	Ag_2SO_4	rhombische Pyramiden	3	4

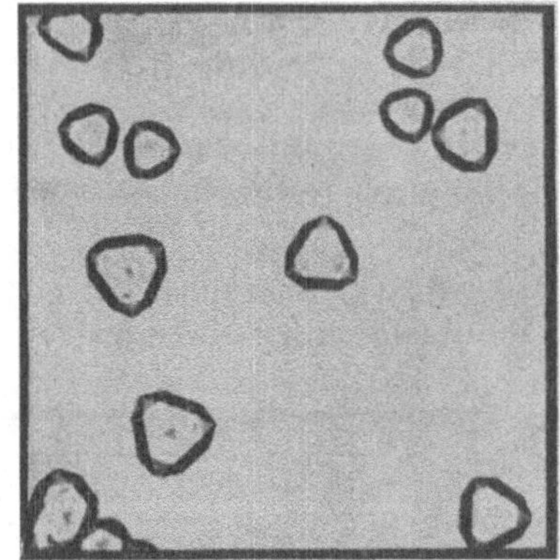

Abb. 3. Nachweis von Sulfat-Ion als Caesiumalaun (nach W. GEILMANN).

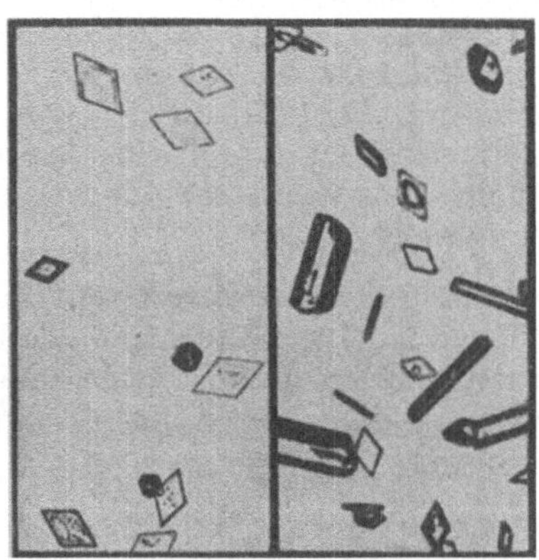

Abb. 4. Nachweis von Sulfat-Ion als Silbersulfat (nach W. GEILMANN).

4. Fällung mit Hexamminkobalt(III)chlorid. Eine charakteristische Krystallfällung wird mit einer 0,5 molaren wäßrigen Lösung (28 mg/cm³) von Hexamminkobalt(III)chlorid, $[Co(NH_3)_6]Cl_3$, erhalten.

Erfassungsgrenze: 100 γ SO_4'' (s. Abb. 5) [HYNES und YANOWSKI (a)].

Abb. 5. Nachweis von Sulfat-Ion mit Hexamminkobalt(III)-chlorid (nach W. A. HYNES und L. K. YANOWSKI).

5. Tüpfelnachweis mit in Gegenwart von $KMnO_4$ gefälltem $BaSO_4$. Ein solcher Niederschlag enthält stets Permanganat und ist dadurch violett gefärbt. Man fällt mit bei Zimmertemperatur mit $KMnO_4$ gesättigter $BaCl_2$-Lösung, gibt unmittelbar nach der Fällung ohne zu filtrieren Oxalsäure oder Wasserstoffperoxyd zur Entfernung der überschüssigen Permanganatlösung hinzu.

Erfassungsgrenze bei Anwendung des EMICHschen Spitzröhrchens oder von Filtrierpapier: 2,5 γ SO_4''.

Grenzkonzentration: 1:20000 (FEIGL und AUFRICHT).

6. Tüpfelnachweis mit $BaCO_3$ und Phenolphthalein. 1 Tropfen der neutralen Lösung wird mit 1 Tropfen $BaCO_3$-Suspension vermengt und trocken gedampft. Auf Zusatz von 1 Tropfen 1%iger alkoholischer Phenolphthaleinlösung erfolgt bei Gegenwart von SO_4'' Rosa- oder Rotfärbung.

Erfassungsgrenze: 15 γ SO_4''.

Grenzkonzentration: 1:14750 (FEIGL, 3. Aufl., S. 323).

7. Tüpfelnachweis mit Bariumrhodizonat. Die rotbraune Färbung, welche Bariumrhodizonat, $\left.\begin{array}{l}CO—CO—CO\\ |\qquad\qquad\ \ \|\\ CO—CO—CO\end{array}\right\rangle Ba$, auf Papier erzeugt und welche auch gegen verdünnte Salzsäure beständig ist, wird von Sulfaten und Schwefelsäure entfärbt [GUTZEIT (b)].

D. Nachweis in schwer löslichen Sulfaten.

Nachweis mit Quecksilber(II)salz. In schwer löslichen Sulfaten (mit Ausnahme von $BaSO_4$) kann die Reaktion mit Quecksilber(II)acetat oder -nitrat (§ 7, B 4) Verwendung finden, indem eine kleine Menge der zu prüfenden Substanz auf dem Objektträger mit 1 Tropfen Reagenslösung (10 g Quecksilbersalz und 1 cm^3 HNO_3 (D 1,39) mit Wasser zu 100 cm^3 gelöst) befeuchtet und schwach erwärmt wird. Eine oberflächliche Gelbfärbung, unter dem Mikroskop gesehen, zeigt die Gegenwart von Sulfat an [DENIGÈS (a)]. Bei Bariumsulfat versagt die Reaktion [DENIGÈS (b)].

E. Aufschlußverfahren.

a) Kochen mit Natriumcarbonatlösung. Etwa 1 g des zerriebenen Materials wird mit 50 cm^3 einer gesättigten wäßrigen Natriumcarbonatlösung im Jena-Glaskolben 10 bis 15 Min. lang unter Umschwenken gekocht, filtriert, und der Niederschlag mit heißem Wasser bis zum Verschwinden der Reaktion mit Bariumchlorid in salzsaurer Lösung ausgewaschen. Das neutralisierte bzw. angesäuerte Filtrat wird auf Sulfat geprüft. Auf diese Weise setzen sich selbst die am schwersten löslichen Sulfate stets so weit um, daß der Nachweis mit den empfindlichsten Sulfatreaktionen ermöglicht wird.

b) Schmelzen mit Natrium-Kaliumcarbonat. Das zerriebene Material wird mit der 6- bis 10fachen Menge Natrium-Kaliumcarbonat im Platintiegel, anfangs schwach solange Wasser abgegeben wird, dann 15 bis 20 Min. bis zur Verflüssigung erhitzt. Man laugt mit Wasser aus und prüft nach Neutralisieren bzw. Ansäuern auf Sulfat-Ion.

F. Nachweis der freien Schwefelsäure.

1. Nachweis durch Verkohlung von Kohlehydraten. Die zu prüfende Flüssigkeit versetzt man in einem Porzellanschälchen mit ganz wenig Rohrzucker und verdampft im Wasserbade zur Trockne. Schwarzfärbung zeigt Schwefelsäure an (NESSLER). Konzentrierte Phosphorsäure und Selensäure verhalten sich wie Schwefelsäure, andere Säuren zersetzen den Zucker nicht unter Verkohlen. Die Reaktion kann auch in der Art vorgenommen werden, daß man zu der Flüssigkeit eine sehr geringe Menge Rohrzucker, etwa 0,2 bis 0,3%, zusetzt und dann einen 30 bis 40 cm langen Filtrierpapierstreifen in die Flüssigkeit eintauchen läßt. Nach 24 Std. trocknet man den Streifen und erhitzt ihn mit Wasserbad in der Porzellanschale auf 100°. In Gegenwart von freier Schwefelsäure wird das Papier an der oberen Grenze braun bis schwarz und oft ganz brüchig (NESSLER).

2. Nachweis mittels Farbstoffindicatoren. In Abwesenheit anderer Mineralsäuren kann Schwefelsäure an der sauren Reaktion gegenüber Farbstoffindicatoren erkannt werden. Zum Nachweis neben schwachen Säuren (Essigsäure) verwendet man Methylviolett (WITZ), welches sich bei etwa 0,2% Gehalt an Schwefelsäure blau, bei höherem grün färbt (HILGER, LUCKOW) oder Tropäolin 00 (HEUMANN), das in Essig oder Wein einen Gehalt von 0,04% Schwefelsäure bei Zugabe der gelben Indicatorlösung durch das Auftreten roter Wolken anzeigt.

3. Nachweis mit Cholsäure und Furfurol. Mit diesen Reagenzien gibt freie Schwefelsäure in der Wärme Rotfärbung. Zu 1 cm³ Lösung im Porzellanschälchen gibt man ein Körnchen Cholsäure und 2 Tropfen Furfurollösung (1 Tropfen Furfurol auf 10 cm³ Wasser) und erwärmt auf dem Wasserbade. 40 γ SO_3 werden noch durch Rotfärbung angezeigt. Salzsäure und Phosphorsäure in großer Konzentration verhalten sich wie Schwefelsäure (EGGER).

4. Mikronachweis als Jodchininsulfat, $4\,C_{20}H_{24}N_2O_2 \cdot 3\,H_2SO_4 \cdot 2\,HJ \cdot J_4$. Aus heißer Chininchlorhydratlösung wird durch einen Überschuß von Jod-Jodkaliumlösung amorphes Chininpolyjodid gefällt, welches man nach flüchtigem Auswaschen mit Alkohol als dünnen hellbraunen Überzug auf dem Objektträger ausbreitet. Auf diesen Überzug bringt man in 1 Wassertropfen ein wenig Chininchlorhydrat, Kaliumjodid und 1 Tröpfchen der zu prüfenden Lösung und bedeckt mit einem Uhrglas. Normales Natrium- oder Ammoniumsulfat bringt unter diesen Umständen langsam winzige farblose Nadeln hervor, in Gegenwart von Schwefelsäure dagegen entstehen in ungefähr 10 Min. grüne metallisch glänzende Blättchen und Rosetten von Herapathit, welche schönen Dichroismus zeigen und das Licht stark polarisieren. Im polarisierten Licht erscheinen sie, je nach der Stellung der Achse, grün oder rot (HERAPATH, vgl. C. R. FRESENIUS, S. 799).

§ 8. Nachweis von Schwefeltrioxyd.

Das Schwefeltrioxyd (Schwefelsäureanhydrid), SO_3, ist eine weiße krystallinische, an der Luft stark rauchende Masse. Es existiert in mehreren Modifikationen. Beim Einleiten von Schwefeltrioxyd in konzentrierte Schwefelsäure bildet sich Pyroschwefelsäure $H_2SO_4 + SO_3 = H_2S_2O_7$. Letztere bildet eine durchsichtige krystalline Masse vom Schmelzpunkt 36°. Mit Schwefelsäure sowohl wie mit Schwefeltrioxyd ist Pyroschwefelsäure in jedem Verhältnis mischbar. Solche Gemische bilden die rauchende Schwefelsäure des Handels (Oleum).

Leitet man einen mit Schwefeltrioxyd beladenen Luftstrom durch alkalische Pyridinlösung (z. B. durch ein Reagensgemisch aus 50 cm³ Wasser, 20 cm³ Pyridin und 20 cm³ 15%ige NaOH-Lösung), so entsteht N-Pyridiniumsulfonsäure, N

O—SO_2,

deren Alkali-Aufspaltungsprodukt, das Enolat des Glutaconaldehyds, sich durch Gelbfärbung zu erkennen gibt. Ist letztere nicht mehr wahrnehmbar, so führt ein Zusatz einiger Tropfen Anilin und Ansäuern mit konzentrierter Salzsäure zur Bildung von intensiv rotgefärbtem Glutacondianilchlorhydrat, das den Nachweis kleinster Mengen SO_3 gestattet (BAUMGARTEN und KRUMMACHER).

Eine Reaktion der Pyroschwefelsäure: Oktachlor-cyklohexadien $C_6Cl_6 \cdot Cl_2$ (1,4) löst sich in Pyroschwefelsäure mit schöner rotvioletter Färbung. Auf Zusatz von Wasser (Überführung der Pyroschwefelsäure in Schwefelsäure) verschwindet die Färbung (BARRAL).

§ 9. Nachweis von Sulfit-Ion (SO_3'').

In Wasser gelöstes Schwefeldioxyd bildet schweflige Säure (H_2SO_3) sowie deren Ionen. In freiem Zustande ist die schweflige Säure nicht bekannt, da sie leicht in Wasser und Schwefeldioxyd zerfällt. An der Luft nimmt sie allmählich Sauerstoff auf und geht in verdünnte Schwefelsäure über. Schweflige Säure ist eine mittelstarke Säure (Dissoziationskonstanten: $K_1 = 1{,}7 \cdot 10^{-2}$; $K_2 = 1{,}0 \cdot 10^{-7}$) und bildet zwei Reihen von Salzen, saure (Hydrogensulfite), $MHSO_3$ und normale (neutrale) Sulfite, M_2SO_3. Die sauren Sulfite sind alle in Wasser leicht löslich; der p_H-Wert der wäßrigen Alkalihydrogensulfitlösung liegt bei 4,4. Die normalen Sulfite sind, mit Ausnahme der Alkalisulfite und des Ammoniumsulfits, in Wasser schwer löslich. dagegen leicht in schwefliger Säure. Die wäßrigen Lösungen der Sulfite reagieren infolge Hydrolyse alkalisch (0,1 mol Na_2SO_3-Lösung hat den p_H-Wert 10,0). Alle Sulfite lösen sich in Mineralsäuren. Durch Wasserabspaltung aus Natriumhydrogensulfit $2\ NaHSO_3 = Na_2S_2O_5 + H_2O$ entsteht das Natriumpyrosulfit $Na_2S_2O_5$ (früher Metabisulfit). Dieses in Wasser gelöst, gibt wieder das saure Sulfit

$$S_2O_5'' + H_2O = 2\ HSO_3'.$$

Die Pyrosulfite sind luftbeständig. Die Oxydation der gewöhnlichen Sulfite wird durch viele Metallsalze, besonders Cu(II)- und Fe(II)-Ionen beschleunigt, Alkohol wirkt verzögernd. Mit Formaldehyd bildet Sulfit das gegen Luftsauerstoff und auch gegen Jodlösung vollkommen beständige Formaldehydhydrogensulfit (KURTENACKER S. 67).

I. Nachweis auf trockenem Wege.

Beim Erhitzen mit Natriumcarbonat auf Kohle in der Lötrohrflamme werden Sulfite (s. § 2, 1) zu Sulfiden reduziert (Heparreaktion). Beim Erhitzen im Glühröhrchen (unter Luftabschluß) gehen Alkalisulfite in Sulfat und Sulfid über:

$$4\ Na_2SO_3 = 3\ Na_2SO_4 + Na_2S.$$

Die übrigen Sulfite geben hierbei Oxyd oder Metall und Schwefel; s. ferner § 2, 2 und 3.

II. Nachweis auf nassem Wege.

A. Fällungsreaktionen des Sulfit-Ions.

1. Fällung als Bariumsulfit. Bariumchlorid fällt aus neutralen Lösungen weißes Bariumsulfit, löslich in verdünnter Salzsäure oder Salpetersäure.

2. Fällung als Strontiumsulfit. Strontiumchlorid fällt unter gleichen Bedingungen weißes Strontiumsulfit. Die Reaktion verwenden AUTENRIETH und WINDAUS zur Fällung von Sulfid-Ion neben Thiosulfat-Ion an Stelle von Bariumsalz.

3. Fällung mit Quecksilber(II)chlorid. Das Sulfit-Ion gibt mit $HgCl_2$ ein lösliches Komplexsalz, welches beim Erwärmen in Quecksilber(I)chlorid und freie Säure zerfällt:

$$2\ Na_2SO_3 + 2\ HgCl_2 = 2\ ClHg(SO_3Na) + 2\ NaCl;$$
$$2\ ClHg(SO_3Na) + H_2O = 2\ HgCl + Na_2SO_4 + H_2SO_3.$$

Dieses Verhalten verwendet SANDER (a) zur Charakterisierung und Unterscheidung des Sulfit-Ions von anderen schwefelhaltigen Anionen (s. Tabelle 9): Gibt man zu einer mit Methylorange versetzten Lösung von Natriumsulfit, die anfangs neutral ist, einen Überschuß von Quecksilberchloridlösung, so findet keine sichtbare Veränderung statt. Beim Erwärmen tritt die saure Reaktion und Abscheidung von Kalomel auf. Größere Mengen von Alkalichlorid oder Salzsäure verhindern die Bildung des Hg_2Cl_2-Niederschlages; beim Kochen der salzsauren Lösung entweicht die gesamte schweflige Säure als Schwefeldioxyd (DEBRAY):

$$ClHg(SO_3Na) + 2\ HCl = HgCl_2 + NaCl + H_2O + SO_2.$$

4. Fällung mit Silbernitrat. Mit Sulfit-Ion gibt Silbernitrat eine weiße Fällung von Silbersulfit, Ag_2SO_3. Dieses löst sich in Salpetersäure, Ammoniak und in einem Überschuß der Sulfitlösung. In letzterem Falle bildet sich ein Komplexsalz, das wie das Silbersulfit selbst beim Kochen in Silber, Schwefeldioxyd und Sulfat-Ion zerfällt.

$$2\ Ag_2SO_3 = 2\ Ag^{\cdot} + 2\ Ag + SO_2 + SO_4''.$$

Mit dem Reagens ist noch eine Trübung zu erkennen, wenn in 1 cm^3 Lösung 12,5 γ SO_3'' vorhanden sind, was einer **Grenzkonzentration** von 1:40000 entspricht [HACKL (a)].

5. Fällung mit Bleisalzen. Bleisalze fällen weißes, in Wasser sehr schwer lösliches Bleisulfit, $PbSO_3$, das sich zum Unterschied von Bleisulfat und -thiosulfat auch in Natriumthiosulfatlösung nicht löst (WESTON und JEFFREYS). In verdünnter Salpetersäure ist Bleisulfit löslich.

B. Nachweis des durch Säuren freigemachten Schwefeldioxyds.

Schwefeldioxyd ist ein farbloses, nicht brennbares Gas, das sich reichlich in Wasser löst, Lackmuspapier anfangs rötet, dann bleicht und als Reduktionsmittel Chromate, Permanganate, Jodate, Hg(II)nitrat, Hg(II)chlorid, Selenite, Tellurite, Vanadate, Molybdate, Eisen(III)salze und Jod reduziert. Einige dieser Reaktionen finden zum Nachweis des Sulfit-Ions Verwendung.

1. Erkennung am Geruch. Verdünnte Salzsäure oder Schwefelsäure setzen aus Sulfiten Schwefeldioxyd in Freiheit, das an seinem stechenden, eigentümlichen Geruch erkannt werden kann. Eine weitere Geruchsreaktion geben CHAMOT und BRICKENKAMP an: Ganz geringe Sulfitmengen lösen mit *Benzyl-pseudo-Thioharnstoff* einen sehr widerlichen (an Mercaptan erinnernden) Geruch aus. Bisulfite geben nur einen schwachen Mercaptangeruch. Selenit zeigt keine Geruchsreaktion. Carbonate und Fluoride dürfen nicht zugegen sein (erstere geben in konzentrierten Lösungen mercaptanähnlichen Geruch und konzentrierte Fluoridlösungen wirken wie Sulfit). — Bei Vorprüfungen findet Entwicklung von Schwefeldioxyd statt: z. B. bei der Verbrennung von Schwefel oder Schwefelwasserstoff, beim Erhitzen unter Luftzutritt von Sulfiden, Alkalidithionaten, bei Einwirkung von Salzsäure auf Sulfite, Thiosulfate, Dithionate, Trithionate (beim Erhitzen), Tetrathionate, Pentathionate, Hexathionate (beim Erhitzen mit starker Salzsäure).

2. Fällungsreaktionen. **a) Fällung mit ammoniakalischer Silberferricyanidlösung.** Eine wäßrige Kaliumferricyanidlösung wird mit Silbernitrat ausgefällt und der Niederschlag abfiltriert, ausgewaschen und in Ammoniak gelöst. 1 Tropfen dieser Lösung, in eine SO_2-Atmosphäre gebracht, bedeckt sich schnell mit einem Überzug von ausgeschiedenem Silberferrocyanid [DENIGÈS (c), S. 89].

b) Fällung mit ammoniakalischer Silberjodatlösung. Das Reagens wird analog wie das vorige, aus Kaliumjodat und Silbernitrat hergestellt. Mit SO_2 entsteht eine gelbe Trübung von Silberjodid [DENIGÈS (c), S. 89].

c) Fällung mit Uranylacetat und Kaliumferricyanid. Eine Mischung von Uranylacetat- und Kaliumferricyanidlösung gibt mit SO_2 einen Niederschlag von rotem Uranylferrocyanid (BEHRENS, S. 141).

d) Fällung mit Quecksilber(II)chlorid. In eine wäßrige Quecksilber(II)chloridlösung eingeleitetes Schwefeldioxyd scheidet Kalomel aus und die Lösung enthält Sulfat-Ion:

$$2\,HgCl_2 + 2\,H_2O + SO_2 = 2\,HgCl + 2\,HCl + H_2SO_4.$$

Die Reaktion ist zum Nachweis von SO_2 in geschwefelten Samen und dergleichen verwendet worden (WIMMEL).

e) Fällung mit Silbersalz. Man leitet das Gas in Silbernitratlösung ein. In 1 cm^3 Lösung sind an der entstehenden Trübung noch $10\,\gamma$ SO_2 (*Grenzkonzentration* 1:100000) erkennbar [KURTENACKER, S. 96; HACKL (a)].

3. Mikrofällungsreaktionen. **a) Fällung als Cadmiumanilinsulfit.** Das Reagens wird hergestellt durch Lösen von 5 g Cadmiumnitrat und 2,5 cm^3 Anilin in der Kälte unter Umschütteln in 100 cm^3 Wasser. Kurz vor dem Gebrauch fügt man zu einer kleinen Menge der erhaltenen Reagenslösung $^1/_{20}$ ihres Volumens Essigsäure hinzu. 1 Tropfen Reagens am Glasstab gibt mit Schwefeldioxyd einen weißen Anflug, der unter dem Mikroskop regelmäßige hexagonale Blättchen erkennen läßt. Verwendet man keine Säure, so scheint die Reaktion empfindlicher zu sein und der Niederschlag sich schneller zu bilden, doch treten dann im Mikroskop weniger charakteristische, strahlige Krystalle auf [DENIGÈS (c), S. 87].

b) Fällung mit Quecksilber(II)salzen. Die im Reagenstropfen mit etwa 7%igem Quecksilber(II)sulfat durch Einwirkung von Schwefeldioxyd entstehenden Fällungen von Quecksilber(I)salz weisen Büschel von Nadeln und Blättchen, diejenigen mit 5%igem essigsaurem Quecksilber(II)salz erhaltenen, Formen von Kugeln und länglichen Rauten auf [DENIGÈS (c), S. 88].

c) Fällung mit Ba-, Sr- und Ca-Salzen. 1 Tropfen Reagenslösung, bestehend aus einem löslichen Barium-, Strontium- oder Calciumsalz und Chlor- oder Bromwasser. oder Jodlösung gibt mit Schwefeldioxyd Krystallfällungen. Mit Ba-Salz: Rauten und Kreuze; mit Sr-Salz: Kugeln und abgestumpfte Oktaeder; mit Ca-Salz: schiefe Prismen [DENIGÈS (c), S. 87].

4. Farbreaktionen. **a) Mit Jodstärkepapier.** Jodkaliumstärkepapier, das mit einer Spur Joddampf blau gefärbt worden ist, wird von Schwefeldioxyd entfärbt

$$SO_2 + J_2 + 2\ H_2O = H_2SO_4 + 2\ HJ.$$

Zur Herstellung des Reagenspapiers werden Filtrierpapierstreifen mit einer 0,5%igen Stärkelösung getränkt und bei 30° getrocknet und in verschlossener Flasche aufbewahrt. Vor dem Gebrauch werden dieselben mit 1 bis 2 Tropfen einer jodatfreien Kaliumjodidlösung (1:1000) angefeuchtet und dann 5 bis 10 Sek. lang über die Öffnung einer 0,1 n-Jodlösung enthaltenden Flasche gehalten. Bei einem Gehalt von 21,1 γ SO_2 in 10 cm³ tritt die Reaktion in 5 Min. ein. Zur Ausschaltung von Schwefelwasserstoff, der die gleiche Reaktion gibt wie Schwefeldioxyd, wird das Sulfid vor dem Ansäuern durch Kupfersalz ausgefällt (BOUGAULT und CATTELAIN). Die Reaktion findet Verwendung zum Nachweis von Schwefeldioxyd in Lebensmitteln, Drogen usw. (PARKES; BENNET; JEWELL).

b) Mit Kaliumjodatstärkepapier (SCHIFF, PERSOZ). Das durch Schwefeldioxyd aus Jodat freigemachte Jod wird an der Reaktion mit Stärkelösung erkannt. Zunächst reduziert Schwefeldioxyd gemäß:

$$3\ SO_2 + KJO_3 + 3\ H_2O = KHSO_4 + 2\ H_2SO_4 + HJ$$

und der gebildete Jodwasserstoff wirkt auf überschüssiges Jodat:

$$10\ HJ + 2\ KJO_3 + H_2SO_4 = 6\ J_2 + K_2SO_4 + 6\ H_2O$$

unter Bildung von freiem Jod ein, welches durch einen Überschuß von SO_2 wieder reduziert werden kann:

$$J_2 + SO_2 + 2\ H_2O = 2\ HJ + H_2SO_4.$$

Als Reagens wird eine Lösung von 2 g Weizenstärke, 100 g Wasser und 0,2 g Kaliumjodat verwendet, mit welcher Filtrierpapierstreifen getränkt werden. Um auch größere Mengen SO_2 nicht zu übersehen, empfiehlt es sich die Kaliumjodatmenge auf 1 g zu erhöhen (vgl. JUNGKLAUSSEN; v. BRUCHHAUSEN; FRERICHS). Ein vor dem Gebrauch mit Säure (z. B. mit n-Schwefelsäure) angefeuchteter Reagenspapierstreifen ist empfindlicher, als ein mit Wasser angefeuchteter. Ersterer zeigt 84 γ SO_2 schon in 45 Sek., letzterer erst in etwa 1 Std. an. Mit 33 γ SO_2 reagiert nur noch der mit n-H_2SO_4 angefeuchtete Reagensstreifen (in 75 Sek.) (STEMPEL). Die Jodatstärkereaktion findet ihre Verwendung zum Nachweis von SO_2 in Nahrungs- und Genußmitteln (vgl. LIEBERMANN; DAVIDSEN; SCHMIDT; KÄMMERER; JÄRVINEN). Auch hier dürfen andere reduzierende Gase, wie z. B. H_2S, nicht zugegen sein.

c) Mit Zinknitroprussid (BOEDEKER; VIRGILI; HERNÁNDEZ). Schwefeldioxyd kann mittels eines Breies von Zinknitroprussid in Wasser (hergestellt im Reagensglas aus 10%igen Lösungen von Zinksalz und Nitroprussidnatrium durch Auswaschen des Niederschlages, Abdekantieren und Abhebern des letzten Waschwassers), nachgewiesen werden. Hierzu taucht man ein Glasstabende in das Reagens ein, hält es einen Augenblick über eine Ammoniak enthaltende, geöffnete Flasche — die Reagensschicht wird in NH_3 klar und farblos — und führt den Glasstab in die auf Schwefeldioxyd zu prüfende Atmosphäre ein. In Gegenwart von Schwefeldioxyd färbt sich die Reagensschicht rosa bis dunkelrot.

Erfassungsgrenze: 4,7 γ SO_3'' in 5 cm^3 Natriumsulfitlösung [EEGRIWE (a)]. Die Reaktion läßt sich auch mit Nitroprussidreagenspapier [mit $Na_2Fe(CN)_5NO$-, Zinkacetat- und Na_2CO_3-Lösung getränkt] ausführen (SCIACCA und SOLARINO).

Bei Verwendung dieser Reaktion zum Nachweis von Sulfit neben Sulfid und Thiosulfat werden letztere mit $HgCl_2$, nach SANDER (b), gemäß:

$$2\,Na_2S + 2\,HgCl_2 = 2\,HgS + 4\,NaCl;$$
$$Na_2S_2O_3 + HgCl_2 + H_2O = HgS + 2\,Na_2SO_4 + 2\,HCl;$$
$$2\,HgS + HgCl_2 = 2\,HgS \cdot HgCl_2$$

in nichtflüchtige Schwefelverbindungen (HgS und 2 $HgS \cdot HgCl_2$) übergeführt, während das Sulfit hierbei nach Ansäuern (s. § 9, A 3) allen Schwefel als Schwefeldioxyd abgibt. Zum Nachweis wird 1 Tropfen der auf Sulfit neben Sulfid und Thiosulfat zu prüfenden Lösung mit 2 Tropfen einer gesättigten Sublimatlösung versetzt; nach 1 Min. wird mit verdünnter Salz- oder Schwefelsäure angesäuert und auf SO_2 geprüft. Es konnten 20 γ Na_2SO_3 neben 900 γ $Na_2S_2O_3$ und 1500 γ Na_2S ($Na_2SO_3 : Na_2S_2O_3 : Na_2S = 1:45:75$) nachgewiesen werden (FEIGL, 3. Aufl., S. 319).

d) Mit Nickelhydroxyd und Benzidinacetat. Die Autoxydation von Schwefeldioxyd induziert die Oxydation von grünem Nickel(II)hydroxyd zu Nickel(III)oxydhydrat (WICKE; HABER und BRAN). Je nach der Menge des Sulfits bzw. Schwefeldioxyds färbt sich die Nickel(II)hydroxyd-Schicht schwarz bis grau. Bei sehr kleinen SO_2-Mengen kann von der Bildung von Benzidinblau aus Benzidinacetat durch höhere Metalloxyde [FEIGL (a)] Gebrauch gemacht werden, indem man nach der Einwirkung von SO_2 die Nickelhydroxydschicht auf ein quantitatives Filter streicht, mit Benzidinacetatlösung antüpfelt und die entstehende Blaufärbung beobachtet. Durch Ausführung des Nachweises in einem kurzen Reagensrohr mit Kautschukstopfen, durch dessen Mitte ein verschiebbarer, unten kugelförmig verdickter Glasstab führte, der zur Aufnahme des Reagenses diente, konnte eine **Erfassungsgrenze** von 0,4 γ SO_2 bei einer **Grenzkonzentration** von 1:125000 festgestellt werden (FEIGL und FRÄNKEL, FEIGL, 3. Aufl., S. 320). Empfohlene Reaktion (Tabellen der Reagenzien, S. 311).

e) Mit 2-Benzylpyridin, $C_6H_5 \cdot CH_2 \cdot C_5H_4N$. Mit Wasser verdünnte, alkoholische Lösungen von 2-Benzylpyridin geben, mit ultraviolettem Licht bestrahlt, ein chlorophyllgrünes Reaktionsprodukt, mit welchem Reagenspapierstreifen getränkt und dann getrocknet werden. Das vor dem Gebrauch angefeuchtete Papier gibt mit Schwefeldioxyd einen Farbumschlag nach Rot. Wesentlich für das Gelingen dieses Nachweises ist, daß das Reagenspapier während 30 Min. ständig beobachtet wird.

Erfassungsgrenze: Für Na_2SO_3 beim Antüpfeln: 22 γ in 0,01 cm^3 Lösung.
Grenzkonzentration: 1:455.
Erfassungsgrenze: Für Na_2SO_3 bei der Prüfung im Gasraum: 11 γ in 0,1 cm^3 Lösung.
Grenzkonzentration: 1:9100 (FREYTAG, s. hierzu FEIGL und LEITMEIER).

f) Mit Quecksilber(I)nitrat. Quecksilber(I)nitratpapier wird von Schwefeldioxyd infolge Bildung von metallischem Quecksilber grauschwarz gefärbt (SCHIFF).

g) Mit Eisen(III)salz und $K_3Fe(CN)_6$. Läßt man Schwefeldioxyd auf 1 Tropfen Reagenslösung [0,5 g $FeNH_4(SO_4)_2 \cdot 12\,H_2O$ und 0,1 g $K_3Fe(CN)_6$ in 100 cm^3 Wasser] im geschlossenen Reagensrohr einwirken, so können an der Bildung von Berlinerblau noch 1,5 γ SO_2 nachgewiesen werden (FEIGL und KRUMHOLZ).

5. Nachweis durch Reduktion von Schwefeldioxyd zu Schwefel. Schwefeldioxyd wird mit dem Reagens von THIELE-BOUGAULT (s. HARMS), einer Lösung von 20 g Natriumhypophosphit, $NaH_2PO_2 + H_2O$, in 40 cm^3 Wasser, welche man in 180 cm^3 rauchende Salzsäure einlaufen läßt und von den ausscheidenden Krystallen abgießt, zu Schwefel reduziert. Zum Nachweis wird ein erhitzter Glasstab in die heiße Reagenslösung getaucht und in die zu prüfende Atmosphäre eingeführt. In Gegenwart von Schwefeldioxyd wird dieses zu freiem Schwefel reduziert, der sich auf der Reagensschicht in kolloidaler, milchig aussehender Form ausscheidet. Sehr empfindliche Reaktion [DENIGÈS (c), S. 87].

Tabelle 4. Empfindlichkeiten einiger Farbnachweise für Schwefeldioxyd.

Reagenzien	Erscheinung	Nachweisbar γ SO_2	In cm³ Lösung	Grenzkonzentration	Empfindlichkeit bestimmt
$Ni(OH)_2$ + + Benzidin	Blaufärbung	0,4	0,05	1:125000	FEIGL und FRÄNKEL
Indigocarmin + + $KClO_3$ + HCl	Entfärbung	0,5	0,03	1:60000	KORENMAN (b)
$FeCl_3$ + + $K_3Fe(CN)_6$	Blaufärbung	1,5	0,05 ?	1:20000	FEIGL und KRUMHOLZ
Zinknitroprussid + NH_3	Rotfärbung	3,7	5	1:1350000	EEGRIWE (a)
2-Benzylpyridin	Rotfärbung	5,5	0,1	1:18000*	FREYTAG
Nitroprussidnatrium + + Na_2CO_3papier	Rotfärbung	10	10	1:2000000	SCIACCA und SOLARINO
Jodstärkepapier	Entfärbung	21	10	1:470000	BOUGAULT und CATTELAIN
Kaliumjodatstärkepapier	Blaufärbung	33	30	1:910000	STEMPEL

* Umgerechnet.

6. Nachweis durch Oxydation von Schwefeldioxyd zu Sulfat. **a) Nachweis mit Benzidin.** Man oxydiert aufgefangenes Schwefeldioxyd mit einem Lösungsgemisch von je 5 cm³ alkoholischer Benzidinlösung, 30%iger Essigsäure und 3%igem Wasserstoffperoxyd. Die Oxydation erfolgt augenblicklich. Schwefeldioxyd wird an der Bildung eines Benzidinsulfatniederschlages erkannt. 1 mg SO_2 gibt sofort eine deutliche Fällung [ROTHENFUSSER (a)].

b) Nachweis mit Chinin. Man oxydiert mit Wasserstoffperoxyd oder Brom. Das gebildete Sulfat wird nach Umsetzung mit Chinin zu Chininsulfat im filtrierten ultravioletten Licht beobachtet, in welchem es stark violett fluorescierend erscheint.

Erfassungsgrenze: 250 γ Schwefeldioxyd (GRANT und BOOTH).

C. Mikro- und Tüpfelreaktionen des Sulfit-Ions.

1. Nachweis mit Silbernitrat. Mit Silbernitrat geben Sulfite aus kleinen rechteckigen und quadratischen Kryställchen bestehende Niederschläge. Das Reiben mit einer Nadel ist für die Krystallbildung vorteilhaft (MAYERHOFER).

2. Nachweis durch die reduzierende Wirkung auf Jodate. 1 Tropfen der zu prüfenden neutralen Lösung wird mit 1 Tropfen 2 n-KOH-Lösung über der Sparflamme auf dem Objektträger vorsichtig zur Trockne gedampft; man zerstäubt darüber einige Körnchen Stärke. Neben den Trockenrückstand bringt man darauf je 1 Tropfen gesättigter Kaliumjodatlösung und 2 n-Schwefelsäure, mengt durch Hin- und Herneigen und läßt das Gemisch über den Trockenrückstand fließen. In Gegenwart von Sulfit bilden sich blaue Flocken oder Körnchen von Jodstärke (BÖTTGER, S. 330; CHAMOT).

3. Nachweis als Cadmiumanilinsulfit, s. § 9, B 3a

4. Tüpfelnachweis mit Nickel(II)hydroxyd und Benzidin, s. § 9, B 4d.

5. Nachweis mit Jod und Lackmus, s. § 9, D 1c.

6. Nachweis mit Indigocarmin und Kaliumchlorat, s. § 9, D 1e.

D. Farbnachweise des Sulfit-Ions.

1. Nachweis mit Farbstoffen und Indicatoren. **a) Mit Triphenylmethanfarbstoffen.** Verdünnte wäßrige Lösungen einer Reihe von Triphenylmethanfarbstoffen (wie z. B. Fuchsin, Malachitgrün u. a.), tropfenweise zu neutralen Sulfitlösungen zugegeben, werden fast augenblicklich entfärbt. Ein Zusatz von Aldehyden (z. B. eine wäßrige Lösung von Acetaldehyd oder Formaldehyd) ruft wieder eine Färbung hervor. Thiosulfate, Dithionate, Trithionate, Tetrathionate [Polythionate, Sulfhydrate (FEIGL, 3. Aufl., S. 320)] geben die Reaktion nicht, wohl aber Sulfide und Polysulfide. Zum Neutralisieren alkalischer Lösungen wird Kohlensäure bis zur Entfärbung von Phenolphthalein eingeleitet, saure Lösungen werden mit Natriumcarbonat neutralisiert. Als Reagens dient eine Lösung von 3 Vol. 0,025 %iger wäßriger Fuchsinlösung mit 1 Vol. 0,025 %iger wäßriger Malachitgrünlösung (VOTOČEK). Die Entfärbung eines Tropfens Reagenslösung ist für den positiven Ausfall der Reaktion bereits entscheidend. Für sehr kleine Sulfitmengen bedient man sich eines Mikrotropfens der Reagenslösung oder einer verdünnten Reagenslösung. Sehr empfindlicher Nachweis.

Erfassungsgrenze: In 0,35 cm^3 Natriumsulfitlösung sind noch 1,25 γ SO_3'' nachweisbar (EEGRIWE*).

MENEGHETTI verwendet ein Reagens aus gleichen Raumteilen 0,02 %iger wäßriger Fuchsinlösung und 0,007 %iger wäßriger Methylgrünlösung. Als Tüpfelnachweis mit Malachitgrün wird der Sulfitnachweis folgendermaßen ausgeführt. In die Vertiefung einer Tüpfelplatte wird 1 Tropfen der Reagenslösung (0,01 g Malachitgrün in 400 cm^3 Wasser) und 1 Tropfen der neutralen Probelösung gebracht. Noch bei 1 γ SO_2 tritt Entfärbung ein.

Grenzkonzentration: 1:50000.

Neutralsalze (wie z. B. Zn-, Pb-, Cd-Salze) setzen die Empfindlichkeit des Sulfitnachweises wesentlich herab (FEIGL, 3. Aufl., S. 321). Empfohlene Reaktion (Tabellen der Reagenzien, S. 310). Über andere Ausführungsweisen des Nachweises mit Triphenylmethanfarbstoffen s. auch SCHUB sowie MALINOWSKI oder STEIGMANN (c).

Störungen. Der Nachweis von SO_3'' neben S_2O_3'' mit Triphenylmethanfarbstoffen zählt zu den besten. Zum Nachweis neben Sulfid und Polysulfid müssen letztere vorher entfernt werden, was durch Schütteln mit Cadmium- oder Zinkcarbonat erreicht wird (s. § 13).

b) Nachweis mit Oxazinfarbstoffen. Verdünnte wäßrige Lösungen einer Reihe von Oxazinfarbstoffen (z. B. Echtblau R in Krystallen, Baumwollblau R u. a.), tropfenweise unter Umschütteln zu neutralen Sulfitlösungen gegeben, erleiden eine Umfärbung von Violett über Grau nach Gelb. Der qualitative Nachweis ist bereits mit dem Verschwinden der Violettfärbung erbracht. Als Reagens wurde eine Lösung von 0,01 g Echtblau R in Krystallen in 100 cm^3 Wasser verwendet[1]. Das Neutralisieren alkalischer Lösungen wird mittels Kohlensäure und Phenolphthaleins als Indicator vorgenommen. Thiosulfate und Polythionate zeigen die Reaktion nicht Sulfide und Polysulfide zeigen die gleiche Reaktion.

Erfassungsgrenze: In 0,35 cm^3 einer Natriumsulfitlösung konnten noch 2 γ SO_3' nachgewiesen werden.

Grenzkonzentration: 1:175000 [EEGRIWE (b)].

Bei Verwendung der Reaktion zum Nachweis von Sulfit in Wasser wird eine 0,05 %ige Lösung von Baumwollblau R extra (I. G.) benutzt. Zu 50 cm^3 der zu

* Unveröffentlichte Mitteilung.

[1] Die hier erwähnten Oxazin- und vorhin erwähnten Triphenylmethanfarbstoffe sind recht alkaliempfindlich. Die festen Farbstoffe und deren Lösungen werden am besten in Flaschen aus neutralem Glas aufbewahrt.

prüfenden Lösung gibt man 2 bis 3 Tropfen Reagenslösung. Bei einem Gehalt von 3 mg SO_2 in 1 Liter tritt Verfärbung von Violett in Grau ein, bei 4 mg in 1 Liter tritt die Gelblichfärbung auf, die bei größerem Gehalt intensiver wird (OLSZEWSKI).

c) Nachweis mit Jodlösung und Lackmuspapier. Oxydiert man ein Gemisch von Sulfit- und Thiosulfatlösung mit einer Jodlösung so bildet nur das Sulfit gemäß:

$$SO_3'' + J_2 + H_2O = SO_4'' + 2\,J' + 2\,H^{\cdot}$$
$$2\,S_2O_3'' + J_2 = S_4O_6'' + 2\,J'$$

freie Wasserstoff-Ionen. Durch Auftreten der letzteren können kleine Mengen Sulfit neben beliebigen Mengen Thiosulfat nachgewiesen werden. Als Tüpfelreaktion ausgeführt, wird 1 Tropfen der neutralen Lösung unter Umrühren so lange mit 0,1 n-Jodlösung versetzt, bis die Jodfarbe bestehen bleibt. In die braune Lösung wird ein kleiner Streifen Lackmuspapier eingetaucht und gleich darauf durch Einlegen in eine 0,1 n-Thiosulfatlösung vom Jod befreit. In Gegenwart von Sulfit ist das Lackmuspapierende rot gefärbt. Ähnlich reagieren auch Arsenite und Sulfide.

Erfassungsgrenze: 5 γ Natriumsulfit (neben der 1000fachen Menge Natriumthiosulfat).

Grenzkonzentration: 1:10000 (FEIGL, 3. Aufl., S. 322).

d) Nachweis mit Formaldehyd und Phenolphthalein. Neutrale Sulfitlösungen reagieren mit Aldehyden unter Bildung löslicher neutraler Aldehydbisulfitverbindungen und Freisetzung von Alkali, gemäß:

$$RCHO + Na_2SO_3 + H_2O = RCHOH(SO_3Na) + NaOH.$$

Da Thiosulfate in der Weise nicht reagieren, kann an dem Auftreten einer alkalischen Reaktion der Nachweis von Sulfiten neben Thiosulfaten geführt werden. Zur Ausführung der Reaktion gibt man zu der genau neutralisierten Lösung eine neutrale Lösung eines Aldehyds (am besten eine 1%ige Formaldehydlösung) hinzu und prüft mit Phenolphthalein auf entstandenes Alkali.

Erfassungsgrenze: Auf diese Weise ist es möglich, 100 γ Sulfit in 0,5 cm^3 0,1 n-$Na_2S_2O_3$-Lösung und weniger nachzuweisen [ROSENTHALER (b)]. Empfohlener Nachweis (Tabellen der Reagenzien, S. 309).

e) Nachweis mit Indigocarmin. Indigo- oder Indigocarminlösung wird durch schweflige Säure allein nicht entfärbt, wohl aber in Gegenwart von Chlorat in saurer Lösung. Versetzt man 2 cm^3 einer Lösung von schwefliger Säure oder Sulfit mit 0,5 cm^3 gesättigter wäßriger $KClO_3$-Lösung mit 1 cm^3 3 n-HCl und gibt 2 bis 3 Tropfen 0,02%ige Indigocarminlösung hinzu, so findet rasche Entfärbung statt.

Erfassungsgrenze: 2,5 γ SO_2 in 2 cm .

Grenzkonzentration: 1:800000.

Bei der Ausführung als Tüpfelreaktion gibt man in eine kleine Porzellanschale 1 Tropfen der zu prüfenden Lösung und 1 Tropfen Reagenslösung (aus 1 Vol. 0,02%iger Indigocarminlösung. 1 Vol. gesättigter wäßriger $KClO_3$-Lösung und 2 Vol. 3 n-HCl oder H_2SO_4).

Erfassungsgrenze: 0,5 γ SO_2 in 0,03 cm^3.

Grenzkonzentration: 1:60000.

Die gleiche Reaktion wird auch von anderen reduzierenden Anionen z. B. S'' und S_2O_3'' gegeben [KORENMAN (b)].

2. Weitere Farbnachweise. **a) Nachweis mit Nitroprussidnatrium und Zinksalz.** Eine neutrale Sulfitlösung gibt mit Nitroprussidnatriumlösung eine hellrote Färbung, durch vorherige Zugabe von Zinksulfatlösung wird die Färbung bedeutend verstärkt, am stärksten wird dieselbe, wenn außer Zinksalz eine Zugabe von wenig Kaliumferrocyanidlösung erfolgt; es tritt dann eine purpurrote Fällung auf (BOEDEKER).

Die rote Färbung führt SCAGLIARINI auf die Bildung des komplexen Anions $[Fe^{II}(CN)_5NO(SO_3)]''''$ zurück. Thiosulfate geben keine Reaktion, setzen aber die Empfindlichkeit des Nachweises herab. Sulfid stört, da es mit dem Reagens eine Violettfärbung gibt. Die Reaktion läßt sich empfindlich gestalten, wenn sie folgendermaßen ausgeführt wird:

Ausführung. Zu 1 Tropfen kaltgesättigter Zinksulfatlösung wird 1 Tropfen normaler Kaliumferrocyanidlösung und hierauf 1 Tropfen 1%iger Nitroprussidlösung zugegeben. Der hierbei entstehende Niederschlag, $Zn_2Fe(CN)_6$, ist weiß. Nach Zugabe 1 Tropfens der auf Sulfit zu prüfenden neutralen Lösung wird der Niederschlag in Gegenwart von Sulfit rot gefärbt.

Erfassungsgrenze: 3,2 γ Natriumsulfit.

Grenzkonzentration: 1:16000 (FEIGL, 3. Aufl., S. 318).

b) Nachweis mit Gerbstoffauszügen und Kaliumferricyanid. Neutrale Sulfitlösungen werden von Gerbstoffauszügen in Gegenwart von Kaliumferricyanid (auch bei Anwesenheit von Thiosulfaten) rot bis blau gefärbt. Untere Nachweisgrenze 50 γ SO_3'' in 100 cm³ Lösung (RUDNITZKI).

c) Nachweis mit Trinitrobenzol und Nitramin. Sym. Trinitrobenzol, (Strukturformel: Benzolring mit NO_2, O_2N, NO_2), und Methylpikrylnitramin, (Strukturformel: OH, O_2N, NO_2, $N\langle^{CH_3}_{NO_2}$, NO_2), färben sich in Pufferlösungen von $p_H = 7$ bis 9 mit Sulfit-Ionen rot. Mit Sulfiden (s. § 4, C 8) erhält man eine rotbraune Färbung, welche nach kurzer Zeit in Gelb übergeht, mit Cyaniden in verdünnteren Lösungen eine gelblich braune Färbung, in konzentrierteren eine rotviolette. Andere Ionen stören nicht.

Ausführung. Man vermischt die Probelösung, versetzt mit so viel Ammoniumacetatpuffer, daß sie 0,1 bis 1 normale Pufferlösung von $p_H = 8$ bis 8 bildet, mit 0,1 cm³ methylalkoholischen Reagenslösung und beobachtet sofort.

Tabelle 5. Empfindlichkeiten einiger Farbnachweise für das Sulfit-Ion.

Reagenzien	Erscheinung	Nachweisbar γ SO_3''	In cm³ Lösung	Grenzkonzentration	Empfindlichkeit bestimmt
Malachitgrün	Grün → Entfärbung	1,25	0,05	1:40000*	FEIGL, 3. Aufl., S. 321
Fuchsin (Malachitgrün)	Violett → Entfärbung	1,25	0,35	1:280000	EEGRIWE**
Echtblau R	Violett → Grau → Gelb	2	0,35	1:175000	EEGRIWE (b)
Nitroprussid-Natrium + $ZnSO_4$ + + $K_4Fe(CN)_6$	Rotfärbung	2	0,05	1:25600*	FEIGL, 3. Aufl., S. 318
2-Benzylpyridin	Rotfärbung	14	0,01	1:720*	FREYTAG
Nitramin	Rotfärbung	3	10	1:3300000*	ČŮTA u. ŠEVELA
Trinitrobenzol	Rotfärbung	33	10	1:310000*	ČŮTA u. ŠEVELA
Gerbstofflösung + + $K_3Fe(CN)_6$	Rot- bis Blaufärbung	50	100	1:2000000	RUDNITZKI

* Umgerechnet. ** Unveröffentlichte Mitteilung.

Grenzkonzentration: Mit Trinitrobenzol bei $p_H = 9$ als SO_2 1:400000. Mit Methylpikrylnitramin bei $p_H = 8$ als SO_2 1:4000000.

Der Nachweis kann auch als eine Tüpfelreaktion ausgeführt werden.

Grenzkonzentration: Mit Trinitrobenzol bei $p_H = 8$ als SO_2 1:200000. Mit Methylpikrylnitramin bei $p_H = 8$ als SO_2 1:300000.

Die Empfindlichkeit der Nachweise von Sulfit, Sulfid und Cyanid wird durch die Wasserstoff-Ionenkonzentration der Lösung stark beeinflußt, wobei der Einfluß für jede von den Ionengattungen verschieden ist. Dies ermöglicht den Nachweis der Sulfite bei $p_H = 5$ bis 6 allein auch in der Gegenwart von Sulfiden und Cyaniden. Da die farbigen Reaktionsprodukte der Sulfite sich weder mit Amylalkohol noch mit Benzol oder Äther ausschütteln lassen, die gelben Reaktionsverbindungen der Sulfide und die violetten der Cyanide jedoch in die amylalkoholische Schicht übergehen, lassen sich die Sulfit-Ionen neben den Genannten in ziemlich breiten Konzentrationsgrenzen nachweisen. Sind aber große Mengen der Sulfide neben wenig Sulfit vorhanden, so müssen die Sulfid-Ionen durch Schütteln mit Antimontrioxyd beseitigt werden; vgl. § 4, C 8 (Čůta und Ševela).

E. Reduktionsreaktionen des Sulfit-Ions.

1. Reduktion mit Zinn(II)chlorid. Beim Erhitzen einer salzsauren Sulfitlösung mit $SnCl_2$-Lösung findet Fällung eines braunen Niederschlages von Zinn(II)- und Zinn(IV)sulfid statt (Pelletier; Donath). Wird Bettendorfs Reagens (konzentrierte $SnCl_2$-Lösung mit rauchender HCl) mit Probelösung überschichtet, so entsteht an der Grenzfläche ein gelbbrauner Ring, wenn wenigstens 0,06% Sulfit zugegen sind (Dunajewa).

2. Reaktion mit unterphosphoriger Säure, s. § 9, B 5.

3. Reaktion mit Kupfer und anderen Metallen. In salzsaurer Sulfitlösung erhitzt, färbt sich Kupferblech braun bis braunschwarz [Baruel; Reinsch; Steigmann (a)]. Auch andere Metalle sind vorgeschlagen worden z. B.: Zinkstaub in Abwesenheit von Mineralsäure zur *Überführung von Sulfit in Dithionit,* S_2O_4'', und Nachweis des letzteren mit Indanthren (Bläuung), Methylenblau (Entfärbung) oder mit anthrachinon-β-sulfosaurem Natrium (Rötung) (Noll); Zinnfolie zur Reduktion der schwefelsauren, mit Spuren Kupfersulfat versetzten Sulfitlösung (weniger als 0,1 mg SO_3'') und Nachweis des Dithionits durch Bildung einer rotbraunen Schicht von kolloidem Kupfer an der Zinnfolie [Denigès (f)]. Zur *Überführung in Schwefelwasserstoff* und zu dessen Nachweis: Zink in saurer Lösung [Fordos und Gélis (a); Reynolds; Dowzard; Noll], Aluminium (Reichardt), Cadmium und Magnesium (Vogel), Natriumamalgam (Griessmayer, Liebermann).

Über die Nichteignung der Reduktion zu H_2S zum Nachweis von schwefliger Säure in Rübensamen, Senfsamen usw. vgl. Wimmel; Vogel (a); Strauss.

F. Polarographischer Nachweis des Sulfit-Ions.

Die schweflige Säure verursacht in salzsauren Lösungen eine kathodische Stufe bei −0,4 Volt, wobei größere Mengen von Sauerstoff und von Schwermetallen stören. Nach Heyrovský, Smolér und Šťastný wird schweflige Säure in Weinen und nach Salvarezza auch in Mosten, falls sie über 0,01% SO_2 enthalten, nach Ansäuern mit Salzsäure offen an der Luft polarographisch ermittelt. Wenn der SO_2-Gehalt geringer ist, muß der Wein durch Lauge alkalisiert, in einem verschlossenen Gefäßchen durch Wasserstoff- oder Stickstoffstrom von Luft befreit und nach Ansäuern mit Salzsäure unter Luftabschluß polarographisch untersucht werden. Auf diese Weise kann noch 0,0001% SO_2, d. h. in dem erforderlichen 1 cm^3 der Lösung 1 γ SO_2 erfaßt werden (Heyrovský, S. 359).

§ 10. Nachweis von Hydrogensulfit-Ion (HSO_3').

1. Nachweis mit Hexamminkobalt(III)chlorid, $[Co(NH_3)_6]Cl_3$. Nach HYNES und YANOWSKI (a) geben 0,15 molare Reagenslösungen mit Hydrogensulfit-Ion charakteristische Krystallfällungen, s. Abb. 6.

Erfassungsgrenze: 20 γ HSO_3' in 5 Min.

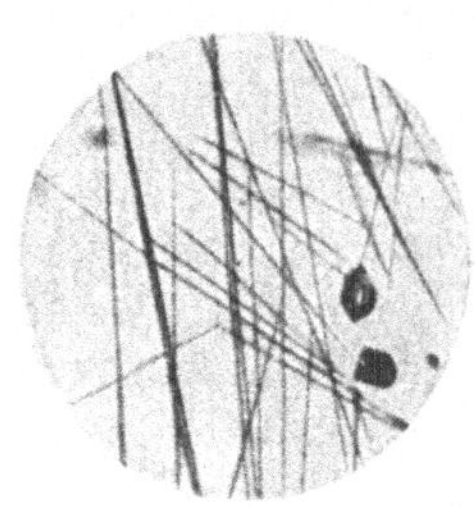

Abb. 6. Nachweis von Hydrogensulfit-Ion mit Hexamminkobalt(III)chlorid (nach W. A. HYNES und L. K. YANOWSKY).

2. Nachweis von Hydrogensulfit neben Sulfit. — **a) Mit Bariumchlorid und Lackmus.** Zur Erkennung von HSO_3' neben SO_3'' kann gemäß den Umsetzungen

$$SO_3'' + Ba^{\cdot\cdot} = BaSO_3;$$
$$HSO_3' + Ba^{\cdot\cdot} = BaSO_3 + H^{\cdot}$$

der Nachweis mit Bariumchlorid (1%ige wäßrige Lösung) und einem Indicator (z. B. Lackmus) geführt werden (VILLIERS).

b) Mit Wasserstoffperoxyd. Statt Bariumchlorid kann neutrales Wasserstoffperoxyd verwendet und mittels Lackmus auf gebildete Säure geprüft werden:

$$SO_3'' + H_2O_2 = SO_4'' + H_2O;$$
$$HSO_3' + H_2O_2 = SO_4'' + H_2O + H^{\cdot}.$$

(FEIGL, 3. Aufl., S. 322.)

§ 11. Nachweis von Schwefeldioxyd neben Schwefelwasserstoff, von Sulfit neben Sulfid bzw. Sulfat und von Sulfat neben Sulfit.

A. Nachweis von Schwefeldioxyd neben Schwefelwasserstoff.

1. Nachweis durch Einleiten in Cadmiumsulfat- und Fuchsin-Malachitgrünlösung. Das zu prüfende Gasgemisch wird durch zwei miteinander verbundene U-Röhrchen geleitet; das erste ist mit heißer Cadmiumsulfat-, das zweite mit Fuchsin-Malachitgrün-Reagenslösung und etwas Natriumcarbonat beschickt. Schwefeldioxyd entfärbt die Farbstofflösung; letztere wird auf Zusatz von Acetaldehyd oder Formaldehyd wieder violett. Der Schwefelwasserstoff setzt sich mit dem Cadmiumsalz zu Cadmiumsulfid um (VOTOČEK).

2. Nachweis durch Einleiten in Alkalilauge. Man leitet das Gasgemisch in Alkalilauge ein. Es bildet sich Sulfid und Sulfit. Letzteres wird neben Sulfid nach § 11 B nachgewiesen.

3. Nachweis durch Einleiten in Wasser. Ein in Wasser geleitetes Gasgemisch von H_2S und SO_2 gibt Abscheidung von Schwefel und bildet in der Lösung Pentathionat-Ion, das mit Alkalilauge oder ammoniakalischer Silberlösung nachgewiesen werden kann (s. § 17, A 1 u. 2; WINKLER; KURTENACKER, S. 104).

B. Nachweis von Sulfit neben Sulfid.

Vorhandenes Sulfid wird am besten mit frisch gefälltem Cadmium- oder Zinkcarbonat (s. § 13 D) entfernt und im Filtrat das Sulfit nachgewiesen. Zur Vermeidung von Luftoxydation werden Lösungen mit etwa 5 Vol.-% Alkohol oder Glycerin versetzt, feste Salze unmittelbar in alkohol- oder in glycerinhaltigem Wasser gelöst. Über den Nachweis von Sulfit neben Sulfid auf Grund seines Verhaltens gegen $HgCl_2$-Lösung, s. § 9, B 4 c.

C. Nachweis von Sulfit neben Sulfat.

Zum Nachweis von Sulfit kann in diesem Fall die Mehrzahl der in § 9 unter B, C, D angeführten Reaktionen dienen.

D. Nachweis von Sulfat neben Sulfit.

1. *Entfernen von Schwefeldioxyd mit Formaldehyd.* Die zu prüfende Lösung versetzt man mit 1 bis 5 cm³ Formaldehyd (40%ig), säuert nach einigen Minuten mit Essigsäure an und prüft in der Kälte mit Bariumchlorid (Formaldehydbisulfit gibt mit $BaCl_2$ keinen Niederschlag). Feste Präparate löst man unmittelbar in formaldehydhaltigem Wasser.

2. *Entfernen von Schwefeldioxyd durch Wegkochen mit Salzsäure.* Der Nachweis kann auch geführt werden, indem man aus der zu untersuchenden Probe den Sulfitschwefel zunächst durch Kochen mit Salzsäure vertreibt und den Rückstand darauf mit Bariumchlorid prüft. Zur Vermeidung einer Oxydation durch den Luftsauerstoff, wird verdünnte Salzsäure in einem Kölbchen (eventuell unter Zugabe von etwas $NaHCO_3$) gekocht, bis die Luft durch die Wasserdämpfe vertrieben ist. Hierauf wird die Probe, ohne das Kochen zu unterbrechen, in die Salzsäure gegeben. Nachdem das SO_2 entwichen ist, läßt man erkalten und prüft mit Bariumchlorid (KURTENACKER, S. 93).

§ 12. Nachweis von Thiosulfat-Ion (S_2O_3'').

Thioschwefelsäure ist in verdünnter wäßriger Lösung nur kurze Zeit beständig. Sie ist eine starke zweibasische Säure. Von ihr kennt man nur eine Reihe von Salzen, in denen beide Wasserstoffatome der Säure durch Metalle ersetzt sind. Von diesen sind die Alkali- und Erdalkalisalze bei gewöhnlicher Temperatur beständig. Die Salze der schweren Metalle (mit Ausnahme von Bleithiosulfat, das beständig ist) zersetzen sich in Metallsulfid und -sulfat. Die Alkalimetall-, Zink-, Cadmium-, Nickel-, Kobalt- und Mangansalze lösen sich leicht in Wasser, ziemlich leicht auch das Calcium- und Strontiumsalz, vom Bariumsalz löst sich 1 Teil erst in etwa 500 Teilen Wasser. Die Schwermetallsalze sind meist schwer- bis unlöslich, sie lösen sich aber in überschüssigem Alkalithiosulfat unter Bildung von Komplexsalzen.

I. Nachweis auf trockenem Wege.

Alkalithiosulfate geben, bei Luftabschluß erhitzt, zunächst Sulfat und Polysulfid; letzteres zerfällt weiter in Sulfid und freien Schwefel, welcher, wenn die Reaktion im Glühröhrchen vorgenommen wird, als Sublimat auftritt:

$$4\ Na_2S_2O_3 \rightarrow 3\ Na_2SO_4 + Na_2S + 4\ S$$

(Unterschied von Sulfiten). Krystallwasserhaltiges Thiosulfat spaltet außerdem noch Wasser und Schwefelwasserstoff ab. Ferner s. auch § 2, 1 und 2.

II. Nachweis auf nassem Wege.

A. Fällungsreaktionen.

1. *Nachweis mit Mineralsäuren.* Durch Mineralsäuren werden Thiosulfatlösungen unter Abscheidung von Schwefel und Entwicklung von Schwefeldioxyd gemäß:

$$S_2O_3'' + 2\ H^{\cdot} = S + SO_2 + H_2O$$

zersetzt. Durch Erhitzen mit verdünnter Salzsäure sind 100 γ S_2O_3'' in 1 cm³ Lösung an der nach mehreren Minuten eintretenden Abscheidung von Schwefel sicher zu erkennen. Die **Erfassungsgrenze** liegt zwischen 100 und 50 γ in 1 cm³ [HACKL (b)]. Mit konzentrierter H_2SO_4 als Reagens sind in 10 cm³ Lösung noch 45 γ S_2O_3'' bei einer **Grenzkonzentration** von 1:220000 nachweisbar [KARAOGLANOV (a)]. In Gegenwart kleiner Mengen von As-, Sb- oder Sn-Salzen kann die Schwefelabscheidung ganz unterbleiben, da eine weitgehende Umwandlung von Thiosulfat gemäß:

$$5\ S_2O_3'' + 6\ H^{\cdot} = 2\ S_5O_6'' + 3\ H_2O$$

in Penthathionat stattfindet [vgl. SALZER (b); RASCHIG (c)]; KURTENACKER und CZERNOTZKY). Aber die Fällung von Schwefel tritt in diesem Falle ein, wenn die saure Lösung mit einem kleinen Überschuß an Alkalilauge versetzt wird (s. Rkk. d.

Pentathionat-Ions § 17, A 1; STINGL und MORAWSKI; DEBUS). Auch größere Mengen Sulfit oder schweflige Säure können die Schwefelabscheidung aus Thiosulfatlösungen verzögern oder verhindern (FOERSTER und VOGEL; KURTENACKER und IVANOW). Die Reaktion tritt aber wieder ein, wenn durch Wegkochen die schweflige Säure vertrieben ist. Auch ein Gemisch von Sulfid und Sulfit kann beim Erhitzen mit verdünnter Salzsäure Schwefel abscheiden und Schwefeldioxyd entwickeln. Zum Nachweis von Thiosulfat müssen Sulfide vorher entfernt sein. Außer Thiosulfat weisen den Zerfall in S und SO_2 auf: Trithionat, beim Erhitzen mit verdünnter und alle Polythionate beim Erhitzen mit starker Salzsäure.

2. Nachweis mit Silbernitrat. Silbernitrat gibt einen weißen Niederschlag von Silberthiosulfat, $Ag_2S_2O_3$, das sich infolge Zersetzung in Silbersulfid rasch gelb, braun und schließlich schwarz färbt.

$$Ag_2S_2O_3 + H_2O = Ag_2S + H_2SO_4.$$

Auch Polythionate zeigen die gleiche Reaktion. 100 γ Thiosulfat in 100 cm^3 Lösung sind mittels dieser Reaktion zu erkennen [HACKL (c)].

Grenzkonzentration: 1:2200000 [KARAOGLANOV (a)]. In überschüssigem Thiosulfat löst sich das Silberthiosulfat auf. Die Lösung scheidet beim Erwärmen unter Bildung von Schwefeldioxyd und Sulfat Silbersulfid und Schwefel ab. Am Licht färbt sich Silberthiosulfat grau und kann auf diese Weise neben Sulfit nachgewiesen werden, dessen Silbersalz nicht gefärbt wird. An der Verfärbung nach Grau sind noch 0,032% Thiosulfat sicher erkennbar (BODNÁR). Das gleiche Verhalten wie Thiosulfat zeigen Dithionit (Hyposulfit) und die Polythionate.

3. Nachweis mit Kupfersalzen. Mit Kupfersulfatlösung gibt Thiosulfat-Ion beim Erhitzen in schwefelsaurer Lösung anfangs gelb gefärbtes Kupfer(I)doppelsalz, $[Cu_2(S_2O_3)_2]Na_2$, das bei weiterem Kochen unter Bildung von schwarz gefärbtem Kupfer(I)sulfid zersetzt wird:

$$4\,Na_2S_2O_3 + 2\,CuSO_4 = [Cu_2(S_2O_3)_2]Na_2 + Na_2S_4O_6 + 2\,Na_2SO_4$$
$$Na_2[Cu_2(S_2O_3)_2] = Cu_2S + S + SO_2 + Na_2SO_4$$

(STREBINGER). Wird zum Nachweis der mit Essigsäure schwach angesäuerte Sodaauszug im Reagensglas mit Kupfersulfatlösung versetzt und der obere Teil der Flüssigkeitssäule zum Sieden erhitzt, so bildet sich ein schwarzer Ring von Cu_2S, wenn 0,6 mg Natriumthiosulfat zugegen sind (BLANCK). In 10 cm^3 Lösung sind 45 γ S_2O_3'' nachweisbar.

Grenzkonzentration: 1:220000 [KARAOGLANOV (a)].

Zum Mikronachweis neben Sulfit wird 1 Probetropfen in 1 Tropfen mäßig konzentrierter Kupfersulfatlösung gebracht und etwas erwärmt: Thiosulfate fällen braunes Sulfid und am Rande des Tropfens erscheinen citronengelbe Krystalle von Kupferthiosulfat (CHAMOT).

4. Nachweis mit Quecksilber(II)chlorid. Quecksilber(II)chloridlösung in kleinen Mengen gibt mit Thiosulfat-Ion einen weißen Niederschlag von HgS_2O_3, der über Gelb und Braun allmählich schwarz wird (HgS). Im Überschuß zugegeben, bildet das Reagens einen gelblichweißen Niederschlag von $2\,HgS \cdot HgCl_2$. Polythionate zeigen das gleiche Verhalten.

5. Nachweis mit Bleisalzen. Diese fällen weißes, auch beim Erwärmen beständiges Bleithiosulfat (PbS_2O_3), von dem sich 1 Teil in etwa 3330 Teilen Wasser löst. Unmittelbar nach der Fällung geht der Niederschlag auf Zusatz von wenig Essigsäure in Lösung, aus der alsbald wieder ein körniger, in Essigsäure nicht merklich, aber in Salpetersäure löslicher Niederschlag ausgeschieden wird (BÖTTGER, S. 333). In Anwesenheit eines Überschusses an Bleisalz geht Bleithiosulfat in ein graues Gemisch von Bleisulfid und Bleisulfat über. In überschüssigem Alkalithiosulfat löst sich Bleisulfat unter Komplexbildung.

6. Nachweis mit Nickeläthylendiaminnitrat. Gibt man zu einer neutralen oder schwach alkalischen Lösung von Natriumthiosulfat einen Überschuß einer konzentrierten Lösung des Reagenses oder die entsprechende Menge der Komponenten: Äthylendiaminhydrat, $\begin{matrix} CH_2 \cdot NH_2 \\ | \\ CH_2 \cdot NH_2 \end{matrix} + H_2O\,(= en)$, und Nickelnitrat (je 1 g in 5 cm³ Wasser), so entsteht eine krystalline violette Fällung gemäß:

$$Na_2S_2O_3 + [Ni\,en_3](NO_3)_2 = [Ni\,en_3]S_2O_3 + 2\,NaNO_3.$$

In saurer Lösung findet wegen Zersetzung des Reagenses keine Fällung statt. 400 γ S_2O_3'' in 1 cm³ Lösung geben sofort eine Fällung.

Erfassungsgrenze: 40 γ S_2O_3'' (in 1 Std.).

Grenzkonzentration: 1:25000. Der Nachweis kann in Gegenwart von SO_3'', SO_4'', S_4O_4'', CNS', NO_3', Cl', J' und Na_2S geführt werden. Ammoniumsulfid fällt aus dem Reagens Nickelsulfid aus (G. Spacu und P. Spacu).

Tabelle 6. Empfindlichkeiten einiger Fällungsreaktionen des Thiosulfat-Ions.

Reagens	Bildung von	Grenzkonzentration	Empfindlichkeit bestimmt
$AgNO_3$	Ag_2S	1:2200000	Karaoglanov (a)
$CuSO_4$	Cu_2S	1:220000	Karaoglanov (a)
konz. H_2SO_4	S	1:220000	Karaoglanov (a)
$[Ni\,en_3](NO_3)_2$	$[Ni\,en_3]\,S_2O_3$	1:25000	G. Spacu u. P. Spacu
$Pb(NO_3)_2$	PbS_2O_3	1:11000	Karaoglanov (a)

B. Mikroreaktionen.

1. Nachweis mit Thallium(I)nitrat. Verdünnte Thiosulfatlösungen geben mit festem Reagens rhombische Prismen, Stäbchen und Kreuze (s. Abb. 7). In konzentrierten Lösungen entsteht oft ein mikrokrystalliner Niederschlag, der nach dem Umkrystallisieren aus warmem Wasser lange, dünne seidenglänzende Nadeln bildet. 0,02%ige Lösungen geben sofort eine Fällung.

Abb. 7. Nachweis von Thiosulfat-Ion mit Thallium(I)nitrat (nach A. Bolland).

Erfassungsgrenze: 0,017 γ S_2O_3''. Halogene dürfen nicht anwesend sein. SO_4'', NO_3', CH_3COO' stören nicht (Huysse; Bolland).

Abb. 8. Nachweis von Thiosulfat-Ion mit Bleiacetat (nach A. Bolland).

2. Nachweis mit Bleiacetat. Mit geringen Reagensmengen werden durchsichtige Prismen und Tafeln des rhombischen Systems neben zu Bündeln vereinigten Nadeln gebildet. Mit überschüssigem Reagens entsteht meist ein amorpher Niederschlag. Festes Reagens bewirkt in Konzentrationen bis zu 0,1% sofortige Fällung (s. Abb. 8).

Erfassungsgrenze: 0,089 γ S_2O_3'' (Huysse; Bolland).

3. Nachweis mit Bariumchlorid. Verdünnte Thiosulfatlösungen geben mit festem oder gelöstem Reagens meist durchsichtige Prismen oder rechtwinklige Blättchen des rhombischen Systems, zu Sternen oder Kreuzen gruppiert. Bis zu Konzentrationen von 0,05% erfolgt die Niederschlagsbildung mit festem Reagens sofort.

Erfassungsgrenze: 0,044 γ S_2O_3''. Konzentrierte Lösungen geben mit verdünnten Reagenslösungen keinen Niederschlag. Mit überschüssigem, festem Bariumchlorid oder mit konzentrierter Bariumchloridlösung entsteht ein weißlicher, anfangs amorpher Niederschlag, der sich rasch in rhombische Nadeln oder Kugeln verwandelt. Es treten anfangs auch häufig mit Stäbchen verbundene Kugeln und an eine abgeplattete Acht erinnernde Formen auf (HUYSSE; BOLLAND) (s. Abb. 9).

Abb. 9. Nachweis von Thiosulfat-Ion mit Bariumchlorid (nach A. BOLLAND).

4. Nachweis mit Benzidin. Benzidin fällt in essigsaurer Lösung farblose Nadeln, Prismen, Blättchen mit schwalbenschwanzförmigen Enden und hexagonale Tafeln des rhombischen Systems (s. Abb. 10).

Erfassungsgrenze: 0,0088 γ S_2O_3'' (HUYSSE; BOLLAND).

Abb. 10. Nachweis von Thiosulfat-Ion mit Benzidin (nach A. BOLLAND).

5. Nachweis mit Hexamminkobalt(III)chlorid [$Co(NH_3)_6$]Cl_3. Thiosulfate geben mit diesem Reagens lange, schlanke Nadeln in Strahlen, Garben oder unregelmäßigen Haufen (s. Abb. 11). Der Niederschlag ist unlöslich und für Thiosulfat sehr kennzeichnend (CHAMOT und BRICKENKAMP). Bei Verwendung einer wäßrigen 0,15 mol-Lösung (28 mg in 1 cm³) tritt Krystallbildung in 5 Min. noch mit 40 γ S_2O_3'' ein [HYNES und YANOWSKI (a)].

Abb. 11. Nachweis von Thiosulfat-Ion mit Hexamminkobalt(III)chlorid (nach E. M. CHAMOT und R. W. BRICKENKAMP).

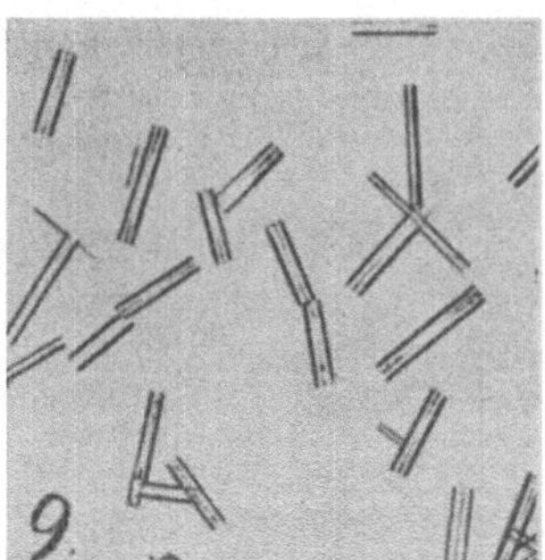

Abb. 12. Nachweis von Thiosulfat-Ion mit Nickeläthylendiaminnitrat (nach E. M. CHAMOT und R. W. BRICKENKAMP).

6. Nachweis mit Nickeläthylendiaminnitrat. Die Reagenslösung wird hergestellt durch Zusatz von Äthylendiamin zu einer wäßrigen Lösung von Nickelnitrat (1 g in 5 cm³) bis zur Violettfärbung. Thiosulfatlösungen geben (s. Abb. 12) die gleichen Krystallformen, wie Dithionat (s. Abb. 22): Stark brechende, feine Nadeln, Stäbe oder hexagonale Prismen, aber mit anderen Brechungsindices ε und ω, in X-Form, strahlig oder unregelmäßig gruppiert. Zur Differenzierung von S_2O_3'' und S_2O_6'' bettet man in Bromoform ein und betrachtet die BECKEsche Linie oder arbeitet nach der Halbschattenmethode. Bei kleinerem Index als 1,59 (Index des Mediums) liegt Dithionat vor, bei größerem Thiosulfat. Störend wirken: AsO_4''', MnO_4', S_2O_8'', JO_4', S'' und Molybdate. Tri-, Tetra- und Pentathionate geben mit dem Reagens keine Krystallbildungen (CHAMOT und BRICKENKAMP).

7. Nachweis mit Benzyl-pseudo-Thioharnstoffhydrochlorid, $C(=NH)(NH_2)$—S—CH_2—C_6H_5 · HCl.

Thiosulfate geben, selbst in ganz verdünnten Lösungen, mit dem Reagens Prismen. Platten und Täfelchen, welche mäßige Brechung, sowie Doppelbrechung mit Parallelauslöschung zeigen (CHAMOT und BRICKENKAMP) (s. Abb. 13).

8. Nachweis mit Xanthokobalt(III)chlorid. Eine gesättigte wäßrige Lösung des Reagenses $[Co(NH_3)_5(NO_2)]Cl_2$ gibt mit Thiosulfat-Ion federartig angeordnete, orangerote Nadeln (das Reagens selbst hinterläßt beim Eindampfen kleine orangegelbe Prismen) (s. Abb. 14).

Erfassungsgrenze: 200 γ S_2O_3'' [HYNES und YANOWSKI (b)].

9. Über die Mikroreaktion mit Kupfersalzen, s. § 12, A 3.

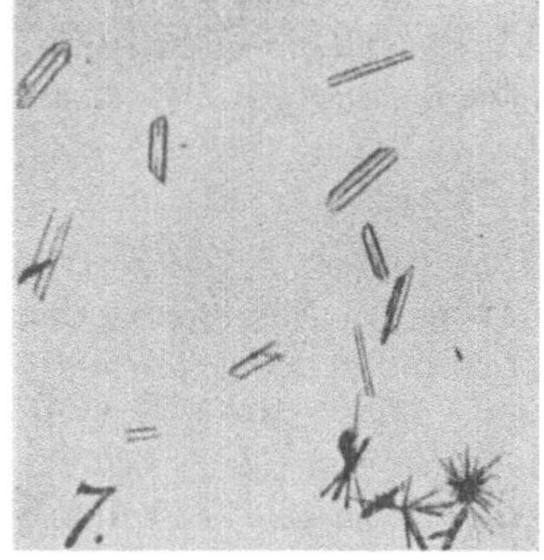

Abb. 13. Nachweis von Thiosulfat-Ion mit Benzyl-pseudo-Thioharnstoffhydrochlorid (nach E. M. CHAMOT und R. W. BRICKENKAMP).

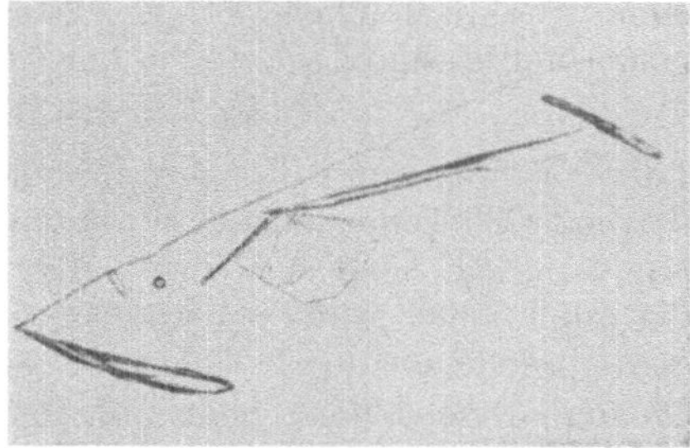

Abb. 14. Nachweis von Thiosulfat-Ion mit Xanthokobalt(III)chlorid (nach W. A. HYNES und L. K. YANOWSKI).

C. *Weitere Mikronachweise.*

Nachweis durch Katalyse der Jodazidreaktion. 1 Tropfen der zu prüfenden Lösung mit 1 Tropfen Reagenslösung (1 g NaN_3 in 100 cm³ 0,1 n-Jodlösung) auf

Tabelle 7. Empfindlichkeiten einiger Krystallfällungen des Thiosulfat-Ions.

Reagenzien	Formen	Nachweisbare Menge S_2O_3'' in γ	bestimmt Empfindlichkeit	Abbildung
$TlNO_3$	rhomb. Prismen, Stäbchen, Kreuze	0,017	BOLLAND	7
$Pb(CH_3COO)_2$	rhomb. Prismen Tafeln, Nadelbündel	0,09	BOLLAND	8
$BaCl_2$	rhomb. Prismen, Blättchen, Sterne, Kreuze	0,044	BOLLAND	9
Benzidin	Nadeln, Prismen, Blättchen, hexag. Tafeln	0,009	BOLLAND	10
$[Co(NH_3)_6]Cl_3$	Lange Nadeln, Garben, unregelm. Haufen	40	HYNES und YANOWSKI (a)	11
$[Co(NH_3)_5NO_2]Cl_2$	federartig angeordnete Nadeln	200	HYNES und YANOWSKI (b)	14

dem Uhrglase versetzt, zeigt in Gegenwart von S_2O_3'' Bläschenbildung (N_2). Die gleiche Reaktion geben: S'', CNS' und Polythionate.

Erfassungsgrenze: 0,15 γ Natriumthiosulfat.

Grenzkonzentration: 1:330000.

In 1 Mikrotropfen (0,025 cm³), der in der Öse eines Platindrahtes zur Trockne eingedunstet und in den hängenden Reagenstropfen im EMICHschen Spitzenröhrchen eingebracht wird, gestattet die Reaktion den Nachweis von 0,025 γ Natriumthiosulfat.

Grenzkonzentration: 1:1000000 (FEIGL, 3. Aufl., S. 325). Empfohlener Nachweis (Tabellen der Reagenzien S. 312). — Über eine Ausführungsweise der Jodazidreaktion, die nach FEIGL nicht zuverlässig ist s. FANSTONE; JELLEY und CLARK: BAINES.

D. Farbnachweise.

1. Nachweis mit Eisen(III)chlorid. Thiosulfatlösungen werden von Eisen(III)-chloridlösungen vorübergehend rotviolett gefärbt. Das sich bildende Zwischenprodukt (wahrscheinlich [FeS_2O_3]Cl) zerfällt und die Lösung enthält dann Tetrathionat und Eisen(II)salz:

$$2\ Fe^{\cdots} + 2\ S_2O_3'' = 2\ Fe^{\cdot\cdot} + S_4O_6''.$$

An der Färbung mit 1 Tropfen Eisenchloridlösung kann noch 1 Teil Natriumthiosulfat in 30000 Teilen Wasser erkannt werden, wenn man zur Ausführung der Reaktion etwa 4 g Lösung verwendet (REYNOLDS). Mittels dieser Reaktion kann Thiosulfat auch neben Sulfit nachgewiesen werden (POPP). Weist man das nach obiger Reaktionsgleichung durch Thiosulfat gebildete Eisen(II)-Ion mittels $K_3Fe(CN)_6$ nach, so ist an der noch eintretenden Blaufärbung 1 Teil $Na_2S_2O_3$ in 130000 Teilen Wasser erkennbar, wenn die Reaktion mit insgesamt 30 g Flüssigkeit ausgeführt wurde (REYNOLDS).

2. Nachweis mit Jodlösung. Jodlösungen (z. B. hergestellt durch Auflösung von 1,3 g Jod und 4 g KJ in 100 cm³ Wasser) werden durch Thiosulfat entfärbt. Hierbei entsteht Tetrathionat-Ion $2\ S_2O_3'' + 2\ J = S_4O_6'' + 2\ J'$ und die Reaktion bleibt neutral. Sulfite entfärben auch Jodlösung, aber die Reaktion wird hierbei sauer (s. § 9, D 1 c). In alkalischer Lösung wird Thiosulfat durch Jodlösung zu Sulfat oxydiert. Mittels Jodlösung und Stärke als Indicator kann noch 1 Teil Natriumthiosulfat in 160000 Teilen Wasser nachgewiesen werden (REYNOLDS).

Grenzkonzentration: 1:160000.

Andere Oxydationsmittel wie Chlor, Brom, Jodat, Bromat in saurer Lösung, ammoniakalisches Wasserstoffperoxyd, Permanganat in alkalischer Lösung oxydieren Thiosulfatlösungen ebenfalls zu Sulfat.

3. Nachweis mit Jodsäure. Thiosulfate reduzieren Jodsäure zu freiem Jod, das mit Stärkelösung nachgewiesen werden kann. Empfindliche Reaktion. Zum Nachweis neben Sulfid, das die gleiche Reaktion gibt, wird letzteres vorher mit Bleisalzlösung ausgefällt (PETTENKOFER).

E. Weitere Farbnachweise.

1. Nachweis mit Kaliumpermanganat. Eine alkalische Permanganatlösung (0,1 g $KMnO_4$ und 1 g NaOH in 500 cm³ Wasser gelöst) zeigt mit Thiosulfaten einen Farbübergang nach Grün (BÖTTGER).

2. Nachweis mit Nitroprussidnatrium. Die Natriumnitroprussidlösungen, welche Luft und Licht ausgesetzt wurden, bis sie braun geworden sind, oder die mit 1 bis 2 Tropfen $K_3Fe(CN)_6$-Lösung und 1 bis 2 Tropfen NaOH-Lösung versetzt wurden, geben mit Thiosulfatlösungen eine intensive blaue Färbung, die beim Stehen, Erhitzen oder bei Zusatz von etwas $K_4Fe(CN)_6$ wesentlich intensiver wird. Mit sehr verdünnten Lösungen tritt innerhalb $^1/_2$ Stde. noch eine Grünfärbung auf. Unterschied von Sulfiten und Tetrathionaten (CASOLARI).

3. Nachweis mit Ammoniummolybdat. Eine Lösung von Thiosulfat mit dem gleichen Volumen 10%iger Ammoniummolybdatlösung vermischt und mit konzentrierter Schwefelsäure unterschichtet, gibt an der Grenzschicht einen blauen Ring. Empfindliche Reaktion (POZZI-ESCOT).

4. Nachweis mit Rutheniumchlorid. Beim Kochen einer mit wenig $RuCl_3$ versetzten und mit Ammoniak übersättigten Thiosulfatlösung entsteht eine Rotfärbung (LEA).

Grenzkonzentration: 1:25000.

5. Nachweis mit Quecksilber(I)chlorid. Zum Nachweis von Thiosulfat in Natriumcarbonat werden 5 g Salz und 0,1 g Hg_2Cl_2 mit einigen Tropfen Wasser zusammengerieben. Thiosulfat gibt Bildung von HgS, das an der Graufärbung zu erkennen ist (MUSSET).

6. Nachweis mit Antimon(III)chlorid. Trockenes Antimon(III)chlorid mit einer Lösung, die etwas Thiosulfat enthält, zum Sieden erhitzt, färbt die Flüssigkeit zinnoberrot [GUTZEIT (a)].

Tabelle 8. Empfindlichkeiten einiger Farbnachweise des Thiosulfat-Ions.

Reagenzien	Erscheinung	1 Teil $Na_2S_2O_3$ nachweisbar in Teilen Lösungsmittel	Nach Angaben von
$FeCl_3$	Rotfärbung	30000	REYNOLDS
Nitroprussid-Na	Grünfärbung (in $^1/_2$ Std.)	63000 *	CASOLARI
$FeCl_3$, $K_3Fe(CN)_6$	Blaufärbung	130000	REYNOLDS
J_2, Stärke	Entfärbung	160000	REYNOLDS
HJO_3, Stärke	Blaufärbung	500000 *	PETTENKOFER

* Berechnet für $Na_2S_2O_3$.

F. Nachweis durch Überführung von Thiosulfat-Ion in andere Anionen.

1. Überführung in Rhodanid. Erhitzt man Thiosulfat mit Kaliumcyanid, so bilden sich Sulfit- und Rhodan-Ion $S_2O_3'' + CN' = SO_3'' + CNS'$ (v. PECHMANN und MANCK). In der Lösung läßt sich aus der Rhodanreaktion mit Eisen(III)chlorid auf die Anwesenheit von Thiosulfat schließen [GUTMANN (b)].

2. Überführung in Sulfid. **a) Mit Natriumamalgam.** Dieses reduziert Thiosulfate zu Sulfiden (Unterschied von Sulfiten), welche durch die Nitroprussidreaktion nachgewiesen werden (ARNOLD und MENTZEL).

b) Mit Alkalihydroxyd und Aluminium. Es findet Bildung von Sulfid statt. Die gleiche Reaktion zeigen Rhodanide [LEA; DE KONINCK (b)].

3. Überführung in Schwefelwasserstoff. Mit Zink oder Aluminium in salzsaurer Lösung werden Thiosulfate zu Schwefelwasserstoff reduziert [REYNOLDS; REICHARDT; FELD (a)]. Über die Anwendung der Reaktion zum Nachweis von Thiosulfat in Natriumhydrogencarbonat s. MYLIUS.

§ 13. Nachweis von Thiosulfat neben Sulfit, von Sulfit neben Thiosulfat, von Sulfat neben Thiosulfat sowie von Sulfid, Sulfit, Thiosulfat und Sulfat nebeneinander.

A. Nachweis von Thiosulfat neben Sulfit.

Zum Nachweis von S_2O_3'' neben SO_3'' können z. B. die in § 12 erwähnten Reaktionen mit Mineralsäure (A 1), $AgNO_3$(A 2), Triäthylendiamin-Nickelnitrat (A 6), die Jodazidreaktion (C 1) oder die Eisenchloridreaktion (D 1) Verwendung finden.

B. Nachweis von Sulfit neben Thiosulfat.

1. *Nachweis mit Quecksilber(II)chlorid.* Man gibt einen Überschuß einer gesättigten $HgCl_2$-Lösung hinzu, säuert nach 1 Min. mit Salzsäure an und erhitzt. Thiosulfat bildet nichtflüchtiges $2\,HgS \cdot HgCl_2$, während der gesamte Sulfitschwefel als SO_2 entweicht (s. § 9, A 3), der mittels seiner Reaktionen (s. § 9 B) nachgewiesen wird. Über die Anwendung des Zinknitroprussidreagenses hierfür s. § 9, B 4 c. Sulfit ist nachweisbar neben der 45fachen Menge Thiosulfat.

2. *Nachweis mit Formaldehyd und Phenolphthalein,* s. § 9, II D 1 d. Empfindlicher ist der folgende Nachweis 3.

3. *Nachwies mit Jodlösung,* s. § 9, II D 1 c. Sulfit ist nachweisbar neben der 1000fachen Menge Thiosulfat.

C. Nachweis von Sulfat neben Thiosulfat.

Siehe den Nachweis von S'', SO_3'', S_2O_3'' und SO_4'' nebeneinander.

D. Nachweis von Sulfid, Sulfit, Thiosulfat und Sulfat nebeneinander.

1. *Fällung des Sulfats mit Strontiumnitrat.* Bisher noch verwendetes, älteres Verfahren (Authenrieth und Windaus). Zunächst wird auf Sulfid geprüft (z. B. mit alkalischer Bleilösung oder mit Nitroprussidnatrium). Vorhandenes Sulfid wird durch Verwendung frisch hergestellter Aufschlämmungen von Cadmium- oder Zinkcarbonat durch gutes Durchschütteln als Cadmium- oder Zinksulfid abgeschieden. Die Carbonate von Cadmium oder Zink sind anderen Salzen wegen ihrer geringen Neigung zur Adsorption von Lösungsbestandteilen (z. B. Sulfit) vorzuziehen (Kurtenacker und Wollak). Ein Teil des Filtrats, der auf SO_3'', SO_4'' und S_2O_3'' zu prüfen ist, wird mit 1 bis 2 Tropfen Phenolphthalein versetzt und zur Neutralisation bis zur Entfärbung Kohlensäure eingeleitet. Mit dem Fuchsin-Malachitgrünreagens (s. § 9, D 1 a) wird die Gegenwart von Sulfit-Ion festgestellt. Zur Ausfällung von Sulfat und Sulfit wird gesättigte Strontiumnitratlösung zugegeben, durchgeschüttelt, über Nacht stehen gelassen, abfiltriert und der Niederschlag mit wenig kaltem Wasser ausgewaschen. Der nach dem Behandeln mit verdünnter Salzsäure verbliebene Rückstand wird nach § 7 D u. E auf Sulfat geprüft. Im Filtrat wird (z. B. mittels Silbernitrats, Salzsäure oder einer der Mikroreaktionen) die Gegenwart von Thiosulfat festgestellt. Nachteile des Verfahrens: Da Strontiumsulfat bei 18^0 mit 11,4 mg in 100 cm^3 Wasser löslich ist, entgehen kleine Sulfatmengen dem Nachweis.

2. *Fällung des Sulfats mit Bariumchlorid* (Kurtenacker, S. 112). Das Sulfid wird wie oben ausgefällt. Die Störungen der Sulfatfällung in Gegenwart von SO_3'' (Mitfällung, Oxydation durch den Luftsauerstoff) und von S_2O_3'' (Verzögerung oder Verhinderung der Bariumsulfatfällung) werden folgendermaßen umgangen. Sulfit bzw. Hydrogensulfit wird durch Formaldehyd gemäß

$$SO_3'' + HCHO + H_2O = HCHO \cdot HSO_3' + OH'$$
$$HSO_3' + HCHO = HCHO \cdot HSO_3'$$

in das gegen Luftsauerstoff und auch gegen Jod beständige Formaldehydhydrogensulfit übergeführt; Thiosulfat wird durch Jodlösung nach

$$2\ S_2O_3'' + J_2 = S_4O_6'' + 2\ J'$$

in Tetrathionat übergeführt. Thiosulfat wird durch Formaldehyd in neutraler Lösung nicht angegriffen, aber auch in essigsäurer Lösung kann der Endpunkt der Überführung von S_2O_3'' in S_4O_6'' gut erkannt werden, wenn der Jodzusatz sofort nach dem Ansäuern erfolgt [KURTENACKER (a)]. Zur *Ausführung* der Reaktionen (KURTENACKER und WOLLAK) werden zur sulfidfreien, neutralen oder schwach alkalischen Lösung 5 cm^3 Formaldehyd (40%ig) gegeben und es wird 5 Min. stehen gelassen (die Abbildung von Sulfit erfolgt sofort, die von Hydrogensulfit in ungefähr 5 Min.). Darauf wird mit 10 cm^3 20%iger Essigsäure angesäuert und sofort 0,1 n-Jodlösung bis zum Auftreten bleibender Gelbfärbung (oder Blaufärbung nach eventuellem Zusatz einer Spur Stärke als Indicator) zugegeben. Der geringe Jodüberschuß wird durch 1 Tropfen sulfatfreier 0,1 n-Thiosulfatlösung entfernt. Man verdünnt nun mit Wasser, gibt tropfenweise unter Umrühren 0,1 n-Bariumchloridlösung in geringem Überschuß zu und läßt stehen. Der filtrierte Niederschlag wird mit kaltem Wasser gewaschen und gegebenenfalls durch weitere Reaktionen auf Sulfat geprüft.

Über andere Trennungsverfahren verschiedener Anionen des Schwefels siehe: KYNASTON; BLOXAM; SMITH; BROWNING und HOWE; HUYSSE; MÜLLER und DÜRKES: VOTOČEK; GUTMANN (b); WESTON und JEFFREYS; ALEXANDROW; KARAOGLANOV (b); PITARELLI; G. SPACU und P. SPACU; TANANAEFF und SCHAPOWALENKO; DENIGÈS (f).

Zur schnellen Orientierung über die in einem Gemisch von Anionen des Schwefels vorhandenen Säuren kann das nachstehende von SANDER (b) gegebene (von KURTENACKER verbesserte) Schema Verwendung finden. In demselben kommt das Verhalten des von ihm als Gruppenreagens empfohlenen Quecksilber(II)chlorids gegen die einzelnen Anionen zum Ausdruck. Zur Prüfung wird die Lösung mit einem Überschuß von $HgCl_2$-Lösung versetzt und beobachtet, ob ein Niederschlag entsteht. und die Reaktion gegen Methylorange festgestellt. Dann wird aufgekocht und auf neue Niederschlagsbildung oder Änderung der Reaktion geachtet.

Tabelle 9. Reaktionen einiger Anionen des Schwefels mit $HgCl_2$.

Angewendete Lösung	Einwirkung von $HgCl_2$ in der Kälte	Reaktion der Lösung gegen Methylorange	Verhalten der Lösung beim Kochen	Reaktion nach dem Kochen
Sulfat	bleibt klar	neutral	unverändert	neutral
Sulfit	bleibt klar	neutral	Niederschlag	sauer
Hydrogensulfit . .	bleibt klar	sauer	Niederschlag	sauer
Sulfid	Niederschlag	neutral	unverändert	neutral
Thiosulfat*	Niederschlag	sauer	unverändert	sauer
Polythionat** . .	Niederschlag	sauer	unverändert	sauer

* Scheidet beim Ansäuern Schwefel ab und entfärbt Jodlösung.
** Bleibt beim Ansäuern längere Zeit klar und entfärbt Jodlösung nicht.

§ 14. Nachweis der Polythionate (S_3O_6'', S_4O_6'', S_5O_6'', S_6O_6'').

Die Polythionsäuren: Trithionsäure, $H_2S_3O_6$, Tetrathionsäure, $H_2S_4O_6$, Pentathionsäure, $H_2S_5O_6$, und Hexathionsäure, $H_2S_6O_6$, welche im wasserfreien Zustande nicht erhältlich sind, bilden in ihren konzentrierten wäßrigen Lösungen syrupartige. farb- und geruchlose, stark sauer reagierende Flüssigkeiten. Sie sind starke, zweibasische Mineralsäuren, von welchen man bisher mit Sicherheit nur sekundäre (normale) Salze kennt. Von diesen sind die Alkalisalze in vollkommen reinem Zustande an trockener Luft lange unzersetzt haltbar. Die Salze der Erdalkalien und der schweren Metalle sind schon viel unbeständiger. Alle Polythionate sind in Wasser leicht löslich, unlöslich in Alkohol. Die in Lösung befindlichen Polythionate zersetzen sich allmählich, indem sie unter Bildung verschiedener Zwischenprodukte schließlich in Schwefel, schweflige Säure und Sulfat übergehen. Am wenigsten beständig sind die Hexathionatlösungen, dann folgen Tri-, Penta- und Tetrathionatlösungen. Verdünnte Mineralsäuren stabilisieren die Lösungen der Polythionate mit vier und mehr Schwefelatomen (KURTENACKER, S. 134).

A. Reaktionen, welche die Polythionate mit den anderen Schwefelverbindungen gemeinsam haben.

Sie geben die in § 2 erwähnten Reaktionen 1, 2 und 3, wonach sie in Sulfid, Sulfat oder Schwefelwasserstoff übergeführt werden können.

B. Reaktionen, welche die Polythionate mit dem Thiosulfat gemeinsam haben.

1. Fällungsreaktionen (KURTENACKER, S. 135 u. ff.). **a) Mit starker Salzsäure** erhitzt, findet Entwicklung von Schwefeldioxyd, Abscheidung von Schwefel (und gegebenenfalls Bildung von Sulfat) statt (KURTENACKER, MUTSCHIN und STASTNY; auch KURTENACKER, S. 139).

b) Silbersalze geben mit neutralen oder schwach sauren Lösungen einen weißen oder gelben, unter Bildung von Silbersulfid rasch schwarz werdenden Niederschlag:

$$S_nO_6'' + 2\,Ag^{\cdot} = Ag_2S_nO_6;$$
$$Ag_2S_nO_6 + 2\,H_2O = Ag_2S + (n\text{-}3)S + 2\,SO_4'' + 4\,H^{\cdot}$$

[LANGLOIS; KESSLER; FORDOS und GÉLIS (b); WEITZ und ACHTERBERG; CHAMOT und BRICKENKAMP].

c) Quecksilber(II)chlorid, im Überschuß einer Polythionatlösung zugefügt, gibt einen weißen bis gelblichen, auch durch Kochen unveränderlichen Niederschlag

$$2\,S_nO_6'' + 3\,HgCl_2 + 4\,H_2O = HgCl_2 \cdot 2\,HgS + (2\,n\text{-}6)S + 4\,Cl' + 4\,SO_4'' + 8\,H^{\cdot}.$$

Bei Anwendung unzureichender Mengen $HgCl_2$ entstehen rote oder orange gefärbte Verbindungen (STIASNY und PRAKKE), oder der Niederschlag wird nach längerem Stehen oder beim Erhitzen schwarz [KESSLER; FELD (b); SANDER (c); CHAMOT und BRICKENKAMP].

2. Farbreaktionen. **a) Mit Alkalicyanid.** Dieses liefert beim Erhitzen auf dem Wasserbad in alkalischer Lösung neben Sulfat- und Sulfit- auch Rhodan-Ion, das mit der Eisenschloridreaktion nachgewiesen werden kann,

$$S_nO_6'' + (n\text{-}2)CN' + 2\,OH' = SO_3'' + SO_4'' + (n\text{-}2)CNS' + H_2O$$

[GUTMANN (b)]. Die gleiche Reaktion zeigen außer Thiosulfat auch Polysulfide.

C. Weitere Reaktionen, welche die Polythionate gemeinsam haben.

I. Nachweis auf trockenem Wege.

Beim Erhitzen zersetzen sich die Polythionate unter Bildung von Schwefeldioxyd und Sulfat unter gleichzeitiger Abscheidung von Schwefel. Ferner s. § 2, 1, 2 und 3.

II. Nachweis auf nassem Wege.

1. Fällungsreaktionen. **a) Verhalten gegen Alkali.** Mit überschüssiger Alkalilauge gekocht, zerfallen die Polythionate unter Bildung von Thiosulfat, gegebenenfalls auch Sulfit und Schwefel, die an ihren Reaktionen erkannt werden können (KURTENACKER, S. 135).

b) Verhalten gegen alkalische Bleilösung. Beim Kochen mit alkalischer Bleilösung geben alle Polythionate schwarzes Bleisulfid (STINGL und MORAWSKI).

c) Verhalten gegen Quecksilber(II)cyanid. In neutralen oder sauren Polythionatlösungen gibt Quecksilber(II)cyanid einen gelben Niederschlag, der in der Kälte in einigen Tagen, beim Kochen sogleich schwarz wird

$$S_nO_4'' + Hg(CN)_2 + 2\ H_2O = 2\ SO_4'' + HgS + (n\text{-}3)S + 2\ HCN + 2\ H^{\cdot}$$

(Unterschied von Thiosulfat) Mit Thiosulfat tritt stark alkalische Reaktion auf, aber es scheidet sich kein Niederschlag ab. Auch beim Kochen tritt nur sehr langsam und unvollkommen Abscheidung von HgS ein (KURTENACKER, S. 108). Tetrathionat reagiert in neutraler Lösung erst nach einigen Tagen, in saurer Lösung bedeutend rascher (KESSLER).

2. Verhalten gegen Oxydationsmittel (KURTENACKER, S. 136). **a) Jod.** Dieses greift in neutraler oder saurer Lösung die Polythionate zunächst nicht an (Unterschied von Thiosulfat). Erst bei längerer Einwirkung in der Kälte oder beim Erwärmen erfolgt allmählich Reduktion des Jods. Offenbar handelt es sich nicht um eine direkte Reaktion zwischen Jod und Polythionat, sondern um Einwirkung des Jods auf die Zersetzungsprodukte der Polythionate (MÜLLER).

b) Wasserstoffperoxyd. Dieses ist in essigsaurer Lösung auf Polythionate ohne Einwirkung. In Gegenwart von Eisen(II)- oder Eisen(III)salz erfolgt aber Oxydation zu Sulfat, das mit Bariumchlorid nachgewiesen werden kann [FEIGL (b)].

c) Starke Oxydationsmittel, wie Jod in Gegenwart von Bicarbonat, Brom, Chlor, Hypohalogeniten, Chlor-, Brom- und Jodsäure, Wasserstoffperoxyd in alkalischer Lösung, Natriumperoxyd, Königswasser, Permanganat usw. oxydieren die Polythionate zu Sulfat.

Nachweisreaktionen der einzelnen Polythionate (s. hierzu KURTENACKER, S. 137 u. ff.).

§ 15. Nachweis von Trithionat-Ion (S_3O_6'').

A. Fällungsreaktionen.

1. Reaktionen mit Metallsalzlösungen unter Bildung gefärbter Sulfide. Die Fällungen in Trithionatlösungen durch Metallsalzlösungen, welche zum Teil schon in der Kälte bewirkt werden, verlaufen sehr wahrscheinlich in zwei Stufen: Bildung von Thiosulfat, gemäß

$$S_3O_6'' + H_2O = S_2O_3'' + SO_4'' + 2\ H^{\cdot}$$

unter Wechselwirkung zwischen Thiosulfat und Metallsalz:

$$S_2O_3'' + Me^{\cdot\cdot} + H_2O = MeS + SO_4'' + 2\ H^{\cdot}$$

(DEMÖFF).

a) Mit Quecksilber(I)nitrat. Dieses gibt mit Trithionatlösungen schon in der Kälte sofort einen schwarzen Niederschlag von Quecksilbersulfid. Die höheren Polythionate geben gelbe Fällungen. Sind letztere zugegen, so gibt man zum Nachweis von S_3O_6'' das Reagens tropfenweise zu. Es entsteht zuerst der für das Trithionat charakteristische dunkle Niederschlag (KESSLER). Versetzt man die Trithionatlösung mit einem Überschuß des Reagenses, so wird der zunächst gebildete schwarze Niederschlag beim Stehen allmählich weiß (vgl. auch CHAMOT und BRICKENKAMP).

b) Mit Kupfer(II)salz. Dieses gibt in der Kälte mit Trithionatlösungen keine Reaktion. Beim Aufkochen fällt nach kurzer Zeit schwarzes Kupfersulfid aus

$$S_3O_6'' + Cu^{\cdot\cdot} + 2\ H_2O = CuS + 2\ SO_4'' + 4\ H^{\cdot}$$

(LANGLOIS; KESSLER). Aus den höheren Polythionatlösungen (Tetra-, Penta- und Hexathionat) wird erst nach langem Kochen ein dunkler Niederschlag abgeschieden (KESSLER). In Gegenwart von viel Sulfit versagt die Kupferreaktion auf Trithionat, da Reduktion zu Kupfer(I)salz eintritt und die Fällung von Kupfersulfid ausbleibt (SPRING).

c) Mit Arsen- oder Antimonsalzen. Arsen- und Antimonsalzlösungen fällen aus schwach schwefel- oder perchlorsauren Trithionatlösungen beim Aufkochen Arsen-

bzw. Antimonsulfid. Aus Tetra- oder Pentathionatlösungen erfolgt die Sulfidbildung erst in stark saurer Flüssigkeit (8 n-H_2SO_4 oder 4,5 n-$HClO_4$) (KURTENACKER und FÜRSTENAU).

d) Mit Zinn(III)chlorid. Dieses gibt anfangs keine Fällung, nach einiger Zeit fällt braunes SnS aus.

e) Mit Bleisalz. Bleisalze geben mit Trithionatlösungen ein weißes Fällungsgemisch von Bleithiosulfat und Bleisulfat, das sich erst bei lange andauerndem Kochen unter Bildung von Bleisulfid schwarz färbt. Wird durch Zugabe von Kaliumhydrogencarbonat für die Bindung der Wasserstoff-Ionen gesorgt, so bleibt der Niederschlag weiß (DEMÖFF).

2. Fällungsreaktionen mit Säuren. Neutrale oder besser schwach mineralsaure Alkalitrithionatlösungen geben nach Aufkochen Trübung durch ausgeschiedenen Schwefel, Entwicklung von Schwefeldioxyd und reichliche Bildung von Sulfat. Im wesentlichen vollziehen sich die Reaktionen

$$S_3O_6'' + H_2O = S_2O_3'' + SO_4'' + 2\ H^{\cdot}$$
$$S_2O_3'' + 2\ H^{\cdot} = S + SO_2 + H_2O$$

(KURTENACKER, MUTSCHIN und STASTNY). Die Polythionate mit vier und mehr Schwefelatomen sind gegen verdünnte Mineralsäuren bei nicht zu langem Erhitzen beständig. Erst in ungefähr 7 n-HCl, 4,5 n-$HClO_4$ oder 8 n-H_2SO_4 werden auch die schwefelreicheren Polythionate in der Siedehitze rasch unter Schwefelabscheidung zersetzt (KURTENACKER und FÜRSTENAU). Thiosulfat gibt beim Erhitzen mit Mineralsäuren zum Unterschied von Trithionat wenig oder gar kein Sulfat.

3. Erhitzen mit Bariumchloridlösung. Neutrale Trithionatlösungen geben, mit Bariumchloridlösung erhitzt, neben Schwefel eine Abscheidung von Bariumsulfat. Tetra- und Pentathionatlösungen bleiben bei kurzem Aufkochen mit Bariumchlorid klar. Thiosulfat wird zum Teil als schwerlösliches Bariumthiosulfat gefällt. Zum Nachweis von Trithionat neben höheren Polythionaten, Thiosulfat und Sulfat wird nach DEBUS folgendermaßen verfahren: Die neutrale oder die mit Bariumcarbonat neutralisierte Lösung wird mit Bariumchlorid versetzt, nach einer Viertelstunde von dem entstandenen Niederschlag abfiltriert und das Filtrat 2 bis 3 Min. gekocht. In Gegenwart von Trithionat entsteht ein weißer, nicht flüchtiger, in Säuren unlöslicher Niederschlag von Bariumsulfat unter gleichzeitiger Entwicklung von Schwefeldioxyd.

B. Mikroreaktionen.

1. Nachweis mit Nitronsulfat. Trithionatlösungen in allen Konzentrationen geben mit dem Reagens zarte Öltropfen, die sich rasch in stark lichtbrechende, mehr oder weniger rechtwinklige Prismen oder Platten (einzeln oder in Gruppen) mit einer oder mehreren gebogenen Flächen umwandeln. Auslöschungswinkel: 8° in der Längsrichtung (siehe Abb. 15). Weniger löslich als Nitrondithionat, welches kleine, stark brechende, linsen- und spindelförmige Krystalle gibt, während Pentathionat feine, dem Nitronnitrat ähnliche Nadeln bildet. In verdünnten Lösungen stören: NO_3', J', Cr_2O_7'', in konzentrierten: auch NO_2', ClO_3', ClO_4', PO_4''', CrO_4'', $Fe(CN)_6'''$, $Fe(CN)_6''''$, C_2O_4'', $C_4H_4O_6''$. Bis auf das Nitrat lösen sich alle

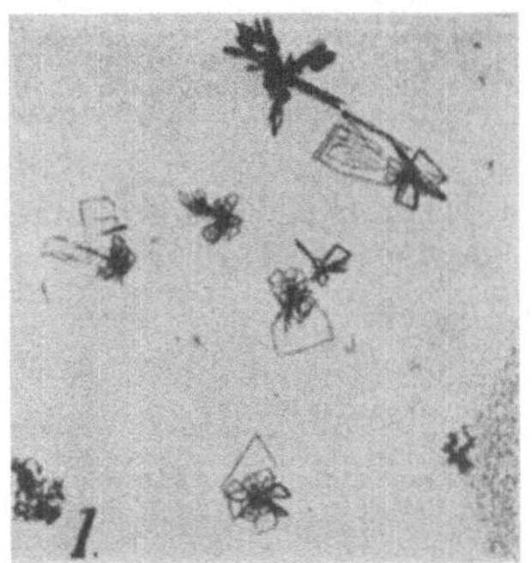

Abb. 15. Nachweis von Trithionat-Ion mit Nitronsulfat (nach E. M. CHAMOT und R. W. BRICKENKAMP).

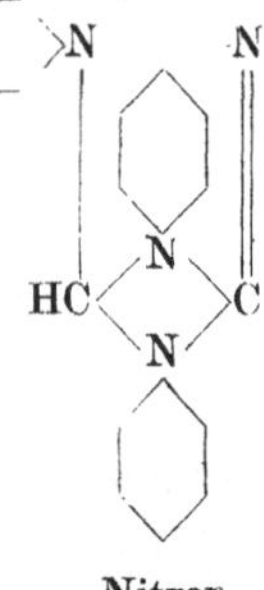

Nitron

diese Fällungen bei schwachem Erwärmen leicht auf (CHAMOT und BRICKENKAMP).

2. ***Nachweis mit Benzyl-pseudo-Thioharnstoffhydrochlorid*** (s. § 12, B 7). Trithionatlösungen geben mit dem Reagens lange, schlanke, mehr oder weniger nadelförmige Prismen oder stark brechende Stäbe. Bei langem Stehen oder nach Zerdrücken der zuerst gebildeten Krystalle erhält man kurze dicke Prismen und dicke

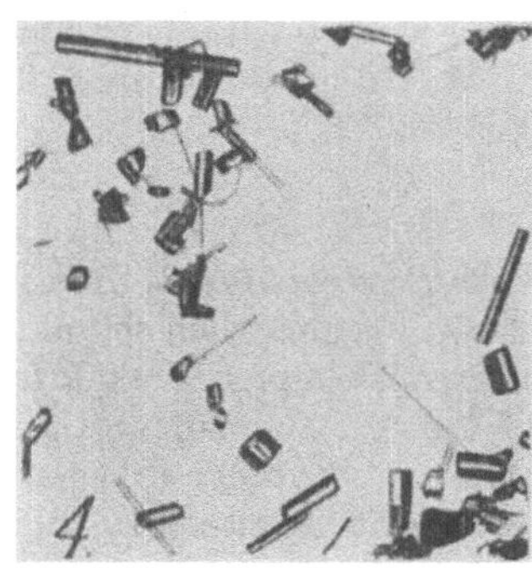

Abb. 16. Nachweis von Trithionat-Ion mit Benzyl-pseudo-Thioharnstoffhydrochlorid (nach E. M. CHAMOT und R. W. BRICKENKAMP).

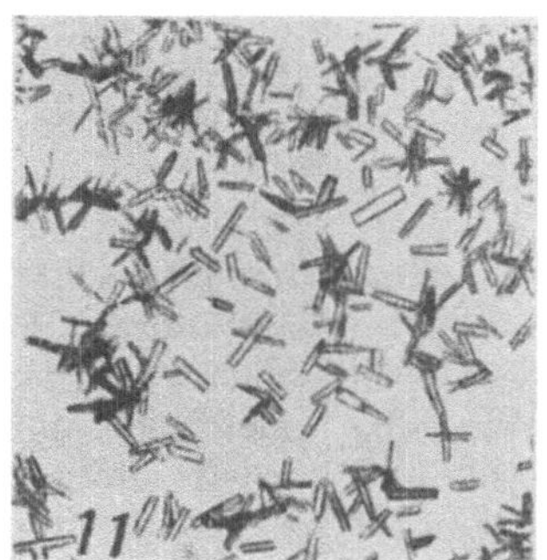

Abb. 17. Nachweis von Trithionat-Ion mit Hexamminkobalt(III)chlorid (nach E. M. CHAMOT und R. W. BRICKENKAMP).

Tafeln. Erstere sind für das Trithionat charakteristisch (s. Abb. 16). S_4O_6'' und S_5O_6'' geben Rhomben, zuweilen mit abgestutzten, stumpfen Winkeln (s. Abb. 18); S_2O_6'' gibt dünne, glimmerartige Schuppen, Täfelchen, Prismen und Rhomben. Es stören: SO_3'', S_2O_5'', SeO_3'', CN', $Fe(CN)_6''''$, $Fe(CN)_6'''$, ClO', CrO_4'', MnO_4', CO_3'', ClO_4', Molybdate, Wolframate, Vanadate (CHAMOT und BRICKENKAMP).

3. ***Nachweis mit Hexamminkobalt(III)chlorid*** $[Co(NH_3)_6]Cl_3$. In mäßiger Konzentration entstehen sofort rechtwinklige Platten oder lattenförmige Prismen mit Parallelauslöschung (s. Abb. 17). — S_5O_6'' gibt in mäßigen Konzentrationen dünne vierseitige Platten und Täfelchen mit schief abgestutzten Enden; S_2O_3'' gibt lange schlanke Nadeln oder Garben (s. Abb. 11). — Es stören oder maskieren: S_2O_3'', SO_4'', S_2O_8'', P_2O_7'' (CHAMOT und BRICKENKAMP).

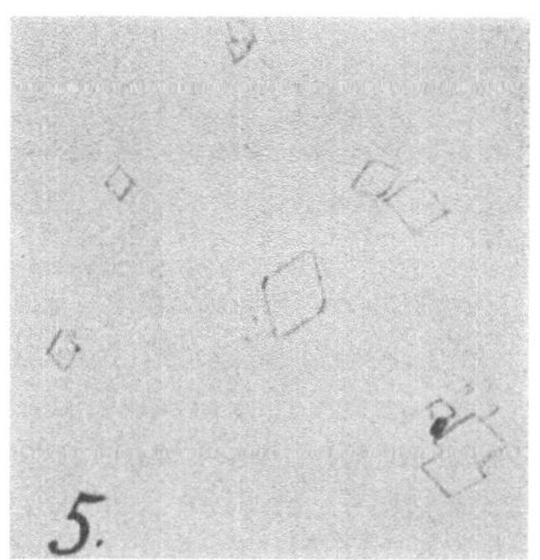

Abb. 18. Nachweis von Tetrathionat-Ion mit Benzyl-pseudo-Thioharnstoffhydrochlorid (nach E. M. CHAMOT und R. W. BRICKENKAMP).

§ 16. Nachweis von Tetrathionat-Ion (S_4O_6'').

A. Fällungsreaktionen.

1. ***Nachweis mit Quecksilber(I)nitrat.*** Das Reagens gibt mit Tetrathionat sofort einen schön gelben Niederschlag, der sich in der Kälte beim Stehen nicht verändert, beim Kochen aber schwarz wird. Der Niederschlag besteht wahrscheinlich aus einer Doppelverbindung von HgS und Hg_2SO_4. Ist Tetrathionat gegenüber Quecksilber(I)nitrat im Überschuß vorhanden, so wird der Niederschlag schon in der Kälte allmählich schwarz [KESSLER; CHANCEL und DIACON; FORDOS und GÉLIS (b); vgl. auch CHAMOT und BRICKENKAMP]. Penta- und Hexathionat verhalten sich wie Tetrathionat. Die Reaktion gestattet den Nachweis von Tetrathionat neben Trithionat.

2. ***Nachweis mit* SCHLIPPE*schem Salz,*** $Na_3SbS_4 \cdot 9\,H_2O$. Eine schwach alkalische Lösung vom Reagens scheidet aus neutralen oder schwach alkalischen Tetrathionat-

lösungen Schwefel ab. Als Reagens verwendet man eine Lösung von 1 g SCHLIPPEschem Salz in 50 cm³ 0,2 n-Kalilauge, die filtriert wird. 10 cm³ der zu prüfenden Lösung werden mit 1 bis 2 Tropfen Reagenslösung versetzt und einmal durchgemischt. 300 γ S_4O_6'' geben innerhalb 5 Min. eine deutliche Opalescenz. Bei größerem Tetrathionatgehalt erfolgt die Schwefelabscheidung fast augenblicklich, nach einiger Zeit scheidet sich auch orangerotes Sb_2S_5 ab. Thiosulfat, Trithionat und Dithionat bleiben auf Zusatz des Reagenses klar, Penta- und Hexathionat beeinträchtigen die Reaktion, da sie schon auf Zusatz von Alkali allein Schwefel abscheiden (MAYR und KERSCHBAUM). Auch diese Reaktion kann somit, auf Polythionate verwendet, nur zum Nachweis von Tetrathionat neben Trithionat dienen.

B. Mikroreaktionen.

1. Fällung mit Benzyl-pseudo-Thioharnstoffhydrochlorid. Aus nicht allzu verdünnten Tetrathionatlösungen fällt das Reagens augenblicklich charakteristische, wohlentwickelte Rhomben, zuweilen mit abgestutzten, stumpfen Winkeln (s. Abb. 18). [S_5O_6'': Wie S_4O_6'' aussehend, aber viel löslicher (s. Abb. 20); S_3O_6'': Anfangs lange schlanke Prismen oder Stäbe, beim Zerdrücken kurze dicke Prismen und dicke Tafeln (s. Abb. 16)]. Störende Anionen: Wie beim Trithionat s. § 15, B 2 (CHAMOT und BRICKENKAMP).

§ 17. Nachweis von Pentathionat-Ion (S_5O_6'').

Die gleiche Reaktion wie Pentathionat-Ion gibt kolloid gelöster Schwefel. Letzterer muß also zur Prüfung auf Pentathionat zuvor entfernt werden. Das gelingt nach FOERSTER und Mitarbeitern (HEINZE; FOERSTER und HORNIG; vgl. auch GUTBIER sowie KURTENACKER und Mitarbeiter) am besten durch Zusatz von einigen Kubikzentimetern verdünnter (0,03%iger) Lanthanchloridlösung, wodurch auch sehr fein disperser Schwefel ausgeflockt wird. In gewissen Fällen versagt dieses Mittel. Dann hat gründliches Schütteln mit aufgeschlämmtem Zinkcarbonat und Filtrieren zum Ziel geführt (v. DEINES und GRASSMANN). (KURTENACKER, S. 140.)

A. Fällungsreaktionen.

1. Nachweis mit Alkalilauge. Alkalilauge, in geringer Menge zu einer Pentathionatlösung zugesetzt, gibt sofort oder in einigen Minuten Abscheidung von Schwefel

$$S_5O_6'' = S + S_4O_6''$$

(STINGL und MORAWSKI). Nach FOERSTER und HORNIG kann noch 1 Millimol S_5O_6'' in 1 Liter Lösung nachgewiesen werden, wenn man auf 10 cm³ der neutralen Lösung 1 Tropfen 2 n-Natronlauge zusetzt und die Lösung einige Minuten beobachtet. Größere Mengen Lauge setzen die Intensität der Reaktion herab, in überschüssiger Lauge löst sich der zunächst abgeschiedene Schwefel bei Zimmertemperatur allmählich, in der Hitze rasch, wieder auf. S_6O_6'' verhält sich gegenüber der Lauge wie S_5O_6''. Lösungen von S_2O_3'', S_3O_6'' und S_4O_6'' bleiben auf Zusatz von Lauge klar. Durch Tetrathionat und besonders schweflige Säure wird die Pentathionatreaktion sehr beeinträchtigt und unter Umständen gänzlich verhindert. Durch Zusatz von Formaldehyd kann diese Störung beseitigt werden (CZERNOTZKY). Zu diesem Zweck versetzt man 10 cm³ der zu prüfenden Lösung mit 5 cm³ 40%igem Formaldehyd, macht schwach alkalisch und beobachtet während einiger Minuten. 1 Millimol S_5O_6'' im Liter gibt neben der 25fachen Menge schwefliger Säure und neben einem Überschuß an Tetrathionat in 2 bis 3 Min. deutliche Opalescenz. Eine erst nach längerer Zeit eintretende Trübung ist nicht für Pentathionat beweisend.

2. Nachweis mit ammoniakalischer Silberlösung. Ammoniakalische Silberlösung bewirkt in Pentathionatlösungen eine intensiv braune — offenbar kolloide — Ausscheidung, die mit der Zeit ausflockt (KESSLER; DEBUS). Als Reagens verwendet man eine 5%ige $AgNO_3$-Lösung, die mit der doppelten zur Erzeugung einer klaren Lösung erforderlichen Menge 2 n-Ammoniak versetzt wird. 10 cm³ der zu prüfenden Polythionatlösung geben auf Zusatz des Reagenses innerhalb 10 bis 15 Min. eine deutliche Färbung, wenn ungefähr 1 Millimol S_5O_6'' im Liter zugegen ist (FOERSTER und HORNIG). Verwendet man auf 10 cm³ Polythionatlösung das gleiche Volumen Silberlösung, so kann nach COLEFAX noch 0,1 Millimol S_5O_6'' im Liter innerhalb 5 Min. erkannt werden. Selbst 0,01 Millimol S_5O_6'' in 1 Liter gibt in 24 Stdn. eine Verfärbung. Thiosulfat, Tri- und Tetrathionat beeinträchtigen die Empfindlichkeit der Silberreaktion nicht. Nach FOERSTER und HORNIG ist 1 Teil Pentathionat neben der 100fachen Menge Tetrathionat (in 0,1 n-Lösung) sicher zu erkennen. Durch schweflige Säure wird nicht nur die Geschwindigkeit der Reaktion, sondern auch die Intensität der Färbung vermindert (COLEFAX).

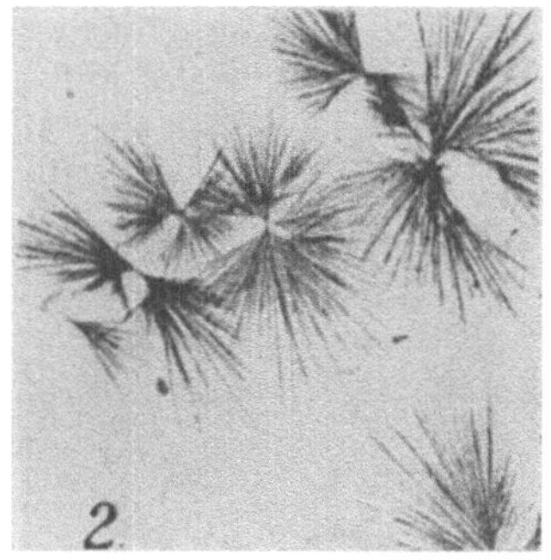

Abb. 19. Nachweis von Pentathionat-Ion mit Nitronsulfat (nach E. M. CHAMOT und R. W. BRICKENKAMP).

3. Nachweis mit ammoniakalischer Quecksilber(II)cyanidlösung. Man erhält in der Kälte allmählich, beim Kochen sofort, einen schwarzen Niederschlag. Tri- und Tetrathionat zeigen die Reaktion nicht (KESSLER; DEBUS).

4. Nachweis mit Schwefelwasserstoff. Mit H_2S wird aus ammoniakalischer Pentathionatlösung sofort Schwefel abgeschieden, während Tetra- und Trithionatlösungen unter den gleichen Umständen klar bleiben (KESSLER; DEBUS).

5. Nachweis mit Quecksilber(I)nitrat. Gegen dieses verhält sich Pentathionat wie Tetrathionat, s. § 16, A 1.

B. Mikroreaktionen.

1. Nachweis mit Nitronsulfat. Aus konzentrierten Pentathionatlösungen entstehen mit dem Reagens ölige Tropfen, welche bald in feine Nadeln übergehen, aus verdünnten Lösungen bilden sich sofort Garben und Gruppen dem Nitronnitrat sehr ähnlicher Nadeln, welche sich jedoch zum Unterschied von Nitronnitrat bei gelindem Erwärmen sofort auflösen (s. Abb. 19). (S_3O_6'' gibt Prismen, Platten; S_2O_6'' gibt linsen- und spindelförmige Krystalle.) Über die störenden Anionen siehe beim Trithionat § 15, B 1 (CHAMOT und BRICKENKAMP).

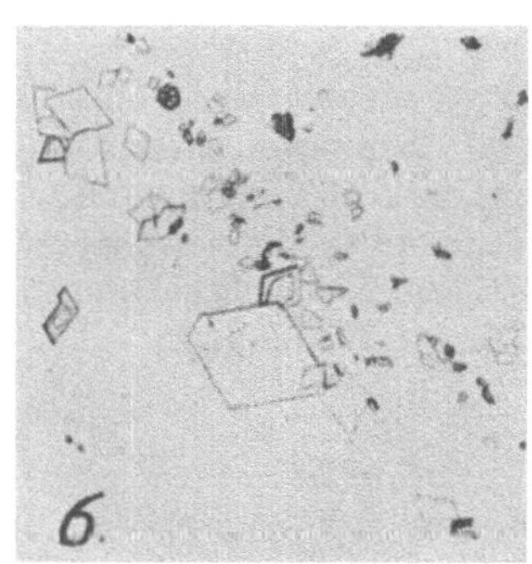

Abb. 20. Nachweis von Pentathionat-Ion mit Benzyl-pseudo-Thio-harnstoff-hydrochlorid (nach E. M. CHAMOT und R. W. BRICKENKAMP).

2. Nachweis mit Benzyl-pseudo-Thioharnstoffhydrochlorid (s. § 12, B 7). In Pentathionatlösungen entstehen, wie beim Tetrathionat aussehende, aber lösliche Formen, und zwar wohl entwickelte Rhomben mit zuweilen abgestutzten stumpfen Winkeln (s. Abb. 20). Man läßt am besten verdünnte Lösungen spontan verdunsten, bis Krystalle auftreten und krystallisiert bei sehr gelindem Erwärmen um. Störend wirkende Anionen: Siehe beim Trithionat § 15, B 2.

3. Nachweis mit Hexamminkobalt(III)chlorid $[Co(NH_3)_6]Cl_3$. In mäßig konzentrierten Pentathionatlösungen entstehen dünne vierseitige Platten und Täfelchen mit schief abgestutzten Enden (s. Abb. 21). Störend wirken: S_2O_3'', SO_4'', S_2O_8'', P_2O_7'', Molybdate, Wolframate (CHAMOT und BRICKENKAMP).

§ 18. Nachweis von Hexathionat-Ion (S_6O_6'').

Das Hexathionat-Ion gibt mit Alkalilauge, Quecksilber(I)nitrat, Quecksilber(II)-chlorid, ammoniakalischer Silberlösung die gleichen Reaktionen wie Pentathionat, s. § 17, A (s. KURTENACKER, S. 141). Zur Unterscheidung von Pentathionat dient das Verhalten gegen Ammoniak.

Fällungsreaktion mit Ammoniak. Versetzt man eine Hexathionatlösung mit verdünntem Ammoniak, so tritt nach einigen Sekunden ein reichlicher Niederschlag von Schwefel auf. In verdünnten Hexathionatlösungen tritt erst in 5 bis 10 Min. eine schwache, allmählich zunehmende Schwefelabscheidung ein (WEITZ und ACHTERBERG). Die Reaktion versagt, wenn neben kleinen Mengen Hexathionat ein Überschuß an Pentathionat zugegen ist.

§ 19. Nachweis von Dithionat-Ion (S_2O_6'').

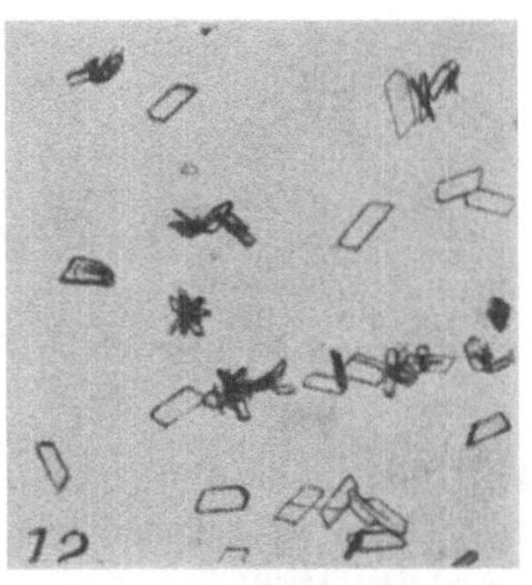

Abb. 21. Nachweis von Pentathionat-Ion mit Hexamminkobalt(III)-chlorid (nach E. M. CHAMOT und R. W. BRICKENKAMP).

Dithionsäure ist in wasserfreiem Zustande nicht bekannt. Beim Versuch ihre wäßrige Lösung zu konzentrieren, tritt Zerfall in Schwefelsäure und Schwefeldioxyd ein

$$H_2S_2O_6 = H_2SO_4 + SO_2.$$

Dithionsäure ist eine starke zweibasische Säure, von der aber nur normale Salze bekannt sind. In festem Zustande sind die Dithionate, besonders die der Alkalien, bei gewöhnlicher Temperatur beständig. In Wasser sind alle Dithionate löslich. Infolgedessen kennt man beim Dithionat-Ion im Gegensatz zu fast allen anderen Anionen des Schwefels, welche meist mit einem oder mehreren Metallsalzen, wie Silber-, Quecksilber-, Kupfer- oder Bariumsalz reagieren, keine Makrofällungsreaktionen. In Lösung sind die Dithionate gegen thermische und chemische Einwirkung sehr beständig, da Erwärmen, Behandlung mit verdünnten Säuren oder Laugen oder starken Oxydationsmitteln bei gewöhnlicher Temperatur keine Zersetzung bewirkt. Die Dithionsäure ist ein Zwischenglied zwischen schwefliger und Schwefelsäure und steht zu den Polythionsäuren nicht in näherer Beziehung.

I. Nachweis auf trockenem Wege.

Dithionate zeigen, wie alle Anionen des Schwefels, die in § 2 angegebenen Reaktionen. Erhitzt, zerfallen Dithionate bei höheren Temperaturen in Metallsulfat und Schwefeldioxyd.

II. Nachweis auf nassem Wege.

A. Verschiedene Reaktionen.

1. Aufspaltung mit Mineralsäuren. Dithionatlösungen werden von Mineralsäuren in der Siedehitze unter Bildung von Sulfat und Entwicklung von Schwefeldioxyd zersetzt

$$S_2O_6'' = SO_4'' + SO_2.$$

Versetzt man eine Dithionatlösung mit Bariumchloridlösung und starker Salzsäure, so bleibt in der Kälte die Lösung klar, beim Erhitzen scheidet sich Bariumsulfat ab, das im Niederschlag nachgewiesen werden kann, und es entweicht Schwefeldioxyd. das an seinen Reaktionen, s. § 9, B, erkannt werden kann.

2. Verhalten gegen Oxydationsmittel. Während Dithionatlösungen bei gewöhnlicher Temperatur durch starke Oxydationsmittel wie Halogene, Salzsäure und

Kaliumchlorat, Königswasser, rauchende Salpetersäure, Permanganat, Bichromat, Wasserstoffsuperoxyd nicht angegriffen werden, erfolgt in der Hitze erst bei Anwendung so großer Säurekonzentration, daß eine Aufspaltung in Sulfat und schweflige Säure stattfindet, eine Wechselwirkung zwischen letzterer und dem Oxydationsmittel [vgl. RASCHIG (d): MILBAUER; YOST und POMEROY].

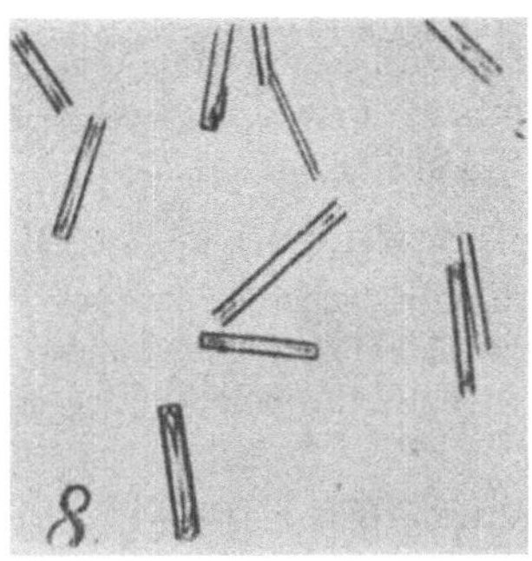

Abb. 22. Nachweis von Dithionat-Ion mit Nickeläthylendiaminnitrat (nach E. M. CHAMOT und R. W. BRICKENKAMP).

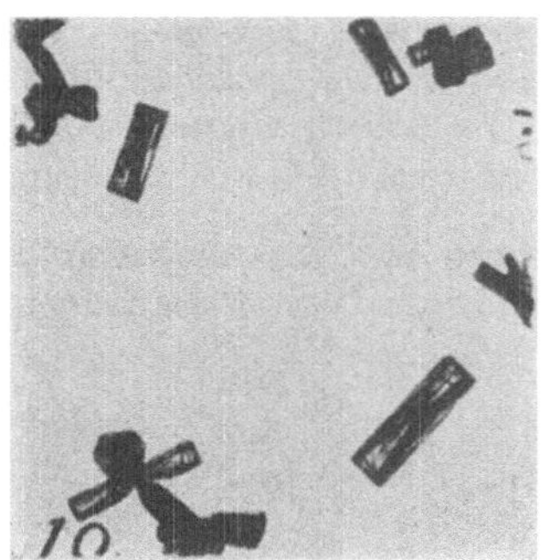

Abb. 23. Nachweis von $K_2S_2O_6$ mit Hexamminkobalt(III)chlorid (nach E. M. CHAMOT und R. W. BRICKENKAMP).

B. *Mikroreaktionen.*

1. ***Fällung mit Nickeläthylendiaminnitrat.*** In mäßig konzentrierten und verdünnten Lösungen der Dithionate entstehen mit dem Reagens wohl geformte. stark brechende feine Nadeln, Stäbe oder hexagonale Prismen (s. Abb. 22). Thiosulfat gibt dieselben Formen (vgl. Abb. 12) aber mit anderen Brechungsindices ε und ω.

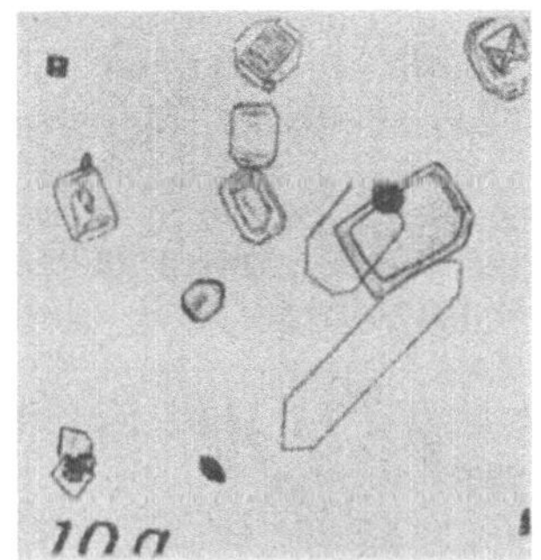

Abb. 24. Nachweis von BaS_2O_6 mit Hexamminkobalt(III)chlorid (nach E. M. CHAMOT und R. W. BRICKENKAMP).

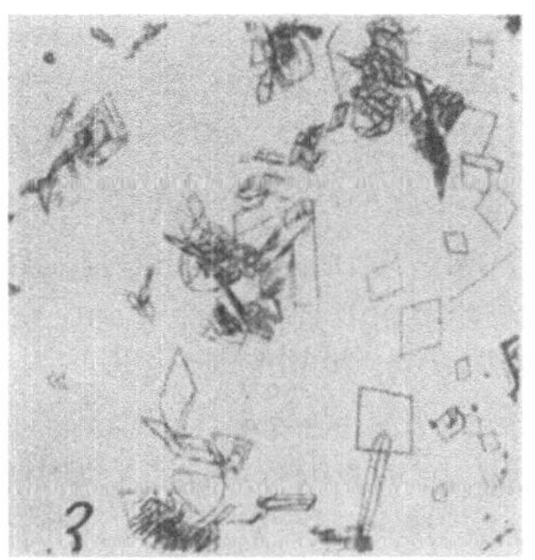

Abb. 25. Nachweis von Dithionat-Ion mit Benzyl-pseudo-Thioharnstoff-hydrochlorid (nach E. M. CHAMOT und R. W. BRICKENKAMP).

Zur Differenzierung von S_2O_6'' und S_2O_3'' bettet man in Bromoform ein und betrachtet die BECKEsche Linie oder arbeitet nach der Nalbschattenmethode. Bei kleinerem Index als 1,59 (= Index des Mediums) liegt Dithionat vor. Es stören: AsO_4'''. MnO_4'. S_2O_8'', JO_4', S'', Molybdate (CHAMOT und BRICKENKAMP).

2. ***Fällung mit Hexamminkobalt(III)chlorid*** $[Co(NH_3)_6]Cl_3$. Natrium- oder Kaliumdithionat geben nach kurzem Stehen mit dem Reagens kennzeichnende, große, hellgelbe, orthorhombische Platten und Tafeln (s. Abb. 23), während Bariumdithionat langgestreckte Platten oder dünne Prismen (Endwinkel 80°; Reagens 118°) bildet, s. Abb. 24 (CHAMOT und BRICKENKAMP).

Erfassungsgrenze: 200 γ S_2O_6'' [HYNES und YANOWSKI (a)].

3. Fällung mit Nitronsulfat (s. § 15, B 1). In verdünnten Lösungen gibt Dithionat-Ion mit Nitronsulfat in 5 bis 10 Min. sehr kleine, stark lichtbrechende, linsen- und spindelförmige Krystalle, einzeln in Kreuzen oder in sternförmig strahligen Gruppen; zuweilen winzige dendritische Kreuze. Parallelauslöschung (CHAMOT und BRICKENKAMP).

4. Fällung mit Benzyl-pseudo-Thioharnstoffhydrochlorid (s. § 12, B 7). Das Reagens gibt mit Dithionatlösungen dünne unregelmäßige, glimmerartige Schuppen, Täfelchen, dünne Prismen und Rhomben. Letztere gleichen denen des Reagenses (s. Abb. 25) (CHAMOT und BRICKENKAMP).

5. Fällung mit Xanthokobalt(III)chlorid $[Co(NH_3)_5NO_2]Cl_2$. Mit einer gesättigten wäßrigen Lösung des Reagenses gibt Dithionat-Ion lange orangegelbe Nadeln (s. Abb. 26). Die Reagenslösung selbst hinterläßt beim Eindampfen kleine orangegelbe Prismen.

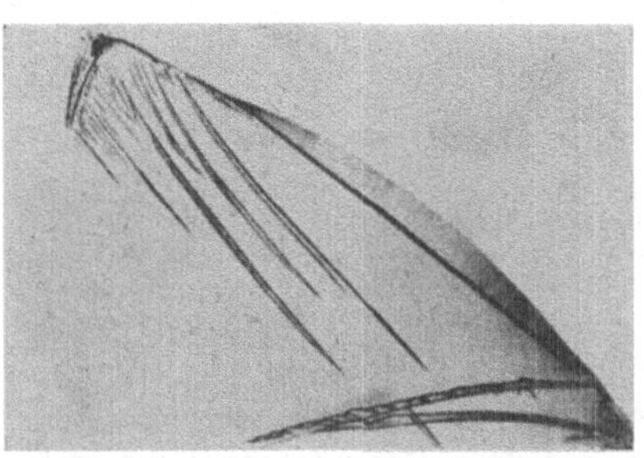

Abb. 26. Nachweis von Dithionat-Ion mit Xanthokobalt(III)chlorid (nach W. A. HYNES und L. K. YANOWSKI).

Erfassungsgrenze: 200 γ S_2O_6'' [HYNES und YANOWSKI (b)].

§ 20. Nachweis von Dithionit-Ion (Hyposulfit-Ion) (S_2O_4'') und Sulfoxylat-Ion (SO_2'').

Dithionige Säure, $H_2S_2O_4$ (früher unterschweflige Säure), ist in wasserfreiem Zustande nicht existenzfähig. Auch in wäßriger Lösung zerfällt die Säure rasch unter Abscheidung von Schwefel und Entwicklung von Schwefeldioxyd. Die krystallwasserhaltigen Salze und die wäßrigen Lösungen der Dithionite oxydieren sich an der Luft sehr leicht unter Bildung von Hydrogensulfit (Bisulfit) und Sulfat. Auch bei Luftabschluß tritt Zersetzung ein, indem Thiosulfat und Hydrogensulfit

$$2\ S_2O_4'' + H_2O = S_2O_3'' + 2\ HSO_3'$$

entstehen. Man hat also in Dithionitlösungen immer mit der Anwesenheit von Sulfit, Sulfat und Thiosulfat zu rechnen. In Wasser sind die Dithionite (mit Ausnahme von Calciumdithionit) leicht löslich.

Die freie Sulfoxylsäure, H_2SO_2, ist für sich nicht existenzfähig. In kleinen Konzentrationen entsteht das Sulfoxylat-Ion durch Hydrolyse von Dithionit-Ion gemäß

$$S_2O_4'' + H_2O = SO_2'' + SO_3'' + 2\ H^{\cdot}.$$

Man kennt bis jetzt nur ein normales Salz, das dunkelbraun gefärbte $CoSO_2 \cdot 5\ H_2O$, und die praktische Bedeutung habenden Formaldehydsulfoxylate, darunter besonders Natriumsulfoxylat-Formaldehyd, $NaHSO_2 \cdot HCHO \cdot 2\ H_2O$ (Rongalit, Rodit, Sulfoxit usw.). Das Natriumsulfoxylat-Formaldehyd ist, wie Natriumdithionit, durch starke Reduktionswirkung ausgezeichnet und dabei gegen Luftsauerstoff im festen Zustande wie in Lösung ziemlich beständig.

I. Nachweis auf trockenem Wege.

Festes Natriumdithionit schmilzt beim Erhitzen auf dunkle Rotglut, entzündet sich dann und brennt mit blauer Flamme unter Entwicklung von Schwefeldioxyd. Die Formaldehydverbindungen der dithionigen Säure und der Sulfoxylsäure geben bei 120⁰ ihr Krystallwasser ab, von 125⁰ an entwickeln sie Formaldehyd und Schwefelwasserstoff (PANIZZON). Ferner s. die Reaktionen in § 2, Nr. 1, 2, 3.

II. Nachweis auf nassem Wege.

A. *Fällungsreaktionen.*

1. Reaktion mit Silbersalzlösung. Aus salpetersaurer, neutraler oder ammoniakalischer Silbernitratlösung wird durch Alkalidithionit sofort ein schwarzer Niederschlag von schwefelhaltigem, metallischem Silber gefällt, der beim Erhitzen mit Wasser heller und dichter wird und beim Drücken mit dem Glasstab Metallglanz annimmt (Brunck; Firth und Higson).

2. Reaktion mit Quecksilber(II)chlorid. $HgCl_2$-Lösung wird durch Dithionitlösung zu metallischem Quecksilber reduziert, das sich mit überschüssigem Reagens beim Umschütteln zu Kalomel umsetzt. Ein Dithionitüberschuß reduziert auch dieses zu Quecksilber, und es findet teilweise Bildung von Quecksilbersulfit statt (Brunck).

3. Reaktion mit Kupfer(II)salzen. In Kupfersulfatlösungen erzeugt Dithionit bei tropfenweisem Zusatz einen rotgelben, dann rasch rotbraun werdenden Niederschlag, der aus metallischem Kupfer und Kupfersulfid besteht. Aus Kupfer(II)-chloridlösung wird zunächst weißes Kupfer(I)chlorid gefällt, das mit mehr Dithionit wieder metallisches Kupfer und Kupfersulfid gibt. Eine ammoniakalische Kupfersalzlösung wird durch Dithionite entfärbt. Mit Überschuß an Dithionit bildet sich ein spiegelnder Belag von metallischem Kupfer. Aus Fehlingscher Lösung wird ein gelber, bald rotbraun werdender Niederschlag abgeschieden (Brunck).

4. Reaktion mit Bleisalzen. Mit neutralen Bleisalzlösungen geben Dithionite sofort einen gelblichweißen Niederschlag, der rasch rot, braun und schließlich schwarz wird (PbS). In salzsaurer Bleichloridlösung entsteht ein roter Niederschlag von Bleichlorosulfid, der durch einen Überschuß an Dithionit in schwarzes Bleisulfid verwandelt wird (Brunck).

5. Reaktion mit Bariumsalzen. (Die Lösung von Natriumsulfoxylat-Formaldehyd gibt im Gegensatz zu Natriumdithionit mit Barium- oder Calciumchloridlösungen keinen Niederschlag (Kurtenacker, S. 170).

B. *Farbreaktionen.*

1. Reaktion mit Salzsäure. Dithionitlösungen, mit verdünnter Salzsäure angesäuert, färben sich (wohl infolge Bildung freier $H_2S_2O_4$) rot, nach einigem Stehen gelb, und es scheidet sich Schwefel ab.

2. Reaktion mit Resazurin oder Resorufin. Das in alkalischer Lösung blau gefärbte und schwach braunrot fluorescierende Resazurin,

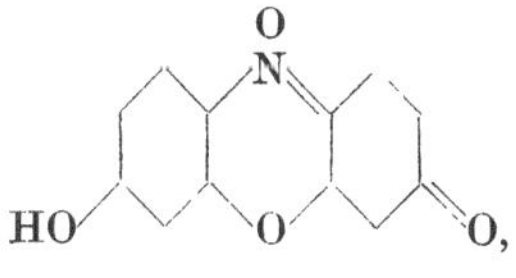

sowie das in alkalischer Lösung intensiv gelbrot fluorescierende Resorufin,

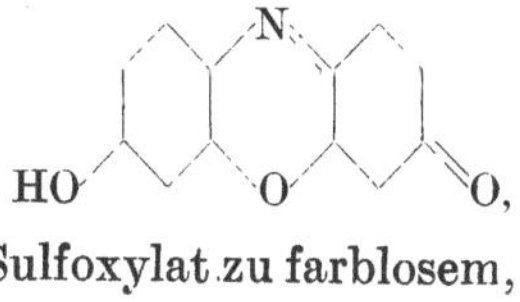

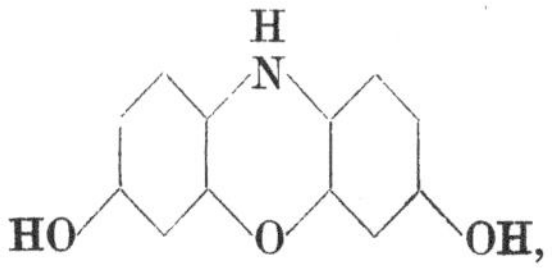

werden durch Dithionit bzw. Sulfoxylat zu farblosem, nicht fluorescierendem Hydroresorufin, reduziert. Zum Nachweis wird die sodaalkalische Dithionitlösung (in ätzalkalischer Lösung ist die OH'-Konzentration durch Zugabe von Natriumhydrogencarbonat herabzusetzen) tropfenweise mit Lösungen von 0,1 g Resazurin und 0,3 g Soda oder 0,2 g Resorufin und 0,2 g Soda in 100 cm³ luftfreiem Wasser versetzt. Entfärbung und Verschwinden der Fluorescenz zeigen Dithionit bzw. Sulfoxylat an. Durch den Luftsauerstoff oder durch Persulfate (Peroxydisulfate) wird Hydroresorufin wieder in das intensiv gelbrot fluorescierende Resorufin übergeführt. Sulfite, Thiosulfate, Arsenite und Formaldehyd geben diese Reaktion nicht. Eisen(II)- und Zinn(II)salze zeigen die gleiche Reaktion wie Dithionit (EICHLER).

3. ***Reaktion mit Naphtholgelb.*** Es wird 1 cm³ der zu prüfenden Lösung mit einigen Kubikzentimetern Ammoniaklösung, welche 0,02% Naphtholgelb enthält, versetzt. Dithionite geben Rotfärbung. Formaldehydsulfoxylat, Natriumsulfid, -sulfit, -thiosulfat, Polythionate, Hydroxylamin, Hydrazin, Zinn(II)chlorid, Titan(III)salz, Eisen(II)sulfat, Natriumamalgam geben keine Reaktion (JELLEY).

4. ***Reaktion mit Indigolösung.*** Durch alkalische Dithionitlösung wird Indigolösung sofort entfärbt. Mit Formaldehyd-Dithionit erfolgt die Reaktion in alkalischer Lösung erst in der Wärme. Formaldehyd-Sulfoxylat entfärbt neutrale Indigolösung in der Wärme (KURTENACKER, S. 169).

5. ***Reaktion mit Nitroprussidnatrium.*** Eine verdünnte Lösung von Natriumnitroprussid gibt mit Dithionitlösung eine grüne bis blaue Färbung und schließlich einen blauen Niederschlag (COMMANDUCCI).

6. ***Reaktion mit Indanthrengelb G.*** Mit Indanthrengelb G präpariertes Reagenspapier wird von Dithionit- bzw. Sulfoxylatlösungen kornblumenblau gefärbt. Es findet Verwendung zur Prüfung der Farbbäder von Indanthrenfarbstoffen auf genügenden Gehalt an Dithionit bzw. Sulfoxylat, der durch eine in einigen Sekunden eintretende Auslösung der Reaktion angezeigt wird (SCHULTZ und LEHMANN).

7. und 8. ***Reaktion mit Jodlösung und mit Permanganatlösung.*** Diese werden durch Dithionitlösungen sofort entfärbt

§ 21. Nachweis von Peroxydisulfat-Ion (Persulfat-Ion) (S_2O_8'').

Wasserfreie Peroxydischwefelsäure früher Perschwefelsäure oder Überschwefelsäure), $H_2S_2O_8$, bildet kleine, farblose, sehr hygroskopische Krystalle, die in trockener Luft längere Zeit unverändert aufbewahrt werden können. Die wäßrige Lösung der Säure ist bei niedriger Temperatur ziemlich beständig. Allmählich tritt aber Zersetzung unter Bildung von Peroxymonoschwefelsäure (CAROscher Säure) ein, die ihrerseits weiter in Schwefelsäure und Wasserstoffperoxyd zerfällt:

$$H_2S_2O_8 + H_2O = H_2SO_4 + H_2SO_5;$$
$$H_2SO_5 + H_2O = H_2SO_4 + H_2O_2.$$

Verdünnte Schwefelsäure verzögert die Hydrolyse, in stark schwefelsaurer Lösung vollzieht sich aber die Umwandlung in Peroxymonoschwefelsäure rasch. Man hat daher in Lösungen von Peroxydischwefelsäure und auch in angesäuerten Lösungen der Peroxydisulfate die längere Zeit gestanden haben, mit der Anwesenheit von Peroxymonoschwefelsäure und Wasserstoffperoxyd zu rechnen. Saure Salze der Peroxydischwefelsäure sind nicht bekannt. Die normalen sind in Wasser meist leicht löslich, das Kalium- und Rubidiumsalz lösen sich schwer. In trockenem Zustande sind die Salze beständig. Die neutralen Lösungen der Salze zerfallen in der Kälte langsam, beim Erwärmen rasch in Sulfat, freie Schwefelsäure und Sauerstoff, der zum Teil als Ozon entweicht (KURTENACKER, S. 184).

I. Nachweis auf trockenem Wege.

Beim Erhitzen von Peroxydisulfaten tritt Zerfall ein unter Entwicklung von SO_3 und O_2 und Bildung von Sulfat

$$K_2S_2O_2 = K_2SO_4 + SO_3 + O$$

[GMELIN (c)]. Ferner s. die Reaktionen 1 bis 3 in § 2.

II. Nachweis auf nassem Wege.

A. Fällungsreaktionen.

1. Reaktion mit Strychninnitrat. Peroxydisulfat-Ion wird durch Strychninnitrat in Form kleiner Nadeln als schwerlösliches Strychninperoxydisulfat,

$$H_2S_2O_8(C_{21}H_{22}O_2N_2)_2 \cdot H_2O$$

gefällt. Der Nachweis gelingt noch bei Verdünnungen der Peroxydisulfatlösung von 1:100000, wenn durch Reiben der Gefäßwände die Reaktion beschleunigt wird. Der Niederschlag ist in konzentrierter Salpeter- oder Salzsäure löslich. Die Reaktion ist zum Nachweis von Peroxydisulfat im Harn empfohlen worden (VITALI).

2. Reaktion mit Bariumchlorid. In frisch bereiteten Peroxydisulfatlösungen entsteht mit Bariumchloridlösung zunächst keine Fällung. Läßt man einige Zeit stehen, so trübt sich die Flüssigkeit unter Abscheidung von Bariumsulfat. Beim Erhitzen entsteht der Niederschlag sofort. Im Filtrat tritt beim weiteren Erhitzen im allgemeinen neue Fällung von Bariumsulfat auf. Die Reaktion ist zum Nachweis von Peroxydisulfat im Harn verwendet worden (VITALI).

3. Reaktion mit Kupfer(II)sulfat. Kupfersulfat scheidet in Gegenwart von Pyridin aus Peroxydisulfatlösungen tiefblaues krystallines $(CuPy_4)S_2O_8$ ab, wenn wenigstens 0,14 g Peroxydisulfat im Liter Lösung zugegen sind. Zum Nachweis versetzt man 15 cm^3 der zu prüfenden Lösung mit 10 bis 15 Tropfen 20%iger Kupfersulfatlösung und darauf mit Pyridin bis zur tiefblauen Färbung und schüttelt. Die Grenze der Empfindlichkeit wird bei 0,001 g Ammoniumperoxydisulfat in 10 cm^3 Lösung erreicht.

Grenzkonzentration: 1:10000 (SPACU).

4. Reaktion mit Silbernitrat. Silbernitrat scheidet aus Peroxydisulfatlösungen allmählich dunkel gefärbtes Silberperoxyd ab; die Färbung verschwindet rasch beim Erwärmen unter Sauerstoffentwicklung (KURTENACKER und KUBINA):

$$S_2O_8'' + 2\,Ag^{\cdot} + 2\,H_2O = Ag_2O_2 + 2\,SO_4'' + 4\,H^{\cdot};$$
$$Ag_2O_2 + 2\,H^{\cdot} = 2\,Ag^{\cdot} + H_2O + O.$$

5. Reaktion mit Jodkalium. Peroxydisulfat macht aus Kaliumjodidlösung Jod frei. Die Reaktion ist verwendet worden zum Nachweis von Peroxydisulfat in Harn (VITALI) oder in Mehl (MILLER).

6. Reaktion mit Methylenblau. Mit Methylenblaulösung (0,2%ig) (s. § 4, C 5) geben Peroxydisulfate einen rosavioletten Niederschlag. Die Reaktion ist sehr empfindlich. Niederschläge von verschiedener Färbung entstehen auch mit MnO_4', $Fe(CN)_6'''$, Cr_2O_7'', ClO_3', VO_3', MoO_4'', J' u. a. (MONNIER).

Da viele oxydierende Anionen Jod freimachen und auch mit Methylenblau reagieren, sind die Reaktionen 5 und 6 nur mit Vorsicht zu verwenden.

B. Farbreaktionen.

1. Reaktion mit 2,7-Diaminofluorenhydrochlorid,

$HCl \cdot H_2N$–C_6H_3–C_6H_3–$NH_2 \cdot HCl$, beide Ringe zusätzlich über CH_2 verbunden

Eine 0,5%ige Lösung des Reagenses gibt mit Peroxydisulfat in sehr verdünnter neutraler oder essigsaurer Lösung eine intensive Blaufärbung. Mit Kaliumperoxydisulfat in einer Verdünnung von 1:1000000 ist die Reaktion nach 5 Min. noch gut erkennbar. Der Nachweis gelingt noch neben der 10000fachen Menge Sulfat, welches mit dem Reagens, ähnlich wie Benzidin, ein schwer lösliches Salz bildet. Die gleiche Reaktion geben freies Chlor, Brom, Peroxydasen (Blut) (SCHMIDT und HINDERER). Empfohlener Nachweis (Tabellen der Reagenzien S. 314).

2. Reaktion mit Benzidin, $H_2N\langle\quad\rangle-\langle\quad\rangle NH_2$. In verdünnten neutralen oder schwach essigsauren Alkaliperoxydisulfatlösungen gibt Benzidinacetatlösung eine Blaufärbung, an welcher Peroxydisulfat noch in Verdünnungen von 1:800000 bis 1:1000000 erkannt werden kann. In phosphorsaurer Lösung ist die Empfindlichkeit noch größer [ROTHENFUSSER (b)]. Als Zonenreaktion im Reagensglas ausgeführt, wird die 0,5%ige alkoholische Benzidinlösung vorsichtig auf die zu prüfende Peroxydisulfatlösung geschichtet und die Reaktion an der Berührungsstelle der beiden Flüssigkeiten beobachtet (MONNIER). Zum Tüpfelnachweis versetzt man 1 Tropfen der neutralen oder schwach essigsauren Lösung mit 1 Tropfen 2%iger Benzidinlösung in verdünnter Essigsäure.

In neutraler Lösung sind 0,25 γ Kaliumperoxydisulfat bei einer **Grenzkonzentration** 1:200000, nachweisbar; in essigsaurer Lösung ist 1 γ desselben Salzes bei einer **Grenzkonzentration** 1:50000 an der Blaufärbung zu erkennen.

Alkaliperoxyde, Perborate, Wasserstoffperoxyd zeigen diese Reaktion nicht, setzen aber die Empfindlichkeit des Nachweises herab. Wie Peroxydisulfate verhalten sich Chromate, Permanganate, Ferricyanide und Hypohalogenite, Perjodate geben eine Braunfärbung (FEIGL, 3. Aufl., S. 327). Empfohlene Reaktion (Tabellen der Reagenzien, S. 314).

Über die Anwendung der Reaktion zum Nachweis von Peroxydisulfat im Mehl s. PAP. Statt Benzidin kann auch o-Toluidin verwendet werden (KUHLBERG).

3. Reaktion mit Anilinsulfat. Eine Anilinsulfatlösung wird durch Erwärmen mit Peroxydisulfat in saurer Lösung zu Anilinschwarz oxydiert (ELBS, VITALI). Eine neutrale und neutral gehaltene 2%ige Anilinsulfatlösung gibt mit Peroxydisulfat eine Braunfärbung oder einen orangebraunen, krystallinen Niederschlag, der sich in Salzsäure zu einer gelben, beim Erwärmen violett werdenden Flüssigkeit löst. Die Reaktion ist sehr empfindlich und für Peroxydisulfat charakteristisch (CARO).

4. Reaktion mit Mangan(II)salz. In saurer Lösung werden Mangansalze durch Peroxydisulfat in Gegenwart von Silbernitrat zu Permanganat oxydiert. Diese Reaktion ist für S_2O_8'' charakteristisch. Als Reagens verwendet man eine Lösung, welche in 100 cm^3 2 cm^3 $MnSO_4 \cdot 7\,H_2O$-Lösung (4 g im Liter), 2 cm^3 $AgNO_3$-Lösung (3%ig) und 5 cm^3 konzentrierte Schwefelsäure enthält. Zu 5 cm^3 Reagenslösung gibt man einige Zentigramme des Peroxydisulfats, kocht auf und läßt $^1/_2$ Min. stehen. In Anwesenheit von Peroxydisulfat tritt die Farbe des Permanganats mit charakteristischem Absorptionsspektrum auf [DENIGÈS (d)].

5. Reaktion mit Nickel(II)salz. In alkalischer Lösung geben Nickelsalze in Gegenwart von Peroxydisulfat schwarzes Nickel(III)hydroxyd. Gibt man zu 3 bis 5 cm^3 1%iger Nickelsulfatlösung 8 Tropfen Natronlauge, so tritt Schwarzfärbung noch mit 500 γ Ammoniumperoxydisulfat ein. Als Schichtreaktion ausgeführt, sind noch 100 γ $(NH_4)_2S_2O_8$ an der Bildung des schwarzen Niederschlages erkennbar. Wasserstoffperoxyd, Perjodat, Perchlorat geben diese Reaktion nicht (LENZ und RICHTER). Die gleiche Reaktion wie Peroxydischwefelsäure geben CAROsche Säure, unterchlorige und unterbromige Säure.

C. *Weitere Nachweise*

beruhen auf der: *1. Oxydation von Blei(II)-, Mangan(II)- und Kobalt(II)-Lösung* zu gefärbten höheren Oxyden bzw. Hydroxyden (VITALI; LENZ und RICHTER); die gleiche Reaktion geben CAROsche Säure, Wasserstoffperoxyd. — *2. Oxydation von Eisen(II)- zu Eisen(III)salzen*, von *Chrom(III)salzen zu Chromat*; Silbernitrat beschleunigt die Reaktion (KURTENACKER, S. 186). — *3. Blaufärbung von α-Naphthol in alkalischer Lösung* (DENIGÈS, S. 90). — *4. Blaufärbung von Guajactinktur* (VITALI). — *5. Entfärbung saurer Indigolösung* (ELBS). — *6. Entfärbung alkoholischer Cochenillelösung* (BLANKART). — *7. Entfärbung neutraler oder essigsaurer Fuchsinlösung* (ELBS). — *8. Farbenreaktionen mit Alkaloiden* und *anderen organischen Verbindungen* in konzentriert schwefelsaurer Lösung (VITALI). — *9. Luminescenzerscheinung mit Luminollösung* [STEIGMANN (b)]; vgl. hierzu die Reaktion des Wasserstoffperoxyds (Sauerstoff IV. § 2, B 16).

D. *Mikronachweis.*

Reaktion mit Hexamminkobalt(III)chlorid $[Co(NH_3)_6]Cl_3$. Mit einer 0,15 molaren Reagenslösung entsteht eine charakteristische Krystallfällung (s. Abb. 27).

Erfassungsgrenze: $400\gamma\ S_2O_8''$ [HYNES und YANOWSKI(a)].

Abb. 27. Nachweis von Persulfat-Ion mit Hexamminkobalt(III)chlorid (nach W. A. HYNES und L. K. YANOWSKI).

§ 22. Nachweis von Peroxymonosulfat-Ion (SO_5'').

Reine freie Peroxymonoschwefelsäure, H_2SO_5 (CAROsche Säure, früher auch Sulfomonopersäure genannt) wird in durchsichtigen, bei 45° unzersetzt schmelzenden Prismen erhalten. Sie ist eine starke einbasische Säure. In wäßriger Lösung erleidet sie allmählich Zersetzung, welche durch Schwefelsäure in größeren Konzentrationen beschleunigt wird. Die durch Hydrolyse von Peroxydischwefelsäure entstehende CAROsche Säure zerfällt leicht unter Bildung von Wasserstoffperoxyd

$$H_2SO_5 + H_2O = H_2SO_4 + H_2O_2.$$

Ihre Salze sind wenig beständig und bisher nur in unreiner Form erhalten worden. Die Säure zeichnet sich durch ihre starke Oxydationswirkung aus.

A. Farbreaktionen.

1. Nachweis mit Bromid. Peroxymonoschwefelsäure macht aus Bromwasserstofflösung Brom frei (WEDEKIND). Die Reaktion verläuft gemäß

$$SO_5'' + 2\ Br' + 2\ H^{\cdot} = SO_4'' + Br_2 + H_2O$$

und kann zum Nachweis von Peroxymonosulfat-Ion dienen. Die zu prüfende Lösung, welche 10 bis 20 cm³ 2 n-H_2SO_4 auf 50 cm³ Flüssigkeit enthalten soll, wird mit einem Überschuß an Kaliumbromid versetzt. Selbst sehr kleine Mengen der CAROschen Säure sind an der Gelbfärbung durch freies Brom zu erkennen. Durch Ausschütteln mit Benzol kann die Bromfärbung wesentlich sichtbarer gemacht werden. Wasserstoffperoxyd gibt unter diesen Bedingungen erst bei stundenlanger Einwirkung eine kleine Menge Brom, während Peroxydischwefelsäure überhaupt nicht reagiert (MÜLLER und HOLDER; GLEU; KURTENACKER, S. 198).

2. Nachweis mit Anilin. Anilin wird durch Peroxymonosulfat in neutraler Lösung in Nitrosobenzol und in weiterer Folge in Nitrobenzol übergeführt (CARO). Gibt man zu 25 cm³ Anilinwasser unter Umschütteln allmählich 15 cm³ der CAROschen Säure hinzu, neutralisiert mit Natriumcarbonatlösung und schüttelt mit Äther aus, so geht ein Teil des im Niederschlage befindlichen, farblosen, bimolekularen Nitrosobenzols, $(C_6H_5NO)_2$, als grün gefärbtes, monomolekulares Nitrosobenzol in den Äther über (RHEINBOLDT; KURTENACKER, S. 198).

3. Nachweis mit Nickel(II)salz. In alkalischer Lösung wird grünes Nickel(II)-hydroxyd zu schwarzem Nickel(III)hydroxyd oxydiert. Wasserstoffperoxyd gibt die Reaktion nicht. Die gleiche Reaktion wie H_2SO_5 geben S_2O_8'', ClO' und BrO'.

Während CAROsche Säure einige Reaktionen z. B. die Abscheidung von höherwertigen Oxyden aus Blei(II)-, Mangan(II)- oder Kobalt(II)salzen mit Wasserstoffperoxyd und Peroxydischwefelsäure gemeinsam hat, gibt sie nicht die typischen Reaktionen des Wasserstoffperoxyds z. B. die Gelbfärbung von Titan(IV)salzlösung und die Blaufärbung von Bichromatlösung (s. Sauerstoff IV. § 2, A 1 u. 2), wie auch nicht die zwei charakteristischen Reaktionen der Peroxydischwefelsäure mit saurer und neutraler Anilinsulfatlösung (s. § 21, B 3). CAROsche Säure gibt gleich der Peroxydischwefelsäure mit Bariumchlorid keinen Niederschlag; ein solcher tritt erst mit der Zeit ein, wenn infolge von Zersetzung Sulfatbildung eingetreten war.

§ 23. Nachweis von Schwefelkohlenstoff (CS).

Der reine Schwefelkohlenstoff ist bei normalen Verhältnissen eine wasserklare, stark lichtbrechende Flüssigkeit, die bei 46,25° C siedet und einen angenehmen ätherischen Geruch besitzt. Sein spezifisches Gewicht ist bei 0° C: 1,2923. Am Licht zersetzt sich Schwefelkohlenstoff teilweise in Schwefel und niedere Schwefelkohlenstoffverbindungen und nimmt einen etwas unangenehmen Geruch an. Schwefelkohlenstoff ist in Wasser wenig löslich (etwa 0,18 g CS_2 in 100 cm^3 Wasser), löst sich leicht in Alkohol und in Äther auf und dient selbst als ausgezeichnetes Lösungsmittel, z. B. beim Nachweis von Jod und Brom. In der Luft verbrennt er mit blauer Flamme zu Kohlendioxyd und Schwefeldioxyd und entflammt leichter als Äther. Konzentrierte Schwefel- und Salpetersäure greifen ihn bei gewöhnlicher Temperatur nicht an. Mit Alkalien reagiert er unter Bildung von mehreren Thio- und Sulfosalzen. Durch Oxydationsmittel in alkalischer Lösung wird Schwefelkohlenstoff in Carbonat und Sulfat übergeführt; s. hierzu § 2, 1. Bei Reduktion mit Wasserstoff entstehen Dithioameisensäure, Thioformaldehyd, Methylmercaptan und Methan.

A. Fällungs- und Farbreaktionen.

1. Reaktion mit alkoholischer Kalilauge und Metallsalzen (Xanthogenreaktion). **a) Mit Kupfersalz.** Beim Erhitzen des Schwefelkohlenstoffes mit alkoholischer Kalilauge entsteht Kaliumxanthogenat, $SC\begin{smallmatrix}\diagup OC_2H_5\\ \diagdown SK\end{smallmatrix}$, das mit Kupfersalz nach Ansäuern in gelbes, krystallines Kupfer(I)xanthogenat, $Cu_2\left[SC\begin{smallmatrix}\diagup OC_2H_5\\ \diagdown S\end{smallmatrix}\right]_2$, übergeht (VOGEL). Zu 1 cm^3 der Probelösung fügt man einen Überschuß von alkoholischer Kalilauge (30 g KOH in 100 cm^3 Äthylalkohol) und erwärmt schwach. Hierauf setzt man 1 Tropfen einer 1%igen Kupfer(II)sulfatlösung zu und säuert mit Essigsäure schwach an. Es erfolgt bei Anwesenheit von Schwefelkohlenstoff ein Farbumschlag von Blau nach Gelb, verursacht durch Bildung eines gelben Niederschlages bzw. einer gelben Färbung von Kupfer(I)xanthogenat.

Erfassungsgrenze: 11 γ CS_2.

Grenzkonzentration: 1:90000 (FEIGL und WEISSELBERG).

b) Mit Eisen(III)salz. Statt Kupfersulfat kann Ferrichlorid zugesetzt werden, wobei Eisen(III)xanthogenat, $Fe\left[SC\begin{smallmatrix}\diagup OC_2H_5\\ \diagdown S\end{smallmatrix}\right]_3$, entsteht. Die Reaktion dient zum Nachweis von Schwefelkohlenstoff in Kraftfahrstoffen (SPAUSTA).

c) Mit Ammoniummolybdat. Wird statt Kupfersalz Ammoniummolybdat zugesetzt und mit Salzsäure angesäuert, so tritt eine Rosa- bis Violettfärbung auf, welche durch die in organischen Lösungsmitteln lösliche Komplexverbindung

$$MoO_3 \cdot \left[SC\begin{matrix}\diagup OC_2H_5\\ \diagdown SH\end{matrix}\right]_2$$

verursacht wird. Die Reaktion eignet sich zum CS_2-Nachweis in Ölgemischen (MALOWAN). Sie läßt sich auch als Tüpfelreaktion ausführen.

*2. **Reaktion mit Triäthylphosphin.*** Eine ätherische Lösung von Triäthylphosphin, $P(C_2H_5)_3$, gibt mit Schwefelkohlenstoff eine rote, krystalline Additionsverbindung: $(C_2H_5)_3P \cdot CS_2$ (HOFMANN).

Erfassungsgrenze: 250 γ CS_2.

Grenzkonzentration: 1:4000 (FEIGL und WEISSELBERG).

*3. **Reaktion mit basischen Bleisalzen.*** Zu einer siedenden Lösung des Bleinitrats in 2 n-Kalilauge wird die Probelösung zugefügt. Das Entstehen eines Niederschlages oder einer schwarzen Färbung von Bleisulfid, PbS, aus dem als Zwischenstufe entstehenden Bleitrithiocarbonat, $PbCS_3$, zeigt die Anwesenheit von Schwefelkohlenstoff an [VOGEL (b)].

Erfassungsgrenze: 60 γ CS_2.

Grenzkonzentration: 1:17000 (FEIGL und WEISSELBERG). S. auch die Modifikation der Methode unter Anwendung von Bleiseife (SACCARDI).

*4. **Reaktion mit Phenylhydrazin.*** Auf Zusatz von Phenylhydrazin zur ätherischen Lösung des Schwefelkohlenstoffes entsteht ein farbloser Niederschlag von phenyldithiocarbazinsaurem Phenylhydrazin,

$$C\begin{matrix}\diagup S\cdot \overset{H_3}{N}\cdot \overset{H}{N}-C_6H_5\\ =S\\ \diagdown \underset{H}{N}\cdot \underset{H}{N}-C_6H_5\end{matrix}$$

(LIEBERMANN und SEYEWETZ).

Erfassungsgrenze: 4000 γ CS_2.

Grenzkonzentration: 1:250 (FEIGL und WEISSELBERG).

*5. **Reaktion mit sekundären Aminen und Kupfersalz.*** Schwefelkohlenstoff wird durch Diäthylamin und Kupferacetat zu braunem Kupfersalz der Diäthyldithiocarbaminsäure $SC\begin{matrix}\diagup N(C_2H_5)_2\\ \diagdown SH\end{matrix}$ umgesetzt. Zu 1 cm^3 der Probelösung wird 1 cm^3 der 1 Vol.-%igen alkoholischen Lösung von Diäthylamin und 5 Tropfen einer 0,05%igen Kupfer(II)acetatlösung zugesetzt. Farblose Lösungen in Aceton, Chloroform, Alkohol oder Äther geben schon bei einer CS_2-Konzentration von 1:100000 eine goldgelbe Färbung. In wäßrigen Lösungen entsteht ein solcher Niederschlag bei der gleichen Empfindlichkeit (TISCHLER). Die Reaktion erlaubt den Nachweis von Schwefelkohlenstoffdampf in der Luft in einer Konzentration 1:120000 (MOISSEW und BRIKMANN). Zum gleichen Zweck läßt sich auch mit Kupfersalz und überschüssigem Dimethylamin, Diäthylamin, Piperidin oder mit einem anderen sekundären Amin getränktes Filtrierpapier verwenden. Das Papier wird in CS_2-haltiger Atmosphäre braun gefärbt. Statt Kupfer(II)salz kann auch ein Kobalt(II)salz verwendet werden. Ein gegen H_2S unempfindliches Reagens stellt man her, wenn man der Kupfersalzlösung in Dimethylamin bis zur Entfärbung eine Cyankaliumlösung zusetzt. Ein mit diesem Reagens getränkter und noch feuchter Papierstreifen färbt sich in der CS_2- und H_2S-haltigen Atmosphäre grünlichgelb und erst nach Eintrocknen charakteristisch braun (KUZNETZOW).

*6. **Reaktion mit Diäthylendiamin (Piperazin)*** $HN\begin{matrix}\diagup CH_2-CH_2\diagdown\\ \diagdown CH_2-CH_2\diagup\end{matrix}NH$. Schwefelkohlenstoff liefert mit Piperazinlösungen einen gelblichweißen Niederschlag, der bei sehr geringen CS_2-Mengen erst nach einigen Minuten entsteht. Als Reagens dient eine 2%ige Piperazinlösung in 95%igem Alkohol, wovon 2 bis 3 Tropfen zu 1 cm^3 der Probelösung zugesetzt werden. Der Nachweis ist in Gegenwart von Benzol, Toluol, Xylol, Aceton, Dekalin, Tetralin ausführbar. Schwefelwasserstoff und Thiophen stören nicht.

Erfassungsgrenze: 500 γ CS_2.

Grenzkonzentration: 1:2000 [CASTIGLIONI (b)].

Auch *Piperidin* bildet in Äther-, Aceton- und Dekalinlösung von CS_2 einen unlöslichen Niederschlag des Piperidinsalzes der Pentamethylendithiocarbaminsäure, $C_6H_{11}NS_2 \cdot C_5H_{11}N$. Thiophen und Äthylmercaptan stören nicht. H_2S bildet mit Piperidin in Äther zwar auch ein sehr wenig lösliches Additionsprodukt, das sich jedoch zum Unterschied von der CS_2-Verbindung beim Erhitzen zersetzt [CASTIGLIONI (c)]. — Ebenfalls *Morpholin*, $HN\langle{CH_2-CH_2 \atop CH_2-CH_2}\rangle O$, kann zum Fällungsnachweis des Schwefelkohlenstoffs verwendet werden (SHUPE).

B. Mikro- und Tüpfelreaktionen.

1. Nachweis durch Katalyse der Jodazidreaktion. Der Nachweis von Schwefelkohlenstoff in organischen Lösungsmitteln, z. B. in Alkohol, kann so geführt werden, daß man 1 Tropfen der Probelösung auf einem Uhrglas mit 1 Tropfen der Reagenslösung (1 g NaN_3 in 100 cm^3 0,1 n-Jodlösung) vereinigt. Die Stickstoffbläschenbildung zeigt die Anwesenheit von Schwefelkohlenstoff an. Liegt er neben Schwefelwasserstoff oder anderen jodverbrauchenden Substanzen vor, so ist zunächst zu dem Tropfen der Probelösung so lange tropfenweise Jodkaliumlösung zuzusetzen, bis die Jodfarbe vorherrscht, und dann erst die Reagenslösung hinzuzufügen. Die Prüfung kann auch in der in § 4, D 1 angegebenen Weise im hängenden Reagenstropfen ausgeführt werden. Die gleiche Reaktion geben: S'', S_2O_3'', CNS' und Polythionate.

Erfassungsgrenze: 0,14 γ CS_2.

Grenzkonzentration: 1:350000 (FEIGL, 3. Aufl., S. 450).

2. Nachweis mit Formaldehyd- und Plumbitlösung. Schwefelkohlenstoff setzt sich mit Alkalihydroxyden zu Trithiocarbonaten um:

$$3\ CS_2 + 6\ KOH = 2\ K_2CS_3 + K_2CO_3 + 3\ H_2O.$$

Das Trithiocarbonat reagiert mit Salzen der Schwermetalle unter Bildung von unlöslichen, meist gefärbten Salzen, welche (z. B. das Bleisalz) leicht unter Sulfidbildung aufgespalten werden. Die Reaktion, die bei geringen Schwefelkohlenstoffmengen nur langsam vor sich geht, kann durch Formaldehyd außerordentlich beschleunigt werden. Zur Ausführung dieses Nachweises versetzt man 1 Tropfen der Probelösung auf der Tüpfelplatte mit 2 bis 3 Tropfen 40%iger Formaldehydlösung und dann mit 1 Tropfen der stark alkalischen Plumbitlösung und verrührt. Es entsteht ein schwarzer Niederschlag bzw. eine Braun- bis Schwarzfärbung.

Erfassungsgrenze: 3,5 γ CS_2.

Grenzkonzentration: 1:14200 (FEIGL, 3. Aufl., S. 451).

Die Reaktion eignet sich zum Nachweis von Spuren Schwefelkohlenstoff in Benzol und Tetrachlorkohlenstoff. 2 bis 3 Tropfen der zu untersuchenden Flüssigkeit werden auf der Tüpfelplatte mit 1 bis 2 Tropfen stark alkalischer Plumbitlösung und hierauf mit 2 Tropfen 40%iger Formaldehydlösung versetzt. Bei Anwesenheit von Schwefelkohlenstoff bildet sich an der Grenzfläche der beiden Flüssigkeitsschichten ein dunkler Ring von Bleisulfid. Ist gleichzeitig Schwefelwasserstoff zugegen, so muß dieser in der angegebenen Weise (s. § 23, B 1) beseitigt werden (FEIGL, 3. Aufl., S. 499).

C. Weitere Mikroreaktionen.

1. ***Reaktion mit*** **Hectorscher** ***Base und Nickelsalz.*** Die Probelösung wird in Proberöhrchen aus neutralem Glas mit einigen Krystallen des Nickelacetats und der Hectorschen Base,

$$\begin{array}{c} \mathrm{HN}\text{——}\mathrm{C}=\mathrm{NH} \\ \mathrm{C_6H_5N}=\mathrm{C}\quad\mathrm{S}\quad\mathrm{NC_6H_5} \end{array}$$

eventuell noch mit einigen Tropfen Wasser versetzt, das Proberöhrchen mit einem Kautschukstöpsel verschlossen und in ein siedendes Wasserbad versenkt. Rosafärbung, herrührend von einem Nickelsalz einer Carbothiosäure, $C_{30}H_{22}N_8S_6Ni$, weist die Anwesenheit des Schwefelkohlenstoffes nach.

Erfassungsgrenze: 0,5 γ CS_2.

Grenzkonzentration: 1:2000000 (Feigl und Weisselberg).

2. ***Reaktion mit Thallium(I)acetylacetonat.*** Bei der Einwirkung von Schwefelkohlenstoff und Thalliumacetylacetonat,

$$H_3C\text{—}C(OTl)=CH\text{—}CO\text{—}CH_3,$$

in indifferentem Lösungsmittel entsteht eine orangerote Fällung bzw. eine Gelbfärbung, die nach Kurowski den Nachweis von 1 g CS_2 in 1 Liter Benzol gestattet. Als Mikroreaktion läßt sich diese Prüfung folgendermaßen durchführen: Zu 1 cm^3 der Probelösung fügt man einige Tropfen der alkoholischen Reagenslösung, dann 2 Tropfen Natronlauge und erhitzt zum Sieden, worauf ein braunschwarzer Niederschlag bzw. eine ebensolche Färbung entsteht. Es handelt sich dabei wahrscheinlich um die Bildung von Thallium(I)sulfid aus der Di-Thallium-Schwefelkohlenstoffverbindung (Feigl, 3. Aufl., S. 94).

Das Thalliumacetylacetonat wird durch Einwirkung einer Lösung von Acetylaceton in absolutem Alkohol auf Thallium(I)carbonat in der Siedehitze und Abfiltrieren des überschüssigen Carbonats dargestellt. Das Thallium(I)acetylacetonat fällt beim Abkühlen in weißen Krystallen aus, die mit Äther gewaschen und über Schwefelsäure getrocknet werden.

Erfassungsgrenze: 50 γ CS_2.

Grenzkonzentration: 1:20000 (Feigl und Weisselberg).

3. ***Reaktion mit ammoniakalischer Kupfer(II)salz- und Hydroxylaminhydrochloridlösung.*** Die Probelösung wird mit dem Reagens (Kupfersulfat, Ammoniak und Hydroxylaminhydrochlorid) versetzt und erwärmt; es entsteht ein braungelber Niederschlag, der aus einem Gemisch von Kupfer(II)sulfid und einem nicht näher bekannten Reaktionsprodukt besteht (Pierce).

Erfassungsgrenze: 30 γ CS_2.

Grenzkonzentration: 1:33000 (Feigl und Weisselberg).

4. ***Reaktion mit Quecksilber(II)salzen.*** Werden etwa 10 cm^3 der wäßrigen Probelösung mit 5 bis 6 Tropfen Salpetersäure versetzt, mit 2 g Quecksilber(II)-sulfat bzw. -nitrat oder mit Quecksilber(II)chlorid (0,3 bis 0,4 g) 15 bzw. 60 Min. in einer dickwandigen verschlossenen Flasche im siedenden Wasserbade erhitzt, so entsteht ein charakteristischer krystalliner Niederschlag vom Typus

$$HgX_2 \cdot 2\ HgS\ [X_2 = SO_4 \text{ oder } (NO_3)_2 \text{ oder } Cl_2].$$

Auf diese Weise sind einige Milligramm Schwefelkohlenstoff leicht zu erkennen [Denigès (e)].

Tabelle 10. Empfindlichkeiten einiger Fällungs- und Farbreaktionen des Schwefelkohlenstoffs.

Reagenzien	Erscheinung	Erfassungsgrenze γ CS_2	Grenzkonzentration	Empfindlichkeit bestimmt
NaN_3 + 0,1 n-J-Lösg.	N_2Entwicklung	0,14	1:350000	FEIGL, 3. Aufl., S. 450
HECTORsche Base + Ni-salz	Rote Fällung bzw. Rosafärbung	0,5	1:2000000	FEIGL und WEISSELBERG
Formaldehyd und Plumbit	Schwarze Fällung bzw. braune Färbung	3,5	1:14200	FEIGL und WEISSELBERG
Alkohl. KOH + + $CuSO_4$	Gelbe Fällung bzw. gelbe Färbung	11	1:90000	FEIGL und WEISSELBERG
$CuSO_4$ + NH_3 + + $NH_2OH \cdot HCl$	Braungelbe Fällung oder Färbung	30	1:33000	FEIGL und WEISSELBERG
Tl-acetylacetonat	Braunschwarze Fällung oder Färbung	50	1:20000	FEIGL und WEISSELBERG
$Pb(NO_3)_2$ + KOH	Braunschwarze Fällung oder Färbung	60	1:17000	FEIGL und WEISSELBERG
$P(C_2H_5)_3$	Rote Fällung	250	1:4000	FEIGL und WEISSELBERG
Piperazin	Gelblich weiße Fällung	500	1:2000	CASTIGLIONI (b)
Phenylhydrazin	Farblose Fällung	4000	1:250	FEIGL und WEISSELBERG

D. Nachweis von Schwefelkohlenstoff neben Schwefelwasserstoff.

1. Nachweis mit Formaldehyd- und Plumbitlösung nach vorheriger Oxydation des Schwefelwasserstoffs mit Brom.

Ausführung. 1 Tropfen der Probelösung wird auf der Tüpfelplatte tropfenweise mit starkem Bromwasser versetzt, bis eine Gelbfärbung bestehen bleibt. Der Bromüberschuß wird durch Zusatz eines Kryställchens Natriumsulfit entfernt, dann werden 2 bis 3 Tropfen einer 40%igen Formaldehyd- sowie 1 Tropfen einer starken Plumbitlösung zugesetzt und verrührt. Bei Anwesenheit von Schwefelkohlenstoff entsteht ein schwarzer Niederschlag bzw. eine Braun- bis Schwarzfärbung.

Erfassungsgrenze: 10 γ CS_2.

Grenzkonzentration: 1:5000 (FEIGL, 3. Aufl., S. 451).

2. Nachweis von CS_2-Dämpfen. Über den Nachweis von CS_2-Dämpfen in H_2S-haltiger Luft, s. § 23, A 5.

§ 24. Nachweis von organisch gebundenem Schwefel.

I. Überführung in Sulfid.

1. Reduktion mit Natrium bzw. Kalium. Die Reduktion wird am besten mit Natrium oder Kalium [VOHI (a)] im Glührohr — so wie die LASSAIGNE-Probe auf Stickstoff — ausgeführt. — Zur Mikroprobe wird in einem Glühröhrchen mit einem zu einer Kugel erweiterten Ende ein Stäubchen der festen Probe, oder ein zur Trockne eingedampfter Mikrotropfen der Lösung mit einem stecknadelkopfgroßen Stück metallischem Kalium durch vorsichtiges Erwärmen vom offenen Ende an zum Schmelzen und dadurch zur innigen Berührung mit der Probe gebracht, zuletzt kurz zur Rotglut erhitzt, und das Röhrchen noch heiß in ein Reagensglas getaucht, in dem sich 5 Tropfen Wasser befinden. Ohne von den Glassplittern und Kohleteilchen abzufiltrieren, werden nacheinander 1 Tropfen 20%ige Cadmiumacetatlösung, 1 bis 2 Tropfen 20%ige Essigsäure und nach dem Erkalten 1 bis 2 Tropfen Jodazidlösung (= je 1 g NaN_3 und KJ und 1 Kryställchen J in 3 cm^3 Wasser gelöst) zugesetzt. Die Zugabe von Cadmiumsalz ist hier erforderlich, um den in essigsaurer Lösung freiwerdenden Schwefelwasserstoff zu binden. Die für Thioharnstoff, Sulfanilsäure, isatinsulfosaures Kalium und H-Säure (1,8,3,6-Aminonaphtholdisulfosäure), $C_{10}H_9O_7NS_2$, gefundenen Erfassungsgrenzen gaben die Werte: 0,3 γ und je 1,2 γ (FEIGL, 3. Aufl., S. 375).

2. Weitere zu Sulfid führende Verfahren: *a) Erhitzen mit Natrium, Magnesium oder Aluminium im Filtrierpapierröllchen* (HEMPEL). — *b) Erhitzen mit Soda im Filtrierpapierröllchen in der Lötrohrflamme* (DEUSSEN). — *c) Erhitzen mit Soda und Zucker oder Zinkstaub im Glasröhrchen* (MIDDLETON). — *d) Erhitzen mit Soda und Dextrose in der Capillare* (WILSON). — *e) Erhitzen mit einem Lösungsgemisch aus Glycerin, Calciumhydroxyd und Bleihydroxyd* [ein älteres Verfahren nach VOHL (b)]. — *f) Erhitzen mit Alkalilauge.*

Letzteres Verfahren ist nicht zu empfehlen, da außer Sulfid auch andere Spaltprodukte z. B. Thiosulfat auftreten können (FEIGL, 3. Aufl., S. 327) und z. B. in Eiweißstoffen tierischen und pflanzlichen Ursprungs überhaupt nur der kleinere Teil als Sulfid abgespalten wird (FLEITMANN).

II. Überführung in Sulfat.

Am sichersten und besten für flüchtige und schwer oxydierbare Substanzen ist das Erhitzen mit konzentrierter Salpetersäure (CARIUS) im Rohr aus schwer schmelzbarem Glas. Eine in der Quarzcapillare ausgeführte Mikroprobe ermöglicht noch den Nachweis von Schwefel in einem 1 mm langen menschlichen Haar [EMICH (b)].

Weniger allgemeine Verwendung besitzen die Oxydationsverfahren auf trockenem Wege, z. B. mit Soda und Salpeter, Soda und Kaliumchlorat, Natrium-Kaliumcarbonat und Natriumperoxyd. Der Nachweis von Schwefel in organischen Verbindungen, die keine anderen Elemente als Kohlenstoff, Wasserstoff, Stickstoff und Sauerstoff enthalten, kann bei der Verbrennung auch über die Bildung des Silbersulfats geführt werden (HUFFMANN).

Für den Mikronachweis wird auch Brom verwendet. Eine Probe in Gegenwart von Calciumsalz Bromdämpfen ausgesetzt, führt zur Gipsbildung. In Rhodaniden, Thioharnstoff, Senfölen, Sulfocyanäthyl, xanthogensaurem Kalium ist auf diese Weise der Schwefel leicht nachweisbar [EMICH (a)].

III. Andere Nachweisverfahren.

1. Überführung in schweflige Säure. Man kann den Schwefel organischer Stoffe dadurch nachweisen, daß man ihn zu schwefliger Säure verbrennt und diese z. B. durch ihre Einwirkung auf Jodsäure feststellt. Bei 25 organischen Verbindungen fiel die Reaktion positiv, bei Pepton, Oxyprotsulfosäure und indigotinschwefelsaurem Natrium negativ aus [ROSENTHALER (c)]. Das im schräg aufwärts geneigten Rohr durch Erhitzen erhaltene Schwefeldioxyd wird mit 2-Benzylpyridin nachgewiesen, s. § 9, B 4 e. Flüssige Proben werden in einer Capillare in das Verbrennungsrohr eingebracht (FREYTAG).

2. Überführung in Rhodanid. a) Erhitzt man organische Schwefelverbindungen mit Natrium und einer geeigneten N-haltigen Substanz, z. B. Harnstoff, so bildet sich Rhodanid, das mit der Eisen(III)salz-Reaktion nachgewiesen werden kann [ROSENTHALER (c)].

b) Beim Kochen schwefelhaltiger organischer Verbindungen mit Natronlauge und nachfolgendem Eindampfen mit Cyankaliumlösung entstehen Rhodanide. Mit Hilfe der Eisenreaktion ließ sich der S-Nachweis in Hornsubstanz, Eidotter und Eierteigwaren führen (GRÜNSTEIDL). Über die Ausführung als Mikroreaktion s. FEIGL, 3. Aufl., S. 327.

3. Überführung in Schwefelwasserstoff. Schwefelhaltige organische Verbindungen, mit wasserstoffreichen Substanzen im Reagensglas erhitzt, geben Entwicklung von Schwefelwasserstoff, der am Geruch oder mit ammoniakalischem Nitroprussidreagens nachgewiesen wird, s. § 4, B 4. So gibt Trional für sich allein erhitzt keine Reaktion, beim Erhitzen mit Glucose oder Stärke tritt H_2S-Entwicklung auf (SCHEWKET).

4. Nachweis schwefelhaltiger Atomgruppen durch katalytische Beeinflussung der Jodazidreaktion. Organische Schwefelverbindungen, welche die Thioketongruppe: =C=S oder die Mercaptangruppe: ≡C—SH aufweisen, beschleunigen die Katalyse der Jodazidreaktion so stark, daß die Reaktion zum Nachweis dieser Atomgruppen und damit des Schwefels in diesen Verbindungen dienen kann. Zur Mikroprobe wird 1 Tropfen der zu prüfenden Lösung (in Wasser oder organischen Lösungsmitteln, z. B. Aceton oder Alkohol, nicht in Schwefelkohlenstoff!) auf einem Uhrglas mit 1 Tropfen Reagenslösung (3 g NaN_3 in 100 cm^3 0,1 n-Jodlösung) versetzt. In Gegenwart von Schwefel treten Stickstoffbläschen auf. Empfindlicher ist der Nachweis, wenn die feste oder flüssige Probe (nach Verdunstung des Lösungsmittels) direkt mit 1 Tropfen Jodazidlösung angetüpfelt wird. Durchschnittliche Erfassungsgrenze (bei 19 Substanzen): unter 0,1 γ Substanz. Die Reaktion versagt bei: Thioäthern, Disulfiden, Sulfonen, Sulfinen, Sulfosäuren und Salzen der beiden letzten Verbindungen [FEIGL (c); s. FEIGL, 3. Aufl., S. 398]. Ihre praktische Verwendung hat die Reaktion zur Unterscheidung von pflanzlicher und tierischer Faser gefunden. Die in der tierischen Faser im Cystein des Eiweißstoffes vorhandene C—SH—Gruppe reagiert mit dem Jodazidreagens: Das mit 1 Tropfen Wasser oder Aceton befeuchtete Wollgewebe ist nämlich nach Reagenszugabe in kurzer Zeit mit Bläschen bedeckt, während an der Baumwollfaser keine Blasenbildung stattfindet (FEIGL, 3. Aufl., S. 500).

Literatur.

ALEXANDROW, W.: Fr. **48**, 31 (1909). — ARNOLD, C. u. C. MENTZEL: Z. Lebensm. **6**, 550 (1903); durch C. **1903 II**, 314. — AUTENRIETH, A. u. A. WINDAUS: Fr. **37**, 290 (1898).

BAILEY, J. W.: Am. J. Sci. (2) **11**, 351 (1851). — BAINES, H.: Photographie J. **70**, 235 (1930); durch C. **1930 I**, 1011 u. **1930 II**, 949. — BALAREW, D.: Fr. **101**, 161 (1935); **102**, 241 (1936); **106**, 349 (1936). — BARRAL, E.: J. Pharm. Chim. (6) **6**, 104 (1897); durch C. **1897 II**, 634. — BARUEL, jr.: J. Pharm. **20**, 17; nach G. HEPPE, Die chemischen Reaktionen der wichtigsten anorganischen und organischen Stoffe, 2. Aufl. Leipzig 1882, S. 314. — BAUMGARTEN, P. u. A. H. KRUMMACHER: B. **67**, 1257 (1934). — BEATO, J. u. D. BRUGGER: An. Españ. **27**, 822 (1929); durch C. **1930 I**, 1658. — BEHRENS, H.: Anleitung zur mikrochem. Analyse, 2. Aufl., Leipzig 1899, S. 121. — BEHRENS-KLEY: Mikrochemische Analyse von P. D. C. Kley. I Leipzig 1915. — BENNET, J. N.: Pharm. J. **123**, 248 (1929). — BLANCK, A.: Fr. **101**, 194 (1935). — BLANKART, A.: Helv. **6**, 236 (1923). — BLOXAM, W. P.: Chem. N. **72**, 63 (1895); nach A. CLASSEN und H. CLOEREN: Ausgewählte Methoden d. anal. Chem. Bd. II Braunschweig 1903, S. 261. — BODNÁR, J.: Ch. Z. **38**, 146 (1914); Fr. **53**, 37 (1914). — BOEDEKER, C.: A. **117**, 193 (1861). — BÖTTGER, R.: J. pr. (2) **2**, 135 (1870); durch C. **1870**, 164. — BÖTTGER, W.: Qualitative Analyse, 4. bis 7. Aufl., Leipzig 1925. — BOLLAND, A.: C. r. **169**, 651 (1919). — BONTINCK, E.: Mikrochemie **26**, 182 (1939). — BOUGAULT, J. u. E. CATTELAIN: Ann. Falsific. **25**, 138 (1932); durch C. **1932 II**, 254. — BRENNECKE, E.: „Schwefelwasserstoff als Reagens in der qualitativen Analyse". In: Die chemische Analyse, Bd. **41** Stuttgart 1939. — BROWNING, PH. E. u. E. HOWE: Z. anorg. Ch. **18**, 371 (1898). — BRUCHHAUSEN, v.: Apoth. Z. **27**, 753 (1912). — BRUNCK, O.: A. **327**, 245 (1903). — BUNSEN, R.: A. **138**, 3 (1866); durch Fr. **5**, 378 (1866).

CARIUS, L.: A. **116**, 1 (1860); **136**, 129 (1865); B. **3**, 697 (1870). — CARO, H.: Angew. Ch. **11**, 845 (1898). — CASOLARI: G. **40 II**, 389 (1911); durch C. **1911 I**, 728. — CASTIGLIONI, A.: (a) Fr. **91**, 346 (1933); (b) **115**, 257 (1939); (c) Ann. Chim. applic. **31**, 218 (1941); durch C. **1942 I**, 648. — CHAMOT, E. M.: Nach A. BENEDETTI-PICHLER, Mikrochemie **4**, 47, 49 (1926). — CHAMOT, E. M. u. R. W. BRICKENKAMP: Mikrochemie **16**, 121 (1934/35). — CHANCEL, G. u. E. DIACON: C. r. **56**, 710 (1863); J. pr. **90**, 55 (1863). — COLEFAX, A.: Soc. **93**, 798 (1908). — COMMANDUCCI, E.: Boll. chim. farm. **57**, 101 (1918); durch Fr. **60**, 42 (1921). — ČŮTA, F. u. M. ŠEVELA: Chem. listy **37** 1 22 (1943). — CZERNOTZKY, A.: Z. anorg. Ch. **175**, 402 (1928).

DAVIDSEN, M. J.: Z. Ver. Rübenzuckerind. **1889**, 940; durch Fr. **29**, 91 (1890). — DEBRAY, H.: Répert. de Pharm. **10**, 247; Ar. (3) **20**, 853; durch Fr. **23**, 67 (1884). — DEBUS, H.: A. **244**, 90

(1888). — DEINES, v. O. u. H. GRASSMANN: Z. anorg. Ch. **220**, 337 (1934). — DEMÖFF, F.: Beiträge zur Kenntnis der Tri- u. Tetrathionate, 1923. Dissertation Hannover. — DENIGÈS, G.: (a) B. ( ) **23**, 36 (1918); (b) **27**, 560 (1920); (c) Leçons d'Analyse Qualitative sur les Éléments métalloides, Paris 1920; (d) Bl. Soc. Pharm. Bordeaux **71**, 110 (1933); durch C. **1933 II**, 1556; (e) Bl. (4) **17**, 359 (1915); durch C. **1916 I**, 287; (f) Bl. Soc. Pharm. Bordeaux **81**, 57, 59 (1943); durch C. **1944 II**, 345; (g) Précis de Chimie analytique, 5. Aufl., Paris 1920. — DEUSSEN, E.: Angew. Ch. **23**, 1258 (1910). — DORBIN, L.: J. Soc. chem. Ind. **20**, 218 (1901); durch C. **1901 I**, 1114. — DONATH, E.: Fr. **36**, 663 (1897). — DOWZARD, E.: Am. J. Pharm. **81**, 561; durch C. **1910 I**, 864. — DUNAJEWA, S.: Pharm. J. (russ.) **1928**, 379; durch C. **1928 II**, 1129.

ECK, P. N. VAN: Pharm. Weekbl. **63**, 913 (1925). — EEGRIWE, E.: (a) Fr. **65**, 182 (1924/25); (b) **69**, 384 (1926). — EGGER, E.: Fr. **27**, 725 (1888). — EHRENFELD, R.: Ch. Z. **29**, 422 (1905). — EICHLER, H.: Fr. **96**, 98 (1934) **99**, 270 (1934). — ELBS: Angew. Ch. **10**, 195 (1897). — EMICH, F.: (a) Fr. **32**, 163 (1893); (b) **56**, 10 (1917); (c) Lehrbuch der Mikrochemie, 2. umgearb. Aufl., München 1926.

FANSTONE, R. M.: Brit. J. Photography **76**, 714 (1929); durch C. **1930 I**, 1011. — FEIGL, F.: (a) Ch. Z. **44**, 689 (1920); (b) Angew. Ch. **44**, 741 (1931); (c) Mikrochemie **15**, 1 (1934); (d) Qualitative Analyse mit Hilfe von Tüpfelreaktionen, 2. u. 3. Aufl., Leipzig 1935, 1938. — FEIGL, F. u. W. AUFRICHT: R. **58**, 1127 (1939). — FEIGL, F. u. E. FRÄNKEL: B. **65**, 545 (1932). — FEIGL, F. u. P. KRUMHOLZ: Mikrochemie **8**, 131 (1930). — FEIGL, F. u. H. LEITMEIER: B. **68**, 354 (1935). — FEIGL, F. u. K. WEISSELBERG: Fr. **83**, 93 (1931). — FELD, W.: (a) Chem. Ind. **21**, 372 (1898); (b) Angew. Ch. **24**, 290, 1161 (1911). — FIRTH, J. B. u. J. HIGSON: J. Soc. chem. Ind. **42**, T 427 (1924); durch C. **1924 I**, 631. — FISCHER, E.: B. **16**, 2234 (1883). — FISCHER, J.: Die Chemie **56**, 301 (1943). — FLEITMANN, TH.: A. **61**, 121 (1847); **66**, 380 (1848). — FOERSTER, F. u. A. HORNIG: Z. anorg. Ch. **125**, 86 (1922). — FOERSTER, F. u. R. VOGEL: Z. anorg. Ch. **155**, 161 (1926). — FORDOS, M. J. u. A. GÉLIS: (a) J. Pharm. **1843**, 111; durch C. **1844**, 493; (b) J. pr. **28**, 471 (1843). — FRERICHS, G.: Apoth. Z. **31**, 223 (1916); durch Fr. **57**, 483 (1918). — FRESENIUS, C. R.: (a) Fr. **15**, 294 (1876); (b) **30**, 459 (1891); (c) Anleitung zur qualitativen chemischen Analyse, 17. Aufl., Braunschweig 1919. — FRESENIUS, C. R. u. E. HINTZ: Fr. **35**, 170 (1896). — FREYTAG, H.: B. **67**, 1477 (1934); **68**, 585 (1935).

GANASSINI, D.: Boll. chim. farm. **41**, 417 (1902); Jahresber. d. Pharm. **1902**, 161. — GEILMANN, W.: Bilder zur qualitativen Mikroanalyse, Leipzig 1934, Tabellen 18, 32 und 33. — GERLACH, W. u. E. RIEDL: Die chemische Emissions-Spektralanalyse, III. Teil. Tabellen zur qualitativen Analyse, Leipzig 1936. — GIL, J. C.: Fr. **33**, 54 (1894). — GLEU, K.: Z. anorg. Ch. **195**, 61 (1931). — GMELIN: (a) Handbuch, 7. Aufl., Schwefel, 421; (b) siehe PLAYFAIR; (c) Handbuch, 7. Aufl. Schwefel, 562. — GOLA: Z. f. wiss. Mikroskopie **20**, 102; durch EMICH, F.: Lehrbuch der Mikrochemie, 2. Aufl., München 1926, S. 186. — GRANT, J. u. J. H. W. BOOTH: Analyse **57**, 514 (1932); durch C. **1932 II**, 2339. — GRIESSMAYER, V.: Dingl. J. **209**, 227 (1873); durch Fr. **13**, 80 (1874). — GRÜNSTEIDL, E.: Fr. **77**, 283 (1929). — GUTBIER, A.: Z. anorg. Ch. **152**, 167 (1926). — GUTMANN, A.: (a) Fr. **65**, 246 (1924/25); (b) **46**, 490 (1907). — GUTZEIT, G.: (a) Helv. **12**, 713 (1929); **12**, 736 (1929).

HABER, F. u. F. BRAN: Ph. Ch. **35**, 84 (1900). — HACKL, O.: (a) Ch. Z. **47**, 466 (1923); (b) **47**, 174 (1923); (c) **47**, 210 (1923). — HAHN, F. L.: B. **56**, 1733 (1923). — HARMS, H.: Die Reagenzien u. Reaktionen des D.A.B. 6 Selbstverlag d. Deutsch. Apothekervereins, Berlin 1928, S. 96. — HARRISON, G. R.: Metals and Alloys **7**, 290 (1936); durch C. **1937 I**, 2220. — HEINZE, E.: J. pr. **99**, 131, 133 (1919). — HEMPEL, W.: Z. anorg. Ch. **16**, 24 (1898). — HENNING: Nach A. BACH, Gesundheits-Ing. **60**, 223 (1937); durch Fr. **109**, 243 (1937). — HERAPATH: Phil. Mag. (4) **3**, 161; **4**, 186; J. pr. **61**, 87 (1864). — HERNÁNDEZ, J. F.: Ch. Z. **35**, 425 (1911). — HEUMANN: B. **14**, 287 (1881). — HEYROVSKY, J.: Polarographie, Wien 1941, S. 359. — HEYROVSKÝ, J., J. SMOLÉR u. J. ŠŤASTNÝ: Mitt. tschech. Akad. Landwirtsch. **9**, 599 (1933). — HILGER, A.: Ar. (3) 8, 194 (1876); durch Fr. **16**, 117 (1877); **29**, 622 (1890). — HOFMANN, A. W.: B **13**, 1732 (1880). — HUBER, O.: Ch. Z. **29**, 1227 (1905). — HUFFMANN, E. W. D.: Ind. eng. Chem. Anal. Edit. **12**, 53 (1940) durch Fr. **123**, 30 (1941). — HUYSSE, A. C.: Fr. **39**, 11 (1900). — HYNES, W. A. u. L. K. YANOWSKI: (a) Mikrochemie **23**, 1 (1937); (b) **25**, 57, 61 (1938).

ITALLIE, L. VAN: Pharm. Weekbl. **75**, 1415 (1938); J. Pharm. Chim. (8) **29**, 97 (1939); durch C. **1939 I**, 3594.

JÄRVINEN, K. K.: Fr. **68**, 69 (1926). — JELLEY, E. E.: Analyst **55**, 34 (1930); durch C. **1930 I**, 1832. — JELLEY, E. E. u. W. CLARK: Photographie J. **70**, 234 (1930); durch C. **1930 II**, 949. — JEWELL, W. R.: J. Dpt. Agriculture Victoria **29**, 90 (1931); durch C. **1931 II**, 2080. — JUNGKLAUSSEN: Apoth. Z. **27**, 642 (1912).

KÄMMERER, H.: Forschungsberichte über Lebensmittel **2**, 257; durch Fr. **35**, 105 (1896). — KARAOGLANOV, Z.: (a) Fr. **115**, 305 (1939); (b) **62**, 321 (1923). — KESSLER, F.: Pogg. Ann. **74**, 259 (1849). — KNORRE, G. v.: Chem. Ind. **28**, 2 (1905); durch Fr. **49**, 468 (1910). — KOLTHOFF, I. M.: Fr. **104**, 321 (1936). — KONINCK, L. L. DE: (a) Angew. Ch. **1889**, 4; (b) Fr. **26**, 26 (1887). — KORENMAN, I. M.: (a) Chem. J. Ser. B **10**, 938 (1937); durch C **1938 I**, 4696;

(b) Chem. J. Ser. B **9**, 157 (1936); durch C. **1936 II**, 138. — KRÁL, H.: P. C. H. **1896**, 69. — KUHLBERG, L. M.: Betriebslab. **7**, 905 (1938); durch C. **1940 II**, 1477. — KUROWSKI, E.: B. **43**, 1078 (1910). — KURTENACKER, A.: (a) Fr. **64**, 56 (19 4); (b) „Die chemische Analyse", Bd. 38: Analytische Chemie der Sauerstoffsäuren des Schwefels, Stuttgart 1938. — KURTENACKER, A. u. A. CZERNOTZKY: Z. anorg. Ch. **174**, 179 (1928); **175**, 367 (1928). — KURTENACKER, A. u. I. A. IVANOW: Z. anorg. Ch. **185**, 337 (1929). — KURTENACKER, A. u. E. FÜRSTENAU: Z. anorg. Ch. **215**, 257 (1933). —KURTENACKER, A. u. M. KAUFMANN: Z. anorg. Ch. **148**, 50 (1925). — KURTENACKER, A. u. H. KUBINA: Fr. **83**, 14 (1931). — KURTENACKER, A., A. MUTSCHIN u. F. STASTNY: Z. anorg. Ch. **224**, 399 (1935). — KURTENACKER, A. u. R. WOLLAK: Z. anorg. Ch. **161**, 201 (1927). — KUZNETZOW, W. I.: Anilinfarbenindustrie **1932**, Nr. 3, 1; durch C. **1932 II**, 2996. — KYNASTON: Quart. J. chem. Soc. **11**, 155 (1858).

LANGLOIS: Ann. Chim. (3) **4**, 77 (1842); J. pr. **28**, 461 (1843). — LASSAIGNE: C. r. **16**, 1843 (1843). — LAUTH, CH.: B. **9**, 1035 (1876). — LEA, C.: Am. J. Sci. (2) **44**, 222 (1867); durch Fr. **7**, 245 (1868). — LENZ, W. u. E. RICHTER: Fr. **50**, 537 (1911). — LIEBERMANN, L.: B. **15**, 439 (1882). — LIEBERMANN, C. u. A. SEYEWETZ: B. **24**, 788 (1891). — L CKOW, C.: Dtsch. Essigind. **32**, 125 (1928); durch C. **1928 I**, 3009.

MALINOWSKI, W. E.: Ukrain. chem. J. **5**, Wiss. Teil, 181 (1930); durch C. **1931 I**, 1793. — MALOWAN, S. L.: Fr. **84**, 406 (1931). — MAYR, C. u. E. KERSCHBAUM: Fr. **73**, 334 (1928). — MAYERHOFER, A.: Mikrochemie der Arzneimittel u. Gifte, Berlin u. Wien 1923, S. 201. — MEINEKE, C.: Qual. u. quant. Mineralanalyse, 1904, Bd. II, S. 404. — MENEGHETTI, E.: Boll. Soc. ital. biol. sper. **4**, 107 (1929); durch Chem. Abstr. **1929**, 3746. — MERZ, G.: J. pr. **80**, 495 (1860). — METZ, L.: Fr. **76**, 347 (1929). — MIDDLETON, H.: Analyst **60**, 154 (1935); durch Fr. **103**, 367 (1935). — MILBAUER, J.: Fr. **48**, 17 (1908). — MILLER, J.: J. Soc. chem. Ind. **43**, T 239 (1924); durch C. **1924 II**, 2096. — MOHR, F.: Fr. **12**, 371 (1873). — MOISSEW, A. S. u. N. M. BRIKMANN: Engineering **148**, 122 (1939); durch C. **1940 I**, 1236. — MONNIER, A.: Ann. Chim. applic. **20**, 237 (1916); durch C. **1917 I**, 691. — MULLER, J. A.: Bl. (4) **5**, 1119 (1909); durch C. **1910 I**, 1053. — MÜLLER, E. u. G. HOLDER: Fr. **84**, 410 (1931). — MÜLLER, W. J. u. K. DÜRKES: Fr. **42**, 477 (1903). — MUSSET, F.: P. C. H. (N. F.) **11**, 230 (1890); durch Fr. **30**, 45 (1891). — MUTSCHIN, A. u. R. POLLAK: Fr. **107**, 20 (1936). — MYLIUS: s. Lunge-Berl, Chem.-techn. Untersuchungsmethod., 7. Aufl., Bd. I, Berlin 1921, S. 965.

NESSLER, J.: P. C. H. **1877**, 329. — NOLL, A.: Farben-Ztg. **33**, 1849 (1928); Seifensieder-Ztg. **55**, 289 (1928); durch C. **1928 II**, 187, 473, 1402.

OBACH, E.: J. pr. (N. F.) **18**, 258 (1878). — OLSZEWSKI, Wo.: Handb. d. Lebensmittelchemie, Bd. 8, Teil II, Wasser u. Luft. Berlin 1940, S. 102.

PANIZZON, G.: Melliands Textilberichte **12**, 119 (1931). — PAP, L.: Mühle **69**, Nr. 17; durch C. **1932 II**, 634. — PARKES, A. E.: Analyst **46**, 402 (1921); durch C. **1922 II**, 300; Analyst **51**, 620 (1926); durch C. **1927 I**, 1641. — PECHMANN, H. v. u. PH. MANCK: B. **28**, 2376 (1895). — PELLETIER, B. nach GIRARDIN: J. pr. **6**, 81; Berzelius Jahresberichte **16**, 74 (1837). — PERSOZ: A. **64**, 408 (1867). — PETTENKOFER, M.: Buchners Neues Repert. **7**, Heft 1; Ar. (2) **93**, 308 (1858). — PFEILSTICKER, K.: Spectrochim. A. **1**, 424 (1940); durch Z. El. Ch. **48**, 52 (1942). — PIERCE, J. A.: Ind. eng. Chem. Anal. Edit. **1**, 227 (1929). — PITARELLI: Arch. farmacol. sperim. **38**, 13 (1924); durch C. **1924 II**, 1964. — PLAYFAIR, L.: A. **74**, 317 (1850). — POPP, O.: Z. Chemie (2) **6**, 330 (1870); Jbr. **1870**, 946. — POZZI-ESCOT, E.: Bl. (4) **13**, 401 (1914); durch C. **1913 II**, 83. — PRANDTL, W.: Z. anorg. Ch. **133**, 361 (1924).

RAIKOW: Fr. **49**, 701 (1910). — RASCHIG, F.: (a) B. **48**, 2088 (1915); Schwefel- und Stickstoffstudien, Berlin 1924, S. 201; (b) Angew. Ch. **16**, 618 (1903); **19**, 331 (1906); (c) Angew. Ch. **33**, 260 (1920); Schwefel u. Stickstoffstudien, S. 275; (d) S. 300. — REICHARDT, E.: Fr. **7**, 193 (1868). — REINSCH, H.: N. Jahresber. d. Pharm. **16**, 277 (1861); durch C. **1862**, 72. — REYNOLDS, E. J.: Chem. N. **1863**, 283; durch Fr. **3**, 146 (1864). — RHEINBOLDT, H.: Chemische Unterrichtsversuche, Dresden u. Leipzig 1934, S. 287. — ROLLWAGEN, W. u. K. RUTHARDT: Metallwirtschaft **15**, 187 (1936); durch C. **1936 I**, 3723. — ROSENFELD, M.: Fr. **15**, 294 (1876). — ROSENTHALER, L.: (a) Mikrochemie **1**, 47 (1923); (b) **5**, 27 (1927); (c) Fr. **108**, 24 (1937). — ROTHENFUSSER, S.: (a) Z. Lebensm. **58**, 98 (1929); durch C. **1929 II**, 2953; (b) **16**, 589 (1909); durch C. **1909 I**, 465. — RUDNITZKI, S.: Ukrain. chem. J. **7**, Wiss. Teil, 226 (1932); durch C. **1933 II**, 1898; Chem. J. Ser. B. **7**, 402 (1934); durch C. **1935 II**, 559.

SACCARDI, P.: Giorn. Chim. ind. ed. applic. **8**, 315 (1926); durch C. **1926 II**, 1891. — SALVAREZZA, M.: Ann. chim. applic. **29**, 345 (1939); durch C. **1940 I**, 146. — SALZER, TH.: (a) Fr. **31**, 377 (1892); (b) B. **19**, 1696 (1886). — SANDER, A.: (a) Ch. Z. **38**, 1057 (1914); Angew. Ch. **28**, 9 (1915); (b) Ch. Z. **43**, 173 (1919); (c) Angew. Ch. **29**, 11 (1916). — SCAGLIARINI, G.: Atti Congr. naz. Chim. pura applic. **4**, 597 (1933); durch C. **1934 I**, 1178. — SCHEWKET, ÖM.: Biochem. Z. **224**, 328 (1930). — SCHIFF, H.: A. **118**, 91 (1861). — SCHLOSSBERGER, J.: Z. Chem. Pharm. **1860**, 423; durch C. **1861**, 160. — SCHMIDT, H.: Arbb. Kaiserl. Gesundheitsamt **21**, 226 (1904); durch C. **1904 II**, 59. — SCHMIDT, J. u. W. HINDERER: B. **65**, 87 (1932). — SCHNEIDER: Fr. **22**, 81 (1883). — SCHÖNBERG, A. u. W. URBAN: B. **67**, 1999 (1934). — SCHÖNN: Fr. 8, 380 (1869). — SCHOORL, N.: Pharm. Weekbl. **44**, 121; durch C. **1907 I**, 757. — SCHOTT: Fr. **10**, 209 (1871). — SCHRÖER, E.: Mikrochemie **22**, 338 (1937). —

SCHUB, N. S.: Ukrain. chem. J. **7**, Wiss. Teil, 189 (1932); durch C. **1933 II**, 1898. — SCHULZ. G. u. L. LEHMANN: Farbstofftabellen, 7. Aufl., Bd. I, Leipzig 1931, S. 554. — SCIACCA, N. u. E. SOLARINO: Ann. Chim. applic. **30**, 246 (1940); durch C. **1940 II**, 2652. — SCHUPE, J. S.: J. Assoc. Agric. Chemists **23**, 824 (1940); durch C. **1941 I**, 1322. — SMITH, R. G.: Chem. N. **72**, 39 (1895); durch Fr. **39**, 461 (1900). — SOMMER, H.: Ind. eng. Chem. Anal. Edit. **12**, 368 (1940); durch C. **1941 I**, 936. — SPACU, G.: Bl. Soc. Stiinte Cluj **1**, 581 (1923); durch Fr. **67**, 41 (1925). — SPACU, G. u. P. SPACU: Fr. **89**, 192 (1932). — SPAUSTA, F.: Petroleum **26**, Nr. 28. Motoren betrieb und Maschinenschmier. **3**, Nr. 7, S. 7 (1930); durch C. **1931 I**, 2706. — SPRING, W.: B. **6**, 1111 (1873). — STEIGMANN, A.: (a) Photogr. Korresp. **70**, 54 (1934); durch C. **1934 II**, 477; (b) J. Soc. chem. Ind. **61**, 68 (1942); durch C. **1943 I**, 186; (c) **61**, 18 (1942); durch C. **1943 I**, 2014. — STEMPEL, B.: Fr. **120**, 311 (1940). — STIASNY, E u. F. PRAKKE: R. **52**, 637 (1933). — STINGL, J. u. TH. MORAWSKI: J. pr. (2) **20**, 85 (1879). — STRAUSS, H.: Ch. Z. **29**, 33 (1905). — STREBINGER, R.: Praktikum der qual. chem. Analyse, Wien 1939, S. 30.

Tabellen der Reagenzien für anorganische Analyse, herausgegeben von der „INTERNATIONALEN KOMMISSION für neue analytische Reaktionen und Reagenzien der »UNION INTERNATIONALE DE CHIMIE«, Leipzig 1938. — TANANAEFF, N. A. u. A. M. SCHAPOWALENKO: Fr. **100**, 343 (1935). — THORNTON, M. K. u. J. E. LATTA: Ind. eng. Chem. Anal. Edit. **4**, 441 (1932); Fr. **98**, 457 (1934). — TIEDE, E. u. F. FISCHER: B. **44**, 1711 (1911). — TISCHLER, N.: Ind. eng. Chem. Anal. Edit. **4**, 416 (1932). — TOLLENS, B.: Fr. **12**, 313 (1873). — TRUESDALE, E. C.: Ind. eng. Chem. Anal. Edit. **2**, 299 (1930).

VILLIERS, A.: Bl. **47**, 546 (1887); durch C. **1887**, 57. — VIRGILI, J. F.: C. r. **134**, 1143 (1902); durch C **1902 II**, 10. — VITALI, D.: Boll. chim. farm. **42**, 273, 321 (1903); **43**, 5 (1904); durch C. **1903 II**, 312; **1904 I**, 749. — VOGEL, A.: (a) Dingl. J. **215**, 283 (1875); durch Fr. **14**, 214 (1875); (b) A. **86**, 370 (1853). — VOHL, H.: (a) Dingl. J. **168**, 49 (1863); durch Fr. **2**, 442 (1863); (b) B. **9**, 875 (1876). — VOTOČEK, E.: B. **40**, 414 (1907).

WALKER, E.: Biochem. J. **19**, 1082 (1925). — WEDEKIND, E.: B. **35**, 2267 (1902); Bl. (3) **27**, 712 (1902). — WEITZ, E. u. F. ACHTERBERG: B. **61**, 402 (1928). — WESTON, F. E. u. C. W. JEFFREYS: Chem. N. **97**, 85 (1908); durch Fr. **48**, 31 (1909). — WICKE: Z. Chem. **1865**, 305. — WILMET, M.: C. r. **184**, 287 (1927); durch C. **1927 I**, 1711. — WILSON, C. L.: Analyst **63**, 332 (1938); durch C. **1938 II**, 1454. — WIMMEL, TH.: Dingl. J. **180**, 167 (1866); durch Fr. **5**, 231 (1866). — WINKLER, CL.: Anleitung z. chem. Unters. der Industriegase, Bd. I, Freiburg 1876, S. 138. — WITZ, G.: P. C. H. **1875**, 94; durch Fr. **15**, 108 (1876).

YOST, DON M. u. R. POMEROY: Am. Soc. **49**, 703 (1927).

ZMACZYNSKI, E. W.: Fr. **106**, 32 (1936).

Selen.

Se, Atomgewicht 78,96; Ordnungszahl 34.

Von **OLDŘICH TOMÍČEK**, Prag.

Mit 3 Abbildungen.

Inhaltsübersicht.

Seite

Vorkommen des Selens 106
Einige wichtige physikalische Eigenschaften der allotropen Modifikationen des Selens 106
Die Stellung des Selens in der VI. Gruppe des periodischen Systems; Wertigkeit; Verhalten bei Oxydation und Reduktion und die Eignung dieser Vorgänge zum analytischen Nachweis 106
Kurze Übersicht über das Verhalten in der analytischen Gruppe und die Möglichkeit der Abtrennung des Selens von seinen Begleitern 106

Nachweismethoden 106

§ 1. Nachweis mit physikalisch-chemischen Methoden 106
- A. Spektralanalytischer Nachweis, mitbearbeitet von J. VAN CALKER, Münster (Westf.) 106
  - Allgemeines 106
  - 1. Nachweis von Selen bei der Reinheitsprüfung von Silber, Zink und Blei 107
  - 2. Nachweis von Selen in Tellur 108
- B. Polarographischer Nachweis 108

§ 2. Nachweis von Selen auf trockenem Wege 108
- 1. Schmelzen mit Kaliumcyanid und Kochen mit Salzsäure 108
- 2. Erhitzen in der Bunsenflamme 108
- 3. Erhitzen am Kohle-Soda-Stäbchen 108
- 4. Erhitzen auf Kohle vor dem Lötrohr 108
- 5. Erhitzen mit Salmiak im Glühröhrchen 109

§ 3. Nachweis von elementarem Selen 109
- 1. Kennzeichnung durch seine Krystallformen 109
- 2. Überführung in Selen-Bromderivate 109
- 3. Nachweis mit rauchender Schwefelsäure 109
- 4. Nachweis mit konzentrierter Salpetersäure 109

§ 4. Nachweis von Selenid-Ion (Se'') 109
- Allgemeines 109
- A. Nachweis auf trockenem Wege 110
  - 1. Erhitzen mit Soda auf Kohle 110
  - 2. Erhitzen mit Salmiak im Glühröhrchen 110
- B. Nachweis auf nassem Wege 110
  - 1. Nachweis mit Salzsäure 110
  - 2. Nachweis mit blankem Silber 110
  - 3. Nachweis mit Bleiacetatpapier 110

§ 5. Nachweis von Selenit-Ion (SeO_3'') 110
- Allgemeines 110
- I. Nachweis auf trockenem Wege 110
- II. Nachweis auf nassem Wege 110
  - A. Fällungsreaktionen 110
    - 1. Nachweis mit Bariumchlorid 110
    - 2. Nachweis mit Bleisalzen 110
    - 3. Nachweis mit Silbernitrat 110
    - 4. Nachweis mit Kupfersulfat 111
    - 5. Nachweis mit Magnesiumchlorid 111

Seite

B. Reduktionsreaktionen 111
1. Reduktion mit Schwefelwasserstoff 111
2. Reduktion mit Schwefeldioxyd 111
3. Reduktion mit Metallen 111
4. Reduktion mit Eisen(II)sulfat 111
5. Reduktion mit Zinn(II)chlorid 111
6. Reduktion mit Kaliumjodid 111
7. Reduktion mit Quecksilber(I)chlorid 111
8. Reduktion mit Rhodanid 111
9. Reduktion mit Dithionit (Hyposulfit) 112
10. Reduktion mit unterphosphoriger Säure 112
11. Reduktion mit Titan(III)chlorid 112
12. Reduktion mit Acetylen 112
13. Reduktion mit Hydrazinsalzen 112
14. Reduktion mit Phenylhydrazin 112
15. Reduktion mit Hydroxylaminsalzen 112
16. Reduktion mit Hydrochinon 112
17. Reduktion mit Thioharnstoff 112

C. Mikroreaktionen 113
1. Nachweis mit Quecksilber(I)nitrat 113
2. Nachweis mit Magnesium 113
3. Nachweis mit Hydrochinon 113
4. Nachweis mit Thioharnstoff 113
5. Nachweis mit Zinn(II)chlorid 113
6. Fällung als Selenjodid 113
7. Nachweis mit Benzyl-pseudo-Thioharnstoffhydrochlorid 113
8. Nachweis mit Calciumchlorid 113

D. Tüpfelreaktionen 114
1. Nachweis mit Thioharnstoff 114
2. Nachweis mit 1,8-Naphthylendiamin 114
3. Nachweis mit Jodwasserstoffsäure 114
4. Nachweis mit asymmetrischem Diphenylhydrazin 114
5. Nachweis mit Eisen(II)sulfat 115

E. Farbreaktionen 115
1. Nachweis mit Pyrrol 115
Tabelle 1. Empfindlichkeiten einiger Mikronachweise der selenigen Säure 115
2. Nachweis mit Codein 115
3. Nachweis mit Brenzcatechin 116
4. Nachweis mit Aspidospermin 116
5. Nachweis mit Colchicin 116
6. Nachweis mit Petroleum 116

§ 6. Nachweis von Selenat-Ion (SeO_4'') 116
Allgemeines 116
I. Nachweis auf trockenem Wege 116
II. Nachweis auf nassem Wege 116
A. Fällungsreaktionen 116
1. Nachweis mit Bariumchlorid 116
2. Nachweis mit Bleisalzen 116
3. Nachweis mit Silbernitrat 116

B. Reduktionsreaktionen 116
1. Reaktion mit Schwefelwasserstoff 116
2. Reaktion mit Salzsäure 116
3. Reaktion mit unterphosphoriger Säure, Titan(III)chlorid, Acetylen oder Hydrazinsulfat 116

C. Mikro- und Tüpfelreaktionen 117
1. Reaktion mit Quecksilber(I)nitrat 117
2. Reaktion mit Calciumsalzen 117
3. Nachweis mit asymmetrischem Diphenylhydrazin 117

§ 7. Nachweis von seleniger Säure und Selensäure nebeneinander 117
§ 8. Biologischer Nachweis 117
§ 9. Nachweis von Selen neben Tellur und Trennung von anderen Elementen 117

Seite
A. Nachweis von Selen neben Tellur und Trennung von Tellur 117
1. Nachweis mit Schwefeldioxyd 117
2. Nachweis mit Schwefeldioxyd und Salzsäure 117
3. Nachweis mit Eisen(II)sulfat 118
4. Nachweis mit Hydrazinsulfat 118
a) Nach Zusatz von Ammoniumtartrat 118
b) Nach Zusatz von Schwefelsäure 118
5. Nachweis mit Hydroxylaminchlorid 118
6. Nachweis mit Jodwasserstoffsäure 118
7. Nachweis mit Bromwasserstoff 118
8. Nachweis mit Kaliumcyanid 118
Tabelle 2. Trennungs- und Nachweisverfahren des Selens und Tellurs 118
B. Nachweis im Gange der Analyse 119
§ 10. Nachweis von Selen in verschiedenen Fällen 119
1. Nachweis in Schwefelsäure 119
2. Nachweis in Schwefel 119
3. Nachweis in Glas 119
4. Nachweis in Kupfer 119
5. Nachweis in organischen Verbindungen 120
6. Nachweis im menschlichen, tierischen und pflanzlichen Organismus 120
Literatur 120

Selen.

Se, Atomgewicht 78,96; Ordnungszahl 34.

Das Selen gehört zu den selteneren Elementen, ist aber in der Natur in kleinen Mengen ziemlich verbreitet. Es kommt in einigen, mehr mineralogisch als technisch wichtigen, natürlichen Metallseleniden vor, ferner als mengenmäßig zwar untergeordneter, aber häufiger Vertreter von Schwefel in Pyriten und sulfidischen Erzen und schließlich auch frei im vulkanischen Schwefel. Beim Verarbeiten selenhaltiger Kiese auf Schwefelsäure durch das Bleikammerverfahren häuft sich das Selen hauptsächlich im Bleikammerschlamm an. Beim Abrösten von Kupfererzen findet es sich im Flugstaub und bei der elektrolytischen Kupferraffination im Anodenschlamm vor. Diese Abfallprodukte werden meistens durch Extraktion mit Cyankalium und durch Zersetzung des entstandenen Kaliumselencyanids mit Salzsäure nach den folgenden Gleichungen auf Selen aufgearbeitet:

$$KCN + Se = KCNSe$$
$$KCNSe + HCl = KCl + HCN + Se.$$

Das Selen kommt amorph und krystallisiert vor. Die beim schnellen Abkühlen des geschmolzenen Elements erhaltene, glasige, rötlichbraune Masse ist amorph; auch seine ziegelrote, durch Reduktion aus der Lösung der selenigen Säure gewonnene Erscheinungsform wird als amorph bezeichnet. Beide sind in Schwefelkohlenstoff löslich. Aus dieser Lösung krystallisiert zuerst die rote, monokline Modifikation aus, die bei gewöhnlicher Temperatur langsam, über 90° C schneller in das stabile, graue, krystallinische, „metallische" Selen übergeht. Die Dichten liegen zwischen 4,28 (glasiges Selen) und 4,78 („metallisches" Selen). Der Schmelzpunkt des „metallischen" Selens liegt bei 217° C; bei den anderen Modifikationen liegt er tiefer. Der Siedepunkt liegt bei 690° C.

Das ziegelrote, amorphe Selen löst sich in konzentrierter Schwefelsäure zu einer dunkelgrünen Lösung, welche Selensulfoxyd, $SeSO_3$, enthält und, wenn die Lösung mit Wasser verdünnt wird, sich wieder als rötliche Flocken ausscheidet. Selen bildet auch ziemlich stabile kolloidale Lösungen.

Die elektrische Leitfähigkeit des Selens ist bei gewöhnlicher Temperatur und im Dunkeln außerordentlich klein. Sie steigt sehr stark an, wenn die Temperatur erhöht wird oder wenn das Selen belichtet wird. Am stärksten zeigt diesen Effekt das graue Selen. Man verwendet es deshalb zur Herstellung photoelektrischer Zellen.

Seiner Stellung in der VI. Gruppe des periodischen Systems entsprechend nimmt Selen in bezug auf seine chemischen Eigenschaften eine Mittelstellung zwischen Schwefel und Tellur ein. Selen tritt in seinen Verbindungen 2wertig in Selenwasserstoff, H_2Se, und in den Seleniden, 4wertig in Selendioxyd, SeO_2 in der selenigen Säure, H_2SeO_3, und in den Seleniten und ferner 6wertig in der Selensäure, H_2SeO_4, und in den Selenaten auf.

Selen verbrennt an der Luft mit einer kornblumenblauen Flamme zu Selendioxyd, wobei ein unangenehmer an faulenden Rettich erinnernder Geruch wahrnehmbar wird. Durch Kochen mit konzentrierter Schwefelsäure. ebenso wie mit Salpetersäure oder Königswasser, wird Selen nur zu seleniger Säure oxydiert. Beim Schmelzen mit Soda und Salpeter entsteht aber Natriumselenat, Na_2SeO_4. Die Aufoxydation von seleniger Säure zu Selensäure erfolgt in wäßrigen Lösungen nur mit Hilfe stärkster Oxydationsmittel, wie Chlor oder Brom. Die selenige Säure läßt sich leicht mit verschiedenen Reduktionsmitteln zum Selen reduzieren. In geeignet gepufferten Lösungen verläuft die Reduktion mit starken Reduktionsmitteln sogar bis zum Selenwasserstoff. Die Selensäure wird nicht so leicht reduziert wie die selenige Säure, s. hierzu Tellur, Tab. 1.

Bei der systematischen Untersuchung auf Kationen treten Selen und Tellur im Niederschlage, der beim Einleiten des Schwefelwasserstoffs in die erwärmte salzsaure Lösung entsteht, auf. Beide gehen bei der Extraktion mit gelbem Ammonsulfid gemeinsam mit As, Sb, Sn, Mo, nebst Teilen von Pt, Au, Ge in Lösung. Aus der Lösung werden Selen und Tellur mit den Metallsulfiden durch Ansäuern mit Salzsäure gefällt; aus dem abgesaugten und gewaschenen Niederschlage werden mit konzentrierter Salzsäure (D 1,2) die Sulfide von Sb und Sn ausgezogen und in dem Rückstande wird Selen nachgewiesen.

Nachweismethoden.

§ 1. Nachweis mit physikalisch-chemischen Methoden.

A. Spektralanalytischer Nachweis[1].

Für den spektralanalytischen Nachweis von Selen ist, wie für den von Schwefel eine sehr energiereiche Entladung erforderlich. Beim Erhitzen des Selens in der Leuchtgas-Sauerstoffflamme erhält man, wie bei Durchgang einer einfachen Entladung durch ein Geißlerrohr, das analytisch bedeutungslose Bandenspektrum (EDER und VALENTA). Erst mit einem stark kondensierten Funken erhält man im Geißlerrohr und bei selenhaltigen Metallelektroden das Linienspektrum des Selens. Auch mit dem Abreißbogen lassen sich einige Selenlinien bei selenhaltigen Elektroden beobachten.

1. Nachweis von Selen bei der Reinheitsprüfung von Silber, Zink und Blei. Der spektralanalytische Nachweis von Selen ist nicht besonders empfindlich.

Bei der spektrographischen Reinheitsprüfung von Silber geben WA. GERLACH und WE. GERLACH (S. 177) folgende Linien, die mit sensibilisierter Platte zum Selennachweis ohne weiteres verwendet werden können, an: $\lambda = 2063{,}7$ Å und $\lambda = 2074{,}8$ Å. Die Linie 2164,3 Å ist nur im Abreißbogen beobachtbar, die Linien $\lambda = 3800{,}9$ Å, $\lambda = 3738{,}7$ Å und $\lambda = 3544{,}2$ Å sind nur im stark kondensierten Funken vorhanden. Am sichersten von diesen letzteren ist die Linie $\lambda = 3800{,}9$ Å; doch ist bei allen langwelligen Linien der Untergrund ziemlich stark wegen der notwendigen kondensierten Entladung. $\lambda = 3637{,}5$ Å ist durch eine stärkere Silber- bzw. durch Blei- und Antimonlinien gestört.

[1] Mitbearbeitet von J. VAN CALKER, Münster (Westf.).

Bei der spektrographischen Reinheitsprüfung von Zink sind im kondensierten Funken ohne Selbstinduktion zum Selennachweis diese Linien zu gebrauchen: $\lambda = 3637,5$ Å (Vorsicht Pb-Linie $\lambda = 3639,6$ Å!), $\lambda = 3544,2$ Å, $\lambda = 3457,8$ Å, $\lambda = 3428,4$ Å, $\lambda = 3413,9$ Å, $\lambda = 2164,3$ und $\lambda = 2074,8$ Å; die letzten beiden sind auch im Abreißbogen verwendbar; $\lambda = 3800,9$ und $\lambda = 3738,7$ Å verstärken bei kondensierter Entladung schwache Funkenlinien; $\lambda = 2063,7$ Å wird von der Zn-Linie von $\lambda = 2064,2$ Å überstrahlt. Selen ist erst bei etwa 0,1% nachweisbar.

Für den Nachweis von Selen bei der spektrographischen Reinheitsprüfung von Blei mit sensibilisierter Platte können Verwendung finden: Die Linien $\lambda = 2063,7$ Å und $\lambda = 2074,8$ Å; die Linie $\lambda = 2164,3$ Å tritt nur im Abreißbogen $\lambda = 3800,9$ nur im stark kondensierten Funken auf. Weitere starke Funkenlinien sind durch Pb-Linien gestört (Wa. Gerlach und We. Gerlach, S. 181—82).

Der spektrographische Nachweis von Selen in Salzgemischen kann im Entladungsgefäß nach Pfeilsticker ausgeführt werden. Als Analysenlinien dienen bei Verwendung des Glasspektrographen die Linien $\lambda = 5176,0$ Å, $\lambda = 5227,5$ Å und $\lambda = 5142,1$ Å, bei Verwendung des Quarzspektrographen die Linien $\lambda = 2591,4$ Å, $\lambda = 3038,7$ Å und $\lambda = 2685,9$ Å.

Mittels Ringentladung im hochfrequenten Magnetfeld wird Selen verdampft und angeregt und auf diese Weise bei der spektralanalytischen Spurensuche als Verunreinigung in anderen Stoffen nachgewiesen (Fenner).

2. Nachweis von Selen in Tellur. Töpelmann konnte in einem Muster von Tellur in Stangen neben Kupfer, Silber und Arsen auch Selen spektralanalytisch mittels des kondensierten Funkens feststellen. Folgende Selenlinien traten im Spektrum auf: $\lambda = 1960$ Å, $\lambda = 2040,0$ Å, $\lambda = 2063,7$ Å, $\lambda = 2074,8$ Å, $\lambda = 2164,3$ Å, und $\lambda = 2413,5$ Å.

Die Dämpfe des Selens und seiner Verbindungen liefern auch Absorptionsspektra. Der Selendampf absorbiert alle Lichtstrahlen außer den roten; Selensäuredampf gibt ein kanneliertes Absorptionsspektrum im Blau und Violett.

B. Polarographischer Nachweis.

In ammoniakalischen Lösungen von Ammonchlorid oder von Weinsäure geben, nach Schwaer und Suchý, Selenite und Tellurite weit voneinander getrennte Stufen, und zwar TeO_3'' bei —0,6 Volt und SeO_3'' bei —1,4 Volt. Ein spitzes Maximum der Kurve des Diffusionsstroms zeigt die Anwesenheit von Tellurit an. In 0,5 m-Seignettesalzlösung sind die Stufen von Cu, Bi, Te, Se deutlich getrennt. Diese sind mit der gewöhnlichen polarographischen Empfindlichkeit erkennbar (Heyrovský, S. 362).

§ 2. Nachweis von Selen auf trockenem Wege.

1. Schmelzen mit Kaliumcyanid und Kochen mit Salzsäure. Schmelzt man Selenverbindungen (oder Selen) mit Kaliumcyanid im Wasserstoffstrom, so bildet sich Selenkaliumcyanid, KCNSe, aus dem sich das Selen bei längerem Kochen mit Salzsäure abscheiden läßt (Fresenius, S. 343).

2. Erhitzen in der Bunsenflamme. Hierbei geben Selenverbindungen kornblumenblaue Flammenfärbung unter gleichzeitiger Bildung eines Geruchs nach faulem Rettich. Der Reduktionsbeschlag ist ziegelrot bis kirschrot und gibt mit konzentrierter Schwefelsäure eine schmutziggrüne Lösung. Der Oxydbeschlag ist weiß und wird, mit Zinn(II)chlorid-Lösung betupft, rot von ausgeschiedenem Selen (Bunsen).

3. Erhitzen am Kohle-Soda-Stäbchen. Am Kohle-Soda-Stäbchen („Hepar"-Reaktion) bildet sich Selennatrium, welches beim Befeuchten auf Silber schwarzes Selensilber, Ag_2Se, und mit Säuren Selenwasserstoff gibt (Bunsen).

4. Erhitzen auf Kohle vor dem Lötrohr. Bei der Reduktion von Selenverbindungen auf Kohle vor dem Lötrohr entsteht ein Geruch nach faulem Rettich, die Flamme wird kornblumenblau gefärbt und der Reduktionsbeschlag ist ziegelrot bis kirschrot.

5. Erhitzen mit Salmiak im Glühröhrchen. Als Oxyde vorliegende oder in solche mit etwas Salpeter und Soda überführbare Selenverbindungen geben durch Verreiben der Schmelze mit Salmiak im Glühröhrchen ein durch Selen zunächst schwarz, oben rot gefärbtes Sublimat von Salmiak, entsprechend der Gleichung $(NH_4)_2SeO_4 = 4\ H_2O + N_2 + Se$. Nach einiger Zeit geht die Farbe des gesamten Sublimats in Rot über (BILTZ).

§ 3. Nachweis von elementarem Selen.

1. Kennzeichnung durch seine Krystallformen. Eine Probe von 1 mg wird im trockenen Reagensgläschen mit 1 cm^3 reinem Schwefelkohlenstoff versetzt, und 30 bis 40 Sek. unter leichtem Umschütteln in heißes Wasser eingetaucht. Der Gefäßboden beschlägt sich bald mit einem roten Belag. Man engt die Lösung auf die Hälfte oder ein Drittel ein und bringt mittels einer Capillare einige Tropfen auf einen Objektträger und prüft bei wenigstens 130facher lin. Vergrößerung im Mikroskop. Selen gibt dichtgesäte, hexaedrische, orangegelbe Krystalle (Schwefel gibt unter den gleichen Bedingungen langgestreckte, blaßgelbe Oktaeder) [DENIGÈS (a)].

2. Überführung in Selen-Bromderivate. Man versetzt 1 mg der zu prüfenden Probe mit 1 Tropfen einer 10 Vol.-%igen Lösung von Brom in Chloroform. Der sehr bald entstehende Belag wird noch vor Abdunsten des Lösungsmittels bei 130- bis 300facher Vergrößerung geprüft. Die Selenkörner werden sofort von Krystallspitzen überwachsen. Diese Krystallhaufen zerfallen jedoch fast augenblicklich nach Verschwinden des Chloroforms zu rotgelben Kügelchen verschiedener Größe, deren Aussehen an das einer Ölemulsion erinnert. Gibt man nun 1 Tropfen konzentrierte Schwefelsäure hinzu, so erstarrt die Masse zu einem sehr feinen, citronengelben Netzwerk. Diese Aufeinanderfolge von Formen ist für Selen spezifisch. Das Präparat riecht deutlich nach Knoblauch [DENIGÈS (a)].

3. Nachweis mit rauchender Schwefelsäure. Die Probe wird im 5 bis 6 cm langen Reagensglas von 8 bis 10 mm Durchmesser mit 1 cm^3 Oleum (mit etwa 30% SO_3) vorsichtig erhitzt. Die Flüssigkeit färbt sich rasch grün. Bei zu dunkler Färbung wird mit gewöhnlicher konzentrierter Schwefelsäure verdünnt. Nach dem Erkalten wird vorsichtig umgeschwenkt. Die überstehende Flüssigkeit färbt sich durch kolloides Selen trübrot [DENIGÈS (a)].

4. Nachweis mit konzentrierter Salpetersäure. Aus einer (nach Reaktion 1) mit Schwefelkohlenstoff behandelten Probe, welche den roten Belag und einige Tröpfchen des Lösungsmittels enthält, wird durch Eintauchen des Reagensglases in heißes Wasser der Schwefelkohlenstoff völlig entfernt; den Rückstand versetzt man mit 5 bis 6 Tropfen konzentrierter Salpetersäure, dampft fast zur Trockne, löst in wenig Salpetersäure, verdünnt die Lösung mit einigen Tropfen Wasser und bringt 2 Tropfen der Endflüssigkeit nebeneinander auf eine Tüpfelplatte. Auf eines der beiden Tröpfchen gibt man 1 Tropfen $SnCl_2$-Lösung, auf das andere ein Stückchen Magnesiumband. Beide Proben geben in Gegenwart von Selen eine feinflockige rote Fällung von amorphem Selen [DENIGÈS (a)].

§ 4. Nachweis von Selenid-Ion (Se'').

Im Wasserstoffstrom erwärmt, bildet Selen gasförmigen Selenwasserstoff, H_2Se, ein farbloses, dem Schwefelwasserstoff ähnlich riechendes, giftiges, in Wasser lösliches Gas. Die Lösung reagiert deutlich sauer und ist eine bedeutend stärkere, aber weniger stabile Säure als die Schwefelwasserstoffsäure. Unter Einwirkung von Staub und dem Luftsauerstoff scheidet sich allmählich Selen ab. Selenwasserstoffsäure bildet saure und neutrale Salze. Beim Kochen der Lösungen von Seleniden der Alkali- und Erdalkalimetalle mit freiem Selen entstehen rötlich gefärbte Lösungen von Polyseleniden (Analogie mit Schwefel und Tellur).

A. Nachweis auf trockenem Wege.

1. ***Erhitzen mit Soda auf Kohle.*** Hierbei geben unlösliche Selenide in Wasser lösliches Natriumselenid.

2. ***Erhitzen mit Salmiak im Glühröhrchen.*** Selenide geben ein rotes Sublimat von Selen (BARRAL, S. 355).

B. Nachweis auf nassem Wege.

1. ***Nachweis mit Salzsäure.*** Mit Salzsäure entsteht Selenwasserstoffgas von widerlichem, dem Schwefelwasserstoff ähnlichem Geruch.

2. ***Nachweis mit blankem Silber.*** Lösliche Selenide geben einen schwarzen Fleck von Silberselenid, Ag_2S.

3. ***Nachweis mit Bleiacetatpapier.*** Lösliche Selenide färben Bleiacetatpapier schwarz.

§ 5. Nachweis von Selenit-Ion (SeO_3'').

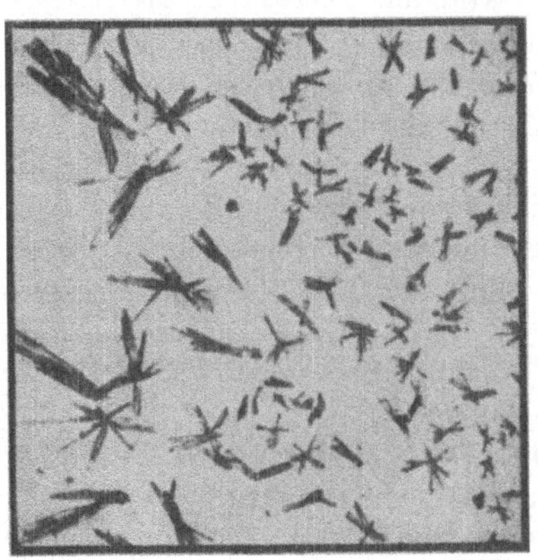

Abb. 1. Nachweis von Selen als Selendioxyd (nach W. GEILMANN).

An der Luft erhitzt, verbrennt Selen unter Verbreitung eines charakteristischen Geruches nach faulem Rettich zu Selendioxyd, SeO_2, das im Gegensatz zu SO_2 ein fester Körper ist, der sublimierbar ist und hierbei weiße, glänzende, monokline Nadeln bildet (s. Abb. 1). Selendioxyd ist hygroskopisch und vereinigt sich mit Wasser zu seleniger Säure, welche eine schwache zweibasische Säure ist und in wäßrigen Lösungen Hexahydroxo-Ionen $[Se(OH)_6]''$ bildet. Von ihr leiten sich zwei Reihen von Salzen ab. Die wäßrigen Lösungen der normalen Selenite reagieren alkalisch. Von diesen sind nur die der Alkalien in Wasser löslich Die meisten Selenite lösen sich in HNO_3 leicht, das Blei- und Silbersalz schwer. Saure Selenite sind in Wasser löslich. Sowohl selenige Säure als auch Selenite sind durch viele Reduktionsmittel leicht zu elementarem Selen reduzierbar (s. Reduktionsreaktionen).

I. Nachweis auf trockenem Wege.

Selenite geben die in § 2 erwähnten Reaktionen.

II. Nachweis auf nassem Wege.

A. Fällungsreaktionen.

1. ***Nachweis mit Bariumchlorid.*** In neutralen Selenitlösungen gibt Bariumchlorid einen weißen, in Salz- oder Salpetersäure löslichen Niederschlag von Bariumselenit, $BaSeO_3$.

2. ***Nachweis mit Bleisalzen.*** Bleisalze geben weißes in Salz- und Salpetersäure nur sehr schwer lösliches Bleiselenit.

3. ***Nachweis mit Silbernitrat.*** Mit Silbernitrat wird wenig lösliches, weißes Silberselenit ausgefällt.

4. Nachweis mit Kupfersulfat. In Alkaliselenitlösungen gibt Kupfersulfatlösung beim Kochen eine grünblaue krystalline Fällung von Kupferselenit $CuSeO_3 \cdot 2\,H_2O$, unlöslich in Wasser, löslich in Säure (Unterschied von Selensäure, welche keinen Niederschlag gibt).

5. Nachweis mit Magnesiumchlorid. Mit Magnesiamischung gibt selenige Säure meist erst nach einiger Zeit einen farblosen, krystallinen, in Säuren unlöslichen Niederschlag von Magnesiumselenit (Tellurite geben einen amorphen Niederschlag) (HILGER; v. GERICHTEN).

B. Reduktionsreaktionen.

1. Reduktion mit Schwefelwasserstoff. Selenite geben mit Schwefelwasserstoff in salzsaurer Lösung einen in der Kälte gelben, beim Erwärmen rotgelben, in Ammoniumsulfid löslichen Niederschlag, ein Gemenge fein zerteilten Selens und Schwefels.

2. Reduktion mit Schwefeldioxyd. In verdünnten oder konzentrierten salz- oder schwefelsauren Lösungen fällt Schwefeldioxyd rotes Selen (Unterschied von Tellur, das aus schwefelsaurer oder stark salzsaurer Lösung nicht gefällt wird).

Grenzkonzentration bei der Fällung aus erwärmter Lösung in verdünnter Schwefelsäure (1:4) beträgt 1:10000.

3. Reduktion mit Metallen. Eisen, Magnesium, Zink und Kupfer reduzieren in saurer Lösung zu Selen. Das Zink überzieht sich mit Selen und sieht wie verkupfert aus. Kupfer beschlägt sich in heißer Lösung schwarz. Bleibt die Flüssigkeit einige Zeit über dem Kupfer stehen, so färbt sie sich hellrot von ausgeschiedenem Selen. Mit Zink oder Magnesium in schwach essigsaurer Lösung ist die Reduktion besonders wirksam.

Erfassungsgrenze liegt hier mit Magnesium bei 0,1 γ Selen.

Mit nascierendem Wasserstoff wird Selenwasserstoff erhalten, der sich beim Erwärmen zersetzt und einen roten Beschlag von Selen bildet. Der Nachweis kann im MARSHschen Apparat geführt werden (MEUNIER). Durch Reduktion mittels Aluminiumpulvers in salzsaurer Lösung bildet sich wahrscheinlich eine gasförmige Wasserstoffperselenverbindung, H_2Se_2 (NIELSEN, MAESER und JENNINGS).

4. Reduktion mit Eisen(II)sulfat. Dieses fällt aus stark salzsauren Lösungen Selen rasch und vollständig. Unterschied von Tellur (KELLER).

5. Reduktion mit Zinn(II)chlorid. Es bewirkt in stark salz- oder schwefelsauren Lösungen Reduktion zu Selen. Über die Anwendung der Reaktion zum Nachweis im Harn s. KLEIN.

6. Reduktion mit Kaliumjodid. Kaliumjodid fällt aus salzsaurer Lösung rotes Selen in der Kälte. Unterschied von Tellur (PEIRCE). Zur Sichtbarmachung des nach

$$H_2SeO_3 + 4\ HJ = Se + 4\ J + 3\ H_2O$$

neben Jod gebildeten Selens, wird ersteres durch tropfenweise Zugabe einer 2%igen Thiosulfatlösung entfernt. Die Reaktion in dieser Form verwenden DENNIS und KOLLER zum Nachweis von seleniger Säure in Selensäure, wodurch noch die Gegenwart von 1 Teil SeO_2 in 2,5 Millionen Teilen Selensäure angezeigt wird. Als Tüpfelreaktion ausgeführt, dient dieselbe zum Nachweis von Selenit neben Tellurit, s. § 5, D 3.

7. Reduktion mit Quecksilber(I)chlorid In stark salzsaurer Lösung werden Selenite zu freiem Selen reduziert. Ähnlich reagieren As, Au, Pt, Pd und Te. In 20%iger salzsaurer Lösung liegt die Erfassungsgrenze für Selen bei 2 γ (PIERSON).

8. Reduktion mit Rhodanid. In salzsaurer Lösung (etwa 6n-HCl) findet Reduktion zu rotem Selen statt. Bei Siedehitze läßt sich 1 Teil Selen in 20 Millionen, nach wenigstens 48stündigem Stehen in 38 Millionen Teilen Lösung nachweisen. Eisen(II)-, Antimon(III)- und Zinn(II)verbindungen stören den Nachweis (LJUNG; HALL).

9. Reduktion mit Dithionit (Hyposulfit). Infolge seiner stark reduzierenden Wirkung scheidet das Reagens Selen aus Seleniten in einer intensiv gefärbten, kolloiden Form aus. Zum Nachweis wird 1 cm³ der zu prüfenden, schwach sauren Lösung mit ungefähr 0,1 g $Na_2S_2O_4$ versetzt. Um Täuschungen durch die orangegelb gefärbte, freie dithionige Säure zu vermeiden, wird nach der Reduktion mit etwas fester Soda neutralisiert. Bei genügendem Eindampfen liegt die Grenze des sicheren Nachweises der selenigen Säure bei einer **Grenzkonzentration** 1:160000. Die Reaktion läßt sich auch zum Nachweis von Selen in Schwefelsäure verwenden; der hier sich ausscheidende Schwefel wird durch das mitausfallende Selen mehr oder weniger intensiv rot gefärbt. Die **Erfassungsgrenze** liegt bei 1 Teil SeO_2 in 50000 Teilen Lösungsmittel (MEYER und JANNEK).

10. Reduktion mit unterphosphoriger Säure. Unterphosphorige Säure reduziert Selenite und Selenate zu elementarem Selen.

Erfassungsgrenze: 10 γ Se (BRÜMMING und FERREIN).

In neutralen oder alkalischen Lösungen schreitet die Reduktion oft bis zum Selenwasserstoff vor. Auch Arsenite, Arsenate, Tellurite und Tellurate werden zu den freien Elementen reduziert.

11. Reduktion mit Titan(III)chlorid. Titan(III)chlorid reduziert Lösungen der selenigen Säure bereits in der Kälte zu rotem Selen und kann zu deren Nachweis dienen. Auch Tellurite, Sulfite und Thiosulfate werden zu Tellur bzw. Schwefel reduziert (MONNIER). In einer mit Natrium- oder Ammoniumacetat und Essigsäure gut gepufferten Lösung schreitet die Reduktion von Seleniten und Selenaten beim Erwärmen bis zum Selenwasserstoff weiter, der am Geruch und im Kohlensäurestrom an der Bildung eines Selenspiegels erkannt werden kann (TOMČEK).

12. Reduktion mit Acetylen. Acetylen fällt aus Lösungen des 4wertigen wie auch des 6wertigen Selens das Selen selbst in sehr kleinen Mengen rasch aus.

Grenzkonzentration: 1:100000 (JOUVE).

13. Reduktion mit Hydrazinsalzen. Durch diese werden sowohl Selenite als auch Selenate zu freiem Selen reduziert. Versetzt man 2 cm³ der zu prüfenden Lösung mit 3 Tropfen konzentrierter Schwefelsäure und einigen Körnchen Hydrazinsulfat und kocht, so erhält man noch eine Rotfärbung bei einer Konzentration von 5 mg Selen im Liter (MÜLLER); vgl. auch HOVORKA.

14. Reduktion mit Phenylhydrazin. Zum Nachweis kleiner Mengen Selenit kann auch Phenylhydrazin dienen, das in der Wärme Selen in kolloider Form zur Abscheidung bringt.

Erfassungsgrenze: Etwa 300 γ Se (MONTIGNIE).

15. Reduktion mit Hydroxylaminsalzen. Aus stark salzsaurer Lösung von Seleniten wird Selen gefällt (Unterschied von Tellur) (JANNASCH und MÜLLER).

16. Reduktion mit Hydrochinon. Hydrochinon in schwefelsaurer Lösung reduziert zum freien Element (PUTNAM, ROBERTS und SELCHOW), s. Mikroreaktionen des Selenit-Ions (§ 5, C 3).

17. Reduktion mit Thioharnstoff, $C{=}S\begin{smallmatrix}\diagup NH_2\\ \diagdown NH_2\end{smallmatrix}$. Fester oder gelöster Thioharnstoff fällt auch aus sehr verdünnten salzsauren Lösungen der Selenite in der Kälte Selen als charakteristisch rotes Pulver aus. Nitrate sowie größere Mengen Kupfer stören den Nachweis (FALCIOLA). Empfohlene Reaktion (Tab. der Reagenzien, S. 87).

C. *Mikroreaktionen.*

1. Nachweis mit Quecksilber(I)nitrat. Selenige Säure oder lösliche Selenite geben mit einer Lösung von 10 g Quecksilber(I)nitrat in einer Mischung von 10 cm³ Salpetersäure (D 1,39) und 100 cm³ Wasser noch in großer Verdünnung einen weißen krystallinen Niederschlag von Quecksilber(I)selenit, Hg_2SeO_3. Es bilden sich Nadeln und Nadelbüschel (s. Abb. 2) [DENIGÈS (b)].

2. Nachweis mit Magnesium. In schwach essigsaurer Lösung erhält man mit Magnesium in einigen Minuten nach Auflösung des überschüssigen Metalls in Salzsäure rote, durchscheinende Hohlkörper oder, bei einem Gehalt von weniger als 0,02% Se im Probetropfen, rote Flocken (BEHRENS-KLEY, S. 152).

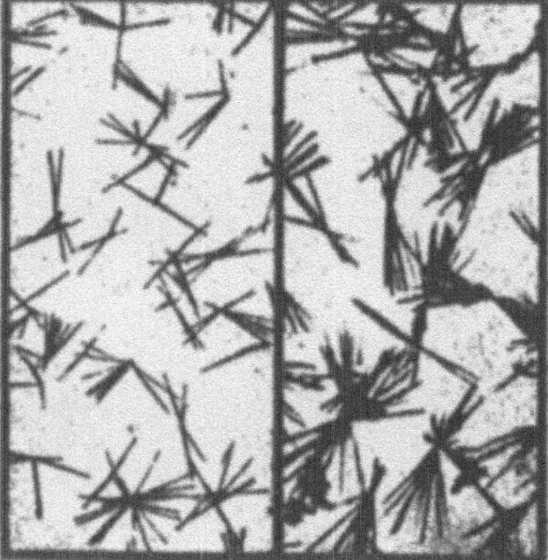

Abb. 2. Nachweis von Selenit-Ion mit Quecksilber(I)nitrat (nach W. GEILMANN).

3. Nachweis mit Hydrochinon. Gibt man zu verdünnten schwefelsauren Selenitlösungen 1 Tropfen Hydrochinonlösung in konzentrierter Schwefelsäure, so färbt sich die Lösung gelblichbraun. Im Mikroskop zeigt die gefärbte Zone metallisches Selen.

Erfassungsgrenze: 0,08 γ Se (PUTNAM, ROBERTS und SELCHOW).

4. Nachweis mit Thioharnstoff, $C\!\begin{smallmatrix}\diagup NH_2\\ = S\\ \diagdown NH_2\end{smallmatrix}$. Gibt man zu 1 Tropfen der verdünnten salzsauren Probelösung auf dem Objektträger 1 Tropfen einer 10%igen wäßrigen Thioharnstofflösung, so erhält man in Gegenwart von Selen einen feinen, amorphen, im auffallenden Licht leuchtend rot, im durchfallenden Licht dunkelblau bis purpurrot erscheinenden Niederschlag. Auf diese Weise sind noch weniger als 0,01% Selen nachweisbar. Mit dem Reagens reagieren gleichfalls Cu, Au, Hg und Bi, welche aber den Selennachweis nicht stören (EVANS).

5. Nachweis mit Zinn(II)chlorid. Die Reaktion verläuft schneller als mit Magnesium und ist durch die Bildung einer charakteristischen hochroten Farbe des pulvrigen Niederschlages gekennzeichnet.

Erfassungsgrenze: Etwa 4 γ Se (BEHRENS-KLEY, S. 152).

6. Fällung als Selenjodid, SeJ_4. In salzsaurer Lösung wird mit Kaliumjodid ein pulvriger, bräunlichroter Niederschlag von Selenjodid erhalten. Mit einem Reagensüberschuß entstehen orange bis blutrote Leisten und Tafeln, welche durch Wasser unter Abscheidung von rotem Selenjodid zersetzt werden.

Erfassungsgrenze: 1,5 γ Se (BEHRENS-KLEY, S. 153).

7. Nachweis mit Benzyl-pseudo-Thioharnstoffhydrochlorid. Mit Selenitlösungen entstehen lange, dünne, farblose Nadeln, ähnlich denjenigen aus konzentrierten Sulfitlösungen, aber geruchlos (Unterscheidung von Sulfiten und Seleniten). Störend wirken: Thiosulfate, Polythionate, CN′, $Fe(CN)_6''''$, CrO_4'', MnO_4', CO_3'', ClO_4', F′, Molybdate, Wolframate, Vanadate; $Fe(CN)_6'''$ und ClO′ (CHAMOT und BRICKENKAMP).

8. Nachweis mit Calciumchlorid. Man dampft auf dem Objektträger einen Mikrotropfen einer Selenitlösung ein, deckt den abgekühlten Rückstand mit 1 Tropfen reiner Vaseline und bringt auf diese 1 Tropfen einer 5%igen Calciumchloridlösung. Nach dem Abdecken des Präparates sieht man unter dem Mikroskop eine Menge meist sternförmig geordneter, farbloser Krystalle, s. Abb. 3 (MARTINI).

D. *Tüpfelreaktionen.*

1. Nachweis mit Thioharnstoff. Zum Tüpfelnachweis wird etwas gepulvertes Reagens auf Filtrierpapier gebracht und mit der zu prüfenden Lösung befeuchtet; es scheidet sich auch bei Gegenwart anderer Elemente ein orangeroter Niederschlag von Selen ab. Tellur und Wismut bilden gelbe Niederschläge; neben 25 γ Te sind noch 5 γ Se nachweisbar.

Erfassungsgrenze: 0,1 γ Se.

Grenzkonzentration: 1:500000 (Feigl, 2. Aufl., S. 335).

Abb. 3. Nachweis von Selenit-Ion mit Calciumchlorid (nach A. Martini).

2. Nachweis mit 1,8 Naphthylendiamin, H_2N NH_2 . Mit Seleniten gibt das Reagens in essigsaurer Lösung einen braunen Niederschlag (Sachs), der bei Reagensüberschuß im wesentlichen aus Di-peri-naphtho-selen-diazol

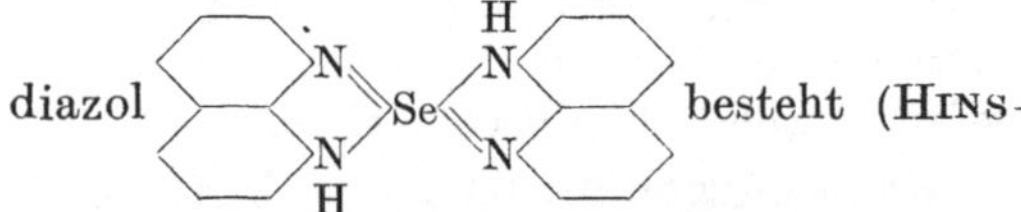

besteht (Hinsberg). Diese Reaktion ist bei Abwesenheit von Nitrit für Selenite spezifisch. Zur Ausführung derselben als Tüpfelreaktion wird 1 Tropfen der neutralen oder schwach essigsauren Lösung im Mikroreagensglas mit 1 bis 2 Tropfen 0,5%iger 1,8-Naphthylendiamin-sulfatlösung und 1 Tropfen Essigsäure versetzt und 5 bis 10 Min. im Wasserbad im kochenden Wasser belassen.

Erfassungsgrenze: 1 γ SeO_2.

Grenzkonzentration: 1:50000 (Feigl, 2. Aufl., S. 335).

3. Nachweis mit Jodwasserstoffsäure. Wird der Selennachweis nach Dennis und Koller (s. § 5, B 6) als Tüpfelreaktion ausgeführt, so verfährt man folgendermaßen: Filtrierpapier wird mit 1 Tropfen konzentrierter Jodwasserstoffsäure (oder KJ-Lösung und 1 Tropfen HCl) betüpfelt und auf die Mitte des feuchten Fleckes 1 Tropfen der sauren Probelösung aufgebracht. Der sich dabei bildende schwarzbraune Fleck wird mit einigen Tropfen 5%iger Thiosulfatlösung entfärbt. In Gegenwart von Selen hinterbleibt ein rotbrauner Fleck von elementarem Selen.

Erfassungsgrenze: 1 γ Se.

Grenzkonzentration: 1:25000. Auf diese Weise kann das Selen neben Tellur nachgewiesen werden (s. Nachweise neben Tellur) (Poluektoff, s. auch Feigl, 3. Aufl., S. 344).

4. Nachweis mit asymmetrischem Diphenylhydrazin,

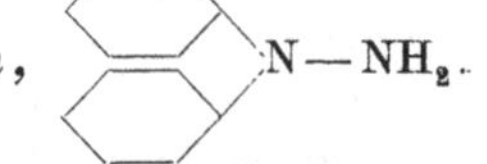

Die Violettfärbung, verursacht durch die Bildung von Chinonanil-Diphenylhydrazon,

das Oxydationsmittel mit asymmetrischem Diphenylhydrazin geben, kann zum Nachweis von seleniger Säure Verwendung finden. Zum Tüpfelnachweis werden 4 Tropfen einer frisch bereiteten, 1%igen Lösung des Reagenses in Eisessig mit je 1 Tropfen verdünnter Salzsäure und 1 Tropfen der zu prüfenden Lösung versetzt. Bei Gegenwart von seleniger Säure tritt sofort Rotfärbung auf, die schnell in ein intensives Rotviolett übergeht. Bei sehr kleinen Mengen tritt die Reaktion erst in einigen Minuten ein und in solchen Fällen ist die Anstellung einer Blindreaktion ratsam.

Erfassungsgrenze: 0,05 γ SeO_2.

Grenzkonzentration: 1:1000000.

Auch Selenate bewirken eine Rotfärbung.

Erfassungsgrenze: 100 γ SeO_3. Nach Überführung des Selenats in Selenit durch Erhitzen mit konz. Salzsäure kann noch 1 γ SeO_3 nachgewiesen werden (FEIGL und DEMANT, s. auch FEIGL, 3. Aufl., S. 345).

5. Nachweis mit Eisen(II)sulfat. In mineralsaurer Lösung kann Selenit auch mit Eisen(II)sulfat zu Selen reduziert werden.

Erfassungsgrenze: 10 γ Se (FEIGL, 3. Aufl., S. 346).

E. Farbreaktionen.

1. Nachweis mit Pyrrol. Selenige Säure oxydiert unter geeigneten Bedingungen Pyrrol zum sog. Pyrrolblau, einem blauen Farbstoff unbekannter Zusammensetzung. In phosphorsaurer Lösung wird die Reaktion durch Eisensalze katalytisch beschleunigt. Zum Nachweis versetzt man 1 bis 2 cm^3 der zu prüfenden Lösung mit 1 cm^3 5%iger $FeCl_3$-Lösung und füllt mit Phosphorsäure (D 1,85) auf 10 cm^3 Gesamtvolumen auf. Nach gründlichem Durchmischen gibt man 5 bis 0 Tropfen einer 1%igen Lösung von Pyrrol in aldehydfreiem Äthylalkohol zu und beobachtet das Eintreten der Färbung (BERG und TEITELBAUM). Unter Verwendung von 1 Tropfen Probelösung, 1 Tropfen $FeCl_3$-Lösung und 7 Tropfen sirupöser Phosphorsäure (D 1,85) sind noch 0,5 γ Selen nachweisbar, bei einer **Grenzkonzentration** von 1:100000 (FEIGL, 2. Aufl., S. 336; 3. Aufl., S. 344).

Tabelle 1. Empfindlichkeiten einiger Mikronachweise der selenigen Säure.

Reagens	Nachweisbare Menge Se in γ	Grenzkonzentration	Erscheinung	Empfindlichkeit bestimmt
Diphenylhydrazin	0,035*	1:1400000	rotviolette Färbung	FEIGL und DEMANT, s. auch FEIGL, 3. Aufl., S. 345
Thioharnstoff	0,1	1:500000	orangerote Färbung	FEIGL, 2. Aufl., S. 335
Pyrrol	0,5	1:100000	grünblaue Färbung	FEIGL, 2. Aufl., S. 336; 3. Aufl., S. 344
1,8-Naphthylendiamin	0,71*	1:70000	hellbrauner Niederschlag	FEIGL, 2. Aufl., S. 335
HJ, $Na_2S_2O_3$	1	1:25000	rotbraune Färbung	POLUEKTOFF

* Umgerechnet.

2. Nachweis mit Codein. Zum Nachweis von Selen in konzentrierter Schwefelsäure kann Codein (DRAGENDORFFsche Reaktion) verwendet werden. Es tritt dabei eine Grünfärbung auf (SCHLAGDENHAUFFEN und PAGEL). Mittels Codeinphosphats (0,01 g in 10 cm^3 H_2SO_4) ist noch 1 Teil SeO_2 in 1000000 Teilen Schwefelsäure erkennbar. Eisen stört, da es eine blaue Färbung gibt (SCHMIDT); vgl. auch REICHINSTEIN. BOWMAKER und CAUWOOD verwenden die Reaktion zur Ermittlung von Selen in entfärbtem Glas. Empfohlene Reaktion (Tabellen der Reagenzien, S. 87). — Tellurige Säure färbt codeinhaltige Schwefelsäure erst nach längerem Stehen rötlich bis blaßblau (SCHMIDT).

3. Nachweis mit Brenzcathechin. Mit selenhaltiger Schwefelsäure gibt Brenzcatechin eine smaragdgrüne, später eine blaue Färbung oder Fällung [LEVINE (a)].

4. Nachweis mit Aspidospermin. Man erhält in selenhaltiger konzentrierter Schwefelsäure beim Erhitzen eine leuchtende Violettfärbung (PALET). Bei größeren Selenmengen (2 mg Se in 100 cm³ H_2SO_4) entsteht aber schon eine Braunfärbung und beim Stehen scheidet sich Selen ab.

5. Nachweis mit Colchicin bzw. Veratrin. Mit Colchicin färbt sich selenhaltige Schwefelsäure intensiv gelb, mit Veratrin rotblau bis rot (FRITSCH).

6. Nachweis mit Petroleum. Selenhaltige Schwefelsäure, geschüttelt mit gut raffiniertem Petroleum, färbt sich schwarz. So läßt sich 1 Teil SeO_2 in 20000 Teilen Schwefelsäure nachweisen (SCHULZ).

§ 6. Nachweis von Selenat-Ion (SeO_4'').

Die Selensäure, H_2SeO_4, ist unbeständiger als die selenige Säure. Sie ist nicht so stark wie die Schwefelsäure; sie ist eine zweibasische Säure. Beide Reihen ihrer Salze sind bekannt. Die normalen Salze des K, Na, Ca und Mg sind den betreffenden Sulfaten ähnlich. Bariumselenat ist nicht so schwerlöslich wie das Bariumsulfat. Die Selensäure läßt sich nicht so leicht reduzieren wie die selenige Säure, was zur Unterscheidung von beiden benutzt werden kann.

I. Nachweis auf trockenem Wege.

Selenate geben die in § 2 erwähnten Reaktionen.

II. Nachweis auf nassem Wege.

A. Fällungsreaktionen.

1. Nachweis mit Bariumchlorid. Selensäure oder Selenate geben weißes, in Wasser und verdünnten Säuren unlösliches Bariumselenat, $BaSeO_4$. In starker Salzsäure löst es sich unter Chlorentwicklung. In der Anionengruppe fällt es gemeinsam mit dem Sulfat-Ion aus.

2. Nachweis mit Bleisalzen. Durch diese wird schwer lösliches Bleiselenat gefällt. Der Niederschlag ist in Salpetersäure sehr schwer löslich, in kochender Salzsäure wird er unter Chlorentwicklung zersetzt.

3. Nachweis mit Silbernitrat. Dieses gibt in neutralen (p_H 6 bis 7) Selenatlösungen weißes, wenig lösliches Silberselenat, Ag_2SeO_4. Der Zusatz von Acetat und Aceton verbessert die Fällung. Man versetzt 8 bis 10 cm der Probelösung mit 1 bis 2 Tropfen 2 n-Natriumacetatlösung und 2 bis 3 cm³ Aceton und fügt 1 bis 2 Tropfen der 0,1 n-$AgNO_3$-Lösung hinzu.

Erfassungsgrenze: 0,065 γ SeO_3.

Die Reaktion eignet sich zum Nachweis von Selenat in Anwesenheit von Sulfat (RIPAN).

B. Reduktionsreaktionen.

1. Reaktion mit Schwefelwasserstoff. Dieser fällt Selensäurelösungen nicht.

2. Reaktion mit Salzsäure. Durch Einkochen mit Salzsäure wird Selensäure zu seleniger Säure unter Chlorentwicklung reduziert. Eine solche Lösung zeigt dann die Reaktionen der Selenite.

3. Reaktion mit unterphosphoriger Säure, Titan(III)chlorid, Acetylen oder Hydrazinsulfat. Mit diesen Reagenzien wird (wie schon beim Selenit angegeben, siehe § 5 B, 10 bis 13) Selensäure zu freiem Selen reduziert.

C. Mikro- und Tüpfelreaktionen.

1. Reaktion mit Quecksilber(I)nitrat. Selensäure oder Selenate geben mit dem gleichen oder halben Volumen Reagenslösung [10 g Quecksilber(I)nitrat, gelöst in einer Mischung von 10 cm³ Salpetersäure (D 1,39) und 100 cm³ Wasser] einen weißen Niederschlag von Quecksilber(I)selenat, der bei einem Gehalt von 0,1% rasch krystallinisch wird. Die Krystalle werden durch Salzsäure erst nach wiederholtem Abdampfen zersetzt [Denigès (b)].

2. Reaktion mit Calciumsalzen. Mit Calciumsalzen scheiden die Selensäure und die löslichen Selenate dem Calciumsulfat ganz ähnliche Krystalle von Calciumselenat, $CaSeO_4 \cdot 2\,H_2O$, aus (Behrens-Kley, S. 168), s. Schwefel, Abb. 1.

3. Nachweis mit asymmetrischem Diphenylhydrazin. Siehe § 5, D 4.

§ 7. Nachweis von seleniger Säure und Selensäure nebeneinander.

Schwefeldioxyd reduziert in schwefelsaurer Lösung nur selenige Säure, in konzentrierter Salzsäure auch Selensäure. Zum Nachweis von seleniger Säure werden 3 cm³ der zu prüfenden Lösung mit 5 cm³ konzentrierter Schwefelsäure und etwas festem Natriumsulfit versetzt und gekocht. Ein roter Niederschlag zeigt selenige Säure an.

Erfassungsgrenze: 5 mg Selen im Liter.

Zum Nachweis von Selensäure wird das Filtrat nach Prüfung auf Vollständigkeit der Ausfällung mit 3 Tropfen konzentrierter Salzsäure und festem Natriumsulfit versetzt und gekocht. Ein erneuter roter Niederschlag zeigt Selensäure an. Die Empfindlichkeit des Nachweises ist die gleiche wie die des Nachweises der selenigen Säure (Müller).

§ 8. Biologischer Nachweis.

Einige Schimmelpilze, besonders *Penicillium brevicaule*, aber auch andere Arten der Gattung *Aspergillus* und *Mucor* reduzieren lösliche Selenverbindungen (sowie Arsen- und Tellurverbindungen) bis zum Selenwasserstoff, bzw. bis zu seinen Derivaten (Selenäthyl), die sich auch in großer Verdünnung durch widerlichen Geruch wahrnehmbar machen (Gossio). Die angefeuchteten Brotbröckchen (oder ein anderer Nährboden) werden mit Probematerial bestreut oder mit der Probelösung befeuchtet, sterilisiert und mit dem betreffenden Schimmelpilz geimpft. Je nach der Menge der Selenverbindung macht sich in $^1/_2$ bis 5 Std. der Geruch nach faulendem Rettich bemerkbar, vgl. hierzu auch Abel und Buttenberg; Smith und Cameron.

Wird die Kultur bei Luftmangel, z. B. in Fleischbouillon als Nährflüssigkeit, gehalten, so wird die Bildung der flüchtigen, eigenartig riechenden Selenverbindungen unterdrückt, und es findet bloß die Reduktion zu Selen statt. Unter Verwendung des *Bacillus Colli communis* läßt sich SeO_2 durch die ziegelrote Färbung bzw. Fällung der Nährflüssigkeit noch in Verdünnung 1:25000 erkennen [Levine (b)].

§ 9. Nachweis von Selen neben Tellur und Trennung von anderen Elementen.

A. Nachweis von Selen neben Tellur und Trennung von Tellur.

1. Nachweis mit Schwefeldioxyd. Man erhitzt die Lösungen der selenigen und tellurigen Säure in konzentrierter Schwefelsäure mit dem 4fachen Volumen einer mäßig starken, wäßrigen Lösung von Schwefeldioxyd und erwärmt einige Zeit. Es fällt Selen aus, das abfiltriert wird. Das Filtrat wird mit Salzsäure unter Zusatz von weiterer schwefliger Säure erhitzt. Es findet Fällung von Tellur statt (Divers und Shimosé).

2. Nachweis mit Schwefeldioxyd und Salzsäure. Man fällt das Selen aus stark salzsaurer Lösung (D 1,175) mit SO_2, verdünnt dann mit Wasser und fällt in gleicher Weise das Tellur (KELLER). Die Konzentration der Salzsäure darf nicht unter 28% (D 1,14) sinken (sonst scheidet sich allmählich Tellur ab). Die in kalter konzentrierter Salzsäure gelöste Probe der Oxyde wird unter ständigem Umrühren mit dem halben Volumen konzentrierter Salzsäure, die mit SO_2 bei gewöhnlicher Temperatur gesättigt worden ist, versetzt. Man läßt die Lösung stehen, bis das Selen sich abgesetzt hat (LENHER und KAO).

3. Nachweis mit Eisen(II)sulfat. Aus stark salzsaurer Lösung wird das Selen damit rasch und vollständig gefällt. Das Tellur bleibt in Lösung (KELLER).

4. Nachweis mit Hydrazinsulfat. **a) Nach Zusatz von Ammoniumtartrat.** Zur schwach salzsauren Lösung von seleniger und telluriger Säure gibt man gesättigte wäßrige Ammoniumtartratlösung hinzu und behandelt bei etwa 50 bis 60^0 1 bis 2 Std. mit Hydrazinsulfat. Es fällt nur das Selen aus (PELLINI).

b) Nach Zusatz von Schwefelsäure. 3 cm Lösung werden mit 3 Tropfen konzentrierter Schwefelsäure und einigen Körnchen Hydrazinsulfat versetzt und gekocht. Rotfärbung zeigt Selen an. Man prüft auf Vollständigkeit der Ausfällung des Selenits oder Selenats als freies Element. Nach dem Filtrieren wird die Lösung ammoniakalisch gemacht und mit Hydrazinsulfat gekocht. Tellurit und Tellurat werden zum Metall reduziert (MÜLLER).

5. Nachweis mit Hydroxylaminchlorid. Die Trennung durch Fällung von Selen gelingt vollständig beim Arbeiten in 17%iger (D 1,085) Salzsäure. Auch in weinsaurer Lösung kann die Trennung ausgeführt werden (LENHER und KAO).

6. Nachweis mit Jodwasserstoffsäure. Der Nachweis von Selen neben Tellur wird mittels HJ und $Na_2S_2O_3$ nach § 5, D 3 ausgeführt. Selenige Säure wird zu elementarem Selen reduziert, während tellurige Säure unter Bildung des rotbraun gefärbten Anions (TeJ_6''), welches durch Thiosulfat entfärbt wird, reagiert. Auf diese Weise sind 2,5 γ Selen neben der 615fachen Menge Tellur nachweisbar (POLUEKTOFF).

7. Nachweis mit Bromwasserstoff. Zur Trennung kann die verschiedene Flüchtigkeit der Bromide Verwendung finden (GOOCH und PEIRCE). Der Methode bedienen sich NOYES und BRAY, um im Gange der qualitativen Analyse Selen und Tellur voneinander zu trennen. Siehe den Nachweis von Selen in der Gruppe § 9 B.

Tabelle 2. Trennungs- und Nachweisverfahren des Selens und Tellurs.

Reagenzien	Verfahren	Aus der Lösung von SeO_3''	und TeO_3''	Untersucht von	Siehe
H_2SO_4 konz., SO_2	fällt	Se	—	DIVERS und SHIMOSÉ	§ 9, A 1
HCl, SO_2	fällt im Filtrat	—	Te		
HCl (D 1,175), SO_2	fällt	Se	—	KELLER	§ 9, A 3
SO_2	fällt im verdünnten Filtrat	—	Te		
H_2SO_4, Hydrazinsulfat	fällt	Se*	—	MÜLLER	§ 9, A 4b
NH_4OH, Hydrazinsulfat	fällt im Filtrat	—	Te*		
HCl, NH_4-tartrat, Hydrazinsulfat	fällt	Se	—	PELLINI	§ 9, A 4a
HCl (D 1,085), Hydroxylaminhydrochlorid	fällt	Se	—	LENHER und KAO	§ 9, A 5
HJ, $Na_2S_2O_3$	fällt	Se	—	POLUEKTOFF	§ 9, A 6
Schmelzen mit KCN in H_2	aus der Lösung der Schmelze fällt Luftstrom	—	Te	—	§ 9, A 3
9 n-HBr, Br_2	destilliert	$SeBr_4$	—	NOYES und BRAY	§ 9, A 7 u. § 9, B

*Auch aus 6wertiger Stufe.

8. Nachweis mit Kaliumcyanid. Beim Schmelzen mit Cyankalium im Wasserstoffstrom bildet sich Kaliumselenocyanid, KCNSe, und Kaliumtellurid. Ein Luftstrom, durch die Lösung der Schmelze in Wasser geleitet, scheidet alles Tellur ab, während Selen in Lösung bleibt (FRESENIUS, S. 343 und 345).

B. Nachweis im Gange der Analyse.

Das Selen wird mit der Selengruppe von den anderen Elementen abgetrennt. Die fein gepulverte Substanz wird im 50 cm^3-Kölbchen mit 9 n-HBr (D 1,48 bis 1,49), freies Brom enthaltender Lösung erhitzt; man destilliert nun ab, wobei $SeBr_4$, $AsBr_3$ und $GeBr_4$ (die Selengruppe) übergehen, und fängt sie in 5 cm gesättigten Bromwassers auf. Zur Entfernung des Bromüberschusses aus dem Destillat gibt man unter Kühlung tropfenweise eine molare Natriumpyrosulfitlösung ($Na_2S_2O_5$) hinzu, bis der Bromgeruch fast vollständig verschwunden ist. Zum Nachweis von Selen wird 1 cm^3 3fach molare Hydroxylaminchloridlösung zugegeben und im Laufe von 5 Min. auf dem Wasserbad erhitzt. Die Fällung eines roten, beim Erhitzen dunkel werdenden Niederschlages deutet auf die Anwesenheit von Selen. An Stelle von Hydroxylaminsalz können mit gleichem Erfolge Hydrazinsalze verwendet werden (NOYES und BRAY).

§ 10. Nachweis von Selen in verschiedenen Fällen.

1. Nachweis in Schwefelsäure. Außer den bereits erwähnten Farbreaktionen (§ 5, E) kann der Nachweis folgendermaßen ausgeführt werden: 0,5 bis 1 g Kaliumbromid, gelöst in 3 bis 4 cm^3 Bromwasser, werden zu 65 bis 100 cm^3 der zu prüfenden Schwefelsäure zugesetzt und dann destilliert man in eine Vorlage, welche 3 bis 4 cm^3 mit Schwefeldioxyd gesättigter Salzsäure enthält. Selen wird durch auftretende Rotfärbung erkannt. So kann 1 Teil Selen in 10000000 Teilen Schwefelsäure nachgewiesen werden (WELLS).

2. Nachweis in Schwefel. Man extrahiert 200 g fein gemahlenen Schwefel im Soxhletapparat mit Schwefelkohlenstoff, befreit den Auszug von letzterem, trocknet den Rückstand und erwärmt ihn mehrere Stunden mit 200 cm^3 rauchender Salpetersäure im Wasserbade, filtriert, dampft das Filtrat bis zur Bildung von Schwefelsäuredämpfen ein und weist Selen mit Zinn(II)chlorid (STEEL) oder mit anderen Reaktionen nach.

3. Nachweis im Glas. Zum Nachweis eignet sich Codein, s. § 5, E 2. Keines der glasbildenden Oxyde außer Manganoxyd stört diese Reaktion. 2 bis 3 g Glaspulver werden mit 20 cm^3 Flußsäure und 2 cm^3 Salpetersäure aufgeschlossen; der Rückstand wird getrocknet, mit 4 bis 5 cm^3 HNO_3 befeuchtet und wieder getrocknet. Hierauf wird er in 5 cm^3 HNO_3 (1:1) gelöst und die Lösung mit Wasser auf 100 cm^3 aufgefüllt. In einer Hälfte wird Mangan durch Oxydation zu Permanganat nachgewiesen. Ist kein Mangan zugegen, so wird die zweite Hälfte mit 10 cm^3 konzentrierter H_2SO_4 versetzt, mit Wasser und Salpetersäure abgeraucht, gekühlt und unter Zusatz von Stückchen Codeinphosphat bis zum Auftreten von Dämpfen erhitzt. Bei Gegenwart von Selen tritt smaragdgrüne Färbung auf. Bei Anwesenheit von Mangan muß dieses zuerst durch einen Zusatz von Bromwasser und von Ammoniak unter nachherigem Kochen beseitigt werden (BOWMAKER und CAUWOOD).

4. Nachweis im Kupfer. Nach Auflösen in Salpetersäure (5 g Cu in 50 cm^3 HNO_3, D 1,2), Abrauchen mit 100 cm^3 Schwefelsäure und Aufnehmen des Rückstandes mit 50 cm^3 lauwarmer konzentrierter Salzsäure wird die Lösung mit Natriumhypophosphit (Na_2PO_3) entfärbt und noch in kleinem Überschuß versetzt. Die rote bzw. schwarze Färbung läßt die Anwesenheit von Selen bzw. Tellur erkennen.

Erfassungsgrenze: 0,0005% für Se oder Te.

Bei Anwendung von 5 g Kupfer wird der Nachweis von 0,005% Se oder Te nicht gestört bei gleichzeitiger Gegenwart von 10% Sn, Cd, Zn oder Na, von 9% P, von 7% Pb, von 3% Mn, von 2% Fe oder Al, von 0,5% As oder Sb, von 0,1% Bi und 0,05% Ni; 0,04% Co stört durch eine schwache Rotfärbung (CHALLIS).

Auch mit Cadmiumacetat in schwach alkoholhaltiger Lösung läßt sich Selen in Kupfer neben Tellur und Schwefel nach dem Auflösen in 10%iger Kaliumcyanidlösung durch eine orangerote Färbung bzw. eine solche Fällung nachweisen. Reingelber Niederschlag weist auf Schwefel hin. Ist Tellur vorhanden, so entsteht schon beim Übergießen der Kupferspäne mit Cyanidlösung eine rote Färbung der Flüssigkeit, die jedoch nach Zugabe von einigen Kubikzentimetern Äthanol und Cadmiumacetatlösung (25 g Cadmiumacetat in 200 cm³ konzentrierter Essigsäure aufgelöst und mit Wasser zu 1 Liter verdünnt) verschwindet, worauf die Bildung eines grauschwarzen Niederschlages folgt. Bei gleichzeitiger Anwesenheit von Selen und Tellur in Kupfer, bilden sich beide Niederschläge deutlich übereinander (HINRICHSEN und BAUER).

5. Nachweis in organischen Verbindungen. Allgemein üblich ist der Aufschluß mit konzentrierter Salpeter- und Schwefelsäure. HORN empfiehlt den Aufschluß nach KJELDAHL. Etwa 1 g der getrockneten Probe vermischt man im Kjeldahlkolben mit 40 cm³ konzentrierter Schwefelsäure, setzt 0,2 g HgO zu und erhitzt die Reaktionsflüssigkeit bis zum Farbloswerden. Nach Zusatz von etwas Codeinsalz entstandene grünblaue Färbung (s. § 5, E 2) zeigt die Anwesenheit von Selen an (HORN).

6. Nachweis im menschlichen, tierischen und pflanzlichen Organismus. Man verascht mit Natriumnitrat und Natriumcarbonat, zieht mit Wasser aus und dampft unter Zusatz von Salzsäure mehrmals zur Trockne ein. Die Salze löst man in Wasser und leitet unter Erwärmen Schwefelwasserstoff ein. Der abfiltrierte Niederschlag wird mit Soda und Salpeter verascht, Asche in Wasser gelöst und die Lösung mit konzentrierter Salzsäure eingedampft, dann mit konzentrierter Schwefelsäure erwärmt, bis alle Salzsäure entfernt ist. Der Nachweis kann mit Codein, mit Farbenreaktionen (s. § 5, E) oder mit anderen Nachweisreaktionen geführt werden (FRITSCH; GASSMANN).

Literatur.

ABEL, R. u. P. BUTTENBERG: Z. Hygiene **32**, 449 (1899); durch C. **1900 I**, 428.

BARRAL, E.: Précis d'Analyse chimique qualitative, Paris 1923. — BEHRENS-KLEY: Mikrochemische Analyse von P. D. C. Kley, I., Leipzig 191 . — BERG, R. u. M. TEITELBAUM: Mikrochemie, Emich-Festschrift **1930**, 23. — BILTZ, W.: Ausführung qualitativer Analysen, 6. Aufl., Leipzig 1940, S. 23. — BOWMAKER, E. J. C. u. J. D. CAUWOOD: J. Soc. Glass Technol. **11**, 386 (1928). — BRÜMMING, G. u. K. FERREIN: Pharm. Z. **73**, 656 (1928); durch C. **1928 II**, 278. — BUNSEN, R.: A. **138**, 257 (1866).

CHALLIS, H. J. G.: Analyst **67**, 186 (1942); durch C. **1942 II**, 2179. — CHAMOT, E. M. u. R. W. BRICKENKAMP: Mikrochemie **16**, 121 (1935).

DENIGÈS, G.: (a) Bl. Soc. Pharm. Bordeaux **75**, 137 (1937); durch Fr. **115**, 434 (**1939**); (b) Ann. Chim. anal. **20**, 57 (1915); durch C. **1916 I**, 487. — DENNIS, L. M. u. J. P. KOLLER: Am. Soc. **41**, 949 (1919). — DIVERS, E. u. M. SHIMOSÉ: Chem. N. **49**, 26 (1884); **51**, 199 (1885); durch Fr. **26**, 243 (1887).

EDER, J. M. u. E. VALENTA: Atlas typischer Spektren, Wien 1911. — EVANS, M. H.: Am. Mineralogist **22**, 1128 (1937); durch C. **1938 I**, 1167.

FALCIOLA, P.: Ann. Chim. applic. **17**, 357 (1927); durch C. **1927 II**, 1870. — FEIGL, F.: Qualitative Analyse mit Hilfe von Tüpfelreaktionen, 2. Aufl., Leipzig 1935; 3. Aufl., Leipzig 1938. — FEIGL, F. u. V. DEMANT: Mikrochim. A. **1**, 322 (1937). — FENNER, E.: Spectrochim. A. **1**, 164 (1939); durch Z. El. Ch. **48**, 50 (1942). — FRESENIUS, C. R.: Anleitung zur qualitativen chemischen Analyse, 17. Aufl., Braunschweig 1919. — FRITSCH, R.: H. **104**, 59 (1918); durch C. **1919 I**, 873.

GASSMANN, TH.: H. **97**, 307 (1916); durch C. **1916 II**, 956. — GEILMANN, W.: Bilder zur qualitativen Mikroanalyse, Leipzig 1934, Tabelle 32. — GERICHTEN, v., durch FRESENIUS, a. a. O., S. 343. — GERLACH, WA. u. WE. GERLACH: Die chemische Emissions-Spektralanalyse.

II. Teil, Leipzig 1933. — Gooch, F. A. u. A. W. Peirce: Am. J. Sci. (4) **1**, 181; Z. anorg. Ch. **12**, 118 (1896). — Gossio, R.: B. **30**, 1024 (1897).

Hall, W. T.: Ind. eng. Chem. Anal. Edit. **10**, 395 (1938). — Heyrovský, J.: Polarographie, Wien 1941. — Hilger: durch Fresenius, a. a. O., S. 343. — Hinrichsen, F. W. u. O. Bauer: Mitt. Materialpr. **1907**, 119. — Hinsberg, O.: B. **52**, 21 (1919). — Horn, M. J.: Ind. eng. Chem. Anal. Edit. **6**, 34 (1934). — Hovorka, V.: Chem. Listy **27**, 25, 49 (1933).

Jouve, A.: Bl. (3) **25**, 489 (1901); durch C. **1901 I**, 1389. — Jannasch, P. u. M. Müller: B. **31**, 2389 (1898).

Keller, E.: Am. Soc. **19**, 771 (1897); durch C. **1897 II**, 1092; Am. Soc. **22**, 241 (1900); durch C. **1900 II**, 143. — Klein: New Yorker med. Monatsschr. **1912**, Nr. 7; durch Mercks Reagenzien-Verzeichnis **1939**, 308.

Lenher, V. u. C. H. Kao: Am. Soc. **47**, 2454 (1925); Fr. **96**, 454 (1934). — Levine, V. E.: (a) J. Labor. clin. Med. **11**, 809 (1926); durch C. **1926 II**, 925; (b) J. Bakteriolog. **10**, 217 (1925); durch C. **1926 I**, 3243. — Ljung, H. A.: Ind. eng. Chem. Anal. Edit. **9**, 328 (1937).

Martini, A.: Mikrochemie **30**, 198 (1942). — Meunier, J.: Ann. Chim. anal. **22**, 41 (1917); durch C. **1917 II**, 193. — Meyer, J. u. J. Jannek: Fr. **52**, 534 (1913). — Monnier, A.: Ann. Chim. anal. **20**, 1 (1915); durch C. **1916 I**, 637. — Montignie, E.: Bl. (4) **51**, 127 (1932). — Müller, E.: Ph. Ch. **100**, 346 (1922).

Nielsen, J. P., Sh. Maeser u. D. S. Jennings: Am. Soc. **61**, 440 (1939); durch C. **1939 I**, 3862. — Noyes, A. A. u. W. C. Bray: A system of Qualitative Analysis for the rare elements. New York 1927.

Palet: Ann. Chim. anal. **23**, 25 (1918); durch C. **1918 I**, 1062. — Peirce: Z. anorg. Ch. **12**, 409 (1869). — Pellini, G.: G. **33**, I, 515; durch Fr. **50**, 521 (1911). — Pfeilsticker, K.: Spectrochim. A. **1**, 424 (1940); durch Z. El. Ch. **48**, 52 (1940). — Pierson, G. G.: Ind. eng. Chem. Anal. Edit. **6**, 437 (1934). — Poluektoff, N. S.: Mikrochemie **15**, 32 (1934). — Putnam, P. C., E. J. Roberts u. D. H. Selchow: Am. J. Sci. (5) **15**, 253 (1928); durch C. **1928 I**,2113.

Reichinstein, Z.: Trans. Inst. pure chem. Reagents (russ.), L g. **6**, 27 (1927); durch C. **1928 I**, 230. — Ripan, R.: Fr. **125**, 38 (1942).

Sachs, F.: A. **365**, 150 (1909). — Schlagdenhauffen u. Pagel: J. Pharm. Chim. (6) **11**, 261; durch C. **1900 I**, 944. — Schmidt, E.: Ar. **252**, 161 (1914). — Schulz, F.: Ch. Z. **35**, 1129 (1911). — Schwaer, L. u. K. Suchý: Coll. Trav. chim. T hécosl. **7**, 25 (1935). — Smith, W. R. u. E. J. Cameron: Ind. eng. Chem. Anal. Edit. **5**, 400 (1933). — Steel, F. W.: Chem. N. **86**, 135; durch C. **1902 II**, 1014.

Tabellen der Reagenzien für anorganische Analyse, Leipzig 1938. — Töpelmann, H.: Fr. **82**, 284 (1930). — Tomíček, O.: Bl. (4) **41**, 1399 (1927).

Wells, R. C.: J. Washington Acad. Science **18**, 127 (1928); durch C. **1928 I**, 2111.

Tellur.

Te, Atomgewicht 127,61; Ordnungszahl 52.

Von **OLDŘICH TOMIČEK**, Prag.

Mit 4 Abbildungen.

Inhaltsübersicht.

Seite

Vorkommen des Tellurs 124

Analytisch wichtige physikalische und chemische Eigenschaften des Tellurs. Sein Verhalten in der VI. Gruppe des periodischen Systems; Wertigkeit; Reduktions-Oxydationsverhältnisse des Tellurs (Tabelle 1) 124

Verhalten des Tellurs in der analytischen Gruppe im Gange der Analyse und seine Abtrennung von Begleitern 124

Nachweismethoden 125

§ 1. Nachweis mit physikalisch-chemischen Methoden 125

A. Spektralanalytischer Nachweis, mitbearbeitet von J. VAN CALKER, Münster (Westf.) 125

Allgemeines 125

Nachweisverfahren 125

1. Nachweis in Lösungen 125

2. Nachweis in Metallen 126

B. Polarographischer Nachweis 127

§ 2. Nachweis von Tellur auf trockenem Wege 127

1. Erhitzen in der Bunsenflamme 127

2. Erhitzen am Kohlen-Soda-Stäbchen 127

3. Schmelzen von Tellur, Tellursulfid oder einer Sauerstoffverbindung des Tellurs mit Kaliumcyanid 127

§ 3. Nachweis von elementarem Tellur 127

1. Reaktion mit konzentrierter Schwefelsäure 127

2. Nachweis als Tellur(IV)bromid 128

3. Nachweis als Tellur(IV)jodid 128

§ 4. Nachweis von Tellurid-Ion (Te'') 128

Allgemeines 128

I. Nachweis auf trockenem Wege 128

Erhitzen mit Soda auf Kohle 128

II. Nachweis auf nassem Wege 128

1. Nachweis mit Säuren 128

2. Nachweis mit Bleiacetatpapier 128

§ 5. Nachweis von Tellurit-Ion (TeO_3'') 128

Allgemeines 128

I. Nachweis auf trockenem Wege 129

II. Nachweis auf nassem Wege 129

A. Fällungsreaktionen 129

Nachweis mit Bariumchlorid 129

2. Nachweis mit Dinatriumphosphat 129

3. Nachweis mit Magnesiamischung 129

4. Nachweis mit Alkalihydroxyden und -carbonaten 129

B. Reduktionsreaktionen 129

1. Reduktion mit Schwefelwasserstoff 129

2. Reduktion mit Zink, Eisen, Kupfer, Zinn(II)- und Titan(III)-chlorid 129

Seite
3. Reduktion mit Quecksilber(I)chlorid 129
4. Reduktion mit Schwefeldioxyd und Natriumsulfit 129
5. Reduktion mit unterphosphoriger Säure 129
6. Reduktion mit Glucose 129
7. Reduktion mit Hydrazinchlorid bzw. -sulfat 129
8. Reduktion mit Hydroxylaminchlorid oder -sulfat 130
9. Reaktion mit Jodwasserstoffsäure 130

C. Mikroreaktionen 130
1. Fällung als Caesiumtellurchlorid 130
2. Fällung als Caesiumtellurjodid 130
3. Fällung als Anilin-Tellurjodid 130
4. Fällung als Tellur(IV)jodid 131
5. Reduktion durch Magnesium zu Tellur 131
6. Fällung mit Hexamminkobalt(III)chlorid 131

D. Farb- und Tüpfelreaktionen 131
1. Nachweis mit Ferriin und Bichromat 131
2. Nachweis mit Thioharnstoff 131
3. Nachweis mit unterphosphoriger Säure 131
4. Nachweis mit Alkalistannit 132
5. Nachweis mit Eisen(II)sulfat und sirupöser Phosphorsäure . . . 132
6. Nachweis durch induzierte Oxydation von Bromid 132

§ 6. Nachweis von Tellurat-Ion (TeO_4'') 132
Allgemeines 132
I. Nachweis auf trockenem Wege 133
II. Nachweis auf nassem Wege 133
A. Fällungsreaktionen 133
1. Nachweis mit Bariumchlorid 133
2. Nachweis mit Bleisalzen 133
3. Nachweis mit Hexamminchromnitrat 133
B. Reduktionsreaktionen 133
1. Reduktion mit Schwefelwasserstoff 133
2. Reduktion mit Zinn, Zinn(II)chlorid, Natriumhypophosphit und Alkalistannit 133
3. Reduktion mit schwefliger Säure 133
4. Reduktion mit Natriumdithionit (Natriumhyposulfit) 133
5. Reduktion mit Titan(III)chlorid 133
6. Reduktion mit Salzsäure 133
7. Reduktion mit Hydrazinchlorid 133
C. Mikroreaktionen 133
1. Fällung als Quecksilber(I)tellurat 133
2. Fällung als Tellur mit unterphosphoriger Säure 134
D. Farbreaktionen 134
1. Bildung gefärbter Kupferkomplexsalze 134
2. Nachweis durch Aufhebung einer katalytischen Reaktion 134
Tabelle 2. Empfindlichkeiten einiger Farbnachweise der tellurigen Säure und der Tellursäure 135

§ 7. Nachweis von telluriger Säure und Tellursäure nebeneinander 135

§ 8. Biologischer Nachweis 135

§ 9. Nachweis von Tellur neben Selen und Trennung von anderen Elementen 135
A. Nachweis von Tellur neben Selen 135
1. Nachweis mit Hydrazinsulfat 135
2. Nachweis mit Stannit und anderen Reagenzien 135
Tabelle 3. Empfindlichkeiten einiger Tellurnachweise neben Selen . . 136
B. Nachweis im Gange der Analyse 136
1. Nachweis nach NOYES und BRAY 136
2. Nachweis auf mikroanalytischem Wege 136

Literatur 136

Tellur.

Te, Atomgewicht 127,61; Ordnungszahl 52.

Das Tellur gehört zu den seltenen und nur an bestimmten Fundorten vorkommenden Elementen. Es findet sich ab und zu in reiner elementarer Form, kommt jedoch meistens gebunden vor. Es bildet Telluride und Doppeltelluride, besonders mit edlen Metallen, wie mit Gold, Silber und Quecksilber, aber auch mit Wismut, Blei und Nickel. Tellur findet sich in der Natur außerdem auch als Dioxyd und als Tellurit bzw. Tellurat des Eisens, Wismuts oder Quecksilbers. Das Tellur wird teils aus seinen Erzen, teils aus Rückständen, die bei der metallurgischen Verarbeitung der tellurhaltigen Erze zurückbleiben, gewonnen.

Das Tellur ist in zwei Modifikationen, und zwar amorph und in krystallinischer Form bekannt. Das amorphe Tellur ist braunschwarz und wird meistens durch Fällung erhalten (D 5,86). Das krystallinische Tellur entsteht beim Erstarren des geschmolzenen Elementes, ist silberweiß, hat ein metallisches Aussehen, ist jedoch spröde und läßt sich leicht zu Pulver zerreiben (D von 6,15 bis 6,24). Sein Schmelzpunkt liegt bei 452° C (ŠIMEK und STEHLÍK), der Siedepunkt in der Nähe von 1390° C. Das Tellur läßt sich ziemlich einfach in den kolloiden Zustand überführen und bildet haltbare kolloide Lösungen.

Das Tellur löst sich in Salzsäure nicht auf; es löst sich gut in Salpetersäure, wobei es nur bis zum Dioxyd oxydiert wird. In Königswasser gelöst, ist es nur teilweise zu Tellursäure oxydierbar. In kalter konzentrierter Schwefelsäure löst sich das pulverförmige Tellur zu einer karminroten Lösung, die das Sulfoxyd, $TeSO_3$, enthält (DIVERS und SHIMOSÉ). Beim Erwärmen entstehen Tellur- und Schwefeldioxyd. Wird die gefärbte Schwefelsäure mit Wasser verdünnt, so scheidet sich das schwarze Tellur aus.

Als Element mit dem höchsten Atomgewicht unter seinen Homologen in der VI. Gruppe des periodischen Systems weist das Tellur im chemischen Verhalten viele Ähnlichkeiten mit Schwefel und Selen auf. Sein etwas deutlicher ausgesprochen metallischer Charakter fällt jedoch in der geringeren Beständigkeit seiner Verbindungen auf.

Das Tellur ist in Tellurwasserstoff und Telluriden 2wertig, im Dioxyd, TeO_2, und in Telluriten 4wertig und im Trioxyd, TeO_3, und in Telluraten 6wertig. Tellurite und Tellurate werden durch starke Reduktionsmittel in saurer Lösung bis zum elementaren Tellur reduziert; so z. B. von nascierendem Wasserstoff (Zn, Fe, Cu, Sb, Sn, Cd, Hg, Pb mit Säure), ferner von $TiCl_3$, $SnCl_2$ oder unterphosphoriger Säure. Mit einigen Reduktionsmitteln, z. B. $TiCl_3$, schreitet die Reduktion in gut gepufferter Lösung bis zur Tellurwasserstoffstufe fort. Tellurate werden beim Kochen mit konzentrierter Salzsäure unter Chlorentwicklung zu telluriger Säure reduziert. Aber auch in alkalischen Lösungen reduzieren manche Verbindungen, z. B. Stannit oder Hydrazinhydrochlorid, Tellurite und Tellurate zum elementaren Tellur. Diese Eigenschaften der Tellurverbindungen werden zu ihrem analytischen Nachweis in verschiedenen Ausführungen verwendet. Die Überführung von Tellurit in Tellurat ist nur durch starke Oxydationsmittel ausführbar, so z. B. in saurer Lösung durch Chlor, in alkalischer durch Permanganat oder Natriumperoxyd. Siehe hierzu und zum Vergleich mit Selen und Schwefel Tabelle 1, S. 125.

Bei der Analyse tritt das Tellur im Sulfidniederschlag der Schwefelwasserstoffgruppe auf. Beim Behandeln mit gelbem Ammonsulfid geht es gemeinsam mit As, Sb, Sn, Ir, Mo, Ge, Se und mit Teilen von Pt, Au und Ru in Lösung und wird darin nachgewiesen.

Tabelle 1. Die normalen Redoxpotentiale einiger Vorgänge von Schwefel, Selen und Tellur.

Vorgang	E_h Volt	Normalität der Säure	Nach
$S_{fest} \rightleftarrows S'' - 2e$	— 0,55	—	KÜSTER und HOMMEL
$Se_{fest} \rightleftarrows Se'' - 2e$	— 0,7	—	KASARNOWSKY
$Te_{fest} \rightleftarrows Te'' - 2e$	— 0,9	—	KASARNOWSKY
$Se_{fest} \rightleftarrows SeO_{2\,fest}$	+ 0,82	11 n HCl	CARTER, BUTLER und JAMES
$Te_{fest} \rightleftarrows TeO_{2\,fest}$	+ 0,5	n HCl	REICHINSTEIN und KASARNOWSKY

Nachweismethoden.

§ 1. Nachweis mit physikalisch-chemischen Methoden.

A. Spektralanalytischer Nachweis[1].

Beim Erhitzen des Tellurs in der Leuchtgas-Sauerstoffflamme sowie beim Stromdurchgang durch eine schwerschmelzbare Geißlerröhre läßt sich nur das analytisch bedeutungslose Te-Bandenspektrum beobachten. Zur Anregung des Te-Linienspektrums, welches allein für den spektralanalytischen Nachweis Bedeutung hat, kommen der kondensierte Funke, der Abreißbogen und bei Lösungen der Flammenbogen in Frage.

Das Bogenspektrum des Tellurs läßt nur wenige Linien erkennen. Unter ihnen sind die für den spektralanalytischen Nachweis wichtigen Linien: $\lambda = 2385{,}8$ Å und $\lambda = 2383{,}3$ Å. Außerdem kommen, besonders bei größerem Te-Gehalt noch die Linien $\lambda = 2769{,}7$; 2530,7; 2265,5; 2259,0; 2255,5 Å in Betracht.

Brauchbare Analysenlinien sowie Koinzidenzen nach GERLACH-RIEDL: Die Autoren geben für Tellur folgende Bogenlinien als Analysenlinien an: 2385,8 Å und 2383,3 Å, von welchen die erstere viel stärker als die letztere ist.

Koinzidenzen sind zu erwarten:

Bei $\lambda = 2385{,}8$ Å mit schwachen Linien von Kobalt, Chrom und Iridium sowie mit sehr schwachen Linien von Vanadium, Wolfram und Rhodium; die sehr schwache Linie des letztgenannten Elements wird bei kleiner Dispersion durch die Tellurlinie verbreitet. Es ist besonders achtzugeben auf die stark störende und zu verwechselnde Goldlinie $\lambda = 2387{,}8$ Å des Bogenspektrums, sowie die Kobaltlinie $\lambda = 2386{,}3$ Å und die Eisenlinie $\lambda = 2384{,}4$ Å, beides Funkenlinien, sowie die Osmiumlinie $\lambda = 2387{,}3$ Å.

Bei $\lambda = 2383{,}3$ Å mit Linien von Silber, Antimon, Kobalt, Chrom, Eisen, Iridium, Molybdän und Rhodium, dessen Linie bei kleiner Dispersion durch die Tellurlinie verbreitert wird. Ferner mit der schwachen Linie von Ruthenium, und mit sehr schwachen Linien von Mangan und Vanadium. Folgende starke Störungslinien können besonders im Funkenspektrum auftreten: Kobalt $\lambda = 2383{,}5$ Å, Eisen $\lambda = 2384{,}4$ Å, $\lambda = 2383{,}3$ Å und die starke Eisenlinie $\lambda = 2382{,}0$ Å (GERLACH-RIEDL, S. 125).

Nachweisverfahren.

1. Nachweis in Lösungen. In Flüssigkeiten ist Tellur spektralanalytisch wesentlich schlechter zu erfassen als in festen Elektroden. Mittels kondensierten Funkens mit Wasserwiderstand konnten in einer salzsauren Lösung noch 0,05% Te nachgewiesen werden. Im Abreißbogen nach GERLACH können noch 0,002% Te, bezogen auf die Lösung, erfaßt werden. Am geeignetsten ist nach GERLACH der

[1] Mitbearbeitet von J. VAN CALKER, Münster (Westf.).

Flammenbogen, bei dessen Anwendung aber etwa die doppelte Menge der Untersuchungslösung verbraucht wird wie bei den beiden vorangehenden Methoden. Größere Mengen von Kupfer oder Zinksalzen verschlechtern die Nachweisbarkeit. In solchen Lösungen empfiehlt es sich, zum Tellurnachweis den Flammenbogen anzuwenden.

Beim Abfunken von Flüssigkeiten mit dem Abreißbogen werden verhältnismäßig große Mengen von Arsen und Tellur zusammen mit Kupfer und Zink auf der Gegenelektrode aus Kupfer oder Platin niedergeschlagen. Funkt man auch noch diese Gegenelektrode gegen eine andere feste Elektrode aus reinem Metall ab, so erhält man die Linien von Arsen und Tellur in guter Intensität. Auf diese Weise kann noch weniger als 0,01% Te in einer 10%igen Kupfersalzlösung erfaßt werden (Riedl).

Unter Verwendung des Hochfrequenzfunkens nach Gerlach läßt sich eine Menge von weniger als 0,1 mg Te nachweisen. Ein Stückchen Filtrierpapier von etwa 2 cm^2 Größe, getränkt mit 0,1 cm^3 der Untersuchungslösung, die 0,1% Te enthält, reicht aus, um die Linien noch in guter Intensität zu erhalten (Riedl).

Um die Empfindlichkeit des Tellurnachweises zu erhöhen, empfiehlt Riedl bei Lösungen des Tellurs, welche frei von Schwermetallen sind, folgendes Verfahren: In einem kleinen Glasschälchen mit rundem Boden wird 1 cm^3 Lösung mit 1 Tropfen Salzsäure versetzt. In das Schälchen werden zwei 0,7 mm dicke Kupferdrähte eingetaucht, die bis auf die blanke Spitze mit Emaillack isoliert sind. Auf dieser Spitze scheidet sich das vorhandene Tellur (eventuell auch Arsen oder Antimon) ab. Man erwärmt schwach, so daß die Flüssigkeit in 8 bis 10 Std. verdampft, und hält die Spitzen der Drähte dicht über den Schälchenboden. Die verwendeten Kupferelektroden, der Lack sowie die Salzsäure müssen entsprechend rein sein. Die Elektroden mit dem Niederschlag werden im Abreißbogen untersucht, wobei besonders darauf zu achten ist, daß beim ersten Berühren der Elektroden Zündung eintritt und daß die dabei auftretende Lichtemission zur Aufnahme verwendet wird. Auf diese Weise ist noch 0,05 γ Te einwandfrei nachweisbar.

Die Anwesenheit von Schwermetallen, wie Kupfer und Silber, in der Probelösung stört. Dagegen lassen sich aus einer von Schwermetallen freien Lösung die Elemente: Arsen, Antimon und Tellur gemeinsam ausscheiden und nachweisen. Bedingung für die Durchführbarkeit dieser empfindlichen Tellurbestimmung ist die Verwendung eines Spektrographen von solcher Dispersion, daß die Te-Linien von den Kupferlinien $\lambda = 2385{,}1$ und $\lambda = 2380{,}8$ Å und möglichst auch von der sehr empfindlichen Linie des Eisens $\lambda = 238_{-},0$ Å getrennt erscheinen.

Töpelmann verwendet bei der Untersuchung von Wismut auf seinen Tellurgehalt eine chemische Anreicherungsmethode. Die Tellurverbindungen werden in der salzsauren Lösung unter absichtlichem Zusatz von etwa 1 mg As (als Arsenit) mit Zinn(II)chloridlösung reduziert. Der ausgeschiedene, braunschwarze Niederschlag von tellurhaltigem Arsen wird abgesaugt, ausgewaschen, in Salpetersäure gelöst und die Lösung dann zur Trockne eingedampft. Der Rückstand wird mit Salzsäure (D 1,13) aufgenommen und in die ausgehöhlte Kohlenelektrode übergeführt. Im Funkenspektrum kommt für den Tellurnachweis nur die Linie $\lambda = 2385{,}8$ Å in Betracht, da die Linie $\lambda = 2383{,}3$ Å mit einer Kohlelinie koinzidiert. Die Nachweisgrenze liegt bei 5 γ Te in 1 bis 10 g Wismut als Ausgangsmenge, was einer Konzentration von 0,0005% bis 0,00005% entspricht.

2. Nachweis in Metallen. Wenn Tellur in Metallen nachgewiesen werden soll, ist je nach dem zu erwartenden Gehalt entweder das Metall direkt als Elektrodenmaterial zu benutzen und im Funken- oder Bogenspektrum zu untersuchen, oder in Lösung zu bringen und dann eine Anreicherung vor der Spektraluntersuchung vorzunehmen, s. oben.

In Wismut ist der Nachweis beider Linien, die für Tellur wichtig sind, am einfachsten. Zur Prüfung ist die kondensierte Entladung am geeignetsten. Der Abreißbogen nach GERLACH ist für Wismutuntersuchungen wegen der leichteren Schmelzbarkeit des Wismuts ungeeignet. Mit dem kondensierten Funken ist mit beiden Tellurlinien noch 0,00015% Te in Wismut nachweisbar (RIEDL), wogegen nach TÖPELMANN erst ein Tellurgehalt von 0,01% sicher festzustellen und bei 0,001% Te in Wismut kaum noch eine Andeutung der Linie $\lambda = 2385{,}8$ Å zu erkennen ist.

Bei der Untersuchung von Silber auf Tellurgehalt ist sehr empfindlich und sicher nur die Linie $\lambda = 2385{,}3$ Å. Die Dispersion muß jedoch so groß sein, daß die Linie von den beiden Ag-Linien: $\lambda = 2386{,}3$ Å und $\lambda = 2386{,}8$ Å getrennt ist. Die Te-Linie $\lambda = 2383{,}3$ Å fällt mit der Ag-Linie $\lambda = 2383{,}2$ Å zusammen. Tellur ist in Silber am besten nachweisbar mit dem Abreißbogen (WA. GERLACH und WE. GERLACH, S. 177).

In Blei können beide Te-Linien zum Nachweis verwendet werden. Sie haben jedoch einen schwachen Untergrund im Bleispektrum.

Das elementare Tellur in Stangen läßt sich wegen seiner großen Brüchigkeit im Abreißbogen nicht aufnehmen. Im kondensierten Funken mit viel Selbstinduktion lieferte Tellur ein Spektrum, in dem die Verunreinigung von Kupfer und Silber zum Vorschein kam; ohne Selbstinduktion war eine beträchtliche Verunreinigung dieser Art nicht erkennbar (WA. GERLACH und WE. GERLACH, S. 56). TÖPELMANN wies in einer Probe von Tellur in Stangen im kondensierten Funken neben Kupfer, Silber und Arsen auch Selen nach, s. Selen § 1, A 2.

Über die kleinsten spektrographisch noch nachweisbaren Mengen von Tellur. die im Funken mit 0,1 γ Te und im Abreißbogen mit 0,001 γ Te angegeben werden, s. SPÄTH, ferner auch BRECKPOT und MEVIS.

B. Polarographischer Nachweis.

(Siehe Selen § 1, B.)

§ 2. Nachweis von Tellur auf trockenem Wege.

1. Beim Erhitzen in der Bunsenflamme zeigen Tellurverbindungen im oberen Reduktionsraum fahlblaue Flammenfärbung, während der darüber befindliche Oxydationsraum grün erscheint. Der Reduktionsbeschlag ist schwarz mit schwarzbraunem Anflug; mit konzentrierter Schwefelsäure erhitzt, gibt er eine karminrote Färbung. Der Oxydationsbeschlag ist weiß und schlecht sichtbar; Zinn(II)chlorid färbt ihn durch ausgeschiedenes Tellur schwarz.

2. Beim Erhitzen am Kohle-Soda-Stäbchen geben Tellurverbindungen Natriumtellurid, das beim Befeuchten auf blankem Silber einen schwarzen Fleck von Silbertellurid erzeugt und mit Salzsäure (in Gegenwart von viel Tellur) unter Ausscheidung von Tellur Geruch nach Tellurwasserstoff verbreitet.

3. Beim Schmelzen von Tellur, Tellursulfid oder einer Sauerstoffverbindung des Tellurs **mit Kaliumcyanid** im Wasserstoffstrom bildet sich Kaliumtellurid. Aus der Lösung der Schmelze in Wasser fällt schon ein Luftstrom alles Tellur aus (Unterschied von Selen) (FRESENIUS, S. 345). — Die erhaltene Lösung, mit überschüssigem Kaliumcyanid schwach erwärmt, färbt sich durch das sich bildende Kaliumpolytellurid rot.

§ 3. Nachweis von elementarem Tellur.

1. Reaktion mit konzentrierter Schwefelsäure. Freies Tellur wird an der Rot- bis Purpurfärbung erkannt, welche beim Auflösen des Elementes in kalter konzentrierter Schwefelsäure auftritt. Die Färbung ist zum Nachweis des Elementes in Erzen verwendet worden (KOBELL; RICKARD).

2. Nachweis als Tellur(IV)bromid, $TeBr_4$. Bruchteile eines Milligramms der Probe werden auf einem Objektträger mit 2 Tröpfchen Reagens (1 Raumteil Brom und 4 Raumteile Chloroform) bedeckt. Nach freiwilligem Abdunsten hinterbleibt ein citronengelber Rückstand von knoblauchartigem Geruch ($TeBr_4$). Löst man den Rückstand in 1 Tropfen einer Mischung aus 2 Raumteilen Chloroform und 1 Raumteil Äthylalkohol (wenigstens 95%ig) und erwärmt auf 35 bis 40°, so beobachtet man Bildung gelber Hexaeder oder Oktaeder.

Erfassungsgrenze: 50 γ Te [DENIGÈS (a)].

3. Nachweis als Tellur(IV)jodid, TeJ_4. 1 bis 1,5 mg der fein zerriebenen Probe werden auf dem Objektträger mit 3 bis 4 Tropfen Reagenslösung (1 Teil jodkaliumfreies Jod in 9 Teilen Alkohol gelöst) versetzt. Nach Verdunstung des Alkohols und Verjagen des Jodüberschusses durch gelindes Erwärmen in der Flamme hinterbleiben schwarzgefärbte Oktaeder mit quadratischer Grundfläche, kleine kurze Prismen oder sternförmige Gruppen. Sie werden mit Tetrachlorkohlenstoff gewaschen und darin suspendiert und bei aufgelegtem Deckglas unter starker Vergrößerung beobachtet. Sie lösen sich in Aceton und krystallisieren daraus beim Verdunsten zuweilen in farnkrautähnlichen Gruppen aus [DENIGÈS (a)].

§ 4. Nachweis von Tellurid-Ion (Te'').

Tellurwasserstoff, TeH_2, ist ein farbloses, dem Geruch nach an Arsen- und Selenwasserstoff erinnerndes Gas. Es wird vom Luftsauerstoff leicht unter Abscheidung von Tellur zersetzt und verbrennt an der Luft mit bläulicher Flamme zu Tellurdioxyd. Es löst sich leicht in Wasser, bildet aber eine wenig haltbare Lösung. Die Tellurwasserstoffsäure ist eine stärkere Säure als die entsprechenden Säuren des Schwefels und Selens. Die Alkalitelluride sind farblos und in Wasser löslich. Luftsauerstoff oxydiert die Lösungen, die sich unter Bildung von Polytelluriden rot färben. Die Telluride der Schwermetalle sind dunkel gefärbt und in Wasser unlöslich.

I. Nachweis auf trockenem Wege.

Erhitzen mit Soda auf Kohle. Dabei geben unlösliche Telluride Natriumtellurid, das beim Befeuchten auf blankem Silber einen schwarzen Fleck von Silbertellurid, Ag_2Te, liefert.

II. Nachweis auf nassem Wege.

1. Nachweis mit Säuren. Säuren entwickeln aus Telluriden übelriechenden Tellurwasserstoff, der feuchtes Silbernitratpapier schwärzt.

2. Nachweis mit Bleiacetatpapier. Lösliche Telluride schwärzen Bleiacetatpapier.

§ 5. Nachweis von Tellurit-Ion (TeO_3'').

Tellurdioxyd, TeO_2, ist weiß, färbt sich beim Erwärmen gelb, schmilzt bei Rotglut, und verflüchtigt sich dabei etwas. Es löst sich leicht in Salzsäure, weniger leicht in Salpetersäure und in Schwefelsäure, leicht in Kalilauge, langsam in Ammoniak, sehr wenig in Wasser. Die Lösung besitzt bitter-metallischen, nicht sauren Geschmack und rötet Lackmus nicht deutlich. Beim Auflösen in Alkalien bilden sich Tellurite.

Tellurige Säure, H_2TeO_3, ist eine sehr schwache Säure (Alkalitellurite werden schon durch Kohlensäure teilweise zersetzt). Die tellurige Säure ist weiß, in kaltem Wasser merklich, in Salzsäure und Salpetersäure leicht löslich. Aus den sauren Lösungen fällt sie bei Wasserzusatz aus. Aus der salpetersauren Lösung scheidet sich nach einiger Zeit fast alles Tellur als krystallinisches Dioxyd aus.

I. Nachweis auf trockenem Wege.

(Siehe § 2, 1 bis 3.)

II. Nachweis auf nassem Wege.

A. Fällungsreaktionen.

1. Nachweis mit Bariumchlorid. Bariumchlorid gibt mit Telluriten einen weißen, in Salpetersäure löslichen, in Ammoniak unlöslichen Niederschlag von $BaTeO_3$.

2. Nachweis mit Dinatriumphosphat. Dieses gibt eine weiße Fällung.

3. Nachweis mit Magnesiamischung. Man erhält einen weißen, amorphen Niederschlag (Unterschied von seleniger Säure. HILGER; v. GERICHTEN).

4. Nachweis mit Alkalihydroxyden und -carbonaten. Diese fällen aus salzsaurer Lösg. der Tellurite, im Überschuß der Fällungsmittel lösliche tellurige Säure.

B. Reduktionsreaktionen.

1. Reduktion mit Schwefelwasserstoff. Dieser gibt in sauren Lösungen einen erst roten, dann sehr rasch braun (Farbe ähnlich der des Zinn(II)sulfids], beim Erhitzen schwarz werdenden Niederschlag von Tellursulfid, TeS_2, der leicht in Tellur und Schwefel zerfällt und vielleicht überhaupt nur ein Gemisch beider ist. Der Niederschlag löst sich leicht in Ammoniumsulfid.

2. Reduktion mit Zink, Eisen, Kupfer, Zinn(II)- und Ti(III)chlorid. Zink, Eisen, Kupfer und Zinn(II)chlorid [FISCHER), sowie Titan(III)chlorid (TOMÍČEK), s. § 6, B 5, fällen aus sauren Telluritlösungen schwarzes Tellur. Über die Verwendung der Reaktion mit $SnCl_2$ zum Nachweis von Tellur in Wismutsubnitrat s. BONZ & SOHN. in Wismut s. TÖPELMANN, in Erzen s. RICKARD. Wird die Reaktion mit Alkalistanniten ausgeführt, so fällt schwarzes Tellur aus Telluriten und Telluraten aus, die entsprechenden Selenverbindungen werden nicht reduziert, s. Tüpfelreaktionen des Tellurit-Ions, § 5, D 4.

3. Reduktion mit Quecksilber(I)chlorid. In an Salzsäure 20%iger Lösung werden Tellurite durch Hg_2Cl_2 zu freiem Tellur reduziert.

Erfassungsgrenze: 5 γ Te. Bei 0,5 γ Te ist noch eine schwache Gelbfärbung wahrnehmbar.

Selenite müssen vorher entfernt werden, was mit $NaHSO_3$ in an Salzsäure 20%iger Lösung erreicht werden kann (PIERSON).

4. Reduktion mit Schwefeldioxyd und Natriumsulfit. Diese fällen aus salz- oder schwefelsaurer Lösung besonders beim Anwärmen Tellur aus. Aus stark salzsaurer Lösung (D 1,18) wird es aber auch beim Kochen nicht gefällt (Unterschied von Selen).

5. Reduktion mit unterphosphoriger Säure. Dieselbe reduziert Tellurite und Tellurate zu freiem Metall, s. § 5, D 3 und § 6, B 2. Zum Nachweis versetzt man 1 bis 2 cm^3 der Probelösung mit 3 cm^3 des Reagenses (s. Schwefel § 9, B 5) und erwärmt einige Minuten im siedenden Wasserbade. Die Flüssigkeit färbt sich dunkel, oder es scheidet sich eine schwarze Fällung des Tellurs aus. Arsen- und Selenverbindungen werden ebenfalls reduziert.

6. Reduktion mit Glucose. Lösungen von Telluriten, in überschüssiger Alkalilauge mit Glucose erhitzt, scheiden Tellur als Metall ab (ŠTOLBA).

7. Reduktion mit Hydrazinchlorid. Hydrazinchlorid fällt aus sauren oder alkalischen Lösungen bei längerem Kochen alles Tellur als schwarzes Pulver.

Hydrazinsulfat fällt aus alkalischer Lösung Tellur aus. 1 cm^3 der zu prüfenden Lösung, mit 1 cm^3 konzentriertem Ammoniak und einigen Körnchen Hydrazinsulfat versetzt und gekocht, zeigt eine sichtbare Braunfärbung noch bei einer Konzentration von 10 mg Tellur im Liter.

Grenzkonzentration: 1:100000 (MÜLLER).

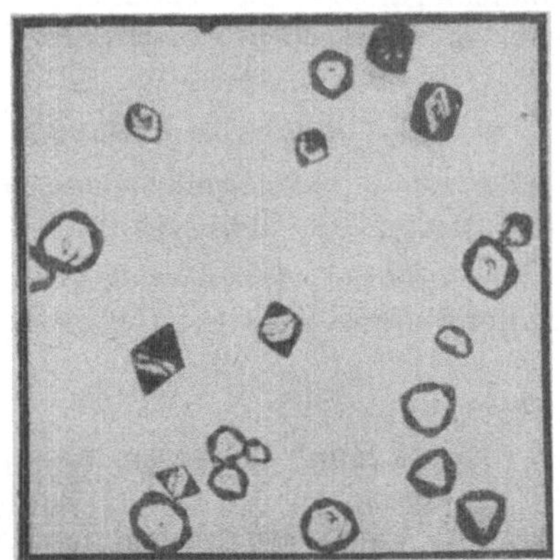

Abb. 1. Nachweis von Tellurit-Ion als Caesiumtellurchlorid (nach W. GEILMANN).

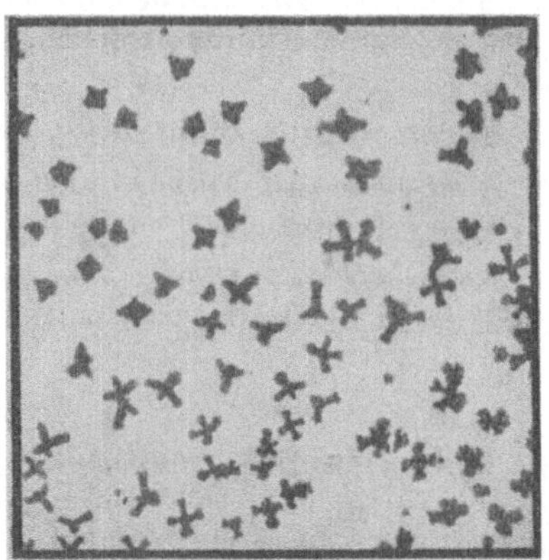

Abb. 2. Nachweis von Tellurit-Ion als Caesiumtellurjodid (nach W. GEILMANN).

8. Reduktion mit Hydroxylaminchlorid oder -sulfat. Diese fällen nach längerem Kochen aus ammoniakalischer Lösung Tellur aus.

9. Reduktion mit Jodwasserstoffsäure. Jodwasserstoffsäure (KJ + HCl) reduziert Telluritlösungen nicht (Unterschied von Selen), s. § 5, C 2, 4.

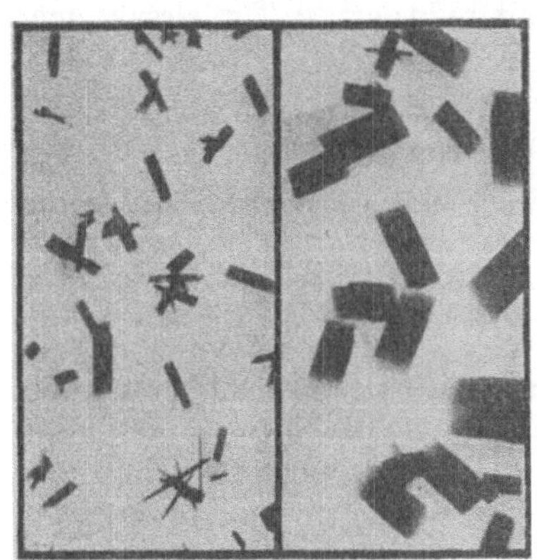

Abb. 3. Nachweis von Tellurit-Ion als Anilintellurjodid (nach W. GEILMANN).

C. Mikroreaktionen.

1. Fällung als Caesiumtellurchlorid, Cs_2TeCl_6. Aus stark salzsauren Lösungen von Tellurdioxyd werden auf Zusatz von Caesiumchlorid goldgelbe, durchsichtige Oktaeder von Cs_2TeCl_6 gefällt. Sie gleichen denjenigen von Kaliumplatinchlorid. Auf Zusatz von Kaliumjodid werden sie sofort schwarz. Durch Wasser werden sie zersetzt. In Salzsäure können sie gelöst und aus der konzentrierten Lösung umkrystallisiert werden.

Erfassungsgrenze: 0,3 γ Te (BEHRENS und KLEY, S. 154), s. Abb. 1.

2. Fällung als Caesiumtellurjodid, Cs_2TeJ_6. Salzsaure Lösungen von Tellurdioxyd geben auf Zusatz von Kaliumjodid einen feinen, schwarzbraunen Niederschlag, der sich im Überschuß von Kaliumjodid zu einer gelbbraunen Flüssigkeit löst; aus dieser fällt Caesiumchlorid kleine Oktaeder und Sternchen aus (GEILMANN), s. Abb. 2.

3. Fällung als Anilin-Tellurjodid. Aus der gelbbraunen Lösung von Tellurjodid in überschüssigem Kaliumjodid (s. vorige Reaktion) geben organische Basen Fällungen. Mit Anilinhydrochlorid erhält man große, gelbe bis schwarzbraune Krystalle, vorwiegend Prismen und Kreuze (GEILMANN), s. Abb. 3.

4. Fällung als Tellur(IV)jodid, TeJ_4. Aus der gelbbraunen Lösung von Tellurjodid in überschüssigem Kaliumjodid setzen sich dunkle Rauten, 6seitige Körner und Stäbchen ab, die in auffallendem Licht rotbraun erscheinen. Wismut stört den Nachweis.

Erfassungsgrenze: 0,6 γ Te (BEHRENS und KLEY, S. 153).

5. Reduktion durch Magnesium zu Tellur. Mit Magnesium entstehen dünne Häutchen, welche das Licht mit dunkelbrauner Farbe durchlassen. Es kann Selen einerseits mitausfallen, andererseits kann Tellur durch Arsen verdeckt werden.

Erfassungsgrenze: 6 γ Te (BEHRENS und KLEY, S. 154).

6. Fällung mit Hexamminkobalt(III)chlorid, $[Co(NH_3)_6]Cl_3$. Aus 0,8%igen Lösungen der tellurigen Säure (als Natriumtellurit) findet sofort Fällung in Form hexagonaler Tafeln, s. Abb. 4, statt. Die Reaktion tritt noch in 11 Min. mit 30 γ TeO_3'' ein (HYNES und YANOWSKI).

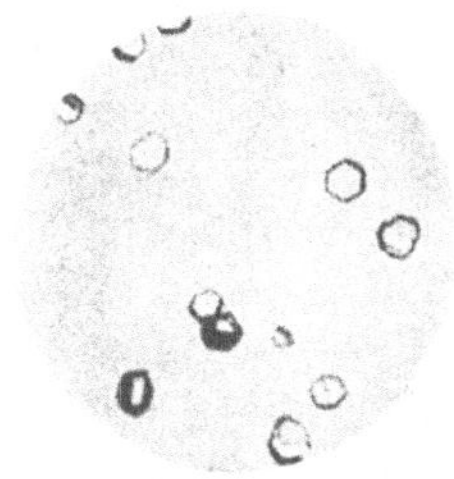

Abb. 4. Nachweis von Tellurit-Ion mit Hexamminkobalt(III)-chlorid (nach W. A. HYNES und L. K. YANOWSKI).

D. Farb- und Tüpfelreaktionen.

1. Nachweis mit Ferriin und Bichromat. Die bei der Reduktion von Chromsäure auftretenden Zwischenstufen Cr(IV) bzw. Cr(V) lösen in schwach saurer Lösung Reduktionsvorgänge aus, welche zu einem empfindlichen Nachweis von telluriger Säure verwendet werden können (LANG). Tellurige Säure reagiert nicht mit Ferriin (abgekürzte Bezeichnung für den o-Phenanthrolin-Fe(III)-Komplex), aber in Gegenwart von Chromsäure (wenn die Lösung nicht zu stark sauer ist) wird die Reaktion mit Ferriin ausgelöst, und es tritt ein Farbumschlag ein.

Ausführung. 10 cm^3 der annähernd neutralen Lösung werden mit 1 cm^3 1 bis 2,5 n-Schwefelsäure oder 1 n-Salpetersäure und ein wenig Ferriinlösung, deren Blaufärbung beständig sein muß, versetzt. Auf Zusatz von 1 Tropfen (nicht mehr, eher weniger) 0,1 n-Kaliumbichromatlösung schlägt der Indicator, je nach der Telluritmenge, mehr oder weniger schnell nach Rot um. Selenige Säure stört den Nachweis nicht, da sie Chromsäure nicht reduziert. Die Probe darf keine Verbindungen enthalten, die Ferriin reduzieren.

Erfassungsgrenze: 0,1 γ Te.
Grenzkonzentration: 1:100000000 (LANG).

2. Nachweis mit Thioharnstoff, $CS(NH_2)_2$. In konzentrierten Lösungen von Tellurit gibt Thioharnstoff eine gelbe krystalline Masse, die mit Wasser gewaschen unter Grünfärbung hydrolysiert wird. In verdünnten Lösungen entsteht eine Gelbfärbung. Auch Wismut und Antimon geben die gleiche Färbung. Gibt man zu der mit dem Reagens behandelten Lösung Äther und gepulvertes Kaliumxanthogenat und schüttelt, so färbt sich die Ätherschicht bei reinen Telluritlösungen rot. Wismut gibt Gelbfärbung. Wird die ätherische Schicht mit Ammoniak behandelt, so erscheint nur bei Tellur ein schwarzer Niederschlag (FALCIOLA). Empfohlene Reaktion (Tabellen der Reagenzien, S. 90).

Erfassungsgrenze der Gelbfärbung mit Thioharnstoff durch Vergleich gegen eine Blindprobe: 0,1 γ Te in 10 cm^3 Lösung.
Grenzkonzentration: 1:100000000 (TÖPELMANN).

3. Nachweis mit unterphosphoriger Säure. Tellurite und Tellurate werden beim Eindampfen ihrer mineralsauren Lösungen mit unterphosphoriger Säure zu elementarem Tellur reduziert:

$$TeO_3'' + H_2PO_2' = Te + PO_4''' + H_2O;$$
$$2\ TeO_4'' + 3\ H_2PO_2' = 2\ Te + 3\ PO_4''' + 2\ H_2O + 2\ H^{\cdot}.$$

Selenige Säure gibt eine ähnliche Reaktion. Zum Nachweis wird 1 Tropfen der mineralsauren Probelösung im Mikrotiegel mit 1 Tropfen 50%iger unterphosphoriger Säure versetzt und bis nahe zur Trockne eingedampft. Je nach der vorhandenen Tellurmenge hinterbleiben schwarze Flocken oder eine Graufärbung. Bei kleinen Tellurmengen ist die Anstellung eines Blindversuches erforderlich.

Erfassungsgrenze: 0,1 γ tellurige Säure.

Grenzkonzentration: 1:500000 (FEIGL, S. 346).

4. Nachweis mit Alkalistannit. Tellurite und Tellurate (nicht aber die entsprechenden Selenverbindungen) werden in alkalischer Lösung durch Alkalistannit zu freiem Tellur reduziert, das in schwarzen Flocken ausfällt.

$$TeO_2 + 2\ SnO_2'' = 2\ SnO_3'' + Te$$
$$TeO_3 + 3\ SnO_2'' = 3\ SnO_3'' + Te$$

Silber-, Kupfer-, Wismut- und Antimonsalze, welche auch zu Metall reduzierbar sind, dürfen nicht zugegen sein. Zum Tüpfelnachweis wird 1 Tropfen Zinn(II)chloridlösung (5 g $SnCl_2$ in 5 cm^3 konzentrierter HCl gelöst und mit Wasser auf 100 cm^3 aufgefüllt) mit 1 Tropfen 25%iger NaOH-Lösung und 1 Tropfen der alkalischen Probelösung vermischt. Je nach der vorhandenen Menge Tellur erhält man einen schwarzen Niederschlag oder Graufärbung. Bei sehr kleinen Mengen entsteht die Färbung erst nach $1^1/_2$ bis 2 Min.; in einem solchen Falle ist die Anstellung einer Blindprobe erforderlich.

Erfassungsgrenze: 0,6 γ Te in 0,025 cm^3 Lösung.

Grenzkonzentration: 1:41000 (POLUEKTOFF).

5. Nachweis mit Eisen(II)sulfat und sirupöser Phosphorsäure. Mit Eisen(II)-sulfat und sirupöser Phosphorsäure (1:1) erwärmt, werden Alkalitellurite und -tellurate zu freiem Tellur reduziert.

Erfassungsgrenze: 0,5 γ Te.

Selenit und Selenat lassen sich durch Ferrosulfat ohne Phosphorsäure reduzieren, s. Selen § 5, D 5. Man kann daher Selen durch Erwärmen mit Ferrosulfat in saurer Lösung abscheiden und das Filtrat oder Zentrifugat nach Zusatz von Phosphorsäure zum Nachweis von Tellur neuerlich erwärmen (FEIGL, S. 348).

6. Nachweis durch induzierte Oxydation von Bromid. Die bei der Reduktion von Chromsäure auftretenden Zwischenstufen Cr(IV) bzw. Cr(V) lösen in stark saurer Lösung Oxydationen aus. Bei diesen handelt es sich um induzierte Reaktionen. Mit Hilfe einer solchen kann ein Nachweis von telluriger Säure geführt werden. Hierzu versetzt man die etwa neutrale, 10 cm^3 betragende Telluritlösung mit 1 cm^3 10 n-Schwefelsäure und 1 cm^3 0,1 n-Kaliumbromidlösung, färbt mit verdünnter Indigocarminlösung ganz schwach an und gibt höchstens 1 Tropfen 0,1 n-Kaliumbichromatlösung zu. Bei positiver Reaktion schlägt die Farbe der Probelösung nach Gelb bis Farblos um. Selenige Säure stört nicht.

Erfassungsgrenze: 15 γ Te.

Grenzkonzentration: 1:660000 (LANG).

Über das Verhalten des Tellurits mit codeinhaltiger Schwefelsäure s. Selen § 5, E 2.

§ 6. Nachweis von Tellurat-Ion (TeO_4'').

Bei der Oxydation von Telluriten mit kräftigen Oxydationsmitteln (z. B. Wasserstoffperoxyd, Chlorsäure) entsteht Tellursäure. Dieselbe ist im Gegensatz zu Schwefelsäure und Selensäure eine sehr schwache Säure. Nur die Alkalitellurate sind in Wasser löslich. In der Hitze spaltet Orthotellursäure, H_6TeO_6, Wasser ab und geht oberhalb 300° in gelbes Tellurtrioxyd, TeO_3, über. Letzteres ist in Wasser praktisch unlöslich, chemischen Reagenzien gegenüber sehr indifferent, spaltet bei beginnender Rotglut Sauerstoff ab unter Übergang in Tellurdioxyd. Beim Kochen mit Salzsäure wird Tellursäure zu telluriger Säure reduziert.

I. Nachweis auf trockenem Wege.

(Siehe § 2, 1 bis 3.)

II. Nachweis auf nassem Wege.

A. Fällungsreaktionen.

1. Nachweis mit Bariumchlorid. In Lösungen der Alkalitellurate entsteht mit Bariumchlorid ein weißer, in Salz- und Salpetersäure löslicher Niederschlag.

2. Nachweis mit Bleisalzen. Mit diesen entsteht schwer lösliches Bleitellurat.

3. Nachweis mit Hexamminchromnitrat, $[Cr(NH_3)_6](NO_3)_3$. Eine frisch hergestellte, warme, 40%ige Hexamminchromnitratlösung gibt mit einer auf 80 bis 90° angewärmten, ammoniakalischen Natriumtelluratlösung einen hellgelben Niederschlag von $[Cr(NH_3)_6]_2(H_4TeO_6)_3$, der noch bei einer Verdünnung von 0,16 mg Te als Tellurat in 10 cm³ Lösung entsteht.

Grenzkonzentration: 1:62000.

Mit dem Reagens geben ferner Fällungen: P_2O_7'''', SiF_6'', $Fe(CN)_6''''$, $Co(CN)_6'''$ (Bersin).

B. Reduktionsreaktionen.

1. Reduktion mit Schwefelwasserstoff. In der Wärme entsteht eine Fällung, wie beim Tellurit, s. § 5, B 1, in der Kälte keine Fällung (Mittel zur Trennung des Tellurat-Ions von den Schwermetall-Ionen) (Brauner und Kužma).

2. Reduktion mit Zinn, Zinn(II)chlorid, Natriumhypophosphit in saurer Lösung und Alkalistannit. Diese Reagenzien reduzieren Tellurate zu schwarzem, elementarem Tellur.

3. Reduktion mit alkalischer Säure. Schweflige Säure reduziert in schwefelsaurer Lösung Tellursäure langsam bei längerem Kochen.

4. Reduktion mit Natriumdithionit (Natriumhyposulfit), $Na_2S\ O_4$. Dieses reduziert bei gewöhnlicher Temperatur zu Tellur. Gibt man das Reagens zu einer sehr verdünnten Lösung, so färbt sich diese zuerst violett und scheidet dann schwarzes Tellur ab (Brunck).

5. Reduktion mit Titan(III)chlorid. Tellurate und Tellurite werden durch eine salzsaure $TiCl_3$-Lösung zu schwarzem Tellur reduziert. In Gegenwart von Acetaten und Essigsäure geht die Reduktion weiter, es bildet sich Tellurwasserstoff, der am Geruch und im Kohlensäurestrom an der Bildung eines Tellurspiegels (**Erfassungsgrenze** 10 γ Te) erkannt werden kann (Tomíček).

6. Reduktion mit Salzsäure. Durch Salzsäure werden Tellurate beim Kochen unter Chlorentwicklung zu telluriger Säure reduziert.

7. Reduktion mit Hydrazinchlorid. Hydrazinchlorid reduziert Tellurate in saurer und alkalischer Lösung zu freiem Tellur.

C. Mikroreaktionen.

1. Fällung als Quecksilber(I)tellurat. Tellurate geben mit dem halben Raumteil Reagenslösung [10 g Quecksilber(I)nitrat, gelöst in einer Mischung von 10 cm³ Salpetersäure (D 1,39) und 100 cm³ Wasser], wenn der Gehalt der Lösung an

Tellur 3 bis 4 % erreicht, einen gelben Niederschlag aus triklinen Blättchen, die bisweilen einzeln erscheinen, meist aber zu runden Gebilden mit stacheligem Rand zusammengelagert sind [DENIGÈS (b)].

2. Fällung als Tellur mit unterphosphoriger Säure. Tellurate werden wie Tellurite beim Eindampfen mit unterphosphoriger Säure zu elementarem Tellur reduziert. Der Nachweis wird, wie beim Tellurit beschrieben, ausgeführt.

Die **Erfassungsgrenze** beträgt 0,5 γ Tellursäure.

Grenzkonzentration: 1:100000 (FEIGL, S. 346).

Als eine Zonenreaktion führen sie VIGNOLI und BEN KHALED aus. Die zu prüfende Lösung wird mit einer Lösung von Natriumhypophosphit und Schwefelsäure erhitzt und mit Salzsäure überschichtet. Die Bildung von einem grauen Ring zeigt die Anwesenheit des Tellurs an.

D. Farbreaktionen.

1. Bildung gefärbter Kupferkomplexsalze. Beim Erwärmen von Alkalitelluraten mit alkalischen Kupfersalzlösungen in Gegenwart bestimmter Oxydationsmittel (z. B. Peroxydisulfat) entstehen gefärbte Komplexsalze mit 3wertigem Kupfer (BRAUNER und KUZMA). Die Bildung des intensiv gefärbten Kupfersalzes kann zum Nachweis von Tellursäure verwendet werden. Je nach der vorhandenen Tellurmenge erhält man eine braunrote bis gelbe Färbung. Zu 1 Tropfen der alkalischen Probelösung wird 1 Tropfen Kupfersulfatlösung (1:50000), 1 Tropfen 2 n-Alkalilauge und etwas festes Kalium- oder Natriumpersulfat zugegeben und aufgekocht. Eine Gelbfärbung zeigt Tellur an.

Erfassungsgrenze: 0,5 γ Te (als H_6TeO_6).

Grenzkonzentration: 1:100000. Empfohlene Reaktion (Tabellen der Reagenzien, S. 91.)

Störungen. Perjodsäure zeigt die gleiche Reaktion. Bei Anwesenheit von Wasserstoffperoxyd oder Peroxyden tritt die Reaktion nicht ein. In solchem Falle ist Zersetzung des Peroxyds durch Eindampfen erforderlich. Selensäure beeinträchtigt den Nachweis von Tellursäure nicht wesentlich. Selenige Säure verhindert den Nachweis und erfordert ihre Überführung in Selenat durch Oxydation mit überschüssigem Brom in saurer Lösung und nachheriges Alkalisieren der Lösung (FEIGL und UZEL; s. FEIGL, S. 347).

2. Nachweis durch Aufhebung einer katalytischen Reaktion. Tellursäure ist imstande, die katalytische Wirkung des Kupfers bei der Oxydation von Mn mit BrO' zu Permanganat zu verhindern. Zu 1 Tropfen der Probelösung wird in einem Mikroprobiergläschen 1 Tropfen der Kupfer-Manganlösung (= 0,04 %ige Lösung von $MnCl_2 \cdot 4\ H_2O$, die in 100 cm^3 1 Tropfen einer 4 %igen Lösung von $CuSO_4 \cdot 5\ H_2O$ enthält), 1 Tropfen frisch bereiteter Natriumhypobromitlösung (= Brom in 2 n-Natronlauge) zugesetzt. Gleichzeitig wird ein Blindversuch mit den Reagenzien und 1 Tropfen Wasser angesetzt. Beide Probiergläser werden einige Minuten im siedenden Wasserbade erwärmt oder über freier Flamme zum Sieden erhitzt. Bei Anwesenheit von Tellursäure erscheint die Lösung farblos oder schwach gelblich gefärbt, während die Blindprobe eine deutliche Violettfärbung aufweist.

Erfassungsgrenze: 0,2 γ Te (als H_6TeO_6).

Grenzkonzentration: 1:250000. Empfohlene Reaktion (Tabellen der Reagenzien, S. 92).

Perjodat gibt die gleiche Reaktion (FEIGL und UZEL; s. FEIGL, S. 348).

Tabelle 2. Empfindlichkeiten einiger Farbnachweise der tellurigen Säure und Tellursäure.

Reagenzien	Erscheinung	Erfassungsgrenze γ Te	Grenzkonzentration	Nach Angabe von	Anmerkung
Ferriin + $K_2Cr_2O_7$	Umschlag von Blau nach Rot	0,1	1:100 Millionen	LANG	Mit Te(IV)
$CS(NH_2)_2$	Gelbfärbung	0,1	1:100 Millionen	TÖPELMANN	Mit Te(IV)
H_3PO_2	Schwarze Fällung oder Graufärbung	0,07* 0,35*	1:715000* 1:143000*	FEIGL, S. 346	Mit Te(IV) u. Te(VI)
Alkalistannit ($SnCl_2$ + NaOH)	Schwarze Fällung oder Graufärbung	0,6	1:41000	POLUEKTOFF	Mit Te(IV) und Te(VI)
$FeSO_4$ + H_3PO_4	Schwarze Fällung oder Graufärbung	0,5	—	FEIGL S. 348	Mit Te(IV) und Te(VI)
$CuSO_4$ + KOH + + $K_2S_2O_8$	Gelbfärbung	0,5	1:100000	FEIGL und UZEL	Mit Te(VI)
$CuSO_4$ + $MnSO_4$ + + NaOBr	Farblos oder gelblich Keine Rotfärbung	0,2	1:250000	FEIGL und UZEL	Mit Te(VI)

* Umgerechnet.

§ 7. Nachweis von telluriger Säure und Tellursäure nebeneinander.

Der Nachweis gelingt durch Elektrolyse in schwefelsaurer Lösung, wobei nur tellurige Säure reduziert wird. Nach Entfernung derselben wird die Tellursäure durch Kochen mit Salzsäure und Natriumsulfit gegebenenfalls nach Eindampfen erkannt (MÜLLER).

§ 8. Biologischer Nachweis.

Siehe Selen § 8. Der Nachweis wird in gleicher Weise unter Bildung entsprechender übelriechender Tellurverbindungen durchgeführt. Es lassen sich so noch 10 γ Tellur in 1 cm^3 Lösung nachweisen.

§ 9. Nachweis von Tellur neben Selen und Trennung von anderen Elementen.

A. Nachweis von Tellur neben Selen.

1. Nachweis mit Hydrazinsulfat. Hydrazinsulfat reduziert sowohl die 4- als auch die 6wertigen Oxydationsstufen zu den Elementen, die des Tellurs in alkalischer, die des Selens in saurer Lösung. Zum Nachweis der Tellur- neben Selensäure versetzt man 3 cm^3 der zu prüfenden Lösung mit 3 Tropfen konzentrierter Schwefelsäure, einigen Kryställchen des Hydrazinsulfats und kocht. Nach völliger Ausfällung des Selens wird abfiltriert, ammoniakalisch gemacht und durch Kochen mit Hydrazinsulfat das Tellur, das sich durch Braunfärbung zu erkennen gibt, nachgewiesen.

Grenzkonzentration: 1:100000 (MÜLLER).

2. Nachweis mit Stannit und anderen Reagenzien. Zum Nachweis von Tellur neben Selen kann ferner die Reaktion mit Alkalistannit, s. § 5, D 4, oder die Reaktionen nach FEIGL und UZEL, s. § 6, D 1 u. 2 verwendet werden, deren Empfindlichkeiten aus der nachstehenden Tabelle zu ersehen sind Auch die Reaktion mit Eisen(II)sulfat, s. § 5, D 5, kann benutzt werden.

Über den Nachweis von Tellur und Selen in Kupfer s. Selen § 10, 4.

Tabelle 3. Empfindlichkeiten einiger Tellurnachweise neben Selen.

Reagenzien	Nachweisbare Menge Tellur	Vielfache Menge an Selen	Nach
$SnCl_2$, NaOH	0,8 γ Te(IV)	100fache [Se(IV)]	POLUEKTOFF, s. FEIGL, S. 347
$CuSO_4$, NaOH. $K_2S_2O_8$	1 γ Te(VI)	500fache [Se(VI)]	FEIGL und UZEL, s. FEIGL, S. 347
$MnSO_4$, NaOH, NaOBr	2,5 γ Te(VI)	20000fache [Se(VI)]	FEIGL und UZEL, s. FEIGL, S. 347

B. Nachweis im Gange der Analyse.

***1. Nachweis nach* NOYES *und* BRAY.** Im Gange der Analyse nach NOYES und BRAY wird die Lösung (etwa 6 cm³), enthaltend die Elemente der Tellur- (Te, Mo, Ir, Rh) und Kupfergruppe (Pb, Bi, Cu, Cd) in 12 n-Salzsäure — zur Ausfällung eventuell noch vorhandenen, unvollständig abgetrennten Selens — mit Schwefeldioxyd gesättigt. Ein zufälliger Niederschlag wird abfiltriert und das Filtrat mit 20 cm³ Wasser verdünnt. Die Lösung ist dann etwa 2,7 normal an Salzsäure; bei dieser Säurekonzentration wird Tellur durch Schwefeldioxyd am schnellsten reduziert. Nach Sättigung mit Schwefeldioxyd wird im kochenden Wasserbad 15 Min. erhitzt. Eine schwarze Fällung zeigt Tellur an. Bei sehr kleinen Tellurmengen entsteht anfangs nur eine Dunkelfärbung. Die Ausfällung findet dann erst nach einigem Stehen statt (NOYES und BRAY, S. 136).

2. Nachweis auf mikroanalytischem Wege. Im Mikrogange wird das durch Schwefeldioxyd ausgefällte Tellur in Königswasser gelöst und mittels Caesiumchlorids als Cs_2TeCl_6, s. § 5, C 1, nachgewiesen (ALSTODT und BENEDETTI-PICHLER)

Literatur.

ALSTODT, B. S. u. A. A. BENEDETTI-PICHLER: Ind. eng. Chem. Anal. Edit. **11**, 294 (1939); durch C. **1939 II**, 2819.

BEHRENS-KLEY: Mikrochemische Analyse von P. D. C. KLEY. I. Leipzig 1915. — BERSIN, T.: Fr. **91**, 170 (1932). — BONZ & SOHN: Schweiz. Wchschr. Pharm. **43**, 197 (1905); durch C. **1905 I**, 1546. — BRAUNER, B. u. B. KUˇMA: B. **40**, 3362 (1907). — BRECKPOT, R. u. A. MEVIS: Ann. Soc. Sci. Bruxelles B. **55**, 16 (1935); durch C. **1935 II**, 3952. — BRUNCK, O.: A. **336**, 281 (1904).

CARTER, S. R., J. A. V. BUTLER u. F. JAMES: Am. Soc. **48**, 930 (1926).

DENIGÈS, G.: (a) C. r. **204**, 1256 (1937); durch Fr. **114**, 134 (1938); (b) Ann. Chim. anal. **20**, 57 (1915); durch C. **1916 I**, 487. — DIVERS, E. u. M. SHIMOSÉ: B. **16**, 1008 (1883).

FALCIOLA, P.: Ann. Chim. applic. **17**, 359 (1927); Fr. **75**, 100 (1928); Fr. **82**, 289 (1930). — FEIGL, F.: Qualitative Analyse mit Hilfe von Tüpfelreaktionen, 3. Aufl., Leipzig 1938. — FEIGL, F. u. R. UZEL: Mikrochemie **19**, 132 (1936). — FISCHER: Pogg. Ann. **13**, 257 (1828). — FRESENIUS, C. R.: Anleitung zur qualitativen chemischen Analyse, 17. Aufl. Braunschweig 1919.

GEILMANN, W.: Bilder zur qualitativen Mikroanalyse. Leipzig 1934. Tafeln 32 u. 33. — GERICHTEN, v.: durch FRESENIUS, a. a. O., S. 344. — GERLACH, WA. u. WE. GERLACH: Die chemische Emissionsspektralanalyse, 2. Teil. Leipzig 1933. — GERLACH, W. u. E. RIEDL: Die chemische Emissionsspektralanalyse, 3. Teil. Tabellen zur qualitativen Analyse. Leipzig 1936.

HILGER: durch FRESENIUS, a. a. O., S. 344. — HYNES, W. A. u. L. K. YANOWSKI: Mikrochemie **23**, 1, 143 (1937).

KASARNOWSKY, J.: Z. anorg. Ch. **128**, 17, 33 (1923). — KOBELL: Ber. d. k. bayer. Acad. d. Wissensch. **1857**, Nr. 37, S. 302; durch C. **1857**, 685. — KÜSTER, F. W. u. W. HOMMEL: Z. El. Ch. **8**, 496 (1902).

LANG, R.: Mikrochim. A. **3**, 116 (1938).

MÜLLER, E.: Ph. Ch. **100**, 346 (1922).

NOYES, A. A. u. W. C. BRAY: A system of Qualitative Analysis for the rare Elements. New York 1927.

PIERSON, G. G.: Ind. eng. Chem. Anal. Edit. **6**, 437 (1934). — POLUEKTOFF, N. S.: Mikrochemie **15**, 32 (1934).

REICHINSTEIN, D. u. J. KASARNOWSKY: Ph. Ch. **97**, 267 (1921). — RICKARD, T. A.: Eng. Mining J. Press. **114**, 752 (1922); durch C. **1923 I**, 572. — RIEDL, E.: Z. anorg. Ch. **209**, 356 (1932).

ŠIMEK, A. u. B. STEHLÍK: Coll. Trav. chim. Tchécosl. **2**, 304 (1930). — ŠTOLBA, F.: Fr. **11**, 437 (1873). — SPÄTH, W.: Monatshefte **61**, 107 (1932).

Tabellen der Reagenzien für anorganische Analyse, Akademische Verlagsgesellschaft, Leipzig 1938. — TÖPELMANN, H.: Fr. **82**, 284 (1930). — TOMÍČEK, O.: Bl. (4) **41**, 1399 (1927).

VIGNOLI, L. u. A. BEN KHALED: J. Pharm. Chim. (8) **29**, 148 (1939); durch C. **1939 II**, 484.

Chrom.

Cr, Atomgewicht 52,01; Ordnungszahl 24.

Von **OTTO SCHMITZ-DUMONT**, Bonn.

Mit 7 Abbildungen.

Inhaltsübersicht.

Seite

Vorkommen des Chroms 142

1. Vorkommen in der anorganischen Natur 142
2. Vorkommen im Pflanzen- und Tierreich 142

Allgemeines 142

Verhalten des Chroms in der 6. Gruppe des periodischen Systems; Wertigkeit; Verbindungen des 2-, 3-, 5- und 6wertigen Chroms 142

Unterschiedliche Löslichkeit der Chromverbindungen; Eignung schwerlöslicher Verbindungen zum qualitativen Nachweis 142

Schwerlösliche Verbindungen mit kationisch gebundenem Chrom 143

Schwerlösliche Chromate 143

Aufschlußverfahren für unlösliche und komplexe Chromverbindungen, Chromlegierungen und chromhaltige organische Stoffe 144

1. Aufschluß unlöslicher Chromverbindungen 144
   a) Aufschluß durch oxydierendes Schmelzen 144
      α) Aufschluß mit Natriumcarbonat-Kaliumnitrat 145
      β) Aufschluß mit Natriumhydroxyd-Natriumnitrat 145
      γ) Aufschluß mit Natriumperoxyd 145
      δ) Aufschluß mit Borax-Kalium-Natriumcarbonat 145
   b) Andere Aufschlußverfahren 145
      α) Aufschluß mit Natriumpyrosulfat 145
      β) Aufschluß mit Perchlorsäure 146
      γ) Aufschluß mit Salpetersäure-Kaliumchlorat 146
      δ) Aufschluß mit Jodwasserstoffsäure 146
      ε) Aufschluß mit Jodwasserstoff-unterphosphoriger Säure 146
      ζ) Aufschluß durch nascierenden Wasserstoff 146
2. Aufschluß von Chromlegierungen 146
   a) Aufschluß mit Schwefel- oder Salzsäure 147
   b) Aufschluß mit Perchlorsäure 147
   c) Aufschluß mit Salzsäure-Kaliumchlorat 148
   d) Schmelzaufschluß 148
   c) Aufschluß durch anodische Oxydation 148
3. Aufschluß von komplexen Chromverbindungen 148
4. Aufschluß chromhaltiger organischer Stoffe 148

Kurze Übersicht über das Verhalten des Chroms in der analytischen Gruppe und die Abtrennung des Chroms von seinen Begleitern 149

1. Abtrennung des Chroms von den natürlich vorkommenden Begleitelementen . . 150
2. Abtrennung von wichtigen Begleitelementen in Chromlegierungen 151

Nachweismethoden 152

§ 1. Spektralanalytischer Nachweis, mitbearbeitet von J. VAN CALKER, Münster (Westf.) 152

Allgemeines (Lichtquellen, Analysenlinien) 152

Nachweisverfahren 153

1. Nachweis in Lösungen 153
2. Nachweis in Nichteisenmetallen 153

Seite

3. Nachweis in organischer Substanz 153
4. Nachweis in Pulvern 153
5. Nachweis in besonderen Fällen 154
   a) Nachweis in Stahl 154
   b) Nachweis in Erzen 154
6. Grenzkonzentration 154
   a) Spektroskopische Methode 154
   b) Visuelle Beobachtung 155
7. Anreicherungsverfahren zum Spurennachweis 155
   a) Elektrolytische Anreicherung nach BAYLE und AMY 155
   b) Elektrothermische Anreicherung 155

§ 2. Nachweis auf trockenem Wege 155
1. Nachweis durch Flammenfärbung 155
2. Verhalten in der Boraxperle 156
3. Verhalten in der Phosphorsalzperle 156
4. Lötrohrprobe 156
5. Oxydationsschmelze 156
6. Reduzierendes Schmelzen mit Ammoniumhypophosphit 156

§ 3. Nachweis auf nassem Wege 156
I. Nachweis von Chrom(II)-Ion 156
   Vorbemerkung 156
   1. Fällung als Sulfid 157
   2. Fällung als Acetat 157
   3. Fällung als Oxalat 157
   4. Weitere Fällungsreaktionen 157
II. Nachweis von Chrom(III)-Ion 157
   Allgemeines über Chrom(III)salze 157
   Überführung von Chromat in Chrom(III)salz 158
   A. Wichtige analytische Reaktionen 158
      Vorbemerkung 158
      Fällung als Chromhydroxyd 159
      1. Fällung mit Ammoniak 159
      2. Fällung mit Alkalihydroxyd 159
      3. Fällung mit Ammoniumsulfid 160
      4. Fällung mit anderen Wasserstoff-Ionen bindenden Stoffen 160
         a) Fällung mit Urotropin 160
         b) Fällung mit Pyridin 160
         c) Fällung mit Anilin 160
         d) Fällung mit Natriumthiosulfat 160
         e) Fällung mit Kaliumcyanat 160
   B. Weitere Reaktionen von Chrom(III)-Ion 161
      1. Fällung als basisches Carbonat 161
      2. Fällung als basisches Acetat 161
      3. Fällung als basisches Selenit 161
      4. Fällung als Phosphat 161
      5. Fällung als Chromichromat 162
      6. Fällung als basisches Zinkchromsulfat [Reaktion auf violette Chrom(III)salze] 162
   C. Nachweis von Chrom(III)-Ion durch Fällung mit organischen Reagenzien 162
      1. Fällung mit Triäthanolamin 162
      2. Fällung mit Thiodiphenylcarbohydrazid 162
      3. Fällung mit Natriumalizarinsulfonat 163
      4. Fällung mit Resorufin 163
      5. Fällung Mit o-Oxychinolin (Oxin) 163
      6. Fällung mit Oxinderivaten 163
III. Nachweis von Chromat-Ion 163
   A. Überfuhrung des 3wertigen Chroms in Chromat 163
      1. Oxydation in wäßriger Lösung 163

Seite

a) Oxydation in saurer Lösung 164
α) Oxydation mit Persulfat 164
β) Oxydation mit Bleidioxyd 164
γ) Oxydation mit Kaliumchlorat 164
δ) Oxydation mit Kaliumpermanganat 164
ε) Oxydation mit Chlorwasser bei Gegenwart von Silbernitrat 165
b) Oxydation in alkalischer Lösung 165
α) Oxydation mit Hypochlorit und Hypobromit 165
β) Oxydation mit Wasserstoffperoxyd, Natriumperoxyd und Natriumperborat 165
γ) Oxydation mit Bleidioxyd und Mangandioxyd 166
δ) Oxydation mit Silberoxyd 166
ε) Oxydation mit Kaliumpermanganat 166
2. Oxydation in der Schmelze 166
B. Allgemeines über das Verhalten von Chromaten in wäßriger Lösung 166
C. Wichtige analytische Fällungsreaktionen 166
1. Fällung als Silberchromat 167
2. Fällung als Silberchromat-Silbersulfat 168
3. Fällung als Bleichromat 168
4. Fällung als Bariumchromat 169
5. Fällung als Quecksilber(I)chromat 169
D. Weitere Fällungsreaktionen 170
1. Fällung mit Schwermetallsalzen 170
2. Fällung mit Kobaltiaken 170
E. Unterscheidung zwischen Monochromat und Pyrochromat 170
1. Nachweis von Pyrochromat neben Monochromat 170
2. Nachweis von Monochromat neben Pyrochromat 170
F. Fällungsreaktionen mit organischen Reagenzien 170
1. Fällung mit o-Oxychinolin (Oxin) 170
2. Fällung mit Methylenblau 170

§ 4. Mikrochemische Nachweisreaktionen 171
A. Fällungsreaktionen 171
I. Mikrochemischer Nachweis von Chrom(III)-Ion 171
1. Fällung als Cäsiumchromalaun 171
2. Fällung als Chinolinchromoxalat 171
II. Mikrochemischer Nachweis von Chromat-Ion 171
1. Fällung als Silberchromat 171
2. Fällung als Silberpyrochromat 171
3. Fällung als Silberchromat-Silbersulfat 172
4. Fällung als Bleichromat 172
5. Nachweis als basisches Bleichromat 172
6. Nachweis mit Chloropentammin-kobalt(III)chlorid 172
7. Nachweis mit Dinitro-tetrammin-kobalt(III)nitrat 173
8. Nachweis mit Benzidin 173
B. Coloriskopisches Nachweisverfahren 173
C. Mikrochemischer Nachweis von Chromat-Ion durch katalytische Reaktionen 174
1. Nachweis des Chromat-Ions durch Katalyse der Reduktion von Ferriin durch tellurige Säure 174
2. Nachweis durch die oxydierende Wirkung des Chromat-Ions 175
a) Oxydation von Diphenylamin [Mangan(II)-Ion als Katalysator] . 175
b) Oxydation von Brom-Ionen (tellurige Säure als Katalysator) . . 175
D. Mikrochemischer Chromnachweis in Metalloberflächen; Elektrographische Methode 176

§ 5. Nachweis von Chrom durch Farbreaktionen mit anorganischen Reagenzien 176
1. Erkennung des Chroms durch Überführung in Chromat 176
2. Reaktion der Chromsäure mit Wasserstoffperoxyd 177
3. Nachweis mit Mangan(II)chlorid in rauchender Salzsäure 178

Seite

§ 6. Nachweis durch Tüpfel- und Farbreaktionen mit organischen Reagenzien . . . 178
A. Wichtige Farb- und Tüpfelreaktionen . . . 178
Vorbemerkung . . . 178
1. Nachweis mit Diphenylcarbohydrazid . . . 178
a) Ausführung als Makroreaktion . . . 178
b) Ausführung als Tüpfelreaktion bei Anwesenheit von 3wertigem Chrom . . . 179
α) Oxydation durch alkalisches Bromwasser auf der Tüpfelplatte 179
β) Oxydation in saurer Lösung durch Persulfat . . . 179
c) Oxydation in der Schmelze . . . 179
d) Nachweis von Chromat neben Molybdän . . . 179
e) Nachweis von Chromat neben Quecksilber(II)salz . . . 180
f) Nachweis von Chrom in Stählen durch Tüpfelreaktion mit Diphenylcarbohydrazid . . . 180
2. Nachweis mit Benzidin . . . 180
a) Benzidinacetatlösung als Reagens . . . 180
α) Nachweis von Chrom neben anderen Metallen . . . 181
β) Nachweis von Chromat neben Arsenat und Jodat . . . 181
γ) Nachweis von Chrom in Stählen durch Tüpfelreaktion mit Benzidin . . . 181
b) Benzidin-Wasserstoffperoxyd als Reagens . . . 181
3. Nachweis mit o-Tolidin . . . 181
4. Nachweis mit Säurealizaringelb RC (Höchst) [Reaktion des Chrom(III)-Ions . . . 182
5. Nachweis mit Säurealizarinrot G (Höchst) [Reaktion des Chrom(III)-Ions] 182
B. Weitere Farbreaktionen von Chromat-Ion mit organischen Reagenzien . . 182
1. Nachweis mit Orcin . . . 182
2. Nachweis mit Pyrogalloldimethyläther . . . 182
3. Nachweis mit Dioxynaphthalinsulfonsäure (Chromotropsäure) . . . 183
4. Nachweis mit Serichromblau R (1,2) . . . 183
5. Nachweis mit Blauholzextrakt . . . 183
6. Nachweis mit Diphenylamin . . . 183
7. Nachweis mit Phenylendiamin . . . 183
8. Nachweis mit α-Naphthylamin . . . 184
9. Nachweis mit Diphenylcarbazon . . . 184
10. Nachweis mit Pyrrol . . . 184
11. Nachweis mit Plasmochin . . . 184
12. Nachweis mit Strychnin . . . 185
13. Nachweis mit Methylenblauleukobase . . . 185
14. Nachweis mit Guajactinktur . . . 185
15. Nachweis mit Derivaten des o-Oxychinolins . . . 185
C. Farbreaktion von Chrom(II)-Ion mit Diphenylcarbohydrazid (als Chromnachweis in metallischen Überzügen) . . . 185
D. Nachweis durch Fluorescenzeffekte . . . 185
1. Nachweis mit Acridin . . . 185
2. Nachweis mit Resorufin . . . 186
E. Aufsuchung von Chromat-Ion im Gemisch mit anderen Anionen . . . 186
§ 7. Chromatographischer Nachweis . . . 186
1. Auffindung von 3wertigem Chrom . . . 186
a) Adsorption als Aquokomplex . . . 186
b) Adsorption als Tartratkomplex . . . 187
2. Auffindung von Chromat-Ion . . . 187
Vorbehandlung der Adsorptionssäule . . . 187
§ 8. Toxikologischer Nachweis . . . 188
Nachweis im Harn . . . 188
Literatur . . . 188

Chrom.

Cr, Atomgewicht 52,01; Ordnungszahl 24.

Vorkommen. *1. Vorkommen in der anorganischen Natur.* In *gediegenem* Zustande ist Chrom bisher nur in gewissen Meteoriten gefunden worden.

Als *Oxyd* findet es sich in vielen Mineralien, Erzen und Gesteinen. Das wichtigste Mineral ist der *Chromeisenstein*, auch Chromit genannt, der zur Klasse der Spinelle gehört. Die ideale Zusammensetzung müßte der Formel $FeO \cdot Cr_2O_3$ entsprechen. Jedoch ist stets ein Teil des Chrom(III)oxyds durch Eisen(III)oxyd isomorph vertreten. Chromeisenstein ist, vergesellschaftet mit Serpentin, zugleich das führende Chrommineral in dem wichtigsten Chromerz gleichen Namens. Hauptfundorte liegen in Griechenland, Kleinasien und in den Vereinigten Staaten von Amerika. Ein hochprozentiges Chrommineral ist ferner der Chrompikotit (55,9% $Cr\ O_3$), der in den Olivinausscheidungen von Basalten gefunden wird (Brit. Columbia). In geringen Mengen ist Chrom im Spinell (bis zu 8% Cr O) im Chrysoberyll, im Kalkchromgranat (bis zu 6% Cr) und in anderen Silicaten, wie in Chromchlorit und Smaragd enthalten. Spurenweise findet sich Chrom in vielen Mineralien (Rubin, Rutil, Augit, Dialag u. a.).

Als *Chromat* findet sich Chrom vor allem in Form von *Rotbleierz* (Krokoit) von der Zusammensetzung $PbCrO_4$, oft vergesellschaftet mit Bleiglanz, auf Quarzgängen in zersetztem Granit hauptsächlich in Brasilien. Auch in Gemeinschaft mit Bleicarbonat ist Bleichromat als Mineral Beresowit anzutreffen. Von geringerer Bedeutung sind ein basisches Bleichromat $Pb\ Cr\ O_9$ Phönicit genannt und einige komplexe Kupfer-Bleichromate wie z. B. Vauquelinit $Cu\ Cr\ O_9 \cdot 2\ Pb_5Cr\ O_9$, die vielfach noch Phosphat enthalten. Bemerkenswert ist das Vorkommen von Kaliumchromat im Natronsalpeter.

2. Vorkommen im Pflanzen- und Tierreich. In den Holzaschen der Fichte, Esche, Pappel, Weißtanne und Weinrebe konnte DEMARÇAY Spuren von Chrom spektralanalytisch nachweisen. In Rosenfrüchten fand GOULDIN 0,0005% Chrom.

In gewissen tierischen Organen konnte Chrom spektrographisch nachgewiesen werden, so in der Schilddrüse und in der Milz (DUTOIT und ZBINDEN). In der Asche menschlicher Tumoren fanden DINGWALL und BEANS 0,001 bis 0,25% Chrom.

Verhalten des Chroms in der 6. Gruppe des Periodensystems. Chrom gehört der Gruppe 6b des Periodensystems an. Dementsprechend kommt es in seinen Verbindungen maximal 6wertig vor und bildet u. a. das Oxyd CrO_3, das sich als ausgesprochenes Säureanhydrid verhält, von dem sich die normalen Chromate Me_2CrO_4 ableiten. Hierin ähnelt es nicht nur den homologen Elementen Mo, W, U sondern auch den Elementen der Gruppe 6a mit Schwefel als typischem Vertreter. Die große Analogie des 6wertigen Chroms zu den 6wertigen Elementen der gesamten 6. Gruppe zeigt sich z. B. deutlich in der bestehenden Isomorphie der Chromate mit den Molybdaten, Wolframaten sowie mit den Sulfaten und Selenaten. Die engeren Beziehungen des Chroms zu Molybdän und Wolfram zeigen sich auch bei den Verbindungen der 6wertigen Metalle, indem Chrom gleich den beiden Homologen Iso- und Heteropolysäuren zu bilden vermag, eine Eigenschaft, die der Schwefel- und Selensäure fast völlig abgeht. Die Neigung, sich zu stabilen Iso- und Heteropolysäuren zu kondensieren, ist allerdings beim Chrom viel geringer als bei Molybdän und Wolfram. Chrom kann außer in der 6wertigen auch noch in der 2-, 3- und 5wertigen Stufe vorkommen. Von Verbindungen mit 5wertigem Chrom sind bisher nur die roten Perchromate, Me_3CrO_8, bekannt, die keine analytische Bedeutung besitzen im Gegensatz zu den Verbindungen mit 3wertigem Chrom. Verbindungen mit 2wertigem Chrom spielen für die analytische Chemie eine untergeordnete Rolle, weil sie, besonders in wäßriger Lösung, außerordentlich leicht zu Chrom(III)verbindungen oxydiert werden.

Unterschiedliche Löslichkeit der Chromverbindungen. Sowohl in der Reihe der Salze, welche das Chrom im *Kation* enthalten, als auch in der Reihe der *Chromate* gibt es Verbindungen, die schwer löslich genug sind, um zum qualitativen Nachweis oder im Verlaufe von Trennungsgängen als Niederschlagsform Verwendung zu finden. Es seien im folgenden zunächst die in Betracht kommenden Verbindungen mit kationisch gebundenem und daran anschließend die mit anionisch gebundenem Chrom, also die Chromate, angeführt.

Schwerlösliche Verbindungen mit kationisch gebundenem Chrom. *Chrom(III)-verbindungen.* Die Verbindungen des *2wertigen* Chroms sind für die qualitative Analyse, sofern sie lediglich den Chromnachweis zum Ziel hat, von keiner Bedeutung, vor allem wegen ihrer Unbeständigkeit gegenüber Luftsauerstoff, durch den das Chrom(II)-Ion, besonders in wäßriger Lösung, zum Chrom(III)-Ion oxydiert wird. Eine Analysensubstanz dürfte deshalb nur in Ausnahmefällen das Chrom im 2wertigen Zustand enthalten.

Schwerlöslich und als Niederschläge in wäßriger Lösung zu erhalten sind das Sulfid, CrS (schwarzer Niederschlag), das Phosphat, $Cr_3(PO_4)_2$ (blauer Niederschlag), das Carbonat $CrCO_3$ (amorphe, grünweiße Fällung), das Acetat $Cr(C_2H_3O_2)_2 \cdot H_2O$ (roter, krystalliner Niederschlag) und das Oxalat $Cr(C_2O_4) \cdot H_2O$ (gelbe krystalline Fällung). Die übrigen anorganischen Chrom(II)salze, insbesondere das Chlorid, Bromid, Jodid sowie das Sulfat sind leicht löslich. Charakteristisch und zum Nachweis des Chrom(II)-Ions geeignet sind das Acetat und das Oxalat.

Chrom(III)salze. Die meisten normalen *Chrom(III)salze* sind leicht löslich. Schwer löslich und daher durch Fällung aus wäßriger Lösung gewöhnlicher Chrom-(III)salze zu erhalten sind: *Chrom III hydroxyd*, $Cr(OH)_3 \cdot aq$ als gallertiger Niederschlag, aus *violetten* Chrom(III)salzlösungen von hell blaugrüner, aus den Lösungen der *grünen* Chrom(III)salze von dunkel blaugrüner Farbe; *basisches Chrom(III)-carbonat* wechselnder Zusammensetzung (grüner, voluminöser Niederschlag); *Chrom-(III)phosphat* $CrPO_4 \cdot aq$ (grüner, flockiger Niederschlag); *Chromichromat*, $(CrO)_2CrO_4$ (gelber bis brauner Niederschlag); *basisches Chromselenit* (grüner, amorpher Niederschlag). Für den qualitativen Chromnachweis eignet sich in erster Linie das Hydroxyd (s. § 3, II A, S. 159). Auch mit einer Anzahl organischer Komplexbildner (Thiodiphenylcarbohydrazid, Alizarinsulfonsäure, Resorufin u. a.) geben Chrom(III)salze in wäßriger Lösung gefärbte Niederschläge, die analytisch verwertbar sind (s. § 3, II C, S. 162).

Außer den genannten, aus wäßriger Lösung zu fällenden, schwerlöslichen Verbindungen gibt es noch eine Anzahl wasserfreier, schwerlöslicher Verbindungen, die auf trockenem Wege erhalten, für qualitative Nachweisreaktionen keine Rolle spielen und nur durch ihr Vorkommen in Analysensubstanzen von gewisser Bedeutung sind. Hierher gehören die wasserfreien Halogenide, das wasserfreie Chromsulfat und die Chrom(III)schwefelsäure, $2\ Cr\ (SO_4) \cdot H\ SO_4$, auch Chrom(III)heptasulfatdihydrat genannt. Diese Stoffe sind pfirsichblütenfarben und in Wasser sowie in Säuren unlöslich. Auflösung erfolgt jedoch bei Zusatz von etwas Chrom(II)-chlorid oder beim Behandeln mit nascierendem Wasserstoff, indem man in die mit Salzsäure angesäuerte Suspension einige Stückchen Zink gibt. Auch die durch Glühen des aus wäßriger Lösung gefällten Phosphats erhaltene, graurote Verbindung ist außerordentlich schwer löslich und wird fast nur durch siedende Schwefelsäure angegriffen.

Schwerlösliche Chromate. Von den Verbindungen mit *anionisch* gebundenem Chrom kommen für die qualitative Analyse nur die *Chromate* in Betracht. Die Chromate der Alkalien, des Magnesiums, Calciums und Strontiums sind löslich; letzteres ist am wenigsten löslich, während die meisten Schwermetallchromate einschließlich des Bariumchromats schwer löslich sind mit Ausnahme von Zink-, Mangan-, Eisen(III)- und Kupfer(II)chromat. Jedoch wandeln sich die Chromate dieser Schwermetalle in wäßriger Lösung leicht in schwer lösliche basische Salze um. Überhaupt besteht bei den meisten Schwermetallen (eine Ausnahme bildet das Silber) die Neigung zur Bildung basischer schwerlöslicher Chromate, insbesondere beim Wismut, wenn die Lösung des betreffenden Metallsalzes mit normalem Chromat versetzt wird. Hierbei können sich auch primär schwerlösliche Doppelsalze zwischen Alkalichromat und dem Schwermetallchromat bilden; z. B. entsteht beim Zugeben von Kaliumchromat zu einer Wismutnitratlösung das Salz $K_2CrO_4 \cdot Bi_2(CrO_4)_3$. Es sei darauf hingewiesen, daß auch Strontiumchromat ziemlich schwer löslich ist und in neutraler Lösung bei Zusatz von Strontiumchlorid zu einer Alkalichromatlösung ausfallen kann. Die Fällung wird jedoch durch Essigsäure verhindert, was für die

Abscheidung von Bariumchromat nicht zutrifft. Als Nachweisreaktion des Chromat-Ions ist deshalb die letztere Fällungsform vorzuziehen. Sämtliche Chromate sind in starken Säuren leicht löslich mit Ausnahme des geschmolzenen *Bleichromats*. Folgende Chromate können durch Fällung aus wäßriger Lösung erhalten und zum Nachweis des Chromat-Ions verwendet werden:

Bariumchromat, $BaCrO_4$, Bleichromat, $PbCrO_4$, und Thalliumchromat, Tl_2CrO_4, als gelbe feinkrystalline Niederschläge sowie Silberchromat, Ag_2CrO_4, und Quecksilber(I)chromat, Hg_2CrO_4, als rote ebenfalls feinkrystalline Niederschläge. Über Fällungsbedingungen und Eigenschaften der Niederschläge s. § 3, III C, S. 167. Für den qualitativen Nachweis des Chromat-Ions werden fast ausschließlich die Chromate des Bariums, Bleis und Silbers verwandt. Bleichromat zeichnet sich durch besonders große Schwerlöslichkeit aus, während Silberchromat durch seine intensiv braunrote Farbe besonders charakteristisch ist. Der Fällung als Silberchromat gleichwertig ist die Fällung als Quecksilber(I)chromat.

Es existiert auch eine geringe Anzahl schwerlöslicher Dichromate, wie die des Bariums, Bleis und Silbers, die aber mit Ausnahme des letzteren, das zum mikrochemischen Nachweis dient, keine analytische Bedeutung besitzen, da sie nur unter ganz bestimmten Bedingungen entstehen.

Aufschlußverfahren für unlösliche und komplexe Chromverbindungen, Chromlegierungen und chromhaltige organische Stoffe.

Besondere Aufschlußverfahren sind erforderlich, wenn das Chrom in einer Verbindung vorliegt, die sich weder in Wasser, Alkalilaugen noch in Säuren löst oder so stark komplex gebunden ist, daß die gewünschten Ionenreaktionen ausbleiben, was vornehmlich für Reaktionen auf das Chrom(III)-Ion zutreffen kann.

1. Aufschluß unlöslicher Chromverbindungen. Außer dem hochgeglühten Chrom(III)oxyd und gewissen Doppeloxyden des Chroms, wie z. B. den Chromspinellen (Chromit u. a.) sind die wasserfreien Halogenide, das wasserfreie Chrom(III)-sulfat, das sogenannte Chrom(III)heptasulfatdihydrat $2\ Cr_2(SO_4)_3 \cdot H_2SO_4$ und das hochgeglühte Chrom(III)phosphat sowie die Nitride und andere legierungsartige Verbindungen des Chroms mit Metalloiden (Carbide, Silicide, Boride) in Wasser, Säuren und Alkalilaugen unlöslich. Um derartige Verbindungen in eine lösliche Form zu bringen, ist es am einfachsten, oxydierend zu schmelzen, wobei das Chrom in lösliches Alkalichromat übergeführt wird. Jedoch gibt es auch andere, in wäßriger Aufschlämmung vorzunehmende Aufschlußverfahren, die für die qualitative Analyse aber von untergeordneter Bedeutung sind.

a) Aufschluß durch oxydierendes Schmelzen. Der Aufschluß gelingt oft bereits beim Schmelzen mit Alkalicarbonat oder Alkalihydroxyd an der Luft. So kann z. B. Chromit nach THOMPSON, mit wasserhaltigem Kaliumhydroxyd (auf 10 g KOH einige Tropfen H_2O), das unterhalb 380° schmilzt, in einem Nickeltiegel aufgeschlossen werden. Der Zusatz eines Oxydationsmittels, wie Kaliumnitrat oder Natriumperoxyd führt jedoch rascher zum Ziel. Am sichersten und schnellsten erfolgt der Aufschluß mit *Natriumperoxyd.* Dies gilt besonders für Chromit, der mit Soda-Salpeter nur schwer aufgeschlossen werden kann. Will man aus irgend einem Grunde Natriumperoxyd vermeiden, so nehme man statt des Natriumcarbonats Kalium- oder Natriumhydroxyd (BRUNCK u. HÖLTJE). An Stelle von Kaliumnitrat kann auch Kaliumchlorat genommen werden. Bei Verwendung von Nitraten ist zu bedenken, daß beim Schmelzen Nitrit entsteht, so daß beim Ansäuern des wäßrigen Auszuges das gebildete Chromat mehr oder weniger zu Chrom(III)salz reduziert wird. Will man das Chrom als Chromat nachweisen, so ist es daher notwendig, die wäßrige Lösung vor dem Ansäuern mit Wasserstoffperoxyd bis zur vollständigen Zersetzung desselben zu kochen, um alles Nitrit in Nitrat zu verwandeln.

α) Aufschluß mit Natriumcarbonat-Kaliumnitrat. Die Substanz wird in einem Porzellantiegel mit etwa der 10fachen Menge eines Gemisches aus 2 Teilen Na_2CO_3 und 1 Teil KNO_3 etwa 10 Min. zum Schmelzen erhitzt. Nach dem Erkalten wird mit Wasser ausgelaugt, filtriert und im Filtrat das gebildete Chromat nachgewiesen (vgl. SABALITSCHKA u. BULL), nachdem man das stets entstehende Nitrit durch Kochen mit H_2O_2 zu Nitrat oxydiert hat (siehe oben). Beim Aufschluß von Chrom(III)-oxyd verläuft die Reaktion nach der Gleichung:

$$2\,Na_2CO_3 + 3\,KNO_3 + Cr_2O_3 = 2\,Na_2CrO_4 + 2\,CO_2 + 3\,KNO_2.$$

β) Aufschluß mit Natriumhydroxyd-Natriumnitrat. Die Substanz wird mit etwa der 10fachen Menge eines Gemisches, bestehend aus 4 Teilen NaOH und 2 Teilen $NaNO_3$, aufgeschlossen. Dieses wird zuerst für sich allein in einem Nickeltiegel eingeschmolzen, worauf man auf die erstarrte, aber noch warme Schmelze die fein gepulverte Substanz gibt, bis zum Beginn der Sauerstoffentwicklung erhitzt und etwa 30 Min. auf 400 bis 450° hält (BRUNCK u. HÖLTJE). An Stelle von NaOH-$NaNO_3$ kann auch KOH-KNO_3 (4:1) verwandt werden (THIÉBAUT). Zum Nachweis des Chroms als Chromat ist die vorherige Oxydation des gebildeten Nitrits notwendig (siehe oben). Wird z. B. Chrom(III)oxyd aufgeschlossen, so verläuft die Reaktion nach der Gleichung:

$$4\,NaOH + 3\,NaNO_3 + Cr_2O_3 = 2\,Na_2CrO_4 + 2\,H_2O + 3\,NaNO_2.$$

Statt Natriumnitrat kann man auch Natriumchlorat anwenden, jedoch wird durch letzteres der Nickeltiegel stärker angegriffen. Natriumhydroxyd ist dem Kaliumhydroxyd vorzuziehen, da ersteres bereits bei 318°, letzteres erst bei 360° schmilzt.

γ) Aufschluß mit Natriumperoxyd. Die zu prüfende Substanz erhitzt man vorsichtig mit etwa der 5- bis 10fachen Menge Natriumperoxyd in einem kleinen Eisentiegel gerade bis zum Schmelzen und hält 5 bis 10 Min. im Schmelzflusse, indem man öfters vorsichtig umschwenkt. Bei Verwendung eines Porzellantiegels ist es zweckmäßig, das Na_2O_2 mit etwa der gleichen Menge Na_2CO_3 zu vermischen, da ersteres allein den Tiegel zu stark angreifen würde. Die gleiche Mischung ist auch zu empfehlen, wenn die Probesubstanz leicht oxydierbare Stoffe, wie z. B. Sulfide, enthält, da mit reinem Na_2O_2 die Reaktion unter Umständen explosionsartig verlaufen kann. Für den mikroanalytischen Nachweis wird das Schmelzen in der Öse eines Platindrahtes ausgeführt. Man erschmelzt an der Öse in dem oxydierenden Teil einer Bunsenflamme zunächst eine Perle von Na_2O_2, die man nach dem Erstarren mit der Substanz in Berührung bringt, so daß genügende Mengen daran haften bleiben. Darauf wird die Perle erneut etwa 1 Min. zum Schmelzen gebracht. Die vollkommen erkaltete Schmelze lost man in Wasser, filtriert und identifiziert das gebildete Chromat.

δ) Aufschluß mit Borax-Kalium-Natriumcarbonat. Nach TODOROVIĆ und MITROVIĆ läßt sich *Chromit* durch Schmelzen mit einem Gemisch von 2 Teilen Borax und 3 Teilen Kaliumnatriumcarbonat unter Luftzutritt innerhalb 2—3 Stdn. vollständig aufschließen. Beim Auslaugen mit Wasser geht das Chrom als Chromat in Lösung.

b) Andere Aufschlußverfahren. *α) Aufschluß mit Natriumpyrosulfat.* Geglühtes Chrom(III)oxyd kann auch durch Schmelzen mit Natriumpyrosulfat aufgeschlossen werden, wobei wasserlösliches Chrom(III)sulfat entsteht:

$$Cr_2O_3 + 3\,Na_2S_2O_7 = Cr_2(SO_4)_3 + 3\,Na_2SO_4.$$

Man schmelzt die Substanz mit etwa der 10fachen Menge $Na_2S_2O_7$ und erhitzt auf Rotglut bis zum gelinden Entweichen von SO_3-Dämpfen. Der vollständige Aufschluß kann 30 Min. bis 1 Std. in Anspruch nehmen. Statt Natriumpyrosulfat kann man auch Natriumhydrogensulfat verwenden, was jedoch nicht zweckmäßig ist, da dieses doch zunächst durch vorsichtiges Erhitzen in Pyrosulfat übergeführt werden muß. Der Pyrosulfataufschluß ist bei manchen hochgeglühten Chrom(III)oxyden nur sehr unvollkommen und ist nicht zu empfehlen. Für den eigentlichen Chromnachweis besitzt er keine Bedeutung (vgl. SABALITSCHKA und BULL).

β) Aufschluß mit Perchlorsäure. Durch 70%ige siedende Perchlorsäure werden Chrom(III)oxyd sowie andere oxydische Chromverbindungen, wie Chromit (Chromeisenstein), zu Chromsäure oxydiert:

$$6\,HClO_4 + 7\,Cr_2O_3 + 4\,H_2O = 3\,Cl_2 + 7\,H_2Cr_2O_7.$$

Zum Aufschluß von 0,15 g Chrom(III)oxyd werden etwa 15 Min., von Chromit 60 bis 90 Min. benötigt, wenn die Substanz fein genug gepulvert ist (durch ein 200-Maschensieb gesiebt). Nach Beendigung des Aufschlusses wird mit Wasser verdünnt, so daß die Säurekonzentration nicht größer als 1 molar ist und die Chromsäure am einfachsten durch Fällung mit Bleiperchlorat als Bleichromat identifiziert wird (WILLARD u. GIBSON).

γ) Aufschluß mit Salpetersäure-Kaliumchlorat. Durch siedende konzentrierte Salpetersäure, der etwas Kaliumchlorat zugesetzt ist, läßt sich Chrom(III)oxyd als Chromsäure in Lösung bringen, während Chromit nur unvollständig aufgeschlossen wird (GRÖGER). Nach STORER kann durch dieses Verfahren alles Chrom des Chromits in Chromsäure übergeführt werden, wenn man von Zeit zu Zeit weitere Chloratmengen in die siedende Salpetersäure gibt. Der verbleibende unlösliche Rückstand enthält kein Chrom mehr.

δ) Aufschluß mit Jodwasserstoffsäure. Nach CALEY und BURFORD kann wasserfreies Chrom(III)chlorid durch konzentrierte Jodwasserstoffsäure (D = 1,70) in der Wärme in Lösung gebracht werden, wobei lösliches Chrom(III)jodidhydrat gebildet wird:

$$CrCl_3 + 3\,HJ + aq = CrJ_3 \cdot aq + 3\,HCl.$$

ε) Aufschluß mit Jodwasserstoff-unterphosphoriger Säure. Um Chrom(III)-heptasulfatdihydrat, $2\,Cr_2(SO_4)_3 \cdot H_2SO_4$, in Lösung zu bringen, kann man es nach CALEY und BURFORD mit einem Reagens, das Jodwasserstoffsäure und unterphosphorige Säure enthält (HJ, D = 1,70 + 1—2% 50%ige H_3PO_2) erwärmen. Hierbei wird das Sulfat zu Sulfid reduziert. Die Reaktion ist innerhalb weniger Minuten beendet. Im Filtrat wird das überschüssige Reagens durch Zusatz von genügend Wasserstoffperoxyd und Verkochen bis zum vollkommenen Vertreiben des ausgeschiedenen Jods zerstört, das Chrom am besten mittels H_2O_2 in alkalischer Lösung zu Chromat oxydiert (s. S. 165) und als solches identifiziert.

ζ) Aufschluß durch naszierenden Wasserstoff. Die wasserfreien, unlöslichen Chrom(III)salze können dadurch in Lösung gebracht werden, daß man in die mit Salzsäure versetzte, wäßrige Suspension einige Stückchen metallischen Zinks gibt. Der gleiche Effekt wird durch Zufügen einer geringen Menge von Chrom(II)chlorid bewirkt. Es ist deshalb anzunehmen, daß durch den Wasserstoff in statu nascendi geringe Mengen der Chrom(III)verbindung zu Chrom(II)salz reduziert werden, das dann in der Hauptsache die weitere Auflösung des Chrom(III)salzes bewirkt.

2. Aufschluß von Chromlegierungen. Unter den Chromlegierungen spielen die chromhaltigen Stähle die wichtigste Rolle. Es kommen für den Aufschluß hauptsächlich nasse Verfahren zur Anwendung; jedoch ist unter Umständen, wenn diese versagen, auch ein Schmelzaufschluß mit Natriumperoxyd angezeigt. Zwei grundsätzlich verschiedene Möglichkeiten sind hier zu unterscheiden. 1. Das Chrom geht beim Aufschluß als Chrom(III)salz in Lösung. 2. Während des Aufschlusses wird das Chrom durch Oxydation in die 6wertige Stufe übergeführt. Ersteres ist der Fall beim Lösen in kochender verdünnter Schwefel- oder Salzsäure, letzteres beim Behandeln mit kochender 70%iger Perchlorsäure oder beim Schmelzaufschluß mit Natriumperoxyd. Unvollständig ist die Oxydation zu Chromsäure beim Lösen in Salzsäure (1:1) unter Zusatz von Kaliumchlorat.

Die Wahl des Aufschlußmittels hängt von der Art der Chromlegierung ab. Es lösen sich nicht alle Chromlegierungen, insbesondere nicht Stähle mit hohem Chromgehalt, in verdünnter Schwefel-, Salpeter- oder Salzsäure. Dagegen führt der Aufschluß mit Perchlorsäure oder durch Schmelzen mit Natriumperoxyd in diesen Fällen zum Ziel.

a) Aufschluß mit Schwefel- oder Salzsäure. Wurde in verdünnter Schwefelsäure (1:5 bis 1:3) oder in verdünnter Salzsäure (1:1) gelöst, so führt man das Chrom durch Oxydation in alkalischer Lösung mit Wasserstoffperoxyd in Chromat über (s. S. 165) und weist dieses im Filtrat bei Abwesenheit von Sulfat am besten als Bleichromat in schwach salpetersaurer Lösung nach. Sind Vanadin und Chlor abwesend, so kann der Cr-Nachweis, auch in Gegenwart von Schwefelsäure, durch Fällung als Silberchromat in essigsaurer Lösung geschehen. In jedem Fall läßt sich zur Identifikation des Chromats die Wasserstoffperoxyd-Äther-Reaktion (s. S. 177) anwenden (vgl. auch den Abschnitt „Abtrennung von wichtigen Begleitelementen in Chromlegierungen“, S. 151). Wenn in Schwefelsäure gelöst wurde, kann auch mit Ammoniumpersulfat in Gegenwart von Silbernitrat in saurem Milieu oxydiert werden (s. S. 164).

Handelt es sich um den Spurennachweis von Chrom, so bedient man sich bei Abwesenheit von Vanadin am besten der Tüpfelmethode mit Benzidin (LEIBA und SCHAPIRO). Auf die gereinigte Fläche der Legierung bringt man einige Tropfen verdünnte Schwefelsäure (1:3), wartet bis die Säure vollständig in Reaktion getreten ist, bringt die Flüssigkeit mittels einer Mikropipette auf ein Uhrgläschen und verfährt weiter, wie im Abschnitt „Nachweis von Chrom neben anderen Metallen“, § 6, A. 2a, S. 181, beschrieben. Bei Anwesenheit von Vanadin kann man nach Oxydation zu Chromat mit der filtrierten Lösung die Wasserstoffperoxyd-Äther-Reaktion (s. S. 177) ausführen.

Über den Nachweis von Chrom in vanadinhaltigen Stählen siehe auch unter „Abtrennung von wichtigen Begleitelementen in Chromlegierungen“, S. 151.

Zum Auflösen von Stählen mit geringen Chromgehalten ($< 5\%$) eignet sich auch eine Mischung gleicher Volumina von Schwefelsäure (1:5) und Salpetersäure (1:1); auf 1 g Probesubstanz 20 cm³ des Gemisches. Die beim Lösen entstehenden Stickoxyde sind durch Kochen vollständig zu vertreiben. Bei diesem Verfahren geht das Eisen direkt als 3wertiges Ion in Lösung, während bei alleiniger Verwendung von Schwefel- oder Salzsäure eine Lösung des Eisen(II)-Ions resultiert.

b) Aufschluß mit Perchlorsäure (WILLARD u. KASSNER). Der Aufschluß mit Perchlorsäure eignet sich besonders zum Nachweis von Chrom in vanadinhaltigen Legierungen sowie in Stahlen mit hohem Chromgehalt. Ein großer Vorteil dieser Methode liegt darin, daß anwesendes Mn nicht über die 2wertige Stufe hinaus oxydiert wird (nur bei Gegenwart von viel Phosphorsäure geht die Oxydation weiter bis zum 3wertigen Mn), während das Chrom quantitativ in CrO_3 übergeht (vgl. Abschnitt 1 b, β, S. 146). Die möglichst zerkleinerte Legierung wird mit 70%iger Perchlorsäure bis zur vollständigen Auflösung gekocht. Nach beendetem Aufschluß verdünnt man mit Wasser und kocht zur Entfernung des gebildeten Chlors. Der größte Teil der Säure wird darauf mit wäßrigem Ammoniak neutralisiert und die Chlor-Ionen werden durch Zugabe überschüssigen Silberperchlorats als Silberchlorid ausgefällt, dann wird bis zum Sieden erhitzt und filtriert. Das Filtrat versetzt man mit Bleiperchlorat und läßt unter Rühren abkühlen. Bei Anwesenheit von Chrom fällt gelbes Bleichromat aus (siehe unter „Fällung als Bleichromat“, S. 168).

Stahl und Gußeisen mit hohem Kohlenstoffgehalt wird nach WILLARD und GIBSON nicht direkt mit konz. $HClO_4$ sondern mit verdünnter Säure erhitzt und die Lösung bis zum Entweichen von $HClO_4$-Dämpfen eingekocht, da andernfalls die Reaktion zu heftig verläuft.

Ferrochrom ist schwerer vollständig in Lösung zu bringen, weil das entstehende wenig lösliche CrO_3 die unangegriffenen Teilchen umhüllt. Will man die Legierung vollkommen und möglichst schnell auflösen, so wird zunächst mit 20 cm³ HCl (D = 1,18) 15 Min. gekocht, mit 15 cm³ $HClO_4$ versetzt, bis zum Vertreiben der HCl und dann noch weitere 30 Min. gekocht. Nach dem Abkühlen gibt man einige Kubikzentimeter Wasser zur Auflösung des CrO_3 hinzu, kocht wieder bis zum Erscheinen der $HClO_4$-Dämpfe und wiederholt diese Operation bis zur vollständigen Auflösung (WILLARD u. GIBSON).

c) Aufschluß mit Salzsäure-Kaliumchlorat. Man kann in vielen Fällen auch mit Salzsäure (1:1) unter Zusatz von Kaliumchlorat (etwa der der angewendeten Substanz entsprechenden Menge) lösen. Jedoch ist hierbei die Oxydation des Chroms zu Chromsäure nur unvollkommen, so daß eine nachträgliche Oxydation in alkalischer Lösung mit Wasserstoffperoxyd notwendig ist.

d) Schmelzaufschluß. Ein Schmelzaufschluß kommt in erster Linie für säureunlösliche Stähle mit hohem Chromgehalt in Betracht. Die gut zerkleinerte Legierung wird in einem Nickeltiegel mit der 10fachen Menge eines Gemisches aus Na_2O_2 und Na_2CO_3 (5:3) geschmolzen. Die Schmelze wird mit Wasser ausgelaugt und im Filtrat das gebildete Chromat bei Gegenwart von Vanadin, am besten mittels Bleiacetats, in schwach salpetersaurer Lösung oder mit der Wasserstoffperoxyd-Äther-Reaktion nachgewiesen (siehe unter „Abtrennung von wichtigen Begleitelementen in Chromlegierungen", S. 151).

Ferrochrom kann auch durch Schmelzen mit Kaliumhydroxyd, das geringe Mengen Wasser enthält (einige Tropfen H_2O auf 10 g KOH) aufgeschlossen werden (THOMPSON). Hierbei reagiert das Metall unter Wasserstoffentwicklung.

Über einen Chromnachweis in Elektroüberzügen siehe unter „Farbreaktion des Chrom(II)-Ions mit Diphenylcarbohydrazid", S. 185.

e) Aufschluß durch anodische Oxydation. Wird metallisches Chrom oder eine homogene Chromlegierung in einem sauren Bade als Anode in einen Stromkreis geschaltet, so geht das Chrom, je nachdem, ob es aktiv oder passiv ist, als $Cr^{\cdot\cdot\cdot}$ oder als CrO_4'' in Lösung (HITTORF). Durch passende Wahl des Elektrolyten (Zusatz von Salzen wie NaCl oder $NaNO_3$) und bei genügend positivem Anodenpotential kann in jedem Falle, auch wenn das Chrom nicht als solches, sondern in Form von Legierungen (nichtrostende Stähle), vorliegt, als CrO_4'' in Lösung gebracht werden. Dieses Verfahren wird zum mikrochemischen Chromnachweis in Oberflächen von Metallgegenständen verwendet (Elektrographische Methode; s. § 4, D, S. 176).

Statt Säuren kann man auch Natronlauge (etwa 20%ig) als Elektrolyt verwenden. Hiermit gelingt das Ablösen von Chromüberzügen von Unterlagen aus Nickel und Stahl, ohne daß nennenswerte Mengen der als Unterlage dienenden Metalle in Lösung gehen. In analoger Weise läßt sich ein Chromüberzug von Zink oder Zinklegierungen ablösen, wenn als Elektrolyt konzentrierte Schwefelsäure angewendet wird [EGEBERG u. PROMISEL (a)].

3. Aufschluß von komplexen Chromverbindungen. Der Aufschluß von komplexen Chromverbindungen ist notwendig, wenn Reaktionen auf das Chrom(III)-Ion durchzuführen sind oder wenn im Verlaufe eines Trennungsganges das Chrom als normale Chrom(III)verbindung, in der Regel als Hydroxyd, niedergeschlagen werden soll. Abrauchen mit konzentrierter Schwefelsäure führt immer zum Ziel. Komplexe Chrom(III)ammine werden auch durch Kochen mit Alkalilauge zerstört, ebenso wie durch Glühen an der Luft. Im ersteren Fall bildet sich Chrom(III)-hydroxyd, im letzteren Chrom(III)oxyd.

4. Aufschluß chromhaltiger organischer Stoffe. Der Aufschluß, der zunächst die Zerstörung der organischen Substanz zum Ziele hat, kann auf trockenem und auf nassem Wege geschehen.

Aufschluß auf trockenem Wege. Die Substanz wird in einem Porzellantiegel verascht und der Rückstand mit Na_2O_2-Na_2CO_3 (1:1) geschmolzen, um das Chrom in lösliches Chromat überzuführen (vgl. Nachweis von Chrom im Leder, KLANFER).

Aufschluß auf nassem Wege. Zum Zerstören der organischen Substanz kommen Gemische von HNO_3, H_2SO_4 und $HClO_4$ in Frage (KAHANE und BRARD). Wird unter Verwendung 70%iger Perchlorsäure aufgeschlossen, so erhält man das Chrom direkt in Form von Chromsäure. Nach BRARD (a) kann man folgendermaßen verfahren:

Einige Milligramme der Substanz werden im Reagensgläschen mit 2 cm³ $HClO_4$, (D 1,61) unter Zusatz von 4 bis 5 Tropfen HNO_3 (D 1,39) so lange zum Sieden erhitzt, bis Perchlorsäuredämpfe entweichen. Das Erhitzen wird noch 1 Min. fortgesetzt; nach dem Abkühlen setzt man 5 cm³ Wasser zu und kocht abermals zur Vertreibung des Chlors. Nachweis der gebildeten Chromsäure mit Diphenylcarbohydrazid (s. § 6, A. 1, S. 178).

Kurze Übersicht über das Verhalten des Chroms in der analytischen Gruppe und die Abtrennung des Chroms von seinen Begleitern.

Chrom gehört im Rahmen der klassischen Trennungsgänge zur Schwefelammoniumgruppe. In welcher Bindungsart das Element auch vorliegen mag, niemals wird es in saurer Lösung durch Schwefelwasserstoff gefällt. Sofern es aber in Form eines normalen Chrom(III)salzes vorliegt, wird es aus neutraler Lösung durch Ammoniumsulfid niedergeschlagen, allerdings nicht als Chrom(III)sulfid sondern als Hydroxyd, da ersteres vollständige Hydrolyse erleidet:

$$Cr_2S_3 + 6\,H_2O = 2\,Cr(OH)_3 + 3\,H_2S$$ [1].

Ammoniumsulfid wirkt also nicht anders als wäßriges Ammoniak. Das 3wertige Chrom verhält sich demnach wie die zur gleichen analytischen Gruppe gehörenden Elemente Be, Al, die seltenen Erdmetalle sowie Ga, Ti, Zr, Hf, Th. Es ist jedoch zu bedenken, daß die Fällung mit Schwefelammonium ausbleiben kann, wenn das 3wertige Chrom in einem stabilen Komplex gebunden ist, wie ihn z. B. das Hexacetato-dihydroxotrichrom-Ion $[Cr_3(CH_3CO_2)_6(OH)_2]^{\cdot}$ darstellt, das sich bei Gegenwart von Acetaten außerordentlich leicht bildet. Das gleiche gilt für Formiate. Deshalb dürfen Formiate und Acetate bei der Fällung des Chroms innerhalb der Schwefelammoniumgruppe nicht anwesend sein. Ist dies der Fall, so werden die organischen Säuren am einfachsten durch Abrauchen mit konzentrierter Schwefelsäure vertrieben. Durch dieses Verfahren werden auch die zum Teil sehr stabilen Chrom(III)ammine, die mit Schwefelammonium keine Hydroxydfällung geben, ebenfalls zerstört (vgl. den Abschnitt „Aufschluß von komplexen Chromverbindungen" S. 148).

Die Abtrennung des Chroms von den übrigen Elementen der Schwefelammoniumgruppe beruht zunächst auf der hydrolytischen Spaltung der Chrom(III)salze, auf der leichten Löslichkeit des frisch gefällten Hydroxyds in verdünnten Mineralsäuren sowie auf der Möglichkeit, das Chrom durch Oxydation in wäßriger Lösung, z. B. durch alkalisches Wasserstoffperoxyd, in lösliches Chromat überzuführen. Von den zahlreichen Verfahren, das Chrom von den begleitenden Elementen der Schwefelammoniumgruppe abzutrennen und nachzuweisen, seien hier nur zwei angeführt, die sich durch Einfachheit auszeichnen. Durch Hydrolyse, am besten nach dem „Urotropinverfahren" (Kochen der ganz schwach sauren Lösung mit Urotropin), läßt sich Chromhydroxyd mit den Hydroxyden der 3- und mehrwertigen Elemente der Gruppe, einschließlich Berylliumhydroxyd, ausfällen. Man entfernt das Uran aus dem Niederschlag durch Behandeln mit konzentrierter Ammoniumcarbonatlösung, nimmt den Rückstand in verdünnter Salzsäure auf und führt das nunmehr in Form des Chlorids vorliegende Chrom am einfachsten durch Oxydation mit H_2O_2 in alkalischer Lösung (siehe den Abschnitt „Überführung des 3wertigen Chroms in Chromat", S. 163) in Chromat über. Die filtrierte Lösung kann außer Chromat noch Aluminium und Beryllium als Hydroxosalze enthalten. Das Chromat wird als solches an seiner gelben Farbe erkannt oder durch eine der im § 3, III C, S. 167, aufgeführten Reaktionen identifiziert (siehe auch den Abschnitt „Tüpfelreaktionen", § 6).

[1] Auf trockenem Wege hergestelltes krystallisiertes Chrom(III)sulfid ist allerdings gegenüber Wasser und verdünnten nichtoxydierenden Säuren sehr beständig.

Vgl. auch den von LEHRMANN, WEISBERG und KABAT angegebenen Trennungsgang für kleine Substanzmengen, bei dem zunächst das Eisen mittels Cupferrons entfernt wird, so daß man das Chrom(III)hydroxyd zusammen mit den Hydroxyden des Al, U und Be erhält.

Wird nach Abtrennung der Schwefelwasserstoffgruppe mit Ammoniumsulfid gefällt, so kann das Chrom(III)hydroxyd aus dem Niederschlag mittels verdünnter Salzsäure herausgelöst und so von Nickel und Kobalt abgetrennt werden, zusammen mit den übrigen Elementen der Gruppe. Durch Oxydation mit H_2O_2 in natronalkalischer Lösung und Verkochen des überschüssigen Peroxyds (vgl. S. 165) resultiert eine Lösung, die neben Chromat noch Be, Al und Zn in Form entsprechender Hydroxosalze sowie Uran als Peroxyuranat enthalten kann. Nach der Fällung des Aluminiums und Berylliums als Hydroxyde durch Kochen mit NH_4Cl unter Zusatz von $(NH_4)_2CO_3$ (um das Uran in Lösung zu halten) wird das Chrom durch Zufügen von $BaCl_2$ in essigsaurer Lösung als Bariumchromat ausgefällt und weiter identifiziert.

Die Abscheidung des Chroms als Hydroxyd in erster Trennungsstufe, zusammen mit den Hydroxyden des Aluminiums, Eisens und Berylliums, kann auch durch Pyridin oder Ammoniumbenzoat u. a. bewirkt werden (vgl. den Abschnitt „Fällung als Chrom(III)hydroxyd", S. 159).

Bei dem von RANE und KONDAIAK vorgeschlagenen „Trennungsgang ohne Verwendung von H_2S und $(NH_4)_2S$" erhält man das Chrom zunächst als Phosphat, zusammen mit den Phosphaten von Al, Mn, Ca, Mg und Bi, durch Fällung mit 1 n-$NH_4H_2PO_4$-Lösung aus der siedenden, stark ammoniakalischen Lösung, die vorher von den Elementen der HCl-Gruppe und durch Fällung mit $(NH_4)_2SO_4$ von Ba, Sr und Pb befreit wurde. Der Phosphatniederschlag, der evtl. auch Arsenat enthalten kann, wird in 2 n-HCl gelöst und das Chrom(III)salz durch Erhitzen der mit Na_2CO_3 und Na_2O_2 versetzten Lösung zu Chromat oxydiert. Das Filtrat kann außer Chromat nur noch Aluminat und Phosphat, evtl. Arsenat, enthalten.

Ein ähnliches Verfahren beschreibt SCHEINKMANN. Das Chrom wird zunächst mit den übrigen Elementen der Schwefelammoniumgruppe und der Gruppe der Erdalkalien als Phosphat durch Zugabe von Ammoniumphosphat und Ammoniak bis zur schwach alkalischen Reaktion gefällt. Man verreibt den abgetrennten Niederschlag mit einigen Kubikzentimetern 2 n-Essigsäure und kocht einige Minuten, wobei alle Phosphate mit Ausnahme von Chrom-, Eisen- und Aluminiumphosphat in Lösung gehen[1]. Der Rückstand wird mit 2 n-NaOH und 3%igem H_2O_2 behandelt und bis zum Aufhören der Sauerstoffentwicklung gekocht, wodurch das Chrom(III)phosphat in Chromat übergeführt wird, während Aluminium als Aluminat in Lösung geht. Im Filtrat kann das Chromat weiter identifiziert werden. Vgl. auch RANE und KONDAIAK.

Nach unveröffentlichten Versuchen des Autors hält der mit Essigsäure behandelte Niederschlag von Chrom-, Eisen- und Aluminiumphosphat hartnäckig geringe Mengen der 2wertigen Elemente der Schwefelammoniumgruppe zurück.

Hingewiesen sei noch auf die Möglichkeit, das Chromat-Ion durch die Wanderungsrichtung und die spezifische Beweglichkeit im elektrischen Felde von anderen, in der gleichen Lösung befindlichen Anionen und Kationen weitgehend zu trennen (Elektrocapillarmethode von DJATSCHKOWSKI und ORLENKO). Jedoch ist die Empfindlichkeit der hierauf gegründeten Nachweisverfahren relativ gering.

1. Abtrennung des Chroms von den natürlich vorkommenden Begleitelementen. Um Chrom von den begleitenden Elementen, vor allem Fe, Al, Be, Ti, Ca, Cu, Pb, Si (als SiO_2), P (als PO_4''') in Mineralien, Erzen und Gesteinen zu trennen, ist es zweckmäßig, sofort einen Schmelzaufschluß mit Natriumperoxyd unter Zusatz der gleichen Menge Natriumcarbonat auszuführen (s. S. 145). Das hierdurch gebildete Chromat kann in dem wäßrigen und filtrierten Auszug stets

[1] Nach unveröffentlichten Versuchen des Autors geht bei Abwesenheit von Al und Fe beim Erwärmen mit 2 n-Essigsäure auch das Chromphosphat in Lösung, das nur nach Abstumpfen der Säure mittels Alkalilauge beim Kochen als basisches Phosphat abgeschieden wird (vgl. den Abschnitt „Fällung als Phosphat", S. 161).

durch Fällungs- oder Farbreaktionen (s. S. 167 und 176, 178) nachgewiesen werden. Ist Chrom nur in Spuren vorhanden, so empfiehlt sich die Anwendung einer empfindlichen Farbreaktion, etwa mit Diphenylcarbohydrazid oder Benzidin (s. § 6).

Will man aus irgend einem Grunde nicht nur den Chromnachweis führen, sondern das Chrom von den begleitenden Metallen abtrennen, so verfährt man, wenn alle genannten Begleitelemente anwesend sind, folgendermaßen (nach unveröffentlichten Versuchen des Autors). Die Schmelze wird mit etwa der 10- bis 15fachen Menge ihres Gewichtes an heißem Wasser behandelt und filtriert [nicht kochen, da sich sonst auch $Be(OH)_2$ abscheidet]. Im Rückstand verbleiben Fe und Ti als Hydroxyde, Cu als Oxyd, ein Teil des Pb als Dioxyd und die Erdalkalien als Carbonate. Im Filtrat können sich neben Chromat noch Pb, Be und Al als Hydroxosalze und gegebenenfalls wenig Ti befinden, außerdem noch Silicat und Phosphat. Zur Ausfällung des Pb als PbS versetzt man mit Na_2S-Lösung in möglichst geringem Überschuß, filtriert, setzt zum Filtrat Cu-Acetat- oder -Nitratlösung, bis sich nach Ausfällung des S'' als CuS ein blauer Niederschlag zu bilden beginnt, kocht einige Minuten [Umwandlung des $Cu(OH)_2$ in CuO; gleichzeitige teilweise Ausfällung von $Be(OH)_2$], filtriert, kocht das Filtrat unter Zusatz von NH_4NO_3 zur Abscheidung von Be und Al als Hydroxyde und filtriert abermals. Das Filtrat enthält außer Chromat an Kationen nur noch die Alkalimetalle.

Bei Anwesenheit von Mangan stört die intensive Farbe des Manganats in alkalischer bzw. des Permanganats in saurer Lösung. Man kann zu deren Beseitigung in alkalischer Lösung mit einigen Tropfen Alkohol zu Mangandioxyd reduzieren. Wenn das gebildete Chromat durch ein Spezialreagens in saurer Lösung nachgewiesen werden soll, ist zu berücksichtigen, daß durch den überschüssigen Alkohol das Chromat in der Hitze zu Chrom(III)salz reduziert wird. Die Reduktion des Manganats bzw. Permanganats durch Alkohol hat den Nachteil, daß durch das ausfallende Mangandioxydhydrat Chromat adsorbiert werden kann, was sich bei Spurenanalysen nachteilig auswirkt. Bei Anwesenheit von viel Mangan und wenig Chrom ist es besser, das Permanganat in schwefelsaurer Lösung durch möglichst wenig Natriumazid zu Mangan(II)salz zu reduzieren [Feigl (a)]. Das Chromat erfährt hierdurch keine Reduktion und läßt sich anschließend am besten mit Diphenylcarbohydrazid nachweisen (s. § 6, S. 178).

2. Abtrennung von wichtigen Begleitelementen in Chromlegierungen. Von besonderer Wichtigkeit ist der Chromnachweis neben Fe, Co, Ni und den Elementen Mn, Mo, W, V, Ta, Ti, die neben Chrom in gewissen Spezialstählen vorkommen. Am einfachsten gestaltet sich die Abtrennung des Chroms als Bleichromat, wenn die Legierung nach der Methode von Willard und Kassner mit 70%iger Perchlorsäure in Lösung gebracht wird (siehe unter „Aufschluß von Chromlegierungen", S. 146). Wurde in Salzsäure gelöst, so daß Chrom als Chrom(III)chlorid vorliegt, so wird am einfachsten in alkalischer Lösung mittels Wasserstoffperoxyds zu Chromat oxydiert, das Filtrat (I) nach dem Verkochen des überschüssigen Peroxyds mit HNO_3 angesäuert (auf 50 cm³ Flüssigkeit 3 cm³ überschüssige konzentrierte HNO_3) und durch Zugabe von Bleiacetat als Bleichromat gefällt. Oder man reduziert das im Filtrat (I) enthaltene Chromat nach dem Ansäuern mit Salz- oder Schwefelsäure mittels Alkohols in der Hitze und fällt das Chrom durch Zusatz von Ammoniak als Chromhydroxyd aus [Porter; Pozzi-Escot (a); vgl. auch Cain].

Für den *Nachweis* geringer *Chrommengen* in *vanadin-* und *molybdänhaltigen Stählen* eignet sich auch folgendes Verfahren: 1 g der Probe wird mit 20 cm³ Schwefel-Salpetersäure-Gemisch in Lösung gebracht (s. S. 147, A. 2a). Nach Zusatz von etwa 150 cm³ Sodalösung (40%ig) und 10 cm³ Kaliumpermanganatlösung (2%ig) wird unter häufigem Umschwenken 5 Min. gekocht. Anwesendes Vanadium wird mit dem ausfallenden Mangandioxydhydrat niedergeschlagen, zusammen mit den unlöslichen Metallhydroxyden und -carbonaten, während Chrom als Chromat in Lösung bleibt. Man reduziert das überschüssige Permanganat durch Kochen mit 2 cm³ Alkohol, filtriert und versetzt 10 cm³ des Filtrats zur komplexen Bindung des Molydäns mit etwa 1 cm³ gesättigter Oxalsäurelösung. Nach Zugabe von 1 cm³ alkoholischer Diphenylcarbohydrazidlösung (1%ig) wird mit 20 cm³ Schwefelsäure (1:5) angesäuert. Bei Anwesenheit von Chrom wird die Lösung blauviolett (vgl. S. 178: Nachweis mit Diphenylcarbohydrazid).

Nachweismethoden.

§ 1. Spektralanalytischer Nachweis[1].

Allgemeines.

Der spektrochemische Nachweis des Chroms hat wegen der großen Bedeutung dieses Elements für die verschiedensten Arten von Stählen als Korrosionsschutz sowie in der Farbenindustrie und Gerberei erheblichen Umfang angenommen. Die Erfahrungen sind in einer großen Zahl von Arbeiten niedergelegt, die gleichzeitig Hinweise über den qualitativen sowie über den quantitativen Nachweis enthalten. Grundsätzlich stehen dem spektralanalytischen Nachweis keine wesentlichen Schwierigkeiten entgegen, doch sind die bei GERLACH und RIEDL (b) verzeichneten zahlreichen Koinzidenzen vor allem mit Eisenlinien zu beachten.

Der Cr-Nachweis kann auf zwei verschiedene Arten durchgeführt werden, spektrographisch und durch unmittelbare visuelle Beobachtung. Die letztere Methode ist besonders von SCHLIESSMANN für die Analyse von Stählen ausgearbeitet worden. Er verwendet Linien im sichtbaren Spektralbereich, die sich auch zur quantitativen Abschätzung nach der Methode der letzten Linien eignen (KELLERMANN und SCHLIESSMANN). Bei legierten Stählen und Al-Legierungen wendet auch SSUCHENKO zur Cr-Bestimmung ein visuell-photometrisches Verfahren an. Für quantitative Messungen wurde von HEYES sowie von THANHEISER und HEYES ein Verfahren zur unmittelbaren photometrischen Cr-Bestimmung in Stählen unter Verwendung einer C_2H_2-Flamme ausgearbeitet.

Lichtquellen. Als Lichtquellen bewähren sich der elektrische *Funke* und *Bogen* (Dauer- und Abreißbogen) sowie die *Gebläseflamme.* Letztere Anregungsart eignet sich besonders zur Untersuchung von Lösungen und fein gepulverten Materialien, wenn die Probesubstanz nicht von außen in die Flamme, sondern mit der Gebläseluft bzw. dem Gebläsesauerstoff eingeblasen wird (RUSSANOW; WAIBEL). Für die Untersuchung leicht schmelzender Legierungen (z. B. Aluminiumlegierungen) ist der Abreißbogen zu empfehlen [GERLACH und RIEDL (a)].

Brauchbare Analysenlinien im Bogen- und Funkenspektrum. GERLACH und RIEDL (b) geben für Chrom folgende im Abreißbogen und im Funken mit hoher Selbstinduktion auftretende Linien an: $\lambda = 4289{,}7$ Å; $\lambda = 4274{,}8$ Å; $\lambda = 4254{,}3$ Å (zur visuellen Beobachtung geeignet, SCHLIESSMANN); $\lambda = 3605{,}3$ Å; $\lambda = 3593{,}5$ Å; $\lambda = 3578{,}7$ Å. Diese Bogenlinien sind mit dem Glasspektrographen von ZEISS zu erhalten. Reihenfolge der Intensitäten (Agfa Superrapidplatte): $4254{,}3 > 4274{,}8 > 4289{,}7 > 3578{,}7 > 3593{,}5 > 3605{,}3$ Å. Bei Anwendung eines Quarzspektrographen kommen für den Nachweis noch folgende Funkenlinien in Betracht: 2835,6; 2843,3; 2849,8 Å. Reihenfolge der Intensitäten: $3578{,}7 > 3593{,}5 > 3605{,}3 \geqq 4254{,}3 > 4274{,}8 > 4289{,}7 > 2835{,}6 > 2843{,}3 > 2849{,}8$ Å.

Störungen bzw. Koinzidenzen sind zu erwarten: Bei $\lambda = 4289{,}7$ Å durch starke Störungslinien von Ca, Mo, Rh, Ti, V, ferner durch schwächere Störungslinien von Be, Cs, Mn, Pb (letztere beiden vor allem im Funken) und durch schwache Störungslinien von Co, Fe, In, Ni, Os, Ru, W (sehr schwach).

Bei $\lambda = 4274{,}8$ Å durch starke Störungslinien von Cu, Fe, Mo, Ti, V, durch schwächere Störungslinien von Cu, In, Li, Os, W, Ti und durch schwache Störungslinien von Ru und Fe (sehr schwach).

Bei $\lambda = 4254{,}3$ Å durch eine starke Störungslinie von Fe, schwächere Störungslinien von Be, Bi, Mo, W und schwache Störungslinien von Co, Ga (im Funken) und In.

Bei $\lambda = 3605{,}3$ Å durch starke Störungslinien von Co, Fe, Pd, Y, schwächere Störungslinien von Co, Ir, Rh, Ru, V und durch schwache Störungslinien von In und Mn (sehr schwach).

---

[1] Mitbearbeitet von J. VAN CALKER, Münster (Westf.)

Bei $\lambda = 3593{,}5$ Å durch starke Störungslinien von Co, Ir, Ni, Rh, Ru, Sc, V, schwächere Störungslinien von Ba, Bi, Rb, Rh, Ru, Sb, V und durch schwache Störungslinien von Cu, Pd und Ti (sehr schwach).

Bei $\lambda = 3578{,}7$ Å durch starke Störungslinien von Co, Fe, Ir, Mo, Nb, Rh, Sc, schwächere Störungslinien von Ba, Co, Hg, Mn und durch sehr schwache Störungslinien von Mo, Rh, Ti, V.

Weitere Nachweislinien. Für die qualitative Analyse sind nach KRAEMER noch folgende, mit Glasoptik zugängliche Bogenlinien geeignet: 5208,4; 5409,8 Å (Anregung durch Funken); ferner nach KELLERMANN und SCHLIESSMANN die Linien 4530,8; 4120,6; 3994,0; 3919,2 Å (vgl. den Abschnitt 6a, S. 154). Die an sich geeignete, im Ultraviolett gelegene Linie 2677,16 Å wird durch die Fe-Linie 2676,88 Å gestört (SCHLIESSMANN).

Flammenspektrum. Im Acetylen-Luftgebläse treten nach LUNDEGÅRDH (a) die gleichen von GERLACH und RIEDL als Nachweislinien angegebenen Bogenlinien auf (siehe oben). Besonders stark sind die Linien 3578,7 und 4254,3 Å.

Nachweisverfahren.

1. Nachweis in Lösungen. Zum Nachweis in Lösungen eignet sich sehr gut die *Flamme* (Acetylen-Luftgebläse). LUNDEGÅRDH (a) weist mit der von ihm entwickelten Ausführungsform der Methode noch Chrom in einer Konzentration von 10^{-3} mol nach. In zweiter Linie kommt der Lichtbogen in der zur Untersuchung von Lösungen üblichen Anordnung in Betracht: Kohleelektroden, von denen die untere zur Aufnahme der Lösung einen Krater besitzt (KELLERMANN und SCHLIESSMANN), oder Kohlepastillen aus reinstem Graphit mit der Probelösung getränkt, eingetrocknet und gepreßt mit Gold- oder Eisenstäbchen als Gegenelektrode (KELLERMANN). Auch der elektrische Funke [Tauchfunkenmethode von LUNDEGÅRDH (b)] wurde mit Erfolg, insbesondere zum Spurennachweis, verwendet (BARTELT). Quantitative Cr-Bestimmungen in Lösungen führen BRODE und STEED mit dem Lichtbogen durch.

2. Nachweis in Nichteisenmetallen. Das zu untersuchende Metall wird wenn möglich selbst zu Elektroden zugerichtet. Es läßt sich dann mit dem Funken oder Lichtbogen untersuchen. Es liegen Arbeiten über den Cr-Nachweis in Aluminium vor von BRECKPOT sowie TRICHÉ, der besonders das Feingefüge in Lokalanalysen bei Aluminium studiert. BRECKPOT (a) und MEVIS bestimmten Chrom in Kupfer. Bei der quantitativen Analyse von Nichteisenlegierungen bestimmt WOLFE Chrom in Nickel auf spektroskopischem Wege. KRAEMER verwendet Linien im sichtbaren Teil des Spektrums zur Analyse einer Cr-Ni-C-Sonderlegierung.

3. Nachweis in organischer Substanz. Der Cr-Nachweis in Leder sowie in Textilien ist mit der Hochfrequenzanordnung nach GERLACH ohne weiteres möglich. BRECKPOT (b) beobachtet geringe Mengen von Chrom in Zuckerrüben.

4. Nachweis in Pulvern. Die einfachste Methode ist der Nachweis mittels des Flammenspektrums, wobei nach RUSSANOW die feinst gepulverte Substanz in die Gebläseflamme eingeblasen wird. Gepulverte Mineralien können auch im elektrischen Lichtbogen untersucht werden. Man verwendet meist Kohleelektroden, von denen die untere, als Anode geschaltete, einen Krater zur Aufnahme der Substanz besitzt (PIÑA DE RUBIES und LÓPEZ DE AZCONA). PORLEZZA und DONATI breiten die Substanz in einer gleichmäßigen Schicht auf dem eben gemachten, oberen Ende der Anode aus, um zu vermeiden, daß nach einiger Zeit die Bogenentladung an den Rand des Kraters übergeht und so nicht mehr genug Substanz verdampft wird. Die Zündung geschieht mit einer Hilfskohle.

5. Nachweis in besonderen Fällen. **a) Nachweis in Stahl.** Von besonderer Wichtigkeit ist der spektrographische Chromnachweis in Stählen. Obwohl die empfindlichsten Linien des Chroms im Ultraviolett liegen, sind für den Chromnachweis in Stählen bei Verwendung der üblichen Spektrographen mit nicht besonders hoher Dispersion die Linien des sichtbaren Bereiches besonders geeignet, da die außerordentlich zahlreichen, im Ultraviolett gelegenen Eisenlinien störend wirken (KELLERMANN und SCHLIESSMANN). Unter Verwendung des Funkens (Kohleelektroden mit der Lösung des Stahles getränkt) sind nach KELLERMANN und SCHLIESSMANN folgende mit Glasoptik zugängliche Linien geeignet (nach steigender Empfindlichkeit geordnet): 4530,8; 3919,2; 5204,5; 4120,6; (4289,7; 4274,8; 4254,3); 3994,0 Å. Die in Klammern gesetzten Linien haben etwa die gleiche Empfindlichkeit. Besonders kräftig sind im Funkenspektrum (Elektroden aus dem Stahl selbst bestehend; Schaltung des Funkenerzeugers nach FEUSSNER) die Linien 5204,5; 5206,0; 5208,4 Å. Die als weitere Legierungsbestandteile in Betracht kommenden Elemente V, Mo, W, Mn, Co, Ni stören hier nicht (HOLZMÜLLER). Nach SCHEIBE werden auch die Linien 4337,6 und 4339,7 Å durch Eisenlinien nicht gestört. Von höchster Empfindlichkeit ist die im Ultraviolett gelegene Linie 2677,2 Å. Über den Chromnachweis in Stählen unter Verwendung eines Spektrographen mit Glasoptik vgl. auch KRAEMER (siehe oben unter „weitere Nachweislinien"); vgl. auch die Zusammenfassung von WRIGHT.

Weitere Untersuchungen über den qualitativen und quantitativen Cr-Nachweis sind in einigen russischen Arbeiten enthalten (LANDSBERG, MANDELSTAM, TULJANKIN und ZEIDEN). ALIFANOWA und RAISSKI bestimmen Cr und W nebeneinander in Stählen. Die spektroskopische Unterscheidung von legierten Stählen wird von IWANZOW und MANDELSTAM beschrieben. Schnellbestimmungen an Stählen führt ABRAMSSON durch. Schmiedbaren Guß untersuchen MANDELSTAM, RAISSKI und ZEIDEN. Spektralanalytische Untersuchungen an Flocken in Cr-Ni-Stählen stellen ESSER, EILENDER und BUNGEROTH an. Den Einfluß nicht homogener Proben bei der Spektralanalyse von Stählen untersucht BRODE. Schnelle Kontrollanalysen in der Eisengießerei führen VINCENT und SAWYER durch. HAMMERSCHMID, LINSTRÖM und SCHEIBE behandeln das Funken- und Bogenspektrum des reinen Fe als Hilfsmittel bei der quantitativen Spektralanalyse von Fe-Cr-Legierungen. Quantitative visuelle Schnellbestimmungen des Cr in Sonderstählen führt SCHLIESSMANN durch. SCHLIESSMANN und ZÄNKER verwenden einen Funken in Wasserstoff als Schutzgas zur Cr-Bestimmung in Stahl.

b) Nachweis in Erzen. Der Nachweis in Erzen kann unter Verwendung der Gebläseflamme direkt mit der feinst gepulverten Substanz vorgenommen werden (siehe unter „Nachweis in Pulvern", S. 153). Selbstverständlich kann auch eine Lösung des Erzes zur Untersuchung in der Flamme genommen werden. Unter Umständen ist es zweckmäßig, störende Elemente aus der Lösung vorher zu entfernen. So weisen DAIN, GRANOWSKI und PUSENKIN Chrom in einem Manganerz nach der Abtrennung des Mangans nach.

6. Grenzkonzentration. Ohne Verwendung chemischer oder physikalischer Anreicherungsverfahren werden folgende Grenzkonzentrationen angegeben:

a) Spektrographische Methode. a) In Lösung bei Abwesenheit von Eisen im Funkenspektrum mit der Linie 2677,16 Å: 10^{-5} g/cm³ (SCHLIESSMANN); mit der Linie 3578,7 Å: 10^{-4} g/cm³ [LUNDEGÅRDH (b)]; mit den beiden Tripletts (4289,9; 4274,8; 4254,5 Å) und (3605,3; 3593,5; 3578,7 Å): 10^{-4} g/cm³ (DE GRAMONT); mit dem Triplett (5208,4; 5206,0; 5204,5 Å): $5 \cdot 10^{-5}$ g/cm³ (DE ANDRADE GOUVEIA; KELLERMANN und SCHLIESSMANN). Bei Anwesenheit von Eisen ist die Empfindlichkeit geringer, mit der Linie 2677,16 Å: $5 \cdot 10^{-5}$ g/cm³. DE ANDRADE GOUVEIA erhält in Gemischen mit Kieselsäure eine Cr-Empfindlichkeit von 0,005% durch das Cr-Triplett 5208,6; 5206,0; 5204,5 Å. KONISHI und TSUGE bestimmen Cr bis zu 10^{-3} mg.

b) In Stahl (durch Abfunken der Metalloberfläche) mit den Linien 2677,16 und 4254,34 Å: 0,02% (SCHLIESSMANN). Bei Verwendung des Abreißbogens ist die Empfindlichkeit größer.

b) Visuelle Beobachtung. Mit der Linie 4254,34 Å im Bogen 0,01%, im Funken 0,05% bei Verwendung eines GH-Steinheilspektrographen (SCHLIESSMANN).

7. Anreicherungsverfahren zum Spurennachweis. Außer den üblichen chemischen Anreicherungsmethoden kommen in Betracht die Anreicherung durch elektrolytische Abscheidung des Chroms und durch elektrothermische Anreicherung im Lichtbogen.

a) Elektrolytische Anreicherung nach BAYLE und AMY. Das Chrom wird als Metall auf einer Kupferkathode niedergeschlagen, die als Elektrode zur Erzeugung eines Funkenspektrums verwandt wird.

Ausführung. Als Kathode dient ein emaillierter Kupferdraht (Durchmesser 1 mm), der an einem Ende von der Isolation befreit und mit dem negativen Pol einer Batterie verbunden wird. Das andere Ende wird mit einer Zange scharf abgeschnitten, so daß nur die Schnittfläche bei der kathodischen Abscheidung des Chroms wirksam ist. Die so vorbereitete Elektrode taucht einige Zentimeter tief in den Elektrolyten ein, der sich in einem kurzen Reagensglas befindet. Als Anode dient ein Platindraht. Die Elektrolyse erfolgt in ammoniakalischer Lösung. Um die Abscheidung von Chromhydroxyd zu verhindern, verfährt man folgendermaßen: Die Lösung, welche das Chrom als CrO_4'' enthalten muß, wird schwach mit H_2SO_4 angesäuert, zum Sieden erhitzt, mit überschüssigem Hydroxylaminhydrochlorid versetzt und mit Ammoniak alkalisch gemacht. Das Chrom wird hierdurch in einen Amminkomplex übergeführt, der einige Stunden haltbar ist. Man elektrolysiert etwa 3/4 Std. bei Siedehitze und 0,1 Ampère. Eine anodische Oxydation des Chroms wird durch das überschüssige Hydroxylaminhydrochlorid verhindert. Der Kupferdraht wird sinngemäß in ein Funkenstativ gespannt; als Gegenelektrode dient ein anderer Kupferdraht.

Nachweisempfindlichkeit. Durch das Vorhandensein der Linie 2830,63 Å konnten noch 10^{-8} g Cr nachgewiesen werden. Bei Anwesenheit von $3 \cdot 10^{-8}$ g Cr wurden folgende Linien gefunden: 2677,27; 2830,63; 2835,71; 2843,35; 3578,81 Å (die von DE GRAMONT als letzte Linie bezeichnete Wellenlänge 3593,6 Å wurde bei der erst genannten Chrommenge nicht gefunden).

b) Elektrothermische Anreicherung. Sie tritt bei der Bogenentladung selbst ein, wenn der nachzuweisende Stoff zu den schwerer flüchtigen gehört. Die leichter flüchtigen entweichen in höherem Maße, so daß allmählich eine Anreicherung an schwerer flüchtigen in der Oberfläche der Substanz stattfindet (PIÑA DE RUBIES und LÓPEZ DE AZCONA). PIÑA DE RUBIES und DOETSCH geben für die Analyse von Bleimineralien folgende Reihenfolge für die Verflüchtigung der Begleitelemente, nach abnehmender Flüchtigkeit geordnet, an: P, As, Zn, Ag, V, Cr, Fe, Mn, Be, Al, seltene Erden. Man verwendet Kohleelektroden von 20 mm Durchmesser, von denen die Anode eine 2 cm tiefe Höhlung besitzt, in der mittels der Bogenentladung eine größere Menge Substanz nach und nach eingeschmolzen wird. Während des allmählichen Verdampfens werden von Zeit zu Zeit Spektralaufnahmen gemacht. Ist die Substanz bis auf ein Kügelchen von etwa 2 mm Durchmesser verdampft, so wird dieses nach dem Erkalten zweckmäßig zwischen zwei neue Kohleelektroden von 5 mm Durchmesser gebracht und weiter untersucht.

§ 2. Nachweis auf trockenem Wege.

1. Nachweis durch Flammenfärbung. Dieser Nachweis spielt keine Rolle. CLARK weist Chrom in Lösung nach, indem er sich der von MEISSNER zum Sn-Nachweis ausgearbeiteten Reagensglasmethode bedient. Das zu 3/4 mit Wasser gefüllte Reagensglas wird in die Probelösung getaucht und sehr vorsichtig in der entleuchteten Bunsenflamme erhitzt. Bei Anwesenheit von Chrom wird die Flamme gelbrot gefärbt. Empfindlichkeit: 10^{-3} g Cr in 1 cm^3.

2. Verhalten in der Boraxperle. Die Boraxperle wird sowohl in der Oxydations- als auch in der Reduktionsflamme durch alle Chromverbindungen nach dem Erkalten smaragdgrün gefärbt. Im einzelnen ergeben sich folgende Farberscheinungen:

a) In der Oxydationsflamme: In der Hitze dunkelgelb bis rot, in der Kälte grün.

b) In der Reduktionsflamme: Sowohl in der Hitze als auch in der Kälte grün.

Erfassungsgrenze: 1,8 γ Cr (AUGUSTI und PASCOLINO).

3. Verhalten in der Phosphorsalzperle. Für die erkaltete Phosphorsalzperle gilt das gleiche wie für die Boraxperle.

Erfassungsgrenze: 1,8 γ Cr (AUGUSTI und PASCOLINO).

4. Lötrohrprobe. Mit Natriumcarbonat auf der Kohle mittels des Lötrohrs erhitzt, liefern alle Chromverbindungen eine grüne Schmelze, die nach längerem Erhitzen schließlich unschmelzbares Chrom(III)oxyd hinterläßt.

5. Oxydationsschmelze. Mit Natriumcarbonat oder mit Natriumperoxyd in der Öse eines Platindrahtes im oberen Oxydationsraum einer nichtleuchtenden Bunsenflamme erhitzt, geben sämtliche Chromverbindungen eine gelbe Schmelze von Natriumchromat (vgl. den Abschnitt „Aufschlußverfahren für unlösliche und komplexe Chromverbindungen“, S. 144). Zur Identifizierung des Chromat-Ions wird die erstarrte Schmelze in Wasser gelöst, mit Essigsäure schwach angesäuert und mit Silbernitrat versetzt (Fällung von rotem Silberchromat) oder es wird eine Farbreaktion, am besten nach der Tüpfelmethode durchgeführt (s. § 6). Für die Schmelze kann statt des Platindrahtes auch ein Magnesiastäbchen verwandt werden.

6. Reduzierendes Schmelzen mit Ammoniumhypophosphit. Ammoniumhypophosphit erleidet beim Schmelzen einen Zerfall im Sinne folgender Reaktionsgleichung:

$$7\,NH_4H_2PO_2 = 2\,HPO_3 + H_4P_2O_7 + 7\,NH_3 + PH_3 + 2\,H_2 + H_2O.$$

Demzufolge wirkt die Schmelze stark reduzierend, so daß anwesendes 6wertiges Chrom zu 3wertigem reduziert wird. Die im Schmelzrückstand verbleibende Meta- und Pyrophosphorsäure bilden mit Cr(III) komplexe Phosphate, ähnlich wie in der Phosphorsalzperle, was sich durch grüne Farbe zu erkennen gibt. Die Reaktion wird zum Nachweis von Chrom in Mineralien empfohlen (VALKENBURGH und CRAWFORD).

Ausführung. 0,1 g des gepulverten Minerals werden mit 2 g Ammoniumhypophosphit geschmolzen. Nach 2 Min. entsteht eine Schmelze, die bei Anwesenheit von Chrom grün gefärbt ist.

Störungen. Auch Uran und Vanadium geben eine grüne Schmelze. Die mit Vanadium erhaltene ist in der Hitze rot und wird beim Erkalten zuerst gelb, dann grün. Rührt die grüne Farbe nur von Chrom her, so darf sich die Farbe der wäßrigen Auflösung der Schmelze beim Versetzen mit $(NH_4)_2CO_3$ und H_2O_2 nicht ändern.

§ 3. Nachweis auf nassem Wege.

I. Nachweis von Chrom(II)-Ion.

Vorbemerkung. Salze mit 2wertigem Chrom entstehen z. B. durch Reduktion aus den Chrom(III)salzen und wirken selbst so stark reduzierend, daß sie aus saurer wäßriger Lösung Wasserstoff unter Übergang in Chrom(III)verbindungen in Freiheit setzen. Chrom(II)salze werden in wäßriger Lösung durch den Luftsauerstoff schnell oxydiert. Die wasserfreien Salze sind meist weiß (z. B. $CrCl_2$), die wasserhaltigen Salze starker Säuren blau, diejenigen schwacher Säuren gelb (Oxalat) oder rot (Acetat), in seltenen Fällen auch hellblau (Tartrat). Chrom(II)salzlösungen geben eine Anzahl Fällungsreaktionen, die aber für den analytischen Nachweis des Chroms von keiner Bedeutung sind. Im festen Zustand sind bekannt die Halogenide, das Sulfat $CrSO_4 \cdot 7\,H_2O$, (isomorph mit $FeSO_4 \cdot 7\,H_2O$), das Phosphat $Cr_3(PO_4)_2$, das Carbonat $CrCO_3$, das Acetat $Cr(C_2H_3O_2)_2 \cdot H_2O$, das Oxalat $Cr(C_2O_4) \cdot H_2O$, das Tartrat $Cr(C_4H_4O_6)$ und das Malonat $Cr(C_3H_2O_4)$.

Obwohl Chrom(II)verbindungen kaum in Analysensubstanzen vorkommen dürften, seien im folgenden die wichtigsten Reaktionen des Chrom(II)-Ions angeführt.

1. ***Fällung als Sulfid.*** Versetzt man eine Chrom(II)salzlösung mit Natriumsulfid, so fällt schwarzes, schwefelhaltiges Chrom(II)sulfid aus ($Cr^{\cdot\cdot} + S'' = CrS$), löslich in verdünnter Salzsäure. Diese Reaktion unterscheidet in charakteristischer Weise die Chrom(II)salze von den Chrom(III)verbindungen, die in wäßriger Lösung auf Zugabe von Natrium- oder Ammoniumsulfid das grüne Hydroxyd, aber kein Sulfid liefern.

2. ***Fällung als Acetat.*** In stark verdünnter Lösung geben Chrom(II)salze mit Natriumacetat eine rote Färbung bei größerer Cr-Konzentration eine rote, krystalline Fällung von Chrom(II)acetat [$Cr^{\cdot\cdot} + 2\,CH_3 \cdot CO_2' + H_2O = Cr(CH_3 \cdot CO_2)_2 \cdot H_2O$], löslich in verdünnter Salzsäure. Diese Reaktion ist ganz besonders charakteristisch.

3. ***Fällung als Oxalat.*** Natrium- oder Ammoniumoxalat fällt aus Chrom(II)-salzlösungen sehr schwer lösliches Chrom(II)oxalat als gelben Niederschlag:

$$Cr^{\cdot\cdot} + C_2O_4'' + H_2O = CrC_2O_4 \cdot H_2O.$$

Diese Reaktion ist ebenso spezifisch wie die Fällung als Acetat.

4. ***Weitere Fällungsreaktionen.*** Natriumbenzoat und -succinat geben rötliche Fällungen. Mit Ammoniak entsteht ein grünlichweißer Niederschlag, in Gegenwart von Ammoniumsalzen aber keine Fällung.

Kaliumcyanid erzeugt einen weißen, Kaliumhexacyanoferrat(II) einen hellgrünen Niederschlag.

II. Nachweis von Chrom(III)-Ion.

Allgemeines über Chrom(III)salze. 3wertiges Chrom kann sowohl im *Kation* als auch im *Anion* auftreten. Die normalen Chrom(III)salze, die man auch als Chromiverbindungen bezeichnet, enthalten 6zähliges Chrom in einem Aquokomplex gebunden. Das Hexaquo-Chrom(III)-Ion verleiht den wäßrigen Lösungen eine violettblaue Farbe. Grüne Farbe ist charakteristisch für gewisse Acido-aquokomplexe z. B. für das Ion $[Cl_2Cr(H_2O)_4]^{\cdot}$. Dieser Komplex kann in wäßriger Lösung durch Wasseraufnahme in das Chloro-pentaquo- und schließlich in das Hexaquo-Ion übergehen, erkennbar an der Farbänderung von Grün über Hellgrün nach Violettblau. Dieser Vorgang ist reversibel. Bemerkenswert ist, daß manche feste, krystallisierte Salze in zwei oder drei Isomeren existieren, wie z. B. das Hexahydrat des Chrom(III)chlorids, $CrCl_3 \cdot 6\,H_2O$, wovon drei Isomere bekannt sind: Hexaquo-Chrom(III)chlorid, $Cr(H_2O)_6Cl_3$ (violettblau), Chloro-pentaquo-Chrom(III)chlorid-monohydrat $[ClCr(H_2O)_5]Cl_2 \cdot H_2O$ (hellgrün) und Dichloro-tetraquo-Chrom(III)chlorid-dihydrat $[Cl_2Cr(H_2O)_4]Cl \cdot 2\,H_2O$ (dunkelgrün). Diese Erscheinung wird als Hydratisomerie bezeichnet. Die Hexaquo- und Acido-aquo-Chrom(III)-salze geben einige charakteristische Fällungsreaktionen, welche bei den stark komplexen Chromamminen, z. B. $[Cr(NH_3)]_6Cl_3$, nicht eintreten, wie z. B. die Fällung als Hydroxyd mit Ammoniak. Für die analytische Chemie von gewisser Bedeutung ist der dreikernige, kationische Chromkomplex $[Cr_3(CH_3CO_2)_6(OH)_2]^{\cdot}$, der sich bei der Einwirkung von Natriumacetat auf normale Chrom(III)salze in wäßriger Lösung bildet. Der Entstehung dieses stabilen Hexacetato-dihydroxo-trichrom(III)-Ions ist es zuzuschreiben, daß beim Versetzen einer normalen Chrom(III)salzlösung mit Natriumacetat weder in der Kälte noch in der Hitze eine Fällung eintritt, während bei Eisen(III)- und Aluminium(III)salzen in der Siedehitze Niederschläge gebildet werden.

Von Verbindungen mit 3wertigem Chrom im *Anion* seien die Alkalichromite (z. B. $[Cr(OH)_6]Na_3$) genannt, die beim Auflösen von Chrom(III)hydroxyd in Alkalilauge entstehen und für die qualitative Analyse des Chroms eine gewisse Bedeutung besitzen.

Die Möglichkeit, 3wertiges Chrom durch passende Oxydationsmittel in 6wertiges Chrom überzuführen, ist für die qualitative Analyse von großer Bedeutung, da die besten Identifizierungsreaktionen die Anwesenheit des Chroms als *Chromat* zur Voraussetzung haben. Die Oxydationsmethoden werden in einem besonderen Abschnitt (S. 163) besprochen.

Liegt das Chrom als Chromat oder Pyrochromat vor und soll es in der 3wertigen Form gefällt werden, so geschieht die vorherige Überführung in Chrom(III)salz durch Reduktion nach einer der im folgenden beschriebenen Methoden.

Überführung von Chromat in Chrom(III)salz. Die Überführung von Chromat in Chrom(III)salz besitzt für den eigentlichen Chromnachweis keine Bedeutung, wohl aber für Trennungsverfahren, z. B. für die Abtrennung des Chroms von Vanadin. Die Reduktion wird durchweg in saurer Lösung ausgeführt. Am geeignetsten sind solche Reduktionsmittel, die keine störenden Oxydationsprodukte, wie z. B. Essigsäure, geben und bei denen sich der Überschuß leicht, etwa durch Kochen, entfernen läßt. Es kommen vor allem in Frage Schwefeldioxyd und Alkohol. Ersteres kann angewandt werden, wenn die bei dem Reduktionsvorgang

$$3\,H_2SO_3 + Cr_2O_7'' + 2\,H^{\cdot} = 3\,SO_4'' + 2\,Cr^{\cdot\cdot\cdot} + 4\,H_2O$$

entstehende Schwefelsäure nicht stört. Das überschüssige SO_2 kann leicht durch Kochen, insbesondere bei gleichzeitigem Durchleiten eines Gasstromes (Luft oder Kohlendioxyd), entfernt werden. Zur Reduktion des Chromats leitet man entweder gasförmiges SO_2, am einfachsten aus einer Bombe, in die schwach siedende Flüssigkeit, oder fügt portionsweise Natriumhydrogensulfit hinzu.

Bei der Reduktion mit überschüssigem Alkohol entsteht Acetaldehyd nach der Reaktionsgleichung

$$Cr_2O_7'' + 3\,C_2H_5OH + 8\,H^{\cdot} = 2\,Cr^{\cdot\cdot\cdot} + 3\,C_2H_4O + 7\,H_2O.$$

Der Aldehyd sowie der überschüssige Alkohol lassen sich ohne Schwierigkeit durch Kochen vertreiben. Wichtig ist, daß die Reduktion des Chromat-Ions in alkalischer Lösung nicht erfolgt, während unter den gleichen Bedingungen Kaliumpermanganat reduziert wird, was für den Nachweis von Chrom neben Mangan wertvoll ist (Beseitigung der störenden Permanganatfarbe durch Reduktion zu Mangandioxyd).

A. Wichtige analytische Reaktionen.

Vorbemerkung. Die im folgenden angegebenen Reaktionen beziehen sich zunächst auf die normalen violettblauen Chrom(III)salze. In vielen Fällen verhalten sich die Lösungen der grünen Chrom(III)salze, z. B. des Dichloro-tetraquo-Chrom(III)chlorids, $[Cl_2Cr(H_2O)_4]Cl$, ganz ähnlich. Oft treten graduelle Verschiedenheiten auf. So löst sich z. B. das aus den grünen Lösungen gefällte Chrom(III)phosphat in Essigsäure leichter als das aus den Lösungen der violetten Salze niedergeschlagene Phosphat. Über eine Reaktion zur Unterscheidung zwischen violetten und grünen Chrom(III)-salzen, siehe im Abschnitt B 6, S. 162. Bei der Prüfung der Fällungen ist zu berücksichtigen, daß manche aus Chrom(III)salzlösungen amorph ausfallende Niederschläge ihre Eigenschaften infolge von Alterungsvorgängen ändern (Veränderung des Aussehens und Verminderung der Löslichkeit in Säuren und Laugen).

Fällung als Chrom(III)hydroxyd. *Vorbemerkung.* Als einzige wichtige Reaktion ist hier die Fällung als Hydroxyd zu nennen. Die Fällung kann mit wäßrigem Ammoniak, Alkalihydroxyd, Schwefelammonium sowie mit anderen H-Ionen bindenden Agenzien erfolgen. Für den Chromnachweis kommt in erster Linie die Fällung mit Ammoniak in Betracht.

1. Fällung mit Ammoniak. Beim Versetzen einer normalen violettblauen Chrom(III)salzlösung mit wäßrigem Ammoniak in geringem Überschuß entsteht ein hellblaugrüner Hydroxydniederschlag von amorpher, gallertiger Beschaffenheit nach der Reaktionsgleichung:

$$Cr(H_2O)_6X_3 + 3\,NH_4OH + aq = Cr(OH)_3 \cdot aq + 6\,H_2O + 3\,NH_4X.$$

Bei Zugabe eines großen Überschusses an Ammoniak ist die Fällung unvollständig infolge der Bildung von Amminkomplexen. Durch Wegkochen des Ammoniaks wird die Fällung vollständig. Zur quantitativen Ausfällung des Hydroxyds ist es deshalb zweckmäßig, die Lösung in der Siedehitze möglichst genau mit Ammoniak zu neutralisieren. Das frisch gefällte Chrom(III)hydroxyd löst sich leicht in Mineralsäuren und 2 n-Essigsäure, außerdem in kalter 2 n-Alkalilauge unter Bildung von Hydroxosalz (Alkalichromit): $Cr(OH)_3 + 3\,NaOH = [Cr(OH)_6]Na_3$. Beim Kochen der verdünnten Alkalichromitlösung fällt das Hydroxyd wieder aus (Unterschied vom Al). Beim Stehen unter der Fällungsflüssigkeit oder beim Verweilen auf dem Filter nimmt die Löslichkeit infolge von Alterung ab (FRICKE und HÜTTIG).

Auch die Lösungen der grünen Chrom(III)salze geben mit wäßrigem Ammoniak oder mit Alkalilaugen einen Hydroxydniederschlag, der dunkel blaugrün ist und sich in Mineralsäuren schwerer und in 2n-Essigsäure kaum löst (FRICKE und HÜTTIG).

Empfindlichkeit. Die Grenzkonzentration beträgt bei der Hydroxydfällung mit Ammoniak 1:170000 (CURTMAN und JOHN).

Störungen. Die Fällung als Hydroxyd kann ausbleiben bei Gegenwart von Essigsäure oder Ameisensäure infolge der Bildung stabiler Acetat- und Formiatkomplexe. In diesem Falle entfernt man vorher die organische Säure durch Abrauchen mit konz. Schwefelsäure oder Abdampfen mit Salzsäure. Die Fällung des Chroms, und zwar als basisches Salz, läßt sich auch bei Anwesenheit der genannten organischen Säuren induzieren, wenn man nach Zugabe von viel $Al^{\cdots}$ oder $Fe^{\cdots}$ diese beiden Metalle als basische Acetate bzw. Formiate z. B. durch Kochen der neutralisierten, stark verdünnten Lösung niederschlägt. Jedoch kommt diese letztere Methode weniger zum Nachweis als zur Abtrennung des Chroms von den 2wertigen Elementen der Schwefelammoniumgruppe in Frage (DE WITT u. BALDWIN; TOWER). Die Störung der Hydroxydfällung durch Essigsäure und Ameisensäure gilt für alle Methoden der Hydroxydfällung. Die Fällung wird auch durch die Gegenwart anderer organischer Säuren (Oxalsäure, Weinsäure, Citronensäure), desgleichen durch Zucker und Glycerin, verhindert.

2. Fällung mit Alkalihydroxyd. Alkalilaugen liefern die gleiche Fällung wie wäßriges Ammoniak, die in der Kälte unter Bildung von Alkalichromit, $[Cr(OH)_6]Me_3$, im Überschuß des Fällungsmittels löslich ist. Beim Kochen der verdünnten Chromitlösung fällt das Hydroxyd wieder aus. Gibt man zu der Chrom(III)-salzlösung in der Siedehitze überschüssige 2 n-NaOH-Lösung, so erfolgt Chromitbildung nur spurenweise und das Hydroxyd scheidet sich fast quantitativ ab (Trennung von Al und Zn).

Empfindlichkeit. Die Grenzkonzentration beträgt nach KARAOGLANOV (a) 1:29900. Durch Zufügen von Kaliumnitrat läßt sich die Empfindlichkeit noch steigern; Grenzkonzentration: 1:100000; Reagens: 1 Raumteil 1 n-KOH-Lösung auf 2 Raumteile 2%ige KNO_3-Lösung.

3. Fällung mit Ammoniumsulfid. Die Fällung des Chrom(III)hydroxyds mittels Ammoniumsulfid spielt für den Chromnachweis selbst keine Rolle. Sie hat nur Bedeutung für die Fällung des Chroms in Gemeinschaft mit den anderen Elementen der Schwefelammoniumgruppe.

4. Fällung mit anderen H-Ionen bindenden Stoffen. Chrom kann aus seinen normalen Salzen außer durch Ammoniak und Alkalilaugen auch durch andere H-Ionen bindende Reagenzien als Hydroxyd gefällt werden. Genannt seien hier Bariumcarbonat, Natriumthiosulfat, Kaliumcyanat, Hydroxylamin (ROLDÁN), Urotropin, Pyridin und Anilin. Jedoch spielen diese Reagenzien für den Chromnachweis selbst keine besondere Rolle. Bariumcarbonat, Urotropin, Pyridin und Anilin werden angewendet, um Chrom von den 2wertigen Metallen der Schwefelammoniumgruppe zu trennen, und Natriumthiosulfat eignet sich zur Trennung von den Erdalkalien. Immerhin können Urotropin, Pyridin und Anilin zur Fällung und zum Nachweis des Chroms als Hydroxyd verwendet werden.

a) Fällung mit Urotropin. Die Fällung mit Urotropin beruht auf der in siedender wäßriger Lösung schon bei ganz schwach saurer Reaktion verlaufenden Hydrolyse des Urotropins, die sich unter Bildung von Ammoniak und Formaldehyd vollzieht:

$$(CH_2)_6N_4 + 6\,H_2O = 6\,CH_2O + 4\,NH_3.$$

Die H-Ionen werden durch das entstehende Ammoniak fortlaufend gebunden. Zur Ausführung der Reaktion wird zunächst mit Ammoniumcarbonatlösung möglichst neutralisiert und in die zum Sieden erhitzte Flüssigkeit eine 10%ige Urotropinlösung tropfenweise bis zur vollständigen Fällung zugegeben und noch einige Minuten weitergekocht. Es scheidet sich grünes Chrom(III)hydroxyd aus, das sich gut absetzt.

b) Fällung mit Pyridin. Man erhitzt die nur schwach saure Lösung zum Sieden, fügt eine 10%ige wäßrige Pyridinlösung bis zum Auftreten des Pyridingeruches hinzu und kocht nochmals auf. Hierdurch wird das Hydroxyd quantitativ gefällt. Dieses Verfahren eignet sich besonders zur Trennung des Chroms von Mangan, Kobalt und Nickel (OSTROUMOW).

c) Fällung mit Anilin. Versetzt man die Chrom(III)salzlösung mit Anilin und kocht auf, so fällt das Chrom quantitativ als Hydroxyd in einer gut filtrierbaren Form aus, während in der Kälte, insbesondere in Gegenwart von Ammoniumsalzen, kaum eine Fällung erfolgt (ALLEN). Diese Methode eignet sich zum Nachweis des Chroms neben Mangan, da letzteres in Lösung bleibt (SCHOELLER und SCHRAUTH).

d) Fällung mit Natriumthiosulfat. Durch Natriumthiosulfat im Überschuß kann Chrom zum Unterschied von Eisen vollständig als Hydroxyd gefällt werden. Die H-Ionen verbrauchende Reaktion beruht auf dem Zerfall der Thioschwefelsäure in schweflige Säure und elementaren Schwefel: $2\,H^{\cdot} + S_2O_3'' = H_2SO_3 + S$. Diese zu einem Gleichgewicht führende Reaktion kann dadurch zu Ende geführt werden, daß man die entstehende schweflige Säure entfernt, entweder durch Verkochen oder auf chemischem Wege. Letzteres gelingt z. B. mittels Schwefelwasserstoffs, wobei die schweflige Säure zu Schwefel reduziert wird: $H_2SO_3 + 2\,H_2S = 3\,S + 3\,H_2O$. Am besten leitet man den Schwefelwasserstoff unter Druck in die mit Natriumthiosulfat versetzte, ganz schwach saure Chrom(III)salzlösung ein. Das Verfahren kann zur Trennung des Chroms von den Erdalkalien verwendet werden (KRÜGER).

e) Fällung mit Kaliumcyanat. Versetzt man eine schwach saure oder neutrale Chrom(III)salzlösung mit einigen Kubikzentimetern 2%iger Kaliumcyanatlösung bis zur Rötung von zugesetztem Phenolphthalein und kocht kurze Zeit, so scheidet sich Chrom(III)hydroxyd als feinkörniger Niederschlag ab (RIPAN). Die H-Ionen werden nach folgender Reaktionsgleichung gebunden:

$$KOCN + 2\,H^{\cdot} + H_2O = CO_2 + NH_4^{\cdot} + K^{\cdot}.$$

Es lassen sich noch 0,2 mg Cr nachweisen. Die Reaktion wird zur Abtrennung des Chroms von Zink und Mangan empfohlen.

B. Weitere Reaktionen von Chrom(III)-Ion.

1. Fällung als basisches Carbonat. Violette Chrom(III)salzlösungen geben mit Natriumcarbonat einen grünen voluminösen Niederschlag, dessen Zusammensetzung, von den Fällungsbedingungen (Temperatur und Konzentration) abhängig, zwischen $Cr_2O_3 \cdot 2\,CO_2 \cdot aq$ und $4\,Cr_2O_3 \cdot CO_2 \cdot aq$ schwankt; der Niederschlag ist löslich in Säuren und im Überschuß von Natriumcarbonat (Bildung von Doppelcarbonaten).

Statt Natriumcarbonat kann auch Natriumhydrogencarbonat verwendet werden. Zur Beschleunigung der Ausflockung empfiehlt sich ein Zusatz von Ammoniumchlorid. Die Nachweisempfindlichkeit ist die gleiche wie bei der Fällung als Hydroxyd mit Ammoniak (LUTZ und JACOBI).

2. Fällung als basisches Acetat. Die Fällung als basisches Acetat durch Versetzen einer Chrom(III)salzlösung mit Natriumacetat und nachfolgendes Aufkochen ist nur bei Gegenwart größerer Mengen von $Fe^{\cdots}$ oder $Al^{\cdots}$ möglich, die gleichzeitig als basisches Eisen(III)- bzw. basisches Aluminiumacetat ausfallen. Eine Gewähr für eine vollständige Fällung des Chroms ist auch dann nicht gegeben.

3. Fällung als basisches Selenit. Beim Versetzen violetter Chrom(III)salzlösungen mit Natriumselenit entsteht ein basisches Selenit als grüner, voluminöser, amorpher, in starken Säuren löslicher Niederschlag.

4. Fällung als Phosphat. Versetzt man eine Lösung eines violettblauen Chrom(III)salzes nacheinander mit Natrium- oder Ammoniumphosphat und Ammoniak bis zur alkalischen Reaktion, so fällt Chrom(III)phosphat quantitativ aus:

$$[Cr(H_2O)_6]^{\cdots} + PO_4''' = Cr(H_2O)_3PO_4 + 3\,H_2O.$$

Der grünliche, flockige Niederschlag löst sich in frisch gefälltem Zustande leicht in starken Säuren sowie in 2 n-Essigsäure bei 70 bis 80°, während die Phosphate des 3wertigen Eisens und Aluminiums unter diesen Bedingungen nur spurenweise löslich sind. In der Kälte gibt das Chrom(III)phosphat meist eine trübe, mehr oder weniger kolloidale Lösung (nach unveröffentlichten Versuchen des Autors). Beim Kochen der klaren Auflösung in 2 n-Essigsäure scheidet sich kein basisches Chromphosphat ab. Dies geschieht nach unveröffentlichten Versuchen des Autors erst beim Abstumpfen der Säure mit verdünnter Alkalilauge in der Siedehitze. Es bildet sich zunächst eine trübe kolloidale Lösung, die beim Übergang ins alkalische Gebiet ausflockt. Nunmehr kann mit verdünnter Essigsäure angesäuert werden, ohne daß wieder Auflösung erfolgt.

Die Löslichkeit des Chrom(III)phosphats in warmer 2 n-Essigsäure kann man nicht zur Trennung von Eisen und Aluminium verwenden. Schlägt man diese beiden Metalle gemeinsam mit Chrom als Phosphate nieder, so läßt sich das Chrom(III)phosphat nur sehr unvollkommen durch heiße 2 n- oder 4 n-Essigsäure herauslösen. Führt man die Fällung in essigsaurer Lösung durch, so gehen trotz der Löslichkeit des Chromphosphats in 2 n-Essigsäure beträchtliche Mengen davon zusammen mit Eisen- und Aluminiumphosphat in den Niederschlag (nach unveröffentlichten Versuchen des Autors).

Außer in Essigsäure ist Chrom(III)phosphat in frisch gefälltem Zustande auch in Alkalilaugen infolge Bildung von Alkalichromit löslich. Bei der Auflösung des Chromphosphats in Essigsäure oder Alkalilauge ist zu bedenken, daß Chrom(III)-phosphat schnell altert, insbesondere auch beim Auswaschen mit heißem Wasser und dann seine Löslichkeit mehr oder weniger einbüßt (nach unveröffentlichten Versuchen des Autors).

Zur Ausführung der Phosphatfällung als Nachweisreaktion fügt man zu der ganz schwach sauren Lösung ein Gemisch aus gleichen Teilen 1 n-Ammoniumphosphat- oder Natriumammoniumphosphatlösung und 5%iger Natriumacetatlösung hinzu [KARAOGLANOV (a)].

Empfindlichkeit. Die Grenzkonzentration beträgt nach KARAOGLANOV (a) 1:100000.

Gibt man zu der Lösung eines *violettblauen* Chrom(III)salzes Dinatriumphosphat im Unterschuß, so entsteht ein rötlichgrauer, voluminöser Niederschlag, der allmählich in dunkelviolette, trikline Kryställchen übergeht.

Die Lösungen der *grünen Chrom(III)salze* liefern mit Natrium- oder Ammoniumphosphat nach Zusatz von Ammoniak ebenfalls einen grünen Niederschlag, der sich entgegen den Literatur-Angaben[1] nach Versuchen des Autors in 2 n-*Essigsäure* in der Wärme glatt auflöst, sofern er frisch gefällt wurde. Er löst sich sogar noch leichter als der aus den Lösungen der violetten Chrom(III)salze erhaltene Phosphatniederschlag.

Störungen. Alle bei der Fällung als Chrom(III)hydroxyd störend wirkenden Stoffe können auch die Fällung als Phosphat verhindern oder unvollständig machen.

5. Fällung als Chromichromat. Versetzt man eine nicht angesäuerte Lösung eines *violetten* oder *grünen Chrom(III)salzes* mit neutralem Alkalichromat, so scheidet sich in stark verdünnter Lösung ein gelber, in konzentrierterer ein brauner Niederschlag ab, der ein *basisches Chrom(III)chromat* darstellt:

$$2\,[Cr(H_2O)_6]Cl_3 + 5\,K_2CrO_4 + aq = 6\,KCl + 2\,K_2Cr_2O_7 + (OCr)_2CrO_4 \cdot aq + 6\,H_2O.$$

Der Niederschlag löst sich sowohl in Mineralsäuren als auch in verdünnter Essigsäure. Versetzt man eine saure Chrom(III)salzlösung mit Kaliumchromat, so fällt das Chromichromat erst beim neutralisieren mit Ammoniak aus.

6. Fällung als basisches Zinkchromsulfat [Reaktion auf violette Chrom(III)salze]. Erzeugt man aus Zinksulfat und Natriumhydrogencarbonat in wäßriger Lösung eine Aufschlämmung von Zinkcarbonat und gibt hierzu, ohne von der Flüssigkeit zu trennen, Chrom(III)sulfatlösung hinzu, so entsteht zuerst eine Grünfärbung, die unter CO_2-Entwicklung wieder verschwindet bei gleichzeitiger Abscheidung eines lilafarbenen Niederschlages von der Zusammensetzung

$$Cr_2O_3 \cdot 4\,ZnO \cdot SO_3 \cdot H_2O, \text{ entsprechend der Gleichung:}$$

$$Cr_2(SO_4)_3 + 6\,ZnCO_3 + H_2O = Cr_2O_3 \cdot 4\,ZnO \cdot SO_3 \cdot H_2O + 2\,ZnSO_4 + 6\,CO_2.$$

Für das Gelingen der Reaktion ist die Gegenwart von genügend SO_4-Ionen notwendig. Grüne Chrom(III)salze geben diese Reaktion nicht (MONTEMARTINI u. VERNAZZA).

C. Nachweis von Chrom(III)-Ion durch Fällung mit organischen Reagenzien.

Eine Anzahl organischer Reagenzien gibt mit Chrom(III)salzlösungen gefärbte Niederschläge; jedoch besitzen diese Reaktionen für den Chromnachweis keine Bedeutung und sind im folgenden nur der Vollständigkeit halber angeführt.

1. Fällung mit Triäthanolamin. Setzt man zu einer violetten Chrom(III)-salzlösung Triäthanolamin, $N(C_2H_4OH)_3$, hinzu, so entsteht ein blaugrüner Niederschlag unbekannter Zusammensetzung, im Überschuß teilweise zu einer opalisierenden bläulichen Flüssigkeit, in Weinsäure mit blauer Farbe löslich. Bei Zusatz von Alkalilauge nimmt der blaue Niederschlag einen grünlichen Farbton an (JAFFE).

2. Fällung mit Thiodiphenylcarbohydrazid. Eine alkoholische Lösung von Thiodiphenylcarbohydrazid, $SC(NH\text{-}NHC_6H_5)_2$, (5%ig) erzeugt in nicht angesäuerten Lösungen violetter Chrom(III)salze einen dunkelbraunen Niederschlag, der auf Zusatz von Säure violett wird. Beim Versetzen mit Alkali entsteht eine klare, orange-

[1] Vgl. ABEGG und AUERBACH, Handb. der anorganischen Chemie, Bd. IV, 1. Abt., 2. Hälfte, S. 174, Leipzig 1921. Die Unstimmigkeit ist wohl darauf zurückzuführen, daß mit gealterten Phosphatniederschlägen gearbeitet wurde.

gelbe Lösung, die auf Zusatz von Essigsäure einen zuerst violetten, dann braunen Niederschlag gibt, während mit HCl eine lebhaft rote, trübe Flüssigkeit entsteht. Die Zusammensetzung des Niederschlags ist unbekannt (PARRI).

3. Fällung mit Natriumalizarinsulfonat. Beim Versetzen einer Chrom(III)-chloridlösung mit einer 1%igen wäßrigen Lösung von Natriumalizarinsulfonat entsteht ein intensiv gelber, in 1%iger Essigsäure unlöslicher Niederschlag. Die Zusammensetzung des Reaktionsproduktes wurde nicht festgestellt (GERMUTH und MITCHELL).

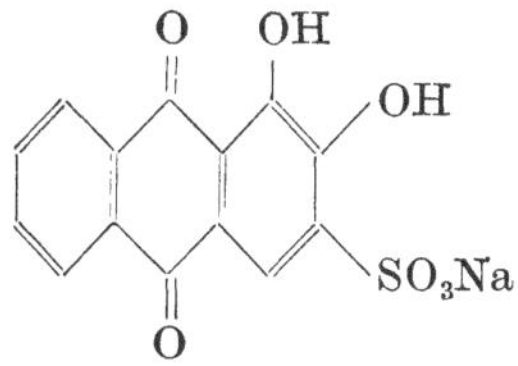

O OH OH SO_3Na O

Natriumalizarinsulfonat

Grenzkonzentration: 1:1000000.

Störungen. Das Reagens gibt mit einer Anzahl anderer Metalle Niederschläge, die ebenfalls in 1%iger Essigsäure unlöslich sind ($UO_2^{\cdot\cdot}$, $Fe^{\cdot\cdot}$; $Fe^{\cdot\cdot\cdot}$, $Al^{\cdot\cdot\cdot}$). Die betreffenden Fällungen sind aber durchweg anders gefärbt als der Cr-Niederschlag. Nur das NH_4-Ion gibt noch einen gelben Niederschlag, der jedoch in 1%iger Essigsäure löslich ist.

4. Fällung mit Resorufin. Gibt man zu einer schwach sauren Chrom(III)-salzlösung einige Tropfen ammoniakalische Resorufinlösung (0,2 g Resorufin in 5 cm³ 2 n-Ammoniak + 100 cm³ Wasser) hinzu, so entsteht ein violetter Niederschlag. Die Reaktion ist nicht spezifisch; ähnliche Niederschläge geben auch $Cu^{\cdot\cdot}$, $Cd^{\cdot\cdot}$, $Fe^{\cdot\cdot\cdot}$, $Al^{\cdot\cdot\cdot}$, $Ni^{\cdot\cdot}$, $Zn^{\cdot\cdot}$, $Ba^{\cdot\cdot}$, $Sr^{\cdot\cdot}$. Wenn kein Ammoniak und keine Ammoniumsalze zugegen sind, entstehen auch mit $Ag^{\cdot}$, $Pb^{\cdot\cdot}$ und $Mg^{\cdot\cdot}$ Niederschläge. $Fe^{\cdot\cdot}$ stört die Reaktion durch Reduktion des Resorufins und muß vorher zu $Fe^{\cdot\cdot\cdot}$ oxydiert werden [EICHLER (a)].

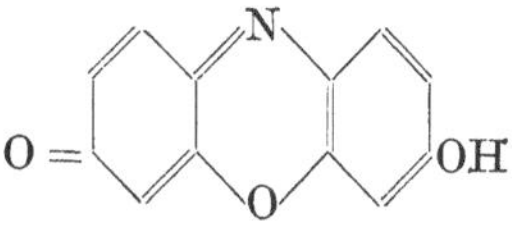

N O= OH O

Resorufin

5. Fällung mit o-Oxychinolin (Oxin). Versetzt man eine schwach essigsaure Chrom(III)salzlösung in der Hitze mit Oxinacetat, so entsteht allmählich eine bräunliche Fällung, die aber nicht quantitativ ist (HACKL).

6. Fällungen mit Oxinderivaten. p-Tolyl-5-azo-8-oxychinolin und o-Carboxyphenyl-5-azo-8-oxychinolin geben mit Chrom(III)salzen in salpetersaurer Lösung (20% HNO_3) grünliche bis braune Niederschläge (GUTZEIT und MONNIER).

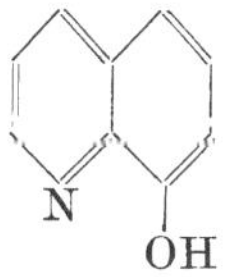

N OH

o-Oxychinolin

III. Nachweis von Chromat-Ion.

Die *wichtigsten* und *empfindlichsten* Nachweisreaktionen für *Chrom* setzen seine Anwesenheit als *Chromat* voraus. Wenn es sich nicht von vornherein in dieser Form befindet, wird es nach einer der im folgenden beschriebenen Methoden zu 6wertigem Chrom oxydiert.

A. Überführung des 3wertigen Chroms in Chromat.

Die Oxydation zu *Chromat* kann in wäßriger Lösung oder in einer oxydierenden Schmelze vorgenommen werden. Die Oxydation in wäßriger Lösung kann sowohl in saurem als auch in alkalischem Medium geschehen je nach Art des verwendeten Oxydationsmittels.

1. Oxydation in wäßriger Lösung.

Am gebräuchlichsten ist die Oxydation mit *Ammoniumpersulfat* bei Gegenwart von Silbernitrat in *saurer* Lösung und mit *Wasserstoffperoxyd* sowie mit *Hypochlorit* oder *Hypobromit* in *alkalischem* Medium. Die Verwendung von Hypochlorit oder Hypobromit hat vor dem Wasserstoffperoxyd den Vorteil, daß zum Nachweis des gebildeten Chromat-Ions mittels Fällungsreaktionen der Überschuß an oxydierendem Agens nicht zerstört zu werden braucht und dies, wenn notwendig (bei Ausführung von

Farbreaktionen mit organischen Reagenzien), durch Zufügen von Phenol oder Kochen mit KSCN sehr schnell geschehen kann, während das überschüssige Wasserstoffperoxyd in der Regel durch längeres Kochen zersetzt werden muß (vgl. den Absatz „Oxydation mit Wasserstoffperoxyd", S. 165), sofern man den Überschuß nicht durch Zusatz eines Nickelsalzes unschädlich machen will [Reduktion des H_2O_2 unter Bildung von $Ni(OH)_3$], was eine nachträgliche Filtration notwendig machen würde. Auch kann die Nachweisempfindlichkeit durch Adsorption von CrO_4'' an den Niederschlag herabgesetzt werden. Bei der Oxydation mit festen Oxydationsmitteln wie Bleidioxyd und Silberoxyd ist zu bedenken, daß durch Adsorption von CrO_4'' an der Oberfläche dieser Substanzen unter Umständen geringe Chrommengen der Lösung entzogen werden können, wodurch sich der Nachweis unsicher gestalten kann, wenn die Probelösung nur Spuren von Chrom enthält.

a) Oxydation in saurer Lösung. Das wichtigste Oxydationsmittel zur Oxydation in saurer Lösung ist Ammonium- oder Alkalipersulfat. Die Reaktion, von IBBOTSON und HOWDEN entdeckt, vollzieht sich genügend schnell in Gegenwart von Silbernitrat als Katalysator. Auch mittels Bleidioxyds und Kaliumchlorats in salpetersaurer Lösung kann oxydiert werden. In Gegenwart von Silbernitrat erfolgt auch durch Chlor oder Brom Oxydation zu 6wertigem Chrom.

α) **Oxydation mit Persulfat** [MARSHALL; IBBOTSON u. HOWDEN; LEHRMANN, WEISBERG u. KABAT; KARLSLAKE (a); BURKAT; BRARD (b)]. Die Reaktion verläuft nach der Gleichung: $2[Cr(OH_2)_6]^{\cdot\cdot\cdot} + 3\,S_2O_8'' = H_2Cr_2O_7 + 12\,H^{\cdot} + 6\,SO_4'' + 5\,H_2O$. Etwa 10 cm^3 der kalten, schwefelsauren, salpetersauren oder essigsauren Probelösung (Halogenwasserstoffsäuren sollen abwesend sein) werden mit etwa 5 cm^3 3 n-HNO_3, ebensoviel 0,25 n-$AgNO_3$-Lösung und 1 bis 2 g Ammoniumpersulfat versetzt und längere Zeit gekocht, bis die Sauerstoffentwicklung aufgehört hat. Die Lösung wird abgekühlt, gegebenenfalls filtriert und auf CrO_4'' geprüft, am besten mittels der H_2O_2-Äther- oder der Diphenylcarbohydrazid-Probe (s. S. 177 u. S. 178). Das Persulfatverfahren eignet sich besonders für den Nachweis des Chroms neben Mangan. Das gebildete Permanganat ist vor Ausführung der Identifikationsreaktion, am besten durch Zufügen von Natriumazid in möglichst geringem Überschuß, zu reduzieren.

Zur *mikrochemischen* Überführung des im Trennungsgang erhaltenen Chrom(III)-hydroxyds in Chromsäure wird nach BURKAT der chloridfrei gewaschene Hydroxydniederschlag mit 1 Tropfen 20%iger $AgNO_3$-Lösung und 3 bis 4 Tropfen 2 n-$(NH_4)_2S_2O_8$-Lösung versetzt und gekocht. Zur Identifikation der gebildeten Chromsäure wird nach Versuchen des Autors am besten ein Körnchen Natriumacetat zugesetzt, wodurch Silberchromat ausgefällt wird. Die Oxydation vollzieht sich nach folgender Reaktionsgleichung:

$$2\,Cr(OH)_3 + 3\,(NH_4)_2S_2O_8 + H_2O = H_2Cr_2O_7 + 3\,(NH_4)_2SO_4 + 3\,H_2SO_4.$$

β) **Oxydation mit Bleidioxyd** (TERNI). Die mit Salpetersäure angesäuerte Lösung (Gegenwart von Salz- oder Schwefelsäure schadet nicht) wird mit etwas Bleidioxyd versetzt und aufgekocht. Die angewandte Menge PbO_2 muß so groß sein, daß nach der Reaktion noch unverbrauchtes PbO_2 vorhanden ist. An der Gelbfärbung wird die Anwesenheit von Chrom erkannt. Bei sehr geringen Cr-Mengen wird vom überschüssigen PbO_2 abdekantiert und das Chromat durch ein Spezialreagens identifiziert. Auf diese Weise lassen sich direkt durch die Färbung noch 0,0001043 g Cr nachweisen und indirekt mittels der H_2O_2-Ätherreaktion noch $1{,}043 \cdot 10^{-5}$ g Cr.

γ) **Oxydation mit Kaliumchlorat.** Die Oxydation vollzieht sich in stark salpetersaurer Lösung beim Kochen. Die Reaktion versagt bei geringerer Salpetersäurekonzentration und ist nicht zu empfehlen (vgl. CALHANE).

δ) **Oxydation mit Kaliumpermanganat.** Die Oxydation verläuft in saurer Lösung nur dann, wenn die Acidität sehr gering ist. Besser arbeitet man in alkalischem Medium (siehe S. 166).

ε) **Oxydation mit Chlorwasser bei Gegenwart von Silbernitrat.** 0,5 cm^3 der schwach salpetersauren Probelösung werden nacheinander mit 5 cm^3 2 n-$AgNO_3$-Lösung und 1 cm^3 frisch hergestelltem Chlorwasser versetzt und 1 bis 2 Min. zum Sieden erhitzt. Nach dem Erkalten und Absetzen des gebildeten Silberchlorids wird mit verdünntem Ammoniak vorsichtig neutralisiert. Bei Anwesenheit von Chrom entsteht eine rote Fällung von Silberchromat oder eine orangegelbe Färbung wenn die Cr-Konzentration unter 10^{-3} liegt. Der sonst übliche Zusatz von Natriumacetat zu der salpetersauren Lösung zur Ausfällung des in starken Säuren löslichen Silberchromats läßt sich nicht anwenden, da infolge der hohen $AgNO_3$-Konzentration Silberacetat ausfallen würde.

Obige Reaktion ist von Posner zum Cr-Nachweis neben Eisen vorgeschlagen worden. Nach der Oxydation wird bei Anwesenheit von Eisen deutlich ammoniakalisch gemacht, filtriert und im Filtrat das Chromat durch vorsichtige Neutralisation mit verdünnter Salpetersäure als Silberchromat gefällt. Das Verfahren gestattet keinen sicheren Chromnachweis bei einer Konzentration von 1:100000 (nach unveröffentlichten Versuchen des Autors) und ist nicht zu empfehlen.

b) Oxydation in alkalischer Lösung. Als Oxydationsmittel kommen hauptsächlich in Frage *Natriumhypochlorit* oder *-hypobromit*, ferner *Wasserstoffperoxyd, Bleidioxyd* oder frisch gefälltes *Mangandioxyd, Kaliumpermanganat* und *Silberoxyd.* Es ist nicht notwendig, daß sich das Chrom zunächst in gelöster Form befindet. Auch manche in Wasser nicht löslichen Chrom(III)verbindungen, insbesondere die aus wäßriger Lösung gefällten wie das Hydroxyd und das Phosphat, werden in alkalischer Lösung durch die angegebenen Oxydationsmittel in Chromat übergeführt, wohl infolge der primären Bildung eines löslichen Alkalichromits.

α) **Oxydation mit Hypochlorit und Hypobromit.** Die Probelösung wird alkalisch gemacht, mit einer Hypochlorit- oder Hypobromitlösung versetzt und bis zum Sieden erhitzt. Die Anwesenheit von Chrom wird an der Gelbfärbung erkannt oder durch ein Spezialreagens auf Chromat nachgewiesen, am einfachsten durch Fällung als Bariumchromat, indem man nach Ansäuern mit Essigsäure Bariumchlorid zugibt [Pozzi-Escot (b)]. Es sei erwähnt, daß die Oxydation bei Gegenwart von Mangan leicht so geleitet werden kann, daß eine Oxydation von MnO_2 zu MnO_4' nicht stattfindet. Man muß lediglich dafür sorgen, daß nur gerade bis zum Sieden erhitzt wird (Chaborski; Longinescu und Petrescu). Statt eine Hypochlorit- oder Hypobromitlösung zu verwenden, kann man die alkalische Probelösung auch mit Chlor- oder Bromwasser versetzen.

Bei Verwendung von organischen Reagenzien zur Identifizierung des gebildeten CrO_4'' muß das Hypochlorit oder Hypobromit vorher zerstört werden. Dies gelingt z. B. durch Zusatz von Phenol (Bildung von Tribromphenol) oder mit Hilfe von Kaliumrhodanid (Feigl, Klanfer und Weidenfeld). Man versetzt nach der Oxydation mit 20%iger KSCN-Lösung im Überschuß und kocht etwa 1 Min. lang. Die Reaktion verläuft nach folgender Gleichung:

$$KSCN + 4\,KOBr + 2\,KOH = KOCN + K_2SO_4 + 4\,KBr + H_2O.$$

β) **Oxydation mit Wasserstoffperoxyd, Natriumperoxyd und Natriumperborat.** Die Probelösung wird mit 3%igem Wasserstoffperoxyd versetzt und mit Natronlauge stark alkalisch gemacht und gekocht, bis das überschüssige H_2O_2 zersetzt ist (Aufhören der Gasentwicklung). Oder man gibt zu der schwach sauren Probelösung eine Mischung von 2 n-NaOH- und 3%iger H_2O_2-Lösung. Statt dessen kann man auch eine wäßrige Lösung von Natriumperoxyd (Calhane) oder Natriumperborat verwenden (M. Lemarchands und M. Lemarchands). Handelt es sich nicht lediglich um den Cr-Nachweis, sondern um die Abtrennung des Chroms von relativ großen Mengen begleitender Kationen der Schwefelammoniumgruppe, so ist es zweckmäßig, die Analysenlösung in die alkalische, das Oxydans enthaltende Flüssigkeit unter Rühren einfließen zu lassen. Sofern für eine Nachweisreaktion auf CrO_4'' die erhaltene Chromatlösung angesäuert werden muß, ist es immer zweckmäßig, das überschüssige Wasserstoffperoxyd zu verkochen, da sonst beim Ansäuern leicht

Reduktion der Chromsäure zu Chrom(III)salz eintreten kann, besonders, wenn sich die alkalische Lösung beim Zufügen der Säure erwärmt. Außerdem wird durch das Kochen die Bildung von Perchromat (gelegentlich an einer Rotfärbung erkennbar) verhindert. Andernfalls können, besonders bei geringen Chrommengen, Fällungsreaktionen auf CrO_4'', z. B. mit Bleiacetat, ausbleiben (CALHANE). Nur in seltenen Fällen z. B. für die Farbreaktion mit Benzidin ist die Bildung von Perchromat bzw. Perchromsäure günstig und erhöht noch die Nachweisempfindlichkeit (s. S. 181) Nach FEIGL, KLANFER und WEIDENFELD läßt sich das überschüssige H_2O_2 auch durch Zusatz von $Ni(NO_3)_2$ und 3 Minuten langes Kochen unschädlich machen. Alles H_2O_2 wird hierbei zur Überführung des $Ni(OH)_2$ in $Ni(OH)_3$ verbraucht.

γ) **Oxydation mit Bleidioxyd und Mangandioxyd.** Man kocht die alkalische Probelösung mit PbO_2, läßt absitzen und führt mit der abdekantierten Flüssigkeit eine Nachweisreaktion auf CrO_4'' durch. Statt des Bleidioxyds kann man auch frisch gefälltes Mangandioxydhydrat verwenden.

δ) **Oxydation mit Silberoxyd.** Die Probelösung wird mit einer stark alkalisch gemachten Silbernitratlösung versetzt und gekocht, gegebenenfalls dekantiert oder filtriert (MENEGHINI; vgl. TANANAEFF, N. A. u. Iw. TANANAEFF). Die Reaktion verläuft unter Abscheidung von Ag nach folgender Gleichung:

$$Cr(NO_3)_3 + 3\,AgNO_3 + 8\,NaOH = Na_2CrO_4 + 6\,NaNO_3 + 4\,H_2O + 3\,Ag.$$

ε) **Oxydation mit Kaliumpermanganat.** Die Reaktion verläuft auch in neutraler und selbst in schwach saurer Lösung. Man versetzt die Probelösung mit einer alkalischen Kaliumpermanganatlösung und kocht. Die violette Farbe des Permanganats verdeckt die Farbe des Chromats. Durch Zufügen von Alkohol wird das überschüssige Permanganat reduziert und als Mangandioxydhydrat abgeschieden. Die Oxydation mit $KMnO_4$ hat Bedeutung für den Chromnachweis in vanadinhaltigen Stählen (s. S. 151, A. 2).

2. Oxydation in der Schmelze.

Die Oxydation wird in *alkalischer* Schmelze unter Verwendung von *Natriumcarbonat, Kaliumcarbonat* oder *Alkalihydroxyden* vollzogen. Die Oxydation zu *Chromat* erfolgt meist bereits durch den Luftsauerstoff, schneller bei Zusatz eines Oxydationsmittels wie *Natriumperoxyd, Kaliumnitrat* und *Kaliumchlorat.* Am intensivsten wirkt Natriumperoxyd, das auch für sich allein verwendet werden kann und den Vorteil eines niedrigen Schmelzpunktes besitzt. Bei Verwendung von Natriumperoxyd führt man die Schmelze am besten in einem Eisentiegel durch, bei Mikroanalysen in der Öse eines Platindrahtes. Die Verwendung von Kaliumnitrat hat den Nachteil, daß sich beim Schmelzen Nitrit bildet; beim Ansäuern der wäßrigen Lösung kann durch die in Freiheit gesetzte salpetrige Säure die entstandene Chromsäure wieder reduziert werden, sofern man nicht durch Kochen mit H_2O_2 vor dem Ansäuern das Nitrit zu Nitrat oxydiert. Oxydativ geschmolzen zum Zwecke des Chromnachweises wird entweder die Ursubstanz, ein unlöslicher Rückstand oder der im Laufe eines Trennungsganges an der entsprechenden Stelle der Schwefelammoniumgruppe erhaltene Niederschlag (in der Regel ein Hydroxydniederschlag). Man führt die Oxydationsschmelzen in der im Abschnitt „Aufschlußverfahren unlöslicher Chromverbindungen" (S. 144) beschriebenen Weise durch.

B. Allgemeines über das Verhalten von Chromaten in wäßriger Lösung.

Die Chromate enthalten das Anion CrO_4'', welches den wäßrigen Lösungen eine gelbe Farbe verleiht. Bei Zugabe von Säure schlägt diese nach Orange um als Folge einer zunächst zum Pyrochromat-Ion, Cr_2O_7'', führenden Kondensationsreaktion: $2\,CrO_4'' + 2\,H^{\cdot} = Cr_2O_7'' + H_2O$. Von der entsprechenden Pyrochromsäure leiten sich die orange gefärbten Pyrochromate, $Me_2Cr_2O_7$, ab, die auch als Di- oder Bichromate bezeichnet werden. Die Kondensation kann noch weiter gehen und zum

Trichromat- und Tetrachromat-Ion führen. Es handelt sich hier um Gleichgewichte, deren Lage vom p_H-Wert und der Chromatkonzentration bestimmt wird. Die Chrom- und Pyrochromsäure sind sehr schwach, und wie etwa die schweflige Säure, nur in wäßriger Lösung beständig. Beim Eindampfen zur Trockne erfolgt Dehydratation zu CrO_3. Wichtig für die analytische Chemie ist die Existenz einer Reihe schwer löslicher Chromate und die stark oxydierende Wirkung der Chromsäure, worauf sich eine Anzahl charakteristischer Nachweisreaktionen gründet. Analytisch wertvoll ist ferner die Eigenschaft der Chromsäure, mit Wasserstoffperoxyd ein tiefblaues, in Äther lösliches Peroxyd von der Formel CrO_5 zu liefern.

C. Wichtige analytische Fällungsreaktionen.

1. Fällung als Silberchromat. Auf Zusatz von *Silbernitrat* zu einer schwach essigsauren *Chromatlösung* fällt entsprechend der Reaktionsgleichung $CrO_4'' + 2\,Ag^{\cdot} = Ag_2CrO_4$ braunrotes *Silberchromat*, Ag_2CrO_4, aus, das in starken Säuren und außerdem, infolge komplexer Bindung des Ag-Ions, in Ammoniak löslich ist. Aber auch Essigsäure in größerer Konzentration löst Silberchromat merklich auf. Es ist deshalb zweckmäßig, beim Vorliegen stark saurer Chromatlösungen zuerst mit Ammoniak schwach alkalisch und darauf mit verdünnter Essigsäure wieder schwach sauer zu machen. Eine derartige Lösung enthält hauptsächlich das *Pyrochromat-Ion*, Cr_2O_7''; trotzdem fällt in verdünnter Lösung auf Zusatz von überschüssigem Silbernitrat *normales Chromat* aus (KORENMAN):

$$K_2Cr_2O_7 + 4\,AgNO_3 + H_2O = 2\,Ag_2CrO_4 + 2\,H^{\cdot} + 2\,KNO_3,$$

oder als Ionengleichung geschrieben: $Cr_2O_7'' + 4\,Ag^{\cdot} + H_2O = 2\,Ag_2CrO_4 + 2\,H^{\cdot}$. Aus konzentrierten Pyrochromatlösungen kann sich auch *Silberpyrochromat*, $Ag_2Cr_2O_7$, abscheiden, das durch Kochen mit Wasser in normales Chromat und Chromsäure zerfällt: $Ag_2Cr_2O_7 + H_2O = HCrO_4' + H^{\cdot} + Ag_2CrO_4$. Es sei erwähnt, daß Silberchromat noch in einer *grünschwarzen* Modifikation existiert, die sich beim Erhitzen von Silberpyrochromat mit Wasser bilden kann und eine geringere Löslichkeit als die rote Modifikation besitzt.

Empfindlichkeit. Die Fällungsreaktion mit Silbernitrat gehört zu den empfindlichsten und charakteristischsten Reaktionen auf das CrO_4-Ion. Bei sehr hohen Verdünnungen erlangt sie den Charakter einer Farbreaktion, indem sich eine kolloidale orangegelbe Lösung bildet. Die **Grenzkonzentration** beträgt nach LUTZ und JACOBY[1] $1:9{,}6 \cdot 10^6$, nach KARAOGLANOV (b) $1:2{,}6 \cdot 10^6$. Nach KORENMAN ist die **Erfassungsgrenze** 1,7 γ Cr in 1 cm^3, die Grenzkonzentration 1:588000.

Störungen. Alle Anionen, die in essigsaurer Lösung mit Ag-Ionen gefärbte Niederschläge geben, wirken störend; hierher gehören PO_4''', AsO_4''' und VO_3'. Diese Anionen können durch Fällung als Ca-Salze mit Calciumnitrat in siedender ammoniakalischer Lösung entfernt werden. In Gegenwart von Cl' läßt sich die Fällung des Silberchromats bei nicht allzu geringen Chromatkonzentrationen an einer gelb- bis braunroten Färbung des ausfallenden Silberchlorids erkennen. Der Nachweis neben Cl' gelingt besonders gut, wenn man zu der ganz schwach salpetersauren heißen Lösung sukzessive Silbernitratlösung zusetzt. Das Silberchlorid sinkt nach der Ausflockung zu Boden und in der darüber stehenden Flüssigkeit erscheint beim Abkühlen der rote Niederschlag von Silberchromat. Ist CrO_4'' nur in Spuren anwesend, so filtriert man nach Ausfällung des Silberchlorids heiß und setzt dem Filtrat etwas Natriumacetat zu, um die Löslichkeit des Silberchromats herabzusetzen. In der gleichen Weise verfährt man bei Anwesenheit von Br'. MoO_4'', WO_4'' und JO_3' geben in essigsaurer Lösung mit $AgNO_3$ weiße Niederschläge und können in größerer Konzentration stören, insbesondere wenn unr wenig CrO_4'' anwesend ist. MoO_4'' läßt sich wie VO_3' durch Fällung als Ca-Salz mit Calciumnitrat in der Siede-

[1] Die von LUTZ und JACOBY angegebene Grenzkonzentration dürfte zu niedrig sein.

hitze[1] weitgehend entfernen, WO_4'' durch Abscheidung als Wolframsäure (Ansäuern und Abdampfen mit HNO_3).

Ausführung als Tüpfelreaktion. Die Fällung als Silberchromat kann auch als *Tüpfelreaktion* ausgeführt werden. Jedoch ist die Empfindlichkeit gegenüber den Tüpfelreaktionen mit organischen Reagenzien nicht hoch.

Erfassungsgrenze: 6 γ Cr [FEIGL (b)].

Liegt das *Chrom* als *Chrom(III)salz* vor, so kann man nach N. A. TANANAEFF und Iw. TANANAEFF folgendermaßen verfahren. Man versetzt auf einem Uhrglas 1 Tropfen der Probelösung mit überschüssiger Natronlauge, darauf mit 1 Tropfen $AgNO_3$-Lösung und erwärmt einige Minuten, wobei durch das ausgefallene Ag_2O eine Oxydation zu Chromat erfolgt (vgl. S. 166). Mittels einer Capillare bringt man die Flüssigkeit auf Filtrierpapier, bringt in die Mitte des Tüpfelfleckes zur Auflösung des ausgefallenen Ag_2O und zur Überführung des NaOH in $NaNO_3$ 1 Tropfen gesättigter NH_4NO_3-Lösung und tüpfelt mit 1 Tropfen $AgNO_3$-Lösung. Bei Anwesenheit von Cr entsteht um den schwarzen Fleck (aus metallischem Ag bestehend) eine ziegelrote Zone.

2. Fällung als Silberchromat-Silbersulfat. Die *Empfindlichkeit* des Chromatnachweises durch Fällung mit *Silbernitrat* läßt sich durch Zusatz von *Natriumsulfat* noch steigern infolge der Bildung von Mischkrystallen zwischen Silberchromat und Silbersulfat. Hierdurch wird auch bewirkt, daß der Niederschlag direkt krystallin ausfällt, während Silberchromat für sich, besonders bei geringen Chromatkonzentrationen, leicht kolloidale Lösungen bildet, was beim mikrochemischen Nachweis eine Rolle spielt (KORENMAN).

Ausführung. Zu 1 cm^3 der essigsauren oder ganz schwach salpetersauren Lösung gibt man mehrere Natriumsulfatkryställchen und nach deren Auflösung tropfenweise gesättigte Silbernitratlösung bis zum Beginn der Niederschlagsbildung hinzu. Bei sehr geringen CrO_4''-Konzentrationen besitzt der Niederschlag eine gelbliche Färbung, bei Abwesenheit von Chromat ist er rein weiß.

Die **Erfassungsgrenze** beträgt 0,52 γ Cr in 1 cm^3, die **Grenzkonzentration** 1:1920000.

3. Fällung als Bleichromat. Durch *Bleiacetat* wird aus neutralen Chromat- und schwach sauren Pyrochromatlösungen *normales Bleichromat*, $PbCrO_4$, gefällt: $CrO_4'' + Pb^{\cdot\cdot} = PbCrO_4$ und $Cr_2O_7'' + 2\,Pb^{\cdot\cdot} + H_2O = 2\,PbCrO_4 + 2\,H^{\cdot}$. Der Niederschlag löst sich in verdünnter Salpetersäure, dagegen nicht in Essigsäure. In 1 n-Perchlorsäure ist er bei Gegenwart von 0,01 mol-$Pb(ClO_4)_2$ praktisch unlöslich und auch in anderen starken Säuren wird beim Vorhandensein überschüssiger Pb-Ionen die Löslichkeit des Bleichromats stark erniedrigt[2], so daß es möglich ist, die Fällung auch in schwach salpetersaurer Lösung auszuführen (vgl. WILLARD und KASSNER). In Ammoniumacetat löst sich Bleichromat kaum, zum Unterschied von Bleisulfat, dagegen beträchtlich in Alkalilauge infolge Bildung von Hydroxosalz.

Zur **Ausführung** der Reaktion macht man die Probelösung zuerst schwach essigsauer, bei Anwesenheit von Mineralsäure durch Zusatz von Natriumacetat, und versetzt mit einer Lösung von Bleiacetat. Die Fällung kann auch in schwach salpetersaurer Lösung mit Bleiacetat oder -nitrat ausgeführt werden.

Die **Grenzkonzentration** beträgt nach KARAOGLANOV (b) 1:4347600.

Störungen. Die Reaktion kann durch alle Anionen gestört werden, die mit $Pb^{\cdot\cdot}$ in essigsaurer oder schwach salpetersaurer Lösung Niederschläge erzeugen. Solche Anionen sind SO_4'', F' und JO_3''; sie geben weiße Niederschläge. SO_4'' läßt

[1] Calciummolybdat fällt erst beim Kochen vollständig aus.

[2] In 0,5 mol HNO_3-Lösung mit einer $Pb(NO_3)_2$-Konzentration von 0,01 ist $PbCrO_4$ praktisch unlöslich (WILLARD und KASSNER).

sich durch Fällung mit $Sr(NO_3)_2$ in schwach salpetersaurer Lösung als $SrSO_4$ entfernen. Jedoch ist in Gegenwart von SO_4'' der Nachweis als Silberchromat geeigneter, wie auch bei Anwesenheit von F', obwohl sich dieses durch Fällung mit $Ca(NO_3)_2$ in schwach ammoniakalischer Lösung entfernen läßt. VO_3' gibt einen in verdünnter Essigsäure unlöslichen, ebenfalls rotbraunen Niederschlag, jedoch nicht in schwach salpetersaurer Lösung, so daß sich CrO_4'' neben VO_3' durch Fällung mit $Pb(NO_3)_2$ in salpetersaurer Lösung (bis zu 0,5 mol an HNO_3) nachweisen läßt. Gleiches gilt für MoO_4''. Ein ebenfalls in Essigsäure unlösliches Bleisalz gibt WO_4''; man fällt deshalb die Wolframsäure vorher durch Ansäuern und Abdampfen mit HNO_3 aus.

Ausführung als Tüpfelreaktion. Die Bleichromatfällung läßt sich auch als Tüpfelreaktion ausführen, die jedoch für den Cr-Nachweis ohne Bedeutung ist [Feigl (b); Gutzeit].

4. Fällung als Bariumchromat. *Bariumchlorid* erzeugt in neutraler oder essigsaurer Lösung einen gelben Niederschlag von *Bariumchromat*, $BaCrO_4$: $CrO_4'' + Ba^{\cdot\cdot} = BaCrO_4$. Auch aus *Pyrochromatlösungen* fällt *normales Chromat* aus: $Cr_2O_7'' + 2Ba^{\cdot\cdot} + H_2O = 2\,BaCrO_4 + 2\,H^{\cdot}$. Um die Fällung vollständig zu machen, setzt man Natriumacetat zu, wodurch die bei der Reaktion freiwerdenden H-Ionen weitgehend gebunden werden. Bariumchromat ist leicht löslich in starken Säuren und praktisch unlöslich in verdünnter Essigsäure. Ammoniumsalze erhöhen die Löslichkeit (vgl. Schweitzer sowie C. R. Fresenius). In weinsauren und citronensauren Alkalilösungen ist Bariumchromat etwas löslich (Fleischer).

Die **Grenzkonzentration** beträgt nach Karaoglanov (b) 1:658000.

Störungen. Alle Anionen, die mit $Ba^{\cdot\cdot}$ in Essigsäure unlösliche bzw. schwer lösliche Niederschläge geben, können störend wirken. Vor allem kommt SO_4'' in Betracht, das vorher aus salpetersaurer Lösung als Bariumsulfat abzuscheiden ist. Auch PO_4''', AsO_4''', VO_3', MoO_4'' und WO_4'' liefern mit $Ba^{\cdot\cdot}$ schwerlösliche Niederschläge. Entfernung dieser Anionen siehe im Abschnitt 1, S. 167, unter „Störungen".

5. Fällung als Quecksilber(I)chromat. Beim Versetzen einer neutralen *Chromat-* oder *Pyrochromatlösung* mit einer Lösung von *Quecksilber(I)nitrat* entsteht in der Kälte zunächst ein flockiger, gelber Niederschlag von *Quecksilber(I)chromat*, Hg_2CrO_4, der in der Hitze schnell krystallin wird und hierbei eine orange bis feuerrote Farbe annimmt. Die verschiedene Färbung ist durch den Verteilungsgrad bedingt; je gröber krystallin die Fällung ist, um so roter ist die Farbe. Die Fällung des Quecksilber(I)chromates vollzieht sich, je nachdem ob eine neutrale oder schwach saure Chromatlösung vorliegt, nach folgenden Gleichungen:

$$CrO_4'' + Hg_2^{\cdot\cdot} = Hg_2CrO_4$$
$$Cr_2O_7'' + 2\,Hg_2^{\cdot\cdot} + H_2O = 2\,Hg_2CrO_4 + 2\,H^{\cdot}.$$

Um die Ausfällung nach der zweiten Gleichung möglichst vollkommen zu gestalten, setzt man Natriumacetat zu, wodurch die entstehenden H-Ionen weitgehendst gebunden werden. Quecksilber(I)chromat ist in verdünnter Essigsäure praktisch unlöslich, leicht löslich dagegen, wie alle in wäßrigen Lösungen gefällten Chromate, in starken Säuren, insbesondere in Salpetersäure (mit Salzsäure entsteht schwer lösliches Hg_2Cl_2).

Empfindlichkeit. Die Fällung als *Quecksilber(I)chromat* ist der Fällung als *Silberchromat* gleichwertig und bei Gegenwart von Ammoniumsalzen und schwach saurer Reaktion noch geeigneter (Lutz und Jacoby). Die **Grenzkonzentration** beträgt nach Karaoglanov (b) 1:2173900.

Störungen. Störend können größere Mengen Cl' wirken. Setzt man Quecksilber(I)-nitrat in schwach salpetersaurer Lösung zu, so fällt Hg_2Cl_2 aus. Im Filtrat kann durch

Zugabe von Natriumacetat das Quecksilber(I)chromat zur Abscheidung gebracht werden. Störend wirkt ferner Vanadat, das einen in Essigsäure unlöslichen, in Salpetersäure aber löslichen, rotbraunen Niederschlag gibt, außerdem stören Molybdat und Wolframat (weiße, in Essigsäure unlösliche Niederschläge), wenn sie in größerer Menge anwesend sind. Über die Entfernung des Vanadats, Molybdats und Wolframats siehe im Abschnitt 1, S. 167, unter „Störungen".

D. Weitere Fällungsreaktionen.

*1. **Fällung mit Schwermetallsalzen.*** Die meisten *Schwermetallsalze*, wie z.B. Kobalt- und Nickelsalze, geben mit *neutralen Chromaten* braungelbe bis rotbraune Niederschläge basischer, oft alkalihaltiger Chromate, die für die analytische Chemie keine Bedeutung besitzen (vgl. den Abschnitt „Schwer lösliche Chromate", S. 143). Auch Quecksilber(II)nitrat gibt mit neutralen Alkalichromaten eine gelbe bis gelbbraune Fällung von basischem Quecksilber(II)chromat, das sich zum Unterschied vom Quecksilber(I)chromat auch in verdünnter Essigsäure löst und für den Nachweis des CrO_4-Ions ungeeignet ist.

*2. **Fällung mit Kobaltiaken.*** Hexammin-kobalt(III)chlorid gibt in wäßriger Lösung mit Mono- und Pyrochromaten orangefarbene Niederschläge, die sich beim Erhitzen auflösen (BABKIN). Auch andere Kobaltiake, wie Chloropentammin-kobalt(III)chlorid, geben ähnliche Fällungen (siehe in dem Abschnitt „Nachweis auf mikrochemischem Wege", S. 172).

E. Unterscheidung zwischen Monochromat und Pyrochromat.

*1. **Nachweis von Pyrochromat neben Monochromat.*** Nach ROSSI versetzt man einige Zentigramme Ammoniummetavanadat mit einem kleinen Krystall Kaliumnatriumtartrat und übergießt mit 1 bis 2 cm^3 der Probelösung. Bei Anwesenheit von Cr_2O_7'' entsteht eine rote Färbung, die bei einem Pyrochromatgehalt von 0,014% eben noch erkennbar ist.

*2. **Nachweis von Monochromat neben Pyrochromat.*** Nach DONATH setzt man zu der siedenden Probelösung 1 Tropfen gesättigte Mangan(II)sulfatlösung hinzu. Bei Anwesenheit von Monochromat entsteht ein schwarzbrauner Niederschlag. Reines Pyrochromat gibt diese Reaktion nicht. Nach unveröffentlichten Versuchen des Autors läßt sich in einer gesättigten Pyrochromatlösung noch Monochromat in der Konzentration von $5 \cdot 10^{-3}$ mit Sicherheit an einer Trübung erkennen, die sich mit der Zeit absetzt. Es ist notwendig, daß man das Reaktionsgemisch etwa 5 Min. zum Sieden erhitzt.

F. Fällungsreaktionen mit organischen Reagenzien.

*1. **Fällung mit o-Oxychinolin (Oxin).*** Beim Versetzen einer ganz schwach salzsauren Chromatlösung mit einer Lösung von Oxinacetat und Ammoniumacetat entsteht bei 50 bis 60° C ein gelbbrauner, flockiger Niederschlag. Die Fällung ist jedoch nicht ganz quantitativ (HACKL).

*2. **Fällung mit Methylenblau.*** Methylenblau (als Zinkchloriddoppelsalz $C_{16}H_{18}N_3SCl \cdot ZnCl_2$) gibt in wäßriger, neutraler Lösung mit Pyrochromaten einen flockigen, rotbraunen Niederschlag, löslich in verdünnten Mineralsäuren und auf Zusatz von viel Wasser. Die Reaktion erfolgt nur bei relativ hohen Chromatkonzentrationen (nicht kleiner als 0,5%) und ist deshalb für den Cr-Nachweis ohne Bedeutung (PASSERINI und MICHELOTTI).

Weitere Fällungsreaktionen siehe § 4.

§ 4. Mikrochemische Nachweisreaktionen.

A. Fällungsreaktionen.

I. Mikrochemischer Nachweis von Chrom(III)-Ion.

1. Fällung als Caesiumchromalaun. Versetzt man die Lösung eines normalen *Hexaquochrom(III)salzes* mit Caesiumsulfat, so entsteht eine Krystallfällung von *Caesiumchromalaun* $CsCr(SO_4)_2 \cdot 12\,H_2O$. Zur Unterscheidung von der analogen Aluminiumverbindung bringt man die Kryställchen mit Ammoniak in Berührung, wobei sich der Chromalaun dunkel färbt (MARTINI).

2. Fällung als Chinolinchromoxalat. Man versetzt auf dem Objektträger die Probelösung mit je 1 Tropfen konzentrierter Oxalsäurelösung und Chinolin und verrührt mit einem Glasstäbchen bis zur Krystallisation, kenntlich an der Bildung weißlicher Streifen auf der Oberfläche des Objektträgers. Unter dem Polarisationsmikroskop: Farblose, prismatische Kryställchen mittlerer Doppelbrechung, Auslöschungswinkel 35 bis 45°, triklines Krystallsystem (MARTINI).

II. Mikrochemischer Nachweis von Chromat-Ion.

1. Fällung als Silberchromat. Auf dem Objektträger wird 1 Tropfen der Probelösung mit Salpetersäure schwach angesäuert und 1 Kryställchen Silbernitrat hineingebracht. Es entstehen gelbe bis orangerote Krystalle von *Silberchromat* (Abb. 1a) mit symmetrischer Auslöschung, die besonders in einiger Entfernung von den Silbernitratkörnchen gut ausgebildet sind (KORENMAN). Nur hier und da bilden sich wenige rechteckige, dunkelrote Kryställchen mit schiefer Auslöschung, bei denen es sich wahrscheinlich um *Silberpyrochromat* handelt (nach unveröffentlichten Versuchen des Autors; vgl. auch den makroskopischen Nachweis, S. 167). Ist Chromat nur in Spuren anwesend, so wird die Reaktion nicht in salpetersaurer, sondern in essigsaurer Lösung ausgeführt.

Abb. 1a. Silberchromat.

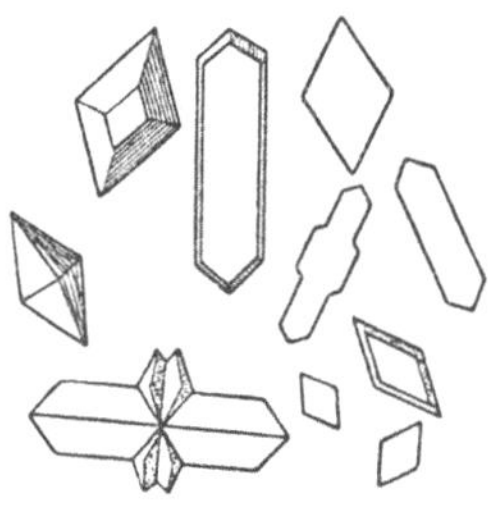

Abb. 1b. Silbersulfat.

Erfassungsgrenze: 25 γ Cr.

Grenzkonzentration: 1:80000.

Bei sehr geringen Chromatkonzentrationen ist die entstehende Fällung oft sehr feinkörnig. In diesem Falle ist es zweckmäßig, den Niederschlag durch vorsichtiges Erwärmen in Lösung zu bringen und durch Erkalten wieder auskrystallisieren zu lassen. Besser gestaltet sich die Fällung als Mischkrystall mit Silbersulfat (siehe Reaktion unter 3.). Bei Gegenwart von Cl′ wird nach Zusatz von Silbernitrat kurz zum Sieden erhitzt, filtriert und das Filtrat über Kalk eindunsten gelassen (EMICH, a).

2. Fällung als Silberpyrochromat. Setzt man zu der heißen, schwach salpetersauren Probelösung 1 Tropfen 1 n-$AgNO_3$-Lösung, so bilden sich prismatische, gelbrote bis dunkelrote Krystalle neben Spießen und Rauten (Abb. 2) mit schiefer Auslöschung, dem triklinen System angehörend. Das *Pyrochromat* scheidet sich nur dann ab, wenn die Acidität genügend groß und die Silbernitratkonzentration nicht zu hoch ist. Andernfalls entsteht Silbermonochromat (vgl. KORENMAN). Löst man dieses unter Zusatz von weiterer Salpetersäure durch Erhitzen auf, so krystallisiert beim Erkalten das Pyrochromat aus (BEHRENS-KLEY). Geeigneter ist der folgende Nachweis als Silberchromat-Silbersulfatmischkrystall.

3. Fällung als Silberchromat-Silbersulfat. Bei Anwesenheit von genügend *Sulfat-Ionen* werden durch *Silbernitrat* aus einer schwach sauren Chromatlösung Silberchromat und Silbersulfat in isomorpher Mischung (Abb. 1a u. 1b) direkt krystallin ausgefällt (KORENMAN). Das Verhältnis von Chrom zu Sulfat soll in den Grenzen von 1:50 bis 1:200 liegen. Die Nachweisempfindlichkeit ist gegenüber der Fällung als reines Silberchromat beträchtlich erhöht: Die **Erfassungsgrenze** beträgt 0,0035 γ Cr, die **Grenzkonzentration** 1:571000. Zur *Ausführung* der Reaktion bringt man zu einem Tropfen der ganz schwach sauren Probelösung ein Körnchen Natriumsulfat und nach dessen Auflösung ein Körnchen Silbernitrat.

Abb. 2. Silberpyrochromat. Vergr. 60 (nach GEILMANN).

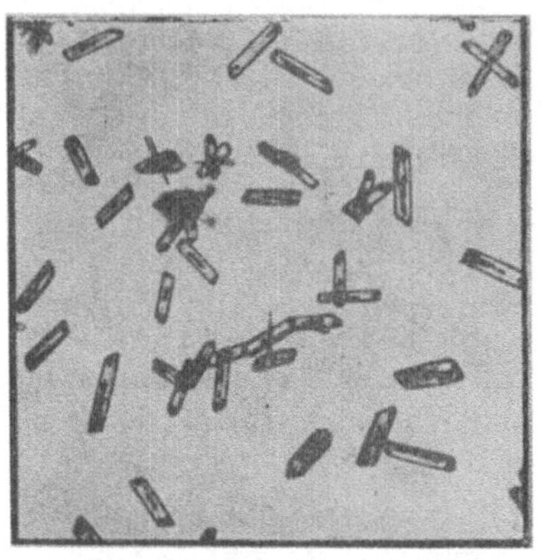

Abb. 3. Bleichromat. Vergr. 260 (nach GEILMANN).

4. Fällung als Bleichromat. Man setzt zu 1 Tropfen der erwärmten, schwach salpetersauren Probelösung 1 Tropfen 1 n-$Pb(NO_3)_2$-Lösung hinzu. Es scheiden sich sehr kleine, gelbe Kryställchen von *Bleichromat* (Abb. 3) ab. Charakteristischer ist der folgende Nachweis als *basisches Bleichromat.*

5. Nachweis als basisches Bleichromat. Der in neutraler Lösung mit Bleiacetat erzeugte pulvrige Niederschlag wird nach dem Eintrocknen auf dem Objektträger flüchtig mit Wasser gewaschen. Auf den gerade noch feuchten Rückstand legt man ein Körnchen festes KOH. Ein Teil des Chromats geht in Lösung. Die entstehende gesättigte Lösung verwandelt das noch ungelöste Chromat in sternförmige Krystalle von *basischem Chromat* (Abb. 4), die im auffallenden Licht feuerrot erscheinen (BEHRENS-KLEY).

Abb. 4. Basisches Bleichromat. Vergr. 110 (nach GEILMANN).

6. Nachweis mit Chloropentammin-kobalt(III)chlorid. Man bringt die Probelösung, zusammen mit einer gesättigten Lösung des Reagenses (etwa 0,006 mol), auf einen Objektträger und verdampft vorsichtig unter Beobachtung der sich ausscheidenden Krystalle. Die bei Anwesenheit von Chromat auskrystallisierende Verbindung, wahrscheinlich Chloropentammin-kobalt(III)chromat (Abb. 5), läßt sich gut von den oktaedrischen Krystallen des Reagenses unterscheiden. Aus einer

1%igen Kaliumchromatlösung tritt innerhalb von 12 Min. die Abscheidung der Krystalle ein.

Erfassungsgrenze: 20 γ CrO_4'' (YANOWSKI und HYNES).

7. Nachweis mit Dinitrotetramminkobalt(III)nitrat. Versetzt man 1 Tropfen einer neutralen chromhaltigen Probelösung mit einer gesättigten Lösung des Reagenses, so scheiden sich farnkrautähnliche Kryställchen ab (Abb. 6). Aus einer 1%igen Kaliumchromatlösung erfolgt die Krystallisation nach etwa 1 Min.

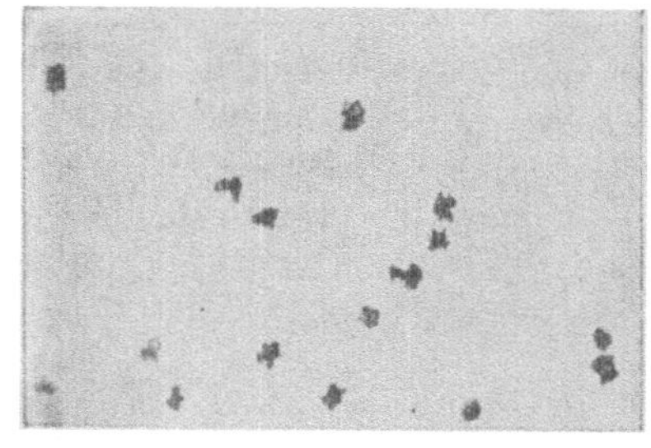

Abb. 5. Chloropentamminkobalt(III)-chromat. Vergr. 200fach.

Erfassungsgrenze: 2 γ CrO_4''.

Aus einer Pyrochromatlösung scheiden sich nach dem Versetzen mit dem Reagens pyramidenförmige Kryställchen ab (Abb. 7), wahrscheinlich Dinitro-tetramminkobalt(III)pyrochromat.

Erfassungsgrenze: 2 γ CrO_4'' (HYNES und YANOWSKI).

8. Nachweis mit Benzidin. 1 Tropfen der schwach sauren Probelösung (bei Gegenwart von viel Säure nach Zusatz von Natriumacetat) wird mit einem Körnchen

Abb. 6. Dinitro-tetramminkobalt(III)-chromat. Vergr. 20fach.

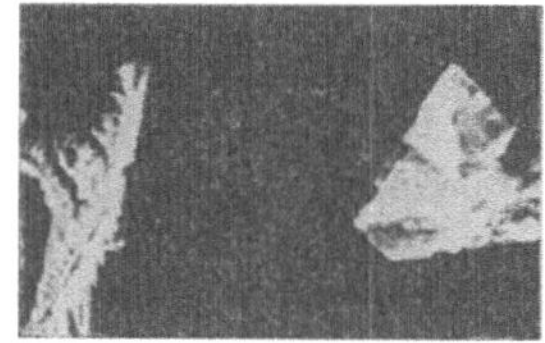

Abb. 7. Dinitro-tetramminkobalt(III)-pyrochromat. Vergr. 20fach.

Benzidinhydrochlorid versetzt. Bei Gegenwart von Chromat entstehen lange, feine Nadeln von *Benzidinblau,* meist büschelig und sternförmig gruppiert, von violetter, dunkelblauer oder grünblauer Farbe (EMICH, SCHOORL).

Erfassungsgrenze: 10 γ Cr.

Störungen können durch einige andere Oxydationsmittel wie Ferricyanid, Vanadat und Permanganat, welche ebenfalls Benzidinblau erzeugen, erfolgen. Nach SCHOORL schadet die Gegenwart von Natriumacetat nicht, wohl aber die Anwesenheit von Ammoniumacetat.

Über mikrochemische Farbreaktionen mit organischen Reagenzien siehe den Abschnitt „Tüpfel- und Farbreaktionen mit organischen Reagenzien“, § 6, S. 178.

B. Coloriskopisches Nachweisverfahren.

Nach THOMSON lassen sich die Farbreaktionen des *Chromat-Ions* mit Hilfe des coloriskopischen Verfahrens von EMICH (b) wesentlich empfindlicher gestalten.

Ausführung. In eine 5 cm lange Capillare (innerer Durchmesser 0,02 bis 0,06 mm) läßt man das Reagens etwa 5 mm hoch steigen und anschließend die Probelösung etwa 15 mm. Man sorgt dafür, daß beiderseitig mindestens 5 mm der Capillare ungefüllt sind und schmelzt sie an dem Ende zu, das der spezifisch leichteren Lösung benachbart ist. Zur Durchmischung wird zentrifugiert, das zugeschmolzene Ende nach außen gerichtet; hierbei wird die eingeschlossene Luft durch die Flüssigkeit perlend verdrängt. Hat sich eine optisch homogene Flüssigkeitssäule gebildet, so wird die Capillare unterhalb des Meniskus abgeschnitten und axial von oben durch ein Mikroskop betrachtet. Die Capillare wird in der von EMICH beschriebenen Weise auf einem Objektträger aufrechtstehend befestigt, wobei das untere zugeschmolzene Ende in einen Wassertropfen taucht zur Herstellung eines guten optischen Kontaktes.

Als Reagenzien wurden verwendet (vgl. § 6, S. 178 u. 180):

1. Diphenylcarbohydrazid: Eine 1%ige alkoholische Lösung 1% Eisessig enthaltend. Bei Anwesenheit von CrO_4'': violette Färbung. **Erfassungsgrenze**: 0,0002 γ Cr bei einer Verdünnung von 1:500000.

2. Benzidin: 0,5 g in 10 cm^3 Eisessig gelöst und mit Wasser auf 100 cm^3 aufgefüllt. Bei Anwesenheit von CrO_4'' Blaufärbung. **Erfassungsgrenze**: 0,003 γ Cr bei einer Verdünnung von 1:500000.

C. Mikrochemischer Nachweis von Chromat-Ion durch katalytische Reaktionen.

Bei den nachstehend aufgeführten, von LANG gefundenen Reaktionen sind zwei Typen zu unterscheiden.

1. Die Chromat-Ionen wirken selbst als Katalysator bei einer Redoxreaktion.

2. Die Chromat-Ionen beteiligen sich selbst an der kennzeichnenden Redoxreaktion, wobei sie irreversibel zu Cr(III) reduziert werden; die Reaktion verläuft aber erst bei Gegenwart spezifischer Katalysatoren mit sichtbarer Geschwindigkeit.

1. Nachweis des CrO_4-Ions durch Katalyse der Reduktion von Ferriin durch tellurige Säure. Das Tri-o-phenanthrolin-eisen(III)-Ion, *Ferriin-Ion* genannt, besitzt gegenüber dem normalen Eisen(III)-Ion ein bedeutend höheres Oxydationspotential und vermag in saurer Lösung tellurige Säure zu Tellursäure zu oxydieren, wobei es selbst zum Tri-o-phenanthrolin-eisen(II)-Ion (Ferroin-Ion) reduziert wird: $2\,[Fe(Phtrl)_3]^{\cdot\cdot\cdot} + H_2TeO_3 + 3\,H_2O = 2\,[Fe(Phtrl)_3]^{\cdot\cdot} + Te(OH)_6 + 2\,H^{\cdot}$. Da das Ferriin-Ion blaue, das Ferroin-Ion rote Farbe besitzt, gibt sich der Verlauf der Reaktion durch einen Farbumschlag von Blau nach Rot zu erkennen. Die Reaktion, die an sich nur äußerst langsam verläuft, wird schon durch spurenweise Anwesenheit von CrO_4-Ionen so beschleunigt, daß sie mit sichtbarer Geschwindigkeit vor sich geht. Durch die tellurige Säure wird das 6wertige Chrom reduziert, wobei nach LANG als Zwischenstufe 4wertiges Chrom auftritt, das in schwach saurer Lösung unter Übergang in die 6wertige Stufe das Ferriin zu Ferroin reduziert nach folgendem Schema: Cr(VI) + Te(IV) = Cr(IV) + Te(VI)

Cr(IV) + Ferriin = Cr(VI) + Ferroin.

Der durch den Farbumschlag von Blau nach Rot oder Violett gekennzeichnete CrO_4-Nachweis ist sehr spezifisch und übertrifft bezüglich der Empfindlichkeit alle bisher bekannten Nachweisverfahren für Chrom (siehe weiter unten) (LANG).

Ausführung. Reagenzien: 0,1 n-Kaliumtelluritlösung, 2 n-H_2SO_4, 0,01 n-Ferriinlösung [Tri-o-phenanthrolin-eisen(III)sulfat]. Die Ferriinlösung wird vor jedem Versuch frisch hergestellt, indem man 1 bis 2 cm^3 0,01 n-Ferroin [Tri-o-phenanthrolin-eisen(II)sulfat] mit verdünnter Natronlauge neutralisiert, 1 bis 2 cm^3 2 n-H_2SO_4 zusetzt und mit Mn-freiem Bleidioxyd behandelt. Nach dem Farbumschlag von Rot nach rein Blau wird filtriert und die so erhaltene Ferriinlösung sofort verwendet.

Die Probelösung wird mit 1 cm^3 2 n-H_2SO_4 oder 1 cm^3 1 n-HNO_3 sowie mit 2 bis 3 Tropfen Ferriinlösung versetzt, wobei die rein blaue Farbe bestehen bleiben muß. Andererseits fügt man zu 1 cm^3 0,1 n-Kaliumtelluritlösung so lange 2 n-H_2SO_4 hinzu, bis sich die ausfallende tellurige Säure wieder gelöst hat. Gibt man zu dieser schwefelsauren Lösung die erstere, die Probesubstanz enthaltende Lösung hinzu, so tritt bei Anwesenheit von CrO_4'' ein Farbumschlag nach Rot ein. Bei Anwesenheit von weniger als 0,005 γ Cr vergleicht man mit einer Blindprobe.

Empfindlichkeit. Es lassen sich noch 0,005 γ Cr in 10 cm³ mit Sicherheit nachweisen. Die Empfindlichkeit steigt mit abnehmender H-Ionenkonzentration. Bei Verwendung von 0,1 n-H_2SO_4 zur Bereitung der beiden Reaktionslösungen lassen sich noch 0,00005 γ Cr in 10 cm³ Lösung erfassen.

Störung der Reaktion. Es stören Ce, V und Mn. Sind diese Elemente zugegen, so müssen sie vorher entfernt werden: Abscheidung des Mn als $MnO_2 \cdot 2\,H_2O$ mittels $NaOH + H_2O_2$, wobei gleichzeitig das Ce als Cerperoxydhydrat ausfällt; Abscheidung des V als Sulfid durch Versetzen der alkalischen Lösung, welche das Cr als CrO_4' enthalten muß, mit Ammoniumsulfid und darauffolgendes Ansäuern mit verdünnter H_2SO_4, Verkochen des H_2S und erneute Oxydation des jetzt als $Cr^{\cdots}$ vorliegenden Chroms zu Chromat mit $K_2S_2O_8$ in Gegenwart von $AgNO_3$ (s. S. 164 A. a.).

Reduzierende Stoffe (u. a. auch J' und Br') sowie schwach dissoziierte Säuren (H_3PO_4, HF, Essigsäure u. a.) dürfen nicht anwesend sein. Cl', ClO_3', BrO_3', JO_3' und geringe Mengen JO_4' beeinträchtigen die Reaktion nicht.

2. Nachweis durch die oxydierende Wirkung des CrO_4-Ions. **a) Oxydation von Diphenylamin [Mangan(II)-Ion als Katalysator].** *Diphenylamin* wird in salzsaurer Lösung nur sehr langsam unter Blaufärbung oxydiert. Diese Reaktion wird durch Mn(II)-salze stark beschleunigt. Nach LANG ist anzunehmen, daß die CrO_4-Ionen durch das Diphenylamin zunächst zu Cr(IV) reduziert werden, wobei sich noch kein Diphenylaminblau bildet. Das Cr(IV) oxydiert dann die anwesenden Mn(II)-Ionen zu Mn(III); durch letzteres wird das Diphenylamin sehr schnell zu *Diphenylaminblau* oxydiert.

$$\mathrm{Cr(VI)} + \text{Diphenylamin} = \mathrm{Cr(IV)} + (\text{Diphenylamin})\ \mathrm{Ox.}$$
$$\mathrm{Cr(IV)} + \mathrm{Mn(II)} = \mathrm{Cr(III)} + \mathrm{Mn(III)}$$
$$\mathrm{Mn(III)} + \text{Diphenylamin} = \mathrm{Mn(II)} + \text{Diphenylaminblau.}$$

Ausführung. Die Probelösung wird mit 2 cm³ sirupöser H_3PO_4 (zur Maskierung von etwa anwesendem $Fe^{\cdots}$), 2 cm³ konz. HCl und etwas $MnSO_4$-Lösung und nach dem Verdünnen auf 10 cm³ mit 1 Tropfen 0,1%iger Diphenylaminlösung (in konz. H_2SO_4) versetzt.

Erfassungsgrenze: 1 γ Cr.

Vanadin darf nicht anwesend sein.

b) Oxydation von Brom-Ionen (tellurige Säure als Katalysator). Br-Ionen werden in verdünnter schwefelsaurer Lösung nur sehr langsam durch Chromat zu elementarem *Brom* oxydiert. Die Reaktion verläuft jedoch auf Zusatz von *telluriger Säure* praktisch sofort. Ihre Wirkung beruht nach LANG darauf, daß sie die CrO_4-Ionen zunächst zu Cr(V) und Cr(IV) reduziert. Diese instabilen Wertigkeitsstufen wirken stark oxydierend und setzen sofort Br_2 in Freiheit. Um letzteres zu erkennen, setzt man etwas Indigocarmin zu, das durch freies Brom zerstört wird.

Ausführung. Zu 10 cm³ der neutralen Probelösung (Höchstgehalt 0,2 mg Cr) fügt man 1 cm³ 10 n-H_2SO_4, 1 cm³ 0,1 n-KBr— und einige Tropfen stark verdünnte Indigocarminlösung, so daß die Lösung nur schwach bläulich erscheint. Versetzt man anschließend mit 1 cm³ 0,1 n-Kaliumtelluritlösung, so wird bei Anwesenheit von CrO_4'' die Lösung sofort oder nach kurzer Zeit gelb bis farblos.

Erfassungsgrenze: 2 γ Cr.

Fe(III)- und Mn(II)salze sowie Chlorid stören nicht, desgleichen stört Vanadinsäure bis zu 5 mg V in 10 cm³ nicht.

D. Mikrochemischer Chromnachweis in Metalloberflächen. Elektrographische Methode.

Bei der elektrographischen Methode wird das metallische Chrom durch *anodische Oxydation* als *Chromsäure* in Lösung gebracht (siehe unter „Aufschluß von Chromlegierungen", Abschnitt e, S. 148). Die von ARNOLD angegebene Arbeitsweise eignet sich zur Untersuchung von homogenen metallischen Überzügen. Das von CALAMARI ausgearbeitete Verfahren kann sowohl zur Untersuchung von chromplattierten Oberflächen als auch von nichtrostenden Stählen und anderen Legierungen mit hohem Chromgehalt angewendet werden.

1. ***Arbeitsweise von*** ARNOLD. Auf ein mit der Kathode einer Batterie (4 Volt) verbundenes Platinblech wird ein mit dem Reagens getränktes Stück Filtrierpapier in noch feuchtem Zustande gelegt und darauf der mit der Anode verbundene metallene Gegenstand gebracht. Ist in der Metalloberfläche Chrom vorhanden, so tritt an der Berührungsstelle die für CrO_4'' charakteristische Reaktion in Erscheinung. Als Reagens eignet sich eine mit verdünnter Schwefelsäure angesäuerte Lösung von Diphenylcarbohydrazid in Alkohol (vgl. „Nachweis mit Diphenylcarbohydrazid" § 6, S. 178). Die Anwesenheit von Chrom gibt sich durch eine Violettfärbung zu erkennen (ARNOLD, GLAZUNOV; vgl. auch GLAZUNOV und KRIVOHLAVY sowie JIRKOWSKY). Die Reaktion mit Diphenylcarbohydrazid ist nur bei Abwesenheit von V und Mo brauchbar; s. § 6, A. 1, S. 179.

2. ***Arbeitsweise von*** CALAMARI. Der Nachweis des Chroms erfolgt durch die Chromperoxydreaktion (keine Störung durch V oder Mo). Je nachdem, ob das Untersuchungsobjekt chromplattiert ist oder aus einer Chromlegierung besteht, werden Reagenslösungen mit verschiedenem Elektrolytzusatz verwendet.

a) Zum Nachweis in chromplattierten Oberflächen. 30 g NaCl in 3%igen H_2O_2 gelöst (Gesamtvolumen = 100 cm³) unter Zusatz von 0,8 cm³ 1 n-HCl.

b) Zum Nachweis in nichtrostenden Stählen und anderen Chromlegierungen. 30 g $NaNO_3$ in 3%igem H_2O_2 gelöst (Gesamtvolumen = 100 cm³) unter Zusatz von 0,8 cm³ 1 n-HNO_3.

Ausführung. Ein Blatt Filtrierpapier (7,5 × 10 cm) wird so zusammengefaltet, daß ein etwa 1 cm breiter, aus mehreren Lagen bestehender Streifen entsteht. Das eine Ende wird in die Reagenslösung getaucht und auf die blanke Metalloberfläche gelegt, die mit der Anode einer Batterie in Verbindung gebracht wurde. Ein als Kathode dienender Graphitstab (7,5 cm lang, Durchmesser 0,6 cm) wird etwa 1 Sek. auf die andere Seite des Papierstreifens gedrückt. Bei Anwesenheit von Chrom entsteht auf der mit dem Metall in Berührung gebrachten Seite des Papiers ein blauer Fleck, der allmählich wieder verschwindet. Die Spannung der Stromquelle soll bei chromplattierten Oberflächen 5—6 Volt, bei Chromlegierungen 7,5—9 Volt betragen.

§ 5. Nachweis des Chroms durch Farbreaktionen mit anorganischen Reagenzien.

Unter Farbreaktionen versteht man im allgemeinen solche, bei denen eine echte gefärbte Lösung entsteht. Jedoch können auch Fällungsreaktionen, bei denen gefärbte Niederschläge ausfallen, den Charakter von Farbreaktionen annehmen, wenn sich kolloidale, in der Durchsicht klare Lösungen bilden, wie dies z. B. für die Fällung von Silberchromat in essigsaurer Lösung bei sehr kleinen Chromatkonzentrationen ($< 10^{-4}$) zutrifft. Tatsächlich werden solche kolloidale Lösungen in der Colorimetrie wie echte Lösungen behandelt. Im folgenden sollen nur solche Farbreaktionen besprochen werden, die zu echten Lösungen führen.

1. Erkennung des Chroms durch Überführung in Chromat. 3wertiges Chrom läßt sich durch oxydierende Agenzien in wäßriger Lösung oder in der Schmelze in

Chromat überführen, das an seiner Eigenfarbe erkannt werden kann (vgl. den Abschnitt „Überführung des 3wertigen Chroms in Chromat", S. 163). Die Empfindlichkeit dieses Nachweises ist sehr groß. Natürlich wird sie weitgehendst von der Schichtdicke der im durchfallenden Licht zu beobachtenden Lösung bedingt. Nach KARAOGLANOV (a) beträgt die Grenzkonzentration 1:1497000 (1 cm^3 n-KOH + 1 cm^3 30%iges H_2O_2 + 1 cm^3 Probelösung, im normalen Reagensglas betrachtet).

2. Reaktion der Chromsäure mit Wasserstoffperoxyd. *Wasserstoffperoxyd* reagiert in schwefel- oder salpetersaurer Lösung mit Chromaten unter Bildung des tiefblau gefärbten *Chromperoxyds*, CrO_5, mit 6wertigem Chrom.

$$Cr_2O_7H' + H^{\cdot} + 4\,H_2O_2 = 2\,CrO_5 + 5\,H_2O.$$

Das Peroxyd löst sich in Äther, so daß es sich aus wäßriger Lösung mittels Äthers ausschütteln läßt, wodurch die Nachweisempfindlichkeit noch erhöht wird. Vor allem kann hierdurch die Bildung des Chromperoxyds auch dann nachgewiesen werden, wenn die wäßrige Lösung noch andere gefärbte, in Äther unlösliche Stoffe enthält, wie sie z. B. bei Anwesenheit von Titan oder Vanadin bei Zusatz von Wasserstoffperoxyd entstehen. Die hierbei sich bildenden stark gefärbten peroxydischen Verbindungen des Titans und Vanadins lösen sich nicht in Äther, so daß man mit Hilfe der H_2O_2-Reaktion Chromat neben Titan und Vanadin ohne Schwierigkeiten nachweisen kann.

Ausführung. Etwa 2 cm^3 3%iges Wasserstoffperoxyd werden mit einigen Tropfen 2 n-H_2SO_4 angesäuert und mit etwa 2 cm^3 Äther durchgeschüttelt. Darauf gibt man einige Tropfen der ebenfalls mit verdünnter Schwefelsäure angesäuerten Probelösung, welche das Chrom in der 6wertigen Stufe enthalten muß, hinzu und schüttelt sofort wieder um. Noch bei Gegenwart von 0,1 mg Chromsäure färbt sich die ätherische Schicht intensiv blau. Die Färbung bleibt nicht lange bestehen, sondern verschwindet allmählich, und zwar in der ätherischen Lösung langsamer als in der wäßrigen infolge einer spontanen Zersetzung unter O_2-Entwicklung und Bildung von Chrom(III)-salz. Bei Ausführung der Reaktion in Anwesenheit von sehr geringen Chrommengen ist es zweckmäßig, die erhaltene ätherische Schicht mit einer über Wasser befindlichen Schicht von reinem Äther zu vergleichen. Statt Äther kann auch Essigester verwandt werden. Nach BISHOP und DWYER ist Amylacetat am geeignetsten.

KARLSLAKE zieht es vor, zu der alkalischen oder neutralen Probelösung zuerst Wasserstoffperoxyd zuzusetzen und darauf erst mit verdünnter Schwefel- oder Salpetersäure anzusäuern und nur bei Anwesenheit sehr geringer Chrommengen nachträglich mit Äther zu schütteln.

Statt freies H_2O_2 kann man auch ein H_2O_2 abspaltendes Salz einer Peroxysäure z. B. *Natriumperborat* verwenden (M. LEMARCHANDS und M. LEMARCHANDS). Man versetzt die schwach alkalische Chromatlösung mit festem Perborat, überschichtet mit Äther und säuert mit verdünnter Schwefelsäure an.

Die Wasserstoffperoxydreaktion steht bezüglich der *Empfindlichkeit* weit hinter der Fällung als Silber- oder Bleichromat zurück. Die **Grenzkonzentration** bezogen auf CrO_4'' beträgt nach KARAOGLANOV (b) 1:263900, die **Erfassungsgrenze** nach TREADWELL 0,1 mg Chromsäure (vgl. dagegen LUTZ und JACOBY), nach BISHOP und DWYER bei Anwendung von Amylacetat als Extraktionsmittel: $2 \cdot 10^{-6}$ g. Bei Verwendung von 25 cm^3 Probelösung ist nach STOVER die Grenzkonzentration 1:1250000.

Nachweis des Chroms neben den übrigen Elementen sämtlicher Gruppen. Die H_2O_2-Ätherreaktion läßt sich zum direkten Nachweis des Chroms neben allen übrigen Elementen verwenden. Nach JEWSSEJEW kann man folgendermaßen verfahren: Die Probelösung wird mit NaOH alkalisch gemacht und mit H_2O_2 versetzt. Ohne den entstehenden Hydroxydniederschlag absitzen zu lassen, wird mit einem Gemisch von Äther und HNO_3 (1 Vol. Äther und $^1/_3$ Vol. HNO_3, D = 1,4; unter Kühlung vermischt) überschichtet und geschüttelt. Bei Gegenwart von Cr tritt Blaufärbung der Ätherschicht ein. Ist Jodid anwesend, so muß vorher durch Kochen mit Salpetersäure das Jod vertrieben werden.

3. Nachweis mit Mangan(II)chlorid in rauchender Salzsäure. Erhitzt man eine Lösung von Mangan(II)chlorid in rauchender Salzsäure (1 mg Mn in 1 cm^3 enthaltend) zum Sieden und fügt einige Tropfen Chromatlösung hinzu, so entsteht eine grünschwarze Färbung. Es ist anzunehmen, daß sich durch die oxydierende Wirkung des Chromats $MnCl_4$ bildet, das in der rauchenden Salzsäure als Chlorosäure H_2MnCl_6 gelöst bleibt. Auch andere Oxydationsmittel wie Nitrate, Chlorate und Hypochlorite geben die gleiche Reaktion (DE KONINCK).

§ 6. Nachweis durch Tüpfel- und Farbreaktionen mit organischen Reagenzien.

A. Wichtige Farb- und Tüpfelreaktionen.

Vorbemerkung. Die bisher in der Literatur angegebenen brauchbaren Farb- und Tüpfelreaktionen setzen meist voraus, daß sich das Chrom in Form von *Chromat* in Lösung befindet. Ist dies nicht der Fall, so geschieht die Überführung in Chromat am besten nach einem der weiter unten angeführten Verfahren (vgl. den Abschnitt „Überführung des 3wertigen Chroms in Chromat“, S. 163). Das *Chromat-* bzw. *Pyrochromat-Ion* gibt in saurer Lösung mit verschiedenen aromatischen Abkömmlingen des *Ammoniaks* und *Hydrazins*, von denen sich Benzidin $H_2N \cdot C_6H_4 \cdot C_6H_4 \cdot NH_2$, *o-Tolidin* $CH_3 \cdot C_6H_4 \cdot NH_2$ und *Diphenylcarbohydrazid* (Diphenylcarbazid) $CO(NH \cdot NH \cdot C_6H_5)_2$ für Tüpfelreaktionen ganz besonders bewährt haben, intensive Farbreaktionen [FEIGL (b)]. Über die weniger empfindlichen Reaktionen mit Dinaphtyl- und Di-(nitrophenyl-carbohydraziden siehe bei KRUMHOLZ u. HÖNEL.

Auch die Bildung von rotem *Silberchromat* und gelbem *Bleichromat* läßt sich für eine Tüpfelreaktion verwerten (s. S. 168 u. 169).

An dieser Stelle sei auch auf die Möglichkeit einer halbquantitativen Tüpfelanalyse durch Begrenzung der Reaktionsfläche hingewiesen (YAGODA).

Über Tüpfelreaktionen auf *Chrom(III)salze* siehe die Reaktionen 4 u. 5, S. 185.

Überführung des 3wertigen Chroms in Chromat. Die Überführung von 3wertigem Chrom in Chromat wird zur Ausführung von Farb- und Tüpfelreaktionen am besten nach einem der folgenden drei Verfahren vorgenommen.

1. *Oxydation* in *alkalischer Lösung* durch *Bromwasser* oder *Natriumperoxydlösung.* Bei Verwendung von Bromwasser muß der Überschuß am besten mittels Phenols unschädlich gemacht werden (vgl. S. 165, Abschnitt b, α).
2. *Oxydation* in *saurer Lösung* mittels *Ammoniumpersulfats* bei Gegenwart von *Silbernitrat* als *Katalysator.*
3. *Oxydierendes Schmelzen* der trockenen Probesubstanz oder des Eindampfrückstandes eines Tropfens der Lösung mit *Natriumcarbonat-Natriumperoxyd* (1:1).

Das letztere Verfahren (3) ergibt in der Regel die größte Nachweisempfindlichkeit.

1. Nachweis mit Diphenylcarbohydrazid. Diphenylcarbohydrazid gibt in schwach saurer Lösung mit *Chromaten* eine blauviolette Färbung [CAZENEUVE; MOULIN; FEIGL (b)].

a) Ausführung als Makroreaktion. **Reagens.** 0,2 g Diphenylcarbohydrazid in 10 cm^3 Eisessig gelöst und mit 95%igem Alkohol auf 100 cm^3 verdünnt. Die zunächst farblose Reagenslösung färbt sich allmählich rotbraun.

Die Chromatlösung wird mit 2 n-H_2SO_4 schwach angesäuert und mit dem Reagens versetzt (2 cm^3 auf 25 cm^3 Probelösung).

Grenzkonzentration bei Anwendung von 25 cm^3 Probelösung: 1:100000000; in essigsaurer Lösung ist die Grenzkonzentration größer: 1:71000000 (STOVER). Im Trennungsgang der Schwefelammoniumgruppe gelingt noch der Cr-Nachweis bei einer Verdünnung von 1:1666000 der Ausgangslösung (25 cm^3) bei Ausführung der Reaktion in essigsaurer Lösung.

Störungen. Auch Molybdate, Vanadate sowie Quecksilber(I)- und (II)salze geben mit Diphenylcarbohydrazid violette bis blaue Färbungen, die störend wirken. Ähnlich verhalten sich $Zr^{····}$ und $Fe^{···}$ (SMITH u. WEST).

b) Ausführung als Tüpfelreaktion bei Anwesenheit von 3wertigem Chrom. **Reagens.** 1%ige Lösung von Diphenylcarbohydrazid in alkoholischer Essigsäure (1 Teil Eisessig auf 9 Teile Alkohol).

α) **Oxydation durch alkalisches Bromwasser auf der Tüpfelplatte** (HELLER und KRUMHOLZ). 1 Tropfen der mineralsauren Lösung wird mit 1 Tropfen gesättigten Bromwassers und darauf mit 2 bis 3 Tropfen 2n-KOH auf einer Tüpfelplatte versetzt (die Lösung muß rotes Lackmuspapier bläuen). Nach Durchmischung setzt man ein Kryställchen Phenol zu, darauf 1 Tropfen Reagens und zuletzt tropfenweise 2n-H_2SO_4 bis zum Verschwinden der Rotfärbung (Farbe des Reagenses in alkalischer Lösung).

Erfassungsgrenze: 0,25 γ Cr.

Grenzkonzentration: 1:200000.

Störungen. Außer den eingangs aufgeführten Stoffen (Molybdate, Vanadate, Quecksilbersalze) wirken störend: Co- und Mn-Salze durch Bildung dunkler Niederschläge [$Co(OH)_3$ und $MnO_2 \cdot H_2O$], Ni- und Cu-Salze durch die Farbe der ausfallenden Hydroxyde. Bei Anwesenheit von Mn, Co, Ni und Cu muß vor Beurteilung des Reaktionsbildes das Absitzen der Niederschläge abgewartet werden. Dann läßt sich mit Sicherheit noch 1 γ Cr (Verdünnung 1:50000) neben der 320fachen Menge der zuletzt genannten Metalle nachweisen.

Über den Chromnachweis neben Molybdat und Quecksilber siehe am Schluß des Abschnittes (S. 179 u. 180 unter δ u. ε).

β) **Oxydation in saurer Lösung durch Persulfat.** 1 Tropfen der Lösung wird auf der Tüpfelplatte mit 1 Tropfen gesättigter Kaliumpersulfatlösung und 1 Tropfen 2%iger $AgNO_3$-Lösung versetzt. Nach 2 bis 3 Min. setzt man 1 Tropfen des Reagenses zu. Bei Anwesenheit von Chrom tritt eine Violett- bis Rosafärbung auf, die bei längerem Stehen mißfarben wird.

Erfassungsgrenze: 0,08 γ Cr.

Grenzkonzentration: 1:625000.

Störungen. Außer den einleitend genannten Stoffen ($Hg^{··}$, Molybdate und Vanadate) stören größere Mengen von Halogen-Ionen durch Ausschaltung der katalytischen Wirkung der Ag-Ionen infolge ihrer Ausfällung als Silberhalogenid. Ferner stören Mn-Salze, da diese durch Persulfat in Gegenwart von $Ag^{·}$ zu Permanganat oxydiert werden. Durch Zusatz von wenig Natriumazid läßt sich letzteres zu $Mn^{··}$ reduzieren, während das Chromat nur zu einem sehr geringen Teil Reduktion erfährt, wodurch der Nachweis von Cr neben Mn möglich wird [FEIGL (a)].

γ) **Oxydation in der Schmelze.** 1 Tropfen der Probelösung wird in der Öse eines Platindrahtes vorsichtig zur Trockne gedampft, worauf die zum Glühen erhitzte Öse in ein Gemisch von Na_2CO_3 und Na_2O_2 (1:1) getaucht wird. Das anhaftende Gemisch erschmelzt man zu einer Perle, die nach dem Erkalten auf der Tüpfelplatte in 1 bis 2 Tropfen verdünnter H_2SO_4 (1:1) gelöst wird. Danach versetzt man sofort mit 1 bis 2 Tropfen Reagens.

Erfassungsgrenze: 0,02 γ Cr.

Grenzkonzentration: 1:2500000.

Störungen. Hier gilt das unter α) Gesagte.

c) Nachweis neben Molybdän. Zur Ausschaltung des als Molybdat vorliegenden Mo wird es in einen Oxalatokomplex übergeführt von der Formel $[MoO_3(C_2O_4)]''$. 1 Tropfen der Chromatlösung, welche höchstens 0,02 g MoO_3 enthalten darf, wird auf der Tüpfelplatte mit 1 Tropfen gesättigter wäßriger Oxalsäure, darauf mit 1 Tropfen Reagenslösung verrührt und mit einigen Tropfen 2 n-H_2SO_4 oder HCl angesäuert [FEIGL (b)].

Erfassungsgrenze: 0,5 γ CrO_3.

Grenzkonzentration: 1:100000 neben der 2000fachen Menge MoO_3.

d) Nachweis neben Quecksilber(II)salz. Durch Überführung des Hg(II)-Ions in einen Halogenokomplex, HgX_4'', läßt sich seine störende Wirkung beseitigen. Dies geschieht am einfachsten durch Zusatz von überschüssiger Salzsäure (Bildung von $HgCl_4''$). Es gelingt der sichere Nachweis von 0,25 γCr neben 2,5 mg Hg [FEIGL (b)].

e) Nachweis von Chrom in Stählen durch Tüpfelreaktion mit Diphenylcarbohydrazid. Man bringt einige Tropfen Schwefelsäure (1:5) oder eines Gemisches gleicher Teile Salzsäure (1:1) und Salpetersäure (1:1) auf die gereinigte Oberfläche des Stahles und führt die Flüssigkeit nach beendeter Reaktion auf eine Tüpfelplatte über. Man versetzt mit 2 Tropfen einer gesättigten Na_2O_2-Lösung, rührt gut um und bedeckt die Flüssigkeit mit einem runden Filtrierpapierstückchen passender Größe und legt darauf ein zweites etwas kleineres. Ist letzteres durchfeuchtet, so wird es mit der Pinzette abgehoben, in die Vertiefung einer Tüpfelplatte gelegt und mit 1 Tropfen alkoholischer Diphenylcarbohydrazidlösung (3%ig; bei geringen Cr-Gehalten mit Alkohol zu verdünnen) versetzt. Beim Ansäuern mit 1 Tropfen Schwefelsäure (1:5) verschwindet die zuerst entstandene gelbrote Farbe und geht bei Anwesenheit von Chrom in die charakteristische violette Farbe über. Bei Gegenwart von Molybdän gibt man vor dem Zusatz des Reagenses 1 Tropfen gesättigter Oxalsäurelösung zu. 0,46% Cr lassen sich ohne vorhergehende Anreicherung erkennen. Größere Vanadinmengen stören. 0,3% Cr lassen sich noch neben 3% V nachweisen (THANHEISSER und WATERKAMP). Über den Chromnachweis in metallischen Oberflächen neben Vanadin siehe im Abschnitt „Elektrographische Methode“, § 4 D, S. 176.

2. Nachweis mit Benzidin. *Benzidin* wird in essigsaurer Lösung durch *Chromate* zu *Benzidinblau* oxydiert. Als Reagens wird entweder essigsaure Benzidinlösung oder eine alkoholische, Wasserstoffperoxyd enthaltende Benzidinlösung verwandt. Zu beachten ist, daß auch *andere oxydierende Stoffe* wie $Fe(CN)_6'''$, MnO_4', VO_3' und Chlor die blaue Farbreaktion geben.

a) Benzidinacetatlösung als Reagens. **Reagens.** 50%ige Essigsäure mit Benzidin gesättigt. Liegt das Chrom nicht bereits als Chromat vor, so wird es mit Natriumperoxydlösung in Chromat übergeführt (TANANAEFF).

Ausführung. 1 Tropfen einer frisch hergestellten Na_2O_2-Lösung bringt man auf Filtrierpapier und setzt 1 Tropfen der Probelösung hinzu. Die äußere Zone des Tüpfelfleckes, in welche das gebildete Chromat wandert, wird mit dem Reagens angetüpfelt. Bei Anwesenheit von Chrom bildet sich ein blauer Ring.

Erfassungsgrenze: 0,35 γ Cr.

Grenzkonzentration: 1:200000.

Störungen. Vanadat, durch welches Benzidin ebenfalls oxydiert wird, muß abwesend sein. Außer den eingangs aufgeführten oxydierenden Stoffen geben auch Mn, Co, Ag, Cu, Pb und in geringem Maße Fe, Ni, Bi die blaue Färbung, wenn das Reagens mit den bei der Oxydation durch Na_2O_2 gebildeten Niederschlägen in Berührung kommt (TANANAEFF). Beim Tüpfeln auf Filtrierpapier werden diese Niederschläge in der Regel durch die Filterfasern zurückgehalten, so daß eine Trennung von dem nach außen wandernden und gelöst bleibenden Chromat erfolgt, welch letzteres in der Randzone eindeutig nachzuweisen ist. Nur bei Anwesenheit von Mangan treten Störungen auf, da auch dieses offenbar als hochdisperses $MnO_2 \cdot aq$

teilweise mit in die Randzone des Tüpfelfleckes wandert. In diesem Falle muß durch Erhitzen des Oxydationsgemisches eine Koagulation des MnO_2-Kolloides herbeigeführt werden. Man verfährt wie folgt.

α) **Nachweis von Chrom neben anderen Metallen.** 1 Tropfen der Probelösung, welche alle Kationen sämtlicher Gruppen enthalten darf, ausgenommen Vanadin, wird auf einem Uhrglas mit überschüssigem Na_2O_2 versetzt und unter Umrühren mit einem Glasstäbchen gelinde erwärmt. Mittels einer Capillare bringt man von der Lösung mit dem darin suspendierten Niederschlag auf Filtrierpapier. Der Niederschlag bildet einen zusammenhängenden Fleck, der sich mit einer das Chromat enthaltenden wenig oder nicht gefärbten Randzone umgibt. Diese wird mit dem Reagens von außen ringsherum angetüpfelt. Beim Eindringen der Benzidinlösung in die Randzone entsteht bei Anwesenheit von Chrom ein blauer Kreis (vgl. TANANAEFF und ROMANJUK).

β) **Nachweis von Chromat neben Arsenat und Jodat.** Man bringt nacheinander auf die gleiche Stelle eines Stückes Filtrierpapier 1 Tropfen n-$Ba(NO_3)_2$-Lösung, 1 Tropfen der neutralen oder schwach essigsauren Probelösung und wieder 1 Tropfen der Bariumnitratlösung (um das Arsenat und Jodat an den Rand des Tropfens zu bringen). Die Mitte des Tüpfelfleckes wird mit dem Reagens angetüpfelt; bei Anwesenheit von Chromat entsteht Blaufärbung (TANANAEFF und SCHAPOWALENKO).

γ) **Nachweis von Chrom in Stählen durch Tüpfelreaktion mit Benzidin.** Arbeitsweise wie beim Nachweis mit Diphenylcarbohydrazid; siehe Abschnitt 1 e S. 180. Die Nachweisgrenze beträgt 0,1—0,2% Cr. Zwecks Anreicherung wird der Stahl möglichst lange mit Salpetersäure (1:1) geätzt. Nach Entfernung des Lösungstropfens wird mit 1 Tropfen Wasser nachgewaschen und auf die so vorbehandelte Oberfläche 1 Tropfen der Lösungssäure (H_2SO_4 1:5 oder HCl 1:1) gebracht. In diesem Tropfen ist das Chrom nach der Lösungsreaktion angereichert.

Erfassungsgrenze: 0,03% Cr. Zur Abschätzung des Cr-Gehaltes ist der Nachweis mit Diphenylcarbohydrazid vorzuziehen, da sich die Intensität der mit Benzidin entstehenden Färbung bald ändert (THANHEISSER und WATERKAMP).

b) Benzidin-Wasserstoffperoxyd als Reagens. **Reagens.** 1%ige alkoholische Benzidinlösung mit dem gleichen Volumen 20 bis 30%igem Wasserstoffperoxyd vermischt. Nach KUHLBERG ist die Reaktion von essigsaurer Benzidinlösung mit *reinem Chromat* nicht so empfindlich wie bei Anwesenheit von *Wasserstoffperoxyd.* Wahrscheinlich beruht die erhöhte Empfindlichkeit auf der Bildung eines *Perchromats,* durch welches Benzidin vollständiger als durch normales Chromat oder Pyrochromat in Benzidinblau übergeführt wird. Die Verwendung des oben angeführten Reagenses ist deshalb vorteilhafter als die Anwendung von Benzidinacetat ohne Zusatz von H_2O_2.

Ausführung der Reaktion bei Anwesenheit von 3wertigem Chrom. 1 Tropfen der mit Na_2O_2 oxydierten Probelösung wird auf Filtrierpapier gebracht, mit 1 Tropfen einer Acetat-Pufferlösung ($p_H = 4$) versetzt und mit dem Reagens angetüpfelt.

Die Nachweisempfindlichkeit der Reaktion ist doppelt so groß wie bei Verwendung von Benzidinacetat-Reagens ohne Zusatz von H_2O_2.

3. Nachweis mit o-Tolidin. **Reagens.** 1%ige alkoholische Tolidinlösung mit dem gleichen Volumen 20 bis 30%igem H_2O_2 vermischt.

Ausführung. Die Reaktion wird genau so ausgeführt wie mit dem analogen Benzidinreagens (siehe vorhergehenden Absatz 2 b). Bei Anwesenheit von Chrom (als Chromat) entsteht eine Blaufärbung.

Nach KUHLBERG eignet sich *o-Tolidin* noch besser zum Chromnachweis als Benzidin, da ersteres einen bei allen p_H-Werten intensiveren und beständigeren Farbeffekt gibt.

Erfassungsgrenze: 0,0035 γ Cr.

Grenzkonzentration: 1:270000.

4. Nachweis mit Säurealizaringelb RC (Höchst); Reaktion des Chrom(III)-Ions. Nach FEIGL und STERN bildet *Säurealizaringelb RC* mit *Chrom(III)salzen* einen orangefarbigen Lack, der, auf Filtrierpapier erzeugt, gegen Säure und Ammoniak beständig ist.

HO_2C—(HO—)C_6H_3—N=N—C_6H_4—S—C_6H_4—N=N—C_6H_3(—OH)—CO_2H

Säurealizaringelb RC

Ausführung als Tüpfelreaktion. Filtrierpapier wird in siedend heißer, ammoniakalischer Flotte mit dem Farbstoff gefärbt. Das getrocknete Papier tüpfelt man mit der Probelösung, trocknet und bringt es für einige Sekunden in kochende 0,5 n-H_2SO_4, wodurch die von anderen Elementen der dritten analytischen Gruppe hervorgerufenen Färbungen entfernt werden. Nach dem Waschen mit Wasser wird in ein Ammoniakbad getaucht. Bei Anwesenheit von Chrom bleibt ein orangegelber Fleck bestehen.

Erfassungsgrenze: 0,6 γ Cr.

Grenzkonzentration: 1:77 000.

OH; HO_3S—C_6H_2(CH$_3$)—N=N—CH—C(=O)—N(N·C_6H_5)—N=C(·CH_3)

Säurealizarinrot G

5. Nachweis mit Säurealizarinrot G (Höchst); Reaktion des Chrom(III)Ions. Nach FEIGL und STERN gibt Filtrierpapier, das in saurer Flotte mit dem Farbstoff angefärbt wurde, mit *chrom(III)salzhaltigen* Lösungen angetüpfelt, Flecke, die durch Behandeln mit heißer verdünnter H_2SO_4 nicht verschwinden, im Gegensatz zu den anderen Elementen der dritten analytischen Gruppe.

Über eiue Tüpfelreaktion unter Zuhilfenahme von Fluorescenz siehe Abschnitt D, S. 185.

B. Weitere Farbreaktionen von Chromat-Ion mit organischen Reagenzien.

Die im folgenden aufgeführten Nachweisverfahren (1 bis 15) sind Reaktionen auf das *Chromat-* bzw. *Pyrochromat-Ion* und beruhen zum Teil auf der oxydierenden Wirkung derselben. Vielfach werden die gleichen Farbreaktionen auch durch andere oxydierend wirkende Stoffe hervorgerufen, worauf besondere Rücksicht zu nehmen ist. Über eine Farbreaktion auf 2wertiges Chrom siehe Abschnitt C, S. 185.

OH; H_3C, OH (Benzolring)

Orcin

1. Nachweis mit Orcin. Chromate geben mit einer alkoholischen Lösung von Orcin eine violette Färbung; als Tüpfelreaktion verwendbar (GUTZEIT).

H_3CO—, —OCH_3, OH (Benzolring)

Pyrogalloldimethyläther

2. Nachweis mit Pyrogalloldimethyläther. **Reagens.** 2%ige wäßrige Lösung. Gibt in schwach saurer Lösung mit Chromat eine gelbrote Färbung (MEYERFELD).

Ausführung. Man säuert die Probelösung mit etwas 2 n-H_2SO_4 an und fügt einige Tropfen des Reagenses hinzu. Da die färbende Substanz in Chloroform löslich ist, kann man durch Ausschütteln mit letzterem die Färbung deutlicher machen und die Nachweisempfindlichkeit erhöhen. Die Färbung verschwindet allmählich wieder.

Erfassungsgrenze: 1 bis 2 γ $K_2Cr_2O_7$.

Grenzkonzentration: 1:2000000.

Störungen. Eisen(III)chlorid gibt die gleiche Reaktion.

3. Nachweis mit Dioxynaphthalindisulfonsäure (Chromotropsäure). Chromate liefern in salzsaurer, schwefelsaurer, salpetersaurer oder essigsaurer Lösung hellrote bis dunkelviolettrote Färbungen (KÖNIG). **Reagens.** Wäßrige Lösung des Dinatriumsalzes.

OH OH

HO_3S — [Naphthalinring] — SO_3H

Chromotropsäure

Ausführung. Bei der Ausführung als Tüpfelreaktion auf Filtrierpapier wird der Tüpfelfleck über konzentriertes Ammoinak gehalten. Ist CrO_4'' anwesend, so erscheint der Fleck ziegelrot (GUTZEIT).

Grenzkonzentration: Etwa 1:1000000.

Störungen. Es stören $Fe^{\cdot\cdot\cdot}$ (grüne Färbung), Wolfram- und Uransalze (rote Färbung). Die störende Wirkung läßt sich durch Zusatz von Phosphorsäure vor dem Versetzen mit dem Reagens ausschalten.

4. Nachweis mit Serichromblau R (1,2). Durch Serichromblau R (1,2) rot angefärbte Wolle erhält, in eine Chromatlösung getaucht, eine blaue Tönung (SPENCER). Die Reaktion scheint spezifisch zu sein.

OH

N = N —

SO_3Na

SO_3Na

Serichromblau R

Anfärben der Wolle. In einem Erlenmeyerkolben werden 2 g Wolle mit einer Lösung von 0,1 g Na_2SO_4 und 0,02 g H_2SO_4 in 40 cm^3 Wasser geschüttelt, bis die Faser gut durchtränkt ist. Darauf läßt man 20 cm^3 der 0,5%igen Farbstofflösung zufließen und erwärmt 30 Min. unter Rühren auf dem Wasserbad. Die rot gefärbten Wollfasern werden abgesaugt, säurefrei gewaschen und getrocknet.

Ausführung der Reaktion. Die neutrale Probelösung wird mit 0,5 cm^3 1 n-H_2SO_4 angesäuert, mit etwas angefärbter Wolle 20 bis 30 Min. auf dem Wasserbad erwärmt und die Faser abfiltriert, gewaschen und getrocknet. Bei Anwesenheit von Chromat besitzt die Faser eine blaue Tönung.

Molybdat, Wolframat, Vanadat und Permanganat, ebenso Eisen(II)- und Mangan(II)sulfat sowie Chromalaun geben *keinerlei* Reaktion.

5. Nachweis mit Blauholzextrakt (Hämatoxylin). Blauholzextrakt gibt mit Chromat in neutraler Lösung eine violettrote bis violettblaue Färbung (WILDENSTEIN; VOGEL).

Ausführung. In ein zur Hälfte mit Wasser gefülltes Reagensglas gibt man einige Tropfen Reagens und verdünnt, bis die Flüssigkeit auch im auffallenden Licht vollkommen durchsichtig ist, setzt einige Tropfen der möglichst neutralen Probelösung zu, erhitzt zum Sieden und vergleicht nach ¼ bis 1 Std. mit einer Blindprobe bei gleichen Flüssigkeitshöhen. Die Vergleichslösung ist gelbrötlich oder rosarot, die Versuchslösung violettrot bis violettblau. Ähnliche Farbeffekte geben MoO_4'', $Fe^{\cdot\cdot\cdot}$, $Cu^{\cdot\cdot}$, $Al^{\cdot\cdot\cdot}$, $Sn^{\cdot\cdot\cdot\cdot}$, $Sb^{\cdot\cdot\cdot}$ und $Bi^{\cdot\cdot\cdot}$.

Grenzkonzentration: 1:500000000.

6. Nachweis mit Diphenylamin. **Reagens.** 1%ige Lösung von Diphenylamin, $(C_6H_5)_2NH$, in konzentrierter Schwefelsäure.

Ausführung. Fügt man zu dem Reagens einige Tropfen der Chromat enthaltenden Probelösung, so entsteht eine Blaufärbung. Auch andere oxydierend wirkende Stoffe, wie Nitrat, Nitrit, Chlorat u. a., geben die gleiche Reaktion.

7. Nachweis mit m-Phenylendiamin. Versetzt man die Lösung eines Chromates oder Pyrochromates mit einer alkoholischen Lösung von m-Phenylendiamin, $C_6H_4(NH_2)_2$, so entsteht in verdünnter Lösung eine tief braunrote Färbung, bei stärkerer Chromatkonzentration eine Fällung der gleichen Farbe [KATAKOUSINOS (a)].

Grenzkonzentration: 1:2000000.

Störungen. Es stören Fe‴, Cu˙˙ (Rosafärbung) und Vanadinsalze (gelbe Färbung in neutraler, rosarote in salzsaurer Lösung); vgl. KATAKOUSINOS (b). Al-, Mn-, Co-, Ni-, Zn- und Cd-Salze geben keine Farbreaktion.

NH_2

α-Naphthylamin

8. Nachweis mit α-Naphthylamin. **Reagens.** 0,5 g α-Naphthylamin werden zusammen mit 50 g Weinsäure verrieben und unter Erwärmung in 100 cm³ Wasser gelöst.

Ausführung. Setzt man dieses Reagens zu einer Chromatlösung zu, so entsteht eine Blaufärbung (VAN ECK).

Grenzkonzentration: 1:1000000.

Störungen. Chlor und Brom geben eine blaue Trübung. Salpetersäure färbt rot, Ozon violett. Jod, Eisen(III)chlorid, salpetrige Säure und Wasserstoffperoxyd färben nicht.

$OC\begin{cases} N = N - C_6H_5 \\ NH - NH \cdot C_6H_5 \end{cases}$

Diphenylcarbazon

9. Nachweis mit Diphenylcarbazon. *Chromate* geben mit *Diphenylcarbazon* eine ähnliche Reaktion wie mit Diphenylcarbohydrazid (s. Abschn. A 1, S. 178), indem eine rotviolette Färbung erzeugt wird, die gegen Salzsäure beständig ist (GROSSET).

Nachweis bei Anwesenheit von 3wertigem Chrom. Reagens. 1%ige Lösung von Diphenylcarbazon in Alkohol.

Ausführung. Die Probelösung wird bis zur alkalischen Reaktion und darüber hinaus mit 3 bis 4 cm³ 2 n-NaOH-Lösung versetzt. Nach Zugabe von 3 bis 4 cm³ Bromwasser wird vorsichtig etwa 2 Min. erwärmt (nicht bis zum Sieden, um anwesendes Mn˙˙ nicht zu MnO_4', sondern nur zu MnO_2 zu oxydieren). Man filtriert von einem etwa entstandenen Hydroxydniederschlag anderer Metalle ab, kühlt und säuert die Lösung in einer Porzellanschale mit 2 n-H_2SO_4 schwach an, bis die gelbe Farbe des sich abscheidenden Broms zu erkennen ist. Man setzt soviel festes Phenol zu, daß alles Brom gebunden wird, filtriert vom ausfallenden Tribromphenol ab und setzt zum Filtrat 2 bis 3 Tropfen Reagens zu (bei Anwesenheit eines größeren Überschusses an Phenol muß mehr Reagens zugesetzt werden). Wenn die rotviolette Farbe durch Chrom hervorgerufen ist, tritt bei Zusatz von konzentrierter Salzsäure keine Farbänderung ein. Andernfalls erfolgt Ausflockung des farbigen Stoffes oder Übergang der Farbe in Gelborange oder Braun.

HC — CH
‖ ‖
HC CH
NH

Pyrrol

10. Nachweis mit Pyrrol. *Pyrrol* wird durch Chromsäure in *Pyrrolblau* übergeführt. Bei Gegenwart von Phosphorsäure ist die Empfindlichkeit besonders groß. Die Reaktion ist nicht spezifisch, da eine ganze Reihe oxydierender Stoffe ebenfalls Pyrrolblau gibt. Die Reaktion wird zum Nachweis von Chromat neben Permanganat, das vorher mit Natriumazid zu reduzieren ist (vgl. den Abschnitt „Abtrennung des Chroms von den natürlich vorkommenden Begleitelementen“, S. 150), empfohlen (DREMLJUK).

Ausführung. Reagens: 1% Pyrrol in Alkohol. 1 Tropfen der Probelösung wird auf Filtrierpapier gebracht und nacheinander mit 1 Tropfen Reagens und 1 Tropfen sirupöser Phosphorsäure (D = 1,7) versetzt. Die Blaufärbung tritt bei Anwesenheit von Chromsäure sofort oder auch erst nach einiger Zeit ein.

Grenzkonzentration: 5 γ Cr in 0,02 cm³.

Störungen. Mit Pyrrol geben ebenfalls blaue Färbungen VO_3', MoO_4'', MnO_4', Au‴, Hg˙˙, $SbCl_6'''$, NO_2', BrO_3', JO_3', JO_4', $[PO_4(Mo_3O_9)_4]'''$.

11. Nachweis mit Plasmochin (8-Diäthylamino-isopentylamino-6-methylchinolin). Plasmochin gibt mit Chromatlösungen in Gegenwart von Oxalsäure bei p_H-

Werten, die kleiner als 6,5 sind, eine purpurrote Färbung, die nur bei starker Kühlung einige Zeit bestehen bleibt (NANDI). Molybdat und Wolframat geben in alkalischer Lösung mit dem Reagens eine blaue Färbung.

12. Nachweis mit Strychnin. **Reagens.** 1%ige Strychninlösung in konzentrierter Schwefelsäure. Das Reagens gibt mit Chromaten eine blauviolette bis rote Färbung.

Ausführung. Auf einem Uhrglas wird 1 Tropfen der Probelösung zur Trockne gedampft und nach dem Abkühlen mit 1 Tropfen Reagens versetzt, oder man bringt 1 Körnchen der festen Substanz mit 1 Tropfen des Reagenses in Berührung (AUGUSTI).

Erfassungsgrenze: 0,9 γ CrO_4''.

Störungen. Es stören $Co^{\cdot\cdot}$, $Mn^{\cdot\cdot}$, $[Fe(CN)_6]'''$ und $[Fe(CN)_6]''''$. Die komplexen Cyanide werden durch Abrauchen mit konzentrierter Schwefelsäure zerstört. Kobalt eliminiert man durch Fällung mit α-Nitroso-β-naphthol, trennt das Chrom vom Mangan nach der Bariumcarbonatmethode ab (Chrom muß hierbei in der 3wertigen Form vorliegen), löst den Cr-haltigen Niederschlag in Salzsäure, oxydiert in alkalischer Lösung mit H_2O_2 oder Na_2O_2 zu Chromat und verfährt weiter, wie oben beschrieben. Es stören nicht: $Al^{\cdot\cdot\cdot}$, $Fe^{\cdot\cdot\cdot}$, $Fe^{\cdot\cdot}$, $Ni^{\cdot\cdot}$, $Zn^{\cdot\cdot}$, $Ag^{\cdot}$, Erdalkali- und Alkalisalze.

13. Nachweis mit Methylenblauleukobase. Die durch Reduktion von Methylenblau mit Natriumthiosulfat entstehende, an der Luft längere Zeit haltbare Leukoverbindung wird durch Chromat in saurer Lösung wieder zu Methylenblau oxydiert, was auch durch andere oxydierende Stoffe, wie z. B. durch $Fe^{\cdot\cdot\cdot}$, bewirkt wird (MATIU und POPESCO).

14. Nachweis mit Guajactinktur. **Reagens.** 1 Teil Guajac-Harz in 100 Teilen verdünntem Alkohol (52-Gew.-%) gelöst, gibt mit Chromat in saurer Lösung eine Blaufärbung. Auch andere oxydierende Stoffe ($Fe^{\cdot\cdot\cdot}$, HNO_2, Cl_2 u. a.) geben die gleiche Reaktion (SCHIFF).

Ausführung. Man versetzt die mit 2 n-H_2SO_4 schwach angesäuerte Lösung mit einigen Tropfen der Guajactinktur. Bei sehr geringen Chromatmengen verschwindet die Blaufärbung nach einigen Sekunden.

15. Nachweis mit Derivaten des o-Oxychinolins. Einige Derivate des o-Oxychinolins geben mit Chromat in salpetersaurer Lösung wenig charakteristische Färbungen oder gefärbte Niederschläge. Die Empfindlichkeit der Reaktionen ist jedoch so gering, daß sie für den Chromatnachweis nicht in Frage kommen (GUTZEIT und MONNIER).

C. Farbreaktion von Chrom(II)-Ion mit Diphenylcarbohydrazid.

Reagens. 0,5%ige Lösung von Diphenylcarbohydrazid in essigsäurehaltigem Alkohol (9 Teile Alkohol, 1 Teil Eisessig).

Versetzt man eine salzsaure *Chrom(II)chloridlösung* mit einigen Tropfen des Reagenses, so entsteht eine Violettfärbung. Chrom(III)salze geben diese Reaktion nicht (nach unveröffentlichten Versuchen des Autors).

Grenzkonzentration: 1:1000000.

Chromnachweis in metallischen Überzügen. Zur Prüfung von *Legierungen* und *Elektroüberzügen* auf Chrom behandelt man diese mit verdünnter Salzsäure und versetzt die erhaltene Lösung sofort mit dem Reagens. Da sich das metallische Chrom in Berührung mit Salzsäure stets zum Teil als Chrom(II)chlorid löst, wird bei Anwesenheit von Chrom mit dem Reagens die Violettfärbung erhalten. Beim Stehen an der Luft erfolgt Oxydation des Chrom(II)chlorids, so daß dann die Reaktion ausbleibt [vgl. EGEBERG und PROMISEL (b)].

D. Nachweis durch Fluorescenzeffekte.

1. Nachweis mit Acridin. Nach GOTÔ vernichtet Chromat die Fluorescenz von Acridin; die Reaktion ist als Tüpfelreaktion anwendbar.

Erfassungsgrenze: 10 γ Cr in 1 Tropfen von 0,05 cm^3.

Grenzkonzentration: 1:5000.

2. Nachweis mit Resorufin. Resorufin zeigt in alkalischer Lösung eine gelbrote Fluorescenz. Da der Farbstoff in saurer Lösung durch Chromat zerstört wird, kann aus dem Nichtauftreten der Fluorescenz in der wieder alkalisch gemachten Flüssigkeit auf die Anwesenheit von Chromat geschlossen werden [EICHLER (b)].

E. Aufsuchung von Chromat-Ion im Gemisch mit anderen Anionen.

Um im Verlaufe einer systematischen *Anionenanalyse* das CrO_4-Ion aufzufinden, kann man die Anionen durch Fällung mit Zinknitrat in sodaalkalischer Lösung zunächst in zwei Gruppen teilen. Das *Chromat* findet sich in der filtrierten Lösung neben CNS′, Cl′, Br′, J′, ClO_3', SO_4'', SO_3'', S_2O_3'' und NO_2'(NO_3' ist natürlich infolge der Fällung mit Zinknitrat stets vorhanden). Insofern keine reduzierenden Stoffe oder Ionen (J′, S_2O_3'', SO_3'', NO_2') anwesend sind, kann man das Chromat ohne weiteres direkt in der Lösung durch *Diphenylcarbohydrazid* nachweisen (siehe S. 178). Ist diese Voraussetzung nicht gegeben, so muß man sich mit der Feststellung einer gelben Farbe der Lösung begnügen. Wenn diese wirklich vom CrO_4-Ion bedingt wird, muß sie nach dem Ansäuern gegebenenfalls unter Zusatz von Alkohol als Reduktionsmittel beim Erwärmen verschwinden. In der Lösung muß sich dann Chrom mittels der üblichen Methoden nachweisen lassen, nachdem man die anwesenden reduzierenden Stoffe, z. B. durch Kochen mit H_2O_2 in saurer Lösung, unschädlich gemacht hat.

Ausführung. Die Probesubstanz wird 30 Min. lang mit konzentrierter Sodalösung gekocht, wobei in den meisten Fällen anwesendes Chromat in Lösung gehen wird. Der filtrierte Sodaauszug wird vorsichtig unter gutem Rühren nicht bis zur völligen Neutralisation mit HNO_3 und darauf mit konzentrierter Zinknitratlösung versetzt. Nach dem Abfiltrieren des Niederschlags wird das Filtrat, sofern keine reduzierenden Stoffe anwesend sind, mit verdünnter H_2SO_4 angesäuert und mit Diphenylcarbohydrazid auf CrO_4'' geprüft [vgl. FEIGL (c)].

Eine Sodaschmelze ist nicht anwendbar, sofern man sie nicht unter völligem Luftausschluß in einer Atmosphäre sauerstoffreien Stickstoffs auszuführen gedenkt und die Substanz keine oxydierenden Stoffe, wie Nitrate, Chlorate u. a., enthält. Andernfalls würde in niedrigeren Wertigkeitsstufen anwesendes Chrom zu Chromat oxydiert und die Prüfung auf CrO_4'' auch dann positiv ausfallen, wenn sich in der Ursubstanz gar kein Chromat befindet.

§ 7. Chromatographischer Nachweis.

Chrom kann sowohl als *Chrom(III)-Ion* neben anderen *Kationen* (SCHWAB und JOCKERS) als auch in Form von *Chromat-Ion* neben anderen *Anionen* (SCHWAB und DATTLER) durch chromatographische Analyse aufgefunden werden.

1. Auffindung von 3wertigem Chrom.

Das *3wertige* Chrom kann als *Aquokomplex* und als *Tartratkomplex* an Aluminiumoxyd adsorbiert werden. Die letztere Methode eignet sich besonders zum Nachweis des Chroms neben 3wertigem Eisen, da die entsprechenden Aquo-Ionen ziemlich gleich stark adsorbiert werden, womit eine gute Trennung unmöglich ist, während sie beim Vorliegen der Tartratkomplexe in befriedigender Weise gelingt.

a) Adsorption als Aquokomplex. Das Aquo-chrom(III)-Ion wird auch aus schwach salpetersaurer Lösung an Aluminiumoxyd unter Herausbildung eines graugrünen Ringes adsorbiert. Die Stellung des Chroms in der Adsorptionsreihe bei

Verwendung von Wasser als Waschflüssigkeit ist aus folgender Zusammenstellung zu ersehen:

$As^{\cdot\cdot\cdot}$, $Sb^{\cdot\cdot\cdot}$, $Bi^{\cdot\cdot\cdot}$ ($Cr^{\cdot\cdot\cdot}$, $Fe^{\cdot\cdot\cdot}$, $Hg^{\cdot\cdot}$),
$UO_2^{\cdot\cdot}$, $Pb^{\cdot\cdot}$, $Cu^{\cdot\cdot}$, $Ag^{\cdot}$, $Zn^{\cdot\cdot}$ ($Co^{\cdot\cdot}$, $Ni^{\cdot\cdot}$, $Cd^{\cdot\cdot}$, $Fe^{\cdot\cdot}$), $Tl^{\cdot}$, $Mn^{\cdot\cdot}$.

$As^{\cdot\cdot\cdot}$ bildet die oberste, $Mn^{\cdot\cdot}$ die unterste Zone in der Adsorptionssäule. Die eingeklammerten Ionen geben Mischzonen und sind nur unvollkommen voneinander trennbar (vgl. auch VENTURELLO und AGLIARDI).

Ausführung. Als Chromatographierrohr wird ein Mikrorohr nach HESSE (Durchmesser 4 bis 7 mm) und als Adsorbens Aluminiumoxyd (der Firma MERCK, nach BROCKMANN standardisiert) verwendet. Zur Unterbindung einer schädlichen Hydrolyse (z. B. bei der Trennung von $Bi^{\cdot\cdot\cdot}$ und $Cr^{\cdot\cdot\cdot}$) wird die oberste Schicht des Aluminiumoxyds mit einigen Tropfen verdünnter Salpetersäure angesäuert, bevor die Probelösung eingefüllt wird. Nach dem Ablaufen der Flüssigkeit wäscht man zuerst mit einigen Tropfen verdünnter HNO_3, dann mit reinem Wasser. Hierbei gibt sich Chrom durch die Herausbildung einer graugrünen Zone zu erkennen. Entwickelt wird meist mit *Ammoniumsulfidlösung.* Wurde in saurem Medium adsorbiert, so ist es zweckmäßig, nach dem Waschen zunächst mit verdünntem Ammoniak zu behandeln.

Beispiel: Nachweis von Chrom neben $UO_2^{\cdot\cdot}$. Beim Waschen mit Wasser verbleibt oben eine graugrüne Zone (Cr), die nach unten allmählich in eine gelbe ($UO_2^{\cdot\cdot}$) übergeht. Die Trennung ist nicht ganz vollkommen. Nach dem Entwickeln mit Ammoniumsulfid findet sich oben die graugrüne Chromhydroxydzone, darunter eine braune von Uranylsulfid.

b) Adsorption als Tartratkomplex. In natronalkalischer Tartratlösung ergibt sich folgende Adsorptionsreihe, in der $Cr^{\cdot\cdot\cdot}$ die unterste Zone bildet.

($Mn^{\cdot\cdot}$, $Cd^{\cdot\cdot}$, $Zn^{\cdot\cdot}$, $Co^{\cdot\cdot}$, $Zn^{\cdot\cdot}$), $Pb^{\cdot\cdot}$, $Cu^{\cdot\cdot}$, $Bi^{\cdot\cdot\cdot}$, $Fe^{\cdot\cdot\cdot}$, $Cr^{\cdot\cdot\cdot}$.

Die eingeklammerten Elemente ergeben eine Mischzone.

Beispiel: Nachweis von Chrom neben $Fe^{\cdot\cdot\cdot}$ (als Nitrate vorliegend). Die Probelösung wird mit Natriumtartrat versetzt und mit Natronlauge alkalisch gemacht. Gewaschen wird mit natronalkalischer Tartratlösung. Erkennbar ist nur die Cr-Zone, die beim Waschen von der Oberfläche in die Säule wandert. Entwickelt wird mit Ammoniumsulfid. Es bildet sich eine obere, nach unten schwächer werdende, grünschwarze Zone (FeS) heraus, die unten an die grüne Cr-Zone (Chromhydroxyd) grenzt.

2. Auffindung von Chromat-Ion.

Das *Chromat-Ion* kann an mit Salpetersäure vorbehandeltem Aluminiumoxyd adsorbiert werden. Die Stellung des Chromat-Ions in der Adsorptionsreihe anderer Anionen ist aus folgender Zusammenstellung zu ersehen, wobei sich OH′ in der obersten und S″ in der untersten Zone der Adsorptionssäule befindet.

OH', PO_4''', F', ($[Fe(CN)_6]''''$, CrO_4''), SO_4'', ($[Fe(CN)_6]'''$, Cr_2O_7''), Cl',
NO_3', MnO_4', ClO_4', S''.

Die in Klammern gesetzten Anionen geben Mischzonen.

Vorbehandlung der Adsorptionssäule. Durch das mit Aluminiumoxyd (nach BROCKMANN) gefüllte Chromatographierrohr werden 2,5 cm^3 1 n-HNO_3 und darauf das gleiche Volumen Wasser gesaugt (Höhe der Säule 8 cm, Durchmesser 5,3 mm). Durch eine Vorbehandlung mit Aluminiumnitrat wird der gleiche Effekt erzielt.

Ausführung. Auf die vorbehandelte Säule wird die Probelösung (schwach alkalisch, neutral oder schwach sauer), welche die jeweiligen Alkalisalze enthält, gegeben. Gewaschen wird mit Wasser, entwickelt mit Silbernitratlösung. Beim Waschen erfolgt eine Trennung des CrO_4'' von Cr_2O_7''. Das Chromat-Ion bildet eine gelbe, das Pyrochromat-Ion eine orangefarbene Zone, die bei Anwesenheit von SO_4'' durch eine weiße Zone getrennt sind. Beim Entwickeln mit Silbernitratlösung wird die Chromatzone rotbraun, die Pyrochromatzone intensiver rotbraun.

§ 8. Toxikologischer Nachweis.

Beim toxikologischen Nachweis wird das Chrom in Chromat übergeführt, das nach den üblichen Methoden identifiziert wird. Da stark geglühtes Chromoxyd, das als Malerfarbe Verwendung findet, infolge seiner Unlöslichkeit ungiftig ist, muß die Aufarbeitung des Untersuchungsmaterials so ausgeführt werden, daß für das Nachweisverfahren das Chromoxyd ausgeschlossen wird. Nach GADAMER verfährt man folgendermaßen: Das Material wird in einer Porzellanschale mit Wasser zu einem dünnen Brei angerührt, mit dem gleichen Volumen konzentrierter HNO_3 übergossen und auf dem Wasserbad allmählich erwärmt, bis keine braunen Stickoxyde mehr entweichen. Die filtrierte Lösung wird mit Natronlauge neutralisiert und auf dem Wasserbade möglichst zur Trockne eingedampft, wobei man gegen Ende dieser Operation gepulvertes Kaliumnitrat einrührt, um einen bröckeligen und keinen schmierigen Rückstand zu erhalten. Dieser wird einer oxydierenden Schmelze unterworfen. Um hierbei gebildetes Nitrit zu oxydieren, ist es zweckmäßig, den wäßrigen Auszug mit Wasserstoffperoxyd zu versetzen und 15 Min. zu kochen (vgl. den Abschnitt 1a, S. 144, „Aufschluß durch oxydierendes Schmelzen“).

Nachweis im Harn. Der Harn wird mit Soda-Salpeter (auf 100 cm^3 etwa 20 g eines Gemisches aus 3 Teilen Na_2CO_3 und 1 Teil KNO_3) unter häufigem Rühren auf dem Wasserbade zur Trockne gedampft und der Rückstand vorsichtig zum Schmelzen erhitzt. Nachweis des gebildeten Chromats nach den gangbaren Methoden.

Über die Zerstörung organischer Substanzen zum Zwecke des Chromnachweises vgl. den Abschnitt „Aufschluß chromhaltiger organischer Stoffe“, S. 148.

Literatur.

ABRAMSSON, J. P.: Betriebslab. **3**, 140 (1934). — ALIFANOWA, L. T. u. S. M. RAISSKI: Betriebslab. **5**, 1202 (1936). — ALLEN, E. T.: Am. Soc. **25**, 421 (1903). — ANDRADE GOUVEIA, A. J.: Revista Chim. pura applicada Porto (3) **5**, 41 (1932). — ARNOLD, E.: Chem. Listy **27**, 73 (1933). — AUGUSTI, S.: Mikrochemie **17**, 17 (1935). — AUGUSTI, S. u. V. PASCOLINO: Mikrochemie **22**, 159 (1937).

BABKIN, M. P.: Chem. J. Ser. B; durch C. **1937 II**, 3045. — BARTELT, O.: Forschungsdienst, Sonderheft **7**, 144 (1938). — BAYLE, E. u. L. AMY: Bl. (4) **43**, 604 (1928). — BEHRENS-KLEY: Mikrochemische Analyse, 3. Aufl. Leipzig 1915. — BISHOP, W. B. S. u. F. P. DWYER: Austr. Chem. Inst. J. & Proc. **2**, 278 (1935); durch Chem. Abstr. **30**, 4781 (1936). — BRARD, D.: (a) Ann. Chim. anal. (3) **17**, 317 (1935); (b) ebenda (3) **17**, 257 (1935). — BRECKPOT, R.: (a) Natuurwetensch. Tijdschr. **16**, 139 (1934); (b) Agricultura, Mai 1935. — BRECKPOT, R. u. A. MEVIS: Ann. Soc. Sci. Bruxelles (B) **54**, 99 (1934). — BRODE, W. R.: Proc. Am. Soc. Testing Materials **35**, II, 47 (1935). — BRODE, W. R. u. I. G. STEED: Ind. eng. Chem. Anal. Edit. **6**, 157 (1934). — BRUNCK, O. u. R. HÖLTJE: Angew. Ch. **45**, 332 (1932). — BURKAT, S.: Betriebslab. **4**, 183 (1935). — BURNS, K.: J. sci. Instrum. **10**, 129 (1937).

CAIN, J. R.: Ind. eng. Chem. **4**, 17 (1911). — CALAMARI, J. A.: Ind. eng. Chem. Anal. Edit. **13**, 19 (1941). — CALHANE, D. F.: Am. Soc. **30**, 770 (1908). — CALEY, E. R. u. M. G. BURFORD: Ind. eng. Chem. Anal. Edit. **8**, 65 (1936). — CAZENEUVE, M. P.: Bl. (3) **23**, 701 (1900); **25**, 761 (1901). — CHABORSKI, G.: Soc. Roum. Sci. Bl. Chim. pure appl. **26**, 3 (1923). — CLARK, A. R.: J. Chem. Education **15**, 39 (1938). — CURTMAN, L. J. u. A. D. St. JOHN: Am. Soc. **34**, 1679 (1912).

DAIN, B. J., I. W. GRANOWSKI u. E. S. PUSENKIN: Ber. Inst. physikal, Chem. Akad. Wiss. UKR. SSR. **5**, 267 (1936); durch C. **1938 II**, 2977. — DEMARÇAY: C. r. **130**, 91 (1900). — DINGWALL, A. u. H. TR. BEANS: Am. J. Cancer **16**, 1499 (1932). — DJATSCHKOWSKI, S. I. u. A. F. ORLENKO: J. chim. gén. **10**, 82 (1940). — DONATH, E.: Fr. **18**, 78 (1879). — DREMLJUK, R. L.: J. Chim. appl. **13**, 157 (1940). — DUTOIT, P. u. CHR. ZBINDEN: C. r. **190**, 172 (1930).

ECK, P. N. VAN: Chem. Weekbl. **12**, 6 (1915). — EGEBERG, B. u. N. E. PROMISEL: (a) Met. Clean. Finish **9**, 735 (1937); (b) **9**, 734 (1937). — EICHLER, H.: (a) Fr. **96**, 22 (1934); (b) **96**, 98 (1934). — EMICH, FR.: (a) Lehrbuch der Mikrochemie, München 1926, S. 165, 166; (b) ebenda S. 63. — ESSER, H., W. EILENDER u. A. BUNGEROTH: Arch. Eisenhüttenw. **8**, 419 (1935).

FEIGL, F.: (a) Mikrochemie **1930**, Emich-Festschrift, S. 127; (b) Qualitative Analyse mit Hilfe von Tüpfelreaktionen, S. 230—235, Leipzig 1938; (c) S. 364. — FEIGL, F., K. KLANFER u. L. WEIDENFELD: Collegium **1929**, Nr. 715, 589; durch Ann. Chim. anal. **35**, 248 (1930). — FEIGL, F. u. R. STERN: Fr. **60**, 28 (1921). — FEUSSNER, O.: Arch. Eisenhüttenw. **6**, 551 (1932/33). — FLEISCHER, E.: J. pr. (2) **5**, 326 (1872). — FRESENIUS, C. R.: Anleitung zur qualitativen chem. Analyse, S. 357, Braunschweig 1919; Fr. **29**, 418 (1890). — FRICKE, R. u. G. F. HÜTTIG: Hydroxyde und Oxydhydrate. Handbuch der allgemeinen Chemie **9**, 256 (1937).

GADAMER, J.: Lehrbuch der chemischen Toxikologie, 2. Aufl., S. 245, 246. Göttingen 1924. — GEILMANN, W.: Bilder zur qualitativen Mikroanalyse anorganischer Stoffe. Leipzig 1934. — GERLACH, WA. u. E. RIEDL: (a) Ber. Bayer. Akad. math. phys. Abt. **1933**, 227; (b) Die chemische Emissionsspektralanalyse, III. Teil, Leipzig 1936. — GERMUTH, F. G. u. C. MITCHELL: Am. J. Pharm. **101**, 46 (1929). — GLAZUNOV, A.: Chem. Listy **25**, 352 (1931); Metallw.-Ind. Galv.-Techn. **16**, 347 (1935). — GLAZUNOV, A. u. J. KRIVOHLAVY: Ph. Ch. (A) **161**, 373 (1932). — GOTÔ, H.: Sci. Rep. Tôhoku Imp. Univ. Ser. I **29**, 204 (1940). — GOULDIN, L.: Chem. N. **100**, 130. — GRAMONT, A. DE: C. r. **155**, 276 (1912). — GRÖGER, M.: Z. anorg. Ch. **81**, 233, 238 (1913). — GROSSET, TH.: Ann. Soc. Sci. Bruxelles, Ser. B **53**, 27 (1933). — GUTZEIT, G.: Helv. **12**, 721, 840, 841 (1929). — GUTZEIT, G. u. R. MONNIER: Helv. **16**, 485 (1933).

HACKL, O.: Fr. **109**, 91 (1937). — HAMMERSCHMID, H., C. F. LINSTRÖM u. G. SCHEIBE: Wiss. Veröff. Gute-Hoffnungshütte Konz. **3**, 223 (1935). — HELLER, K. u. P. KRUMHOLZ: Mikrochemie **7**, 213 (1929). — HESSE, G.: Angew. Ch. **49**, 315 (1936). — HEYES, J.: Angew. Ch. **50**, 871 (1937) und Z. El. Ch. **42**, 532 (1936). — HITTORF, W.: Ph. Ch. **30**, 481 (1899). — HOLZMÜLLER, W.: Fr. **115**, 88, 89 (1938/39). — HYNES, W. A. u. L. K. YANOWSKI: Mikrochemie **23**, 280 (1938).

IBBOTSON, F. u. R. HOWDEN: Chem. N. **90**, 320 (1904). — IWANZOW, L. W. u. S. L. MANDELSTAM: Betriebslab. **6**, 66 (1937).

JAFFE, E.: Ann. Chim. applic. **22**, 737 (1932). — JEWSSEJEW, W. A.: Verh. Butlerows chem. techn. Inst. Kazan **1**, 141 (1934). — JIRKOVSKY, R.: Mikrochemie **15**, 331 (1934). — JORGE DE ANDRADE, A.: Revista Chim. pura applicada Porto (3) **5**, 41 (1932); durch C. **1932 II**, 412.

KAHANE, E. u. D. BRARD: Bl. Soc. Chim. biol. **16**, 710 (1934). — KARAOGLANOV, Z.: (a) Fr. **114**, 98 (1938); (b) **115**, 316, 317 (1938/39). — KARLSLAKE, W. J.: (a) Am. Soc. **30**, 905 (1908); (b) **31**, 250 (1909). — KATAKOUSINOS, D.: (a) Praktika **5**, 113 (1930); durch C. **1932 I**, 1401; (b) Praktika **4**, 448 (1929); durch C. **1932 I**, 845. — KELLERMANN, K.: Arch. Eisenhüttenw. **3**, 205 (1929). — KELLERMANN, K. u. O. SCHLIESSMANN: Metallbörse **17**, 1069, 1125 (1927). — KLANFER, K.: Mikrochemie **9**, 34 (1932). — KÖNIG, P.: Ch. Z. **35**, 277 (1911). — KONINCK, L. L. DE: Bl. Assoc, belge Chim. **16**, 94 (1902). — KONISHI, K. u. T. TSUGE: Bl. agric. chem. Soc. Japan **12**, 216 (1936). — KORENMAN, J. M.: Fr. **93**, 268 (1932). — KRAEMER, W.: Fr. **97**, 14 (1934); **97**, 89 (1934); **101**, 23 (1935). — KRÜGER, A.: Fr. **93**, 422 (1933). — KRUMHOLZ, P. u. F. HÖNEL: Mikrochim. Acta **2**, 182 (1937). — KUHLBERG, L.: Mikrochemie **20**, 244 (1936); Betriebslab. **7**, 905 (1938).

LANDSBERG, G. S., S. L. MANDELSTAM, S. W. TULJANKIN u. W. ZEIDEN: Betriebslab. **4**, 1220 (1935). — LANG, R.: Mikrochim. A. **3**, 116 (1938). — LEHRMANN, L., H. WEISBERG u. S. A. KABAT: Am. Soc. **56**, 1836 (1934). — LEIBA, S. P. u. M. M. SCHAPIRO: Betriebslab. **3**, 503 (1934); durch C. **1936 I**, 3183. — LEMARCHANDS, M. u. M. LEMARCHANDS: Ann. Chim. anal. (2) **3**, 86 (1921). — LOEWE, F.: Atlas der letzten Linien, S. 24. Leipzig 1928. — LONGINESCU, G. G. u. EU. PETRESCU: Bl. Chim. pure appl. **27**, 3 Seiten (1929); durch C. **1925 II**, 487. — LUNDEGÅRDH, H.: (a) Die quantitative Spektralanalyse der Elemente, S. 69, Jena 1929; (b) Die quantitative Spektralanalyse, II. Teil, S. 63, 707, Jena 1934. — LUTZ, O. u. J. JACOBI: Latvijas Augstskolas Raksti **3**, 109 (1922); durch C. **1923 II**, 219.

MANDELSTAM, S. L., S. M. RAISSKI u. W. ZEIDEN: Techn. Physiks USSR. **3**, 321 (1936); Betriebslab. **5**, 295 (1936). — MARSHALL, H.: Chem. N. **83**, 76 (1901). — MARTINI, A.: Mikrochemie **8**, 143 (1930). — MATIU, I. u. C. POPESCO: Bl. (5) **4**, 1230 (1937). — MEISSNER, H.: Fr. **80**, 247 (1930). — MENEGHINI, D.: G. **42 I**, 134 (1912). — MEYERFELD, J.: Ch. Z. **34**, 948 (1910). — MONTEMARTINI, C. u. E. VERNAZZA: Ind. chimica **6**, 380, 492, 630, 739 (1931). — MOULIN, A.: Bl. (3) **31**, 295, 296 (1904).

NANDI, B. K.: Current Sci. **6**, 156 (1937).

OSTROUMOW, E. A.: Betriebslab. **4**, 1317 (1935); durch C. **1936 I**, 4769.

PARRI, W.: Giorn. Farm. Chim. **73**, 207 (1924). — PASSERINI, L. u. L. MICHELOTTI: G. **65**, 824 (1935). — PIÑA DE RUBIES, S. u. J. DOETSCH: Z. anorg. Ch. **220**, 199 (1934). — PIÑA DE RUBIES, S. u. J. M. LÓPEZ DE AZCONA: An. Españ. **34**, 307 (1936). — PORLEZZA, C. u. A. DONATI: Ann. Chim. applic. **16**, 554 (1926). — PORTER, L. E.: Ind. eng. Chem. Anal. Edit. **6**, 138, 448 (1934). — POSNER, E.: Z. anorg. Ch. **157**, 311 (1926); **164**, 107 (1927). — POZZI-ESCOT, M. E.: (a) C. r. **149 II**, 1131 (1909); (b) Ann. Chim. anal. **13**, 333 (1908).

RANE, M. B. u. K. KONDAIAH: J. Indian. chem. Soc. 14, 46 (1937). — RIPAN, R.: Bl. Soc. Stiinte Cluj 4, 57 (1928). — ROLDÁN, J. C.: An. Españ. 28, 1080 (1930). — ROSSI, L.: Quim. Ind. 8, 1 (1931). — RUSSANOW, A. K.: Z. anorg. Ch. 214, 77 (1933).

SABALITSCHKA, TH. u. F. BULL: Fr. 64, 322 (1924). — SCHEIBE, G.: Arch. Eisenhüttenw. 4, 579 (1931). — SCHEINKMANN, A. J.: Betriebslab. 4, 425 (1935); durch C. 1936 II, 509. — SCHIFF, H.: Ann. 120, 208 (1861). — SCHLIESSMANN, O.: Techn. Mitt. Krupp Forsch. Ber. 4, 267 (1941). — SCHLIESSMANN, O. u. K. ZÄNKER: Arch. Eisenhüttenw. 10, 383 (1937). — SCHOELLER, W. u. W. SCHRAUTH: Ch. Z. 33, 1237 (1909). — SCHOORL, N.: Fr. 48, 219 (1909). — SCHWAB, G. M. u. G. DATTLER: Angew. Ch. 50, 691 (1937). — SCHWAB, G. M. u. K. JOCKERS: Angew. Ch. 50, 546 (1937). — SCHWEITZER, P.: Fr. 29, 414 (1890). — SMITH, L. u. PH. W. WEST: Ind. eng. Chem. Anal. Edit. 13, 271 (1941). — SPENCER, G. C.: Ind. eng. Chem. Anal. Edit. 4, 245 (1932). — SSUCHENKO, K. A.: Betriebslab. 5, 757 (1936). — STORER, F. H.: Am. J. Sci. (2) 48, 190 (1869). — STOVER, N. M.: Am. Soc. 50, 2363 (1928).

TANANAEFF, N. A.: Z. anorg. Ch. 140, 327 (1924). — TANANAEFF, N. A. u. ROMANJUK: Chem. J. Ser. B 10, 1624 (1937); durch C. 1938 II, 1643. — TANANAEFF, N. A. u. A. M. SCHAPOWALENKO: Fr. 100, 353, 354 (1935). — TANANAEFF, N. A. u. IW. TANANAEFF: Z. anorg. Ch. 170, 113 (1928). — TERNI, A.: G. 43 II, 63 (1913). — THANHEISSER, G. u. J. HEYES: Arch. Eisenhüttenw. 11, 31 (1937). — THANHEISSER, G. u. M. WATERKAMP; Mitt. KWI. Eisenf. Düsseldorf 23, 84 (1941). — THIÉBAUT, L.: Bull. Soc. Franç. Minéral. 56, 68—75 (1933). — THOMPSON, P. F.: Soc. chem. Ind. Victoria (Proc.) 32, 699 (1932). — THOMSON, TH. A.: Mikrochemie 21, 209, 211 (1936/37). — TODOROVIĆ, K. N. u. V. M. MITROVIĆ: Bl. Soc. chim. Royaume Yougoslavie 5, 219 (1936) — TOWER, O. F.: Am. Soc. 32, 953 (1910). — TREADWELL, F. P.: Kurzes Lehrbuch der analytischen Chemie Bd. 1, S. 131, Leipzig u. Wien 1930. — TRICHÉ, H.: C. r. 201, 1178 (1935); Bl. (5) 3, 249 (1936).

VALKENBURGH, H. B. VAN u. I. C. GRAWFORD: Ind. eng. Chem. Anal. Edit. 13, 439 (1941). — VENTURELLO, G. u. N. AGLIARDI: Ann. Chim. appl. 30, 224 (1940). — VINCENT, H. B. u. R. A. SAWYER: J. appl. Physics 8, 163 (1937). — VOGEL, A.: Fr. 2, 390 (1863).

WAIBEL, F.: Z. techn. Physik 15, 454 (1934). — WALDCHEN, A.: Foundry 65, Nr. 5, 41, 130 (1937). — WILDENSTEIN, R.: Fr. 1, 328 (1862). — WILLARD, H. H. u. R. C. GIBSON: Ind. eng. Chem. Anal. Edit. 3, 88 (1931). — WILLARD, H. H. u. J. L. KASSNER: Am. Soc. 52, 2402 (1930). — WITT, C. B. DE u. G. BALDWIN: J. Chem. Education 14, 541 (1937). — WOLFE, R. A.: Pr. Am. Soc. Testing Materials 35, II, 87 (1935). — WRIGHT, TH. A.: Met. Alloys 6, 229 (1935).

YAGODA, H.: Mikrochemie 24, 117 (1938). — YANOWSKI, L. K. u. W. A. HYNES: Mikrochemie 24, 1 (1938).

Molybdän.

Mo, Atomgewicht 96,0; Ordnungszahl 42.

Von **OTTO SCHMITZ-DUMONT**, Bonn.

Mit 9 Abbildungen.

Inhaltsübersicht.

Seite

Vorkommen des Molybdäns in der anorganischen Natur. Vorkommen in der organischen Natur 193

Allgemeines. Verhalten des Molybdäns in der 6. Gruppe des periodischen Systems; Wertigkeit 193

Unterschiedliche Löslichkeit der Molybdänverbindungen. Eignung schwerlöslicher Verbindungen zum qualitativen Nachweis 194

Aufschlußverfahren für unlösliche Molybdänverbindungen, Molybdänlegierungen und komplexe Molybdänverbindungen 195

1. Aufschluß unlöslicher Molybdänverbindungen 195
   a) Schmelzaufschluß 195
      α) Aufschluß mit Natriumcarbonat-Natriumperoxyd 195
      β) Aufschluß mit Kaliumhydroxyd-Kaliumnitrat 195
   b) Aufschluß mit Säuren (Aufschluß von Erzen) 195
2. Aufschluß von Molybdänlegierungen 196
   a) Aufschluß mit Salpetersäure (Aufschluß von Ferromolybdän und Gußeisen) 196
   b) Aufschluß mit Königswasser 196
   c) Aufschluß mit Salpetersäure-Fluorwasserstoff 196
   d) Schmelzaufschluß 196
3. Aufschluß komplexer Molybdänverbindungen 196

Kurze Übersicht über das Verhalten des Molybdäns in der analytischen Gruppe . 197

Abtrennung von natürlich vorkommenden Begleitelementen 198

Abtrennung des Molybdäns von Legierungsbestandteilen 198

Nachweismethoden 199

§ 1. Spektralanalytischer Nachweis, mitbearbeitet von J. VAN CALKER, Münster (Westf.) 199
   Allgemeines (Lichtquellen, Analysenlinien) 199
   Nachweisverfahren 200
   1. Nachweis in Lösungen 200
   2. Nachweis in Metallen 200
   3. Nachweis in Pulvern 200
   4. Nachweis in Eisen und Stahl 200
   5. Grenzkonzentration 201
   6. Anreicherungsverfahren 201
      a) Elektrolytische Anreicherung nach SCHLEICHER 201
      b) Elektrothermische Anreicherung 201

§ 2. Nachweis auf trockenem Wege 202
   1. Perlenproben 202
      a) Verhalten in der Phosphorsalzperle 202
      b) Verhalten in der Boraxperle 202
   2. Reduzierendes Schmelzen mit Ammoniumhypophosphit 202
   3. Verhalten vor dem Lötrohr 202
   4. Beschlagproben 202
      a) Oxydbeschlag 202
      b) Jodidbeschlag 202
   5. Reaktion mit konzentrierter Schwefelsäure 203
   6. Reaktion mit Salpeter-Salzsäure 203

Seite

§ 3. Nachweis auf nassem Wege durch Fällungsreaktionen 203
Vorbemerkung 204
Allgemeines über Reaktionen auf Molybdän 205
A. Wichtige Fällungsreaktionen mit anorganischen Reagenzien 205
1. Fällung als Trisulfid 205
Trennung des Molybdäns von Wolfram 205
2. Fällung mit Kaliumhexacyanoferrat(II) und Ammoniumacetat . 206
3. Fällung als Thalliummolybdat 206
4. Fällung als Bleimolybdat 206
5. Fällung als Quecksilber(I)molybdat 206
B. Nachweis des Molybdäns durch Fällung mit organischen Reagenzien . 207
1. Fällung mit Dithiol 207
2. Fällung mit Benzoinoxim 207
3. Fällung mit o-Oxychinolin 208
4. Nachweis mit Derivaten des o-Oxychinolins 208
5. Fällung mit Aurintricarbonsäure (Aluminon) 208
6. Fällung mit Methylenblau 209
7. Fällung mit Urotropin 209

§ 4. Mikrochemische Nachweisreaktionen 209
A. Nachweis mit anorganischen Reagenzien 209
1. Nachweis als Thalliummolybdat 209
2. Nachweis als Bleimolybdat 209
3. Nachweis als Ammonium- oder Kaliumphosphormolybdat 209
4. Nachweis als Thallium(I)phosphormolybdat 210
B. Nachweis mit organischen Reagenzien 210
1. Nachweis mit Urotropin 210
2. Nachweis mit Urotropin und Ammoniumrhodanid 210
3. Nachweis mit Brenzcatechin-Anilin 210
4. Nachweis mit Brenzcatechin-Piperazin 211
5. Nachweis mit Brenzcatechin-Benzylamin 211
6. Nachweis mit Pyrogallol-Piperazin 212
C. Mikrochemischer Nachweis durch katalytische Reaktionen 212
Katalytische Beeinflussung der Oxydation von Thiosulfat 212

§ 5. Nachweis des Molybdäns durch Farbreaktionen mit anorganischen Reagenzien 213
A. Wichtige Reaktionen 213
1. Nachweis mit Kaliumrhodanid 213
2. Nachweis mit Natriumthiosulfat 214
B. Weitere Farbreaktionen 215
1. Reduktionsreaktionen 215
Vorbemerkung 215
a) Reduktion mit Zink und Salzsäure 215
b) Reduktion mit Zinn(II)chlorid 215
c) Reduktion mit Zinn(II)chlorid in Gegenwart von Wolframsäure 215
d) Reduktion mit Kaliumjodid 216
e) Reduktion mit Quecksilber(I)nitrat und Kaliumjodid 216
f) Reduktion mit Hydrazinsulfat 216
g) Reduktion mit Hydrochinon 216
h) Reduktionsreaktion mit Filtrierpapier 216
2. Nachweis mit Wasserstoffperoxyd 217
a) Reaktion in ammoniakalischer Lösung 217
b) Reaktion in saurer Lösung 217
3. Reaktion mit Kaliumhexacyanoferrat(II) 217

§ 6. Nachweis durch Farb- und Tüpfelreaktionen mit organischen Reagenzien 218
A. Wichtige Reaktionen 218
1. Nachweis mit Phenylhydrazin 218
a) Nachweis in essigsaurer Lösung 218
Ausführung als Tüpfelreaktion (Molybdännachweis in Stahl) 218
b) Nachweis in schwefelsaurer Lösung 219

Seite

2. Nachweis mit Kaliumxanthogenat 219
Ausführung als Tüpfelreaktion 219
Nachweis von Molybdän neben Arsen 220
Nachweis von Molybdän in Stahl (Tüpfelreaktion unter Zusatz von Zinn(II)chlorid) 220
3. Nachweis mit Kaliumcetylxanthogenat (Tüpfelreaktion) 220
4. Nachweis mit Diphenylcarbohydrazid 221
5. Nachweis mit Dinaphthylcarbazon (Tüpfelreaktion) 221

B. Weitere Farbreaktionen 222
1. Nachweis mit α,α'-Dipyridyl (Tüpfelreaktion) 222
2. Nachweis mit α-Nitroso-β-naphthol (Tüpfelreaktion) 222
3. Nachweis mit Rhodamin B 222
4. Nachweis mit Thioglykolsäure 223
5. Nachweis mit Thiodiphenylcarbohydrazid 223
6. Nachweis mit Kakothelin (Nachweis von Molybdän neben Zinn) 223
7. Nachweis mit Tannin 223
8. Nachweis mit Pyrogallol und seinen Derivaten 223
9. Nachweis mit Curcumapapier 223
10. Nachweis mit Blauholzextrakt (Hämatoxylin) 223

§ 7. Nachweis des Molybdäns durch Fluorescenzeffekte 223
Nachweis mit Cochenilletinktur 223

§ 8. Chromatographischer Nachweis 224

§ 9. Aufsuchen des Molybdat-Ions im Gemisch mit anderen Anionen 224

§ 10. Nachweis niederer Wertigkeitsstufen des Molybdäns 224
1. Verbindungen mit 3wertigem Molybdän 225
2. Verbindungen mit 5wertigem Molybdän 225

Literatur 226

Molybdän.

Mo, Atomgewicht 96,0; Ordnungszahl 42.

Vorkommen in der anorganischen Natur. Molybdänmineralien kommen als *Sulfide*, *Oxyde* und *Molybdate* vor. Das einzigste wohldefinierte sulfidische Mineral ist der *Molybdänglanz* (Molybdänit) MoS_2, der als primäres Erz auftritt. Die Molybdänerze, welche fur die Molybdängewinnung am wichtigsten sind, enthalten meist nur 0,5 bis 1,5% MoS_2. Vorkommen finden sich in Deutschland nur an wenigen Stellen in sehr geringer Konzentration (Erzgebirge, Schlesien; Mansfelder Kupferschiefer mit 0,014 bis 0,018% Mo), ferner in Spanien und Schweden, bedeutendere Vorkommen in Norwegen, Transbaikalien, Südafrika, Indien (Burma), Australien und vor allem in Nordamerika (Colorado). Das blaue oxydische Mineral Ilsemanit — ein Gemisch von MoO_3 und Mo_2O_5, neben Fe(III) noch Sulfat enthaltend — ist mit blauer Farbe kolloid löslich. Fundorte sind bei Freiberg in Sachsen, Kärnten und USA (Quray, Utah, Californien). Als *Molybdat* ist Molybdän im *Gelbbleierz* (Molybdänbleispat, Wulfenit) $PbMoO_4$ enthalten; Vorkommen in Tirol, Kärnten, Jugoslawien, Spanien, bedeutendere Vorkommen in Nord- und Südwestafrika und in USA (Arizona). Andere *Molybdate* wie Powellit ($CaMoO_4$), Paterait ($CoMoO_4$), Belonosit ($MgMoO_4$), Molybdit (Molybdänocker, $Fe_2O_3 . 3\,MoO_3 . 7{,}5\,H_2O$), Eosit ($MoO_3 \cdot V_2O_4 \cdot 3\,PbO$) finden sich manchmal in Begleitung des Molybdänglanzes.

Vorkommen in der organischen Natur. Molybdän findet sich spurenweise in Pflanzen (besonders reichlich in Bohnen und Erbsen; 3 bis 9 mg/kg) sowie im tierischen Organismus (angereichert in Leber und Milz, etwa 1,5 mg/kg; im Blut nur 0,03 bis 0,14 mg/kg).

Verhalten des Molybdäns in der 6. Gruppe des Periodensystems. Molybdän gehört der Gruppe 6b des Periodensystems an und ist dementsprechend maximal 6wertig. In seinen Eigenschaften steht es besonders dem Wolfram nahe, mit dem es die Eigenschaft zur Bildung stabiler Iso- und Heteropolysäuren gemein hat. Bevorzugt wird wie beim Wolfram die 6wertige Stufe. Als wichtige Verbindung erster Ordnung sei das *Molybdäntrioxyd*, MoO_3, genannt, ein weißes Pulver, das in der Nähe des Schmelzpunktes (791°) zu sublimieren beginnt; es ist wenig löslich in Wasser (vgl. dagegen das praktisch unlösliche WO_3), löslich in den meisten verdünnten Säuren, auch in konzentrierter Schwefelsäure, leicht löslich in Alkalilaugen, in wäßrigem Ammoniak und in Alkalicarbonatlösungen unter Bildung von normalen Molybdaten $Me^I_2MoO_4$ (isomorph mit den Chromaten und Wolframaten). Formal ist MoO_3 das Anhydrid der Molybdänsäure H_2MoO_4, aus der es durch Wasserabspaltung in der Hitze entsteht; dieser Vorgang ist jedoch irreversibel (über das Verhalten der Molybdate und der Molybdänsäure in wäßriger Lösung siehe die Einleitung zu § 3). Von sonstigen analytisch wichtigen Verbindungen des 6wertigen Molybdäns sei das Trisulfid, MoS_3, genannt, das durch Einleiten von H_2S in saure Molybdatlösungen in nicht ganz reinem Zustande erhalten wird und für die Abtrennung des Molybdäns von den Elementen der Schwefelammoniumgruppe von Bedeutung ist. Es löst sich in Alkalisulfiden unter Bildung von rotem Sulfosalz, z. B. von $(NH_4)_2MoS_4$, auf und fällt beim Ansäuern dieser Lösungen in reinem Zustand wieder aus.

Molybdän tritt noch 2-, 3-, 4- und 5wertig auf. Verbindungen dieser Wertigkeitsstufen haben für die qualitative Analyse nur geringe Bedeutung. Wichtig ist, daß durch Reduktion von Molybdaten in saurer Lösung gefärbte Verbindungen mit 5- oder 3wertigem Molybdän entstehen, die zum Teil charakteristische Farben aufweisen und für den Molybdännachweis herangezogen werden können. Durch partielle Reduktion bildet sich das sogenannte *Molybdänblau*, ein wasserhaltiges Doppeloxyd mit 6- und 5wertigem Molybdän von der ungefähren, in gewissen Grenzen schwankenden Zusammensetzung $Mo_2O_5 \cdot 3\,MoO_3 \cdot 1\,H_2O$. Molybdänblau wird in wäßriger Lösung gewöhnlich in kolloidaler Verteilung erhalten und auf seiner Bildung beruht ein empfindlicher Molybdännachweis. Einige, für den Nachweis von Molybdän verwendete Reagenzien (Rhodanid, α,α'-Dipyridyl, Tolazoxin, s. S. 208, 213, 222) sprechen nur auf 5wertiges Molybdän an, das in der Regel erst durch Reduktion erzeugt wird.

Unterschiedliche Löslichkeit der Molybdänverbindungen. Eignung schwerlöslicher Verbindungen zum qualitativen Nachweis. Für Nachweisverfahren, die auf der Bildung von Niederschlägen beruhen, kommen außer *Molybdäntrisulfid*, MoS_3, hauptsächlich Molybdate in Betracht. Leicht löslich sind die Alkalimolybdate sowie das Magnesium- und Berylliummolybdat. Die Löslichkeit der Erdalkalimolybdate ist gering; sie nimmt in der Reihe Ca-, Sr-, $BaMoO_4$ ab. Diese Salze fallen beim Versetzen einer Alkalimolybdatlösung mit löslichen Erdalkalisalzen als weiße Niederschläge aus, das Ca-Salz erst beim Kochen. Viele Schwermetallmolybdate haben eine außerordentlich geringe Löslichkeit und lassen sich aus neutralen Molybdatlösungen fällen, z. B. die Molybdate von Ag, Zn, Cd, Hg(I), Tl(I), Pb, Th, Cr(III). Mit Ni-Salzen wird kein Niederschlag mit Cu-Salzen ein basisches Molybdat erhalten. Für die qualitative Analyse werden fast ausschließlich die Molybdate von Tl und Pb verwendet. Auch gewisse organische Basen, wie o-Oxychinolin und Urotropin, geben schwer lösliche, zum qualitativen Nachweis brauchbare Molybdate. Außerdem liefern verschiedene anorganische und organische Reagenzien mit Molybdaten Niederschläge, die nicht als Salze der normalen Molybdänsäure aufzufassen sind, sondern komplexen Charakter besitzen. So kann mit $K_4[Fe(CN)_6]$ eine gelbe Verbindung von der Formel $(NH_4)_4[Fe(CN)_6] \cdot 2\,MoO_3 \cdot 3\,H_2O$ erhalten werden, die zum Molybdännachweis dienen kann. (Über Fällungsreaktionen mit organischen Reagenzien siehe § 3, S. 207.) Durch Einwirkung von NH_4SCN auf Molybdate läßt sich das 6wertige Molybdän in einen Rhodanatokomplex überführen, der in Form der entsprechenden Säure mit Urotropin ein schwer lösliches Salz gibt und zum mikrochemischen Nachweis verwendet werden kann. Auch von Heteropolysäuren des Molybdäns lassen sich schwerlösliche Salze gewinnen, wie z. B. das Thallium- und Strychninsalz der 1-Phosphor-12-Molybdänsäure.

Auch vom 2- und 3wertigen Molybdän gibt es schwer lösliche Verbindungen; es sind dies die wasserfreien Halogenide, die aber für den Mo-Nachweis keine Bedeutung haben, da sie nicht in wäßriger Lösung zu erhalten sind. Allenfalls könnten sie in Analysensubstanzen vorkommen und sich unter Umständen durch ihre Unlöslichkeit und ihr indifferentes Verhalten gegenüber manchen Säuren wie Salpetersäure und Königswasser dem Nachweis entziehen (in konzentrierten Halogenwasserstoffsäuren ist nur Molybdän(II)chlorid, Mo_3Cl_6, leicht löslich, nicht dagegen Mo_3Br_6 sowie $MoCl_3$ und $MoBr_3$).

Aufschlußverfahren für unlösliche Molybdänverbindungen, Molybdänlegierungen und komplexe Molybdänverbindungen.

1. Aufschluß unlöslicher Molybdänverbindungen. Liegt das Molybdän in Verbindungen vor, die sich weder in Wasser, verdünnten Säuren noch Alkalilaugen lösen, so wird ein besonderes Aufschlußverfahren angewendet mit dem Ziel, das Molybdän entweder in lösliche Molybdänsäure oder in lösliches Alkalimolybdat zu überführen. Für Aufschlußverfahren kommen außer dem Molybdänglanz vor allem Gelbbleierz ($PbMoO_4$) sowie andere oxydische Molybdänmineralien in Betracht. Auch die legierungsartigen Verbindungen des Molybdäns mit gewissen Metalloiden (C, Si, P u. a.) müssen ihres indifferenten Verhaltens wegen einem besonderen Aufschlußverfahren unterworfen werden. Der Aufschluß kann durch Schmelzen mit Alkalihydroxyden oder -carbonaten, gegebenenfalls unter Zusatz eines Oxydationsmittels, und in einigen Fällen auch durch Säuren (Molybdänglanz) vollzogen werden.

a) Schmelzaufschluß. Der Schmelzaufschluß mit Alkalihydroxyd oder -carbonat unter etwaigem Zusatz eines Oxydationsmittels (Na_2O_2, KNO_3) stellt die sicherste Methode dar, um unlösliche Molybdänverbindungen in lösliches Alkalimolybdat überzuführen.

α) Aufschluß mit Natriumcarbonat-Natriumperoxyd. Die fein gepulverte Substanz wird mit etwa der 10fachen Menge eines Gemisches von Natriumcarbonat und Natriumperoxyd (1:1) ungefähr 10 Min. in einem Eisentiegel zum Schmelzen erhitzt. Nach dem Erkalten löst man in Wasser, kocht 10 Min. zur Zerstörung peroxydischer Verbindungen und filtriert vom ungelösten Rückstand ab.

β) Aufschluß mit Kaliumhydroxyd-Kaliumnitrat. Man schmelzt in einem Eisen- oder Nickeltiegel 2 bis 3 g KOH, dem man etwa 0,5 g KNO_3 zugesetzt hat und trägt in die Schmelze die fein gepulverte Substanz (0,2 bis 0,3 g) ein, hält 10 Min. im Schmelzfluß (Rotglut) und behandelt die erkaltete Schmelze wie unter 1. angegeben (Thiébaut). Statt des Kaliumnitrats kann auch *Natriumperoxyd* verwendet werden.

b) Aufschluß mit Säuren. *Molybdänglanz* (MoS_2) und *Gelbbleierz* lassen sich auch durch Säuren aufschließen. Ersterer wird durch Abrauchen mit konzentrierter HNO_3 in Molybdänsäure umgewandelt, die durch Behandeln mit verdünnter Salz- oder Schwefelsäure in der Wärme in Lösung gebracht wird. *Gelbbleierz* kann mit einem Gemisch von konzentrierter Salpetersäure, konzentrierter Salzsäure und konzentrierter Schwefelsäure durch längeres Kochen zersetzt werden, wobei das Blei als Sulfat abgeschieden wird, während die Molybdänsäure in Lösung bleibt. Zur vollständigen Entfernung des Bleis raucht man bis zum reichlichen Auftreten von Schwefelsäuredämpfen ab, versetzt nach dem Erkalten mit Wasser und filtriert das Bleisulfat nach etwa 30 Min. ab.

Aufschluß von Erzen. Nach Lowe wird das fein gepulverte Erz (1 g) mit einem Gemisch von 15 cm^3 konz. HNO_3, 10 cm^3 konz. HCl und 5 cm^3 konz. H_2SO_4 bis zum Auftreten von SO_3-Dämpfen abgeraucht. Den Rückstand kocht man mit 20 cm^3 Wasser, setzt Natronlauge bis zur stark alkalischen Reaktion zu, erhitzt abermals einige Minuten zum Sieden, filtriert einen etwa gebildeten Niederschlag ab und prüft das klare Filtrat auf Molybdän.

2. Aufschluß von Molybdänlegierungen. Von den Molybdänlegierungen haben die molybdänhaltigen Stähle die größte Bedeutung. Um hochlegierte Stähle zum Zwecke des Molybdännachweises in Lösung zu bringen, kann man mit konzentrierten Säuren, in erster Linie mit Salpetersäure, oder mit oxydierenden alkalischen Schmelzen aufschließen. In jedem Fall wird das Molybdän in Molybdänsäure bzw. Molybdat übergeführt. Schwach legierte Stähle lösen sich bereits in verdünnter Schwefelsäure.

a) Aufschluß mit Salpetersäure. (Aufschluß von Ferromolybdän und Gußeisen.) 1 g der gepulverten Legierung wird mit 25 cm^3 Salpetersäure (D = 1,20) gekocht. Ein etwa verbleibender Rückstand wird nach dem Verdünnen mit Wasser abfiltriert und mit Kaliumnatriumcarbonat geschmolzen. Die salpetersaure Lösung, vereinigt mit dem wäßrigen Auszug der Schmelze, wird mit 5 cm^3 konzentrierter Schwefelsäure bis fast zur Trockene abgeraucht. Den Rückstand nimmt man in Wasser auf und weist das Molybdän in der Lösung am besten mit der *Rhodanidreaktion* (siehe § 5, S. 213) nach (Chemikerausschuss des Vereins Deutscher Eisenhüttenleute).

Zum Aufschluß von Mo-haltigem Gußeisen hat sich ein Gemisch von Salpetersäure und Schwefelsäure bewährt (250 cm^3 konz. H_2SO_4, 300 cm^3 konz. HNO_3, 1500 cm^3 H_2O). 3 g der Probe werden in 35 cm^3 des Säuregemisches gelöst. Die Lösung dampft man zur Trockene, erhitzt den Rückstand 10 Min. auf 250 bis 300°, nimmt nach dem Erkalten in 100 cm^3 5%iger H_2SO_4 auf und kocht, bis sich alle gebildeten Salze gelöst haben und filtriert vom Graphit und der ausgeschiedenen Kieselsäure ab. In der so erhaltenen Lösung wird das Molybdän direkt nachgewiesen, z. B. mittels Phenylhydrazins (s. S. 218), oder man trennt es in der auf S. 198 beschriebenen Weise ab (Taylor-Austin).

b) Aufschluß mit Königswasser. Es wird wie bei dem Aufschluß von Erzen (siehe oben 1 b) verfahren.

c) Aufschluß mit Salpetersäure-Fluorwasserstoff. Manche hochlegierte Stähle lassen sich am besten durch wiederholtes Eindampfen mit einem Gemisch von konzentrierter Salpetersäure und Flußsäure aufschließen [Yagoda und Fales (a)].

d) Schmelzaufschluß. Zum Nachweis des Molybdäns in hochlegierten Stählen eignet sich besonders der Schmelzaufschluß mit *Kaliumnitrit* [Feigl (a)]. Man schmilzt in einem Porzellantiegel Kaliumnitrit und trägt die möglichst fein gepulverte Legierung in die Schmelze ein. Innerhalb weniger Minuten wird das Molybdän in Molybdat verwandelt. Die erkaltete Schmelze wird mit Wasser ausgelaugt und filtriert. Das Filtrat wird nach dem Ansäuern mit HCl unter Zusatz von NH_4Cl zur Vertreibung der salpetrigen Säure gekocht und direkt auf Molybdän geprüft, am besten mittels Phenylhydrazins (§ 6, S. 218) oder nach der Rhodanidmethode (vgl. § 5, S. 213).

3. Aufschluß komplexer Molybdänverbindungen. Molybdänsäure verbindet sich mit einer Reihe anorganischer und organischer Säuren — Phosphor-, Arsen-, Kiesel-, Zinn-, Oxal- und Weinsäure u. a. — zu stabilen, komplexen, sogenannten Heteropolysäuren (vgl. die Vorbemerkung zu § 3, S. 203). Es gibt eine Anzahl Nachweisreaktionen für Molybdän, die durch die Gegenwart dieser Komplexbildner nicht wesentlich beeinträchtigt wird (siehe die Zusammenstellung auf S. 204). Andere Reaktionen und unter ihnen die empfindlichsten (z. B. die Rhodanidreaktion, S. 213) werden mehr oder weniger gestört. Will man von der Wahl des Reagenses unabhängig sein, so muß man den Komplex zerstören und am besten den Komplexbildner eliminieren. Durch Abrauchen mit konzentrierter Schwefelsäure werden die komplexen Säuren des Molybdäns stets gespalten und gleichzeitig organische Komponenten zerstört. Den Abdampfrückstand nimmt man in Wasser auf, filtriert gegebenenfalls und fällt das Molybdän aus der stark schwefelsauren Lösung als MoS_3

mittels H_2S (vgl. § 3, S. 205), womit eine Trennung des Molybdäns von Phosphor- und Kieselsäure erzielt wird (Spuren von SiO_2 können sich allerdings im Sulfidniederschlag befinden; vgl. den Abschnitt „Abtrennung von natürlich vorkommenden Begleitelementen", S. 198). War Arsensäure oder Zinnsäure zugegen, so ist das MoS_3 mit den Sulfiden des As und Sn vermengt (Abtrennung von diesen Elementen siehe im folgenden Abschnitt „Kurze Übersicht über das Verhalten des Molybdäns in der analytischen Gruppe". Ist anzunehmen, daß nur Phosphor- oder Arsensäure neben Molybdänsäure vorhanden ist, so kann man die Substanz mit Soda schmelzen (oder mit Sodalösung kochen) und aus dem sodaalkalischen Auszug die störende Phosphor- bzw. Arsensäure nach Zusatz von genügend Ammoniumchlorid mittels Magnesiamixtur in der üblichen Weise als NH_4MgPO_4 bzw. NH_4MgAsO_4 abscheiden. Auch bei Gegenwart organischer Komplexbildner ist ein Schmelzaufschluß mit Soda vorteilhaft, da hierdurch die organischen Stoffe zerstört werden und das Molybdän in lösliches Alkalimolybdat übergeführt wird.

Kurze Übersicht über das Verhalten des Molybdäns in der analytischen Gruppe.

Aus sauren Molybdatlösungen wird Molybdän als *Trisulfid*, MoS_3, durch Schwefelwasserstoff ausgefällt. Somit gehört Molybdän zur Schwefelwasserstoffgruppe, zumal es bei der Durchführung von Trennungen immer in die 6wertige Form übergeführt wird, so daß die Fällung stets als *Trisulfid* erfolgt. Zu berücksichtigen ist hierbei, daß die Fällung unter Umständen infolge Bildung von *Molybdänblau* unvollständig verläuft (Näheres siehe in §3, S. 205). Da sich Molybdäntrisulfid in wäßrigem Ammoniumsulfid unter Bildung von *Sulfosalz* löst, $MoS_3 + (NH_4)_2S = (NH_4)_2MoS_4$, läßt es sich zusammen mit As, Sb und Sn von den übrigen Elementen der H_2S-Gruppe abtrennen. Zur Abtrennung des Molybdäns von As, Sb und Sn kann man folgendermaßen verfahren (PORTER): Die aus der sulfoalkalischen Lösung mittels verdünnter Salzsäure gefällten Sulfide werden mit heißer konzentrierter Salzsäure behandelt, wodurch Antimon- und Zinnsulfid in Lösung gehen. Der Rückstand (MoS_3, As_2S_3 oder As_2S_5) wird in warmer 2 n-HNO_3 gelöst. Aus der entstehenden molybdän- und arsensäurehaltigen Lösung wird das Arsen in üblicher Weise durch Magnesiamixtur nach Zusatz von Ammoniak bis zur alkalischen Reaktion gefällt. Das Filtrat enthält ausschließlich Molybdat, das am besten mittels *Phenylhydrazins* (s. § 6, S. 218) nachgewiesen wird [vgl. auch NOYES und BRAY, BROWNING, CLENNELL].

Zum Nachweis des Molybdäns ist es nicht nötig, das As abzutrennen. Es läßt sich mittels der *Xanthogenatreaktion* (vgl. §6, S. 220) neben As bequem nachweisen, sofern letzteres nicht in sehr großen Mengen neben sehr wenig Mo vorhanden ist (GROSSET).

Für den Fall, daß in der As-Gruppe auch noch die selteneren Elemente Pt, Au, Se und Te vorhanden sind, behandelt man den durch Erhitzen mit konzentrierter Salzsäure von Sn und Sb befreiten Sulfidniederschlag mit Salzsäure (D = 1,12) unter anteilweisem Zufügen von $KClO_3$, filtriert die eingeengte Lösung vom Schwefel ab, eliminiert das Pt als K_2PtCl_6 durch Eindampfen unter Zusatz von KCl, schlägt das Au als solches durch Reduktion mit Oxalsäure nieder, fällt das Se im eingedampften Filtrat durch Behandeln mit konzentrierter Salzsäure und Na_2SO_3, entfernt im Filtrat das Te durch Erwärmen mit KJ und Na_2SO_3, oxydiert die filtrierte Lösung durch Kochen mit Br_2 und fällt schließlich das As mittels Magnesiamixtur in ammoniakalischer Lösung. Das Filtrat davon enthält ausschließlich Molybdän, das am einfachsten mit der *Rhodanidreaktion* (§5, S. 219) nachgewiesen wird (BROWNING).

Zur Abtrennung des Molybdäns von anderen Elementen läßt sich auch die Ätherlöslichkeit der beim Lösen des Molybdän(VI)oxyds in konz. HCl entstehenden Chloromolybdänsäure verwenden (ALSTODT und BENEDETTI-PICHLER), insbesondere zur mikroanalytischen Trennung des Molybdäns von Rh, Ir, Cu, Cd, Pb, Bi, Te. Die unter Druck gefällten Sulfide (vgl. § 3, S. 205) werden in Königswasser gelöst, durch Einleiten von SO_2 wird das Te elementar ausgefällt, das Filtrat zur Trockene gedampft, nach Zufügen von konz. HNO_3 zur Abscheidung von MoO_3 erneut eingedampft, der Trockenrückstand in 20%iger Salzsäure gelöst und die salzsaure Lösung mit Äther extrahiert. Nach dem Waschen der ätherischen Lösung mit 20%iger Salzsäure zur Entfernung geringer Mengen gelösten Iridiumchlorids enthält sie ausschließlich Molybdän(VI) als Chloromolybdänsäure. Nachweis des Molybdäns im Abdampfrückstand am besten mittels der Rhodanidreaktion (s. § 5, S. 211).

Abtrennung von natürlich vorkommenden Begleitelementen. Die wichtigsten metallischen Begleitelemente in Erzen und Mineralien sind Ca evtl. Mg und Al, Fe, Pb, Bi, W in seltenen Fällen auch As und V (letzteres im Eosit, $3PbO \cdot V_2O_4 \cdot MoO_3$). Als nichtmetallische Begleitelemente können vorkommen Si (als SiO_2), in seltenen Fällen P als PO_4, ferner Sulfid- und Sulfatschwefel. Schließt man, was das Einfachste ist, durch Schmelzen mit KOH und KNO_3 auf und filtriert die durch Laugen mit Wasser erhaltene Lösung, so kann das Filtrat außer Molybdat nur noch Wolframat, Vanadat und Arsenat evtl. noch Aluminat, Plumbat, Phosphat und Sulfat enthalten. Am sichersten läßt sich Molybdän neben diesen Stoffen mittels *Phenylhydrazins* nachweisen (§ 6, S. 218). Sofern nicht größere Vanadiummengen vorhanden sind, läßt sich Molybdän auch durch die *Xanthogenatreaktion* (s. § 6, S. 219) direkt nachweisen. Bei Abwesenheit von größeren Wolframat- und Phosphatmengen kann auch die *Rhodanidreaktion* (§ 5, S. 213) angewandt werden. Will man aus irgend einem Grunde das Molybdän abtrennen, so kann man folgendermaßen verfahren: Man dampft die mit konz. HCl und konz. H_2SO_4 versetzte Lösung bis zum Auftreten von H_2SO_4-Dämpfen ein, nimmt den Rückstand in Wasser auf, filtriert von einem etwa vorhandenen Niederschlag (WO_3, $PbSO_4$) ab, versetzt das Filtrat zur Reduktion des Vanadats mit wenig Eisen(II)sulfat und fällt das Molybdän zusammen mit dem restlichen Wolfram mit Benzoinoxim (s. § 3, S. 207); der Niederschlag wird nach dem Filtrieren bei Rotglut verglüht (nicht über 500°!) und mit Schwefelsäure und Flußsäure abgeraucht (Entfernung von mitgerissener SiO_2); den Rückstand löst man in 5%iger NaOH in der Wärme, filtriert, neutralisiert mit 2 n-HCOOH und kocht nach Zusatz von überschüssigem Bromwasser auf ein kleines Volumen ein (etwa 10 cm^3). Die Lösung enthält nur Molybdat neben Spuren von Wolframat. Man fällt das Molybdän als *Trisulfid* bei Gegenwart von Weinsäure und Ammoniumformiat (vgl. § 3, S. 205).

Abtrennung des Molybdäns von Legierungsbestandteilen. Die wichtigsten Molybdänlegierungen sind gewisse Edelstähle, die außer Fe und Mo noch Co, Ni, Mn, Cr, W, V, Ta, gegebenenfalls auch Ti und Zr, enthalten können. Hat man die Legierung nach einem der auf S. 196 beschriebenen, sauren Verfahren aufgeschlossen, so erhält man nach dem Abrauchen mit Schwefelsäure, Aufnehmen in Wasser und Filtrieren eine Lösung, die außer Molybdänsäure und geringen Mengen Wolframsäure noch die übrigen genannten Elemente enthalten kann. In dieser Lösung kann Molybdän mittels der Phenylhydrazin- oder *Rhodanidreaktion* (s. § 6, S. 218 bzw. § 5, S. 219) direkt nachgewiesen werden. Soll das Molybdän abgetrennt werden, so fällt man es als *Trisulfid* (s. § 3, S. 205) oder nach der Reduktion des Vanadats und Chromats [durch Zusatz von Eisen(II)sulfat] mit *Benzoinoxim* zusammen mit dem noch vorhandenen Wolfram. Dieser Niederschlag wird nach der im vorhergehenden Abschnitt beschriebenen Weise weiterverarbeitet. Das auch hierbei schließlich erhaltene *Molybdäntrisulfid* wird durch Abrauchen mit HNO_3 oder Königswasser in Molybdänsäure übergeführt und weiter identifiziert.

Wurde die Legierung mittels einer oxydierenden alkalischen Schmelze aufgeschlossen (s. S. 195), so erhält man nach dem Auslaugen mit Wasser und Filtrieren eine Lösung, die außer Molybdat noch Chromat, Manganat, Wolframat, Vanadat, Tantalat und gegebenenfalls Spuren von Ti und Fe enthalten kann. Nach Abscheidung der Hauptmenge des Wolframs als Wolframsäure (Eindampfen der salzsauren Lösung) kann das Molybdän auch hier direkt mittels der *Phenylhydrazin-* oder *Rhodanidreaktion* nachgewiesen werden. Zur Abtrennung als Sulfid wird in der weiter oben beschriebenen Weise verfahren. Über die vorherige Ausfällung des Vanadins durch $FeCl_3$-$FeCl_2$-Lösung und Natronlauge vgl. Kassler.

Nachweismethoden.

§ 1. Spektralanalytischer Nachweis[1].

Allgemeines.

Für den *spektralanalytischen* Nachweis des *Molybdäns* wird in der Regel die *spektrographische* Untersuchung verwendet. Nachweislinien befinden sich sowohl im sichtbaren als auch im ultravioletten Spektralbereich. Für die Auffindung des *Molybdäns* in *Stählen* eignen sich besonders die im *sichtbaren* Bereich gelegenen Linien (Kellermann und Schliessmann), die auch die quantitative Abschätzung des Mo-Gehaltes nach der Methode der *letzten Linien* gestatten (nur geringe Störungen durch die Fe-Linien). Eine visuelle Arbeitsweise, die sich zur Untersuchung schwach legierter Stähle eignet, wird von Schliessmann (a) angegeben.

Lichtquellen. Für den Molybdännachweis wird vor allem wegen der hohen Nachweisempfindlichkeit der *elektrische Lichtbogen* (Dauer- und Abreißbogen) verwendet (Scheibe). Auch der *elektrische Funke* hat sich, obwohl hiermit der Nachweis weniger empfindlich ist, bewährt und wird wegen der besseren Reproduzierbarkeit der Entladungsbedingungen unter Umständen bevorzugt (Holzmüller, Schliessmann). Das *Acetylen-Luftgebläse* ist nach Lundegårdh zur Erzeugung eines Molybdänspektrums *nicht* geeignet.

Brauchbare Analysenlinien im Bogen- und Funkenspektrum. Gerlach und Riedl geben für Molybdän folgende im Abreißbogen und im Funken mit hoher Selbstinduktion auftretende Linien an (Wellenlängen in Å): 3903,0; 3864,1; 3798,3. Diese Bogenlinien sind mit dem Glasspektrographen von Zeiss zu erhalten. Reihenfolge der Intensitäten (Agfa Superrapidplatte): 3798,3 $\geqq$ 3861,1 $\geqq$ 3903,0. Bei Verwendung eines Quarzspektrographen kommen für den Nachweis noch folgende Linien in Betracht: 3194,0; 3170,3; 3132,6. Reihenfolge der Intensitäten: 3798,3 $>$ 3864,1 $\approx$ 3132,6 $>$ 3903,0 $\approx$ 3170,3 $\geqq$ 3194,0.

Störungen bzw. Koinzidenzen sind zu erwarten: Bei $\lambda = 3903{,}0$ (bei Verwendung eines Glasspektrographen) mit Linien von Cr, Fe, Ir, sehr schwachen Linien von Mn, V, W; starke Störungslinien sind Fe (3902,9), Ir (3902,5), Ti (3904,8), V (3902,3).

Bei $\lambda = 3864{,}1$ (bei Verwendung eines Glasspektrographen) mit Linien von Bi, W, sehr schwachen Linien von Bi, Cr, Fe, Mn, Ti, V; starke Störungslinien sind Fe (3863,7; 3865,5), V (3864,9).

Bei $\lambda = 3798{,}3$ mit Linien von Mg, Sn, Cr, Fe, Pd, Rh, Ru, W, einer schwachen Linie von Ti und sehr schwachen Linien von Te, V; starke Störungslinien sind Fe (3799,6), Ir (3800,1), Rh (3799,3), Ru (3799,3; 3798,9), Sn (3801,0), V (3798,9).

Bei $\lambda = 3194{,}0$ mit Linien von Au, Cu, Fe, Os, schwachen Linien von Rh, V, einer sehr schwachen Linie von Mn; starke Störungslinien sind Cr (3197,1), Fe (3196,9), Nb (3195,0), Ti (3192,0; 3190,9).

Bei $\lambda = 3170{,}3$ mit Linien von Cu, Fe, Pd, W, sehr schwachen Linien von Fe, Mn, V; starke Störungslinien sind Ir (3168,9), Ti (3168,5).

Bei $\lambda = 3132{,}6$ mit Linien von Be, Cd, Hg, Te, Cr, Mn, Pd, Ru, schwachen Linien von Au, Sc, Fe, einer sehr schwachen Linie von V; starke Störungslinien sind Be (3130,4), Cr (3132,1), Hg (3132,8), Ir (3133,3), Nb (3130,8), Ni (3134,1), V (3133,3;

[1] Mitbearbeitet von J. van Calker, Münster (Westf.).

3130,3). Die Koinzidenzen bei den vorstehenden vier Wellenlängen gelten für einen Quarzspektrographen.

Die angegebenen Intensitätsverhältnisse gelten für Agfa Superrapidplatten.

Als sehr empfindliche Nachweislinie des Funkenspektrums ist ferner die Linie 2816,15 und für die visuelle Arbeitsweise die Linie 5533,01 geeignet [SCHLIESSMANN (a)].

Weitere Nachweislinien siehe unter „Nachweisverfahren", Abschn. 4.

Nachweisverfahren.

1. Nachweis in Lösungen. Zur Untersuchung von Lösungen wird meist der elektrische Funke in der üblichen Versuchsanordnung verwendet: Kohleelektroden, von denen die untere zur Aufnahme der Lösung einen Krater besitzt (KELLERMANN und SCHLIESSMANN sowie RIVAS), oder die Pastillenmethode.

2. Nachweis in Metallen. Wenn möglich verwendet man das zu untersuchende Metall selbst als Elektroden zur Erzeugung eines Bogen- oder Funkenspektrums. So bestimmen BRECKPOT und MEVIS Mo quantitativ in Cu. Sind die zur Verfügung stehenden Mengen zu gering, so kann man diese durch passende Verfahren in Lösung bringen und diese Lösung untersuchen.

3. Nachweis in Pulvern. Pulver, vor allem Mineralien werden meist mittels des elektrischen Lichtbogens nach den üblichen Verfahren untersucht. So führt BRECKPOT den Mo-Nachweis in Chilesalpeter durch, und untersucht Zuckerrüben auf Mo.

4. Nachweis in Eisen und Stahl. Besonders bedeutungsvoll ist der — auch quantitative — Mo-Nachweis in Eisen und Stahl, worüber eine große Zahl von Arbeiten vorliegt. Dabei richtet es sich vielfach nach der jeweils vorhandenen spektrographischen Einrichtung, ob die Verfasser Linien im Sichtbaren oder im Ultravioletten bevorzugen. Bei dem sehr linienreichen Spektrum sind jedenfalls in beiden Spektralbereichen genügend empfindliche Linien vorhanden. Zu erwähnen sind die Anwendung des Zweilinienverfahrens für die Mo-Bestimmung in Stahl durch LIMMER sowie Arbeiten von HAMMERSCHMID, LINSTRÖM und SCHEIBE, von VINCENT und SAWYER, von BURNS, von LANDSBERG, MANDELSTAM, TULJANKIN und ZEIDEN. Mit Hilfe des Spektroskops werden Schnellanalysen an legierten Stählen durch IWANZOW und MANDELSTAM sowie durch SCHLIESSMANN (b), der durch Abschätzen der Stärke der Spektrallinien auch quantitative Angaben machen kann, ausgeführt. Da die außerordentlich zahlreichen, im Ultraviolett gelegenen Fe-Linien bei Verwendung der üblichen Spektrographen mit nicht sehr großer Dipersion störend wirken, eignen sich die Linien des sichtbaren Spektralbereiches besonders gut zum Molybdännachweis in Eisen bzw. Stahl (KELLERMANN und SCHLIESSMANN). Folgende, mit *Glasoptik* zugänglichen Linien kommen unter Verwendung des Funkens (Kohleelektroden mit der Lösung des Stahles getränkt) in erster Linie in Betracht (nach steigender Empfindlichkeit geordnet). (Die in runde Klammern gesetzten Wellenlängen gehören jeweils zu Linien mit etwa der gleichen Empfindlichkeit; die Angabe der Grenzkonzentration ist jeweils in Prozenten in eckige Klammern gesetzt.) (5360,6; 5240,9; 4363,6 [0,2]); (4435,0; 4411,7; 4377,9 [0,1]); (5570,5; 5533,0; 5506,5 [0,05]); (4288,8; 4279,2 [0,02]); 3903,0 [0,01]. Für die Untersuchung schwach legierter Stähle eignen sich nach SCHLIESSMANN (a) auch die Linien 2816,15 [0,02] sowie die Linie 3864,12 [0,01] und bei visueller Arbeitsweise die Linie 5533,01 [0,01].

Für die Untersuchung hochlegierter Stähle unter Verwendung des Funkens sind folgende Linien geeignet (HOLZMÜLLER):

2506,5; 2638,8; 2644,3; 2660,6; 2683,2; 2684,1; 2775,4; 2816,1; 3087,6. Störmöglichkeiten bei 2506,5: Fe (5506,8), Mn (5506,5), Ti (5506,5), V (5507,8); bei 2638,8: Mn (2638,2); bei 2644,3: Fe (2644,0), Ti (2644,3), V (2644,4); bei 2660,6: Al (2660,3), Mg (2660,8), V (2661,5); bei 2683,2: Fe (2681,6), V (2683,1); bei 2684,1: Co (2684,6);

bei 2775,4: Fe (27774,7), Mn (nur, wenn der Gehalt 6% beträgt); bei 2816,1: Al (2816,2), Co (2815,6); bei 3087,6: Co (3086,8), Ti (3088,0), V (3087,7).

Versuchsanordnung: Quarzspektrograph für Chemiker von ZEISS; Funkenerzeuger nach FEUSSNER, PERUTZ Silbereosinplatten, durch Überstreichen mit Paraffinöl ultraviolettempfindlich gemacht; Proben vor der Aufnahme 3 Min. lang abgefunkt und 60 Sek. lang belichtet.

Weitere mit *Glasoptik* zugängliche Linien des *Funkenspektrums* (Wellenlängen im Bereich von 3382,50 bis 7601,82) siehe bei KRAEMER.

Bei Verwendung des *Lichtbogens* sind nach SCHEIBE folgende Linien zum Molybdännachweis in Eisen geeignet. (In eckige Klammern sind die Grenzkonzentrationen in Prozenten, in runde Klammern die Störmöglichkeiten gesetzt.)

4731,45 [0,25] (Ti 4731,17); 4621,35 [0,25]; 4576,49 [0,06] (bei Gegenwart von 1% V Vorsicht); 4558,11 [0,24] (Cr 4558,67); 4526,81 [0,24] (Ti 4536,05); 4081,47 [0,24]; 4069,92 [0,24]; 4277,26 [0,06] (V 4276,96); 3864,11 [0,01]; 3363,80 [0,01]; 3289,00 [0,01] (Fe 3289,44); 3170,34 [0,01] (verstärkt die sehr schwache Linie Fe 3170,35); 3158,15 [0,01] (Fe 3157,88); 3132,60 (verstärkt die Linie Fe 3132,51); 2871,50 [0,01] (Al 2816,18 stört bei höheren Konzentrationen); 2775,40 [0,01]; 2638,76 [0,01] (Mn 2638,17).

5. Grenzkonzentration. Ohne Verwendung chemischer oder physikalischer Anreicherungsverfahren läßt sich Molybdän durch Beobachtung der empfindlichsten Bogenlinien 3864,12 (letzte Linie), 3170,34 und 3132,60 noch bei einer Konzentration von $1 \cdot 10^{-2}$% mit Sicherheit erkennen (SCHEIBE). Bei der visuellen Arbeitsweise läßt sich mit Hilfe der Linie 5533,01 die gleiche Empfindlichkeit erzielen [SCHLIESSMANN (a)].

6. Anreicherungsverfahren. Außer den üblichen chemischen Anreicherungsmethoden kommen in Betracht: a) Anreicherung durch *elektrolytische Abscheidung* des Molybdäns, b) *elektrothermische* Anreicherung im Lichtbogen.

a) Elektrolytische Anreicherung nach SCHLEICHER. Zunächst werden die Elemente Ag, Pb, Bi, Cu, As, Sb, Sn aus salzsaurer Lösung elektrolytisch an der Kathode abgeschieden. Als Elektrode dient ein Kupferdrahtnetz 26 × 28 mm, Drahtquerschnitt 0,25 mm, 33 cm² Oberfläche, auf einen Platinrahmen aufgezogen. *Versuchsbedingungen:* 5 cm³ konz. HCl auf 50 cm³ Lösung + 0,2 bis 0,3 g Hydrazinhydrochlorid, Kathodenpotential 0,3 bis 0,9 Volt gegen die 0,1 n-Kalomelelektrode, Stromdichte 0,03 bis 0,15 Amp.; Dauer der Elektrolyse 40 Min. bei 80 bis 90° unter Rühren.

Es folgt die Fällung des *Molybdäns* zusammen mit Ni, Co, Cd, Zn aus ammoniakalischer Lösung.

Als Kathode dient die gleiche reine Elektrode wie vorher. Es wird mit 12 cm³ konzentriertem Ammoniak versetzt, Klemmenspannung 5 bis 6 Volt, Stromdichte 6 Amp.; Dauer der Elektrolyse 40 Min. bei Raumtemperatur.

Die Elektrode wird in einem beweglichen Schlitten befestigt, der in ein Funkenstativ nach DE GRAMONT eingespannt wird. Die Netzelektrode wird streifenweise abgefunkt. Ist ein Streifen abgefunkt, so wird dieser abgeschnitten und der nächste untersucht.

Erfassungsgrenze: 100 γ Mo.

Grenzkonzentration: $1:10^6$.

Vgl. auch die Anordnung von BAYLE und AMY im Kapitel „Chrom“, § 1, S. 155.

b) Elektrothermische Anreicherung. Sie tritt bei der Bogenentladung selbst ein, wenn der nachzuweisende Stoff zu den schwerer flüchtigen Stoffen gehört. Die leichter flüchtigen entweichen in höherem Maße, so daß allmählich eine Anreicherung der schwerer flüchtigen, wozu auch das Molybdän gehört, in der Oberfläche der Substanz stattfindet (PIÑA DE RUBIES und LÓPEZ DE AZCONA).

§ 2. Nachweis auf trockenem Wege.

1. Perlenproben. Voraussetzung für das Gelingen dieser Reaktionen ist das Vorhandensein des Molybdäns in oxydischer Form. Liegt das Molybdän z. B. als Molybdänglanz, MoS_2, vor, so versagt die Perlenprobe.

a) Verhalten in der Phosphorsalzperle. Oxydationsperle. In der Hitze braungelb, bei niedrigen Mo-Konzentrationen gelblich, in der Kälte farblos. Die Oxydationsflamme muß bei Ausführung der Reaktion von reduzierenden Bestandteilen völlig frei sein.

Empfindlichkeit. Nach LUTZ läßt sich noch 1 Teil Mo in 600 Teilen $NaPO_3$ nachweisen.

Reduktionsperle. In der Hitze braungrün, in der Kälte grasgrün, bei niedrigen Mo-Konzentrationen bläulichgrün. Bei sehr hohen Molybdänkonzentrationen (1:15) erhält man ein undurchsichtiges Glas.

Empfindlichkeit (kalte Perle). Nach LUTZ läßt sich noch 1 Teil Mo in 600 Teilen $NaPO_3$ nachweisen. Setzt man der Perle zur Reduktion etwas $SnCl_2$ zu, so wird die Empfindlichkeit auf 1:1500 erhöht.

Verwendung der Phosphorsalzperle in der Mineralanalyse. Nach VERSLUYS und ZERMATTEN kann die Phosphorsalzperle mit Vorteil für den Molybdännachweis in Mineralien verwandt werden. Zur einwandfreien Identifizierung wird die Perle in verdünnter HCl gelöst und mittels eines Spezialreagenses auf Molybdän geprüft.

b) Verhalten in der Boraxperle. Der Nachweis mit der Boraxperle hat keine Bedeutung, da er eine geringe Empfindlichkeit besitzt und die Färbung weniger charakteristisch ist.

Oxydationsperle. In der Hitze gelblich, in der Kälte farblos.

Reduktionsperle. In der Hitze bei hoher Molybdän-Konzentration rotbraun, bei niederer hellgelb, in der Kälte graugrün. Bei hohem Molybdängehalt (1:15) schwimmen in dem gefärbten Glas schwarze Teilchen herum.

Empfindlichkeit (heiße und kalte Perle). Nach LUTZ läßt sich 1 Teil Molybdän noch in 60 Teilen Borax erkennen.

2. Reduzierendes Schmelzen mit Ammoniumhypophosphit. Molybdänmineralien, ausgenommen Molybdänglanz, MoS_2, geben, mit Ammoniumhypophosphit geschmolzen, eine rotbraune Schmelze (vgl. im Kapitel „Chrom“ § 2, Abschn. 6, S. 156). Um auch als MoS_2 gebundenes Molybdän nachzuweisen, behandelt man die Schmelze mit konz. HNO_3, dampft zur Trockene und erhitzt das Gemisch wieder zum Schmelzen. Bei Anwesenheit von Molybdän entsteht eine grüne oder blaugrüne Schmelze. Beim Zufügen von Wasser geht diese Farbe in Gelb über (VAN VALKENBURGH und CRAWFORD).

3. Verhalten vor dem Lötrohr. *Molybdän(III)oxyd*, MoO_3, auf der Kohle mit der Oxydationsflamme erhitzt, verflüchtigt sich und bildet einen in der Hitze gelben, in der Kälte weißen, oft deutlich krystallinen Beschlag. *Molybdänsulfide* werden in der Oxydationsflamme unter Bildung von SO_2 und eines Beschlages von MoO_3 oxydiert. In der Reduktionsflamme entsteht metallisches Molybdän, das beim Abschlämmen der Kohle als graues Pulver zurückbleibt.

4. Beschlagproben. **a) Oxydbeschlag.** Beschlag als MoO_3 siehe im vorhergehenden Abschnitt 3.

b) Jodidbeschlag. Als Reagens wird ein zusammengeschmolzenes und dann gepulvertes Gemisch von 40% Jod und 60% Schwefel verwendet.

Ausführung. Gleiche Teile der Probesubstanz und des Jod-Schwefelgemisches werden miteinander verrieben und in der oxydierenden Flamme des Lötrohres auf einem Gipstäfelchen (hergestellt durch Ausgießen von Gipsbrei auf eine schwach geölte Glasplatte und abbinden lassen), wie bei der gewöhnlichen Lötrohrprobe erhitzt. Bei Anwesenheit von Molybdän entsteht ein ultramarinblauer Beschlag von Molybdänblau (WHEELER und LUEDEKING).

*5. **Reaktion mit konzentrierter Schwefelsäure.*** Molybdänverbindungen, mit wenig konzentrierter Schwefelsäure erhitzt, erteilen dieser beim Erkalten eine blaue Farbe. Man nimmt allgemein an, daß diese auf der Bildung von Molybdänblau beruht, obwohl der exakte Beweis dafür noch nicht erbracht wurde. Für das Eintreten der Reaktion scheint ein gewisser Wassergehalt der Schwefelsäure notwendig zu sein.

Es ist auch möglich, daß beim Erhitzen von MoO_3 mit konzentrierter Schwefelsäure die analoge Reaktion erfolgt, wie sie mit V_2O_5 beobachtet worden ist. Wird letzteres mit konz. H_2SO_4 erhitzt, so geht ein Teil des Vanadiums von der 5wertigen in die 4wertige Stufe unter O_2-Entwicklung bis zur Einstellung eines Gleichgewichtes über (AUGER, EICHNER). In analoger Weise würde das Molybdän ebenfalls unter Abgabe von O_2 zum Teil von der 6wertigen in die 5wertige Stufe übergehen.

Ausführung. Man bringt 1 Tropfen konz. Schwefelsäure auf ein muldenförmig gebogenes Platinblech oder in ein Porzellanschälchen zusammen mit einer kleinen Menge der fein gepulverten Substanz, erhitzt bis zum lebhaften Rauchen, läßt erkalten und haucht den Rückstand wiederholt an. Bei Anwesenheit von Molybdän tritt eine Blaufärbung der Schwefelsäure ein, die beim erneuten Erhitzen verschwindet aber beim Erkalten wieder erscheint [MASCHKE; vgl. auch SCHÖNN (a), v. KOBELL, TRUCHOT].

Erfassungsgrenze (TRUCHOT): 10 γ MoO_3.

Störungen. Die meisten Metalloxyde stören die Reaktion nicht. Bei Gegenwart von *Antimon-* oder *Zinnoxyden* wird die Probesubstanz zuerst mit 1 Tropfen konzentrierter Phosphorsäure zu einem dünnen Brei angerührt und zur Trockene gedampft. Vanadium stört durch Grünfärbung der Schwefelsäure (TRUCHOT). Bei Gegenwart von Cr ist die Nachweisempfindlichkeit stark vermindert desgl. in Anwesenheit größerer Mengen Alkalisalze. In einem Stahl mit 0,5 % Cr ließ sich Mo durch die Molybdänblaureaktion nur bei einem Mo-Gehalt $> 1\%$ nachweisen. Für die Untersuchung von Stählen ist die Reaktion deshalb nicht zu empfehlen (MONTELUCCI und GAMBIOLI).

*6. **Reaktion mit Salpetersäure-Salzsäure.*** Auch durch Abdampfen mit Salpetersäure-Salzsäuregemisch wird die blaue Farbe erhalten, die beim Erkalten auftritt. Die Reaktion versagt oft in Gegenwart von Verunreinigungen (CLENNELL).

§ 3. Nachweis auf nassem Wege durch Fällungsreaktionen.

Vorbemerkung. Fast sämtliche analytisch brauchbaren Nachweisverfahren setzen das Vorhandensein des Molybdäns in der 6wertigen Stufe voraus, obwohl in einigen Fällen das Molybdän im Verlaufe der Nachweisreaktion in eine niedere Wertigkeitsstufe übergeführt wird (z. B. bei der Rhodanidreaktion, § 5, S. 213 und den zu Molybdänblau führenden Reduktionsreaktionen, § 5 B, S. 215). Sofern das Molybdän nicht als Metall, gegebenenfalls in Form von Legierungen oder als Sulfid (Molybdänglanz), vorliegt, wird es in der Regel bereits in der Analysensubstanz 6wertig vorkommen, entweder als normales Molybdat, als Poly- oder Heteropolymolybdat, als Molybdänsäure oder Molybdäntrioxyd oder in komplexer Bindung z. B. mit Oxalsäure u. a. Durch Schmelzen mit Alkalihydroxyd oder -carbonat unter Zusatz eines Oxydationsmittels läßt sich das Molybdän stets in Molybdat überführen (vgl. den Abschnitt „Aufschluß unlöslicher Molybdänverbindungen", S. 195). Im folgenden soll zunächst ein kurzer Überblick über das allgemeine Verhalten der Molybdate in wäßriger Lösung gegeben werden. Über das analytische Verhalten niederer Wertigkeitsstufen siehe § 10, S. 224.

Nur in alkalischer oder neutraler Lösung bestehen die normalen Molybdate mit dem Anion MoO_4''. Wird die Lösung sukzessive angesäuert, so bildet sich eine Reihe von Isopolymolybdaten, die sich von entsprechenden Isopolysäuren ableiten und von bestimmten p_H-Werten begrenzte Existenzgebiete besitzen (G. JANDER und Mitarbeiter). Folgende drei Molybdänisopolysäuren konnten in wäßriger Lösung nachgewiesen werden: Hexamolybdänsäure $H_6Mo_6O_{21} \cdot aq$, Dodekamolybdänsäure $H_{10}Mo_{12}O_{41} \cdot aq$ und Eikositetramolybdänsäure $H_{12}Mo_{24}O_{48} \cdot aq$. Die sich von diesen Säuren ableitenden Salze zeigen vielfach ein anderes analytisches Verhalten als die normalen Molybdate, z. B. bei Fällungsreaktionen. Für die analytische Chemie ist wichtig, daß sämtliche Isopolymolybdate in stark alkalischer Lösung in normale Molybdate und in stark saurer Lösung in normale Molybdänsäure übergehen. Letztere scheidet sich, oft erst nach Tagen oder Wochen, in Form kanariengelber, monokliner Prismen als Hydrat $H_2MoO_4 \cdot H_2O$ ab, das in der Wärme in die wasserfreie Säure H_2MoO_4 (weiße Nädelchen) übergeht, die in starken Mineralsäuren im Gegensatz zur Wolframsäure löslich ist. Die Molybdänsäure und ihr Hydrat sind wohl in Wasser schwer, aber keinesfalls praktisch unlöslich. Beim Versetzen einer Molybdatlösung mit konzentrierter Salpetersäure kann auch das Trioxyd MoO_3 als weißer Niederschlag ausfallen (vgl. den Abschnitt „Verhalten des Molybdäns in der 6. Gruppe", S. 193).

Aus Molybdaten und gewissen anderen Säuren wie H_3PO_4, H_3AsO_4, H_4SiO_4 u. a. bilden sich in saurer Lösung charakteristische Heteropolysäuren bzw. deren Salze (vgl. G. JANDER). Die analytisch wichtigste Heteropolysäure ist die 1-Phosphor-12-molybdänsäure $H_3[PO_4(Mo_3O_9)_4 \cdot aq]$, von der sich das für den Nachweis der Phosphorsäure wichtige Ammoniumphosphormolybdat, $(NH_4)_3[PO_4(Mo_3O_9)_4 \cdot aq]$, ableitet.

Mit Oxalsäure und Weinsäure geben Molybdate stabile Komplexverbindungen, wie z. B. $[MoO_3(C_2O_4)]''$. Sie sind von analytischer Bedeutung, da sich das Molybdän durch die Komplexbildung maskieren läßt, so daß gewisse, für Molybdate typische Reaktionen ausbleiben (vgl. z. B. den Nachweis von Cr neben Mo im Kapitel „Chrom" S. 179).

Analytisch wertvoll ist die Fähigkeit der Molybdänsäure, sowohl in saurer als auch in alkalischer Lösung mit Wasserstoffperoxyd stark gefärbte Peroxysäuren zu bilden, die sich in saurer Lösung von Isopolysäuren, in alkalischer von der normalen Molybdänsäure ableiten (vgl. § 5, S. 217).

Allgemeines über Reaktionen auf Molybdän. Für den Nachweis des Molybdäns in wäßriger Lösung besitzen gewisse Farbreaktionen wegen ihrer Empfindlichkeit und ihres spezifischen Charakters gegenüber den Fällungsreaktionen die weitaus größere Bedeutung. Von den Fällungsreaktionen am wichtigsten ist die Fällung als Trisulfid, MoS_3, allerdings weniger zum Nachweis als vielmehr zur Abtrennung des Molybdäns von den Elementen der Schwefelammoniumgruppe. Besonders zu berücksichtigen ist, daß viele Nachweisreaktionen durch Gegenwart von Phosphorsäure, Oxalsäure, Weinsäure und anderen Komplexbildnern verhindert oder in ihrer Empfindlichkeit verringert werden.

Durch *Phosphorsäure* nicht oder nur unwesentlich beeinträchtigt werden die Nachweisreaktionen mit folgenden Reagenzien (die in Klammern gesetzten Zahlen geben die betr. Seiten an):

a) Fällungsreaktionen: H_2S (205), $K_4[Fe(CN)_6] + CH_3CO_2NH_4$ (206), Dithiol (207), Benzoinoxim (207), Oxin (208), Aurintricarbonsäure (208).

b) Farbreaktionen: $SnCl_2$ (215), H_2O_2 in alkalischer und saurer Lösung (217), Kaliumxanthogenat (219), Phenylhydrazin (218), Dinaphtylcarbazon (221), α,α'-Dipyridyl (222).

Durch *Oxal-* und *Weinsäure* nicht oder nur unwesentlich gestört werden die Nachweisreaktionen mit den folgenden Reagenzien:

a) Fällungsreaktionen: H_2S (205), Benzoinoxim (207), Dithiol (207), Oxin (208), Aurintricarbonsäure (208).

b) Farbreaktionen: $SnCl_2$ (215), H_2O_2 (217), Phenylhydrazin (218), α,α'-Dipyridyl (222).

Über die Beseitigung der störenden Komplexbildner siehe unter „Aufschluß komplexer Molybdänverbindungen", S. 196.

A. Wichtige Fällungsreaktionen mit anorganischen Reagenzien.

1. Fällung als Trisulfid. Leitet man in eine angesäuerte *Molybdatlösung* Schwefelwasserstoff ein, so fällt braunes *Molybdäntrisulfid* aus, $H_2MoO_4 + 3\,H_2S = MoS_3 + 4\,H_2O$. Außer dieser Fällungsreaktion kann der Schwefelwasserstoff in untergeordnetem Maße auch eine Reduktion zu *Molybdänblau* bewirken, wodurch die Fällung als *Trisulfid* unvollständig wird. Ferner können in sekundärer Reaktion geringe Mengen Trisulfid durch die Bildung von *Sulfomolybdänsäure*, $MoS_3 + H_2S = H_2MoS_4$, in Lösung gehen. Eine weitere Schwierigkeit bei der Fällung als Trisulfid bildet dessen Neigung, kolloidale Lösungen zu geben, so daß die Niederschläge oft durch das Filter laufen. Um die Reduktion zu *Molybdänblau* zu vermeiden, muß man dafür sorgen, daß schnell ein Überschuß von Schwefelwasserstoff geschaffen wird, entweder durch energisches Einleiten von H_2S oder durch Eingießen der angesäuerten Probelösung in bei Eiskühlung gesättigtes Schwefelwasserstoffwasser. Durch nachträgliches Kochen unter Einleiten von H_2S wird ein besseres Absitzen des Niederschlages gewährleistet. Zur Zersetzung etwa gebildeter Sulfomolybdänsäure wird schließlich der gelöste Schwefelwasserstoff durch Auskochen entfernt. Handelt es sich lediglich um den Molybdännachweis als Trisulfid, so kann die Fällung in schwach saurer Lösung (etwa 0,1 n-HCl, -H_2SO_4 oder -HNO_3) vorgenommen werden. Will man dagegen eine vollkommene Trennung von den Elementen der Schwefelammoniumgruppe erreichen, so muß die Lösung stark sauer sein (etwa 5 n-H_2SO_4). In diesem Falle erhitzt man die durch schnelles Einleiten von H_2S kalt gesättigte Lösung 2 bis 3 Std. in einer Druckflasche im siedenden Wasserbad, wodurch man einen gut filtrierbaren Niederschlag erhält (STRAUMANIS und ORGIUS; vgl. auch ALSTODT und BENEDETTI-PICHLER). Die Fallung des Molybdantrisulfids aus sauren Molybdatlösungen erfolgt nach dem vorstehend beschriebenen Verfahren stets auch in Gegenwart von Komplexbildnern, wie Phosphorsäure u. a.

Grenzkonzentration. Die Empfindlichkeit ist außerordentlich groß. Nach unveröffentlichten Versuchen des Autors läßt sich die Trisulfidfällung an einer Braunfärbung noch gerade bei einer Verdünnung von 1:3000000 erkennen (im durchfallenden Licht bei einer Schichtdicke von 10 cm beobachtet).

Ausführung als Nachweisreaktion. Zu der schwach mit Salz- oder Schwefelsäure angesäuerten Probelösung gibt man etwa das gleiche Volumen gesättigten Schwefelwasserstoffwassers. Es entsteht bei Anwesenheit von Molybdat zunächst eine mehr oder weniger tiefbraun gefärbte, kolloidale Lösung, die je nach der Molybdatmenge früher oder später ausflockt; der ausgeflockte Niederschlag löst sich auf Zusatz von Ammoniak und Ammoniumsulfid mit roter Farbe.

Die analytische Bedeutung der Fällung des Molybdäns als *Trisulfid* liegt vor allem in der Möglichkeit, hierdurch das Mo von den Elementen der Schwefelammoniumgruppe sowie von Wolfram zu trennen.

Trennung des Molybdäns von Wolfram. Da die Fällung des Wolframs als Wolframsäure nicht vollständig ist, wird das Molybdän von den restlichen in Lösung befindlichen Wolframmengen durch H_2S abgetrennt. Beim Ausfällen des MoS_3 können nicht zu vernachlässigende Mengen Wolfram mitgerissen werden. Um dies zu vermeiden, führt man die Fällung in weinsäure- und ammoniumformiathaltiger Lösung durch: Auf 15 cm³ Probelösung 3 g Weinsäure, 5 g Ammoniumformiat; Fällung mit 100 cm³ bei 0° gesättigtem H_2S-Wasser; nach Zufügen von 10 cm³ 2 n-Ameisensäure 1 Std. auf 60° erhitzen, darauf zwecks guten Ausflockens 10 cm³ konzentrierte Ameisensäure zufügen und weitere 60 Min. auf 60° erhitzen; Auswaschen des Niederschlages mit einem Gemisch von 5 cm³ 50%iger Ammoniumformiatlösung, 5 cm³ konzentrierter Ameisensäure und 90 cm³ Wasser [YAGODA und FALES (b)].

2. Fällung mit Kaliumhexacyanoferrat(II) und Ammoniumacetat. Wird eine salzsaure Molybdatlösung mit Kaliumhexacyanoferrat(II) versetzt, so entsteht eine braune Färbung oder, bei höheren Molybdatkonzentrationen, ein gleich gefärbter Niederschlag (siehe unter „Nachweis des Molybdäns durch Farbreaktionen mit anorganischen Reagenzien", § 5, S. 217). Auf Zusatz von *Ammoniumacetat* entsteht allmählich ein citronengelber Niederschlag von der Formel

$$(NH_4)_4[Fe(CN)_6] \cdot 2\,MoO_3 \cdot 3\,H_2O$$

(BARBIERI). Am schnellsten erhält man diese Fällung, wenn man die alkalische Probelösung nicht mit Mineralsäure, sondern mit Essigsäure ansäuert.

Ausführung. Die essigsaure Probelösung wird mit überschüssiger $K_4[Fe(CN)_6]$-Lösung versetzt und viel Ammoniumacetat entweder fest oder in konzentrierter Lösung zugefügt.

Ist das *Molybdän komplex* als Phosphormolybdänsäure gebunden, so verfährt man folgendermaßen: Die ammoniakalische Probelösung wird mit dem Reagens und mit viel Ammoniumacetat in konzentrierter Lösung versetzt. Nun fügt man allmählich 2 n-Essigsäure hinzu. An der Eintropfstelle bildet sich eine gelbrötliche Färbung, die beim Umschütteln wieder verschwindet. Nach der Neutralisation fällt die citronengelbe Komplexverbindung aus (BARBIERI).

3. Fällung als Thalliummolybdat. Die Fällung als Thalliummolybdat, Tl_2MoO_4, hat allenfalls als Mikroreaktion für den Mo-Nachweis Bedeutung (vgl. § 4, S. 209). Für die Ausführung als Makroreaktion ist die Löslichkeit des Thalliumsalzes zu groß, sofern man nicht durch Zusatz von genügend Alkohol die Löslichkeit herabsetzt [YAGODA und FALES (b)].

Fällung in alkoholisch-wäßriger Lösung. Reagens. 3 g Thalliumacetat, in 100 cm³ 95%igem Alkohol gelöst.

Ausführung. Die gegen Phenolphthalein neutralisierte Probelösung wird mit Ammoniak deutlich alkalisch gemacht, mit dem doppelten Volumen Alkohol und nach dem Erwärmen auf 70 bis 80° langsam mit dem Reagens versetzt. Bei Anwesenheit von Molybdat entsteht ein farbloser, krystalliner Niederschlag.

Grenzkonzentration: 1:333000.

4. Fällung als Bleimolybdat. Versetzt man eine Molybdatlösung mit Bleiacetat, so fällt weißes Bleimolybdat, $PbMoO_4$, aus, das in Essigsäure und Ammoniumacetat unlöslich ist.

Ausführung. Die neutrale oder schwach ammoniakalische Probelösung wird mit Essigsäure stark angesäuert und mit Bleiacetat versetzt (CLENNELL).

5. Fällung als Quecksilber(I)molybdat. Versetzt man eine neutrale Molybdatlösung mit Quecksilber(I)nitrat, so fällt weißes Quecksilber(I)molybdat, Hg_2MoO_4, aus. Bei einer Verdünnung von 1:100000 ist noch eine schwache Opalescenz zu erkennen. In essigsaurer Lösung ist die Empfindlichkeit wesentlich geringer (nach unveröffentlichten Versuchen des Autors).

Nachweis als Ammonium- oder Kaliumphosphormolybdat und als Thalliumphosphormolybdat siehe § 4, S. 209.

B. Nachweis des Molybdäns durch Fällung mit organischen Reagenzien.

1. Fällung mit 4-Methyl-1,2-dimercaptobenzol (Dithiol). Wird eine stark salzsaure Molybdatlösung mit Thioglykolsäure und darauf mit Dithiol versetzt, so entsteht beim Kochen ein dunkelgrüner Niederschlag, der sich nach dem Erkalten in überschüssigem Ammoniak mit blauer Farbe löst. Der in verdünnter Salzsäure suspendierte Niederschlag löst sich in Amylalkohol-Äther-Gemisch (1:1) mit olivgrüner Farbe auf (HAMENCE). Auch andere Metallsalze geben mit dem Reagens gefärbte Niederschläge (vgl. CLARK), die sich jedoch in wäßrigem Ammoniak ohne Ausnahme farblos lösen. Die Reaktion auf Molybdat ist also durchaus spezifisch. Es ist anzunehmen, daß durch die zugesetzte Thioglykolsäure das 6wertige Molybdän zur 5wertigen Stufe reduziert wird und daß somit die mit Dithiol entstehende Verbindung 5wertiges Mo enthält.

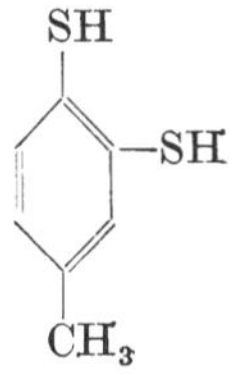

SH —SH CH_3

Dithiol

Reagens. 0,2%ige Dithiollösung in 2 n-NaOH-Lösung unter Wasserstoff aufbewahrt oder frisch hergestellt.

Ausführung. 10 cm^3 der gegen Lackmus neutralen Probelösung werden mit 10 cm^3 konzentrierter Salzsäure und mit 3 Tropfen Thioglykolsäure versetzt. Bei Anwesenheit von Molybdat tritt eine Gelbfärbung auf. Man fügt nun 1 cm^3 Dithiollösung hinzu und kocht 3 bis 4 Min. Ist Molybdat vorhanden, so entsteht jetzt ein dunkelgrüner Niederschlag, der sich auf Zusatz von überschüssigem Ammoniak mit blauer Farbe löst.

Grenzkonzentration: 1:500000 (auf Mo bezogen).

Nach ROSENTHALER (a) entsteht die grüne Molybdänverbindung auch ohne Zusatz der reduzierend wirkenden Thioglykolsäure. Erstere läßt sich mit Benzin ausschütteln, wodurch die Empfindlichkeit bedeutend erhöht wird.

Erfassungsgrenze: 0,1 γ Mo.

Grenzkonzentration: 1:10000000.

Störungen. Wolframat gibt unter den gleichen Bedingungen einen blaugrünen Niederschlag, der sich aber zum Unterschied vom Mo-Niederschlag in überschüssigem Ammoniak farblos löst. Sn gibt eine Rotfärbung (CLARK). Cu, Bi, Ni, Fe, Mn stören. Bei Gegenwart von Eisen gießt man die Probelösung in überschüssige Natronlauge und filtriert das ausgeschiedene Eisen(III)hydroxyd ab und prüft das Filtrat in der angegebenen Weise auf Molybdän. Nitrat und Persulfat stören erst, wenn die Probelösung mehr als 1% davon enthält. Vanadat gibt vorübergehend eine blaue, Perrhenat eine gelbgrüne, Pt(IV) eine schwarze, Pd(IV) eine braune, Au(III) eine grüngelbe Verbindung.

2. Fällung mit Benzoinoxim. Molybdate geben in essig-, schwefel- oder salzsaurer Lösung einen weißen Niederschlag. Die Reaktion dient weniger zum Nachweis des Molybdäns als zur Abtrennung des Elements vor allem von Fe, Cr, V bei der Stahlanalyse. W gibt die gleiche Fällung wie Mo. Zu beachten ist, daß durch das Reagens 6wertiges Mo reduziert werden kann, wenn die Temperatur zu hoch ist. Zur Erzielung einer vollständigen Fällung ist es zweckmäßig, nach Zufügen des Oxims etwas Bromwasser bis zur bleibenden Braunfärbung zuzusetzen (KNOWLES). Die Methode hat sich zur Abtrennung des Molybdäns bei der Stahlanalyse bewährt [YAGODA und FALES (b); TAYLOR-AUSTIN].

Reagens. 2 g Benzoinoxim in 100 cm^3 96%igem Alkohol gelöst.

Ausführung. 10 cm^3 der Probelösung werden mit ½ cm^3 rauchender Salzsäure angesäuert und bei Eiskühlung mit 1 cm^3 Reagens versetzt [YAGODA und FALES (b)]. Nach unveröffentlichten Versuchen des Autors ist bei einer Verdünnung von 1:750000 noch gerade eine schwache Opalescenz zu erkennen.

Störungen. Niederschläge geben auch W, Pd, Nb, Ta, CrO_4'' und VO_3' und müssen deshalb abwesend sein. Weinsäure und Flußsäure verhindern die Reaktion. Nach unveröffentlichten Versuchen des Autors stören Phosphorsäure und Oxalsäure nicht.

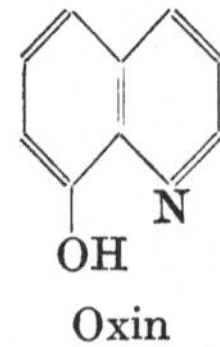

Oxin

3. Fällung mit o-Oxychinolin (Oxin). Fügt man zu einer essigsauren, ammoniumacetathaltigen Molybdatlösung eine Lösung von Oxinacetat, so fällt ein inneres Komplexsalz von der Formel $MoO_2(C_9H_6ON)_2$ (Fleck und Ward) als gelber Niederschlag quantitativ aus, auch in Gegenwart von Phosphorsäure (Ishimaru; Balanescu). Oxalsäure stört nicht (nach unveröffentlichten Versuchen des Autors). In natronalkalischer Lösung tritt keine Fällung ein.

Reagens. 5%ige Lösung von Oxin in Aceton.

Ausführung. Die schwach ammoniakalische Probelösung wird mit Ammoniumacetat (etwa 0,2 g auf 10 cm^3) und darauf mit dem Reagens im Überschuß versetzt. Nach dem Ansäuern mit Eisessig (1 cm^3 auf 10 cm^3 Flüssigkeit) wird zum Sieden erhitzt.

Grenzkonzentration: 1:100000 (nach unveröffentlichten Versuchen des Autors).

4. Nachweis mit Derivaten des o-Oxychinolins (Tüpfelreaktionen). Nach Gutzeit und Monnier geben gewisse Azoderivate des o-Oxychinolins (Oxin) mit dem Anion $(MoOCl_5)''$, das durch Reduktion von Molybdat in stark salzsaurer Lösung mit Zink entsteht, stark gefärbte Fällungen, die zum Molybdännachweis als Tüpfelreaktionen verwendet werden können. Allerdings ist die Nachweisempfindlichkeit durchweg sehr gering, relativ am größten bei der Reaktion mit p-Tolyl-5-azo-8-oxychinolin (p-Tolazoxin).

Nachweis mit p-Tolazoxin. Reagens. Konzentrierte methylalkoholische Lösung von p-Tolazoxin.

Ausführung. Die Probelösung wird mit konz. HCl unter Zusatz von granuliertem Zink auf dem Wasserbad zur Trockene gedampft und der Rückstand in 20%iger HCl aufgenommen. Man gibt 1 Tropfen Reagens auf Filtrierpapier, läßt trocknen und tüpfelt mit der Versuchslösung. Bei Anwesenheit von Mo: Violetter Ring.

Erfassungsgrenze: 20 γ Mo.

Grenzkonzentration: 1:1000.

Störung der Reaktion durch Weinsäure und Alkalifluoride. Cu stört, wenn mehr als 5% vorhanden sind. $Hg^{\cdot\cdot}$ und $Pd^{\cdot\cdot}$ geben in der stark salzsauren Reaktionslösung infolge Bildung von Halogenokomplexen keinen Farbeffekt.

1-Carboxy-phenyl-5-azo-8-oxychinolin (o-Carboxin) gibt die gleiche Reaktion wie p-Tolazoxin. Die Empfindlichkeit ist jedoch wesentlich geringer.

Erfassungsgrenze: 200 γ Mo.

Grenzkonzentration: 1:100.

5. Fällung mit Aurintricarbonsäure (Aluminon). Versetzt man eine essigsaure Molybdatlösung mit Aurintricarbonsäure, so entsteht ein roter Niederschlag, der in wäßrigem Ammoniak mit gelber Farbe löslich ist (Yoe). Die Natur des Niederschlages wurde bisher nicht aufgeklärt.

HO OH
OH
HO_2C C CO_2H
CO_2H
OH
Aurintricarbonsäure

Reagens. Wäßrige 0,1%ige Lösung von Aurintricarbonsäure.

Ausführung. Die Probelösung wird nacheinander mit 2 cm^3 1 n-HCl, 2 cm^3 3 n-Ammoniumacetatlösung und 2 cm^3 Reagens versetzt.

Störungen. Eine ganze Reihe von Elementen gibt mit Aurintricarbonsäure in wäßriger Lösung rote oder braunrote Niederschläge: Al, Be, Fe, die Elemente der seltenen Erden, Ga, In, Tl, Sc, V, Nb, W, Ta, Rh.

6. ***Fällung mit Methylenblau.*** Methylenblau (als Zinkchloriddoppelsalz $C_{16}H_{18}N_3SCl \cdot ZnCl_2$) gibt in wäßriger, schwach salpetersaurer Lösung mit Molybdat einen blauvioletten Niederschlag, löslich in verdünnten Mineralsäuren und auf Zusatz von viel Wasser. Ebenso verhält sich eine salzsaure Lösung von MoO_2Cl_2. Die Reaktion erfolgt nur bei relativ hohen Molybdatkonzentrationen und ist deshalb für den Mo-Nachweis ohne Bedeutung (PASSERINI und MICHELOTTI).

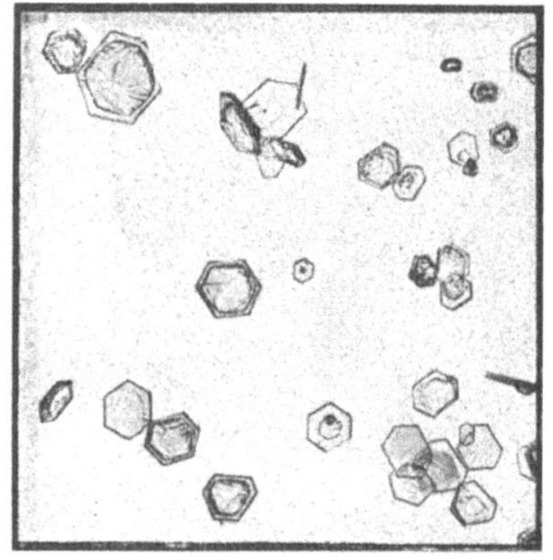

Abb. 1. Thalliummolybdat (nach GEILMANN, Bilder zur qualitativen Mikroanalyse anorganischer Stoffe).

7. ***Fällung mit Urotropin*** in Gegenwart von Ammoniumrhodanid (s. § 4, S. 210).

Weitere *Fällungsreaktionen* siehe unter „*Mikroanalytische Nachweisreaktionen*", § 4, S. 209.

§ 4. Mikroanalytische Nachweisreaktionen.

A. Nachweis mit anorganischen Reagenzien.

Als *Mikroreaktion* kommt in erster Linie die Fällung als *Thalliummolybdat* in Betracht, die ein sehr charakteristisches Krystallbild liefert.

1. ***Nachweis als Thalliummolybdat.*** Die saure Molybdatlösung wird auf dem Objektträger mit 2n-NaOH-Lösung schwach alkalisch gemacht, gelinde erwärmt und mit einigen Körnchen festen *Thalliumnitrats* versetzt. An diesen entsteht ein dichtes Aggregat von farblosen oder blaßgelben Blättchen (Abb. 1) — Ausdehnung bis zu 200 μ — die oft so dünn sind, daß sie im auffallenden Licht lebhafte Interferenzfarben zeigen. Bisweilen bilden sich zierliche, gegitterte, 6strahlige Sterne heraus, deren Stäbchen sich unter Winkeln von 60 bis 120° durchkreuzen. In heißem Wasser ist das auskrystallisierte Thalliummolybdat ziemlich leicht löslich; Umkrystallisieren ist jedoch zwecklos; löslich in verdünnter HNO_3 (BEHRENS-KLEY).

Grenzkonzentration: 1:5000.

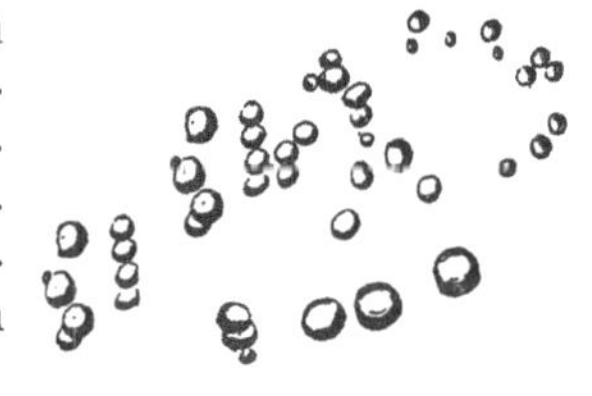

Abb. 2. Kaliumphosphormolybdat (nach BEHRENS-KLEY, Mikrochemische Analyse I).

Die Lösung des *Thalliummolybdats* in verdünnter HNO_3 scheidet bei Zusatz von *Natriumphosphat Thalliumphosphormolybdat* aus (s. Abschn. 4, S. 210).

2. ***Nachweis als Bleimolybdat.*** Festes *Bleiacetat,* zu einer schwach alkalischen Molybdatlösung gebracht, bringt, ähnlich wie bei der Reaktion mit $TlNO_3$, *Bleimolybdat* zur Abscheidung. Aus schwach saurer Lösung entsteht ein Niederschlag von quadratischen Täfelchen des tetragonalen Systems. Die Reaktion ist nicht so charakteristisch wie die Reaktion mit $TlNO_3$ (BEHRENS-KLEY).

3. ***Nachweis als Ammonium- oder Kaliumphosphormolybdat.*** Die stark salpetersaure Molybdatlösung wird mit 1 Körnchen NH_4Cl oder KCl sowie einem kleinen Tropfen 2 n-Na_2HPO_4-Lösung versetzt und schwach erwärmt. Es scheiden sich äußerst feine, gelbe Körnchen (Abb. 2) von Ammonium- bzw. Kaliumphosphormolybdat ab. Da der Niederschlag in überschüssigem Phosphat löslich ist, darf nur wenig davon zugesetzt werden (BEHRENS-KLEY).

Erfassungsgrenze: 0,1 γ Mo.

Grenzkonzentration: 1:100000.

4. Nachweis als Thallium(I)phosphormolybdat. Ausführung der Reaktion wie die vorhergehende (Abschn. 3) jedoch statt NH_4Cl oder KCl einige Körnchen $TlNO_3$ verwenden. Der mikrokrystalline, körnige Niederschlag ist dunkelgelb und haftet fest am Objektträger; geeignet zur Ausscheidung und Anhäufung von Molybdän.

B. Nachweis mit organischen Reagenzien.

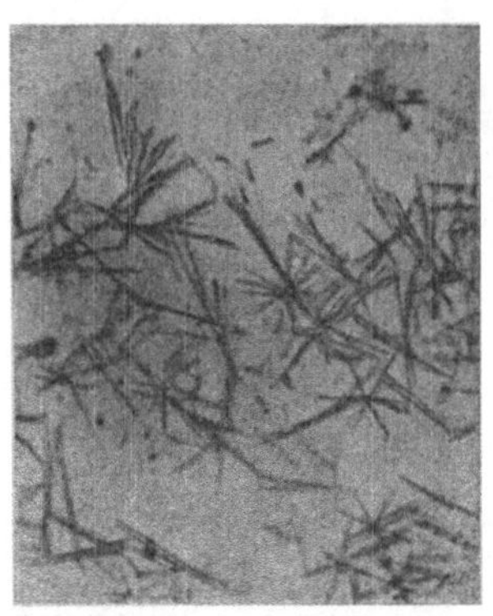

Abb. 3. Urotropinmolybdat (nach RÂY und SARKUR, Mikrochemie, Emichfestschrift 1930).

1. Nachweis mit Urotropin. Bringt man auf den Objektträger 1 Tropfen 1 n-H_2SO_4 und fügt dazu 1 Tropfen der Molybdatlösung und darauf ein kleines Kryställchen *Urotropin*, so entsteht ein weißer Niederschlag. Unter dem Mikroskop: Durchsichtige, lange Nadeln mit schiefer Auslöschung (Abb. 3). Die Zusammensetzung des Reaktionsproduktes ist noch nicht ermittelt (RÂY und SARKAR).

Erfassungsgrenze: 65 γ Mo.

2. Nachweis mit Urotropin und Ammoniumrhodanid. Nach MARTINI (a) geben schwach salpetersaure Molybdatlösungen, die mit NH_4SCN versetzt sind, auf Zusatz von *Urotropinsulfat* einen orangegelben, aus zwei Krystallarten bestehenden Niederschlag. Die einen Krystalle (Abb. 4) sind rot, die anderen (Abb. 5) gelb. Ähnliche Niederschläge aber von anderer krystallographischer Beschaffenheit geben Salze von Co, Cu, Zn, In, V, Fe.

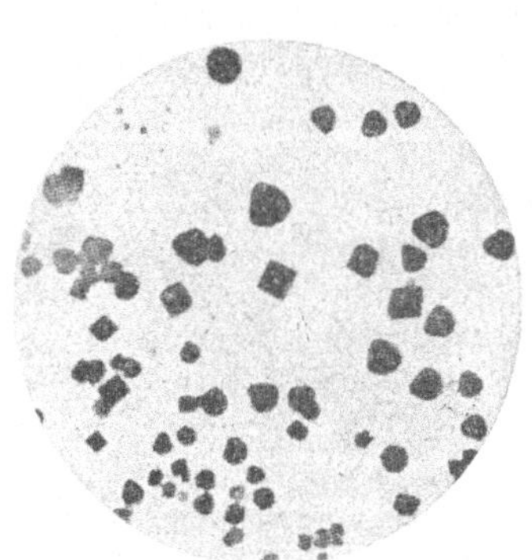

Abb. 4. Molybdännachweis mit Urotropin-Ammoniumrhodanid [nach MARTINI, Mikrochemie 6 (1928)].

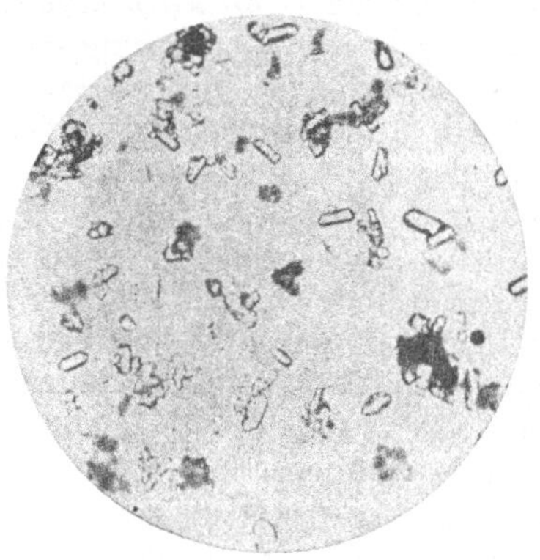

Abb. 5. Molybdännachweis mit Urotropin-Ammoniumrhodanid [nach MARTINI, Mikrochemie 6 (1928)].

Ausführung. 1 Tropfen der neutralen Molybdatlösung wird auf dem Objektträger mit einem kleinen Tropfen 2 n-HNO_3 versetzt und darauf mit einem kleinen Tropfen gesättigter Ammoniumrhodanidlösung, wobei die Flüssigkeit eine gelbe Farbe annimmt. Nach dem Umrühren läßt man eine kleine Menge gesättigter Urotropinsulfatlösung an den Rand des Tropfens fließen. Vor dem Auflegen des Deckglases wartet man 1 Min.

3. Nachweis mit Brenzcatechin-Anilin. Nach MARTINI (b) geben Molybdate mit *Brenzcatechin* (in Eisessig gelöst)[1] nach Zusatz von Anilin einen Niederschlag,

[1] In der Originalarbeit ist angegeben „Brenzcatechinacetat". Hierunter würde man eigentlich Acetyl- oder Diacetylbrenzcatechin verstehen, die aber für die Reaktion nicht brauchbar sind (vgl. TARTARINI).

der aus orangefarbenen, dichroitischen Krystallen mit starker Lichtbrechung (wahrscheinlich triklin; Auslöschungswinkel je nach den Krystallen 30 und 40°) besteht (Abb. 6). Dem Reaktionsprodukt kommt die Formel

$$[O_2Mo(C_6H_4O_2)_2]H_2 \cdot (C_6H_5 \cdot NH_2)_2 \cdot 3\,H_2O$$

zu (TARTARINI).

Reagens. 1. Gesättigte Lösung von Brenzcatechin in Eisessig. 2. reines Anilin.

Ausführung. Zu 1 Tropfen der neutralen Molybdatlösung gibt man auf dem Objektträger mittels einer Goldfeder eine geringe Menge von Reagens (1), bis man

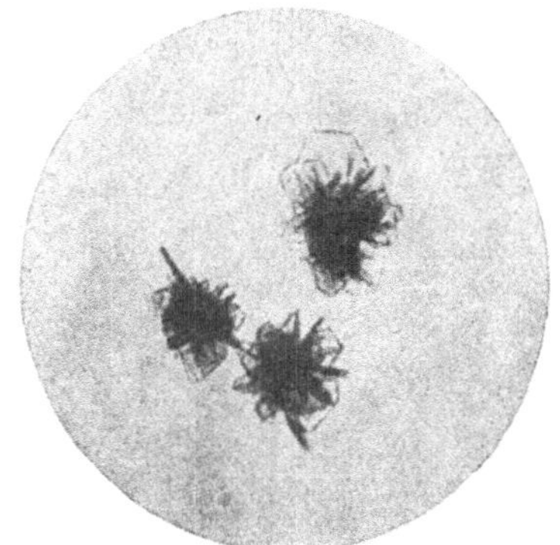

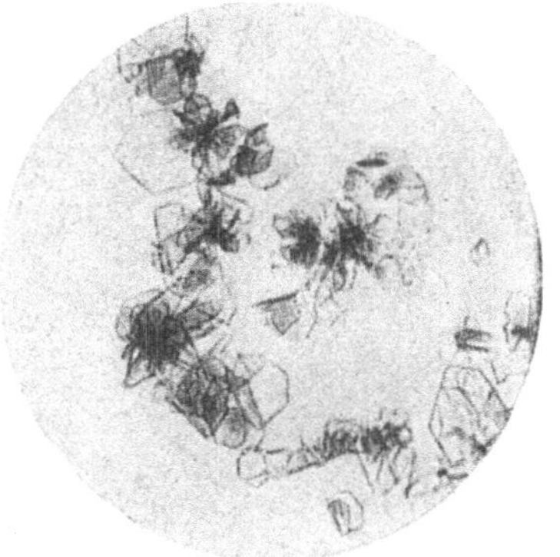

Abb. 6. Di-aniliniumdioxydioxodibrenzkatechinatomolybdat(VI) [nach MARTINI, Mikrochemie 6 (1928)].

eine Orangefärbung erhält, darauf einen kleinen Tropfen von Reagens (2) und rührt die Flüssigkeit schnell durch bis zur Bildung eines rötlichen Niederschlages.

Erfassungsgrenze: 10 γ Mo.

Grenzkonzentration: 1:1000.

Störungen. Wolframate geben die analoge Reaktion mit ähnlicher, ebenfalls trikliner Krystallbildung. Vanadylchlorid gibt dagegen einen schwärzlichen Niederschlag mit andersartigem Krystallbild, so daß Mo neben $VO^{\cdot\cdot}$ gut zu erkennen ist.

4. Nachweis mit Brenzcatechin-Piperazin. Die Reaktion wird analog der vorhergehend beschriebenen (3) unter Verwendung einer gesättigten wäßrigen Lösung von *Piperazin* statt des Anilins ausgeführt [MARTINI (b)]. Der orangefarbene Niederschlag (Abb. 7) besitzt nach TARTARINI wahrscheinlich die Formel

$$[O_2Mo(C_6H_4O_2)_2]H_2 \cdot (C_4H_{10}N_2)_2 \cdot aq.$$

Störungen. Wolframate geben die gleiche Reaktion, Vanadylsalze liefern schwärzliche, gut von der Mo-Verbindung zu unterscheidende Krystallaggregate.

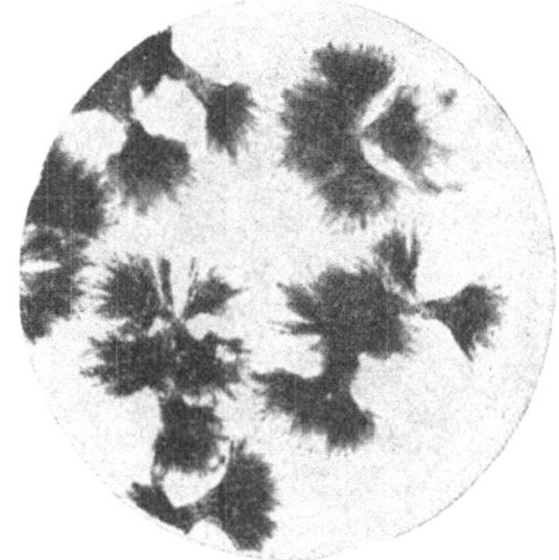

Abb. 7. Di-piperaziniumdioxodibrenzkatechinatomolybdat(VI) [nach MARTINI, Mikrochemie 6 (1928)].

5. Nachweis mit Brenzcatechin-Benzylamin [MARTINI (c)]. Ausführung der Reaktion analog der vorhergehend beschriebenen (4). Der orangefarbene, mikrokrystalline Niederschlag (Abb. 8, S. 212) dürfte nach TARTARINI die Formel $[O_2Mo(C_6H_4O_2)_2]H_2 \cdot (C_6H_5CH_2NH_2)_2 \cdot aq$ besitzen.

6. Nachweis mit Pyrogallol-Piperazin. Zu 1 Tropfen der neutralen Molybdatlösung fügt man auf dem Objektträger etwas reines *Pyrogallol* (doppelt sublimiert) und nach dessen Auflösung (orangerote Färbung) 1 Tropfen Essigsäure und 1 Tropfen *Piperazin* in gesättigter wäßriger Lösung. Beim Umrühren mit einem Glasstäbchen bilden sich auf dem Glase organgegelbe Rillen. Unter dem Mikroskop: Gelbe bis organgerote, trikline Prismen (Abb. 9). Bei einer Verdünnung von 1:1000 ist die Reaktion noch deutlich positiv [MARTINI (d)].

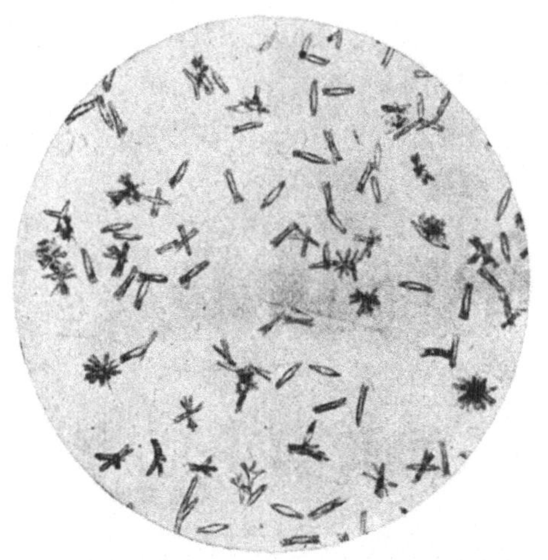

Abb. 8. Di-benzylaminiumdioxodibrenzkatechinato-molybdat(VI) [nach MARTINI, Mikrochemie 12 (1932)].

Erfassungsgrenze: 10 γ Mo.

Dem Reaktionsprodukt dürfte die Formel

$[O_2Mo(C_6H_3O_2OH)_2]H_2 \cdot (C_4H_{10}N_2)_2 \cdot aq$

zukommen (vgl. TARTARINI).

C. Mikrochemischer Nachweis durch katalytische Reaktionen.

Katalytische Beeinflussung der Oxydation von Thiosulfat. Natriumthiosulfat wird durch Wasserstoffperoxyd normalerweise zu Tetrathionat oxydiert:

$$2\,S_2O_3'' + H_2O_2 + 2\,H^+ = S_4O_6'' + 2\,H_2O.$$

Bei Gegenwart von *Molybdat* führt die Oxydation infolge Bildung von *Permolybdänsäure* (vgl. die Farbreaktionen der Molybdänsäure mit H_2O_2, § 5, S. 217) zu Sulfat:

$$S_2O_3'' + 4\,H_2O_2 = 2\,SO_4'' + 2\,H^\cdot + 3\,H_2O.$$

Das entstandene Sulfat wird mit $BaCl_2$ nachgewiesen [FEIGL (b)].

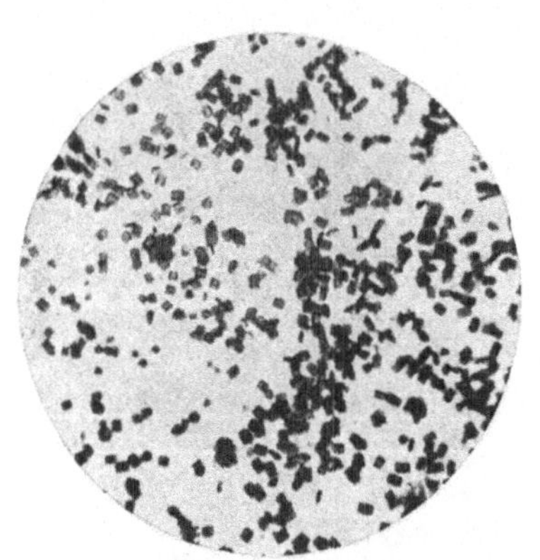

Abb. 9. Molybdännachweis mit Pyrogallol-Piperazin [nach MARTINI, Mikrochemie 7 (1929)].

Reagens. 1. 1 g $Na_2S_2O_3 . 5\,H_2O$ in 100 cm³ Wasser. 2. 25 g $BaCl_2$ in 100 cm³ Wasser. 3. 0,1 n-Essigsäure. 4. 0,7%ige H_2O_2-Lösung. Je 2 cm³ der Lösungen 1, 2, 3 und 4 werden gemischt; die so erhaltene Reagenslösung wird in zwei Teile geteilt.

Ausführung. Zu dem einen Teil gibt man 4 cm³ der sorgfältig neutralisierten Probelösung, zu dem anderen 4 cm³ Wasser. Die Lösungen werden gut durchgeschüttelt und sich selbst überlassen. Die Blindprobe trübt sich nach 10 bis 15 Min. durch Abscheidung von Schwefel. Die Versuchslösung weist jedoch bei Gegenwart von Molybdat durch ausfallendes $BaSO_4$ eine stärkere Trübung auf (vgl. KOMAROWSKY und SCHAPIRO).

Erfassungsgrenze: 1,25 γ Mo.

Grenzkonzentration: 1:4000000.

Störungen. Wolframate geben die gleiche Reaktion (ABEL), ebenso wie Ti, Zr, Th, V, Nb, Ta. Selbstverständlich stören alle Anionen, die mit $Ba^{\cdot\cdot}$ unlösliche Niederschläge geben, also auch PO_4''' und C_2O_4''.

§ 5. Nachweis des Molybdäns durch Farbreaktionen mit anorganischen Reagenzien.

A. Wichtige Reaktionen.

Kaliumrhodanid stellt das wichtigste anorganische Reagens zum Nachweis des Molybdäns dar, da die Reaktion nicht nur sehr empfindlich, sondern auch spezifisch ist. Hinter dieser Reaktion treten die übrigen an Bedeutung zurück. Über Störungen durch Komplexbildner siehe Vorbemerkung zu § 3, S. 204.

1. Nachweis mit Kaliumrhodanid. Wäßrige Lösungen von *Molybdaten* bzw. von *Molybdänsäure* geben auf Zusatz von *Kaliumrhodanid* und darauffolgende Reduktion mit $SnCl_2$ oder Wasserstoff in statu nascendi in salzsaurer Lösung eine intensive Rotfärbung (BRAUN; SKEY). Sie beruht nach UZUMASA und DOI auf der Bildung eines Komplexsalzes von der Formel $K_2[OMo(SCN)_5]$ mit 5wertigem Molybdän (vgl. ROSENHEIM und KOSS). Wesentlich ist, daß die Reduktion erst nach Zugabe des Rhodanids erfolgt; andernfalls bilden sich in der salzsauren Lösung die grünen bzw. grünlichgelben Komplexsalze $K_2(MoOCl_5)$ oder $K_2(MoO_2Cl_4)$, wodurch die Reaktion gestört wird. Als Reduktionsmittel hat sich metallisches Zink in salzsaurer Lösung am besten bewährt (KRAUSKOPF und SWARTZ). Ein Ausbleiben der Reaktion infolge zu weitgehender Reduktion ist nicht zu befürchten (vgl. dagegen KEDESDY). Zinn(II)chlorid und Natriumthiosulfat können ebenfalls als Reduktionsmittel verwendet werden (TANANAEW und PANTSCHENKO). Die Rhodanidreaktion eignet sich auch vorzüglich als Tüpfelreaktion, wobei $SnCl_2$ zur Reduktion angewendet wird (siehe weiter unten).

Ausführung (KRAUSKOPF und SWARTZ). Die Probelösung wird mit Salpetersäure stark angesäuert und zur Trockene gedampft. Der das Molybdän als MoO_3 enthaltende Rückstand wird mit wäßrigem Ammoniak ausgezogen und von etwa ausgefallenem $Fe(OH)_3$ abfiltriert. Das Filtrat neutralisiert man mit verdünnter Salzsäure und fügt eine 10%ige Lösung von *Kaliumrhodanid* hinzu. Bei Rotfärbung, durch Fe-Spuren verursacht, wird mit Äther bis zur Farblosigkeit geschüttelt. Gibt man jetzt ein Stückchen Zink und konzentrierte Salzsäure hinzu, so färbt sich die Lösung bei Gegenwart von Molybdän rot. Bei Schütteln mit Äther geht die Färbung in diesen über. Bei sehr geringen Mo-Mengen erscheint der Äther gelb bis orangegelb. Zum Ausschütteln kann man statt Äther mit Vorteil auch Butylacetat verwenden (JAMES).

Empfindlichkeit. Die Rhodanidreaktion gehört zu den empfindlichsten Nachweisverfahren des Molybdäns.

Grenzkonzentration: (KRAUSKOPF und SWARTZ): 1 : 50 000 000.

Bei Anwendung von $SnCl_2$ als Reduktionsmittel stellten STERBA-BÖHM und VOSTREBAL eine geringere Empfindlichkeit fest.

Grenzkonzentration: 1 : 625 000 (vgl. auch BRAUN sowie ROSENHEIM und KOSS).

Störungen. Wolfram gibt eine Blaufärbung infolge Reduktion zu einer niedrigeren Wertigkeitsstufe, wodurch bei niedrigeren Mo-Konzentrationen und höheren W-Konzentrationen die Farbreaktion des Molybdäns verdeckt wird (STERBA-BÖHM und VOSTREBAL). Vorherige Entfernung der Hauptmenge des Wolframs als Wolframsäure ist daher zweckmäßig (Abscheidung durch Abrauchen mit konz. HCl), aber wenn man mit *Äther* ausschüttelt, nicht erforderlich. Ti, V und U stören nicht. Oxalsäure und Weinsäure verhindern die Reaktion [FEIGL (c)]. Gegenwart größerer Mengen von Phosphorsäure und Ameisensäure setzt die Empfindlichkeit um das Zehnfache herab (STERBA-BÖHM und VOSTREBAL). Geringe Mengen Phosphorsäure stören nicht merklich (KASSLER). Störungen werden ferner durch Stoffe, welche SCN′ binden oder zersetzen, verursacht. Dies trifft zu für $Hg^{\cdot\cdot}$ und Nitrite (Bildung von undissoziiertem

$Hg(SCN)_2$ bzw. CNSNO). Bei Gegenwart von $Fe^{\cdot\cdot\cdot}$ wird durch dieses bei Zusatz von Rhodanid eine Rotfärbung hervorgerufen, die sich vor dem Versetzen mit dem Reduktionsmittel durch Ausschütteln mit Äther entfernen läßt. Dies ist jedoch nicht unbedingt erforderlich, da durch das Reduktionsmittel die von dem $Fe^{\cdot\cdot\cdot}$ herrührende Rotfärbung infolge der Reduktion zu $Fe^{\cdot\cdot}$ zum Verschwinden gebracht wird. Um zu entscheiden, ob die in die Ätherschicht übergehende Rotfärbung auf Anwesenheit von Mo oder Fe beruht, kann man den abgetrennten Äther verdampfen, den Rückstand in Wasser aufnehmen und mit H_2O_2 versetzen. Handelt es sich um Eisen(III)rhodanid, so ändert sich die Farbe nicht; andernfalls wird sie gelb oder verschwindet ganz je nach dem Mo-Gehalt (KEDESDY).

Ausführung als Tüpfelreaktion. Auf Filtrierpapier, das vorher mit Salzsäure (1:1) getränkt worden ist, wird je 1 Tropfen der Probelösung und der Rhodanidlösung aufgetragen. Bei Gegenwart von $Fe^{\cdot\cdot\cdot}$ entsteht ein roter Fleck. Beim Antüpfeln mit salzsaurer, 25%iger $SnCl_2$-Lösung verschwindet er und an seine Stelle tritt bei Anwesenheit von Molybdän ein himbeerroter Fleck (TANANAEW und PANTSCHENKO). Statt $SnCl_2$ kann auch Natriumthiosulfat verwendet werden.

Erfassungsgrenze: Nach TANANAEW und PANTSCHENKO 1 γ Mo in 0,02 cm³; nach FEIGL (e, S. 200) 0,1 γ Mo.

Grenzkonzentration: 1:500000.

Störungen. Siehe den vorhergehenden Absatz. Die Störung durch Wolframat läßt sich durch Antüpfeln der Probelösung mit Salzsäure ausschalten: Ausfällung der schwerlöslichen Wolframsäure, die in der Mitte des Tüpfelfleckes zurückgehalten wird (nicht möglich, wenn als Metawolframsäure vorhanden). Mo wird in der Randzone des Fleckes nachgewiesen. Reduziert man statt mit $SnCl_2$ mit Thiosulfat, so stört WO_4'' nicht. Bei Gegenwart von sehr viel $Fe^{\cdot\cdot\cdot}$ kann eine durch Eisen(III)-rhodanid hervorgerufene Rotfärbung bestehen bleiben. Beim Antüpfeln mit Salzsäure wandert die Färbung an den Rand des Fleckes und kann dort durch Auftropfen von Thiosulfatlösung und Salzsäure zum Verschwinden gebracht werden, während die durch Mo hervorgerufene Färbung bestehen bleibt. Ein durch Se hervorgerufener roter Fleck verbleibt im Zentrum des Tüpfelfleckes und eine von Au oder W herrührende Färbung (purpur bzw. blau) innerhalb der roten Randzone des Mo (SMITH und WEST).

Nachweis von Molybdän im Stahl. Ein kleines Stückchen Stahl wird in Salpetersäure oder Königswasser gelöst, die Lösung zur Trockene gedampft und der Rückstand in Salzsäure aufgenommen. Mit dieser Lösung wird direkt die Rhodanidreaktion ausgeführt (TANANAEW und PANTSCHENKO).

Nachweis in Mineralien. Man schmelzt einige Milligramme des Minerals auf dem Deckel eines Platintiegels mit der 3- bis 4fachen Menge Natrium-Kaliumcarbonat, behandelt mit heißem Wasser, säuert mit Salzsäure an und führt die Rhodanidreaktion, wie oben beschrieben, aus (TANANAEW und PANTSCHENKO). Noch besser läßt sich der Aufschluß durch Schmelzen mit NaOH bewerkstelligen (RIENÄCKER und SCHIFF).

2. Nachweis mit Natriumthiosulfat. Beim Schütteln einer salzsauren Molybdatlösung mit Essigester unter Zusatz von Natriumthiosulfat (25%ige wäßrige Lösung) entsteht mit steigender Mo-Konzentration eine lila, rötliche oder rotbraune Farbe. Manchmal tritt auch mehr oder weniger die Farbe des Molybdänblaus auf, die aber beim Schütteln mit genügend überschüssigem $Na_2S_2O_3$ und Säure in Rötlichbraun übergeht. Die Farbe ist lange haltbar; durch Ätzalkalien wird sie zerstört. Die Reaktion ist sehr empfindlich und auch spezifisch (FALCIOLA).

Grenzkonzentration: 1:1000000.

Störungen. Manche Oxydationsmittel stören die Reaktion. Befindet sich Molybdat in komplexer Bindung mit Phosphorsäure, so wird die Empfindlichkeit der Reaktion herabgesetzt. Ti, V, W, U, Se, Te sowie CrO_4'' und ClO_3' stören nicht. Oxalsäure, Weinsäure, Citronensäure, NH_4-Salze und Tannin stören nur bei sehr hohen Konzentrationen.

Statt des Essigesters kann man auch Äther verwenden. Jedoch versagt dann bei Gegenwart von viel $CuCl_2$ die Reaktion und wird bei Gegenwart von viel $FeCl_3$ schwächer. In letzterem Fall kann die Empfindlichkeit manchmal durch Zusatz von Essigsäure wieder erhöht werden.

B. Weitere Farbreaktionen.

Von den im folgenden beschriebenen Nachweisreaktionen sind die Reduktionsreaktionen die wichtigsten.

1. Reduktionsreaktionen.

Vorbemerkung. Bei der Reduktion von *Molybdaten* in saurer Lösung werden je nach den Versuchbedingungen verschiedene Farbeffekte beobachtet. Meist tritt zunächst eine Blaufärbung auf, verursacht durch die Bildung eines als Molybdänblau bezeichneten Oxyds, das außer 5wertigem auch 6wertiges Mo enthält. MONTEQUI und GALLEGO fassen das Molybdänblau als Molybdänylmolybdat $Mo_2O_3(MoO_4)_2$ auf, da es sich durch doppelten Umsatz von Molybdänylsulfat mit Bariummolybdat bildet: $Mo_2O_3(SO_4)_2 + 2\,BaMoO_4 = Mo_2O_3(MoO_4)_2 + 2\,BaSO_4$ (vgl. auch JAKÓB und KOZLOWSKI). Die blaue Farbe geht aber vielfach in eine grüne oder braune über, wobei auch rote Farbtöne auftreten können, wesentlich von der Acidität der Lösung bedingt (HÖLTJE und GEYER). Die Reduktion kann bis zur 3wertigen Stufe erfolgen, wobei aber die 4wertige als Zwischenstufe nicht auftritt. Als Reduktionsmittel können Metalle (Zn, Cd u. a.) in Anwesenheit von Salzsäure, reduzierende Salze ($SnCl_2$), Kaliumjodid, Hydrazinsulfat und SO_2 (letzteres nur in neutraler oder ganz schwach saurer Lösung) verwendet werden. Die Reduktionsreaktionen stehen hinter der Rhodanidreaktion (siehe unter A) an Bedeutung zurück. Zudem ist die Blaufärbung nicht nur für Molybdat, sondern auch für Wolframat charakteristisch. Über die Ausschaltung der Störung durch Wolframat siehe unten, Abschnitt c. Ist letzteres vorhanden, so muß es vorher entfernt werden. Die Empfindlichkeit der durch die Bildung von Molybdänblau gekennzeichneten Nachweisreaktionen ist meist sehr viel geringer als die der Rhodanidreaktion. In einer besonderen Ausführungsform der Reduktion, und zwar in Gegenwart von fester *Wolframsäure*, kann allerdings die Empfindlichkeit sehr gesteigert werden.

a) Reduktion mit Zink und Salzsäure. Wird zu einer mit Salzsäure angesäuerten Molybdatlösung Zink gefügt, so bildet sich bei sehr geringer Acidität (Konzentration an HCl kleiner wie 10^{-1}) Molybdänblau. In schwach saurer Lösung (Konzentration an HCl = 1 mol) geht die blaue Farbe in eine grüne, bei höherer Acidität (Konzentration an HCl = 2 mol) in eine orangebraune und bei sehr hoher Säurekonzentration in eine smaragdgrüne Farbe über (letztere wird dem Ion $[MoOCl_5]''$ zugeschrieben). Erfolgt die Reduktion bis zur 3wertigen Stufe, so erscheint die Lösung bei höherer Säurekonzentration rot, bei schwächerer grün. Aus sehr schwach saurer Lösung kann sich nach einiger Zeit schwarzes $Mo(OH)_3$ abscheiden (HÖLTJE und GEYER).

b) Reduktion mit Zinn(II)chlorid. Durch Zinn(II)chlorid werden Molybdate in schwächer salzsaurer Lösung zur 5wertigen Stufe, in sehr stark salzsaurer Lösung (Konzentration an HCl = 8 mol) zur Mo(III)stufe reduziert (HÖLTJE und GEYER). Die Molybdänblaustufe wird in der Regel überschritten, so daß eine auftretende Blaufärbung wieder verschwindet und in grüne oder rote bis braune Farbtöne übergeht. Ist Phosphorsäure zugegen, so daß sich das Molybdän in komplexer Bindung als Phosphormolybdänsäure befindet, so bleibt die Reduktion auf der Stufe des Molybdänblaus stehen [FEIGL (a)].

c) Reduktion mit Zinn(II)chlorid in Gegenwart von Wolframsäure (Tüpfelreaktion). Wird eine Aufschlämmung von *Wolframsäure* in verdünnter Salzsäure mit einer Lösung von $SnCl_2$ versetzt, so tritt keine Farbreaktion ein. Bei Gegenwart einer Spur *Molybdat* färbt sich jedoch die Wolframsäure sofort graublau, während die Flüssigkeit farblos bleibt (BERTRAND).

Ausführung als Tüpfelreaktion: Reagenspapier: 2 cm breite Filtrierpapierstreifen, in deren Oberfläche pulverförmige Wolframsäure mittels eines Wattebausches eingerieben wurde. Reagens: Auflösung von 20 g $SnCl_2$ in 200 cm^3 konzentrierter Salzsäure auf 1 Liter mit Wasser aufgefüllt. Auf das Reagenspapier wird 1 Tropfen der salzsauren Probelösung gebracht und sofort mit 1 Tropfen der Reagenslösung angetüpfelt. Bei Anwesenheit von Molybdän bildet sich ein graublauer Fleck, der von einem helleren Hof umgeben ist.

Erfassungsgrenze: 0,05 γ Mo in 1 Tropfen.

Störungen. Kupfer in relativ hoher Konzentration gibt ebenfalls einen blauen Fleck, der sich von dem durch Mo erzeugten nur dadurch unterscheidet, daß er weniger intensiv gefärbt und von keinem Hof umgeben ist. Immerhin ist es noch möglich 0,2% Mo in reinem Cu an der Herausbildung des Hofes zu finden. *Wolframsäure* wird in der Probelösung durch Zufügen von möglichst wenig *Phosphorsäure* unschädlich gemacht. Phosphorsäure setzt die Empfindlichkeit herab. Schwefel- und Salzsäure sowie Salpetersäure stören nicht, desgleichen nicht Si (als SiO_2), Al, Ti, V, Cr, Mn, Fe, Co, Ni. Die Reaktion wird besonders zum Mo-Nachweis in Stahl empfohlen. Der Aufschluß desselben erfolgt durch Erhitzen mit Salzsäure-Phosphorsäure [1000 cm^3 HCl (1:1) + 25 cm^3 konz. H_3PO_4]. Durch Vergleich mit Proben bekannten Gehaltes läßt sich der Mo-Gehalt recht genau abschätzen.

d) Reduktion mit Kaliumjodid. Die schwach saure Probelösung wird mit Kaliumjodid in geringem Überschuß zum Sieden erhitzt, wobei das freiwerdende Jod mit den Wasserdämpfen entweicht und bei Anwesenheit von Molybdat eine Blaufärbung verbleibt (MOIR).

e) Reduktion mit Quecksilber(I)nitrat-Kaliumjodid. Wird eine Lösung von Quecksilber(I)nitrat nach Zusatz von konz. Salzsäure mit überschüssigem KJ versetzt, so entsteht infolge einer Disproportionierung metallisches Quecksilber:

$$Hg_2(NO_3)_2 + 4\,KJ = K_2HgJ_4 + 2\,KNO_3 + Hg.$$

Das ausgeschiedene Quecksilber bewirkt in der salzsauren Lösung die Reduktion des Molybdats zu Molybdänblau [POZZI-ESCOT (a); über die Reduktion von Molybdat durch Hg vgl. HÖLTJE und GEYER]. Den gleichen Effekt kann man erzielen, wenn man die salzsaure Molybdatlösung mit metallischem Quecksilber schüttelt.

Ausführung (KAFKA). Die Probelösung wird mit 1 Tropfen gesättigter $Hg_2(NO_3)_2$-Lösung, 1 cm^3 konz. HCl und überschüssigem KJ versetzt. Man schüttelt kräftig bis zur vollständigen Lösung des zuerst ausfallenden grünen Hg_2J_2. Bei Anwesenheit von Molybdat zeigt sich sofort oder nach kurzer Zeit eine Blaufärbung. Bei hohen Verdünnungen versagt die Reaktion.

f) Reduktion mit Hydrazinsulfat. Durch Hydrazin wird Mo(VI) in stark saurer Lösung quantitativ zu Mo(V) reduziert:

$$2\,MoO_4'' + 6\,H^{\cdot} + (N_2H_6)^{\cdot\cdot} + 10\,Cl' = 2\,(MoOCl_5)'' + 6\,H_3O + N_2$$

(JAKÓB und KOZLOWSKI). In schwach saurer Lösung verläuft aber die Reduktion nur bis zum Molybdänblau (vgl. HÖLTJE und GEYER).

Ausführung. Die neutrale Probelösung wird mit Essigsäure angesäuert, mit wenig Hydrazinsulfat versetzt und erwärmt. Bei Anwesenheit von Molybdat entsteht eine Blaufärbung, die auch beim Kochen nicht verschwindet (MOIR).

g) Reduktion mit Hydrochinon. Die Reaktion wird analog der Reduktion mit Hydrazinsulfat ausgeführt (MOIR); Blaufärbung bei Anwesenheit von Mo.

h) Reduktionsreaktion mit Filtrierpapier. Wird in eine Molybdatlösung ein Filtrierpapierstreifen zu $^2/_3$ eingetaucht, so färbt sich der Rand des nicht eingetauchten Teiles, bei 90⁰ im Thermostat, im Verlaufe von 1 Std. intensiv blau (BOGATSKI, DSJUBANNA und OLENOWITSCH).

Erfassungsgrenze: 50 γ Mo.

Grenzkonzentration: 1:30000.

Die Länge des gefärbten Streifens ist dem Mo-Gehalt proportional.

Störungen. Essig-, Bor- und Phosphorsäure stören nicht. $Al^{\cdots}$ und konz. HCl erhöhen die Empfindlichkeit, $Fe^{\cdots}$, CrO_4'', MnO_4' und HNO_3 erniedrigen sie.

2. Nachweis mit Wasserstoffperoxyd.

Molybdate reagieren in wäßriger Lösung mit *Wasserstoffperoxyd* unter Bildung von *Peroxyverbindungen*, deren Zusammensetzung und Farbe wesentlich vom p_H-Wert bestimmt werden. In saurer Lösung bildet sich die gelbe Peroxymolybdänsäure von der stöchiometrischen Formel H_2MoO_5 (MUTHMANN und NAGEL), die sich von einer Isopolysäure ableitet, dagegen sind die in alkalischer Lösung entstehenden, roten Peroxyverbindungen, wie z. B. K_2MoO_8, Abkömmlinge der gewöhnlichen Molybdänsäure H_2MoO_4 (GLEU). Während die gelben, sauren Lösungen haltbar sind, entfärben sich die roten, alkalischen allmählich unter O_2-Entwicklung.

a) Reaktion in ammoniakalischer Lösung (Tüpfelreaktion) (KOMAROWSKY). Die Probelösung wird zur Trockene gedampft und der erkaltete Rückstand mit 1 Tropfen konzentriertem Ammoniak und 1 Tropfen 3%igem H_2O_2 versetzt. Bei Gegenwart von Molybdat entsteht eine kirschrote bis rosagelbe Färbung, je nachdem ob mehr oder weniger Mo vorhanden ist. Beim Erwärmen verschwindet die Färbung (siehe oben).

Erfassungsgrenze auf der Tüpfelplatte: 0,2 γ Mo.

Grenzkonzentration: 1:166000.

Störungen. Chrom kann infolge Bildung von gelbem Chromat störend wirken.

b) Reaktion in saurer Lösung [SCHÖNN (b)]. Zu der mit verdünnter H_2SO_4 angesäuerten Probelösung gibt man 1 Tropfen H_2O_2. Bei Anwesenheit von Molybdat entsteht eine Gelbfärbung, die derjenigen des Chromat- oder Bichromat-Ions (bei wenig bzw. viel Mo) ähnelt (vgl. auch DENIGÈS).

Störungen. Mit Wasserstoffperoxyd geben in saurer Lösung Färbungen und wirken somit störend Ce, Ti, V, Nb, CrO_4''. Durch Zugabe von genügend Phosphorsäure läßt sich die Störung durch die vier ersten Elemente ausschalten (THANHEISSER und GÖBBELS). Gleichzeitig wird hierdurch die Farbe von $Fe^{\cdots}$ zum Verschwinden gebracht, was für die Untersuchung von Stählen wertvoll ist.

3. Reaktion mit Kaliumhexacyanoferrat(II).

Molybdate geben in salzsaurer Lösung mit $K_4[Fe(CN)_6]$ eine braune Färbung, bei höheren Mo-Konzentrationen eine gleichgefärbte Fällung, die auf Zusatz von Ammoniak verschwindet (MELDRUM). Als Reaktionsprodukt bildet sich wahrscheinlich eine dem Uranylhexacyanoferrat(II) analoge Verbindung $(MoO_2)_2[Fe(CN)_6]$. Nach unveröffentlichten Versuchen des Autors tritt die volle Farbintensität nicht sofort, sondern erst nach einigen Minuten ein.

Grenzkonzentration: 1:50000.

Der Farbeffekt ist vom p_H-Wert abhängig. Normale Molybdatlösungen geben keine Reaktion; in Hexamolybdatlösungen tritt hellrote bis dunkelrote Färbung auf, in Dodekamolybdatlösungen eine rotbraune Färbung oder ein gleichgefärbter Niederschlag (HOERMANN, vgl. auch TRAVERS und MALAPRADE sowie KLEINMANN). Über die Reaktion in Gegenwart von Ammoniumacetat siehe § 3, A 2, S. 206. Oxalsäure verhindert die Reaktion, Phosphorsäure setzt die Empfindlichkeit stark herab (nach unveröffentlichten Versuchen des Autors).

Nachweis durch Abrauchen mit konzentrierter Schwefelsäure, siehe § 2, S. 203.

§ 6. Nachweis durch Farb- und Tüpfelreaktionen mit organischen Reagenzien.

Die wichtigste hierher gehörende Reaktion ist die mit *Phenylhydrazin*, die durchaus spezifisch ist, sich durch große Empfindlichkeit auszeichnet und besonders für den Molybdännachweis in *Stählen* zu empfehlen ist (MONTELUCCI und GAMBIOLI). In zweiter Linie kommt der Nachweis mit Kaliumxanthogenat in Betracht. Beide Nachweisverfahren eignen sich auch gut als Tüpfelreaktionen.

A. Wichtige Reaktionen.

1. Nachweis mit Phenylhydrazin. Phenylhydrazin liefert mit Molybdaten in saurer Lösung je nach der Molybdänkonzentration eine rosa bis blutrote Färbung, bei größeren Molybdänkonzentrationen einen gleich gefärbten Niederschlag [SPIEGEL und MAASS; POZZI-ESCOT (a)]. Nach MONTIGNIE wird das Phenylhydrazin durch Molybdat zum Diazoniumsalz oxydiert, das mit überschüssigem Phenylhydrazin und Molybdat zu einer rotbraunen Azoverbindung kuppelt[1]. Der Nachweis ist sehr empfindlich und auch spezifisch. Insonderheit geben Wolframat, Chromat und Vanadat keine Reaktion, so daß sich der Mo-Nachweis mit Phenylhydrazin besonders für die Untersuchung von Stählen eignet (MONTELUCCI und GAMBIOLI).

Fügt man zu der Probelösung vor dem Versetzen mit Phenylhydrazin einige Tropfen Tanninlösung, so erhält man einen, bei großer Verdünnung gelben, bei mittleren Konzentrationen mahagonibraunen Niederschlag [POZZI-ESCOT (b)].

Störungen. Nur durch Gegenwart anderer gefärbter Stoffe. Bei Anwesenheit von Chromat wird dieses zu Cr(III)salz reduziert, dessen Farbe die Molybdänreaktion verdecken kann. Da sich aber der Azofarbstoff mit Chloroform ausschütteln läßt, spielt diese Störung keine Rolle. Nach unveröffentlichten Versuchen des Autors stören Phosphorsäure und Oxalsäure nicht.

Die Reaktion kann in essigsaurer und in schwefelsaurer Lösung ausgeführt werden; jedoch ist der Nachweis in essigsaurer Lösung empfindlicher.

a) Nachweis in essigsaurer Lösung. Reagens. 1 Teil frisch destilliertes Phenylhydrazin wird in 4 Teilen 50%iger Essigsäure gelöst.

Ausführung. 10 cm^3 der Probelösung werden mit 5 cm^3 des Reagenses 1 bis 2 Min. zum Sieden erhitzt. Die bei Anwesenheit von Molybdat entstehende Rotfärbung läßt sich mit Chloroform ausschütteln (SPIEGEL und MAASS).

Grenzkonzentration: 1:10000000.

Molybdännachweis in Stahl (MONTELUCCI und GAMBIOLI). Als Reagens dient 1 Teil Phenylhydrazin, in 10 Teilen 50%iger Essigsäure gelöst. 1 g des Stahles wird in Salpetersäure (D = 1,2) gelöst und zur Trockene gedampft. Der Rückstand wird mit Soda-Salpeter (vgl. S. 195) geschmolzen und die erkaltete Schmelze mit kochendem Wasser ausgelaugt; man filtriert und versetzt das mit Eisessig angesäuerte und dann zum Sieden erhitzte Filtrat mit 0,5 cm^3 Reagens. 0,02% Mo lassen sich noch mit Sicherheit nachweisen.

Ausführung als Tüpfelreaktion [FEIGL (d)]. **Reagens.** 1 Teil Phenylhydrazin, in 2 Teilen Eisessig gelöst. Reaktion auf der Tüpfelplatte: 1 Tropfen der Probelösung wird mit 1 Tropfen des Reagenses versetzt.

Erfassungsgrenze: 0,32 γ Mo.

Grenzkonzentration: 1:160000.

Reaktion auf Filtrierpapier. 1 kleiner Tropfen der Probelösung wird auf Filtrierpapier gebracht und, bevor dieser ganz aufgesaugt ist, mit 1 Tropfen Reagens versetzt. Bei Anwesenheit von Mo: Nach wenigen Minuten roter Ring um den Tüpfelfleck.

Erfassungsgrenze: 0,13 γ Mo.

Grenzkonzentration: 1:300000.

---

[1] Über die Natur der Azoverbindung, insbesondere über die Art der Beteiligung des Molybdats bei der Kupplung, werden keine Angaben gemacht.

b) Nachweis in schwefelsaurer Lösung. Reagens. 3 g Phenylhydrazin in 3 cm^3 konz. H_2SO_4 gelöst und mit 65 cm^3 H_2O verdünnt.

Ausführung. Zu 1 cm^3 des Reagenses gibt man die mineralsaure Probelösung und erwärmt. Bei Anwesenheit von Molybdän: Blutrote Färbung (MONTEQUI).

Erfassungsgrenze: 25 γ $(NH_4)_2MoO_4$.

2. Nachweis mit Kaliumxanthogenat. Kaliumxanthogenat, $SC\begin{matrix}SK\\OC_2H_5\end{matrix}$, erzeugt in schwach mineralsaurer Lösung von *Molybdaten* eine intensiv rotblaue Färbung (MALOWAN). Es bildet sich eine in organischen Medien (Äther, Chloroform, Benzol) lösliche Komplexverbindung $Mo_2O_3[S_2C(OC_2H_5)]_4$ (MONTEQUI; MONTEQUI und GALLEGO) mit 5wertigem Mo, die sich bei größeren Molybdänmengen in schwarzen, öligen Tropfen abscheidet. Die Reaktion ist spezifisch, sehr empfindlich und bleibt stundenlang bestehen. Voraussetzung für das Gelingen der Reaktion ist, daß die Lösung nur schwach angesäuert wird, da sich die farbige Molybdänverbindung in stark saurer Lösung zersetzt, ebenso wie durch Erhitzen (GROSSET). Ein zu großer Überschuß an Xanthogenat ist nicht günstig, da hierdurch die Haltbarkeit der Färbung herabgesetzt wird.

Bei der Reaktion der Xanthogensäure mit der Molybdänsäure erfolgt zunächst eine Reduktion des 6wertigen Molybdäns zu 5wertigem. Als Reduktionsmittel wirkt hier das Reagens, also die Xanthogensäure selbst. Zur Beschleunigung der Reduktion kann man nach Zugabe des Xanthogenats mit einer Zinn(II)chloridlösung versetzen (PETROW, siehe weiter unten).

Ausführung (LOWE; KOPPEL; GROSSET). Als Reagens dient festes Kaliumxanthogenat. Etwa 10 cm^3 der möglichst neutralen, aber noch schwach alkalischen, gegebenenfalls filtrierten Probelösung werden in der Kälte mit etwa 0,1 g festem Kaliumxanthogenat und nach dessen Auflösung unter Umschütteln mit einigen Tropfen 2 n-H_2SO_4 oder HCl bis zur schwach sauren Reaktion versetzt. Je nach der Molybdänmenge entsteht eine hellrote bis tiefpurpurne Färbung. Beim Zusatz der Säure bildet sich an der Berührungsstelle meist eine gelbe Trübung von freier Xanthogensäure, die sich beim Schütteln wieder auflöst. Die farbige Molybdänverbindung läßt sich am besten mit Chloroform ausschütteln.

Grenzkonzentration (nach LOWE): 1:4000000; (nach KOPPEL): 1:1560000. Vgl. dagegen GROSSET: Grenzkonzentration 1:700000.

Störungen. Oxalsäure verhindert die Reaktion durch komplexe Bindung des Molybdäns; Weinsäure stört dagegen nicht (KOPPEL). Nach unveröffentlichten Versuchen des Autors behindert Phosphorsäure die Reaktion nicht wesentlich. Verschiedene andere Metall-Ionen, wie $Fe^{\cdot\cdot\cdot}$, $Co^{\cdot\cdot}$, $Ni^{\cdot\cdot}$, $Cu^{\cdot\cdot}$ sowie Vanadate und Uranate geben mit Kaliumxanthogenat in saurer Lösung ebenfalls farbige Verbindungen, die auch in Äther löslich sind. Die Farbeffekte stehen jedoch an Intensität weit hinter der mit Molybdat erzielten Farbreaktion zurück, so daß die Störungen gering sind, wenn die Mo-Konzentration gegenüber derjenigen der anderen Elemente nicht zu niedrig ist. Insbesondere stören Vanadat, Wolframat und Uranat bzw. Uranylsalz nur, wenn sie in relativ großen Mengen anwesend sind (Vanadin gibt eine braune, Uran(VI) eine gelbe Färbung). Von größeren Mengen Vanadin wird das Molybdän als MoS_3 abgetrennt und durch Abrauchen mit HCl, HNO_3 und H_2SO_4 in Molybdat verwandelt (LOWE). Wolframat, das mit Xanthogenat keinen Farbeffekt gibt, kann bei größeren Mengen und bei sehr geringen Molybdänkonzentrationen durch die Bildung eines Niederschlages von Wolframsäure die Empfindlichkeit der Reaktion beeinträchtigen. Durch Zugabe von Weinsäure vor dem Ansäuern mit HCl kann die Niederschlagsbildung verhindert werden (komplexe Bindung des WO_3).

Ausführung als Tüpfelreaktion. Als Reagenzien dienen festes Kaliumxanthogenat und 2 n-HCl. 1 Tropfen der möglichst neutralen Lösung wird auf der Tüpfelplatte mit einem Körnchen festem Kaliumxanthogenat versetzt und mit 2 Tropfen 2 n-HCl angetüpfelt. Je nach der Molybdänkonzentration entsteht eine rosa bis violette Färbung.

Erfassungsgrenze: 0,04 γ Mo.

Grenzkonzentration: 1:1250000.

Nachweis von Molybdän neben Arsen (GROSSET). Bei Gegenwart von Arsen ist es notwendig, einen größeren Überschuß an Xanthogenat zuzusetzen.

Ausführung. Zu der schwach alkalischen Probelösung (10 cm³) fügt man 0,3 g Kaliumxanthogenat und schüttelt bis zur Auflösung. Man versetzt vorsichtig mit 1 Tropfen 2 n-HCl. Entsteht an der Berührungsstelle eine rosa Trübung, so wird mit 2 n-HCl schwach angesäuert und sofort mit einem Gemisch aus gleichen Teilen Äther und Amylalkohol geschüttelt. Bei Gegenwart von Molybdän zeigt die ätherische Schicht eine braune Färbung. Entsteht beim ersten Ansäuern nur eine weiße bis gelbe Trübung, so setzt man nochmals 0,3 g Xanthogenat zu und fügt nach dessen Auflösung nochmals 1 Tropfen 2 n-HCl zu. Ist wiederum keine rötliche Färbung zu erkennen, so gibt man ein drittes Mal 0,3 g Xanthogenat zu, schüttelt bis zur Auflösung und schüttelt nach dem Ansäuern mit 2 n-HCl mittels des Äther-Amylalkoholgemisches (1 cm³) aus. Bei Anwesenheit von Molybdän: Braune Färbung der Ätherschicht. Tritt beim ersten oder zweiten HCl-Zusatz bereits eine rötliche Färbung auf, so wird sofort schwach angesäuert und mit Äther-Amylalkohol ausgeschüttelt. 0,07 mg Molybdän lassen sich noch bequem neben 100 mg Arsen nachweisen.

Liegt das Molybdän als Sulfid im Gemisch mit den Sulfiden der Arsengruppe vor, so verfährt man folgendermaßen: Sn und Sb durch Behandeln mit heißer 15%iger Salzsäure entfernen, Rückstand in Königswasser lösen und zur Trockene dampfen, in 2 cm³ 2 n-Natronlauge aufnehmen, die Lösung mit 2 n-Salzsäure bis zur schwach alkalischen Reaktion neutralisieren und die Prüfung auf Molybdän wie oben beschrieben vornehmen.

Nachweis von Molybdän in Stahl. Tüpfelreaktion mit Xanthogenat unter Zusatz von Zinn(II)chlorid. Auf die gut gereinigte und mit Benzin gewaschene Metalloberfläche bringt man 2 bis 3 Tropfen HNO_3 (1:1) und nach Beendigung der Reaktion und Entfernung der Flüssigkeit auf die gleiche Stelle 1 bis 2 Tropfen Brom-Kaliumbromidlösung (3 g Br + 6 g KBr + 15 cm³ H_2O). Nach 1 bis 2 Min. gibt man noch 2 bis 4 Tropfen Schwefelsäure (1:5) hinzu und läßt nach weiteren 3 Min. die entstandene Lösung von einem Filtrierpapierstreifen aufsaugen und tüpfelt mit 1 Tropfen 3%iger Kaliumxanthogenatlösung und anschließend mit 1 Tropfen 10%iger $SnCl_2$-Lösung. Bei Anwesenheit von Molybdän bildet sich ein hellhimbeerroter Fleck. Die Gegenwart von Chrom, Wolfram, Nickel und Silicium stört nicht (PETROW).

Nach THANHEISSER und WATERKAMP bringt man auf die mit HNO_3 angeätzte Metalloberfläche (siehe oben) 1 Tropfen Schwefelsäure (1:5) und legt nach der Reaktion das Reagenspapier auf (Filtrierpapier, mit 10%iger wäßriger Kaliumxanthogenatlösung getränkt und hierauf getrocknet). Bei schwerlöslichen Stählen verfährt man folgendermaßen (THANHEISSER und WATERKAMP): Auf die gereinigte Metalloberfläche bringt man 2 bis 3 Tropfen Salpetersäure-Salzsäure [gleiche Teile HNO_3, (1:1) und HCl (1:1)], versetzt nach der Reaktion mit 1 Tropfen Wasser und 1 Tropfen 20%iger Natronlauge, rührt gut durch und bedeckt den Tropfen mit einem Filtrierpapierstückchen, auf das man ein zweites, kleineres auflegt. Ist dieses durchfeuchtet, so legt man es auf eine Tüpfelplatte und bringt nacheinander 1 Tropfen H_2SO_4 (1:5) und einige Körnchen festes Kaliumxanthogenat darauf. 0,1% Mo sind noch bequem nachweisbar.

3. Nachweis mit Kaliumcetylxanthogenat. Nach TAMCHYNA ist die Reaktion mit Kaliumcetylxanthogenat noch empfindlicher als die mit Kaliumäthylxanthogenat und eignet sich besonders zum Nachweis von Molybdän neben viel Wolfram. Ausführung der Reaktion wie mit Kaliumäthylxanthogenat.

Grenzkonzentration: 1 : 4000000.

Ausführung als Tüpfelreaktion auf Filtrierpapier. Filtrierpapier wird mit einer alkoholischen Lösung von Kaliumcetylxanthogenat imprägniert und getrocknet. Auf das nicht über 24 Std. alte Reagenspapier wird 1 Tropfen der möglichst neutralen Probelösung gebracht und angesäuert, indem man das Papier über eine Flasche mit rauchender Salzsäure hält.

Erfassungsgrenze: 0,1 γ Mo in $^1/_{20}$ cm^3.

Es gelingt noch der Nachweis von 0,01 mg Molybdän neben 0,5 g Wolfram in 5 cm^3 der Probelösung.

*4. **Nachweis mit Diphenylcarbohydrazid.*** Diphenylcarbohydrazid gibt in saurer Lösung mit Molybdat eine indigoviolette Färbung, bei höheren Mo-Konzentrationen einen Niederschlag gleicher Farbe (LECOCQ). Wahrscheinlich bildet sich als Reaktionsprodukt eine Komplexverbindung sowohl des MoO_3 als auch des Molybdänblaus mit einem Oxydationsprodukt des Diphenylcarbohydrazids [FEIGL (f)].

Ausführung. Reagens: 1%ige Lösung von Diphenylcarbohydrazid in Alkhohol. Die Probelösung wird mit Salzsäure ganz schwach angesäuert und mit 1 Tropfen Reagens versetzt. Bei Anwesenheit von Mo: Indigoviolette Färbung. Sie wird durch konzentrierte Säuren und Alkalien zerstört.

Grenzkonzentration: 1 : 140000.

Nach unveröffentlichten Versuchen des Autors ist die Reaktion wesentlich empfindlicher, wenn statt mit starken Mineralsäuren mit Essigsäure angesäuert wird. Man verfährt folgendermaßen:

10 cm^3 der Probelösung werden mit 2 n-Essigsäure gegen Lackmus schwach angesäuert und mit 2 cm^3 Reagens versetzt. Man vergleicht mit einer Blindprobe. Bei einer Verdünnung von 1 : 2000000 ist noch ein deutlicher Farbeffekt zu beobachten.

Die Farbreaktion mit Molybdat gelingt nur bei Verwendung einer alkoholischen Lösung von Diphenylcarbohydrazid und nicht etwa mittels einer benzolischen Lösung, die als Reagens auf Hg(II)salze verwendet werden kann. Der Äthylalkohol läßt sich durch andere Alkohole (Methyl- und Propylalkohol u. a.) ersetzen; die entstehenden Farbtöne sind dann etwas anders. Nach LECOCQ ist die Reaktion mit frisch dargestellter Reagenslösung nicht so empfindlich wie mit einer älteren, was durch unveröffentlichte Versuche des Autors bestätigt werden konnte.

Störungen. Außer Molybdat geben noch Chromat, Vanadat und Hg(II)salze ähnliche Farbreaktionen. Durch Oxalsäure wird die Reaktion verhindert, wenn das Verhältnis $C_2O_4H_2 : MoO_3 = 1 : 1$ erreicht oder überschritten wird [FEIGL (f)]. Phosphorsäure verhindert die Reaktion (nach unveröffentlichten Versuchen des Autors).

*5. **Nachweis mit Dinaphthylcarbazon.*** Da bei den Farbreaktionen mit Diphenylcarbohydrazid dieses in der Regel zunächst zu dem entsprechenden Carbazon $C_6H_5NH\text{-}NHCON = NC_6H_5$ oxydiert wird, ist es nach KRUMHOLZ und HÖNEL in fast allen Fällen (eine Ausnahme bildet das Chromat) vorteilhafter, das Carbazon zu verwenden. Zum Nachweis von Molybdän bewährt sich besonders Di-β-naphthylcarbazon $C_{10}H_7NH - NHCON = NC_{10}H_7$.

Ausführung als Tüpfelreaktion. Als Reagens dient eine 0,2%ige Lösung des Carbazons in Methylalkohol unter Zusatz einiger Tropfen verdünnter H_2SO_4. 2 Tropfen der 0,1 n-salpetersauren Probelösung werden auf der Tüpfelplatte mit 1 Tropfen Reagens versetzt; das Reaktionsbild wird mit einer Blindprobe verglichen. Bei Anwesenheit von Molybdat: Violette Färbung wie bei der Reaktion mit Diphenylcarbohydrazid.

Erfassungsgrenze: 0,3 γ Mo.

Die Störungen der Reaktion sind die gleichen wie beim Nachweis mit Diphenylcarbohydrazid.

Nachweis mit Thiodiphenylcarbohydrazid siehe unten, Abschnitt B, S. 223.

Nachweis mit 4-Methyl-1,2-dimercaptobenzol (Dithiol) siehe § 3, B, S. 207.

Nachweis mit o-Oxychinolinderivaten siehe § 3, B, S. 208.

B. Weitere Farbreaktionen.

1. Nachweis mit α,α'-Dipyridyl (Tüpfelreaktion). Schwach saure oder neutrale Molybdatlösungen geben auf Zusatz von α,α'-Dipyridyl und $SnCl_2$ eine tief rotviolette Färbung. Bei höheren Molybdänkonzentrationen fällt ein ebenso gefärbter Niederschlag aus. Es ist anzunehmen, daß sich das α,α'-Dipyridyl mit dem zur 5wertigen Stufe reduzierten Molybdän zu einem Komplex verbindet. Die Reaktion tritt bei zu hoher Acidität (> 4 n-HCl) nicht ein (KOMAROWSKY und POLUEKTOFF).

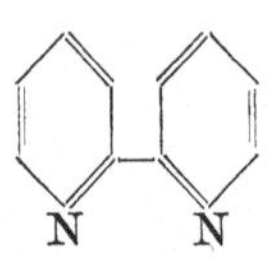

N N

α,α'-Dipyridyl

Reagenzien. 1. 3%ige alkoholische Lösung von α,α'-Dipyridyl. 2. Stannochloridlösung (10 g $SnCl_2$ in 20 cm³ konz. HCl).

Ausführung. In einem Porzellanschälchen versetzt man 1 Tropfen der neutralen oder schwach sauren Probelösung mit 2 Tropfen der Lösung (1) und 1 Tropfen der Lösung (2).

Erfassungsgrenze: 0,4 γ Mo.

Grenzkonzentration: 1:10000.

Störungen. $Fe^{\cdots}$ oder $Fe^{\cdot\cdot}$ muß abwesend sein. Wolframate geben eine Blaufärbung, die jedoch bei vorherigem Zusatz von Weinsäure ausbleibt.

Nachweis von Molybdän neben Wolfram. 1 Tropfen der Probelösung wird nacheinander mit 1 Tropfen 2 n-Weinsäure, 5 bis 6 Tropfen Dipyridyllösung (3%ig in Alkohol) und 1 Tropfen der $SnCl_2$-Lösung versetzt. Es lassen sich noch 0,8 γ Molybdän neben der 550fachen Menge Wolfram nachweisen.

2. Nachweis mit α-Nitroso-β-naphthol (Tüpfelreaktion) (SEMIAKIN und BELOKON). **Reagens.** Gesättigte alkoholische Lösung von α-Nitroso-β-naphthol.

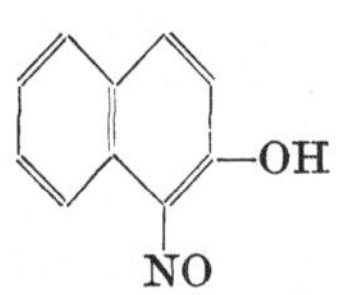

—OH

NO

α-Nitroso-β-naphthol

Ausführung. 1 Tropfen der Probelösung wird auf Filtrierpapier gebracht und nacheinander mit 1 Tropfen Reagens und 1 Tropfen 1 n-Salzsäure versetzt. Nach dem Trocknen sind bei Anwesenheit von Molybdat 4 Ringe zu beobachten: Der äußerste Ring ist himmelblau, der nächste ist gelb, der folgende ist violett, der innerste ist orange.

Erfassungsgrenze: 100 γ Mo.

Störungen. Bei Anwesenheit größerer Mengen können stören Arsenat (orangeroter Niederschlag) und Vanadat (braunroter Ring). Wolframat gibt nur in neutraler, nicht aber in saurer Lösung einen gelben Niederschlag. Keine Reaktion tritt ein mit Ca, Sr, Ba, Mg, Al, Cr(III), Mn(II), Ni, Zn, Cd, Hg(II), Sn(II).

3. Nachweis mit Rhodamin B. Molybdate geben in salzsaurer Lösung mit Rhodamin B eine violette Färbung (EEGRIWE). Die Reaktion ist nicht sehr empfindlich.

Reagens. 0,05 g Rhodamin B in 500 cm³ H_2O gelöst.

Ausführung. 1 Tropfen der salzsauren Probelösung läßt man in 5 cm³ Reagens einfallen. Bei Anwesenheit von Molybdat treten violette Schlieren auf.

Erfassungsgrenze: 10 γ Mo.

Störungen. Ebenfalls violette Färbungen in salzsaurer Lösung geben WO_4'', $Au^{\cdots}$, $Hg^{\cdot\cdot}$, $Tl^{\cdots}$, $Sb^{\cdots\cdot\cdot}$, $Bi^{\cdots}$. Keine Reaktion geben V, Nb, Ta, Pb.

4. Nachweis mit Thioglykolsäure. Molybdate geben in salzsaurer Lösung mit Thioglykolsäure eine Gelbfärbung. Die Reaktion ist nicht spezifisch, eignet sich jedoch zur Unterscheidung des Molybdats von Wolframat, das keinen Farbeffekt gibt (HAMENCE).

Ausführung. 10 cm³ der Probelösung werden gegen Lackmus neutralisiert, mit 10 Tropfen konzentrierter Salzsäure angesäuert und mit 3 Tropfen Thioglykolsäure versetzt.

5. Nachweis mit Thiodiphenylcarbohydrazid. Fügt man einige Tropfen einer 5%igen Lösung von Thiodiphenylcarbohydrazid, $SC(NH\text{-}NHC_6H_5)_2$, zu einer neutralen Molybdatlösung, so entsteht eine schwachbraune Färbung, die auf Zusatz von Alkali gelb wird. Aus dieser Lösung scheidet sich beim Ansäuern mit HCl ein brauner Niederschlag ab (PARRI).

6. Nachweis mit Kakothelin. Nach Reduktion der Molybdänsäure mit Zink und Salzsäure entsteht auf Zusatz von Kakothelin eine Lilafärbung. Die Reaktion ist nicht spezifisch. Auch andere reduzierende Stoffe wie $Fe^{\cdot\cdot}$, $Sn^{\cdot\cdot}$ u. a. bewirken den gleichen Effekt. Die Reaktion läßt sich aber zum Nachweis von Mo neben Sn verwenden, sofern nur diese beiden Elemente in Frage kommen [ROSENTHALER (b); vgl. auch ALIMARIN und WESHENKOWA].

Nachweis von Molybdän neben Zinn. Die salzsaure Probelösung wird mit etwas Zink versetzt. Nach dem Auflösen desselben teilt man die Flüssigkeit in zwei Hälften. Zu der einen gibt man nur Kakothelin. Lilafärbung weist auf die Gegenwart eines der beiden Elemente hin. Zur zweiten Hälfte fügt man $HgCl_2$ und Kakothelin. Etwa anwesendes $Sn^{\cdot\cdot}$ wird durch das $HgCl_2$ zu $Sn^{\cdots\cdot}$ oxydiert. Tritt bei dieser Probe keine Lilafärbung auf, so war nur Zinn vorhanden, andernfalls möglicherweise Molybdän neben Zinn.

7. Nachweis mit Tannin. Alkalimolybdatlösungen werden durch Tanninlösung (oder Galläpfelaufguß) tiefbraunrot gefärbt (HAGER). Auf Zusatz von Salzsäure färbt sich die Lösung braun und bei höheren Molybdänkonzentrationen entsteht ein brauner Niederschlag. Für den Molybdännachweis besitzt diese Reaktion keine Bedeutung.

8. Nachweis mit Pyrogallol und seinen Derivaten. Pyrogallol und seine kernsubstituierten Derivate (Halogen- und Nitroderivate, Protocatechusäure u. a.) geben mit Molybdaten ähnliche Farbreaktionen wie Tannin (STAHL). Für den Molybdännachweis besitzen diese Reaktionen keine Bedeutung.

9. Nachweis mit Curcumapapier. Wird die salzsaure oder alkalische Molybdatlösung auf Curcumapapier gegeben, so entsteht eine rotbraune Färbung, die beim Trocknen noch mehr hervortritt (MÜLLER).

10. Nachweis mit Blauholzextrakt (Hämatoxylin). **Reagenspapier.** Filtrierpapier, mit dem alkoholischen Auszug von Blauholz getränkt und in einem von Ammoniakdämpfen freien Raum getrocknet.

Ausführung. 1 Tropfen der neutralen oder schwach alkalischen Probelösung wird auf das Reagenspapier gegeben. Bei Anwesenheit von Molybdat: Blauer Fleck, der beim Eintauchen in verdünnte HNO_3 nicht verschwindet (VASALLO).

$Bi^{\cdots}$, $Sn^{\cdots\cdot}$, $As^{\cdots\cdot\cdot}$ und $Sb^{\cdots\cdot\cdot}$ geben violette Färbungen.

Grenzkonzentration: 1:50000.

§ 7. Nachweis des Molybdäns durch Fluorescenzeffekte.

Nachweis mittels Cochenilletinktur. Nach SZEBELLÉDY und JÓNÁS wird Cochenilletinktur bei Anwesenheit von Molybdat im p_H-Bereich 5,7 bis 6,2 unter der Einwirkung ultravioletten Lichtes zu einer feuerroten, bei geringen Molybdänmengen violettroten Fluorescenz angeregt. Die Untersuchung wird im Dunkelfeld einer Analysen-Quecksilberdampflampe vorgenommen. Sie ist geeignet zum Nachweis von Molybdän neben Wolfram.

Reagens. MERCKsche Cochenilletinktur, mit Wasser auf das 10fache verdünnt.

Ausführung. 1 cm^3 der möglichst neutralen Probelösung wird mit 1 cm^3 Reagens versetzt. Darauf wird mit einer Acetatpufferlösung vom p_H-Wert 5,6 auf 10 cm^3 aufgefüllt und im Dunkelfeld der Analysenlampe unter Verwendung eines Reagensglases aus Quarz beobachtet und mit einer Blindprobe verglichen. Farbe der Fluorescenz: Bei 1 mg Mo/160 cm^3 noch feuerrot, bei 0,1 mgMo/160 cm^3 violettgetönte, hellrote Farbe, bei 0,01 mg Mo/160 cm^3 schwach blauviolett nicht von der Blindprobe zu unterscheiden.

Empfindlichkeit. Bei Verwendung eines Quarzrohres vom Durchmesser 1 mm, Beobachtung bei Durchsicht in der Längsrichtung des Rohres lassen sich noch 0,02 γ Mo nachweisen.

Störungen. Wolfram stört nicht, dagegen verhindert Vanadin die Reaktion. Es stören ferner Cr, Mn, Fe, Co, Ni, Cu, Hg, Pb, Bi. Eigenfluorescenz liefern Al, U und Mg und müssen deshalb abwesend sein. Auch BO_3''' stört; Aufhebung der Störung durch Zusatz eines Zn-Salzes.

Jod-Ion ruft allein keine Fluorescenz hervor, verstärkt aber bei Gegenwart von Molybdat die Fluorescenz.

Der Molybdännachweis mit Cochenilletinktur kann nach Gotô auch als Tüpfelreaktion auf einer Tüpfelplatte ausgeführt werden.

Erfassungsgrenze: 0,05 γ Mo.

Grenzkonzentration: 1:1000000.

§ 8. Chromatographischer Nachweis.

Molybdänsäure wird in schwefelsaurer Lösung durch Aluminiumoxyd (nach Brockmann) adsorbiert und kann deshalb auch chromatographisch gefunden und von anderen Anionen und Kationen getrennt werden. Entwickelt wird mit Schwefelwasserstoffwasser. Bei Anwesenheit von Mo entsteht durch Bildung von MoS_3 eine hellbraune Zone. Venturello und Agliardi konnten Molybdän von Arsen chromatographisch trennen. In Lösung befand sich Arsentrichlorid und eine Auflösung von Molybdänsäure in verdünnter Schwefelsäure. Gewaschen wurde mit Wasser, entwickelt mit H_2S-Wasser. Die braune Mo-Zone lag über der gelben As-Zone (As_2S_3).

§ 9. Aufsuchen des Molybdat-Ions im Gemisch mit anderen Anionen.

Um im Verlaufe einer systematischen Anionenanalyse das Molybdat-Ion aufzufinden, kann man zunächst durch Fällung mit Zinknitrat eine Trennung der Anionen in zwei Gruppen vornehmen und den entstehenden Niederschlag der Zinksalze getrennt von der verbleibenden Lösung untersuchen. Das Molybdat-Ion findet sich dann in Form des Zinksalzes im Niederschlag.

Ausführung. Die Substanz wird mit Soda geschmolzen oder mit konzentrierter Sodalösung gekocht. Der filtrierte Sodaauszug wird mit Salpetersäure nicht bis zur völligen Neutralisation und darauf mit konzentrierter Zinknitratlösung versetzt. Der abfiltrierte Niederschlag wird auf eine Tüpfelplatte gebracht und mit essigsaurer Diphenylcarbohydrazidlösung auf Molybdat geprüft, das sich durch eine Violettfärbung zu erkennen gibt [Feigl (e), S. 364].

§ 10. Nachweis niedrigerer Wertigkeitsstufen des Molybdäns.

Von niedrigeren Wertigkeitsstufen können in wäßriger Lösung Verbindungen des 2-, 3-, 4- und 5wertigen Molybdäns vorkommen. Normale Salze dieser Wertigkeitsstufen, die in wäßriger Lösung in einfache positive Aquo-Ionen, wie etwa $[Mo(H_2O)_x]^{\cdot\cdot}$ oder $[Mo(H_2O)_x]^{\cdot\cdot\cdot}$, dissoziieren, sind nicht mit Sicherheit bekannt. Die wäßrigen Lösungen enthalten vielmehr Komplex-Ionen, die auch bei gleicher Wertigkeitsstufe verschiedenes Verhalten zeigen können. So wirken die meisten Mo(V)-Verbindungen, wie $K_2(MoOCl_5)$ oder $Mo_2O_3(SO_4)_2$, reduzierend; das komplexe Cyanid $K_3[Mo(CN)_8]$ ist jedoch ein Oxydationsmittel, das u. a. H_2O_2 in alkalischer Lösung zu O_2 und H_2O oxydiert. Aus diesem Grunde lassen sich für den Nachweis der einzelnen Wertigkeitsstufen jeweils nur wenige allgemein gültige Reaktionen anführen. Allgemein kann man sagen, daß alle Verbindungen des 3wertigen und fast alle des 5wertigen Molybdäns (eine Ausnahme bildet das soeben genannte komplexe Cyanid) in wäßriger Lösung stark reduzierend wirken und aus Silbernitratlösung metallisches Silber zur Abscheidung bringen. Durch quantitative Bestimmung des Reduktionswertes wird meist entschieden, ob es sich um eine Verbindung des 3- oder 5wertigen Molybdäns handelt.

Eine Sonderstellung nehmen die 2wertiges Molybdän enthaltenden Lösungen ein. Hier dürften nur kationische Komplex-Ionen von dem Typus $(Mo_3X_4)^{\cdot\cdot}$ oder $[Mo_3X_4(H_2O)_2]^{\cdot\cdot}$ und Anionen der allgemeinen Formel $[Mo_3X_7(H_2O)]'$ in Betracht kommen (X = Halogen). Diese recht stabilen Komplexe, deren Lösungen gelb bis gelbrot sind, zeigen keine ausgesprochen reduzierenden Eigenschaften. Charakteristisch für diese Verbindungen ist ihr Verhalten zu verdünnten Alkalilaugen. Es entstehen in der Kälte zunächst gelbe Lösungen, die beim Kochen einen schwarzen Niederschlag von Molybdän(III)hydroxyd, $Mo(OH)_3$, abscheiden. Auch die in Wasser und Säuren unlöslichen komplexen Halogenide Mo_3Cl_6 und Mo_3Br_6 geben mit Alkalilaugen gelbe Lösungen, aus denen sich beim Kochen $Mo(OH)_3$ abscheidet.

Von unzersetzt in Wasser löslichen Verbindungen des 4wertigen Molybdäns kommen die teilweise sehr beständigen komplexen Cyanide mit den Anionen $[Mo(CN)_8]''''$ oder $[Mo(OH)_4(CN)_4]''''$ u. a. in Betracht. Das Ion $[Mo(CN)_8]''''$ gibt mit $FeCl_3$ eine intensive Blaufärbung, mit $Fe^{\cdot\cdot}$ einen weißen krystallinen Niederschlag und mit Uranylacetat eine rotbraune Färbung. Das Ion $[Mo(OH)_4(CN)_4]''''$ gibt mit $FeCl_3$ eine grünlichblaue und mit $Fe^{\cdot\cdot}$ eine braungelbe Fällung.

Über das Verhalten der Verbindungen mit 3- und 5wertigem Molybdän seien folgende Angaben gemacht (MG.).

1. Verbindungen mit 3wertigem Molybdän. Die wäßrigen Lösungen dieser Verbindungen sind meist rot oder grün. Die Lösungsfarbe wird bei den komplexen Halogeno- und Oxyhalogenoverbindungen, wie $K_3(MoCl_6)$ oder $K[MoOCl_2(H_2O)_3]$, oft stark von der Konzentration etwa anwesender Salzsäure beeinflußt. Die stark salzsauren Lösungen zeigen meist eine rote, die schwächer salzsauren oft eine grüne Farbe. Das Redox-Potential ist vielfach so negativ, daß Wasser unter H_2-Entwicklung zersetzt wird, was besonders für die grünen Lösungen gilt. Manche dieser Verbindungen, wie $MoOCl \cdot 4\,H_2O$ und $Mo_2O(SO_4)_2 \cdot 5\,H_2O$, vermögen in wäßriger Lösung suspendierten fein gepulverten Schwefel zu H_2S zu reduzieren[1]. Durch H_2S wird in saurer Lösung zunächst kein Sulfid gefällt zum Unterschied von Verbindungen des 5- und 6wertigen Molybdäns. Durch Alkalilaugen erfolgt, besonders in der Hitze, Zersetzung unter Abscheidung von schwarzem $Mo(OH)_3$. Bei den Molybdän(III)-oxysulfaten bilden sich zunächst grüne Niederschläge.

2. Verbindungen mit 5wertigem Molybdän. Die wäßrigen Lösungen sind je nach Art der Verbindungen rotbraun, gelb oder grün. Bei manchen Verbindungen des 5wertigen Molybdäns, wie der Oxychlorosäure, $H_2(MoOCl_5)$, die bei der Reduktion von H_2MoO_4 in salzsaurer Lösung entstehen kann, sowie den entsprechenden Salzen $M^I_2(MoOCl_5)$ hängt die Lösungsfarbe von der Konzentration etwa anwesender Salzsäure ab (in 8 n-HCl grün, bei geringerer HCl-Konzentration braun bis rotbraun). Außerdem wird die Farbe der wäßrigen Lösung auch durch die Konzentration der

[1] Die Frage, ob nur einzelne oder alle löslichen Verbindungen des 3wertigen Mo diese Reaktion geben, kann auf Grund der vorliegenden Literaturangaben nicht beantwortet werden.

gelösten Verbindung bedingt. So sind die konzentrierten Lösungen des in festem Zustande grünen Salzes $K_2(MoOCl_5)$ rotbraun; beim Verdünnen werden sie zunächst orange und schließlich gelb. Auf die reduzierende Wirkung wurde bereits oben hingewiesen. Es sei noch erwähnt, daß Hydroxylamin nach Zusatz von Alkalilauge bis zur alkalischen Reaktion quantitativ zu Ammoniak reduziert wird. Alkalien zersetzen meist unter Abscheidung von hellbraunrotem Molybdän(V)hydroxyd, $MoO(OH)_3$, unlöslich in Alkalihydroxyd, wenig löslich in wäßrigem Ammoniak. Aus Lösungen von Molybdän(V)oxysulfat, $Mo_2O_3(SO_4)_2$, fällt H_2S einen schwarzbraunen Niederschlag aus, der ein wasserhaltiges Molybdän(V)sulfid darstellt. Inwieweit die anderen Verbindungen mit 5wertigem Mo diese Reaktion geben, läßt sich auf Grund der bisher vorliegenden Literaturangaben nicht sagen. Das komplexe Anion $(MoOCl_5)''$, wie es durch Reduktion von Molybdänsäure in stark salzsaurer Lösung entstehen kann, gibt mit Tolazoxin eine violette Fällung (s. S. 208).

Wie einleitend auf S. 203 bemerkt wurde, sprechen einige für den Molybdännachweis verwendete Reagenzien nur auf 5wertiges Molybdän an. Damit ist aber nicht gesagt, daß diese Reagenzien auch direkt zum Nachweis dieser Wertigkeitsstufe dienen können. So ist z. B. für das Eintreten der Farbreaktion mit Rhodanid die Reduktion des Mo(VI) zu Mo(V) Vorbedingung; jedoch braucht der Farbeffekt nicht einzutreten, wenn man das Rhodanid zu einer Lösung mit 5wertigem Molybdän gibt. Er ist nur dann mit Sicherheit zu erwarten, wenn sich das 5wertige Molybdän in Gegenwart von Rhodanid bildet, z. B. durch Reduktion der Molybdänsäure mit Zink und Salzsäure (vgl. § 5, S. 213).

Selbstverständlich muß bei Prüfung auf 3- oder 5wertiges Molybdän jeglicher Luftsauerstoff auch bei der Herstellung der Probelösung ausgeschlossen werden (im CO_2-Strom ausgekochtes Wasser verwenden).

Literatur.

ABEL, E.: Z. El. Ch. **19**, 480 (1913). — ALIMARIN, I. P. u. M. S. WESHENKOWA: Betriebslab. **5**, 152 (1936); durch C. **1936 II**, 1979. — ALSTODT, B. S. u. A. A. BENEDETTI-PICHLER: Ind. eng. Chem. Anal. Edit. **11**, 294 (1939). — AUGER, M. v.: C. r. **173**, 306 (1921).

BALANESCU, G.: Ann. Chim. anal. **12**, 259 (1930). — BARBIERI, G. A.: B. **60**, 2416 (1927). — BAYLE, E. u. L. AMY: Bl. (4) **43**, 604 (1928). — BEHRENS-KLEY: Mikrochemische Analyse I, S. 146. Leipzig 1915. — BERTRAND, E.: Bl. Soc. chim. Belg. **41**, 98 (1932). — BOGATSKI, W. D., L. J. DSJUBANNA u. N. L. OLENOWITSCH: Betriebslab. **9**, 473 (1940). — BRAUN, C. D.: Fr. **6**, 86 (1867). — BRECKPOT, R.: 4e Congr. Techn. Chim. Ind. Agricoles Bruxelles Juli 1935; Agricultura, Bull. trim. Assoc. Anc. Etud. Inst. Agron, Univ. Mai 1935. — BRECKPOT, R. u. A. MEVIS: Ann. Soc. Sci. Bruxelles (B) **55**, 266 (1935). — BROWNING, Ph. E.: Am J. Sci. (4) **40**, 349 (1915). — BURNS, K.: J. sci. Instrum. **10**, 129 (1937).

CHEMIKERAUSSCHUSS DES VEREINS DEUTSCHER HÜTTENLEUTE: Stahl Eisen **40**, 857 (1920). — CLARK, R. E. D.: Analyst **61**, 242 (1936). — CLENNELL, J. E.: Min. Mag. **62**, 19, 25 (1940).

DENIGÈS, M. G.: Bl. (3) **3**, 797 (1890).

EEGRIWE, E.: Fr. **70**, 403 (1927). — EICHNER, M. C.: C. r. **185**, 1200 (1927).

FALCIOLA, P.: Ann. Chim. applic. **17**, 261 (1927). — FEIGL, F.: (a) Mikrochemie **20**, 198 (1936); (b) Angew. Ch. **44**, 739 (1931); (c) Fr. **74**, 390 (1928); (d) Angew. Ch. **39**, 398 (1926); (e) Qualitative Analyse mit Hilfe von Tüpfelreaktionen, Leipzig 1938; (f) Fr. **74**, 390 (1928). — FEUSSNER, E.: Arch. Eisenhüttenw. **6**, 551 (1932/33); Fr. **96**, 419 (1934). — FLECK, H. R. u. A. M. WARD: Analyst **58**, 388, 394 (1933).

GEILMANN, W.: Bilder zur qualitativen Mikroanalyse anorganischer Stoffe. Leipzig 1934. — GERLACH, WA. u. E. RIEDL: Die chemische Emissionsspektralanalyse, S. 79, Leipzig 1936. — GLEU, K.: Z. anorg. Ch. **204**, 67 (1932). — GOTÔ, H.: Sci. Rep. Tôhoku Univ. Ser. I, **29**, 301 (1940). — GROSSET, Th.: Ann. Soc. Sci. Bruxelles **53** (Ser. B), 16 (1933). — GUTZEIT, G. u. R. MONNIER: Helv. **16**, 478, 480, 485 (1933).

HAGER: Pharm. Z. **IX**, 92. — HAMENCE, H.: Analyst **65**, 152 (1940). — HAMMERSCHMID, H., C. F. LINSTRÖM u. G. SCHEIBE: Wiss. Veröff. Gutehoffnungshütte **3**, 223 (1935). — HÖLTJE, R. u. R. GEYER: Z. anorg. Ch. **246**, 243 (1941). — HOERMANN, F.: Z. anorg. Ch. **177**, 147 (1929). — HOLZMÜLLER, W.: Fr. **115**, 81, 91 (1938/39).

ISHIMARU, S.: Sci. Rep. Tôhoku Univ. **24**, 481 (1935). — IWANZOW, L. W. u. S. L. MandelSTAM: Betriebslab. **6**, 66 (1937).

JAKÓB, W. F. u. W. KOZLOWSKI: Roczniki Chem. **9**, 667 (1929). — JAMES, L. H.: Ind. Eng. Chem. Anal. Edit. **4**, 89 (1932). — JANDER, G. u. E. DREWS: Ph. Ch. A, **190**, 217 (1942). — JANDER, G. u. K. F. JAHR: Kolloid. Z. Beiheft **41**, 27 (1934).

KAFKA, E.: Fr. **51**, 482 (1912). — KASSLER, J.: Fr. **76**, 116 (1929). — KEDESDY, E.: Mitt. K. Materialprüf.-Amt Groß-Lichterfelde West **31**, Abt. 5 (Allg. Chem.) 173. — KELLERMANN, K. u. O. SCHLIESSMANN: Metallbörse **17**, 1068 (1927). — KLEINMANN, H.: Bio. Z. **99**, 72 (1919). — KNOWLES, H. B.: Bur. Stand. J. Res. **9**, 1 (1932). — KOBELL, F. v.: Fr. **14**, 317 (1875). — KOMAROWSKY, A. S.: Ch. Z. **37**, 957 (1913). — KOMAROWSKY, A. S. u. N. S. POLUEKTOFF: Mikrochim. A. **1**, 264 (1937). — KOMAROWSKY, A. S. u. M. J. SCHAPIRO: Mikrochim. A. **3**, 144 (1938). — KONISHI, K. u. T. TSUGE: Bull. agric. chem. Soc. Japan **12**, 216 (1936). — KOPPEL, J.: Ch. Z. **43**, 777 (1919). — KRAEMER, W.: Fr. **98**. 244 (1934); **99**, 413 (1934). — KRAUSKOPF, F. C. u. C. E. SWARTZ: Am. Soc. **48**, 3023 (1926). — KRUMHOLZ, P. u. F. HÖNEL: Mikrochim. A. **2**, 177 (1937).

LANDSBERG, G. S., S. L. MANDELSTAM, S. W. TULJANKIN u. W. W. ZEIDEN: Betriebslab. **4**, 1220 (1935). — LECOCQ, É.: Bl. Assoc. Belge Chim. **17**, 412 (1903). — LEIBA, S. P. u. M. M. SCHAPIRO: Betriebslab. **3**, 503 (1934); durch C. **1936 I**, 3183. — LIMMER, G.: Z. wiss. Photogr. **37**, 41 (1938). — LOWE, R. H.: Eng. Min. J. **138**, Heft 11, 54 (1937). — LUNDEGÅRDH, H.: Die quantitative Spektralanalyse der Elemente. Jena 1929. — LUTZ, O.: Fr. **47**, 24 (1908).

MALOWAN, S. L.: Z. anorg. Ch. **108**, 73 (1919); Fr. **79**, 202 (1930). — MARTINI, A.: (a) Mikrochemie **6**, 32 (1928); (b) **6**, 63 (1928); An. Argentina **14**, 177 (1926); (c) Mikrochemie **12**, 112 (1933); (d) **7**, 233 (1929). — MASCHKE, O.: Fr. **12**, 383 (1873); Ar. **106**, 125 (1875). — MELDRUM, R.: Chem. N. **78**, 269 (1898). — MOIR, J.: Chem. N. **113**, 268 (1916). — MONTELUCCI, C. u. M. GAMBIOLI: Metallurgia **25**, 12 (1933). — MONTEQUI, R.: An. Españ. **14**, 542 (1916); **28**, 479 (1930). — MONTEQUI, R. u. M. GALLEGO: An. Españ. **31**, 434 (1933). — MONTIGNIE, E.: Bl. [4] **47**, 128 (1930). — MÜLLER, A.: J. pr. **80**, 119 (1860). — MUTHMANN, W. u. W. NAGEL: Z. anorg. Ch. **17**, 73 (1898); B. **31**, 1836 (1898).

NOYES, A. u. W. C. BRAY: Am. Soc. **29**, 137 (1907).

PARRI, W.: Giorn. Farm. Chim. **73**, 207 (1924). — PASSERINI, L. u. L. MICHELOTTI: Gaz. **65**, 824, 827 (1935). — PETROW, M. E.: Betriebslab. **5**, 1380 (1936). — PIÑA DE RUBIES, S. u. J. M. LÓPEZ DE AZCONA: An. Soc. Españ. Fisica y Quim. **34**, 307 (1936). — PORTER, L. E.: Ind. eng. Chem. Anal. Edit. **6**, 138 (1934). — POZZI-ESCOT, E.: (a) Bl. (4) **13**, 402, 1042 (1913); (b) Ann. Chim. anal. **12**, 92 (1907).

RÂY, P. u. P. B. SARKAR: Mikrochemie, Emich-Festschrift **1930**, 250. — RIENÄCKER, G. u. W. SCHIFF: Zbl. Min. Geol. Paläont. Abt. A. **1934**, 56. — RIVAS, A.: Angew. Ch. **50**, 903 (1937). — ROSENHEIM, A. u. M. KOSS: Z. anorg. Ch. **49**, 148 (1906). — ROSENTHALER, L.: (a) Pharm. A. Helv. **1939**, 89; (b) Mikrochim. A. **3**, 190 (1938). — RUBIES, PINA DE u. LÓPEZ DE AZCONA: An. Soc. Españ. Fisica y Quim. **34**, 307 (1933).

SCHEIBE, G.: Physikalische Methoden der analytischen Chemie, herausgeg. von W. BÖTTGER, Bd. I, S. 50. Leipzig 1933. — SCHLEICHER, A.: Z. El. Ch. **39**, 2 (1933). — SCHLIESSMANN, O.: (a) Techn. Mitt. Krupp Forschungsber. **4**, 267 (1941); (b) Arch. Eisenhüttenwes., **8**, 159 (1934). — SCHLIESSMANN, O. u. K. ZÄNKER: Arch. Eisenhüttenwes. **10**, 383 (1937). — SCHÖNN: (a) Fr. **8**, 379 (1869); (b) **9**, 41 (1870). — SEMIAKIN, F. M. u. A. N. BELOKON: C. r. Acad. URSS. (N. S.) **18**, 277 (1938). — SKEY: Chem. N. Am. Reprint **1867 I**, 296. — SMITH, L. u. PH. W. WEST: Ind. eng. Chem. Anal. Edit. **13**, 172 (1941). — SPIECEL, L. u. Th. A. MAASS: B. **36**, 512 (1903). STAHL, J.: B. **25**, 1600 (1892). — STERBA-BÖHM, J. u. J. VOSTREBAL: Z. anorg. Chem. **110**, 84 (1920). — STRAUMANIS, M. u. B. ORGIUS: Fr. **117**, 30 (1939). — SZEBELLÉDY, L. u. J. JÓNÁS: Mikrochim. A. **1**, 46 (1931).

TAMCHYNA, J. V.: Chem. Listy **24**, 465 (1930). — TANANAEW, N. A. u. G. PANTSCHENKO: Ukrain. chem. J. **4**, 121 (1928). — TARTARINI, G.: Ann. Chim. applic. **23**, 367 (1933). — TAYLOR-AUSTIN, E.: Analyst **62**, 115 (1937). — THANHEISSER, E. u. P. GÖBBELS: Mitt. K.W.I. Eisenf. Düsseldorf **23**, 187 (1941). — THANHEISSER, E. u. M. WATERKAMP: Mitt. K.W.I. Eisenf. Düsseldorf **23**, 88 (1941). — THIÉBAUT, L.: Bl. Soc. Min. **56**, 68 (1933). — TRAVERS, A. u. L. MALAPRADE: Bl. (4) **39**, 1545 (1926). — TRUCHOT, P.: Ann. Chim. anal. **10**, 254 (1905).

UZUMASA, Y. u. K. DOI: Bl. chem. Soc. Japan **14**, 337 (1939).

VALKENBURGH, H. B. VAN u. T. C. CRAWFORD: Ind. eng. Chem. Anal. Edit. **13**, 459 (1941). — VASALLO, E.: G. **41**, **II**, 204 (1911). — VENTURELLO, G. u. N. AGLIARDI: Ann. Chim. applic. **30**, 224 (1940). — VERSLUYS, J. u. H. L. J. ZERMATTEN: Kon. Akad. Wetensch. Amsterdam Pr. **36**, 868 (1933). — VINCENT, H. B. u. R. A. SAWYER: J. appl. Physics **8**, 163 (1937).

WHEELER u. LUEDEKING: Fr. **26**, 603 (1887).

YAGODA, H. u. H. A. FALES: (a) Am. Soc. **60**, 642 (1938); (b) **58**, 1497 (1936). — YOE, J. H.: Am. Soc. **54**, 1022 (1932).

Wolfram.

W, Atomgewicht 183,92; Ordnungszahl 74.

Von M. v. STACKELBERG, Bonn.

Mit 4 Abbildungen.

Inhaltsübersicht.

Seite

Vorkommen des Wolframs 229

Allgemeines. Stellung im periodischen System. Verbindungen mit 6wertigem Wolfram. Sonstige Wertigkeitsstufen. Die Löslichkeit der Wolframate. Die Iso- und Heteropolysäuren des Wolframs 230

Aufschlußverfahren für unlösliche Wolframverbindungen und Wolframlegierungen 231

1. Aufschluß unlöslicher Wolframverbindungen 232
2. Aufschluß von Wolframlegierungen 232

Verhalten des Wolframs im Analysengang. Abtrennung des Wolframs von begleitenden Elementen 232

Nachweismethoden 234

§ 1. Spektralanalytischer Nachweis, bearbeitet von O. SCHMITZ-DUMONT, Bonn; mitbearbeitet von J. VAN CALKER, Münster (Westf.) 234

Allgemeines (Lichtquellen, Analysenlinien) 234

Nachweisverfahren 235

1. Nachweis in Lösungen 235
2. Nachweis in Metallen 235
3. Nachweis in Mineralien 235
4. Nachweis in Eisen und Stahl 235
5. Grenzkonzentration 236

§ 2. Nachweis auf trockenem Wege 236

1. Verhalten in der Phosphorsalzperle 236
2. Verhalten in der Boraxperle 236
3. Nachweis als Lithiumwolframbronze 236
4. Reduktionsprobe nach FEIGL 237
5. Reduktionsprobe nach VERSLUYS und ZERMATTEN 237
6. Reduzierendes Schmelzen mit Ammoniumhypophosphit 237
7. Reduktionsprobe nach TOROSSIAN 237
8. Beschlagprobe 237

§ 3. Nachweis auf nassem Wege 237

Vorbemerkung 237

A. Wichtige Reaktionen der Wolframatlösungen 238

1. Fällung als Wolframsäure 238
2. Die Reduktionsprobe (Bildung von Wolframblau) 239
   a) Reduktion mit Zink und Salzsäure 239
   b) Reduktion mit Zinn(II)chlorid 239
   c) Reduktion mit Zinn und Salzsäure 239
   d) Reduktion mit Blei und Salzsäure 240
   e) Reduktion mit Quecksilber und Salzsäure 240
   f) Reduktion mit Titan(III)chlorid 240
   g) Reduktion mit sonstigen Reduktionsmitteln 241
3. Farbreaktion mit Rhodanid und Reduktionsmitteln 241

B. Weitere Reaktionen der Wolframatlösungen 242

1. Fällung schwerlöslicher Wolframate 242
2. Fällung als Kaliumwolframchlorid ($K_3W_2Cl_9$) 242

Seite

3. Nachweis mit Dithiol 242
4. Fällung mit organischen Basen 243
5. Fällung mit Benzoinoxim 244
6. Fällung mit 9-Methyl-2,3,7-trioxy-6-fluoron 244
7. Fällung mit α-Nitroso-β-naphthol 244
8. Fällung mit Tannin 244
9. Nachweis durch Katalyse der Reaktion zwischen Natriumthiosulfat und Wasserstoffperoxyd 244
10. Nachweis durch Katalyse der Wasserstoffentwicklung bei der Reaktion zwischen Zinkamalgam und Schwefelsäure 244
11. Polarographischer Nachweis 245

§ 4. Mikrochemische Nachweisreaktionen 245

A. Fällung mit anorganischen Reagenzien 245

1. Fällung als Thalliumwolframat 245
2. Fällung als Bariumwolframat 245
3. Fällung als Ammoniumwolframat 245
4. Fällung als Ammonium- oder Kaliumphosphorwolframat 245
5. Fällung als Wolframsäure 246

B. Fällung mit organischen Reagenzien 246

1. Fällung mit Urotropin 246
2. Fällung mit Brenzcatechin und Anilin 246
3. Fällung mit Brenzcatechin und Piperazin 246
4. Fällung mit Brenzcatechin und Benzylamin 246

§ 5. Farb- und Tüpfelreaktionen 247

A. Anorganische Reagenzien 247

1. Reduktionsprobe (Bildung von Wolframblau) 247
   a) Ausführung nach FEIGL (b) 247
   b) Ausführung nach SINGLETON 247
   c) Ausführung nack TANANAJEW und PANTSCHENKO sowie RIENÄCKER und SCHIFF 247
   d) Ausführung nach FERJANTSCHITSCH und UGNIWENKO 247
   e) Tüpfelprobe an Stahl nach THANHEISSER und WATERKAMP . 247
2. Gelbfärbung mit Rhodanid und Zinn(II)chlorid 248
3. Roter Ring mit Zinn(II)chlorid, Kupfer(II)sulfat und Kaliumjodid 248
4. Gelbfärbung mit Ammoniumvanadat und Phosphorsäure 248

B. Organische Reagenzien 248

1. Fällung mit Diphenylin 248
2. Rotfärbung mit Hydrochinon in konzentrierter Schwefelsäure . . 248
3. Färbung mit Phenolen und Alkaloiden 249
4. Färbung mit Curcumalösung 249
5. Färbung mit Rhodamin B 249
6. Färbung mit Dioxymaleinsäure 249
7. Katalyse der Malachitgrünreaktion 250

§ 6. Nachweis durch Fluorescenzeffekte 250

1. Mit Rhodamin B 250
2. Mit Morin 250
3. Mit Cochineal 250
4. Mit Coerulin 250

Literatur 251

Wolfram.

W, Atomgewicht 183,92; Ordnungszahl 74.

Vorkommen des Wolframs. Wolfram findet sich in der Natur in Form von Wolframaten. Am wichtigsten ist der monokline Wolframit, (Mn, Fe)WO_4, der eine isomorphe Mischung von Hübnerit, $MnWO_4$, und Ferberit, $FeWO_4$, darstellt. Ferner sind zu nennen die Mineralien der tetragonalen Scheelitgruppe: Scheelit, $CaWO_4$, Stolzit (Scheelbleispat), $PbWO_4$, Cuproscheelit, (Ca, Cu)WO_4, und Reinit, $FeWO_4$; diese sind den analogen Molybdänmineralien isomorph. Die Wolframmineralien finden sich auf Zinnerzgängen und in daraus hervorgegangenen, alluvialen Seifen, in denen sie infolge ihrer hohen Beständigkeit und Dichte verbleiben.

In Deutschland befinden sich geringe Vorkommen im Erzgebirge bei Schlaggenwald, Zinnwald und Sadisdorf. Größere Vorkommen haben Portugal, Spanien und vor allem die an den Stillen Ozean angrenzenden Länder China, Burma, Colorado in USA und andere.

Stellung im periodischen System. Wolfram gehört der Gruppe 6b des periodischen Systems an und ist dementsprechend maximal 6wertig. Besondere Ähnlichkeit zeigt Wolfram mit Molybdän, weniger mit Chrom und Uran. Wolfram und Molybdän sind beide weitaus am stabilsten in der 6wertigen Stufe und haben eine große Neigung zur Bildung von Iso- und Heteropolysäuren.

Verbindungen mit 6wertigem Wolfram. WO_3, das beständigste Oxyd, ist ein gelbes Pulver, das oberhalb 900° flüchtig ist, was bei analytischen Operationen zu beachten ist, wenngleich die Flüchtigkeit geringer als bei MoO_3 ist. WO_3 hat ausgesprochen saure Eigenschaften: Es löst sich in Laugen und (langsam) in NH_3-Wasser unter Bildung von Wolframaten. In Wasser und in Säuren ist WO_3 im allgemeinen unlöslich, wodurch es sich von dem sonst so ähnlichen MoO_3 unterscheidet. Löslich ist WO_3 in H_3PO_4 unter Bildung von Heteropolysäuren, ferner in HF, ein wenig löslich auch in höchst konzentrierten Mineralsäuren. Die Wolframsäure, H_2WO_4, ist nicht aus dem Anhydrid WO_3 zu erhalten, sondern nur durch Fällung aus Wolframatlösungen mit Säuren, und zwar in der Kälte als weißes, gelatinöses $H_2WO_4 \cdot H_2O$, in der Hitze als gelbes H_2WO_4. Für die Löslichkeit der Wolframsäure in Säuren und Laugen gilt das gleiche wie für das Anhydrid. In elektrolytfreiem Wasser geht Wolframsäure kolloidal in Lösung. Neben den normalen Alkaliwolframaten, wie K_2WO_4 und $Na_2WO_4 \cdot 2\,H_2O$, gibt es die Parawolframate, $K_5HW_6O_{21} \cdot 5\,H_2O$, $Na_5HW_6O_{21}\ 13\frac{1}{2} \cdot H_2O$ und die Metawolframate, $K_6H_2O_4(W_3O_9)_4 \cdot 23\,H_2O$, $Na_6H_2O_4(W_3O_9)_4 \cdot 29\,H_2O$. Erstere krystallisieren aus ganz schwach, letztere aus etwas stärker angesäuerten Wolframatlösungen aus.

Sonstige Wertigkeitsstufen. Wolfram tritt ferner noch 2-, 3-, 4- und 5wertig auf. Diese Wertigkeitsstufen sind so unbeständig, daß sie in einer Analysenlösung kaum vorkommen. Sie sind aber trotzdem auch für die analytische Chemie teilweise bedeutungsvoll, weil sie sich bei verschiedenen Reduktionsreaktionen bilden. Wichtig sind insbesondere die durch eine intensiv blaue Farbe ausgezeichneten Reduktionsprodukte der hydratisierten (gefällten) Wolframsäure. Früher wurden sie als $W_2O_5 \cdot aq$ formuliert, doch hat sich ergeben, daß es sich um sauerstoffreichere, undefinierte, feste Lösungen handelt. (Wasserfrei haben sich W_4O_{11} und W_8O_{23} als definierte Verbindungen erwiesen.)

Auch die stark gefärbten, unlöslichen „Wolframbronzen" sind intermediäre Verbindungen, die durch Reduktion von Alkaliwolframaten z. B. mit Wasserstoff in der Hitze entstehen. Sie entsprechen beispielsweise folgenden Zusammensetzungen: $Na_2W_5O_{15}$ (blau), $Na_2W_3O_9$ (purpurrot), $Na_4W_5O_{15}$ (rotgelb) usw.

Für den analytischen Nachweis von Wolfram dient auch das gelbbraune Salz $K_3W_2Cl_9$ mit 3wertigem Wolfram.

Die Löslichkeit der Wolframate. Löslich sind nur die Wolframate der Alkalimetalle und des Magnesiums, auch die des Ammoniums und einiger organischer Basen. Das Verhalten der Iso- und Heteropolywolframate weicht von dem der normalen Wolframate ab.

Die Iso- und Heteropolysäuren des Wolframs. Nach dem Aufschluß der Analysenprobe wird das Wolfram stets als Wolframat in der Lösung vorliegen. Andere Wertigkeitsstufen des Wolframs kommen nicht in Frage. Die einzigen besonderen Formen des Wolframs, die besondere analytische Maßnahmen notwendig machen, sind die der Iso- und Heteropolywolframsäuren. (Einen Überblick über den heutigen Stand der Anschauungen über diese Verbindungen geben z. B. G. JANDER sowie K. F. JAHR.)

Die Lösungen der normalen Alkaliwolframate enthalten das WO_4''-Ion. Sie reagieren alkalisch. Werden solche Lösungen schwach angesäuert (p_H-Wert 5 bis 7), so bilden sich die *Parawolframate*, enthaltend das Anion einer Hexawolframsäure $(HW_6O_{21} \cdot aq)'''''$. Aus diesen Lösungen lassen sich die festen Parawolframate auskrystallisieren. Analytisch unterscheiden sich diese Lösungen nicht wesentlich von denen einfacher Wolframate: Durch Säuren wird gelatinöse Wolframsäure gefällt; die meisten Metallsalze geben Niederschläge von Metallparawolframaten. Das Hexawolframat-Ion existiert in verschiedenen Formen, die sich nur langsam ins Gleichgewicht setzen. Die Eigenschaften der Lösung ändern sich daher etwas mit dem Altern.

Metawolframate der Alkalien krystallisieren aus Lösungen, deren Acidität bis auf p_H-Wert 2 bis 4 erhöht wurde, obgleich in der Lösung noch überwiegend Hexawolframat-Ionen vorliegen. Auch hier fällt beim Ansäuern bis unter p_H-Wert 2 Wolframsäure aus. Wird jedoch die Lösung eines Wolframates in der Siedehitze vorsichtig mit einer starken Säure versetzt, so unterbleibt die Fällung von Wolframsäure, weil sich dann die wasserlösliche freie *Metawolframsäure* bildet. Diese ist eine Dodekawolframsäure $H_8(W_{12}O_{40} \cdot aq)$. Sie ist instabil: Bei längerem Kochen der Lösung fällt gelbe Wolframsäure $H_2WO_4 \cdot 2\,H_2O$ aus; durch Abrauchen mit Säure läßt sich die Metawolframsäure zerstören. Da sie auch in Lösung durch Alkalisieren sofort zerstört wird (ebenso die Parawolframsäure), ist ihre Anwesenheit in einer Analysenprobe leicht zu vermeiden. Die Metawolframate der meisten Metalle sind löslich. Schwer löslich bzw. unlöslich sind nur die Salze der Kationen mit hohem Atomgewicht: Unlöslich sind das Hg(I)- und Tl-Salz, fast unlöslich das Ag- und Pb-Salz, schwer löslich das Ba- und Rb-Salz.

Die *Heteropolywolframate* enthalten komplexe Anionen, die aus einer Stammsäure und mehr oder weniger zahlreichen Wolframsäuremolekeln aufgebaut sind. Als Stammsäure kommen Phosphorsäure, Arsensäure, Kieselsäure, Borsäure, Perjodsäure, Tellursäure und verschiedene organische Säuren, wie Oxalsäure, Weinsäure u. a. in Frage. In stark saurer Lösung treten diese mit der Wolframsäure zu den verschiedenen Heteropolysäuren zusammen. Analytisch wichtig ist, daß diese wasserlöslich sind. Daher läßt sich Wolframsäure in Gegenwart von z. B. Phosphorsäure durch Mineralsäuren nicht fällen. Auch andere Reaktionen der Wolframsäure werden beeinträchtigt, so z. B. die S. 247 in § 5 unter A, 1c beschriebene Reaktion mit $SnCl_2$ und KCNS. Dagegen ist die Reduktionsprobe mit $SnCl_2$ oder mit Zn (S. 239, 247) auch bei Gegenwart von Phosphorsäure durchführbar.

Für die Zerstörung der Phosphorwolframsäuren ist Alkalischmachen der Lösung und Aufkochen ausreichend; zuverlässig ist auch Schmelzen mit Alkalihydroxyd oder -carbonat. Doch bildet sich die Heteropolysäure beim Ansäuern der Lösung wieder, wenn die Phosphorsäure nicht abgetrennt wurde. Hierzu vgl. den Abschnitt „Abtrennung des Wolframs von begleitenden Elementen“, S. 233. Von den Phosphorwolframaten sind die mit großvolumigem Kation schwer löslich, ähnlich wie dies bei den Phosphormolybdaten der Fall ist.

Aufschlußverfahren für unlösliche Wolframverbindungen und Wolframlegierungen.

Da nur die Alkaliwolframate löslich sind, bedürfen die meisten Wolframverbindungen eines Aufschlusses. Insbesondere gilt dies für die verschiedenen Verbindungen mit niedrigerwertigem Wolfram, wie z. B. die Wolframbronzen.

Alle Aufschlußverfahren führen zu Alkaliwolframaten bzw. (seltener) zu freier Wolframsäure.

1. Aufschluß unlöslicher Wolframverbindungen. Die allgemeinste und fast immer zum Ziel führende Aufschlußmethode besteht in einer *Alkalicarbonatschmelze*, der nötigenfalls noch ein Oxydationsmittel wie Salpeter oder Natriumperoxyd zugesetzt wird.

Für den Erzaufschluß wird meist Schmelzen mit der 4- bis 5fachen Menge Na_2CO_3 oder Na_2CO_3-K_2CO_3-Gemisch empfohlen, aber auch Schmelzen mit NaOH oder Na_2O_2 oder $NaNO_2$.

Für den Spezialfall geringer Mengen sei hier eine Vorschrift von FERJANTSCHITSCH und UGNIWENKO wiedergegeben, die der Vorbereitung für einen Tüpfelnachweis (S. 247) dient: 5 mg Wolframerz werden mit 20 mg NaOH im Eisenlöffel 2 bis 3 Min. geschmolzen; nach dem Erkalten werden 3 mg Na_2O_2 zugegeben, und es wird nochmals 2 bis 3 Min. geschmolzen. Die Schmelze wird dann mit etwas Wasser erwärmt und die Lösung im Porzellantiegel mit konzentrierter Salzsäure fast bis zur Trockne eingedampft. Den Rückstand feuchtet man mit einigen Tropfen konzentrierter Salzsäure an, versetzt mit 1 bis 2 cm³ heißem Wasser, filtriert und wäscht zweimal mit heißer Salzsäure (1:50) aus. Vom Filter wird die Wolframsäure mit einigen Tropfen heißem Ammoniakwasser (1:1) gelöst.

Auch die Pyrosulfatschmelze kommt in Betracht. Es ist jedoch zu beachten, daß das gebildete Wolframat beim Lösen der Schmelze durch das überschüssige saure Pyrosulfat als Wolframsäure ausgefällt wird. Soll diese in Lösung bleiben, so löst man die Schmelze in ammoncarbonathaltigem Wasser.

Ist aus irgendeinem Grunde eine Alkalisulfidschmelze benutzt worden, so ist zu beachten, daß in der Lösung dieser Schmelze Sulfowolframate vorliegen, die beim Ansäuern Wolframsulfid, WS_3, ausfallen lassen.

2. Aufschluß von Wolframlegierungen. Wolframlegierungen, z. B. Wolframstähle, werden mit oxydierenden Säuren oder mit einer KNO_2-Schmelze aufgeschlossen. Als Säuren kommen Königswasser oder eine HNO_3-H_2SO_4-Mischung oder — am besten — Brom und Salpetersäure in Frage. Hierbei wird aber das Wolfram nicht gelöst, sondern in freie Wolframsäure übergeführt, die jedoch leicht mit Alkalien oder Ammoniakwasser in Lösung zu bringen ist. Wolframmetall selbst wird durch Königswasser oder Salpetersäure nur langsam angegriffen. Bei geringen Mengen kann man es mit Salpetersäure und Wasserstoffperoxyd oxydieren oder auch in Alkali und Wasserstoffperoxyd lösen. Sonst ist es zweckmäßig, das Metall durch Erhitzen an der Luft in WO_3 überzuführen und dieses dann durch eine Sodaschmelze aufzuschließen.

Für den Aufschluß von Wolframmetall, hochlegierten Stählen oder Konzentraten ist nach FEIGL (a) eine KNO_2-Schmelze zweckmäßig: Wolfram (und Molybdän) löst sich hierbei innerhalb weniger Minuten unter starker Erwärmung, während andere Metalle als Oxyde zurückbleiben. Die erkaltete Schmelze wird mit Wasser ausgelaugt. Die Lösung kann direkt auf Wolfram geprüft werden.

Verhalten des Wolframs im Analysengang.

In der Analysenlösung wird Wolfram stets als Wolframat oder Hexawolframat vorliegen. Da aus solchen Lösungen beim Ansäuern mit starken Säuren Wolframsäure ausfällt, so wird das Wolfram mitunter der ersten analytischen Gruppe zugerechnet. Doch ist die Fällung der Wolframsäure nicht vollständig: Etwa 1 mg W im Kubikzentimeter Lösung bleibt auch unter günstigen Umständen gelöst. Wenn das Wolfram als Iso- oder Heteropolysäure vorliegt (z. B. bei Anwesenheit von Phosphorsäure; vgl. S. 230), so bleibt die Ausfällung beim Ansäuern ganz aus. Für den weiteren Verbleib des Wolframs im Analysengang ist das *Verhalten gegen Schwefelwasserstoff und gegen Ammonsulfid* maßgebend: H_2S erzeugt in sauren Wolframatlösungen keine Fällung. Auch mit $(NH_4)_2S$ in neutralen oder alkalischen Lösungen entsteht keine Fällung, es bilden sich aber lösliche Sulfowolframate, wie K_2WS_4; aus diesen Lösungen fällt beim Ansäuern hellbraunes Wolframtrisulfid, WS_3, aus:

$$WS_4'' + 2\,H^{\cdot} \rightleftarrows WS_3 + 2\,HS'.$$

Die Reaktion ist reversibel: In $(NH_4)_2S$-Lösung geht WS_3 wieder in Lösung. Mit reinem Wasser bildet WS_3 kolloidale Lösungen; in Salzlösungen ist es unlöslich.

Das Wolfram fällt also auch in der zweiten analytischen Gruppe nicht aus, denn das Sulfid WS_3 ist zwar in Säuren unlöslich, bildet sich aber in saurer Lösung nicht. In alkalischer Lösung bilden sich aber mit Sulfid Thiowolframate die löslich sind. Daher kann Wolfram im Analysengang in das Filtrat des Ammonsulfidniederschlages gelangen. Aus dieser Lösung fällt es beim Ansäuern als hellbraunes Sulfid, WS_3, aus, aber auch hier nicht unbedingt vollständig.

Es ist daher zu vermeiden, daß Wolfram in den Analysengang gelangt, und dafür zu sorgen, daß es vorher abgetrennt wird. Die Unlöslichkeit der Wolframsäure in Salpetersäure macht dies leicht möglich. Hierfür wird nachstehend eine Vorschrift gegeben.

Abtrennung des Wolframs von begleitenden Elementen.

Die Abtrennung kann in einfacher Weise nach BILTZ folgendermaßen erfolgen: Die Lösung der alkalischen Schmelze (siehe Aufschluß, S. 231) wird mit HNO_3 angesäuert und abgeraucht, ähnlich wie zum Unlöslichmachen von Kieselsäure. Der Rückstand wird mit etwas verdünnter HNO_3 ausgewaschen. Dadurch werden fast alle begleitenden Elemente entfernt, auch Molybdän, da Molybdänsäure in verdünnten Säuren löslich ist. Zurück bleiben neben der durch die gelbe Farbe kenntlichen Wolframsäure noch Kieselsäure, Antimonsäure, Niobsäure, Tantalsäure und Zinnsäure. Aus dem abfiltrierten Rückstande wird die Wolframsäure mit warmem Ammoniakwasser extrahiert.

Dieses Verfahren versagt, wenn Phosphorsäure oder Arsensäure in der Probe enthalten sind, da die Heteropolysäuren des Wolframs mit diesen Säuren durch Abrauchen mit HNO_3 nicht zerstört werden. Der Rückstand ist auch bei Anwesenheit von Wolfram nicht gelb, sondern weiß. Beim Auswaschen mit verdünnter HNO_3 geht auch das Wolfram als Heteropolysäure wieder in Lösung.

Bei Anwesenheit von Phosphor- oder Arsensäure müssen somit zunächst diese entfernt werden, falls eine Abtrennung des Wolframs von anderen Metallen vorgenommen werden soll. Dies kann in der üblichen Weise geschehen, indem zu der alkalischen Probelösung Mg-Salz, ausreichend NH_4Cl und nötigenfalls NH_3 zugesetzt werden, wodurch Magnesiumammoniumphosphat bzw. -arsenat ausgefällt wird (MELLET; DEFACQZ). Hierbei wird Wolfram teilweise mitgerissen (vgl. hierüber v. KNORRE), was aber bei einer nur qualitativen Analyse auf Wolfram im allgemeinen nicht schaden wird. Andernfalls muß der Niederschlag in Säure gelöst und die Fällung wiederholt werden. Über die Trennung der Wolframsäure von Phosphat und Arsenat durch Fällung des Wolframs mit Benzidin siehe v. KNORRE sowie LUKAS und JILEK.

Zur Abtrennung des Wolframs von dem durch die Ähnlichkeit seiner Reaktionen oft störenden *Molybdän*, sei hier auf folgende Methoden aufmerksam gemacht: Nach FRIEDHEIM und MEYER wird Mo aus der phosphorsauren Wolframatlösung mit H_2S gefällt. Die Phosphorsäure hält das Wolfram in Lösung. Im sauren Filtrat kann W z. B. durch die Blaufärbung mit Zn oder Mg nachgewiesen werden (siehe § 3). Besser ist es im allgemeinen, die Wolframsäure durch Weinsäure in Lösung zu halten, da diese im Gegensatz zur Phosphorsäure durch Verglühen wieder entfernt werden kann. HAMENCE z. B. gibt folgende Vorschrift: Die zunächst neutralisierte Probelösung (20 cm^3) wird mit 2 g Weinsäure und 0,2 cm^3 konzentrierter Schwefelsäure versetzt und auf 60^0 erwärmt; Mo wird mit H_2S gefällt, das klare Filtrat eingedampft, der Rückstand zur Zerstörung der Weinsäure schwach geglüht und mit NaOH aufgenommen. YAGODA und FALES (b) setzen außer Weinsäure auch Ameisensäure dazu; auf dieses umständlichere Verfahren (das beim Molybdän, S. 205, geschildert wird) wird im allgemeinen verzichtet werden können. Nach MILLER und LOWE kann

Mo als Mo(V)-Rhodanidkomplex mit Butylacetat extrahiert werden: Die stark salzsaure Probelösung (2 n-HCl) wird mit einigen Tropfen einer 10%igen KCNS-Lösung versetzt und dann zur Reduktion des Mo(VI) mit einigen Tropfen einer 10%igen Thioglycolsäurelösung. Dieses Verfahren wird wiederholt, bis die Bildung des roten Mo-Komplexes vollständig ist. Dieser wird dann mit Butylacetat ausgeschüttelt.

Da auch organische Säuren (Weinsäure, Oxalsäure u. a.) mit Wolframsäure Heteropolysäuren bilden und eine Reihe von Nachweisreaktionen stören, ist gegebenenfalls auch dafür zu sorgen, daß diese durch Verglühen vorher zerstört werden.

Anreicherung von Wolframspuren durch Mitreißen mit $Fe(OH)_3$: Wird aus einer Fe(III)-Salz enthaltenden Lösung $Fe(OH)_3$ mit NH_3 gefällt, so wird Wolframsäure mitgerissen. Dieses Mitfällen ist praktisch vollständig, wenn sich nur wenig Wolframsäure in der Lösung befand und wenn NH_3 nur bis zum Umschlagen von Methylorange zugesetzt wurde. Natürlich ist eine Anreicherung von Wolfram auch durch eine der Fällungen, wie sie für quantitative Bestimmungen üblich sind, möglich. Vor allem kommen Fällungen mit organischen Reagenzien wie Benzidin, Cinchonin, Gerbsäure (siehe § 3) in Frage, weil diese durch Verglühen wieder entfernt werden können.

Da die vollständigen Analysengänge in einem besonderen Bande dieses Handbuches behandelt werden, sei hier nur kurz darauf hingewiesen, daß FISCHER und Mitarbeiter einen Analysengang angeben, in dem berücksichtigt wird, daß Wolfram infolge anwesender Phosphorsäure bis in das Filtrat der H_2S-Gruppe gelangt, wobei also Wolfram neben den Metallen der $(NH_4)_2S$-Gruppe und der Erdalkalien von diesen abzutrennen und nachzuweisen ist. Dieser Analysengang macht einen empfindlicheren Wolframnachweis (Farbreaktion mit Hydrochinon, s. S. 248) möglich als der Trennungsgang von NOYES und BRAY. – Auch POZNA und MIGRAY geben einen Analysengang an, der Wolfram berücksichtigt. — Über die Abtrennung des Wolframs von den Metallen der Salzsäuregruppe (Hg, Ag, Pb) macht PORTER Angaben. — Den Wolframnachweis neben Mo, Sn, Sb, Te, V, PO_4 behandeln MILLER und LOWE. — Über sonstige Abtrennungen vgl. auch den zusammenfassenden Bericht von W. HARTMANN.

Nachweismethoden.

§ 1. Spektralanalytischer Nachweis[1].

Allgemeines.

Für den spektralanalytischen Nachweis des Wolframs wird meist die spektrographische Untersuchung verwandt. Eine visuelle Arbeitsweise wird von SCHLIESSMANN angegeben. Nachweislinien befinden sich sowohl im sichtbaren als auch im ultravioletten Spektralbereich. Für die Auffindung des Wolframs in Stählen eignen sich besonders die im sichtbaren Bereich gelegenen Linien (KELLERMANN und SCHLIESSMANN), die auch die quantitative Abschätzung des W-Gehaltes nach der Methode der letzten Linien gestatten und von den Fe-Linien nur in geringem Maße gestört werden.

Lichtquellen. Für den Wolframnachweis wird wegen der hohen Nachweisempfindlichkeit vor allem der elektrische Lichtbogen (Dauer- und Abreißbogen) verwendet (SCHEIBE). Obwohl der Nachweis mittels des elektrischen Funkens weniger empfindlich ist, wird er wegen der besseren Reproduzierbarkeit der Entladungsbedingungen vielfach bevorzugt (HOLZMÜLLER).

Brauchbare Analysenlinien im Bogen- und Funkenspektrum. GERLACH und RIEDL geben für Wolfram folgende, im Abreißbogen und im Funken mit hoher Selbstinduktion auftretenden Linien an (Wellenlängen in Å): 4302,1; 4294,6; 4074,4; 4008,8. Diese Bogenlinien sind in dem Glasspektrographen von ZEISS zu erhalten:

[1] Bearbeitet von O. SCHMITZ-DUMONT, Bonn; mitbearbeitet von J. VAN CALKER, Münster (Westf.).

Reihenfolge der Intensitäten (Agfa Superrapidplatte): 4008,8 $>$ 4074,4 $\approx$ 4294,6 $\gg$ 4302,1. Bei Verwendung eines Quarzspektrographen kommen für den Nachweis noch folgende Linien in Betracht: 2947,0; 2944,4. Reihenfolge der Intensitäten: 2944,4 ($\geqq$) 2947,0 $\approx$ 4008,8.

Störungen bzw. Koinzidenzen sind zu erwarten:

Bei $\lambda = 4302{,}1$ mit Linien von Bi, Ca, Fe, In, Ir, Ni, Pt, Ti, schwachen Linien von Cr, Os, V; starke Störungslinien sind Ca (4302,5), Ti (4301,1; 4300,6; 4300,1).

Bei $\lambda = 4294{,}6$ mit Linien von Fe, Os, Ru, Sc, Ti; starke Störungslinien sind Fe (4294,1), Mo (4293,9; 4293,2), Os (4294,0), Ti (4295,8; 4294,1), V (4296,1).

Bei $\lambda = 4074{,}4$ mit Linien von Mn, Os, Ru, schwachen Linien von Cr, Fe und sehr schwachen von Ir und Ni.

Bei $\lambda = 4008{,}8$ mit Linien von Ru, Ti, schwachen Linien von Ir, V und einer sehr schwachen Linie von Os; eine starke Störungslinie ist Ti (4008,9).

Bei $\lambda = 2947{,}0$ mit Linien von Hg, Cr, Ir, Mo, Ru, Fe; starke Störungslinien sind Fe (2947,9; 2947,7), Os (2948,2), Ti (2948,3).

Bei $\lambda = 2944{,}4$ mit Linien von Ga, Tl, Fe, Ni, V, schwachen Linien von Bi, Mn, Mo und sehr schwachen von Co, Mo, Os; starke Störungslinien sind Fe (2944,4), Ga (2944,2), Ga (2943,6), Ir (2943,2), Ru (2945,7), V (2944,6).

Nach KRAEMER kommen für den Wolframnachweis noch folgende mit Glasoptik zugängliche Linien in Betracht: 4680,5; 4659,9; 4570,7; 4551,9 (Anregung durch den elektrischen Funken).

Weitere Nachweislinien siehe unter Wolframnachweis in Stahl.

Nachweisverfahren.

1. Nachweis in Lösungen. Zur Untersuchung von Lösungen wird der elektrische Funke in der üblichen Versuchsanordnung verwendet, z. B. unter Verwendung von Kohleelektroden, von denen die untere zur Aufnahme der Lösung einen Krater besitzt (KELLERMANN und SCHLIESSMANN sowie BRODE und STEED).

2. Nachweis in Metallen. Wenn möglich, verwendet man das zu untersuchende Metall selbst als Elektroden zur Erzeugung eines Bogen- oder Funkenspektrums. Sind die zur Verfügung stehenden Mengen zu gering, so kann man diese durch passende Verfahren in Lösung bringen und die erhaltene Lösung untersuchen.

3. Nachweis in Mineralien. Mineralien werden meist mit Soda-Salpeter geschmolzen; die durch Auslaugen der Schmelze mit Wasser erhaltene Lösung wird unter Verwendung des Funkens untersucht (vgl. LUNDEGÅRDH). Auch können die Mineralien unmittelbar in Pulverform analysiert werden. Auf diesem Wege weist MORITZ Wolfram in Molybdänglanz nach.

4. Nachweis in Eisen und Stahl. Bei der großen Bedeutung des Wolframnachweises in Stahl und Eisen liegt hierüber eine sehr große Zahl von Arbeiten vor, wobei die einzelnen Autoren je nach der vorhandenen optischen Apparatur bald Linien im Sichtbaren, bald solche im Ultravioletten bevorzugen (ALIFANOWA und RAISSKI; BURNS; GAZZI; LANDSBERG, MANDELSTAM, TULJANKIN und ZEIDEN; ABRAMSSON und andere). Da die außerordentlich zahlreichen, im Ultraviolett gelegenen Fe-Linien bei Verwendung der üblichen Spektrographen mit nicht sehr großer Dispersion störend wirken, eignen sich die Linien des sichtbaren Spektralbereiches besonders gut zum Wolframnachweis in Eisen und Stahl (KELLERMANN und SCHLIESSMANN). Folgende, mit Glasoptik zugänglichen Linien kommen bei Verwendung des Funkens (Kohleelektroden mit der Lösung des Stahles getränkt) zunächst in Betracht (nach steigender Empfindlichkeit geordnet): (4681; 4660 [1]); (4302; 4103 [0,25]); (4295 [0,064]; 4009 [0,03]; 4075 [0,004]). Die in runde Klammern gesetzten Wellenlängen gehören jeweils zu Linien mit etwa der gleichen Empfindlichkeit; die Angabe der Grenzkonzentration ist jeweils in Prozenten in eckige Klammern gesetzt.

Für die Untersuchung hochlegierter Stähle unter Verwendung des Funkens sind folgende Linien geeignet (HOLZMÜLLER):

2397,1; 2658,0; 4008,8. Störmöglichkeiten bei $\lambda = 2397,1$: Fe (2396,8); Co (2397,4); bei $\lambda = 2658,0$: Fe (2658,3); Sn (2658,6); Cr (2358,6); bei $\lambda = 4008,8$: Fe (4009,7); Ti (4008,9); V (4005,7).

Nach SCHEIBE sind für den Nachweis von Wolfram in Eisen folgende Linien geeignet:

1. *Bei Verwendung des Bogens:* 4008,76 [0,01]; 2946,98 [0,02] neben sehr starker Fe-Linie 2947,66; 2896,44 [0,02] (Cr 2896,47); 2896,01 [0,02] (V 2896,22); 2831,39. In eckige Klammern sind die Grenzkonzentrationen in Prozenten, in runde Klammern die Störmöglichkeiten gesetzt.

2. *Bei Verwendung des Funkens:* 4302,12 (Co 4302,52); 4269,39 (Mo 4269,30; V 4268,64); 4008,76 (Ti 4008,93); 2603,0 (Mo 2602,8); 2602,5 (Mo 2602,8); 2579,6; 2379,3; 2571,46.

Für die quantitative W-Bestimmung in hochlegiertem Eisen wendet LIMMER das Zweilinienverfahren nach SCHEIBE und SCHÖNTAG an.

5. Grenzkonzentration. Ohne Verwendung chemischer oder physikalischer Anreicherungsverfahren läßt sich Wolfram in Lösung durch Beobachtung der Linie 4075 Å noch bei einer Konzentration von 0,004% nachweisen (KELLERMANN und SCHLIESSMANN), in Eisen unter Verwendung des Funkens mittels der Linie 4008,76 Å im Quarzspektrographen bis zu einer Konzentration von 1%, im Glasspektrographen bis zu einer Konzentration von 0,05% (SCHLIESSMANN) und bei Anwendung des Funkens bis zu einer Konzentration von 0,3% mit Sicherheit ermitteln (SCHEIBE bzw. HOLZMÜLLER).

In Gemischen von WO_3 und SiO_2 ist Wolfram durch die Linien 4294,6 und 4008,6 noch bei einem Gehalt von 0,01% W nachzuweisen (DONATI).

§ 2. Nachweis auf trockenem Wege.

1. Verhalten in der Phosphorsalzperle. In der Oxydationsflamme bleibt die Perle farblos. In der Reduktionsflamme nimmt sie nach dem Erkalten eine *blaue* Färbung an. Doch ist die Empfindlichkeit gering: Die Nachweisgrenze liegt bei dem Verhältnis WO_3:$NaPO_3$ = 1:70. Durch Zusatz von Fe_2O_3 nach dem Vorschlag von BERZELIUS wird die Reaktion sehr verschärft; man erhält eine *bräunlichrote* Färbung in der Reduktionsflamme; Empfindlichkeitsgrenze 1:1300 (wenn 0,27 g Fe_2O_3 auf 10 g $NaPO_3$ angewendet werden, LUTZ).

VERSLUYS und ZERMATTEN geben die Farbe einer in schwach reduzierender Flamme geschmolzenen wolframhaltigen Perle als blaßgrün an; war der Perle ein Reduktionsmittel wie $SnCl_2$, Sn oder Zn zugesetzt worden, so wird sie intensiv grün.

2. Verhalten in der Boraxperle. Diese gibt nur bei sehr hohen Wolframkonzentrationen in der Reduktionsflamme eine wenig charakteristische bräunliche Färbung und ist daher ungeeignet (LUTZ).

3. Nachweis als Lithiumwolframbronze. Das Wolframpräparat oder -erz wird in einem Platinlöffelchen mit Lithiumcarbonat und Natriumformiat geschmolzen (schwer aufschließbares Erz wird erst mit Li_2CO_3 allein aufgeschlossen). Es erfolgt Reduktion durch das Formiat zu einer tiefblauen Lithiumwolframbronze, die nach Auflösen und Abschlämmen des Löffelinhalts in Form von prächtig blau gefärbten Flittern hinterbleibt; diese sind besonders unter dem Mikroskop gut zu erkennen (BIRK).

4. Reduktionsprobe nach FEIGL. WO_3 oder das mit Na_2O_2 geschmolzene Mineral wird mit stark salzsaurer $SnCl_2$-Lösung befeuchtet. Durch Bildung niederer Wolframoxyde tritt intensive Blaufärbung ein [FEIGL (a)].

5. Reduktionsprobe nach VERSLUYS *und* ZERMATTEN. Um in einem Mineral Wolfram nachzuweisen, wird dieses gepulvert und in einer Phosphorsalzperle in schwach reduzierender Flamme geschmolzen, wobei sich die Perle bei Anwesenheit von Wolfram grün färbt (siehe oben). Wird die heiße Perle auf der Tüpfelplatte in einige Tropfen 5 n-Ameisensäure gebracht, so färbt sich die Perle oberflächlich violett. Setzt man Zinkpulver dazu, so wird die ganze Lösung schön violett (während mit HCl und Zn eine blaue Farbe auftritt). Wird der Perle direkt ein Reduktionsmittel wie $SnCl_2$, Sn oder Zn zugesetzt, so wird die Perle intensiv grün und ergibt beim Eintauchen in Ameisensäure ohne weiteres die violette Färbung. Mo gibt eine braungelbe Färbung (manchmal vorübergehend blau), Nb eine graublaue, Ti eine blaßviolette Färbung.

6. Reduzierendes Schmelzen mit Ammoniumhypophosphit. Nach VAN VALKENBURGH und CRAWFORD färben Wolframverbindungen eine Ammoniumhypophosphitschmelze blau. Beim Behandeln mit Wasser tritt eine charakteristische violette Farbe auf.

Ausführung. Etwa 0,1 g fein gepulvertes Mineral wird in einer Abdampfschale mit 2 g $NH_4H_2PO_2$ kräftig erhitzt. Es tritt eine Zersetzung des Hypophosphits entsprechend der Gleichung

$$7\,NH_4H_2PO_2 = 2\,HPO_3 + H_4P_2O_7 + 7\,NH_3 + 3\,PH_3 + 2\,H_2 + H_2O$$

ein. Die Gase entzünden sich. Nach 2 Min. erhält man eine ruhige Schmelze, die noch bei 60^0 flüssig ist. Wolframverbindungen färben diese infolge eintretender Reduktion blau. Wird Wasser auf die warme Schmelze getropft, so wird diese violett; bei Anwesenheit von wenig Wolfram tritt die Violettfärbung erst nach 10 bis 30 Min. auf. Auch Co und Ti geben eine blaue Schmelze. Bei Co wird die Farbe aber beim Abkühlen rosa. Bei Ti wird zugesetztes Wasser schwach rot gefärbt, auf H_2O_2-Zusatz intensiv orangerot. V, Cr und U geben eine grüne Schmelze, Mo eine rotbraune.

Erfassungsgrenze: 3 mg WO_3.

7. Reduktionsprobe nach TOROSSIAN. Das zu prüfende Pulver wird auf ein Blatt Papier gebracht und mit einem glänzenden Eisenspatel oder Aluminiumblech gerieben. Das Metall bekommt einen blauen Anflug, der durch Anhauchen noch besser hervortritt. Bei Gegenwart oxydierender Substanzen (Nitrat, Chromat, Chlorat) bleibt die Reaktion aus; es ist dann Salzsäure zu Hilfe zu nehmen: Das Pulver bringt man auf Aluminium, befeuchtet mit 1 bis 2 Tropfen Wasser und fügt 1 bis 2 Tropfen konzentrierte Salzsäure zu, worauf die blaue Farbe erscheint.

8. Beschlagprobe. Im Rahmen ihrer Untersuchungen über Jodidbeschläge stellen WHEELER und LUEDEKING fest, daß man einen charakteristischen, grünlichblauen Beschlag von W_2O_5 erhält, wenn man Wolframsäure mit einem zuerst zusammengeschmolzenen und dann gepulverten Gemisch von 40% Jod und 60% Schwefel auf einem gegossenen Gipstäfelchen in der oxydierenden Flamme des Lötrohres erhitzt.

§ 3. Nachweis auf nassem Wege.

Vorbemerkung. Das Wolfram zeigt einen gewissen Mangel an hochempfindlichen und zugleich spezifischen Nachweisreaktionen. Das Ausfallen von Wolframsäure beim Ansäuern einer Wolframatlösung (s. unten Abschnitt A. 1) ist zwar eine sehr wichtige Reaktion für das erste Auffinden von Wolfram in der Probe, jedoch nur, wenn dessen Konzentration nicht zu gering ist; denn die Grenzkonzentration beträgt hier nur etwa 1:1000. Die Fällungsreaktionen mit anorganischen und organischen Kationen sind zwar zum Teil wesentlich empfindlicher. So werden für dio Fällungen mit $Tl^{\cdot}$ und mit Methyloxin Grenzkonzentrationen von etwa 1:100000 angegeben. Doch sind diese Fällungen wenig charakteristisch und als Makroreaktionen unspezifisch.

Der weitaus gebräuchlichste Wolframnachweis ist die Reduktionsprobe, die Bildung von Wolframblau. Daher bringen wir diese Farbreaktion in den Makroausführungen schon in diesem Paragraphen (Abschnitt 2). Die Empfindlichkeit auch dieser Reaktion ist aber nicht sehr groß. Sie ist oft überschätzt worden. Die Grenzkonzentration liegt je nach Ausführung bei etwa 1:10000. Daher dürfte eine, zwar schon von MALLET angegebene, aber erst in neuerer Zeit näher untersuchte Farbreaktion größerer Empfindlichkeit Bedeutung gewinnen. Es ist dies die Bildung des grüngelben Wolfram(V)-Rhodanid-Komplexes, der zwar nicht ganz so farbstark wie der bekannte rote Molybdänkomplex ist, aber doch eine Grenzkonzentration von etwa 1:1000000 ergibt. Wir bringen die Makroausführungen auch dieser Reaktion daher schon unter den „Wichtigen Reaktionen" dieses Paragraphen (Abschnitt 3).

A. Wichtige Reaktionen der Wolframatlösungen.

1. Fällung als Wolframsäure. Mineralsäuren — am besten HNO_3 oder $HClO_4$ — scheiden in der Kälte weiße, hydratisierte Wolframsäure ab:

$$Na_2WO_4 + 2\,HNO_3 + aq = H_2WO_4 \cdot aq + 2\,NaNO_3.$$

Beim Erwärmen geht diese unter Entwässerung in die gelbliche Wolframsäure H_2WO_4 über; diese fällt aus heißen Lösungen direkt aus.

Der Niederschlag löst sich in Alkalilaugen und Ammoniakwasser leicht wieder auf. Das Auswaschen des Niederschlages muß mit säure- oder salzhaltigem Wasser erfolgen, da er sonst kolloidal in Lösung geht. Nach WEISS und SIEGER erleichtert ein Zusatz von Gelatine (0,1 g je 1 g WO_3) vor dem Fällen der Wolframsäure das Filtrieren.

Das Ausfällen der Wolframsäure aus einer nur Alkaliwolframat enthaltenden Lösung beginnt erst, wenn der p_H-Wert der Lösung durch Säurezusatz unter $p_H = 2$ sinkt. Sind jedoch Salze in der Lösung enthalten, so erfolgt die Fällung schon früher. So fällt die Wolframsäure aus mit NaCl, Na_2SO_4 oder KNO_3 gesättigter Wolframatlösung schon bei $p_H = 4$ aus; auch setzt sie sich hierbei in großen Flocken gut ab (nach unveröffentlichten Versuchen des Autors). Bei Fällung mit Salzsäure neigt die Wolframsäure dazu, kolloidal in Lösung zu bleiben, besonders, wenn die Lösung keine Salze enthält. Man muß dann sehr stark ansäuern und der Niederschlag bildet sich erst nach einigem Stehen und ist gallertig.

Durch Essigsäure wird Wolframsäure nur aus stark salzhaltigen Lösungen gefällt. Beim Erwärmen geht der Niederschlag in Lösung und fällt beim Abkühlen wieder aus (nach unveröffentlichten Versuchen des Autors). Weinsäure und Oxalsäure fällen Wolframsäure nicht.

Phosphorsäure fällt zunächst Wolframsäure aus, die sich aber im Überschuß von Phosphorsäure unter Bildung von Heteropolysäuren wieder löst.

Grenzkonzentration: So wichtig die hier behandelte Reaktion für das Erkennen von Wolframsäure ist — ihre Empfindlichkeit ist nicht groß. So beträgt nach unveröffentlichten Versuchen des Autors bei einer Fällung mit HCl aus NaCl-gesättigter Lösung die Grenzkonzentration 1:3000; eine 0,02 m-Na_2WO_4-Lösung gibt eine eben noch erkennbare Trübung.

Wichtig ist, daß durch die Gelbfärbung beim Erwärmen die Wolframsäure von anderen farblosen Säuren unterschieden werden kann. So kann bei Fällung in der Wärme Wolframsäure auch neben Kieselsäure erkannt werden.

Erfassungsgrenze: Bei Ausführung unter dem Mikroskop (s. § 4) können noch $10\,\gamma$ WO_3 die beim Erwärmen entstehende gelbe Farbe festgestellt werden.

Störungen. Die Fällung durch Mineralsäuren kann in folgenden Fällen ausbleiben:

a) Bei langsamem Zusatz der Säure zu heißer Wolframatlösung bildet sich wasserlösliche Metawolframsäure (s. S. 231).

b) Auch bei Säurezusatz zu kalter Wolframatlösung kann die Fällung ausbleiben. und zwar durch Bildung kolloidaler Wolframsäure. Dies wurde bereits erwähnt, Gegenwart von Molybdänsäure begünstigt die Bildung kolloidaler Wolframsäure.

c) Die Anwesenheit von Phosphorsäure, Arsensäure, mitunter auch von Kieselsäure, Perjodsäure, Tellursäure verhindert die Fällung von Wolframsäure durch Bildung löslicher Heteropolysäuren. Ähnlich wirken — wie ebenfalls bereits erwähnt — Weinsäure, Oxalsäure und andere organische Säuren.

d) Auch die Gegenwart von Fluoriden verhindert die Fällung von Wolframsäure, weil diese in Flußsäure löslich ist.

e) Es ist schließlich zu beachten, daß Wolframsäure auch in höchst konzentrierter Salzsäure merklich und in alkoholischer Salzsäure gut löslich ist.

*2. **Die Reduktionsprobe*** (Bildung von Wolframblau). Als eine der empfindlichsten Nachweise von Wolframsäure gilt deren Blaufärbung durch Reduktionsmittel infolge der Bildung eines blauen Zwischenoxyds (vgl. S. 230 unter „Sonstige Wertigkeitsstufen"). Zu beachten ist, daß bei sehr kräftiger Reduktion (begünstigt durch hohe Acidität der Lösung) die Blaufärbung infolge zu weitgehender Reduktion der Wolframsäure wieder verschwindet. Bei Anwesenheit von viel Wolfram tritt dann eine braunrote Farbe des 4wertigen Wolframs und schließlich eine dunkelgelbgrüne des 3wertigen Wolframs auf (vgl. unten Abschn. B. 2: „Fällung als $K_3W_2Cl_9$").

Bei der Reduktionsprobe färbt sich entweder die ausgeflockte Wolframsäure blau, oder aber — wenn die Wolframsäure suspendiert bleibt — erscheint die ganze Lösung blau.

Die Blaufärbung tritt auch bei Gegenwart von Phosphor- oder Arsensäure auf, allerdings weniger empfindlich. Ebenfalls gibt Metawolframsäure die Blaufärbung, mit $SnCl_2$ allerdings nur beim Kochen und nur langsam, gut aber mit Zn — nach unveröffentlichten Versuchen des Antors.

Störungen können bei Anwesenheit von Molybdänsäure auftreten, da diese in ähnlicher Weise ein blaues Reduktionsprodukt liefert. Doch ist die Farbe des Molybdänblaus weniger intensiv als die des Wolframblaus, vor allem aber wird das Molybdänblau beträchtlich leichter zu nichtblauen Produkten weiterreduziert. Hierauf zielen verschiedene Vorschriften, um W neben Mo durch die Reduktionsprobe nachzuweisen, ab. Mitunter können auch V, Nb (und Au) eine Blaufärbung hervorrufen.

Für die Reduktionsprobe kommen folgende Makroverfahren in Betracht [vgl. ferner die Tüpfelverfahren im § 5 und die im § 2 („Nachweis auf trockenem Wege") beschriebenen Reduktionsproben].

a) Reduktion mit Zink und Salzsäure. Versetzt man die Probelösung mit Salzsäure und Zink, so wird die gefällte Wolframsäure durch den nascierenden Wasserstoff blau gefärbt. Wie Zink wirken auch andere unedle Metalle, z. B. Aluminium.

Grenzkonzentration: 1:22000 (Döring).

Da diese Reaktion durch Phosphorsäure nicht verhindert wird, so schlagen Friedheim und Meyer folgenden Wolframnachweis neben Molybdän vor: Die Probelösung wird mit Phosphorsäure versetzt, wobei das Wolfram gelöst bleibt; das Molybdän wird mit H_2S gefällt; im sauren Filtrat wird Wolfram mit Zink oder Magnesium durch die Blaufärbung nachgewiesen.

b) Reduktion mit Zinn(II)chlorid. Am häufigsten angewendet wird die Reduktion mit $SnCl_2$. Dieses erzeugt zunächst einen gelben Niederschlag. Fügt man HCl hinzu und erwärmt, so wird die Fällung blau. In konzentriert salzsaurer Lösung erfolgt die Blaufärbung von Wolframsäure schon in der Kälte, und Molybdänsäure wird hierbei zu braungefärbten Produkten weiter reduziert (vgl. auch § 5: „Farb- und Tüpfelreaktionen").

Die Reduktion von Wolframsäure zu Wolframblau mit $SnCl_2$ bleibt in der Kälte aus, wenn die Wolframsäure zuerst mit verdünnter HCl gefällt wurde und dann erst $SnCl_2$ zugesetzt wird. Die Wolframsäureflocken färben sich unter diesen Umständen (in der Kälte, verdünnte HCl) nur dann blau, wenn Molybdate in der Lösung zugegen sind. Hierauf gründete BERTRAND einen Mo-Nachweis. Wird zu einer Wolframatlösung zuerst $SnCl_2$ und dann HCl zugesetzt, so tritt auch in der Kälte Blaufärbung ein, allerdings erst nach einiger Zeit. Beim Erwärmen tritt stets Blaufärbung ein.

Um Wolframsäure auch neben der 20- bis 30fachen Menge Molybdänsäure zu erkennen, benutzt man sehr konzentrierte Lösungen, sowohl der Analysenprobe als auch von $SnCl_2$ und HCl. Nach dem Kochen verdünnt man mit Wasser und kann dann das blaue Wolframoxyd in der Flüssigkeit gut erkennen (WÖHLER und ENGELS; W. JANDER). Diese Versuchsbedingungen begünstigen eine Reduktion des Molybdäns über die Molybdänblaustufe hinaus. Umgekehrt wirkt Gegenwart von Phosphorsäure in diesem Sinne ungünstig: Die Reduktion von Mo bleibt auf der Molybdänblaustufe stehen.

c) Reduktion mit Zinn und Salzsäure. Nach M. L. HARTMANN kann die Reduktion auch mit metallischem Zinn und konzentrierter Salzsäure durchgeführt. werden. Doch scheint diese Reaktion — auch beim Erwärmen der Mischung — weniger empfindlich zu sein als die mit $SnCl_2$. Bei längerer Einwirkung geht die blaue Farbe in Braun über.

d) Reduktion mit Blei und Salzsäure. Nach PETROVSKY tritt beim Kochen einer Wolframatlösung mit einem Stückchen Blei und konzentrierter Salzsäure Blaufärbung ein, während Molybdate unter diesen Bedingungen keine Blaufärbung ergeben.

Grenzkonzentration: 1:10000.

Störungen. Niob gibt zuerst auch eine Blaufärbung, die aber einerseits beim Verdünnen der Lösung mit Wasser verschwindet und andererseits bald in eine Braunfärbung übergeht. Vanadin gibt eine Blaufärbung, die aber — im Gegensatz zum Wolfram — auch bei Reduktion mit Weinsäure eintritt. Titan gibt eine Grünfärbung.

PETROVSKY (b) gibt an, daß in Gegenwart von viel Phosphorsäure (und konz. HCl) die Reduktion beim Erwärmen in wenigen Minuten über die blaue Farbe zu einer beständigen, roten, von 4wertigem Wolfram herrührenden fortschreitet, die sich für eine quantitative Colorimetrierung eignet.

Grenzkonzentration: 1:10000.

e) Reduktion mit Quecksilber und Salzsäure. Metallisches Quecksilber reduziert beim Schütteln mit einer stark salzsauren Wolframatlösung dieses schon in der Kälte zum blauen Oxyd. Bei längerem Schütteln entfärbt sich die Lösung wieder infolge weitergehender Reduktion der Wolframsäure (POZZI-ESCOT). KAFKA versetzte eine Wolframatlösung mit 1 Tropfen gesättigter $Hg_2(NO_3)_2$-Lösung, 1 cm^3 konz. HCl und dann mit KJ im Überschuß: Beim Schütteln geht das zunächst ausgeschiedene grüne Hg_2J_2 in Lösung und blaues Wolframoxyd erscheint. Nach POZZI-ESCOT beruht dies auf der reduzierenden Wirkung des nach

$$Hg_2(NO_3)_2 + 4\,KJ = K_2HgJ_4 + 2\,KNO_3 + Hg$$

ausgeschiedenen Quecksilbers.

f) Reduktion mit Titan(III)chlorid. Mit Salz- oder Schwefelsäure versetzte Wolframatlösungen ergeben mit einer 0,8%igen $TiCl_3$-Lösung schon in der Kälte die Blaufärbung (MONNIER). Ist der Gehalt der Lösung an Salzsäure nicht mehr als 1 n und enthält die Lösung etwa 1 mg Wolfram im Kubikzentimeter, so ergibt der $TiCl_3$-Zusatz eine beständige blaue kolloidale Lösung, die sich nach TRAVERS zum quantitativen Colorimetrieren eignet. Bei mehr Wolfram flockt das blaue Oxyd bald aus; bei mehr HCl wird die Färbung schwächer (TRAVERS).

Grenzkonzentration: 1:60000 („Tabellen der Reagenzien für anorganische Analyse“).

Störungen verursachen Mo, V, Au; auch Phosphate stören, weil sie mit $TiCl_3$ eine Fällung ergeben.

g) Sonstige Reduktionsmittel. Auch mit einer Reihe anderer Reduktionsmittel tritt die Blaufärbung ein, doch sind sie teils weniger geeignet, teils ist ihre Eignung zum Wolframnachweis weniger genau untersucht. Erwähnt sei:

Kupfer und Säure ergeben eine Blaufärbung, die langsamer eintritt als mit Zink (ROSE).

Natriumthiosulfat mit Salpetersäure (weniger gut mit Salzsäure) gibt beim Erwärmen einen weißen Niederschlag und eine blaue Lösung (FAKTOR).

Unterschweflige Säure gibt Blaufärbung (MALLET).

Schweflige Säure zeigt nur geringe Wirkung (ROSE).

Oxalsäure und auch Wasserstoffperoxyd sind entgegen älteren Angaben unwirksam (M. L. HARTMANN).

3. Farbreaktion mit Rhodanid und Reduktionsmitteln. Wolfram kann sehr empfindlich durch die Bildung eines grüngelben Rhodanidkomplexes des 5wertigen Wolframs nachgewiesen werden. Die Farbe ist grün bis gelb, je nach der Reihenfolge und Konzentration, in der die Zusätze Kaliumrhodanid, Reduktionsmittel und Säure zur Wolframatlösung zugegeben werden[1]. Als Reduktionsmittel werden $SnCl_2$, $TiCl_3$ oder Zn und HCl benutzt. Die in der Literatur angegebenen Ausführungsmethoden zielen meist auf eine quantitative colorimetrische Bestimmung des Wolframs ab.

Ausführung (nach FEIGL und KRUMHOLZ). 2 cm^3 der schwach alkalischen, an NaOH 0,05 n- bis 0,5 n-Lösung werden mit 5 Tropfen einer 25%igen KCNS-Lösung, dann mit 3 cm^3 einer 10%igen $SnCl_2$-Lösung in konz. HCl versetzt. Bei Anwesenheit von Wolframat entsteht langsam eine Gelbfärbung. Das Maximum der Intensität wird nach 30 Min. erreicht.

Grenzkonzentration: 1:1000000.

Erfassungsgrenze: 3 γ W.

Diese Methode ist besser als die von MALLET, nach der saure Wolframatlösungen mit KCNS und Zn versetzt werden, wobei Grünfärbung eintritt.

FERJANTSCHITSCH benutzt als Reduktionsmittel $TiCl_3$: Die sodaalkalische Lösung der Probe (2 cm^3, von einer Sodaschmelze der Probe herrührend) wird mit 10 Tropfen einer 25%igen KCNS-Lösung, dann mit einigen Kubikzentimetern konz. HCl und schließlich tropfenweise mit einer 0,75%igen Lösung von $TiCl_3$ in HCl (1:1) versetzt. Eine ähnliche Vorschrift, die ebenfalls für eine quantitative Colorimetrie gedacht ist, gibt WOSNESSENSKI: Die Schmelze von 0,5 g Erz in 2 g NaOH wird mit Wasser ausgelaugt, das Filtrat auf 100 cm^3 aufgefüllt, 20 cm^3 hiervon werden mit 2,5 cm^3 einer 25%igen KCNS-Lösung versetzt, mit HCl (D 1,19) auf 50 cm^3 aufgefüllt und tropfenweise mit 0,75%iger $TiCl_3$-Lösung versetzt. Die Farbe des Wolframkomplexes ist grünlichgelb.

Grenzkonzentration: 1:2000000.

Störungen. Molybdän ergibt einen intensiv roten Molybdän(V)-Rhodanidkomplex, der die Farbe des Wolframkomplexes überdeckt. Doch wird nach WOSNESSENSKI der Molybdän(V)-Komplex [nicht aber der Wolfram(V)-Komplex] durch $TiCl_3$ leicht zu einem Molybdän(III)-Komplex weiter reduziert. Dieser hat eine nur schwache Färbung, die allerdings der des Wolfram(V)-Komplexes gleicht; sie ist grüngelb; doch ist die Intensität etwa 60mal schwächer. Es ist daher ein Wolframnachweis möglich, wenn nicht zu viel Mo in der Probe enthalten ist. Dies ergibt sich daraus, daß beim langsamen Zusetzen von $TiCl_3$ zunächst nur eine schwache Färbung durch den roten Molybdän(V)-Komplex eintritt. Beim Zusatz von weiterem ($TiCl_3$ verschwindet diese Farbe wieder und die grüngelbe Farbe des Wolfram(V)-Komplexes tritt auf.

[1] Die Angaben der Literatur hierüber sind nicht ganz eindeutig.

Weitere Störungen: Vanadin ergibt eine Grünfärbung. Au, Pt, Cr, Ni stören nur durch die Eigenfarbe. As, Nb, Ta, Hg, Phosphat, Fluorid, Tartrat stören nicht (FERJANTSCHITSCH). Fe stört nicht, da der gefärbte Fe(III)-Rhodanidkomplex zu farblosem Fe(II) reduziert wird (FEIGL und KRUMHOLZ). Phosphor- und Kieselsäure stören nicht (WOSNESSENSKI).

Ausführung als *Tüpfelreaktion* siehe § 5.

B. Weitere Reaktionen von Wolframatlösungen.

1. Fällung schwerlöslicher Wolframate. Da außer den Wolframaten der Alkalien, des Ammoniums und Magnesiums alle schwerlöslich sind, so geben alle sonstigen Kationen Fällungen von (meist basischen) Wolframaten. Da sie in ihrer Färbung wenig charakteristisch sind, kommen sie für den qualitativen Nachweis des Wolframs im allgemeinen nur dann in Frage, wenn die Form der Ausscheidung mikroskopisch beobachtet wird (vgl. § 4, „Mikrochemische Nachweisreaktionen"). Die Fällungen werden teilweise zur quantitativen Bestimmung benutzt. Einige Beispiele von Wolframatfällungen seien nachstehend aufgeführt:

Erdalkalisalze erzeugen weiße Niederschläge, die auch in angesäuertem Wasser unlöslich sind: $Na_2WO_4 + CaCl_2 = CaWO_4 + 2\,NaCl$.

Quecksilber(I)nitrat fällt aus neutralen Wolframatlösungen weißes Quecksilber(I)wolframat, Hg_2WO_4.

Bleiacetat fällt weißes Bleiwolframat. Um die Filtration dieses sehr feinen Niederschlages zu erleichtern, wird Zusatz von NH_4NO_3 beim Fällen und Auswaschen empfohlen.

Auch Thallium(I)acetat ist ein gebräuchliches Fällungsmittel für Wolframate.

2. Fällung als Kaliumwolframchlorid ($K_3W_2Cl_9$). Reduziert man Kaliumwolframatlösung mit Zinn und Salzsäure bei 50°, bis die Färbung über Blau, Violett, Rotbraun nach Dunkelgelbgrün übergegangen ist, und sättigt dann mit HCl-Gas, so krystallisiert das gelbbraune Salz $K_3W_2Cl_9$ mit 3wertigem Wolfram aus:

$$2\,WO_4'' + 16\,H^{\cdot} + 3\,K^{\cdot} + 9\,Cl' + 3\,Sn = K_3W_2Cl_9 + 8\,H_2O + 3\,Sn^{\cdot\cdot}.$$

Das analoge Rb-Salz ist grüngelb, das Cs-Salz gelb gefärbt (TREADWELL).

3. Nachweis mit Dithiol. Nach HAMENCE sowie MILLER und LOWE kann Wolfram empfindlich mit Dithiol (4-Methyl-1,2-dimercaptobenzol) nachgewiesen werden. In schwach saurer Lösung bildet sich ein blaugrüner Niederschlag. Ähnlich verhält sich Molybdän, das einen dunkelgrünen Niederschlag gibt, während verschiedene andere Metalle zwar auch gefärbte Niederschläge oder Färbungen geben, die sich aber durch ihre Farbe unterscheiden: Sn rot, Vanadat vorübergehend blau, Perrhenat gelbgrün, Pt(IV) schwarz, Pd(IV) braun, Au (III) grüngelb.

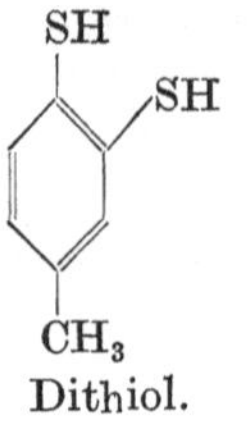

SH SH CH_3

Dithiol.

Reagens. 0,2- bis 1%ige Lösung von Dithiol in 0,5 bis 2 n-NaOH-Lösung. Die Lösung muß entweder in Wasserstoffatmosphäre aufbewahrt oder frisch angesetzt werden (CLARK).

Ausführung. HAMENCE verfährt nach der Vorschrift, die CLARK für den Sn-Nachweis gegeben hat: 10 cm³ der Probelösung werden zunächst mit NaOH oder HCl gegen Lackmus neutralisiert, dann mit 10 Tropfen konz. HCl angesäuert und mit 3 Tropfen Thioglykolsäure versetzt. Wolfram gibt hierbei keine Färbung, während Molybdän durch eine gelbe Färbung erkennbar wird. Nun wird 1 cm³ einer 0,2%igen Dithiollösung in 2 n-NaOH-Lösung zugegeben und 3 bis 4 Min. gekocht: Wolfram gibt einen hellgrünblauen Niederschlag, Molybdän einen dunkelgrünen. Setzt man nach Abkühlen NH_3 im Überschuß dazu, so löst sich der Mo-Niederschlag mit blauer Farbe, der W-Niederschlag dagegen farblos. Über den Nachweis von Wolfram neben Molybdän siehe unter „Störungen".

Erfassungsgrenze: 20 γ W in 10 cm³.

Grenzkonzentration: 1:500000.

Miller und Lowe arbeiten ohne Thioglykolsäure-Zusatz und benutzen zum Ansäuern Phosphorsäure, von der ein Überschuß (im Gegensatz zu HCl) nicht schadet. Die Lösung der Probe (etwa 1 cm^3) in 2 n-NaOH-Lösung wird mit einem Überschuß an 1%iger Dithiollösung in 0,5 n-NaOH-Lösung und dann langsam, tropfenweise und unter Schütteln mit einer 2 bis 4 n-Phosphorsäure versetzt. Zunächst tritt eine weiße Trübung ein (auch bei Abwesenheit von Wolfram; bei Gegenwart von viel Wolfram ist die Trübung violett); bei weiterem Phosphorsäurezusatz bildet sich dann, falls Wolfram zugegen ist, ein blaugrüner Niederschlag. Die Bildung des grünen Komplexes erfolgt langsam; durch Kochen wird die Reaktion vervollständigt. Der einmal gebildete Niederschlag ist in konzentrierter Salzsäure beständig. Der Niederschlag kann mit Butylacetat ausgeschüttelt werden.

Erfassungsgrenze: 5 γ W in 1 cm^3 Probelösung.

Grenzkonzentration: 1:200000.

Störungen. Molybdän, das einen sehr ähnlichen Niederschlag gibt, wird von Hamence durch Fällung mit H_2S aus saurer, Weinsäure enthaltender, auf 60° erwärmter Probelösung entfernt. Das Filtrat muß eingedampft und der Rückstand zur Zerstörung der Weinsäure geglüht werden, da diese den Nachweis mit Dithiol stört. Der Rückstand wird mit Natronlauge aufgenommen. Nach Miller und Lowe kann Mo durch Ausschütteln des Molybdän(V)-Rhodanidkomplexes mit Butylacetat entfernt werden. Näheres s. S. 233 unter „Abtrennung des Wolframs von begleitenden Elementen“.

Auch Vanadin muß entfernt werden: Nachdem es nötigenfalls durch Brom zu Vanadat oxydiert worden ist, wird die Lösung kalt mit 4 Tropfen 40%iger HF auf 3 cm^3 Lösung und mit Kupfer-Ion im Überschuß versetzt. Vanadin kann dann mit Butylacetat ausgeschüttelt werden. Die zurückbleibende wäßrige Lösung wird mit H_2SO_4 bis zum Rauchen eingedampft, mit 2 n-NaOH versetzt und wie angegeben auf W geprüft. Neben Sn wird W nach Miller und Lowe durch Ausschütteln des Dithiolkomplexes aus der stark salzsauer (6 n) gemachten Lösung mit Butylacetat nachgewiesen (der Sn-Komplex wird durch die Säure zerstört). Andere störende Metalle wie Fe, Cu, Bi, Ni, Mn werden aus der Probelösung mit NaOH gefällt und abfiltriert.

4. Fällung mit organischen Basen. Die Fällung saurer Wolframatlösungen mit Salzen organischer Basen spielt bei der quantitativen Bestimmung des Wolframs eine große Rolle. Für den qualitativen Nachweis kommen auch diese Fällungen — mit Ausnahme der durch Diphenylin — weniger in Frage, da sie nicht spezifisch sind.

Benzidin gibt einen weißen, flockigen Niederschlag von Benzidiniumwolframat, desgleichen aber auch mit Molybdaten.

Diphenylin dagegen gibt mit Molybdaten keinen Niederschlag. Über seine Anwendung als Reagens auf Wolfram s. § 5, B. 1, S. 248.

Cinchonin gibt eine ähnliche Fällung wie Benzidin und wird wie dieses bei der quantitativen Wolframbestimmung benutzt. Zum qualitativen Nachweis versetzt Clennel die mit 2 n-HCl angesäuerte Wolframatlösung mit einer Lösung von Cinchonin in verdünnter Salzsäure, worauf ein weißer Niederschlag entsteht.

Über die Fällung mit *8-Oxychinolin* (Oxin) vgl. Fleck sowie Otero und Montequi.

5-Methyl-8-oxychinolin (Methyloxin) erzeugt in schwach essigsaurer Lösung mit Wolframaten einen Niederschlag. Grenzkonzentration: 1:300000. Ähnliche Niederschläge geben Mo, Ti, Cu, Fe(III), Pd(II) (Gietz und Sa).

CH_3 — N

5-Methyl-8-oxy-chinolin (Methyloxin).

Methylenblau gibt mit Wolframatlösungen einen blauen, flockigen Niederschlag (Monnier; Passerini und Michelotti).

Als weitere Fällungsmittel werden genannt: Chinin, Cumidin, Tetramethyl-p-diamidodiphenylmethan (Papafil und Cernatesco), Tetramethyldiamidobenzophenon, Nitron, α-Naphthylamin.

5. Fällung mit Benzoinoxim. Wolframate in saurer Lösung geben mit Benzoinoxim (2%ige alkoholische Lösung) eine weiße Fällung. Da auch Molybdate, Vanadate, Niobate, Tantalate, Chromate und Palladium Niederschläge geben, spielt diese Reaktion für den Nachweis von Wolfram kaum eine Rolle. Sie wird zur Trennung von anderen Metallen und zur quantitativen Bestimmung benutzt [Yagoda und Fales (a)].

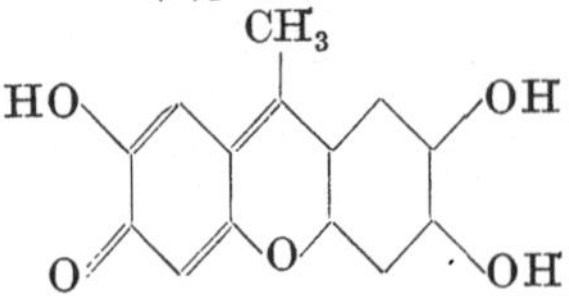

9-Methyl-2,3,7-trioxy-6-fluoron.

6. Fällung mit 9-Methyl-2,3,7-trioxy-6-fluoron. Wolframate geben in salzsaurer oder mit Natriumacetat gepufferter Lösung einen orangeroten Niederschlag mit dem Reagens (0,5%ige alkoholische Lösung). Ähnliche Niederschläge gibt eine Reihe anderer Kationen (Wenger, Duckert und Blancpain).

7. Fällung mit α-Nitroso-β-naphthol. Wolframate geben in neutraler Lösung mit dem Reagens einen gelben Niederschlag, der sich in Salzsäure löst (Semiakin und Belokon).

8. Fällung mit Tannin. Tannin (Gerbsäure) fällt einen braunen voluminösen Adsorptionskomplex. Diese Reaktion wird ebenfalls zur quantitativen Wolframbestimmung benutzt (Schöller und Jahn; Moser).

9. Nachweis durch Katalyse der Reaktion zwischen Natriumthiosulfat und Wasserstoffperoxyd. Natriumthiosulfat wird durch Wasserstoffperoxyd normalerweise zu Tetrathionat oxydiert. Bei Gegenwart von Wolframat und anderen mit H_2O_2 Persäuren bildenden Anionen (von Mo, V, Ti, Zr, Th und insbesondere von Nb und Ta) wird die Reaktion zur Bildung von Sulfat abgelenkt:

$$S_2O_3'' + 4\,H_2O_2 = 2\,SO_4'' + 2\,H^{\cdot} + 3\,H_2O.$$

Das entstandene Sulfat kann mit $BaCl_2$ nachgewiesen werden [Abel; Feigl (d); Komarowsky und Schapiro].

Feigl (d) führt den Nachweis folgendermaßen aus:

Reagenzien. 1. 1 g $Na_2S_2O_3 \cdot 5\,H_2O$ in 100 cm³ Wasser. 2. 25 g $BaCl_2$ in 100 cm³ Wasser. 3. 0,1 n-Essigsäure. 4. 0,7%ige H_2O_2-Lösung.

Ausführung. Je 2 cm³ der Lösungen 1 bis 4 werden vermischt. Die Mischung wird in 2 Teile geteilt. Zu dem einen Teil gibt man 4 cm³ der tunlichst neutralen Probelösung, zu dem anderen Teil 4 cm³ Wasser (Blindprobe). Die Mischungen werden durchgeschüttelt und stehengelassen. Die Blindprobe trübt sich nach etwa 15 Min. durch Schwefelausscheidung. Die Versuchslösung trübt sich aber schon früher und stärker durch $BaSO_4$-Ausscheidung, wenn Wolframat zugegen ist.

Erfassungsgrenze: 2 γ W in 4 cm³.
Grenzkonzentration: 1:2000000.

Diese sehr empfindliche Reaktion wird durch die Anwesenheit der oben genannten Elemente gestört, ferner natürlich durch alle Anionen, die mit $Ba^{\cdot\cdot}$ unlösliche Niederschläge geben (SO_4'', PO_4''', C_2O_4'' usw.).

10. Nachweis durch Katalyse der Wasserstoffentwicklung bei der Reaktion zwischen Zinkamalgam und Schwefelsäure. Die Wasserstoffentwicklung bei der Reaktion von Zinkamalgam mit Schwefelsäure wird durch die Gegenwart von Wolframspuren so beschleunigt, daß dies nach Russel und Rowell zu einem empfindlichen Nachweis benutzt werden kann. Dazu wird die Probelösung mit 1%igem Zinkamalgam und 2 n-H_2SO_4 in einer Flasche 30 Sek. geschüttelt und das Ganze dann in eine Schale gegossen. Bei Gegenwart von Wolframat ist die Wasserstoffentwicklung stärker als bei einer Blindprobe.

Erfassungsgrenze: 0,1 mg W in 200 cm³ Lösung.
Grenzkonzentration: 1:2000000.
Störungen. Mo, Au und die Platinmetalle geben den gleichen Effekt.

11. Polarographischer Nachweis. Nach HEYROVSKÝ wird durch Spuren von Wolframsäure in Salzsäure auf dem Polarogramm eine katalytische Welle hervorgerufen, die durch eine Katalyse der $H^{\cdot}$-Ionen-Entladung bedingt ist. Nähere Untersuchungen liegen noch nicht vor.

§ 4. Mikrochemische Nachweisreaktionen.

A. Fällung mit anorganischen Reagenzien.

1. Fällung als Thalliumwolframat. Durch Fällung von Wolframaten mit Thallium(I)sulfat oder -nitrat erhält man 6seitige Tafeln von Tl_2WO_4, die denen des

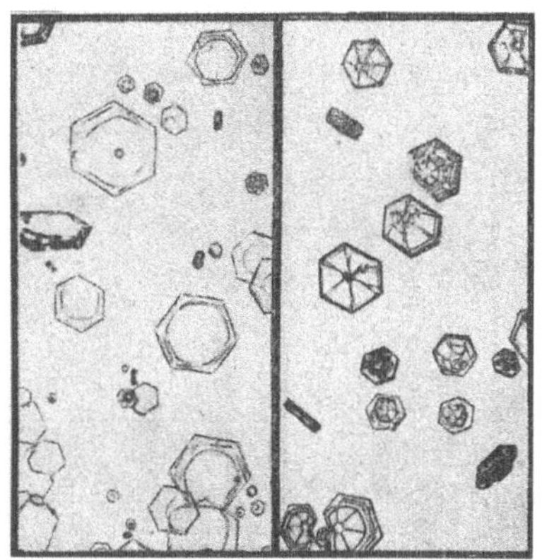

Abb. 1. Thallium(I)wolframat (nach GEILMANN). Vergr. 65fach.

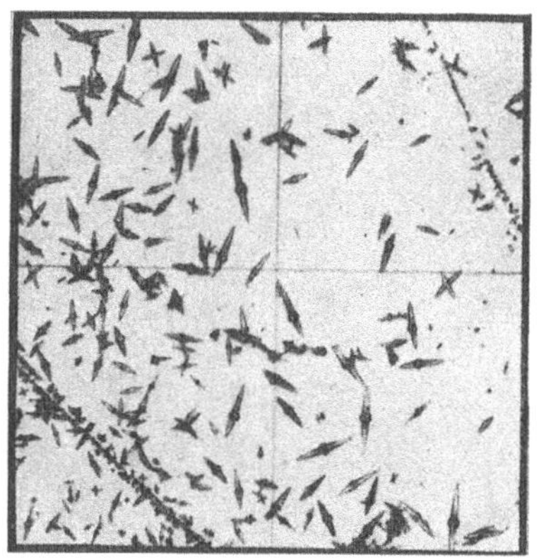

Abb. 2. Bariumwolframat (nach GEILMANN). Vergr. 300fach.

Tl_2MoO_4 vollkommen gleichen (BEHRENS; GEILMANN, s. Abb. 1). Nach BEHRENS und KLEY nimmt man die Reaktion am besten in einer erwärmten, schwach alkalischen Wolframatlösung mit 1 Körnchen $TlNO_3$ vor.

Diese Reaktion wird in den „Tabellen der Reagenzien für anorganische Analyse“ empfohlen.

Erfassungsgrenze: 0,08 γ W.

Grenzkonzentration: 1:125000.

2. Fällung als Bariumwolframat. Die Fällung von Wolframat mit $BaCl_2$ in der Hitze ergibt weidenblattähnlich geformte Krystalle, s. Abb. 2 (GEILMANN).

3. Fällung als Ammoniumwolframat. Die Wolframsäure wird ohne Erwärmen in Ammoniak (D 0,90) gelöst und die Lösung auf die Ecke eines Objektträgers gebracht. Nach wenigen Minuten krystallisiert Ammoniumparawolframat aus, und zwar am Rande des Tropfens in fast quadratischen, kleinen Platten und in der Mitte in langen Nadeln, die sich im Querschnitt bisweilen zu breiten Parallelogrammen auswachsen (s. Abb. 3). Diese Reaktion wird durch Mo nicht gestört, da das Ammoniummolybdat in Wasser viel löslicher ist. Größere Mengen Na_2SiO_3 stören (VAN LIEMPT; HAUSHOFER).

Erfassungsgrenze: 100 γ W.

4. Fällung als Ammonium- oder Kaliumphosphorwolframat. Aus stark salpetersauren und mit 1 Körnchen NH_4Cl oder KCl versetzten Wolframatlösungen fallen auf Zusatz eines kleinen Tröpfchens verdünnter Natriumphosphatlösung beim Erwärmen farblose Kryställchen von Ammonium- bzw. Kaliumphosphorwolframat, $(NH_4)_3PO_4 \cdot 10\,WO_3 \cdot 3\,H_2O$ bzw. $K_3PO_4 \cdot 10\,WO_3 \cdot 3\,H_2O$, aus. Ein Überschuß von Natriumphosphat ist zu vermeiden, da dieser die Krystalle wieder auflöst. Die sonst analogen und isomorphen Krystalle von Ammonium- und Kaliumphosphormolybdat sind gelb (BEHRENS; BEHRENS und KLEY).

Erfassungsgrenze: 0,12 γ W.

Grenzkonzentration: 1:83000 („Tabellen der Reagenzien für anorganische Analyse“).

5. Fällung als Wolframsäure. Die Gelbfärbung der Wolframsäure beim Erwärmen oder Abrauchen mit Salzsäure läßt unter dem Mikroskop 10 γ Wolframtrioxyd erkennen (BEHRENS; BEHRENS und KLEY). Dieser Nachweis ist auch bei Gegenwart von Molybdän durchführbar (SINGLETON).

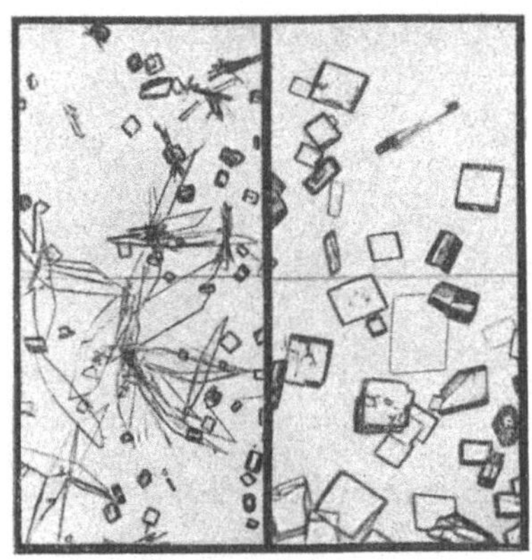

Abb. 3. Ammonium-Parawolframat (nach GEILMANN). Vergr. 70fach.

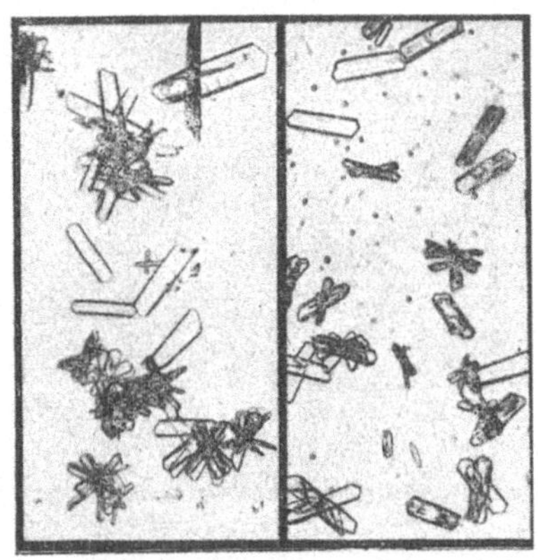

Abb. 4. Brenzcatechin-Anilin-Wolframat (nach GEILMANN). Vergr. 75fach.

B. Fällung mit organischen Reagenzien.

1. Fällung mit Urotropin. Wolframate liefern ebenso wie Molybdate mit Urotropin (Hexamethylentetramin) charakteristische, isotrope Krystalle, am besten in neutraler oder schwach alkalischer Lösung (VIVARIO und WAGENAAR).

2. Fällung mit Brenzcatechin und Anilin. Fügt man zu einer Wolframatlösung erst eine gesättigte Lösung von Brenzcatechin in 20%iger Essigsäure, dann nicht zu viel Anilin dazu und mischt durch, so bilden sich charakteristische, gelbe, prismatische, trikline Krystalle und Nadelbüschel (s. Abb. 4). Die Krystalle zeigen schiefe Auslöschung, starken Dichroismus und starke Doppelbrechung; sie sind von denen des Molybdäns und Vanadins gut zu unterscheiden und auch neben diesen zu erkennen [MARTINI (a) und (c)]. Die Zusammensetzung dieses Niederschlages ist

$$[WO_2(OC_6H_4O)_2] \cdot (HNH_2 \cdot C_6H_5)_2 \cdot H_2O \text{ (TARTARINI).}$$

Grenzkonzentration: 1:1000 [MARTINI (a)].

$$\begin{array}{cc} CH_2\text{—}CH_2 \\ | \quad\quad | \\ NH \quad NH \\ | \quad\quad | \\ CH_2\text{—}CH_2 \end{array}$$

Piperazin.

3. Fällung mit Brenzcatechin und Piperazin. Die Reaktion ist analog der vorstehend beschriebenen. Es wird nur an Stelle von Anilin eine gesättigte Lösung von Piperazin benutzt. Die Krystalle sind gelb. Sie sind von denen des Molybdäns und Vanadins auch im Gemenge zu unterscheiden (MARTINI; TARTARINI). Nach TARTARINI ist die Zusammensetzung der Krystalle derjenigen der entsprechenden Verbindung mit Anilin analog.

4. Fällung mit Brenzcatechin und Benzylamin. Zu der Wolframatlösung wird pulverförmiges Brenzcatechin, dann ein kleiner Tropfen Benzylamin und zuletzt ein wenig Essigsäure (1:5) zugegeben und rasch umgerührt. Es bilden sich schwarze rosettenförmig angeordnete Krystalle [MARTINI (b)]. Die Zusammensetzung des Niederschlags entspricht auch hier derjenigen des mit Anilin erhaltenen Niederschlags (TARTARINI).

§ 5. Farb- und Tüpfelreaktionen.

A. Anorganische Reagenzien.

1. Reduktionsprobe (Bildung von Wolframblau). Diese Farbreaktion ist bereits in § 3, „Nachweis auf nassem Wege", behandelt worden (S. 239). Hier seien die Ausführungsmethoden als Tüpfelreaktion nachgetragen.

a) Ausführung nach FEIGL (b). Auf einer Tüpfelplatte werden 1 bis 2 Tropfen der Probelösung mit 3 bis 5 Tropfen einer 25%igen $SnCl_2$-Lösung in konzentrierter Salzsäure versetzt. Bei Anwesenheit von Wolfram entsteht sofort oder nach einigem Stehen eine blaue Fällung bzw. Färbung. BUNSEN führt diese Reaktion auf einem Filtrierpapierstreifen durch, den er gegebenenfalls zur Beschleunigung der Blaufärbung erwärmt.

Erfassungsgrenze: 5 γ Wolfram.

Grenzkonzentration: 1:10000.

b) Ausführung nach SINGLETON. Für sehr geringe Wolframmengen (0,1 γ), etwa zum Nachweis von Wolfram auf den Wandungen elektrischer Lampen, gestaltet SINGLETON die Ausführung folgendermaßen: Die Lösung des W-Niederschlags in schwach ammoniakalischer oder salpetersaurer H_2O_2-Lösung wird zur Trockne verdampft, der Rückstand mit Salzsäure aufgenommen und die Lösung nochmals zur Trockne verdampft; dann fügt man 2 bis 3 Tropfen konzentrierte Salzsäure und einen sehr kleinen Krystall von Zinn(II)chlorid hinzu und erhitzt auf dem Wasserbad, wobei Blaufärbung eintritt. Bei Gegenwart von sehr wenig Wolfram tritt die Blaufärbung erst beim Eindunsten als blauer Ring an den Kanten der zurückbleibenden Krystalle auf.

Erfassungsgrenze: 0,1 γ Wolfram.

c) Ausführung nach TANANAJEW und PANTSCHENKO sowie RIENÄCKER und SCHIFF. Auf Filtrierpapier wird 1 Tropfen Salzsäure (1:1) und in die Mitte des feuchten Fleckes 1 Tropfen der Probelösung gebracht. Bei Gegenwart von Wolframat entsteht ein hellgelber Fleck von Wolframsäure. Wird nun mit KCNS- und $SnCl_2$-Lösung angetüpfelt, so färbt sich der gelbe Fleck blau. Da Molybdän unter diesen Umständen einen roten Fleck von $K_3[Mo(CNS)_6]$ gibt, der zudem durch Zusatz von konzentrierter Salzsäure verschwindet, so wird dieser Wolframnachweis durch Molybdän nicht beeinträchtigt.

Erfassungsgrenze: 4 γ Wolfram.

Grenzkonzentration: 1:12500.

Störungen. Phosphorsäure und verschiedene organische Säuren beeinträchtigen oder verhindern die Reaktion.

d) Ausführung nach FERJANTSCHITSCH und UGNIWENKO. Die isolierte Wolframsäure (aus 5 mg Erz, s. Aufschluß S. 232) wird in einigen Tropfen konzentriertem Ammoniak gelöst, die Lösung auf ein kleines Volumen eingedampft, mit 2 bis 3 Tropfen $SnCl_2$-Lösung und 1 Tropfen $TiCl_3$-Lösung versetzt. Blaufärbung zeigt Wolfram an.

Bei sehr geringen Wolframmengen wird das Rhodanidverfahren (s. unten, Abschnitt 2) empfohlen.

e) Tüpfelprobe an Stahl nach THANHEISER und WATERKAMP. Zum Nachweis von Wolfram in Stahl kann man folgendermaßen direkt auf der blanken Stahlfläche tüpfeln: Zunächst trägt man 1 Tropfen Salpetersäure (1:1) oder bei hochlegierten, schwerlöslichen Stählen Salpetersäure-Salzsäure [gleiche Teile HNO_3 (1:1) und HCl

(1:1)] auf. Nach Beendigung der Reaktion saugt man den Tropfen von der Seite mit Filtrierpapier ab. In gleicher Weise behandelt man dieselbe Stelle anschließend mit 1 Tropfen Salzsäure (1:1) und dann mit 1 Tropfen Wasser und saugt ebenfalls ab. Auf die so geätzte Stelle legt man 1 Stückchen Filtrierpapier und befeuchtet dieses von oben her mit 1 Tropfen einer Lösung von 25% $SnCl_2$ in konzentrierter Salzsäure. Eine Blaufärbung zeigt eindeutig Wolfram an. 0,1% Wolfram in Stahl lassen sich nachweisen. Bei hochlegierten Stählen ist auf genügend lange Einwirkung der Salpetersäure-Salzsäure zu achten (THANHEISSER und WATERKAMP).

3. Gelbfärbung mit Rhodanid und Zinn(II)chlorid. Die isolierte Wolframsäure (s. Aufschluß, S. 232) wird in einigen Tropfen konzentriertem Ammoniak gelöst und 1 Tropfen Rhodanidlösung (30 g KCNS auf 100 cm^3 H_2O) dazugegeben. Diese Lösung wird stark eingedampft (dies ist nach unveröffentlichten Versuchen des Autors wesentlich); dann gibt man 1 bis 2 Tropfen konz. HCl und 1 Tropfen konz. $SnCl_2$-Lösung zu. Bei Gegenwart von Wolfram tritt eine *gelbe* Färbung auf (FERJANTSCHITSCH und UGNIWENKO).

Erfassungsgrenze: In 5 mg Erz lassen sich 0,05% W (= 2,5 γ) nachweisen.

Über die Ausführung dieser Farbreaktion als Makromethode siehe § 5.

4. Roter Ring mit Zinn(II)chlorid, Kupfer(II)sulfat und Kaliumjodid. Nach HEATH entsteht bei Gegenwart von Wolfram ein charakteristischer, roter Ring, wenn man die Probe in Königswasser löst, die Lösung verdünnt und filtriert, zu 15 cm^3 der Lösung 5 bis 10 cm^3 Eisessig zusetzt und dann mit 8 bis 12 cm^3 folgender Mischung versetzt: Man mischt die Lösungen von 5 g Kupfervitriol in 15 cm^3 Wasser, 5 g $SnCl_2$ in 10 cm^3 Wasser und 2 g KJ in 10 cm^3 Wasser und versetzt dann die Lösung des zunächst entstehenden Niederschlags mit etwa 100 cm^3 Ammoniaklösung.

5. Gelbfärbung mit Ammoniumvanadat und Phosphorsäure. Beim Versetzen phosphorsäurehaltiger Wolframatlösungen mit Vanadat entsteht eine gelbe Färbung infolge der Bildung von Vanadophosphorwolframsäure (BOGATZKI).

B. Organische Reagenzien.

NH_2–C_6H_4–C_6H_4–NH_2

Diphenylin.

1. Fällung mit Diphenylin. Nach FEIGL (b), (c) hat das Diphenylin als Reagens auf Wolfram vor dem isomeren Benzidin den großen Vorzug, daß es mit Molybdaten und Sulfaten keinen Niederschlag gibt (wenn die Molybdatkonzentration nicht größer als 10% ist).

Ausführung. In einem Mikroreagensglas wird 1 Tropfen der auf Wolframat zu prüfenden Lösung mit 1 Tropfen einer Lösung von 1% Diphenylinchlorhydrat in 2 n-HCl versetzt. Bei Anwesenheit von Wolframat entsteht eine weiße Fällung oder Trübung von Diphenylinwolframat (und Wolframsäure).

Erfassungsgrenze: 6 γ Wolfram.

Grenzkonzentration: 1:8500.

2. Rotfärbung mit Hydrochinon in konzentrierter Schwefelsäure. Die Lösung von WO_3 in konzentrierter Schwefelsäure (wasserfrei) gibt mit Hydrochinon eine rotbraune Färbung. Diese Reaktion ist nach DEFACQZ und nach FISCHER, DIETZ, BRÜNGER und GRIENEISEN empfindlicher als die Blaufärbung mit $SnCl_2$, vor allem in Gegenwart von Phosphorsäure.

Ausführung. Der nach dem Trennungsgang von FISCHER und Mitarbeitern mit $BaCl_2$ gefällte Niederschlag, der neben Wolframat noch Phosphorsäure und Spuren Vanadat (Gelbfärbung! s. oben unter A. 5) enthalten kann, wird samt dem Filter verascht und geglüht, im weiten Reagensglas mit 2 bis 3 cm^3 konz. H_2SO_4 bis zu kräftigem Rauchen erhitzt, unter Feuchtigkeitsausschluß abkühlen gelassen und mit 1 bis 2 cm^3 einer Lösung von 10 g Hydrochinon in 100 cm^3 konz. H_2SO_4 vermischt. 20 γ WO_4'' geben eine deutliche Braunfärbung, größere Mengen ein leuchtendes Rot, das sich bald nach Braun verfärbt (FISCHER und Mitarbeiter).

Nach DEFACQZ können noch 2 γ Wolfram nachgewiesen werden, wenn die Probe in der 4- bis 5fachen Menge $KHSO_4$ und einigen Tropfen konz. H_2SO_4 unter Erwärmen gelöst wird; nach dem Abkühlen (falls Wolframsäure ausfällt, wird noch konz. H_2SO_4 zugesetzt) wird festes Hydrochinon zugegeben. Die Farbe ist nach DEFACQZ bei Gegenwart von wenig Wolfram rosa, bei Anwesenheit von viel Wolfram violett.

Erfassungsgrenze: 2 γ Wolfram (DEFACQZ).

Störungen. Ti gibt in noch geringerer Menge die gleiche Farberscheinung, wird aber durch den erwähnten Analysengang vorher entfernt. V gibt vor dem Hydrochinonzusatz eine gelbe, nachher eine grüne Farbe, Mo je nach Umständen eine intensive rote, braune oder blaue Färbung. Nb gibt eine gelbbraune, Ta eine gelbe Färbung, beide von geringer Intensität. Auch Cr, Co, Ni und Fe stören in größeren Mengen. Nitrat stört schon in geringer Menge. Näheres siehe bei FISCHER und Mitarbeitern sowie bei BOGATZKI und bei HEYNE, die die Rotfärbung zur quantitativen colorimetrischen Bestimmung von Wolfram benutzen.

3. Färbungen mit Phenolen und Alkaloiden. Neben der Reaktion mit Hydrochinon gibt die Lösung von Wolframat in konz. H_2SO_4 nach DEFACQZ noch mit einer Reihe von Phenolen und Alkaloiden charakteristische Färbungen. Durch Wasserzusatz werden die Färbungen zerstört.

Ausführung. Nach DEFACQZ wird das Wolframat mit der 4- bis 5fachen Menge $KHSO_4$ und einigen Tropfen konz. H_2SO_4 unter Erwärmen gelöst. Nach dem Abkühlen (beim Ausfallen von Wolframsäure noch konz. H_2SO_4 zusetzen) wird das Reagens in festem bzw. flüssigem Zustand zugesetzt. Phenol gibt eine sehr intensive rote Färbung und ist daher ein sehr empfindliches Reagens. Weitere Färbungen liefern: p-Kresol (intensiv rotbraun), Thymol (rot), Resorcin (rotbraun), Brenzcatechin (schwarzviolett), Pyrogallol (schwarzrot), α- und β-Naphthol (blau), Salicylsäure und m-Oxybenzoesäure (rot; p-Oxybenzoesäure gibt keine Färbung); Chinin und Cinchonin (schwach gelb), Morphin (violett, dann braun; vgl. auch SCHÄR), Codein (rosa, dann violett) usw.

4. Färbung mit Curcumalösung. Nach SCHÄFER geben stark salzsaure Wolframatlösungen mit gelber Curcumalösung (Eisessigauszug aus Curcumawurzeln) eine schwarzbraune, bei wenig Wolfram eine rötlichgelbe Färbung. Die Reaktion ist auch als Tüpfelreaktion auf der Jenaer Glastüpfelplatte ausführbar.

Erfassungsgrenze: 6 γ Wolfram beim Tüpfelverfahren.

Grenzkonzentration: 1:4200.

Störungen. Fluorid verhindert, Phosphat beeinträchtigt die Reaktion. Sulfat stört nicht. Größere Mengen B, Zr, Ti überdecken die Wolframreaktion. Mo reagiert ähnlich wie Wolfram.

5. Färbung mit Rhodamin B. In salzsaurer Wolframatlösung ruft Rhodamin B (50 mg in 500 cm^3 H_2O) eine violette Färbung hervor, die am empfindlichsten zu beobachten ist, wenn 1 Tropfen der Wolframatlösung in das Reagens gegeben wird, wobei sich violette Schlieren bilden.

Erfassungsgrenze: 0,5 γ Wolfram.

Störungen. Mo, Sb, Bi, Hg, Tl und Au geben ähnliche Färbungen; Pb, V, Nb, Ta und U stören nicht (EEGRIWE). Die Färbung durch Wolfram ist 10- bis 20mal stärker als die durch Molybdän (HEYNE).

6. Färbung mit Dioxymaleinsäure. Dioxymaleinsäure gibt mit Wolframsäure eine braune, schnell blau werdende Färbung (FENTON).

7. Katalyse der Malachitgrünreduktion. Die Reduktion von Malachitgrün in saurer Lösung durch $TiCl_3$ wird durch Wolframate so stark beschleunigt, daß die hierbei eintretende Entfärbung zum Wolframnachweis benutzt werden kann (SANDELL).

Ausführung. 0,05 cm^3 5%ige $TiCl_3$-Lösung gibt man zu 1,9 cm^3 Wolframatlösung zu und versetzt nach 1 Min. mit 0,1 cm^3 einer 0,02%igen Malachitgrünlösung. Bei 10 γ Wolfram pro Kubikzentimeter erfolgt die Entfärbung in 5 Sek. bei dem p_H-Wert 2, in 23 Sek. bei dem p_H-Wert 1. — Die Reaktion ist auch als Tüpfelreaktion ausführbar.

Erfassungsgrenze: 2 γ Wolfram bei der Tüpfelreaktion in neutraler Lösung.

Störungen. Phosphate, Sulfate, Weinsäure beschleunigen die Reaktion auch ohne Wolfram. Fluoride verhindern die katalytische Wirkung des Wolframs. Ag-, Hg-, Au- und Pt-Salze stören, weil sie zu Metall reduziert werden oder unlösliche Chloride bilden.

§ 6. Nachweis des Wolframs durch Fluorescenzeffekte.

Nach GOTÔ zeigen Wolframatlösungen beim Versetzen mit verschiedenen Reagenzien charakteristische Fluorescenzeffekte im ultravioletten Licht. Hierdurch ergeben sich empfindliche Nachweisreaktionen, besonders, wenn die Reaktionen auf einer Tüpfelplatte durchgeführt werden.

1. Mit Rhodamin B. **Reagens.** 0,005%ige Lösung.

Ausführung. Je 1 Tropfen Probelösung, Reagens und 0,1 n-HCl werden der Reihe nach auf eine Tüpfelplatte gebracht: Die rote Fluorescenz des Reagenses verschwindet bei Anwesenheit von Wolframat, es tritt eine nicht fluorescierende, violette Farbe auf (vgl. § 5, S. 249). Ähnlich verhält sich Antimon.

Erfassungsgrenze: 2,5 γ.

Grenzkonzentration: 1:20000.

2. Mit Morin. **Reagens.** 0,2%ige Lösung.

Ausführung. 1 Tropfen neutrale Probelösung, 1 Tropfen Reagens und einige Tropfen Alkohol werden auf die Tüpfelplatte gebracht. In ultraviolettem Licht zeigt sich eine gelblichgrüne Fluorescenz, falls Wolfram zugegen ist. Tageslicht ist auszuschließen, da die Eigenfarbe der Lösung sonst stört. Daher ist auch bei wenig Wolfram eine Blindprobe zum Vergleich anzusetzen.

Erfassungsgrenze: 0,25 γ.

Grenzkonzentration: 1:200000.

3. Mit Cochineal. **Reagens.** 0,16%ige Lösung.

Ausführung. 1 Tropfen neutrale Probelösung, 1 Tropfen Reagens und 1 Tropfen einer 0,1 n-Essigsäure, die zugleich 0,1 n an Natriumacetatlösung ist, werden auf die Tüpfelplatte gebracht. Bei Gegenwart von Wolfram zeigt sich eine starke orangerote Fluorescenz. Ebenso verhält sich Aluminium. Da das Reagens allein eine schwache orangegelbe Fluorescenz zeigt, ist ein Blindversuch anzustellen.

Erfassungsgrenze: 0,5 γ.

Grenzkonzentration: 1:100000.

4. Mit Coerulin. **Reagens.** 0,5%ige Lösung.

Ausführung. Einige Tropfen Probelösung, die an Säure mindestens 0,5 n ist, werden auf der Tüpfelplatte mit Zn reduziert. 1 Tropfen der reduzierten Lösung wird auf der Tüpfelplatte mit 1 Tropfen Reagens und einigen Tropfen Alkohol versetzt. Bei Anwesenheit von Wolfram zeigt sich eine gelbe Fluorescenz. Ebenso verhält sich Vanadin.

Erfassungsgrenze: 0,5 γ.

Grenzkonzentration: 1:100000.

Literatur.

ABEL, E.: Z. El. Ch. **19**, 480 (1913). — ABRAMSSON, I. P.: Betriebslab. **3**, 140 (1934). — ALIFANOWA, L. A. u. S. M. RAISSKI: Betriebslab. **5**, 1202 (1936).

BEHRENS, H.: Fr. **30**, 169 (1891). — BEHRENS, H. u. P. D. C. KLEY: Mikrochemische Analyse, 3. Aufl., Leipzig 1915, S. 147—49. — BERTRAND, E.: Bl. Soc. chim. Belg. **41**, 98 (1932). — BERZELIUS, J. J.: Die Anwendung des Lötrohres in der Chemie und Mineralogie, 2. Aufl., 1855, S. 79; durch LUTZ a. a. O. — BIRK, E.: Angew. Ch. **41**, 751 (1928). — BOGATZKI, G.: Fr. **114**, 170 (1938). — BRODE, W. R. u. I. G. STEED: Ind. eng. Chem. Anal. Edit. **6**, 157 (1934) — BUNSEN, R.: A. **138**, 289 (1866); Fr. **5**, 375 (1866). — BURNS, K.: J. Sci. Instrum. **10**, 129 (1936).

CLARK, R. E. D.: Analyst **61**, 242 (1936); **62**, 661 (1937). — CLENNEL, J. E.: Min. Mag. **62**, 20 (1940).

DEFACQZ, E.: C. r. **123**, 308 (1896); A. Ch. (7) **22**, 283 (1901). — DÖRING, TH.: Ch. Z. **41**, 652 (1917). — DONATI, A.: Ann. Chim. applic. **17**, 14 (1927).

EEGRIWE, E.: Fr. **70**, 403 (1927).

FAKTOR, F.: Fr. **43**, 411 (1904). — FEIGL, F.: (a) Mikrochemie **20**, 205 (1936); (b) R. **58**, 471 (1939); (c) Qualitative Analyse mit Hilfe von Tüpfelreaktionen, 3. Aufl., S. 201 bis 202, Leipzig 1938; (d) Angew. Ch. **44**, 741 (1931). — FEIGL, F. u. P. KRUMHOLZ: Angew. Ch. **45**, 674 (1932). — FENTON, J. H.: Soc. **93**, 1067 (1908). — FERJANTSCHITSCH (FERJANČIČ), S.: Fr. **97**, 332 (1934). — FERJANTSCHITSCH, F. A. u. M. G. UGNIWENKO: Betriebslab. **7**, 1434 (1938); durch C. **1940 I**, 2207. — FISCHER, W., W. DIETZ, K. BRÜNGER; H. GRIENEISEN: Angew. Ch. **49**, 719, 726 (1936). — FLECK, H. R.: Analyst **62**, 378 (1937); Fr. **114**, 57 (1938). — FRIEDHEIM, W. C. u. R. MEYER: Z. anorg. Ch. **1**, 79 (1892).

GAZZI, V.: G. **64**, 102 (1934). — GEILMANN, W.: Bilder zur qualitativen Mikroanalyse, Leipzig 1924. — GERLACH, WA. u. E. RIEDL: Die chemische Emissions-Spektralanalyse, Bd. 3, S. 137, Leipzig 1936. — GIETZ, C. E. u. A. SA: An. Argentina **23**, 45 (1935); durch C. **1936 I**, 4767. — GOTÔ, H.: Sci. Rep. Tôhoku Univ., Ser. I, **29**, 287 (1940).

HAMENCE, H.: Analyst **65**, 152 (1940). — HARTMANN, M. L.: Chem. N. **114**, 27, 45 (1916); durch C. **1916 II**, 1191. — HARTMANN, W.: Sammelbericht über „Wolfram, Wolframlegierungen, Wolframstähle": Fr. **85**, 191—234 (1931). — HAUSHOFER, K.: Z. wissenschaftl. Mikroskopie **2**, 422 (1885). — HEATH, R. F.: Engin. Mining Journ. **106**, 27 (1918); durch C. **1919 II**, 546. — HEYNE, G.: Angew. Ch. **44**, 237 (1931). — HEYROVSKY, J.: Bl. **41**, 1224 (1927). — HOLZMÜLLER, W.: Fr. **115**, 100 (1938/39).

JAHR, K. F.: Naturwiss. **29**, 505, 528 (1941). — JANDER, G.: Ph. Ch. A **187**, 149 (1940); **190**, 195 u. 217 (1942). — JANDER, W.: Z. anorg. Ch. **191**, 174 (1930).

KAFKA, E.: Fr. **51**, 482 (1912). — KELLERMANN, K. u. O. SCHLIESSMANN: Metallbörse **17**, 1068 (1927). — KNORRE, G. v.: Fr. **47**, 37 (1908). — KOMAROWSKY, A. S. u. M. J. SCHAPIRO: Mikrochim. A. **3**, 144 (1938); durch C. **1938 II**, 1646. — KRAEMER, W.: Fr. **98**, 242 (1934).

LANDSBERG, G. S., S. L. MANDELSTAM, S. W. TULJANKIN u. W. W. ZEIDEN: Betriebslab. **4**, 1220 (1935). — LIEMPT, J. A. M. VAN: Z. anorg. Ch. **122**, 236 (1922). — LIMMER, G.: Z. wiss. Photogr. **37**, 41 (1938). — LUKAS, J. u. A. JÍLEK: Chem. Listy **24**, 320 (1930); durch C. **1930 II**, 2549. — LUNDEGÅRDH, H.: Quantitative Spektralanalyse der Elemente, S. 110, 111, Jena 1929. — LUTZ, O.: Fr. **47**, 25 (1908).

MALLET, J. M.: Soc. **28**, 1228 (1875). — MARTINI, A.: (a) Mikrochemie **6**, 63 (1928); (b) **12**, 112 (1932); (c) An. Argentina **14**, 177 (1926); durch C. **1927 I**, 152. — MELLET, R.: Helv. **6**, 656 (1923). — MILLER, CH. C. u. A. J. LOWE: Soc. **1940**, 1258. — MONNIER, A.: Ann. Chim. anal. **20**, 2 (1915); durch C. **1917 II**, 132. — MORITZ, H.: Zbl. Mineral. Geol. Paläont. Abt. A **1935**, 340. — MOSER, L.: M. **53**, 44 (1929).

NOYES, A. A., W. C. BRAY u. E. B. SPEAR: Am. Soc. **30**, 481 (1908); A. System of qualitative Analysis, New York 1927.

OTERO, E. u. R. MONTEQUI: Fr. **111**, 424 (1938).

PAPAFIL, M. u. R. CERNATESCO: Ann. sci. Univ. Jassy **16**, 526 (1931); durch C. **1931 II**, 2037. — PASSERINI, L. u. L. MICHELOTTI: G. **65**, 831 (1935). — PETROVSKY, A.: (a) Fr. **77**, 268 (1929); (b) J. chem. Ind. **7**, 905 (1930); durch C. **1930 II**, 2942. — PORTER, L. E.: Ind. eng. Chem. Anal. Edit. **6**, 138, 148 (1934); durch Fr. **104**, 124 (1936). — POZNA, F. u. E. MIGRAY: Ann. Chim. applic. **26**, 78 (1936); durch C. **1936 II**, 138. — POZZI-ESCOT, E.: Bl. (4) **13**, 402 (1913).

RIENÄCKER, G. u. W. SCHIFF: Zbl. Min. Geol. Paläont. Abt. A **1934**, 56; durch C. **1934 I**, 2320. — ROSE, H.: Ausführliches Handbuch der analytischen Chemie S. 321, Braunschweig 1851, Bd. 1. — RUSSEL, A. S. u. S. W. ROWELL: Soc. **1926**, 1883.

SANDELL, E. B.: Ind. eng. Chem. Anal. Edit. **10**, 667 (1938); durch C. **1939 I**, 3425. — SCHÄFER, H.: Fr. **110**, 21 (1937). — SCHÄR, E.: Ar. **232**, 256 (1894). — SCHEIBE, S.: Physikalische Methoden der analytischen Chemie, herausgeg. von W. BÖTTGER, Bd. I, S. 52,

56, Leipzig 1933. — SCHLIESSMANN, O.: Techn. Mitt. Krupp Forsch. Ber. **3**, 31 (1935); **4**, 267 (1941). — SCHÖLLER, W. R. u. G. JAHN: Z. anorg. Ch. **169**, 326 (1928). — SEMJAKIN, F. M. u. A. N. BELOKON: C. r. Acad. URSS (N. S.) **18**, 277 (1938); durch C. **1938 II**, 129. — SINGLETON, W.: Ind. Chemist **2**, 454 (1926); durch C. **1927 I**, 496.

Tabellen der Reagenzien für anorganische Analyse, Akadem. Verlagsges., Leipzig 1938. — TANANAJEW, N. A. u. G. A. PANTSCHENKO: J. Russ. phys.-chem. Ges. **61**, 1051 (1929); durch Fr. **82**, 470 (1930). — TARTARINI, G.: Ann. Chim. applic. **23**, 367 (1933); durch C. **1933 II**, 3888. — THANHEISSER, G. u. M. WATERKAMP: Mitt. K.W.I. Eisenforschung, Düsseldorf **23**, 95 (1941). — TOROSSIAN, G.: Am. J. Sci. (4) **38**, 537 (1914): durch C. **1915 I**, 400. — TRAVERS, M.: C. r. **166**, 416 (1918). — TREADWELL, F. P.: Lehrbuch der analytischen Chemie, Bd. I, 16. Aufl., Leipzig u. Wien 1939, S. 536.

VALKENBURGH, H. B. VAN u. T. C. CRAWFORD: Ind. eng. Chem. Anal. Edit. **13**, 459 (1941). — VERSLUYS, J. u. H. L. J. ZERMATTEN: Pr. Kon. Akad. Weetensch. Amsterdam **36**, 868 (1934); durch C. **1934 I**, 1678. — VIVARIO, R. u. M. WAGENAAR: Pharm. Weekbl. **54**, 157 (1917); durch C. **1917 II**, 244.

WENGER, P., R. DUCKERT u. CL. P. BLANCPAIN: Helv. **20**, 1438 (1937). — WEISS, L. u. H. SIEGER: Fr. **119**, 276 (1940). — WHEELER u. LUEDEKING: Fr. **26**, 602 (1887). — WÖHLER, L. u. W. ENGELS: Kollch. Beih. **1**, 455 (1910).

YAGODA, H. u. H. A. FALES: (a) Am. Soc. **60**, 640 (1938); (b) **58**, 1497 (1936).

Uran.

U, Atomgewicht 238,07; Ordnungszahl 92.

Von **M. v. Stackelberg**, Bonn.

Mit 3 Abbildungen.

Inhaltsübersicht.

Seite

Vorkommen des Urans 254

Allgemeines. Stellung im periodischen System. Verbindungen mit 3wertigem Uran. Verbindungen mit 4wertigem Uran. Verbindungen mit 6wertigem Uran 254

Aufschluß und Abtrennung 255

Nachweismethoden 256

§ 1. Spektralanalytischer Nachweis, bearbeitet von O. Schmitz-Dumont, Bonn 256

§ 2. Nachweis auf trockenem Wege 256

1. Verhalten in der Borax- und Phosphorsalzperle 256
2. Reduzierendes Schmelzen mit Ammoniumhypophosphit 256
3. Nachweis durch die Radioaktivität 257

§ 3. Nachweis auf nassem Wege 257

I. Reaktionen der Uran(IV)-Salzlösungen 257
Fällung mit saurem Natriumhypophosphat 257

II. Reaktionen der Uran(VI)-Salzlösungen 257

A. Wichtige Nachweisreaktionen der Uranylsalze 258

1. Fällung mit Kaliumeisen(II)cyanid 258
2. Fällung mit Alkalihydroxyden oder Ammoniak 258
3. Fällung mit 8-Oxychinolin 259

B. Weitere Reaktionen der Uranylsalze 259

1. Fällung mit Natriumphosphat 259
2. Fällung mit Bariumcarbonat 259
3. Fällung mit Ammoniumsulfid 259
4. Reaktion mit Wasserstoffperoxyd 259
5. Fällung mit Kaliumchromat 260
6. Reaktion mit Zink und Salpetersäure 260
7. Reaktion mit Reduktionsmitteln 260
8. Nachweis mit Alizarinrot S 260
9. Farbreaktion mit Tannin 260
10. Farbreaktion mit Gallussäure, Resorcylsäure oder Phenolen 260
11. Farbreaktion mit Salicylsäure 260
12. Farbreaktion mit Alkannatinktur 261
13. Reaktion mit Thiodiphenylcarbazid 261
14. Fällung mit Ammoniumdithiocarbaminat 261
15. Reaktion mit Thiosinamin 261
16. Fällung mit sonstigen organischen Reagenzien 261

§ 4. Mikrochemische Nachweisreaktionen 261

1. Fällung als Thallium(I)-Uranylcarbonat 261
2. Fällung als Natriumuranylacetat 261
3. Fällung mit Cupferron 262
4. Fällung mit Methylorange 262

Seite
§ 5. Nachweis durch Tüpfelreaktionen . . . 262
1. Nachweis mit Kaliumeisen(II)cyanid . . . 262
a) Bei Abwesenheit von Eisen, Kupfer, Titan, Vanadin und Molybdän . . . 262
b) Bei Gegenwart von Eisen . . . 263
c) Bei Gegenwart von Eisen und Kupfer . . . 263
d) Bei Gegenwart von Titan . . . 263
2. Nachweis mit Alizarin . . . 263
3. Nachweis mit α-Nitroso-β-naphthol . . . 263
4. Nachweis mit Curcumapapier . . . 263
5. Nachweis mit Quercetin oder Quercitrin . . . 264

§ 6. Nachweis durch Fluorescenzeffekte . . . 264
1. Nachweis durch Fluorescenz in der Natriumfluoridperle . . . 264
2. Nachweis durch Fluorescenz in der Boraxperle . . . 265
3. Nachweis durch Fluorescenz von Uranylphosphat . . . 265
4. Indirekte Fluorescenznachweise . . . 265
5. Nachweis in biologischem Material . . . 265

§ 7. Chromatographischer Nachweis . . . 265
Literatur . . . 266

Uran.

U, Atomgewicht 238,07; Ordnungszahl 92.

Vorkommen des Urans. Das weitaus wichtigste Uranerz ist das Uranpecherz, U_3O_8; dessen wichtigste Lager finden sich bei Joachimsthal in Böhmen sowie im Kongogebiet und in Kanada. Zu erwähnen sind noch die Vorkommen in Cornvall, Colorado und in dem ehemaligen Deutsch-Ostafrika (Bez. Morogoro).

Dem Uranpecherz wird die Idealzusammensetzung U_3O_8 zugeschrieben, doch enthält es stets 20 bis 30% Beimengungen (Pb, Fe, Bi, seltene Erden) sowie durch den radioaktiven Zerfall des Urans entstandene Elemente (Pb mit dem Atomgewicht 206,05, Ra, Po, He und andere).

Carnotit, ein Uranvanadat, wird in Nordamerika gewonnen. Uran findet sich auch in vielen Mineralien der seltenen Erden, so im Monazitsand zu etwa 0,4%. Von den seltenen Uranmineralien sei hier noch der norwegische Bröggerit genannt.

Uran ist in geringen Mengen in den radioaktiven Mineralwässern nachzuweisen. In Spuren (deren Nachweis durch die Fluorescenzanalyse ermöglicht wird) kommt. Uran auch in sonstigen Binnengewässern und im Meere (10^{-6} g Uran/Liter) vor. Aus dem Wasser wird es von Algen aufgenommen (HOFFMANN).

Stellung im periodischen System. Von seinen Homologen in der Gruppe 6b des periodischen Systems unterscheidet sich Uran in mancher Hinsicht. Das Metall ist noch leichter oxydierbar als Mo und W; es überzieht sich schon bei gewöhnlicher Temperatur an der Luft mit einer erst stahlblauen, dann schwarzen Oxydhaut; bei schwachem Erhitzen verbrennt es unter starker weißer Lichterscheinung zu U_3O_8.

Uran ist ein α-Strahler mit einer Halbwertzeit von $4,5 \cdot 10^9$ Jahren.

Uran tritt 3-, 4- und 6wertig auf.

Verbindungen mit 3wertigem Uran. Durch sehr energische Reduktion — auch in wäßriger Lösung — lassen sich U(III)-Verbindungen gewinnen, z. B. UCl_3, $UH(SO_4)_2$ (schwerlöslich). Die purpurroten wäßrigen Lösungen sind aber nicht haltbar, da sie das Wasser unter H_2-Entwicklung zersetzen und dabei in grüne U(IV)-Salzlösungen übergehen. Durch Luft werden U(III)-Salzlösungen schnell zu U(IV)-Salzlösungen oxydiert. Analytisch spielen daher U(III)-Verbindungen keine Rolle

Verbindungen mit 4wertigem Uran. Wichtiger sind dagegen die U(IV)- oder Uranoverbindungen, die oft mit den Thoriumverbindungen isomorph sind.

Das braune bis schwarze Oxyd UO_2 ist unlöslich in Wasser und Alkalien, löst sich in hochkonzentrierten Säuren zu U(IV)-Salzlösungen, in oxydierenden Säuren zu Uranylsalzen.

Weitere U(IV)-Verbindungen sind UF_4 (unlöslich), UCl_4, $UOCl_2$, $U(SO_4)_2 \cdot 8\,H_2O$ (schwerlöslich). Sie sind grün gefärbt. Soweit sie sich in Wasser lösen, erleiden sie dabei Hydrolyse, sind aber in stark saurer Lösung auch an der Luft (in der Kälte) beständig. Durch starke Oxydationsmittel wie Cl_2, $Fe^{\cdot\cdot\cdot}$, MnO_4' usw. werden sie zu Uranylsalzen oxydiert. Umgekehrt werden Uranylsalze in Lösung schon durch verhältnismäßig milde Reduktionsmittel, wie Bleiamalgam oder SO_2, zu U(IV)-Salzen reduziert. U(IV)-Salzlösungen sind rein hellgrün, „überreduzierte" Lösungen [mit U(III)-Gehalt] sind dunkelolivgrün bis rotbraun, reine U(III)-Salzlösungen sind rot.

Verbindungen mit 6wertigem Uran. Das Oxyd UO_3 entsteht beim vorsichtigen Erhitzen von Uranylnitrat als rotgelbes Pulver. Es löst sich in Säuren unter Bildung der gelben Uranyl-Ionen: $UO_3 + 2\,H^{\cdot} = UO_2^{\cdot\cdot} + H_2O$. Durch Wasseraufnahme können aus UO_3 die Hydrate $UO_3 \cdot H_2O$ (orangegelb) und $UO_3 \cdot 2\,H_2O$ (gelb) entstehen, die als Uransäuren, H_2UO_4 und $H_2UO_4 \cdot H_2O$ oder als Uranylhydroxyde, $UO_2(OH)_2$ und $UO_2(OH)_2 \cdot H_2O$, aufgefaßt werden. Bei Fällung von Uranylsalzlösungen mit Alkalien entstehen Uranylhydroxyde nur vorübergehend, da sie sich weiter in schwerlösliche gelbe Diuranate (z. B. $Na_2U_2O_7$, s. S. 258) umwandeln.

Als Anion kommt die Uransäure in wäßriger Lösung nicht vor, da sie selbst und sämtliche Uranate unlöslich sind. Es gibt jedoch komplexe Anionen, wie vor allem $[UO_2(CO_3)_3]''''$, deren Alkalisalze löslich sind (vgl. S. 258). Für den analytischen Nachweis von U(VI) in wäßriger Lösung kommen nur die Reaktionen des Uranyl-Ions, $UO_2^{\cdot\cdot}$, in Frage.

Die wäßrigen Lösungen von Uranylsalzen starker Säuren reagieren sauer. Die wichtigsten festen Salze sind

$$UO_2(NO_3)_2 \cdot 6\,H_2O, \quad UO_2SO_4 \cdot 3\,H_2O, \quad UO_2(CH_3CO_2)_2 \cdot 2\,H_2O.$$

Wichtig für die analytische Chemie ist, daß viele Uranylsalze (Nitrat, Chlorid, Rhodanid) in Äther gut löslich sind und sich daher mit diesem ausschütteln oder extrahieren lassen.

Beachtenswert ist die Lichtempfindlichkeit der Uranylsalze bei Gegenwart organischer Substanzen (sowohl organischer Anionen als auch neutraler Stoffe): Durch intensive Bestrahlung findet eine Reduktion von U(VI) zu U(IV) und eine Oxydation der organischen Stoffe — oft bis zu CO_2 — statt. Anorganische Uranylsalze für sich sind im allgemeinen unempfindlich gegen Licht, doch wird Jodid zu Jod oxydiert; diese Reaktion ist umkehrbar.

Das Oxyd U_3O_8 wird als gemischtes Oxyd $UO_2 \cdot 2\,UO_3$ aufgefaßt, da es sich in Säuren zu U(IV)- und U(VI)-Salz löst: $U_3O_8 + 8\,H^{\cdot} = 2\,UO_2^{\cdot\cdot} + U^{\cdot\cdot\cdot\cdot} + 4\,H_2O$.

Die *Peruranate*, die durch Einwirkung von Alkali und Wasserstoffperoxyd auf Uranylsalze entstehen, haben intensive Färbungen (rot, gelb, grün, je nach der Zusammensetzung) und sind im Gegensatz zu den Uranaten in Wasser leicht löslich, was für die Abtrennung des Urans von gewissen anderen Elementen der Ammoniumsulfidgruppe (Fe, Mn) wichtig ist. Ihre Konstitution ist noch nicht ganz geklärt.

Aufschluß und Abtrennung. Uranmetall und alle Verbindungen sind in Salpetersäure leicht löslich. Für den Aufschluß von Uranmineralien ist unter Umständen Königswasser oder eine Carbonatschmelze notwendig.

Das Uran gehört zur Schwefelammoniumgruppe. Wichtig ist, daß das Uranylsulfid, UO_2S, in Carbonatlösungen löslich ist (vgl. S. 259). Daher läßt sich Uran von den übrigen Metallen der Schwefelammoniumgruppe trennen, indem diese mit $(NH_4)_2S$ in Gegenwart von viel $(NH_4)_2CO_3$ gefällt werden. Sind Thorium und seltene Erden zugegen, so sind besondere Maßnahmen erforderlich; nach CANNERI und FERNANDES können diese mit Oxalsäure gefällt werden, wenn zu der Lösung Salicylsäure zugesetzt wird, die mit Uranyl einen rotgefärbten löslichen Komplex bildet, der ein Mitfallen als Oxalat verhindert.

Über den üblichen vollständigen Analysengang der Ammoniumsulfidgruppe vgl. z. B. TREADWELL. Abgeänderte Analysengänge, bei denen zum Teil die Ätherlöslichkeit von Uranylsalzen benutzt wird, siehe bei FISCHER und Mitarbeitern, bei NOYES und Mitarbeitern, bei ATO sowie bei POZNA und MIGRAY.

Nachweismethoden.

§ 1. Spektralanalytischer Nachweis[1].

Der spektralanalytische Nachweis spielt für die Auffindung des Urans bisher eine untergeordnete Rolle, besonders, weil der Nachweis durch Fluorescenzeffekte (s. S. 264) größere Empfindlichkeit besitzt, ganz spezifisch ist sowie schnell und einfach durchgeführt werden kann. Zur Erzeugung des Uranspektrums ist sowohl der elektrische Funke als auch der Lichtbogen geeignet.

Brauchbare Analysenlinien im Bogen- und Funkenspektrum. GERLACH und RIEDL geben für Uran folgende, im Abreißbogen und im Funken mit hoher Selbstinduktion auftretenden Linien an (Wellenlängen in Å): 4241,7; 4090,3; 3859,6; 3670,1. Reihenfolge der Intensitäten (Agfa Superrapidplatte) bei Verwendung des Glasspektrographen von FUESS: 4241,7 $\geqq$ 4090,3 $\approx$ 4341,7 $\approx$ 4472,3, bei Verwendung des Glasspektrographen von ZEISS: 4090,3; $\geqq$ 3859,6 $>$ 3670,1 $\approx$ 4241,7 $\approx$ 4341,7; 4472,3; bei Verwendung des Quarzspektrographen: 3670,1 $>$ 3859,6 $>$ 4090,3 $>$ 4241,7.

Störungen bzw. Koinzidenzen sind zu erwarten:

Bei $\lambda = 4241{,}7$ Å mit Linien von Au, Co, Os, Pb, Ru, V, W, schwachen Linien von In, Mn, Si und einer sehr schwachen Linie von Mg; starke Störungslinie ist Pb (4245,2)[2].

Bei $\lambda = 4090{,}3$ Å mit Linien von Cr, Mn, Pt, V, schwachen Linien von Au, Bi, Fe, Mo und einer sehr schwachen Linie von Ni; starke Störungslinien sind V (4090,9 und 4092,7) und Co (4092,4)[2].

Bei $\lambda = 3859{,}6$ Å im Bogenspektrum mit Linien von Fe, Hg, Ni, Ru, schwachen Linien von Cr, V, W; starke Störungslinien sind Fe (3859,9) und Ni (3858,3)[2].

Bei $\lambda = 3670{,}1$ Å mit Linien von Li, Co, Fe, Hg, Mn, Ni, Os, Pb, Ru, V, einer sehr schwachen Linie von Mo; starke Störungslinien sind Zr (3675,0), Rh (3666,2) und Ti (3671,7).

§ 2. Nachweis auf trockenem Wege.

1. ***Verhalten in der Borax- und Phosphorsalzperle.*** In der Reduktionsflamme nehmen beide Perlen durch Uranverbindungen eine grüne Farbe an.

In der Oxydationsflamme werden beide Perlen gelb (orangegelb bis gelbgrün in der Phosphorsalzperle, gelb bis grüngelb in der Boraxperle). Typisch für Uran ist die grüne Fluorescenz beider Oxydationsperlen, s. S. 264 (LUTZ).

2. ***Reduzierendes Schmelzen mit Ammoniumhypophosphit.*** Nach VALKENBURGH und CRAWFORD färben Uranverbindungen eine Ammoniumhypophosphitschmelze unter Reduktion zu U(IV) grün.

Ausführung. Etwa 0,1 g feingepulvertes Mineral werden in einer Abdampfschale mit 2 g $NH_4H_2PO_2$ kräftig erhitzt. Das Hypophosphit schmilzt unter Zersetzung. Bei Anwesenheit von Uran wird die Schmelze grün. Auch Vanadin und Chrom geben eine grüne Schmelze. Zur Unterscheidung wird Ammoniumcarbonatlösung

---

[1] Bearbeitet von O. SCHMITZ-DUMONT, Bonn.

[2] Diese Störungen können bei Verwendung eines Glasspektrographen auftreten.

dazugegeben, bis man eine deutlich alkalische Lösung erhält, dann mit Wasserstoffperoxyd versetzt. Nur bei Gegenwart von Uran färbt sich die Lösung orangegelb. Die Farbe ist am besten zu beobachten, wenn man von festen Rückständen abfiltriert.

Erfassungsgrenze: Etwa 3 mg Uran.

3. Nachweis durch die Radioaktivität. Durch die Einwirkung der radioaktiven Strahlungen des Urans auf eine photographische Platte, ein Elektroskop (Ionisationskammer, Zählrohr) oder auf Leuchtphosphore kann Uran nachgewiesen werden. Es ist jedoch nicht ohne weiteres von anderen radioaktiven Substanzen zu unterscheiden. Bei natürlichen Vorkommen kann eine Radioaktivität vor allem auch durch Thorium bedingt sein. Literaturzusammenstellung siehe bei MOORE; vgl. auch GRÄVEN.

§ 3. Nachweis auf nassem Wege.

I. Reaktionen der Uran(IV)-Salzlösungen.

Die grünen Uranosalze spielen wegen ihrer leichten Oxydierbarkeit, die etwa vergleichbar der der Fe(II)salze ist, und weil sie nur in stark saurer Lösung keine Hydrolyse erleiden, für den Nachweis von Uran eine untergeordnete Rolle. Zunächst sei das Verhalten von U(IV)-Lösungen kurz charakterisiert [vgl. ZIMMERMANN (a)].

Beim Neutralisieren der stark sauren Lösungen fallen basische Salze aus, beim Versetzen mit Alkali, Ammoniak oder Ammonsulfid scheidet sich hellgrünes gallertiges Hydroxyd, $UO_2 \cdot H_2O$, aus. Der Niederschlag wird an der Luft rasch braunschwarz und geht dann allmählich in gelbes Alkaliuranat über. Er ist in überschüssigem Alkali unlöslich, löst sich aber in Alkalitartraten unter Komplexbildung. Weinsäure verhindert daher die Fällung von Uranohydroxyd.

Mit Alkali- und Ammoncarbonat bildet sich ein weißgrüner Niederschlag, der in überschüssigem Ammoncarbonat und in Alkalibicarbonat löslich ist.

Kaliumeisen(II)cyanid fällt einen gelbgrünen Niederschlag, der durch Oxydation rotbraun wird. Kaliumeisen(III)cyanid fällt einen sofort rotbraunen Niederschlag.

Mit Alkaliphosphat fällt grünes $UH_2(PO_4)_2$ aus.

Flußsäure fällt Uran(IV)oxyfluorid, $UOF_2 \cdot 2\,H_2O$, als grünes Pulver. Dagegen ist Uranylfluorid in Wasser leicht löslich (GIOLITTI).

Cupferron fällt aus schwefelsaurer Lösung U(IV), nicht aber U(VI) (HOLLADAY und CUNNINGHAM).

Oxalsäure und verschiedene andere organische Säuren fällen schwerlösliche, grüne Salze, z. B. $U(C_2O_4)_2 \cdot 6\,H_2O$ (vgl. ROSSI).

Zum Nachweis von 4wertigem Uran kommt folgende Fällungsreaktion in Frage:

Fällung von U(IV) mit saurem Natriumhypophosphat ($Na_2H_2P_2O_6$). Nach HECHT und REICH-ROHRWIG wird U(IV) auch in stark salzsaurer Lösung durch Natriumhypophosphat als grünlichgraues, voluminöses, in Salzsäure unlösliches Uran(IV)hypophosphat gefällt. Die 4wertigen Formen der Metalle Ti, Zr, Hf, Th, Ce geben ebenfalls Fällungen, andere Metalle unter den genannten Bedingungen (stark salzsaure Lösung) nicht. U(VI) wird zunächst durch Zusatz von Zink zur stark sauren Lösung zu U(IV) reduziert.

Grenzkonzentration: 1:10000.

II. Reaktionen der Uran(VI)-Salzlösungen.

Vorbemerkung. Viele der nachfolgend wiedergegebenen Nachweisreaktionen sind nur mit reinen Lösungen von Uranylnitrat, -chlorid oder -acetat durchgeführt worden. Nun ist bekannt, daß das $UO_2^{\cdot\cdot}$-Ion stark zur Komplexbildung neigt, z. B. mit Sulfat-Ionen. Es ist daher zu erwarten, daß manche der hier beschriebenen Nachweisreaktionen durch die Gegenwart von Sulfat und anderen Lösungsbestandteilen gestört werden können. Nachgeprüft worden ist es nur ausnahmsweise.

A. Wichtige Nachweisreaktionen der Uranylsalze.

1. Fällung mit Kaliumeisen(II)cyanid. Mit $K_4[Fe(CN)_6]$ entsteht in schwach saurer Lösung ein brauner Niederschlag, in sehr verdünnten Uranylsalzlösungen eine braunrote Färbung: $UO_2^{\cdot\cdot} + K_4[Fe(CN)_6] = K_2UO_2[Fe(CN)_6] + 2\,K^{\cdot}$. Bei Überschuß von Uranylsalz nähert sich die Zusammensetzung des Niederschlages der Formel $(UO_2)_2[Fe(CN)_6]$, ohne jedoch ganz frei von Kalium zu werden (TREADWELL).

Der Niederschlag neigt dazu, kolloidal auszufallen, was durch Gegenwart von NaCl und HCl vermieden wird. Die Lösung darf aber nur schwach sauer sein (NOYES und Mitarbeiter).

Gute Ergebnisse werden erzielt, wenn das Reagens 25 g $K_4[Fe(CN)_6] \cdot 3\,H_2O$ und 5 cm³ 2 n-HCl je Liter enthält (W. FISCHER und Mitarbeiter).

Über die Ausführung der Reaktion als Tüpfelreaktion (s. S. 262).

Zur Unterscheidung des Uranylferrocyanids von anderen ähnlichen Ferrocyaniden (Cu, Mo, V, Ti) werden folgende Reaktionen empfohlen:

Durch Laugen oder Ammoniak wird der braune Niederschlag gelb gefärbt, indem sich Alkaliuranat bildet [Unterschied von Cu- und Mo-Eisen(II)cyanid]:

$$(UO_2)_2[Fe(CN)_6] + 6\,KOH = K_2U_2O_7 + K_4[Fe(CN)_6] + 3\,H_2O.$$

In Ammoniumcarbonatlösung löst sich Uranylferrocyanid zu einer gelben, Kupferferrocyanid zu einer blauen Lösung. In verdünnter Salzsäure ist Uranylferrocyanid beim Erwärmen leicht löslich. (Hierauf nach dem Vorschlage von KERN eine Unterscheidung von Kupfer zu gründen, ist aber nach H. FRESENIUS nicht möglich.) Über den Nachweis von U neben Fe, Cu, Ti vgl. § 5, „Nachweis durch Tüpfelreaktionen", S. 263. Über die Entfernung von Fe und V siehe auch FISCHER und Mitarbeiter.

Grenzkonzentration: 10 γ U in 1 cm³ (1:100000), TANANAJEW und GINZBURG.

Uran in noch geringeren Konzentrationen kann durch Adsorption als $(NH_4)_2U_2O_7$ an $Fe(OH)_3$ angereichert und nach Behandlung des Niederschlages mit 1 bis 2 cm³ Essigsäure mit $K_4[Fe(CN)_6]$ nachgewiesen werden (TANANAJEW und GINZBURG).

2. Fällung mit Alkalihydroxyden oder Ammoniak. Kalium- und Natriumhydroxyd fällen gelbe unlösliche Diuranate:

$$2\,UO_2^{\cdot\cdot} + 6\,KOH = K_2U_2O_7 + 4\,K^{\cdot} + 3\,H_2O.$$

Die ohne Vorsichtsmaßregeln gefällten Niederschläge sind gallertig und sehr schlecht filtrierbar; bei vorsichtiger Neutralisation in der Wärme lassen sie sich jedoch krystallisiert gewinnen. Der lufttrockene Niederschlag hat etwa die Zusammensetzung $K_2U_2O_7 \cdot 6\,H_2O$; er läßt sich in der Hitze entwässern. Die wasserfreien Verbindungen sind in der Hitze dunkelrot, in der Kälte orangegelb. Sie zersetzen sich auch bei Weißglut nicht.

Ammoniak fällt in analoger Weise gelbes, amorphes Ammoniumuranat aus:

$$2\,UO_2^{\cdot\cdot} + 2\,NH_3 + 4\,OH' = (NH_4)_2U_2O_7 + H_2O.$$

Die Niederschläge sind leicht löslich in Säuren, selbst in verdünnter Essigsäure. Sie lösen sich auch in Ammoniumcarbonatlösung und in Tartratlösungen. Carbonate, Tartrate (und andere organische Säuren) verhindern also die Fällung.

Die Löslichkeit der Alkaliuranate in Alkalicarbonatlösungen beruht auf der Bildung der komplexen Uranylcarbonatanionen $[UO_2(CO_3)_3]''''$, deren Alkalisalze löslich sind: $(NH_4)_2U_2O_7 + 6\,CO_3'' + H_2O \rightleftarrows 2\,[UO_2(CO_3)_3]'''' + 2\,NH_3 + 4\,OH'$. Die Reaktion ist *umkehrbar:* Ein Überschuß von Lauge fällt wieder Alkaliuranat aus. Deswegen lösen sich die Alkaliuranate besser in Ammoniumcarbonat und Alkalibicarbonat als in den stärker alkalischen Alkalicarbonatlösungen (TREADWELL).

Bei längerem Kochen der Alkaliuranat enthaltenden Ammoniumcarbonatlösung entweichen Ammoniak und Kohlendioxyd und Alkaliuranat fällt wieder aus.

3. Fällung mit 8-Oxychinolin. Nach BERG sowie nach HECHT und REICH-ROHRWIG gibt 8-Oxychinolin auch mit sehr verdünnten Uranylsalzlösungen einen charakteristischen rotbraunen Niederschlag $UO_2(C_9NH_6O)_2 \cdot (C_9NH_7O)$. Die Fällung erfolgt am besten in einer alkaliacetathaltigen Lösung mit einer Lösung des Reagenses in Essigsäure. Der rotbraune Niederschlag mit Uranyl unterscheidet sich gut von denen anderer Metalle, die meist gelb bis grüngelb sind [mit Fe(II) rot, mit Fe(III) schwarz].

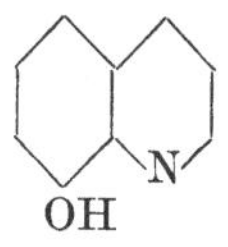

8-Oxychinolin (Oxin).

Der Niederschlag ist in Essigsäure und in Ammoniak unlöslich, löslich in Tartratlösung, merklich löslich auch bei Gegenwart von Alkohol oder Aceton. Als Reagens ist daher eine essigsaure Oxinlösung einer solchen in Alkohol oder Aceton vorzuziehen. Herstellung des Reagenses nach HECHT und REICH-ROHRWIG: Oxin wird mit Eisessig (je 1 cm³ auf 1 g Oxin) zum schwachen Sieden erhitzt, die braune Lösung in feinem Strahl unter Umrühren in heißes Wasser (100 cm³ auf 3 g Oxin) eingegossen; nach dem Erkalten wird ausgefallenes Oxin abfiltriert. Das Reagens enthält dann etwa 2% Oxin und 3% Essigsäure.

Grenzkonzentration: 1:240000.

B. Weitere Reaktionen der Uranylsalze.

1. Fällung mit Natriumphosphat. Natriumphosphat fällt gelblichweißes, leicht durch das Filter laufendes Uranylphosphat: $UO_2^{\cdot\cdot} + HPO_4'' = UO_2HPO_4$. Bei Gegenwart von Ammoniumacetat fällt weißes, nach Kochen in essigsaurer Lösung gut filtrierbares Uranylammoniumphosphat:

$$UO_2^{\cdot\cdot} + HPO_4'' + CH_3COONH_4 = UO_2NH_4PO_4 + CH_3COOH.$$

Beide Niederschläge sind unlöslich in Essigsäure, löslich in Mineralsäuren (ARENDT und KNOP; NOYES, BRAY und SPEAR).

2. Fällung mit Bariumcarbonat. Mit Bariumcarbonat wird in der Kälte alles Uran als hellgelbes Bariumuranylcarbonat ausgefällt:

$$UO_2^{\cdot\cdot} + 3\,BaCO_3 + 6\,H_2O = Ba_2[UO_2(CO_3)_3] \cdot 6\,H_2O + Ba^{\cdot\cdot}.$$

Bei Gegenwart von Ammoniumsalzen ist die Fällung unvollständig (HEDVALL).

Auch basisches Zinkcarbonat fällt Uranylsalze vollständig aus (KOHN).

3. Fällung mit Ammoniumsulfid. Ammoniumsulfid fällt aus neutralen Lösungen braunes Uranylsulfid: $UO_2^{\cdot\cdot} + (NH_4)_2S = UO_2S + 2\,NH_4^{\cdot}$. Ammoniumcarbonat und Alkalipyrophosphat verhindern die Fällung. Uranylsulfid ist löslich in verdünnten Säuren und Ammoniumcarbonatlösungen.

Durch Stehen an der Luft — schneller beim Erhitzen — verwandelt sich das Uranylsulfid in Gegenwart von überschüssigem Alkali- oder Ammoniumsulfid in leuchtend rote, Alkali bzw. Ammoniak enthaltende Verbindungen, die als Uranrot bezeichnet werden. Ihre genaue Zusammensetzung und Konstitution ist noch strittig.

4. Reaktion mit Wasserstoffperoxyd. Aus neutralen oder schwach sauren (essigsauren) Lösungen wird Uran durch Wasserstoffperoxyd als gelblichweißes Peroxyd $UO_4 \cdot 2\,H_2O$ gefällt (FAIRLEY; MAZZUCCHELLI; SIEVERTS und MÜLLER).

Bei gleichzeitiger Einwirkung von Wasserstoffperoxyd und Alkali entstehen Peruranate, deren Zusammensetzung und lebhafte Färbung mit den Fällungsbedingungen wechseln.

Nach ALOY entsteht beim Versetzen einer neutralen Uransalzlösung mit Wasserstoffperoxyd und mit konzentrierter K_2CO_3-Lösung oder mit dem festen Salz eine rotgefärbte Lösung, wodurch sich Uran [als U(VI) oder U(IV)] neben anderen Metallen charakteristisch nachweisen läßt. Das Ausfallen anderer Metalle durch den Carbonatzusatz stört den Nachweis nicht. Durch Zusatz von viel Alkohol kann die rote Verbindung ausgefällt werden. Das instabile Peruranat zersetzt sich allmählich unter Verlust der roten Farbe. Mit Kaliumhydrogencarbonat entsteht nur eine gelbe Lösung.

Grenzkonzentration: 1:20000 („Tabellen der Reagenzien für anorganische Analyse").

5. Fällung mit Kaliumchromat. Kaliumchromat fällt gelbes, in Säuren leicht lösliches Kaliumuranylchromat:

$$2\,UO_2^{\cdot\cdot} + 3\,K_2CrO_4 + 6\,H_2O = K_2CrO_4 \cdot 2\,UO_2CrO_4 \cdot 6\,H_2O + 4\,K^{\cdot}$$ (FORMÁNEK).

6. Reaktion mit Zink und Salpetersäure. In salpetersauren Uranylsalzlösungen überzieht sich Zink mit einem gelben Beschlag von $UO_3 \cdot 2\,H_2O$.

Grenzkonzentration: 0,88 mg U pro Kubikzentimeter (BUELL).

7. Reaktion mit Reduktionsmitteln. Saure Uranylsalzlösungen werden durch unedle Metalle wie Mg, Zn, Cd, Pb, Bi oder deren Amalgame zu grünen Uranolösungen reduziert, ebenso durch $NaHSO_3$, nicht aber durch H_2. Die stärkeren Reduktionsmittel reduzieren teilweise bis zu U(III).

8. Nachweis mit Alizarinrot S. Nach GERMUTH und MITCHELL ist der Nachweis von Uran mit Natriumalizarinsulfonat, $C_{14}H_5O_2(OH)_2SO_3Na$, sehr empfindlich. Es bildet sich ein tiefvioletter Niederschlag. Doch geben zahlreiche andere Kationen ähnliche Reaktionen.

Grenzkonzentration: 5 cm^3 einer wäßrigen Lösung von UO_2Cl_2 (1:10^6), mit 2 Tropfen einer 0,5%igen Lösung des Reagenses versetzt, geben noch eine deutliche Färbung, besonders wenn noch 1 Tropfen 5%iges Ammoniakwasser zugesetzt wird. Demnach ergibt sich als Grenzkonzentration 1:1500000.

9. Farbreaktion mit Tannin. Neutrale Uranylsalzlösungen geben mit Tannin eine braune Färbung, beim Kochen einen braunen Niederschlag. Die Reaktion wird im allgemeinen zur quantitativen Fällung von $UO_2^{\cdot\cdot}$ benutzt, von DAS-GYPTA aber auch für einen qualitativen Nachweis vorgeschlagen. Als Reagens dient eine 1%ige Lösung von Tannin in Wasser. Freie Säuren, auch viel Essigsäure, verhindern die Reaktion und müssen abgedampft oder mit NH_3 neutralisiert werden. Um Spuren freier Säure zu beseitigen, genügt ein Zusatz von Natriumacetat.

Empfindlichkeit der Reaktion („Tabellen der Reagenzien für anorganische Analyse"):

	auf Tüpfelplatte	im Reagensglas	in 50 cm^3 Lösung
Grenzkonzentration:	1:10000	1:44000	1:100000
Erfassungsgrenze:	3 γ		50 γ

10. Farbreaktionen mit Gallussäure, Resorcylsäure oder Phenolen. Nach DAS-GYPTA geben neutrale Uranylsalzlösungen beim Versetzen mit 1%igen frischen Lösungen von Gallussäure oder Resorcylsäure (und mit Natriumacetat) ähnlich wie mit Tannin (s. oben) Braunfärbung bei Zimmertemperatur und braune Niederschläge bei 100°.

Nach ORLOW geben Pyrogallol, Hydrochinon, Brenzcatechin, Gallussäure und Morphin braune oder braunrote Färbungen. Phenol, Eugenol, Kresol, Resorcin, Phloroglucin, α- und β-Naphthol und Guajacol geben schwache orangegelbe oder orangerote Färbungen. Vgl. auch MÜLLER (a) und die folgende Reaktion.

11. Farbreaktion mit Salicylsäure. Nach MÜLLER (b) eignet sich Salicylsäure am besten von allen Phenolen (s. oben) zum Nachweis (und zur quantitativen colorimetrischen Bestimmung) von Uranylsalzen. Die mehrwertigen Phenole geben zwar empfindlichere Reaktionen mit $UO_2^{\cdot\cdot}$, doch stört die leichte Oxydierbarkeit desselben. Als Reagens dient eine 2%ige Lösung von Natriumsalicylat in Wasser. Mit Uranylsalzlösungen erhält man eine rotbraune Lösung von Uranylsalicylat (das in Wasser leicht löslich ist). Die Probelösung darf keine freie Säure enthalten. Geringe Mengen werden von letzterer durch Zusatz von Natriumacetat unschädlich ge macht. Störungen werden durch zahlreiche Kationen verursacht, vor allem durch Eisen

Grenzkonzentration: 1:10000.

12. Farbreakion mit Alkannatinktur. Als Reagens dient ein Auszug aus Alkannawurzeln mit 95%igem Alkohol. Gibt man zu dem gelbrot gefärbten Reagens eine neutrale Uranylchlorid- oder -nitratlösung (nicht -sulfatlösung), so wird die Flüssigkeit grün. Durch NH_3-Zusatz wird ein grüner Niederschlag ausgefällt (FORMÁNEK).

Grenzkonzentration: 1:5000 („Tabellen der Reagenzien für anorganische Analyse").

Besonders eindeutig ist nach FORMÁNEK der Urannachweis, wenn das Absorptionsspektrum der Lösung festgestellt wird; es zeigt eine starke Absorptionsbande bei $\lambda = 687$ mμ, eine viel schwächere bei 631,5 mμ. Auch tritt beim Uran die Färbung im Gegensatz zu den meisten anderen Metallen schon ohne NH_3-Zusatz ein.

13. Reaktion mit Thiodiphenylcarbazid. Als Reagens dient eine 5%ige Lösung von $(C_6H_5 \cdot NH \cdot NH)_2CS$ in Kalilauge. In neutraler oder schwach alkalischer Uranylsalzlösung gibt das Reagens einen gelben Niederschlag, in schwach essigsaurer Lösung Gelbfärbung, mit Natronlauge wird die Lösung orangefarben, mit Essigsäure dann violett, mit Salzsäure blaugrün (PARRI).

14. Fällung mit Ammoniumdithiocarbaminat. Als Reagens dient eine Lösung von $NH_2 \cdot CS \cdot SNH_4$, hergestellt durch Schütteln von CS_2 mit konz. NH_3. Neutrale oder schwach alkalische Uranylsalzlösungen geben mit dem Reagens einen hellgelben Niederschlag, auf Zusatz von Essigsäure eine gelbe Lösung. Die meisten Schwermetallsalze geben ebenfalls gefärbte Niederschläge [PARRI (a)].

15. Reaktion mit Thiosinamin. 2 bis 3 Tropfen der Probelösung werden mit 3 bis 4 cm³ folgender Reagenslösung aufgekocht: 5 bis 15%ige Thiosinaminlösung mit Seifenlauge im Verhältnis 1:20 gemischt. Bei Gegenwart von Uran entsteht ein gelber Niederschlag. Nur Cadmium gibt die gleiche Reaktion (LEMAIRE).

$$CH_2 = CH—CH_2—NH—CS—NH_2$$
Thiosinamin.

16. Fällung mit sonstigen organischen Reagenzien. Zahlreiche weitere organische Stoffe fällen Uranyl. Diese Fällungen werden teilweise zur quantitativen Uranbestimmung benutzt, manche sind auch für den qualitativen Nachweis in Betracht gezogen worden.

Hexamethylentetramin (RÂY; MONTIGNIE) sowie Chinaldinsäure (RÂY und BOSE) geben schwerlösliche Niederschläge.

Äthylendiamin gibt einen gelben Niederschlag (SIEMSSEN).

Über die hellgelb bis orange gefärbten gallertigen Niederschläge, die Uranylsalzlösungen mit organischen Aminen bilden (vgl. CARSON und NORTON; E. J. FISCHER).

Über die Niederschläge mit organischen Säuren und Phenolen (vgl. MÜLLER sowie ORLOW).

Über die Fällung mit β-Isatinoxim siehe HOVORKA und VOŘÍŠEK.

§ 4. Mikrochemische Nachweisreaktionen.

1. Fällung als Thallium(I)-Uranylcarbonat. Auf Zusatz von $TlNO_3$ zu einer ammoniakalischen, ammoniumcarbonathaltigen Uranylsalzlösung scheiden sich Krystalle von $2\,Tl_2CO_3 \cdot UO_2CO_3$ in Form von Rauten mit den Winkeln 100° und 80°, daneben auch in Sechsecken und, aus konzentrierten Lösungen, in Sternchen ab (s. Abb. 1). Die Krystalle sind blaßgelb, stark positiv doppelbrechend und zeigen Auslöschung in der Richtung des größten Durchmessers. Auf Zusatz von $K_4[Fe(CN)_6]$ und Essigsäure verschwinden die Krystalle und an ihrer Stelle entstehen rotbraune Körner (BEHRENS; BEHRENS und KLEY; GEILMANN).

Erfassungsgrenze: 0,1 γ U.

2. Fällung als Natriumuranylacetat. Auf Zusatz von Natriumacetat zu einer essigsauren Uranylsalzlösung fällt $NaC_2H_3O_2 \cdot UO_2(C_2H_3O_2)_2$ in Form kleiner, scharf ausgebildeter, isotroper Tetraeder aus. Bei größeren Krystallen ist die schwache Gelbfärbung zu erkennen. S. Abb. 2a u. 2b (BEHRENS und KLEY; GEILMANN).

Abb. 1. Thallium(I)-Uranylcarbonat (nach GEILMANN). Vergr. 200fach.

Störungen. Starke Säuren sowie viel Kalium- und Ammoniumsalze verhindern die Reaktion.

Erfassungsgrenze: 0,6 γ U.

Abb. 2a. Natrium-Uranylacetat aus verdünnter Na-Salzlösung gefällt (nach GEILMANN). Vergr. 65fach.

Abb. 2b. Natrium-Uranylacetat aus konzentrierter Na-Salzlösung gefällt (nach GEILMANN). Vergr. 65fach.

Mit anderen Alkaliacetaten entstehen auch Fällungen von Doppelsalzen, die aber für den Urannachweis nicht in Frage kommen. Beschreibungen und Abbildungen dieser Doppel- und einiger Tripelsalze (U, Na und 2wertiges Metall) finden sich bei CHAMOT und BEDIENT.

3. Fällung mit Cupferron. Mit dem Ammoniumsalz des Nitrosophenylhydroxylamins [5% $C_6H_5 \cdot N(NO)ONH_4$ in Wasser] geben neutrale Uranylsalzlösungen nach MARTINI hellgelbe, stark lichtbrechende, skelettartige Krystalle, die dem kubischen System angehören und deren Bildung durch Zusatz von etwas Alkohol und Umrühren beschleunigt wird. In verdünnten Lösungen entstehen nach GEILMANN kleine Bipyramiden (s. Abb. 3). Auch neben anderen Kationen ist $UO_2^{\cdot\cdot}$ durch die Bildung der beschriebenen, optisch isotropen Krystalle zu erkennen. Aus sauren Lösungen erfolgt mit Cupferron keine Fällung von $UO_2^{\cdot\cdot}$, wohl aber von U(IV) (s. S. 257).

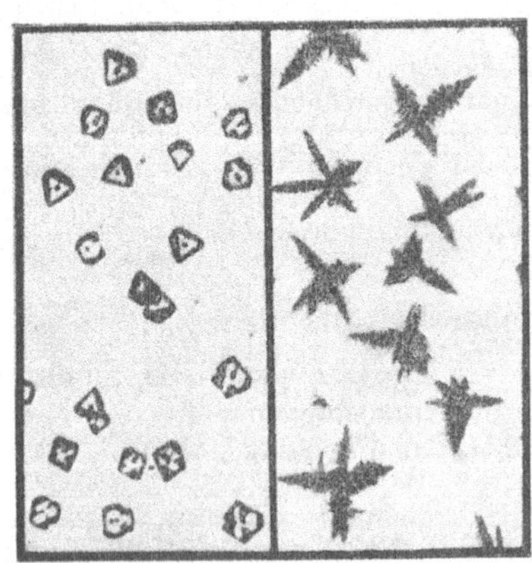

Abb. 3. Uranyl-Cupferron (nach GEILMANN).
Links: Aus verdünnter Lösung. Vergr. 250fach.
Rechts: Aus konzentrierter Lösung. Vergr. 60fach.

Grenzkonzentration: 1:1000.

4. Fällung mit Methylorange. Nach POZZI-ESCOT fällt Methylorange, das Natriumsalz der Dimethylaminoazobenzolsulfosäure, aus Uranylnitrat- oder -acetatlösungen sofort gelbe, große Krystalle. Nach den „Tabellen der Reagenzien für anorganische Analyse“ ist diese Reaktion nicht zu empfehlen.

§ 5. Nachweis durch Tüpfelreaktionen.

1. Nachweis mit Kaliumeisen(II)cyanid. **a) Bei Abwesenheit von Fe, Cu Ti, V, Mo.** Auf Filtrierpapier, das mit Kaliumeisen(II)cyanid imprägniert ist, wird 1 Tropfen der schwach sauren Probelösung gebracht (oder auf nicht imprägniertes Papier nebeneinander je 1 Tropfen der Probelösung und einer 3%igen Reagenslösung). Bei Gegenwart von Uran entsteht ein brauner Fleck.

Störungen verursachen Fe, Cu, Ti, V und Mo.

Erfassungsgrenze: 0,92 γ U (Feigl; Feigl und Stern). Bei Anwendung eines Mikrotropfens von 0,001 cm³: 0,05 γ U (Hernegger).

Grenzkonzentration: 1:54000 (Feigl); 1:100000 (Hernegger).

b) Bei Gegenwart von Eisen. Fe(III) gibt mit dem Reagens Berlinerblau, das die braune Färbung durch Uran verdeckt. Übertüpfelt man aber den Fleck mit Wasser, so breitet sich die Uranfällung schneller aus: Am Rande des blauen Flecks erscheint ein brauner gezackter Ring, wenn nicht zu wenig Uran und zu viel Eisen zugegen war.

Wenn das Mengenverhältnis der Komponenten diesen Nachweis nicht gestattet, so kann man die Löslichkeit der Alkaliuranate in Ammoncarbonatlösung folgendermaßen ausnutzen: Man verrührt auf Filtrierpapier 1 Tropfen starke Ammoniaklösung und 1 Tropfen Probelösung, läßt eintrocknen, fügt Ammoncarbonatlösung dazu und rührt mit einem Glasstab so, daß die letztere alle Teile des Flecks erreicht und trocknet wieder; nun wird um den Fleck, aber ohne diesen zu berühren, erst mit verdünnter Salzsäure, dann mit Kaliumeisen(II)cyanid getüpfelt, worauf an den Randteilen der HCl-Flecke die Braunfärbung erscheint (Feigl; Feigl und Stern).

c) Bei Gegenwart von Eisen und Kupfer. Nach Tananajew und Pantschenko sowie nach Tananajew und Ginzburg werden Fe(III) und Cu(II) durch Reduktion mit KJ zu Fe(II) und Cu(I) unschädlich gemacht; das dabei entstehende Jod wird durch Thiosulfat entfärbt. Hierauf kann Uran mit Kaliumeisen(II)cyanid nachgewiesen werden. Nach Feigl ist es zweckmäßiger, nur Thiosulfat zur Reduktion anzuwenden und die Reduktion auf der Tüpfelplatte vorzunehmen.

d) Bei Gegenwart von Titan. Titan gibt mit Kaliumeisen(II)cyanid einen gelben, allmählich braun werdenden Fleck. Daher empfiehlt Feigl (dort S. 463) die Abtrennung des Titans: 1 Tropfen der Probelösung vermischt man auf einem Uhrglase mit Ammoniak, erwärmt schwach und säuert mit Essigsäure an; Titanhydroxyd fällt aus, Uran bleibt in Lösung und wird wie oben nachgewiesen (vgl. auch Tananajew und Pantschenko; Tananajew und Ginzburg).

2. Nachweis mit Alizarin. Uranylsalze geben mit Alizarin einen charakteristischen blauen Lack. Nach Feigl und Stern tüpfelt man mit einer neutralen oder schwach sauren Probelösung auf Alizarinpapier. Bei Gegenwart von U(VI) entsteht ein blauer Fleck. Ist die Probelösung stark sauer, so wird die Säure mit Ammoniak abgestumpft. Störend sind vor allem Al und Cr(III): Aluminium gibt einen gelblichen (mit NH_3 rosa), Chrom einen gelbrosa Fleck, wodurch die blaue Farbe des Uranlackes unkenntlich wird, wenn Uran nicht im Überschuß ist.

CO OH
OH
CO

Alizarin.

Grenzkonzentration: 1:10000.

3. Nachweis mit α-Nitroso-β-naphthol. Nach Feigl und Stern gibt das Reagens mit essigsauren Uranylsalzlösungen einen eigelben Niederschlag. Getüpfelt wird am besten auf trockenes α-Nitroso-β-naphtholpapier, dann mit heißem Wasser behandelt.

Grenzkonzentration: 1:7000.

4. Nachweis mit Curcumapapier. Durch Uranylsalze wird Curcumapapier braun gefärbt, auch in schwach saurer Lösung, wodurch sich die Reaktion von der mit Alkali unterscheidet. Bei Zusatz von Mineralsäuren tritt Entfärbung ein — zum Unterschied der Reaktion mit Borsäure. Mit Natriumcarbonat schlägt die braune Farbe in Violett um.

Grenzkonzentration: 0,1 mg U in 1 cm³ (1:10000) [Zimmermann (b)].

5. Nachweis mit Quercetin oder Quercitrin. Nach KOCSIS geben die Reagenzien mit Uranylsalzen (Nitrat, Acetat) einen rostfarbenen Fleck.

Ausführung. 1 Tropfen einer 0,2%igen Lösung von Quercetin oder Quercitrin (Firma Th. Schuchardt, Görlitz) wird auf Filtrierpapier (am besten Nr. 589 von SCHLEICHER und SCHÜLL) gegeben. Nach Aufsaugen wird auf den noch feuchten gelben Fleck 1 Tropfen der Probelösung gegeben. Uran erzeugt einen rostfarbenen (blaßbraunen) Fleck.

Störungen. Säuren zersetzen das Reagens; stark gefärbte Kationen verdecken die Färbung; Fe gibt einen olivgrünen Fleck; Cu(II), Zn, Arsenite und Arsenate geben eine citronengelbe Färbung.

Erfassungsgrenze: 3 γ Uran.

§ 6. Nachweis durch Fluorescenzeffekte.

Verbindungen des *6wertigen* Urans zeichnen sich durch eine gelbe bis grüne Fluorescenz aus, die einen außergewöhnlich empfindlichen und spezifischen Urannachweis ermöglicht. Die Fluorescenz wird angeregt durch ultraviolettes Licht, Röntgenstrahlen, Kathodenstrahlen, aber auch — wenngleich schwach — durch die eigene Radioaktivität des Urans, was bekanntlich zur Entdeckung der Radioaktivität durch BECQUEREL führte. Für den qualitativen Nachweis von Uran kommt vor allem ultraviolettes Licht in Frage.

Der Nachweis des Urans durch Fluorescenz ist besonders wichtig, weil der spektralanalytische Nachweis durch das Emissionsspektrum schwierig ist und das Uran auch arm an empfindlichen chemischen Nachweisreaktionen ist.

Durch den Fluorescenzeffekt lassen sich Spuren von U(VI) auch in U(IV)-Präparaten nachweisen (ALOY und AUBER).

Die Intensität der Fluorescenz und ihre spektrale Zusammensetzung ist vor allem von dem Anion abhängig, mit dem das Uranyl-Ion verbunden ist. Die Fluorescenz von Uranylsalzlösungen ist von VOLMAR und MATHIS untersucht worden, vor allem im Hinblick auf die Unterdrückung der Fluorescenz durch verschiedene Anionen (J′, Br′, Cl′ und andere).

Stärker als in Lösung fluorescieren jedoch die Uranylverbindungen im krystallisierten Zustand. Lösungen werden daher im allgemeinen zunächst eingedampft. Es ist günstig, wenn sich hierbei gute Krystalle ausbilden, deshalb ist zu rasches Eindampfen oder die Anwesenheit von Verunreinigungen störend für den Nachweis (FEIGL). Das Eindampfen wird z. B. auf einem Objektträger vorgenommen und der Rückstand im Fluorescenzmikroskop beobachtet.

Auch in der (oxydierend geschmolzenen) Borax- oder Phosphorsalzperle erzeugt Uran eine grüne Fluorescenz. Ganz besonders intensiv, und zwar gelb, ist die Fluorescenz in einer Natriumfluoridperle, wie NICHOLS und SLATTERY (1926) fanden und PAPISH und HOAG näher untersuchten. Die Methode ist von HERNEGGER sowie HERNEGGER und KARLIK zu einer halbquantitativen ausgestaltet worden. Sie wird von FEIGL folgendermaßen angegeben:

1. Nachweis durch Fluorescenz in der Natriumfluoridperle. **Ausführung.** In einer Platinöse (1 mm Durchmesser) wird Natriumfluorid zu einer Perle geschmolzen, die nach dem Erkalten im ultravioletten Licht nur ganz schwach violett (vom reflektierten Licht) erscheint. Hierauf wird mittels einer geeichten Platinöse 0,001 cm³ der neutralen Probelösung nach und nach auf die Perle aufgebracht und verdampft, dann nochmals kurz eingeschmolzen und im ultravioletten Licht geprüft[1].

[1] HERNEGGER und KARLIK benutzen einen lichtstarken Spektrographen und photometrieren das Spektrum, wodurch eine quantitative Bestimmung möglich wird. Weitere Literatur über diese Methode und insbesondere auch über die chemisch-analytische Vortrennung siehe bei HOFFMANN.

Erfassungsgrenze: 0,001 γ Uran (in 0,001 cm^3 Probelösung), wenn ein lichtstarker Spektrograph angewendet wird HERNEGGER und KARLIK). Bei visueller Beobachtung: 0,02 γ Uran (GÔTO).

Grenzkonzentration: 1:1000000.

Störungen. Nach PAPISH und HOAG zeigt nur Niob, nach GOTÔ auch Beryllium in größerer Menge (mehr als 1 mg im Kubikzentimeter Probelösung) eine ähnliche Fluorescenz wie Uran. Da sie aber viel schwächer ist, stört sie im allgemeinen nicht. Nötigenfalls kann man folgendermaßen verfahren: Durch Anwendung eines größeren Spektralbereiches des erregenden Lichtes (kondensierter Eisenbogen ohne Filter) wird die durch Niob verursachte Fluorescenz blaßblau, während die von Uran bewirkte gelb bleibt. Man kann auch eine KF-Perle benutzen, in der Niob keine Fluorescenz gibt; allerdings ist die Uranfluorescenz in Kaliumfluorid weniger stark ausgeprägt als in Natriumfluorid.

Störungen durch Beimengungen in der Probe werden ferner einerseits durch solche Substanzen (z. B. Eisen) hervorgerufen, die ultraviolettes Licht stark absorbieren und dadurch sein Eindringen in die Perle behindern. Andererseits stören Stoffe, die mit Natriumfluorid reagieren, indem sie Flußsäure in Freiheit setzen (SiO_2, TiO_2 Sulfate usw.) oder mit dem Natriumfluorid Komplexverbindungen bilden. In solchen Fällen ist für einen Natriumfluorid-Überschuß zu sorgen (PAPISH und HOAG).

2. Nachweis durch Fluorescenz in der Boraxperle. Nach GOTÔ wird in einer Platinöse eine Boraxperle geschmolzen, in die Probelösung getaucht und wieder geschmolzen. Bei Anwesenheit von Uran tritt grüne Fluorescenz im ultravioletten Licht auf. Keine Elemente der 3., 4. und 5. analytischen Gruppe geben dieselbe Reaktion.

Erfassungsgrenze: 0,2 γ Uran.
Grenzkonzentration: 1:100000 in der Probelösung.

3. Nachweis durch Fluorescenz von Uranylphosphat. Nach GOTÔ wird 1 Tropfen der neutralen Probelösung mit 1 Tropfen einer 0,5 n-Natriumphosphatlösung versetzt. Der Niederschlag zeigt bei Anwesenheit von Uran eine starke gelbe Fluorescenz, die für Uran spezifisch ist. Bei Anwesenheit von wenig Uran läßt man den Niederschlag erst einige Minuten stehen, damit er koaguliert. Bei sauren Probelösungen wird die Reaktion empfindlicher, wenn man Ammonsalz zusetzt.

Erfassungsgrenze: 2,5 γ Uran.
Grenzkonzentration: 1:20000.

4. Indirekte Fluorescenznachweise. Mit Coerulin (0,5%ige alkoholische Suspension) kann man nach GOTÔ Uran folgendermaßen nachweisen: Einige Tropfen der an Schwefelsäure 0,5 n-Probelösung werden auf der Tüpfelplatte mit Zink reduziert [zu U(IV)]. 1 Tropfen des Reagenses wird mit einigen Tropfen Alkohol und mit der reduzierten Probelösung vermischt. Das Coerulin wird durch U(IV) reduziert und gibt dann eine gelbe Fluorescenz.

Erfassungsgrenze: 25 γ Uran.
Grenzkonzentration: 1:2000.

Mit Cochineal ist nach GOTÔ folgender Urannachweis möglich: 1 Tropfen Probelösung wird auf der Tüpfelplatte mit 1 Tropfen des Reagenses und 1 Tropfen 0,2 n-NaOH vermischt. Bei Gegenwart von Uran verschwindet die rote Fluorescenz des Cochineals.

Erfassungsgrenze: 2,5 γ Uran.
Grenzkonzentration: 1:20000.

5. Nachweis in biologischem Material (s. EITEL).

§ 7. Chromatographischer Nachweis.

Bei der chromatographischen Trennung der Kationen nach SCHWAB und JOCKERS liegt die Zone des Uranyl-Ions hinter der Mischzone von $Cr^{\cdot\cdot\cdot}$, $Fe^{\cdot\cdot\cdot}$ und

$Hg^{\cdot\cdot}$ und vor der $Pb^{\cdot\cdot}$-Zone. Die Trennung des Urans von diesen, in der chromatographischen Säule nächstbenachbarten Elementen ist teilweise nicht ganz scharf.

Ausführung. Man füllt ein HESSEsches Mikrorohr von 4 bis 7 mm Durchmesser mit Standard-Alumiumoxyd und gibt die Probelösung (Nitratlösung) darauf. Hierauf wird mit Wasser gewaschen bis die Zonen sich nicht mehr verbreitern und dann mit einem Entwickler gefärbt. Folgende Trennungen werden beschrieben:

a) $Cr^{\cdot\cdot\cdot}$ — $UO_2^{\cdot\cdot}$. Oben graugrüner Ring ($Cr^{\cdot\cdot\cdot}$), unten gelbe Zone ($UO_2^{\cdot\cdot}$). Nach dem Entwickeln mit $(NH_4)_2S$-Lösung oben graugrün, unten braun (Uranylsulfid).

b) $Fe^{\cdot\cdot\cdot}$ – $UO_2^{\cdot\cdot}$. Oben braun, unten gelb. Nach dem Entwickeln mit $K_4[Fe(CN)_6]$-Lösung oben blau, unten braun (Uranylferrocyanid). Die Trennung ist nur gut, wenn Fe im Unterschuß ist.

c) $Hg^{\cdot\cdot}$ — $UO_2^{\cdot\cdot}$. Oben farblos, unten gelb. Nach dem Entwickeln mit $(NH_4)_2S$-Lösung oben schwarz, unten braun.

d) $UO_2^{\cdot\cdot}$—$Pb^{\cdot\cdot}$. Oben gelb, unten farblos. Nach dem Entwickeln mit $(NH_4)_2S$-Lösung oben braun, unten schwarz.

Über die Trennung von $Ag^{\cdot}$ — $UO_2^{\cdot\cdot}$, $Au^{\cdot\cdot\cdot}$ — $UO_2^{\cdot\cdot}$ und $As^{\cdot\cdot\cdot}$ — $UO_2^{\cdot\cdot}$ siehe VENTURELLO und AGLIARDI.

Literatur.

ALOY, J.: Bl. (3) **27**, 734 (1902). — ALOY, J. u. A. AUBER: Bl. (4) **1**, 569 (1907). — ARENDT, R. u. W. KNOP: C. **1856**, 769 u. 804. — ATO, S.: Sci. Pap. Inst. Tôkyô **14**, 287 (1930); durch Fr. **90**, 51 (1932).

BEHRENS, H.: Fr. **30**, 169 (1891). — BEHRENS, H. u. P. D. C. KLEY: Mikrochemische Analyse, 3. Aufl., Leipzig 1915, S. 150. — BERG, R.: J. pr. (2) **115**, 178 (1927). — BUELL, H. D.: J. ind. eng. Chem. **14**, 593 (1922); durch Fr. **66**, 242 (1925).

CANNERI, G. u. L. FERNANDES: G. **54**, 770 (1924). — CARSON, A. I. u. T. H. NORTOŃ: Am. Chem. J. **10**, 219 (1888). — CHAMOT, E. M. u. H. A. BEDIENT: Mikrochemie **6**, 13 (1928).

DAS-GYPTA, P. N.: J. Indian chem. Soc. **6**, 763 (1929).

EITEL, H.: Arch. exp. Pathol. **135**, 188 (1928).

FAIRLEY, T.: Chem. N. **62**, 227 (1890); Soc. **31**, 127 (1877). — FEIGL, F.: Qualitative Analyse mit Hilfe von Tüpfelreaktionen, 3. Aufl., Leipzig 1938, S. 257—59. — FEIGL, F. u. R. STERN: Fr. **60**, 39 (1921). — FISCHER, E. J.: Wiss. Veröffentl. Siemens-Konzern **4 II**, 171 (1925); durch C. **1926 II**, 470. — FISCHER, W., W. DIETZ, K. BRÜNGER u. H. GRIENEISEN: Angew. Ch. **49**, 719, 727 (1936). — FORMÁNEK, J.: (a) A. **257**, 104 (1890); (b) Fr. **39**, 409 (1900). — FRESENIUS, H.: Fr. **16**, 238 (1877).

GEILMANN, W.: Bilder zur qualitativen Mikroanalyse, Leipzig 1924. — GERLACH. W. u. E. RIEDL: Die chemische Emissionsspektralanalyse, III. Teil, S. 133, Leipzig 1936. — GERMUTH, FR. G. u. C. MITCHELL: Am. J. Pharm. **101**, 46 (1929). — GIOLITTI, F.: G. **34 II**, 166 (1904). — GMELINS Handbuch der anorganischen Chemie, System-Nr. 55: Uran, Berlin 1936. — GOTÔ, H.: Sci. Rep. Tôhoku Univ. Ser. I **29**, 287 (1940). — GRÄVEN, H.: Ber. Wien. Akad. Abt. IIa, **139**, 181 (1930); **141**, 8 (1932); durch Fr. **93**, 398 (1933); **99**, 128 (1934).

HECHT, FR. u. W. REICH-ROHRWIG: M. **53/54**, 596 (1929). — HEDVALL, J. A.: Z. anorg. Ch. **146**, 229 (1925). — HERNEGGER, F.: Anz. Akad. Wiss. Wien vom 19. 1. 33, durch FEIGL. — HERNEGGER, F. u. B. KARLIK: Ber. Wien. Akad. Abt. IIa, **144**, 217 (1935); durch C. **1936 I**, 1666. — HOFFMANN, J.: Naturwiss. **29**, 403 (1941). — HOLLADAY, J. A. u. T. R. CUNNINGHAM: Trans. Am. electrochem. Soc. **43**, 329 (1923); durch C. **1924 II**, 1247. — HOVORKA, V. u. J. VOŘÍŠEK: Chem. Listy **34**, 55 (1940); durch C. **1940 I**, 2992.

KERN, S.: Chem. N. **33**, 5 (1876). — KOCSIS, E. A.: Mikrochemie **25**, 13 (1938). KOHN M.: Z. anorg. Ch. **50**, 315 (1906).

LEMAIRE: Ann. Chim. anal. **14**, 6 (1909). — LUTZ, O.: Fr. **47**, 20 (1908).

MARTINI, A.: Mikrochemie **6**, 154 (1927); An. Argentina **16**, 117 (1928). — MAZZUCCHELLI, A.: Atti Accad. Lincei (5) **15 II**, 429, 494 (1906); G. **37 I**, 144 (1907). — MONTIGNIE, E.: Bl. (5) **1**, 410 (1934). — MOORE, R. B.: Die chemische Analyse seltener technischer Metalle. Aus dem Englischen übersetzt von H. ECKSTEIN, Leipzig 1927. — MÜLLER, A.: Z. anorg. Ch. **109**, 235 (1920).

NICHOLS, E. L. u. M. K. SLATTERY: J. opt. Soc. Am. **12**, 449 (1926). — NOYES, A. A. u. W. C. BRAY: A system of qualitative analysis for the rare elements, New York 1927, S. 180, 421. — NOYES, A. A., W. C. BRAY u. E. B. SPEAR: Am. Soc. **30**, 481, 509 (1908).

ORLOW, N. A.: Farmazewtitscheski Shurnal (russ.) **41**, 267 (1903); durch Fr. **43**, 55 (1904).

PAPISH, J. u. L. E. HOAG: Pr. nat. Acad. Washington **13**, 726 (1927); durch C. **1928 I**, 1442. — PARRI, W.: (a) Giorn. Farm. Chim. **73**, 177 (1924); (b) Giorn. Pharm. Chim. **73**, 207 (1924). — POZNA, F. u. E. MIGRAY: Ann. Chim. applic. **26**, 78 (1936); durch C. **1936 II**, 138. — POZZI-ESCOT, E.: Bl. (4) **9**, 22 (1911).

RÂY, P.: Fr. **86**, 20 (1931). — RÂY, P. u. M. K. BOSE: Fr. **95**, 400 (1933). — ROSSI, G.: Diss. München 1902.

SCHWAB, G. M. u. K. JOCKERS: Angew. Ch. **50**, 546 (1937). — SIEMSSEN, J. A.: Ch. Z. **35**, 139, 742 (1911). — SIEVERTS, A. u. E. L. MÜLLER: Z. anorg. Ch. **173**, 299 (1928).

Tabellen der Reagenzien für anorganische Analyse, Leipzig 1938. — TANANAJEW, N. A. u. A. GINZBURG: Chem. J. Ser. B **11**, 364 (1938); durch C. **1938 II**, 4103. — TANANAJEW, N. A. u. u. G. A. PANTSCHENKO: Z. anorg. Ch. **150**, 164 (1926). — TREADWELL, F. P.: Lehrbuch der analytischen Chemie, Bd. I, 16. Aufl., Berlin u. Wien 1939, S. 149—151.

VALKENBURGH, H. B. VAN u. H. C. CRAWFORD: Ind. eng. Chem. Anal. Edit. **13**, 459 (1941). — VENTURELLO, G. u. N. AGLIARDI: Ann. Chim. applic. **30**, 224 (1940); durch C. **1940 II**, 1757. — VOLMAR, J. u. MATHIS: Bl. (4) **53**, 385 (1933).

ZIMMERMANN, C.: (a) Fr. **23**, 66 (1884); (b) A. **204**, 224 (1880).